Toni Lindl   Gerhard Gstraunthaler

Zell- und Gewebekultur

Von den Grundlagen zur Laborbank

6. Auflage

Spektrum
AKADEMISCHER VERLAG

Autoren

Prof. Dr. Toni Lindl
Institut für angewandte Zellkultur
Balanstr. 6
D-81669 München
I-A-Z@t-online.de
www.I-A-Z-Zellkultur.de

Prof. Dr. Gerhard Gstraunthaler
Medizinische Universität Innsbruck
Department für Physiologie
Fritz-Pregl-Str. 3
A-6020 Innsbruck
gerhard.gstraunthaler@i-med.ac.at
physiologie.i-med.ac.at

Wichtiger Hinweis für den Benutzer
Der Verlag und die Autoren haben alle Sorgfalt walten lassen, um vollständige und akkurate Informationen in diesem Buch zu publizieren. Der Verlag übernimmt weder Garantie noch die juristische Verantwortung oder irgendeine Haftung für die Nutzung dieser Informationen, für deren Wirtschaftlichkeit oder fehlerfreie Funktion für einen bestimmten Zweck. Der Verlag übernimmt keine Gewähr dafür, dass die beschriebenen Verfahren, Programme usw. frei von Schutzrechten Dritter sind. Die Wiedergabe von Gebrauchsnamen, Handelsnamen, Warenbezeichnungen usw. in diesem Buch berechtigt auch ohne besondere Kennzeichnung nicht zu der Annahme, dass solche Namen im Sinne der Warenzeichen- und Markenschutz-Gesetzgebung als frei zu betrachten wären und daher von jedermann benutzt werden dürften. Der Verlag hat sich bemüht, sämtliche Rechteinhaber von Abbildungen zu ermitteln. Sollte dem Verlag gegenüber dennoch der Nachweis der Rechtsinhaberschaft geführt werden, wird das branchenübliche Honorar gezahlt.

Bibliografische Information der Deutschen Nationalbibliothek
Die Deutsche Nationalbibliothek verzeichnet diese Publikation in der Deutschen Nationalbibliografie; detaillierte bibliografische Daten sind im Internet über http://dnb.d-nb.de abrufbar.

Springer ist ein Unternehmen von Springer Science+Business Media
springer.de

6. Auflage 2008
© Spektrum Akademischer Verlag Heidelberg 2008
Spektrum Akademischer Verlag ist ein Imprint von Springer

08 09 10 11 12   5 4 3 2 1

Das Werk einschließlich aller seiner Teile ist urheberrechtlich geschützt. Jede Verwertung außerhalb der engen Grenzen des Urheberrechtsgesetzes ist ohne Zustimmung des Verlages unzulässig und strafbar. Das gilt insbesondere für Vervielfältigungen, Übersetzungen, Mikroverfilmungen und die Einspeicherung und Verarbeitung in elektronischen Systemen.

Planung und Lektorat: Dr. Ulrich G. Moltmann, Dr. Meike Barth
Redaktion: Bernadette Gmeiner
Herstellung: Andrea Brinkmann
Umschlaggestaltung: SpiezDesign, Neu-Ulm
Satz: klartext, Heidelberg
Druck und Bindung: Kösel GmbH, Krugzell

Printed in Germany

ISBN 978-3-8274-1776-3

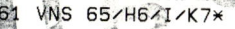

- **Medium, Wechsel**
  - bei Monolayerkulturen. 131
  - bei Suspensionskulturen 132
- **Microcarrier-Kultur**. 327
- **Migrationsassays**
  - Präparation neutrophiler Granulocyten 276
  - Kultivierung auf Filtermembranen 278
  - Transmigration 280
- **MTT-Test auf Lebensfähigkeit** 157
- **Mutagenitätstest** 273
- **Mycoplasmen**
  - Behandlung bei Kontamination 49
  - DAPI-Test 41
  - „Nested PCR" 46
  - PCR-ELISA 44
- **Neutralrottest** 274
- **Organkultur**
  - Leberschnitte 294
  - Präparation eines Meerschweinchendünndarms 290
  - Präparation des oberen Halsganglions der Ratte 292
- **Passagieren von Zellen**
  - durch Abschaben 139
  - mit Dispase 138
  - mit Trypsin 136
  - mit Trypsin-EDTA 137
- **Pflanzenzellkulturen**
  - Antheren 352
  - Embryonen 354
  - Kallus 343
  - Protoplasten 350
- **Plating Efficiency** 158
- **Primärkulturen**
  - frische Hautproben menschlichen Ursprungs . . 190
  - Hepatocyten 195
  - Herzmuskelzellen aus neonatalen Rattenherzen 188
  - Herzmuskelzellen des Hühnchens 187
  - Keratinocyten 204
  - Kupffer-Zellen 197
  - Lymphocyten 191
  - Mäusecerebellum 193
  - solider Humantumor 202
- **Proliferationskontrolle (^{3}H-Thymidineinbau)** . . 252
- **Reinigung, Dekontamination und Silikonisieren von Glaswaren** 75
- **Roller-Kultur** 325
- **Seren** 91
- **Shake-off-Verfahren für die Subkultivierung von Monolayerkulturen** 133
- **Sicherheitsvorschriften für die Zellkultur** 52
- **Stammzellisolierung aus Vollblut und Nabelschnur mittels paramagnetischer Partikel** . . 299
- **Stammzelltest (embryonale Stammzellen, Maus) (EST)**
  - Differenzierung 308
  - Zelltoxizität 305
- **Sterilfiltration von Medien** 34
- **Sterilisation**
  - Flaschen, Pipetten 30
  - Membranfiltern 33
- **Suspensionskulturen: Subkultivierung** 141
- **Suspensionsmassenkultur**
  - Pflanzenzellen 346
  - tierische und menschliche Zellen 331
- **Toxizitätstests** 269
- **Transfektion** 231
  - Bestimmung der cytotoxischen Geneticinkonzentration 230
- **Trypanblaufärbung** 155
- **Versand von Zellen** 165
- **Viruszüchtung, Virustransformation** 184
- **Wascheffekt, Prüfung** 78
- **Wasser**
  - Reinstwassersysteme 122
  - Lagerung 124
- **Zellpopulationsverdopplung** 150
- **Zellsynchronisation** 250, 251
- **Zellzahlbestimmung**
  - mittels Zählkammer 142
  - durch elektronische Zellzählung (CASY® Cell Counter) 148

Einleitung

Werden tierische oder humane Zellen *in vivo* aus dem Gewebeverband isoliert, können die Zellen unter geeigneten Bedingungen über verschieden lange Zeit *in vitro* in Kultur gehalten werden. Die Zell- und Gewebekultur ist damit – neben der Pflanzenzellkultur – zu einer der wichtigsten integralen Arbeitstechniken der Zell- und Molekularbiologie und der Biomedizin geworden (Abb. 1).

Was ist der Zweck einer Zellkultur, und wie führt man eine Zellkultur auf hohem Standard durch? Je nach Fragestellung ergeben sich unterschiedlich hohe Ansprüche an die Zell- und Gewebekultur.

- Da ist einmal die Zellkultur in der Grundlagenforschung, also das Studium der Physiologie und der Biochemie kultivierter Zellen selbst, deren Ansprüche *in vitro* in Bezug auf Nährstoffe oder das Angebot an Wachstums-, Proliferations- und Differenzierungsfaktoren sowohl für „normale", insbesondere aber auch für „entartete" Zellen in der Tumorbiologie.
- In der Biotechnologie, wo gentechnisch veränderte Zellen zur Produktion und großtechnischen Herstellung rekombinanter Proteine zum Einsatz kommen. Hier spielen in Zukunft auch Pflanzenzellkulturen eine immer größere Rolle.
- Die Verwendung kultivierter Zellsysteme in *In-vitro*-Toxizitätstests als Alternativen zu Tierversuchen.
- Der Einsatz humaner Zellkulturen in der Medizin, sowohl in der Diagnostik, z. B. der Chromosomenanalyse an Amnionzellkulturen in der pränatalen Diagnostik, als auch im Tissue Engineering, also der Anzucht von Zellimplantaten zur Heilung von Gewebeschäden (z. B. nach Verbrennungen oder bei Knorpel- oder Knochenersatz).
- Die neueste Entwicklung ist die Isolierung und Kultivierung von Stammzellen, sowohl tierischen und humanen als auch embryonalen oder adulten Ursprungs.

Die Anfänge der Zellkultur lassen sich bis an den Beginn des 20. Jahrhunderts zurückverfolgen.

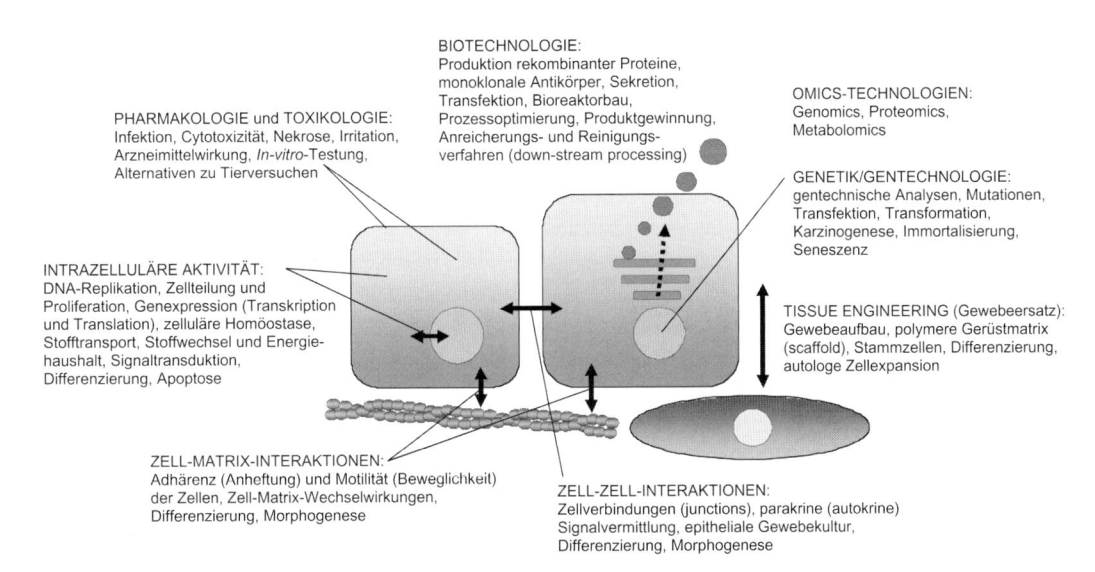

Abb. 1 Übersicht über Anwendungen von Zell- und Gewebekulturen (modif. nach Freshney, 2005).

Meilensteine in der Entwicklung der Zell- und Gewebekultur

- 1885 **Roux** hält Zellen aus einem Hühnerembryo über mehrere Tage in einer warmen Salzlösung
- 1907 **Harrison** kultiviert reproduzierbar Rückenmarkszellen aus Froschembryonen in einem Gerinnsel aus Froschlymphe
- 1912 **Carrel** setzt erstmalig aseptische Techniken ein und kann Herzmuskelzellen aus einem Hühnerembryo in Langzeitkultur halten
- 1916 **Rous** und **Jones** verwenden erstmals Trypsin, um adhärente Zellen zu subkultivieren
- 1940 Erstmalige Verwendung von Antibiotika in der Zellkultur
- 1943 **Earl** und Mitarbeiter verwenden ausgereifte Kulturmedien und etablieren eine Mausfibroblastenlinie (L-Zellen)
- 1948 **Sanford** und **Earle** gelingt erstmals die Klonierung von L-Mausfibroblasten
- 1950 **Morgan, Morton** und **Parker** entwickeln das erste synthetische Zellkulturmedium (*Medium 199*)
- 1952 **Gey** isoliert Zellen aus dem Cervix-Karzinom einer Patientin (Henrietta Lacks) und etabliert die erste humane Zelllinie (*HeLa*-Zellen)
- 1954 **Cohen** und **Levi-Montalcini** entdecken den Nervenwachstumsfaktor, der das Wachstum von kultivierten Axonen stimuliert
- 1955 **Eagle** untersucht systematisch die Nährstoffansprüche kultivierter Zellen und entwickelt aufbauend auf seinen Erkenntnissen die synthetischen Kulturmedien *BME* und *MEM*
- 1961 **Hayflick** und **Moorhead** beschreiben das Phänomen der limitierten Replikationsfähigkeit humaner diploider Fibroblasten in Kultur
- 1962 **Grace** entwickelt Methoden zur Kultivierung von Insektenzellen
- 1963 **Ham** beschreibt das erste serumfreie Kulturmedium (*Ham F-10*), 1965 folgt mit *Ham F-12* eine Weiterentwicklung dieses Mediums
- 1963 **Todaro** und **Green** etablieren die *3T3*-Mauszelllinie durch spontane Immortalisation
- 1973 **Graham** und **van der Eb** führen die erste Transfektion an kultivierten Zellen durch
- 1975 **Köhler** und **Milstein** verwenden die Zellfusion (Hybridomatechnik) zur Produktion monoklonaler Antikörper
- 1976 **Sato** führt die serumfreie Zellkultur mit chemisch definierten, hormonsupplimierten Kulturmedien ein
- 1981 **Martin** und **Evans** und Mitarbeiter isolieren die ersten embryonalen Stammzellen aus einer Blastocyste der Maus
- 1998 **Thomson** und **Shamblott, Gearhart** und deren Mitarbeiter etablieren die ersten humanen embryonalen Stammzelllinien

Inzwischen sind viele kontinuierliche Zelllinien seit mehr als 30 Jahren in Kultur. Die meisten der heute gebräuchlichen Zellkulturmedien basieren noch auf den Originalrezepturen der 1950er- und 1960er-Jahre (Pollack, 1981).

Trotz größter Anstrengungen, die Zellkulturbedingungen bestmöglich an die *In-vivo*-Situation anzugleichen, muss die *In-vitro*-Kultivierung von Zellen immer noch als ein künstlich geschaffenes System betrachtet werden. Die Vorteile der Zell- und Gewebekultur liegen in der Möglichkeit, unter genau definierten und reproduzierbaren Bedingungen homogene Zellpopulationen anzuzüchten und mit diesen zu arbeiten. Allerdings ist zu beachten, dass man es mit lebenden Systemen zu tun hat, welche einer besonderen Dynamik unterliegen. Zellen können sich unter den gewählten Kulturbedingungen adaptiv verändern oder es werden bestimmte Zelltypen unbewusst selektiert. Langzeitkultur und hohe Zellteilungszahlen können zu genetischen Veränderungen führen, wodurch die kultivierten Zellen sich in wesentlichen Merkmalen von jenen der Ursprungszelle unterscheiden können.

Ziel jeder Zellkultur ist es, dass Zellen wachsen und entsprechend differenzieren. Um dies zu erreichen, muss eine Vielzahl von Kulturparametern berücksichtigt, genau definiert und aufeinander abgestimmt werden.

Die Beschäftigung mit lebenden Zellen in Kultur ist ein faszinierendes Betätigungsfeld, welches viel Freude, aber auch einigen Frust bereiten kann. Dass ersteres überwiege, dazu möge dieses Buch beitragen.

Literatur

Carrell A. On the permanent life of tissues outside of the organism. J. Exp. Med. 15: 516-528, 1912.
Cohen S., Levi-Montalcini R. and Hamburger V. A nerve growth-stimulating factor isolated from mouse sarcoma 37 and 180. Proc. Natl. Acad. Sci. USA 40: 1014-1018, 1954.
Eagle H. Nutrition needs of mammalian cells in tissue culture. Science 122: 501-504, 1955.
Earle W.L., Schilling E.L., Stark T.H., Straus N.P., Brown M.F. and Shelton E. Production of malignancy *in vitro*; IV: The mouse fibroblast cultures and changes seen in the living cells. J. Natl. Cancer Inst. 4: 165-212, 1943.
Evans M.J. and Kaufmann M.H. Establishment in culture of pluripotential cells from mouse embryos. Nature 292: 154-156, 1981.
Freshney R.I. Culture of Animal Cells. 5th Edition. Wiley-Liss, New York, 2005.
Gey G.O., Coffman W.D. and Kubiek M. T. Tissue culture studies of the proliferative capacity of cervical carcinoma and normal epithelium. Cancer Res. 12: 264-265, 1952.
Graham F.L. and van der Eb A.J. A new technique for the assay of infectivity of human adenovirus 5 DNA. Virology 52: 456-467, 1973.
Ham R.G. An improved nutrient solution for diploid Chinese hamster and human cell lines. Exp. Cell Res. 29: 515-526, 1963.
Ham R.G. Clonal growth of mammalian cells in a chemically defined, synthetic medium. Proc. Natl. Acad. Sci USA 53: 288-293, 1965.
Harrison R.G. Observations on the living developing nerve fiber. Proc. Soc. Exp. Biol. Med. 4: 140-143, 1907.
Hayashi I. and Sato G.H. Replacement of serum by hormones permits growth of cells in a defined medium. Nature 259: 132-134, 1976.
Hayflick L. and Moorhead P.S. The serial cultivation of human diploid cell strains. Exp. Cell Res. 25: 585-621, 1961.
Köhler G. and Milstein C. Continuous cultures of fused cells secreting antibody of predefined specificity. Nature 256: 495-497. 1975.
Martin G.R. Isolation of a pluripotent cell line from early mouse embryos cultured in medium conditioned by teratocarcinoma stem cells. Proc. Natl. Acad. Sci. USA 78: 7634-7638, 1981.
Morgan J.F., Morton H.J. and Parker R.C. Nutrition of animal cells in tissue culture. I: Initial studies on a synthetic medium. Proc. Soc. Exp. Biol. Med. 73: 1-8, 1950.
Pollack R. (Ed.). Readings in Mammalian Cell Culture. 2nd Edition. Cold Spring Harbour Laboratory, 1981.
Rous P. and Jones F.S. A method for obtaining suspensions of living cells from the fixed tissues, and for the planting out of individual cells. J. Exp. Med. 23: 549-555, 1916.
Sanford K.K., Earle W.R. and Likely G.D. The growth *in vitro* of single isolated tissue cells. J. Natl. Cancer Inst. 9: 229-246, 1948.
Shamblott M.J., Axelman J., Wang S., Bugg E.M., Littlefield J.W., Donovan P.J., Blumenthal P.D., Huggins G.R. and Gearhart J.D. Derivation of pluripotent stem cells from cultured human primordial germ cells. Proc. Natl. Acad. Sci. USA 95: 13726-13731, 1998.
Thomson J.A., Itskovitz-Eldor J., Shapiro S.S., Waknitz M.A., Swiergiel J.J., Marshall V.S. and Jones J.M. Embryonic stem cell lines derived from human blastocysts. Science 282: 1145-1147, 1998.
Todaro G.J. and Green H. Quanitative studies of the growth of mouse embryo cells in culture and their development into established cell lines. J. Cell Biol. 17: 299-313, 1963.

Inhaltsverzeichnis

Vorwort V
Einleitung XIII

I Allgemeine Grundlagen der Zell- und Gewebekultur 1

1 Das Zellkulturlabor Räumliche und apparative Voraussetzungen 3
1.1 Der Reinigungsbereich 3
1.2 Der Vorbereitungs- und Verarbeitungsbereich 4
1.3 Der Sterilbereich 5

2 Steriltechnik – Kontaminationen 16
2.1 Der Sterilbereich 18
2.2 Laborreinigung 18
2.3 Hygiene 19
2.4 „Aseptische" Arbeitstechnik 19
2.5 Sterilisationsverfahren 23
2.6 Antibiotika (Verwendung von Antibiotika in der Zellkultur) ... 35
2.7 Mycoplasmen 37
2.8 Kreuzkontaminationen 50

3 Sicherheit in der Zellkultur 52
3.1 Sicherheitsvorschriften und Entsorgung 52
3.2 Generelle Probleme 57

4 Literatur 58

II Die Zelle und ihre Umgebung 61

5 Zellbiologische Grundlagen der Zell- und Gewebekultur 63

6 Kulturgefäße und ihre Behandlung 64
6.1 Züchtung von Zellen auf Glas 65
6.2 Züchtung von Zellen auf Plastikmaterial 67
6.3 Züchtung von Zellen auf anderen Materialien 71
6.4 Spezielle Kulturgefäße 71
6.5 Reinigung und Vorbehandlung von Glaswaren 75
6.6 Vorbehandlung von Kulturgefäßen mit Polylysin oder mit Komponenten der extrazellulären Matrix zur Modifizierung der Oberflächeneigenschaften 78

7 Zellkulturmedien 84
7.1 Zusammensetzung der Medien 88
7.2 Kurze Beschreibung der gebräuchlichsten Kulturmedien 99
7.3 Herstellung gebrauchsfertiger Medien 103

8	**Serumfreie Zellkultur**	107
8.1	Grundmedien	110
8.2	Zusätze zu serumfreien Medien	110
8.3	Übergang von serumhaltigen zu serumfreien Medien	111
8.4	Serumfreie und proteinfreie Kulturmedien	113
8.5	Zusammenfassung: Allgemeine Grundsätze in der Herstellung und Verwendung von Zellkulturmedien	114
9	**Physiologische Zellkulturparameter**	115
9.1	Osmolarität	116
9.2	Temperatur	116
9.3	Oxygenierung	116
9.4	pH-Wert und Pufferung	117
10	**Reinstwasser für Zell- und Gewebekulturen**	120
10.1	Verfahren der Aufbereitung, Vorbehandlung	121
10.2	Reinstwasseraufbereitungssysteme	122
10.3	Lagerung von Reinstwasser	124
10.4	Wasser für Reinigungszwecke	124
11	**Literatur**	124

III Routinemethoden zur allgemeinen Handhabung kultivierter Zellen ... 127

12	**Mediumwechsel und Fütterungszyklen**	129
12.1	Mediumwechsel bei Monolayerkulturen	129
12.2	Mediumwechsel bei Suspensionskulturen	132
13	**Subkultivierung/Passagieren**	133
13.1	Subkultivierung von Monolayerkulturen	133
13.2	Subkultivierung von Suspensionskulturen	140
14	**Bestimmung allgemeiner Wachstumsparameter**	141
14.1	Mikroskopische Betrachtung der Kulturen	141
14.2	Bestimmung der Zellzahl (und Zellmasse)	142
14.3	Bestimmung allgemeiner Stoffwechselparameter	153
14.4	Vitalitätstests	153
15	**Einfrieren, Lagerung und Versand von Zellen**	159
15.1	Einfrieren von Zellen	160
15.2	Lagerung der Zellen	163
15.3	Auftauen von Zellen	163
15.4	Versand von Zellen	165
15.5	Probleme mit Zellen	165
16	**Qualitätskontrolle und Cell Banking**	166
16.1	Qualitätskontrolle	166

| 16.2 | Cell Banking | 168 |

| 17 | **Standardisierung in der Zellkultur (Good Cell Culture Practice)** | 169 |

| 18 | **Literatur** | 170 |

IV Spezielle Methoden und Anwendungen 173

19	**Allgemeine Aspekte der Primärkultur**	175
19.1	Anlegen einer Primärkultur	175
19.2	Seneszenz und Zellalterung	177
19.3	Apoptose in der Zellkultur	180
19.4	Transformation und Immortalisierung	181
19.5	Literatur	185

20	**Spezielle Primärkulturen**	187
20.1	Kultivierung von Herzmuskelzellen des Hühnchens	187
20.2	Kultivierung von Herzmuskelzellen aus neonatalen Rattenherzen	188
20.3	Primärkulturen aus frischen Hautproben (Biopsien) menschlichen Ursprungs	190
20.4	Isolierung von Lymphocyten aus Vollblut mittels Dichtegradientenzentrifugation	191
20.5	Primärkulturen aus Mäusecerebellum (Kleinhirn)	192
20.6	Primärkulturen von Hepatocyten	194
20.7	Isolierung und Primärkultur von Endothelzellen	198
20.8	Gewinnung einer Zellkultur aus soliden Humantumoren	201
20.9	Gewinnung von Keratinocyten	203
20.10	Literatur	206

21	**Kultivierung spezieller Zelllinien**	207
21.1	Mammaliazelllinien	207
21.2	Kaltblütige Vertebraten	220
21.3	Invertebraten	221
21.4	Insektenzellen für die biotechnologische Produktion rekombinanter Proteine (Sf9-Zellen aus *Spodoptera frugiperda*)	223
21.5	Literatur	226

22	**Spezielle zellbiologische Methoden in der Zellkultur**	228
22.1	Transfektion	228
22.2	Klonieren	236
22.3	Zellfusion, Hybridomatechnik	239
22.4	Zellsynchronisation	249
22.5	Cytometrie/Cell Sorting	253
22.6	Versuche zur *In-vitro*-Toxizität	261
22.7	Migrationsassays	275
22.8	Chromosomenpräparation	282
22.9	Literatur	283

23	Organkulturen	286
23.1	Präparation eines Säugerdünndarms als Beispiel für eine Organpräparation in der Pharmakologie	290
23.2	Präparation eines peripheren Nerven (oberes Halsganglion) zur Messung der neuronalen Übertragung (Neurotransmission)	291
23.3	Leberschnitte *in vitro*	293
23.4	Literatur	296
24	Stammzellen und Tissue Engineering	296
24.1	Adulte Stammzellen	298
24.2	Embryonaler-Stammzell-Test (EST) (Spezies: Maus)	303
24.3	Tissue Engineering und dreidimensionale Zellkultur	317
24.4	Literatur	320
25	Massenzellkultur	322
25.1	Monolayerkulturen für große Zellmengen	322
25.2	Suspensionskultur für große Zellmengen	330
25.3	Literatur	334

V Pflanzenzellkultur 335

26	Herstellung von Kulturmedien	337
27	Kalluskulturen	343
28	Suspensionskulturen	346
29	Isolierung von Protoplasten aus Pflanzenzellkulturen	348
29.1	Elektrofusion von Pflanzenprotoplasten	349
29.2	Fusion von Protoplasten mittels Polyethylenglykol	350
30	Antherenkultur	352
31	Embryonenkultur	354
32	Einfrieren und Lagerung von Pflanzenzellkulturen	355
33	Literatur	357

VI Glossar und Anhang 359

34	Glossar (Kleines Zell- und Gewebekulturlexikon)	361
34.1	Literatur	375
35	Anhang	376
35.1	Was kann die Ursache von schlechtem Zellwachstum sein?	376
35.2	Berechnungen in der Zellkultur	377
35.3	Nachschlagewerke und Handbücher der Zell- und Gewebekultur	385

35.4	Zeitschriften	387
35.5	Internet-Informationen zur Cytometrie	388
35.6	Institutionen und Firmen, die Zellkulturkurse anbieten	388
35.7	Wissenschaftliche Gesellschaften für Zellkultur	388
35.8	Übersichtswerke zur Beschaffung von Geräten, Labormaterial und Reagenzien	389
36	**Lieferfirmen und Hersteller**	389
Index		398

Vorwort zur 6. Auflage

Die wissenschaftlich orientierte Zell- und Gewebekultur ist in diesem Jahr 101 Jahre alt geworden, wenn man der Historie Glauben schenken darf und der Fortschritt auf diesem Gebiet scheint unaufhaltsam, was in der immer noch exponentiell steigenden Publikationsrate auf diesem Gebiet (wie übrigens auf vielen Felder der modernen Biologie) festzustellen ist. Demgegenüber ist ein Alter von 21 Jahren, auch wenn es früher einmal den Beginn des Erwachsenenalters markierte, für dieses Buch noch als frisch und jung anzusehen. Wenn man wiederum bedenkt, dass es nun immerhin in die sechste Auflage geht, ist es schon wieder eine lange Zeit, in der das Buch in den einschlägigen Labors und auch in den Vorlesungen seinen Benutzer(Innen) wertvolle Hilfe geleistet hat. Und das nicht nur in den Anleitungen bzw. in den Kochrezepten, wie man (frau) mit den Zellen in den Flaschen, Multischalen etc. umgeht, sondern auch darüber hinaus, wie und warum man den einen oder anderen Handgriff macht, um z. B. steril zu arbeiten und darüber hinaus auch noch alles, was theoretisch und biologisch hinter all den Begriffen der Zell- und Gewebekultur steckt.

Dies hatte nicht nur eine dauernde Aktualisierung und Erweiterung des Buches bedingt, sondern es hat auch dem Autor der letzten Auflagen keine Ruhe gelassen, vor jeder konkreten Anleitung die Hintergründe in Zukunft noch besser darzustellen und aufzubereiten.

Deswegen ist es ein Glücksfall für das Buch und für die künftigen Benutzer, dass nun ein zweiter Autor das Buch mitgestaltet und auch entscheidend wissenschaftlich begleitet und mit neuen Ideen den Wert auch der Anleitungen erhöht hat.

Gerade die entsprechenden Hintergründe für die Anleitungen zu liefern, war schon immer das Anliegen des Buches, kein tatsächlicher Anwender für eine Rezeptur sollte allein gelassen werden, was die „Randbedingungen" dafür betraf. Dies entscheidend zu steigern, ist das Verdienst des neu dazugekommenen Autors und damit hat er für einen weiteren „Schub" in Richtung bedienerfreundliches, anwendungsorientiertes Buch gesorgt, das nicht nur im Labor benützt wird, sondern auch wissenschaftlich orientierten Anfängern auf diesem Gebiet den notwendigen Einstieg liefern soll. Jedoch sollen auch weiterhin die „alten Hasen" auf diesem Gebiet mit dem Buch die Gewissheit haben, auf die richtige Methode für all ihre Forschungsansätze *in vitro* gesetzt zu haben.

Die vorliegende 6. Auflage wurde vollständig überarbeitet und erweitert, jede Vorschrift, wo es notwendig war, aktualisiert und Abbildungen und Tabellen neu gestaltet. Dabei wurde die bisherige, bewährte Grundstruktur des Buches beibehalten, jedoch die einzelnen Kapitel neu strukturiert. In Teil I sind die allgemeinen Grundlagen der Zell- und Gewebekultur erläutert, Teil II befasst sich mit der kultivierten Zelle und ihrer Umgebung, Teil III beschreibt die täglichen Routinemethoden im Zellkulturlabor und in Teil IV sind spezielle Methoden und Anwendungen beschrieben. Teil V beinhaltet das Kapitel über Pflanzenzellkultur und im Teil VI sind das Glossar, ein umfangreicher Anhang mit Rechenbeispielen und die einschlägigen Lieferfirmen und Bezugsadressen zusammengefasst.

Die umfangreichen Literaturhinweise am Ende eines jeden Kapitels wurden auf den letzten Stand gebracht. Neu hinzugekommen sind Abschnitte über „Qualitätskontrolle in der Zell- und Gewebekultur" und „Standardisierung von Zellkulturen". Beide Kapitel sollen eine „*Good Cell Culture Practice*" propagieren und die Notwendigkeit einer ständigen Qualitätskontrolle und standardisierter Protokolle in der Zellkultur bewusst machen. Hierbei geht es um die verlässliche Nachvollziehbarkeit von Methoden und die damit verbundene Reproduzierbarkeit und Vergleichbarkeit von Ergebnissen, die für die Praxis der Zellkultur ein besonderes Anliegen dieses Buches ist.

Nicht geändert wurde das Design und die eigenen Absätze für die zahlreichen Tipps und Tricks, die schon in der Vergangenheit extrem hilfreich waren und gerade die Kombination zwischen den „reinen" Rezepten und den kleinen, aber extrem wichtigen Hinweisen zum Arbeiten haben dieses Buch schon in der Vergangenheit ausgezeichnet. Dass dazu noch reichhaltiges wissenschaftliches Hintergrundwissen weiter dazugekommen ist, die Literatur auf den neuesten Stand gebracht wurde und Fehler, die sich in der letzten Auflage eingeschlichen hatten, nun radikal ausgemerzt wurden, macht hoffentlich das Buch wieder und weiterhin zu dem, was es in der deutschsprachigen Literatur seit dem ersten Erscheinungsdatum 1987 schon immer war, nämlich zu einem „Vergnügen", einen spannenden Vor- oder Nachmittag mit diesem Buch zu verbringen bzw. verbracht zu haben.

Unser beider Dank gilt allen an dieser Auflage Beteiligten. Viele Kolleginnen und Kollegen haben uns wertvolle Hinweise, Tipps und Tricks aus ihrer eigenen „Schatzkiste" gegeben. Besonders danken möchten wir Frau Dr. Andrea Seiler von ZEBET, Berlin, für die Überarbeitung des embryonalen Stammzell-Tests der Maus, Herrn Prof. Dr. Michael Joannidis, Medizinische Universität Innsbruck, der uns den in seinem Labor ausgearbeiteten Migrationsassay zur Verfügung gestellt hat und Herrn Prof. Dr. Manfred Biselli von der FH Aachen-Jülich, der uns zur Aktualisierung des Massenzellkulturkapitels wertvolle Hinweise lieferte. Ein weiterer Dank gilt Dr. Elisabeth Feifel, Prof. Dr. Judith Lechner, Mag. Caroline Rauch, Dr. Manfred Andratsch und Fau Judith Schwabl, Innsbruck, für viele praktische Hinweise und Anregungen, sowie Frau Edna Nemati, Innsbruck, für ihre Hilfe bei der Ausarbeitung der Titelfotos.

Danken wollen wir auch all den Firmen, die uns auch weiterhin mit qualitätsvollen Bildern und Hinweisen versorgten, sodass wir aus der Fülle dieser Hinweise nur schweren Herzen manche Abbildung nicht mehr unterbringen konnten.

Danken möchten wir auch dem Verlag, Herrn Dr. Ulrich Moltmann, besonders aber Frau Dr. Meike Barth und Frau Bernadette Gmeiner für ihre Geduld, die sie mit uns bei der Herstellung des Buches hatten.

Nun möge das Buch auch den künftigen Benutzern die Freude und den Nutzen bringen, den sie erwarten und auch erwarten dürfen.

München und Innsbruck, im Juni 2008
Toni Lindl
Gerhard Gstraunthaler

I Allgemeine Grundlagen der Zell- und Gewebekultur

1. Das Zellkulturlabor: Räumliche und apparative Voraussetzungen
2. Steriltechnik – Kontaminationen
3. Sicherheit in der Zellkultur
4. Literatur

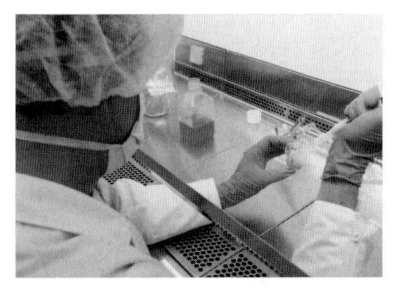

1 Das Zellkulturlabor
Räumliche und apparative Voraussetzungen

Zellkulturarbeiten können, sofern bestimmte Mindestanforderungen erfüllt sind, in jedem Labor durchgeführt werden. Es sollte jedoch, wenn immer möglich, eine Trennung des Zellkulturlabors von anderen, viel benutzten Laborräumen durchgeführt werden. Dies gilt auch für Chemikalien, Geräte und andere Laborutensilien. Hier helfen im Allgemeinen eine gute Kennzeichnung der Geräte sowie eine eigene Spülküche bzw. eigene Reinigungsmöglichkeiten. Wenn es die räumlichen Voraussetzungen erlauben, ist eine weitere Trennung des Arbeitsbereiches, in dem steril gearbeitet werden soll (kleine Kabinen), von den anderen Arbeitsbereichen zu empfehlen.

Ein gut funktionierendes Zellkulturlabor hat im Allgemeinen drei Bereiche: den Reinigungsbereich, den Vorbereitungs- und Verarbeitungsbereich und den eigentlichen sterilen Arbeitsraum (Abb. 1-1). Dabei können bei Raumnot der Reinigungs- und Vorbereitungsbereich zusammengelegt werden. Den eigentlichen Sterilbereich sollte man aber auf jeden Fall abtrennen, vor allem im Hinblick auf den allgemeinen Publikumsverkehr.

In Ausnahmefällen werden Zellkulturen ohne Gefährdungspotenzial auch ohne jegliche Abtrennung in biochemischen Laboratorien durchgeführt. Das stellt jedoch außerordentliche Anforderungen an das Personal, antibiotikafreie Kulturen sind dann z. B. kaum durchzuführen.

Bei Arbeiten mit tatsächlich oder potenziell gefährlichen Zellen oder für die Arzneimittelproduktion und selbstverständlich bei allen Zellkulturarbeiten mit gesetzlichen Auflagen sind dagegen keinerlei Kompromisse zu machen. Hier müssen z. T. strikte Abtrennungen, bis hin zu ausgeklügelten Schleusensystemen installiert werden. Daraus folgt in Bezug auf die Partikelzahl in der Luft (und indirekt auf den Luftkeimgehalt) ein System von Räumen abgestufter Reinheitsklassen (Abb. 1-2). Dies dient dann primär zum Schutz von Mensch und Umwelt, sekundär natürlich auch der Sterilität der Zellkulturen.

1.1 Der Reinigungsbereich

Die Spülküche spielt in der Zellkultur eine entscheidende Rolle; hier zu sparen bzw. unsauber zu arbeiten, kann eine dauernde Quelle für Misserfolge sein. Der Raum selbst muss gut zu lüften und gut zu reinigen sein, da in der zuweilen auftretenden Dampfatmosphäre Bakterien und Pilze wachsen können.

Ein gut ausgestatteter Spülbereich ist bis zur Decke gefliest und hat eine Abflussmöglichkeit im Fußboden. Dies erspart bei einer möglichen Kontamination durch Pilze etc. ein aufwändiges Reinigen der Wände, da Fliesen chemisch resistenter als abwaschbare Ölwandfarbe und deshalb leichter mit Desinfektionsmittel zu behandeln sind. Manchmal genügt zur effektiven Reinigung schon ein Abspritzen der Fliesen mit einer heißen 1%igen Detergenslösung.

Im Reinigungsbereich sollten eine **Laborspülmaschine** (evtl. programmierbar mit einem Programm für Zellkulturgläser), ein oder zwei **Trockenschränke** (bis zu 200 °C oder mehr), ein **Laborautoklav**, eine **Wasseraufbereitungsanlage** (am besten eine Ionenaustauschanlage mit Aktivkohlefilter), ein **Spültisch** mit kaltem und warmem Wasser und viel Platz für Glaswarenlagerung vorhanden sein.

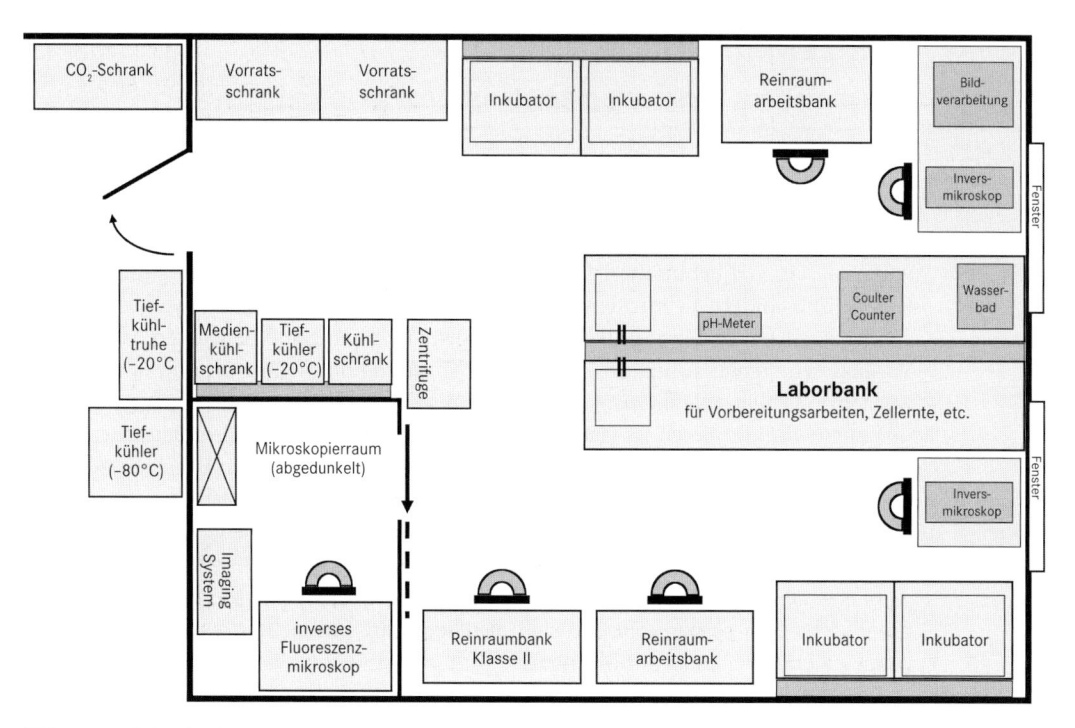

Abb. 1-1 Zellkulturlabor mittlerer Größe. Der Grundriss zeigt ein Zellkulturlabor mittlerer Größe, welches 3 Reinraumarbeitsbänke (Laminar Flow) und 4 CO$_2$-Inkubatoren beinhaltet. Die Anordnung ist dergestalt, dass 3 Personen gleichzeitig arbeiten können. Der Raum wird durch eine Laborbank geteilt, auf welcher alle nötigen Vorbereitungsarbeiten bzw. Analysen (z. B. Zellernte, Zellzählung, etc.) durchgeführt werden können. Die Arbeitswege zwischen Laminar Flow, Inkubator und Inversmikroskop sind extrem kurz gehalten. In das Labor integriert ist auch ein abdunkelbarer Mikroskopraum, in welchem sich ein inverses Fluoreszenzmikroskop mit angeschlossenem Imaging System befindet. Weiterhin befinden sich im Labor zwei große Vorratsschränke für Pipetten, Kulturgefäße, etc., ein geräumiger Medienkühlschrank, ein Tiefkühler für Trypsin, Antibiotika-Vorratslösungen, u. a., sowie ein kleiner Reagenzien-Kühlschrank. Außerhalb des Labors, am Gang, ist eine große Tiefkühltruhe für Serumvorräte aufgestellt. Am Gang vor dem Labor befindet sich auch der Gasschrank für die CO$_2$-Flaschen, aus welchen die Inkubatoren versorgt werden. Durch diese Anordnung muss nicht mit den Gasflaschen in den Sterilbereich des Labors gefahren werden. Die Lagertanks für die Aufbewahrung von Zellen in flüssigem Stickstoff sollten außerhalb des Kulturlabors in einem gut durchlüfteten Raum stehen (Kapitel 15.2). Eine Spülküche zur Reinigung von Glaswaren (Kapitel 6.5), sowie Autoklaven und Heißluft-Sterilisationsschränke (Kapitel 2.5) sollten ebenfalls leicht erreichbar sein, um die sterilsierten Materialien auf kurzen Wegen in den Sterilbereich bringen zu können.

1.2 Der Vorbereitungs- und Verarbeitungsbereich

Für die umfangreichen Vorbereitungsarbeiten sowie für nachfolgende Arbeiten wie Enzymmessungen, Zellanalysen u. a. ist es notwendig, einen eigenen Bereich zu planen.

Dieser Bereich muss alle Einrichtungen zu chemischen Arbeiten besitzen, zunächst also einen **Arbeitstisch** mit 90 cm Höhe und einer möglichst glatten Tischfläche (Edelstahl bzw. Keramikoberfläche). **Gas-, Wasser- und Elektroanschlüsse** sollen reichlich vorhanden sein. Auf viel **Aufbewahrungs-** und **Stauraum** ist hier besonders zu achten, wobei sich Metallschränke bzw. Schränke mit Glastüren bewährt haben. Der Fußboden sollte entweder gefliest sein oder besser einen chemisch resistenten Kunststoffbelag aufweisen. Außerdem sind erforderlich: **Leitfähigkeitsmessgerät, pH-Meter, Magnetrührer, Whirlmixer** und **Osmometer**. Ein ausreichend großer **Kühlschrank** mit **Gefrierfach** (mind. −20 °C) sowie ein **Tiefgefrierschrank** (−80 °C) sollten ebenfalls hier stehen.

1 Das Zellkulturlabor: Räumliche und apparative Voraussetzungen

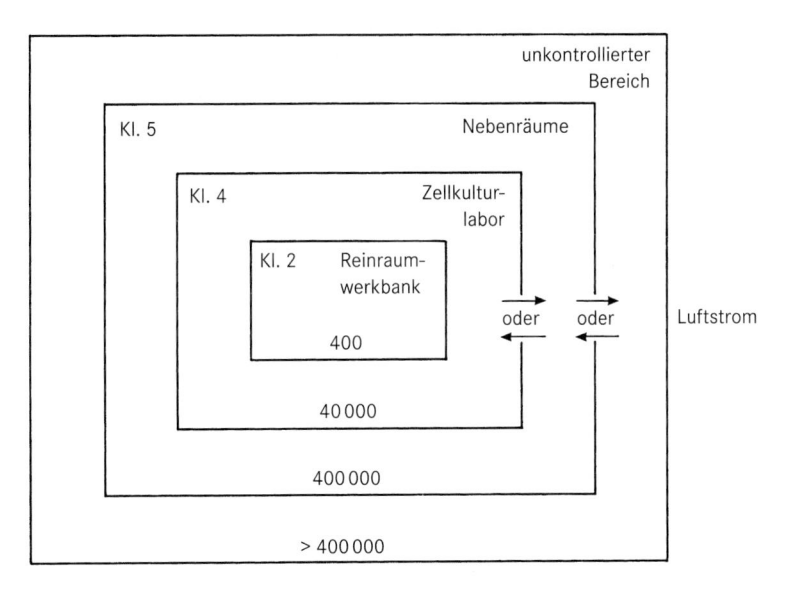

Abb. 1-2 Einteilung eines Laborbereichs in Reinheitsklassen unter GMP-("good manufacturing practice")-Bedingungen. Die Zahlen geben die maximale Partikelzahl/m³ Luft nach VDI 2083, bezogen auf die Partikelgröße 0,5 µm, an.

Dieser Raum muss ebenfalls gut zu lüften sein. Ein direkter Zugang zum eigentlichen Sterilbereich wäre wünschenswert, entweder durch eine eigene Sterilschleuse oder zumindest durch einen kleinen Vorraum, in dem die normalen Laborkittel und Straßenschuhe gegen Schutzkleidung ausgetauscht werden können, die dann nur im Sterilbereich getragen wird. Wenn möglich, sollte schon im Vorraum eine Handwaschmöglichkeit bestehen, wobei ebenso wie im Sterilbereich nur Einmalhandtücher verwendet werden. Es hat sich bewährt, in diesem Vorraum Staubschutzmatten aus Silikon auszulegen, um den Staub von den Schuhsohlen zu binden.

1.3 Der Sterilbereich

Dieser Bereich, in dem die eigentlichen Arbeiten an den Zellkulturen durchgeführt werden, ist so sparsam wie möglich auszustatten, um nicht unnötigerweise Platz und Ecken für Kontaminationsmöglichkeiten zu schaffen. Hier sollten nur die sterile Werkbank, der Brutschrank, ein Wasserbad, eine Zentrifuge, ein Umkehrmikroskop und Schränke für die Aufbewahrung von sterilen Gebrauchsgegenständen vorhanden sein. Dazu kommen allgemeine Einrichtungen wie Waschbecken, Gasanschluss und ausreichende Beleuchtung.

1.3.1 Die sterile Werkbank

Die sterile Werkbank, auch Reinraumwerkbank oder Sicherheitswerkbank genannt, ist in dem Sterilbereich möglichst weit entfernt von der Tür aufzustellen. Eine solche Werkbank ist heute eine unbedingte Voraussetzung zur erfolgreichen Zellzüchtung. Alle anderen Lösungen, wie Arbeiten im Abzug mit UV-Lampe u. Ä. sind unzureichend und schützen nicht zuverlässig vor Kontaminationen. Es gibt eine Vielzahl von Modellen verschiedener Firmen, die aber prinzipiell zwei Typen zuzuordnen sind:

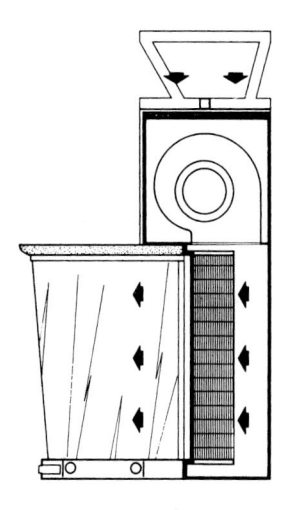

Abb. 1-3 Prinzip der Reinraumwerkbank mit horizontaler Luftströmung (Tischmodell).

Bei der **sterilen Werkbank mit horizontaler Luftströmung** wird in der Regel die Luft mittels eines Ventilators zunächst durch ein Hochleistungsschwebstofffilter (HOSCH-Filter, engl. *High Efficiency Particulate Airfilter*, HEPA-Filter) gedrückt, der senkrecht am Gerät zum Benutzer hin montiert ist. Die gefilterte Luft wird als sterile laminare Verdrängungsströmung horizontal über die Arbeitsfläche geführt (Abb. 1-3).

Diese Geräte sind keine Sicherheitswerkbänke im Sinne der DIN EN 12469: „Sicherheitswerkbänke für mikrobiologische und biotechnologische Arbeiten". Sie dürfen daher für Arbeiten mit Gefährdungspotenzial nicht verwendet werden. Sie sind jedoch für Arbeiten ohne Gefährdungspotenzial durchaus geeignet, z. B. für sterile Präparationen unter einem Stereomikroskop, bei denen es zweckmäßig ist, wenn der Luftstrom herabfallende Partikel vom Präparat wegbläst. Diese Typenklasse ist auch geeignet für die Sterilfiltration ungefährlicher bzw. biologisch unbedenklicher Lösungen und Zubereitungen, wie Zellkulturmedien oder Serumfiltrationen. Die Werkbände sind einfach gebaut, wartungsarm und preisgünstig. Länger dauernde Arbeiten sind meistens unangenehm, weil dem Experimentator ständig Luft ins Gesicht bläst, deshalb wird von einer routinemäßigen Benutzung auch bei Zellkulturarbeiten ohne Gefährdungspotenzial abgeraten.

Bei der **Reinraumwerkbank** (Sicherheitswerkbank) **mit vertikaler Strömung** – zu diesem Typ gehören alle Sicherheitswerkbänke nach DIN 12980 bzw. DIN EN 12469 – wird die Luft entweder vertikal nach oben (Klasse 1) oder vertikal nach unten (Klasse 2) geleitet.

Bei der **Klasse 1** (Abb. 1-4a) wird die Raumluft ohne Filterung angesaugt und durch ein HOSCH (HEPA)-Filter nach oben in den Raum entlassen. Für steriles Arbeiten sind solche Werkbänke nicht geeignet.

Hingegen sind die Sicherheitsbänke der **Klasse 2** (Abb. 1-4b) die am häufigsten verwendeten im Zellkulturlabor (DIN EN 12469). Hier herrscht im Arbeitsraum eine turbulenzarme Verdrängungsströmung (laminar flow, LF) von oben nach unten. Sie werden daher, nicht ganz zutreffend, auch als „Laminar Flow Box" bezeichnet. Mikrobiologisch gesehen ist jedoch nicht die Laminarität, sondern die Sterilität die wichtigste Eigenschaft des Luftstromes. Die von außen angesaugte Luft wird vorne durch ein Gitter in der Arbeitsfläche (ca. 20 bis 30% der gesamten Luftmenge) geführt und entweder durch einen Vorfilter oder direkt in den HOSCH (HEPA)-Filter gepresst (Abb. 1-4b). Bei herabgelassener Frontscheibe entsteht so eine starke Luftströmung zwischen Scheibenunterkante und der Tischkante. Vorgeschrieben ist nach DIN EN 12469 eine Geschwindigkeit von $\geq 0{,}4$ m/s (gemessen am Lufteintrittsblech vorne z. B. mittels eines Anemometers), die verhindert, dass Partikel aus der Raumluft in den sterilen Arbeitsraum gelangen (Luftschleuse). Der Anteil an Raumluft (ca. 30%), der durch die Arbeitsöffnung angesaugt wird, verlässt die Sicherheitswerkbank wieder durch einen HOSCH (HEPA)-Filter in den Raum oder in ein Fortluftsystem. Ein Anschluss an das Fortluftsystem ist nicht vorgeschrieben.

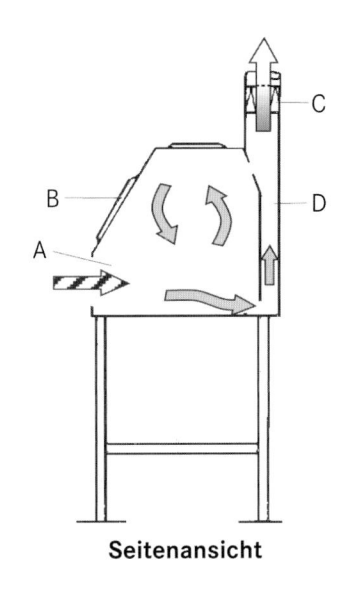

1 Das Zellkulturlabor: Räumliche und apparative Voraussetzungen

Abb. 1-4a Sicherheitswerkbank nach DIN EN 12469 **Klasse 1**. Schematische Darstellung der Luftstromführung: **A**, Frontöffnung; **B**, Frontscheibe; **C**, HEPA-Auslassfilter; **D**, Luftstromrückführung (aus: WHO Laboratory Biosafety Manual, 2004).

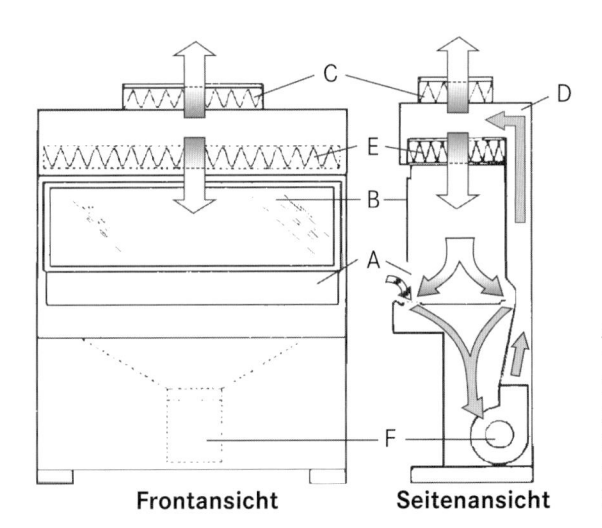

Abb. 1-4b Sicherheitswerkbank nach DIN EN 12469, **Klasse 2**. Schematische Darstellung der Luftstromführung: **A**, Frontöffnung; **B**, Frontscheibe (verschiebbar); **C**, HEPA-Auslassfilter; **D**, Luftstromrückführung; **E**, HEPA-Einlassfilter; **F**, Gebläse (aus: WHO Laboratory Biosafety Manual, 2004).

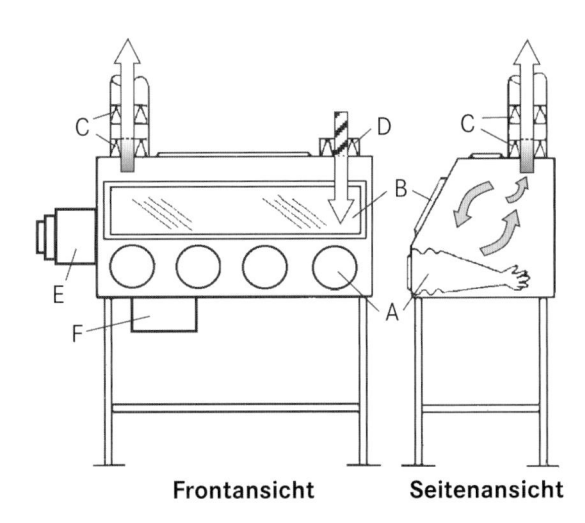

Abb. 1-4c Sicherheitswerkbank nach DIN EN 12469, **Klasse 3**. Schematische Darstellung der Luftstromführung: **A**, Öffnungen für Armhandschuhe; **B**, Frontscheibe; **C**, doppelter HEPA-Auslassfilter; **D**, HEPA-Einlassfilter; **E**, Schleuse; **F**, Sammelbehälter (aus: WHO Laboratory Biosafety Manual, 2004).

Sicherheitswerkbände der **Klasse 3** (Abb. 1-4 c) sind für Arbeiten mit Organismen und Viren der Risikogruppe 4 vorgeschrieben. Sie bestehen aus einem geschlossenen Experimentierraum, in dem ein Unterdruck von > 150 Pa[1] herrschen muss. Die Zuluft wird durch ein HOSCH (HEPA)-Filter eingeleitet, die Abluft muss gemäß DIN EN 12469 von mindestens zwei HOSCH (HEPA)-Filtern gereinigt werden, bevor sie durch ein eigenes Fortluftsystem ins Freie abgeleitet wird. Im Experimentierraum kann nur mit Manipulatoren oder luftdicht eingesetzten, armlangen Handschuhen gearbeitet werden.

Zu den sterilen Werkbänken mit vertikalem Luftstrom gehören auch **Tischgeräte** ohne Wanne und Unterbau, bei denen die Luft von oben angesaugt, durch ein HOSCH-Filter vertikal nach unten gedrückt wird. Sie entweicht wieder vollständig durch eine Öffnung hinten über der Arbeitsfläche sowie durch die Arbeitsöffnung. Die Abluft verhindert wie bei den Sicherheitswerkbänken ein Eindringen von Keimen aus dem umgebenden Raum. Die Abluft wird jedoch nicht gefiltert, weswegen in diesen Werkbänken nur Arbeiten ohne Gefährdungspotenzial durchgeführt werden dürfen. Die preiswerten mobilen Tischgeräte eigenen sich besonders für kleine Laborräume und für Schulungszwecke.

Die für alle Sicherheitswerkbänke zur Reinigung der Zu- und Abluft vorgeschriebenen Hochleistungsschwebstofffilter (**HOSCH-Filter**, engl. HEPA-Filter, s. o.) müssen nach DIN EN 1822 mindestens den Filterklassen H12–H13 angehören (entsprechen der Klasse S der früheren DIN 24184). Ihre Funktion ist in regelmäßigen Intervallen zu überprüfen. Richtlinien zur Wartung und Prüfung sind den Unterlagen der Berufsgenossenschaft Chemie oder denen der kommunalen und staatlichen Versicherungsverbände zu entnehmen (Kapitel 3).

Darüber hinaus gibt es noch eine Reihe von Ausstattungsdetails und Zubehör, die man bei der Auswahl einer Werkbank in Erwägung ziehen sollte:

Notwendig und im Lieferumfang inbegriffen ist mindestens ein **Vakuumanschluss**. Der Anschluss sollte an der Rückwand oder an einer der Seitenwände der Bank angebracht sein. Die **Arbeitsplatte** sollte aus Edelstahl gefertigt sein. Unter dieser abnehmbaren Arbeitsplatte muss ein Auffangbecken angebracht sein, das wöchentlich zu reinigen ist. Weiterhin ist zu beachten, dass der Arbeitsbereich gut beleuchtet ist und sich wenigstens eine **Steckdose** in der Bank oder in unmittelbarer Nähe befindet. **UV-Leuchten** innerhalb der Reinraumwerkbank sind nur bei ausreichender Stückzahl und jährlicher Überprüfung und kurzem Abstand zur Arbeitsfläche zur zusätzlichen Keimabtötung geeignet (Kapitel 2.4.5).

Nach der Aufstellung des Gerätes ist unbedingt ein **Lecktest** vom Hersteller durchzuführen. Dieser Test muss beweisen, dass nach einer gewissen Laufzeit der Bank möglichst keine Partikel, die größer als 0,3 μm sind, festzustellen sind. Ferner darf kein einziger lebender Keim im Luftstrom enthalten sein; dies kann man im Sterilitätstest feststellen (s. u.). Der betreffende Kundendienst hat dabei ein sogenanntes Partikelprotokoll aufzunehmen und dem Kunden auszuhändigen (technische Einzelheiten siehe VDI Vorschriften Nr. 2083, Blatt 3 „Reinraumtechnik, Messtechnik").

Ferner ist sicherzustellen, dass die erforderliche Luftgeschwindigkeit innerhalb der Arbeitsbank eingehalten wird. Diese sollte für den vertikalen Luftstrom zwischen 0,3 und 0,5 m/s betragen, während für die einströmende Luft (Arbeitsöffnung bei Klasse 2) mindestens 0,4 m/s empfohlen wird. Je nach Bauart muss ein Nachstellen der Luftgeschwindigkeit möglich sein, wobei eine Anzeige angibt, wie hoch Luftgeschwindigkeit oder Druckverhältnisse sind.

Empfehlenswert ist es, z. B. vierteljährlich in der Bank **Sterilitätstests** mit bakteriologischen Nährböden durchzuführen. Generell sollte eine Reinraumwerkbank nach einem Jahr nachgemessen werden, um sicherzugehen, dass die erforderlichen Werte eingehalten werden.

Zum Arbeiten an der Reinraumwerkbank (Abb. 1-5) gehört ein leicht zu desinfizierender bequemer Stuhl. Daneben kann ein **Bunsenbrenner** zum Abflammen benutzt werden. Am besten sind

---

[1] 100 kPa = 1 bar = 750 mm Hg (Torr) = 1020 cm WS = 7,5 lb/in^2

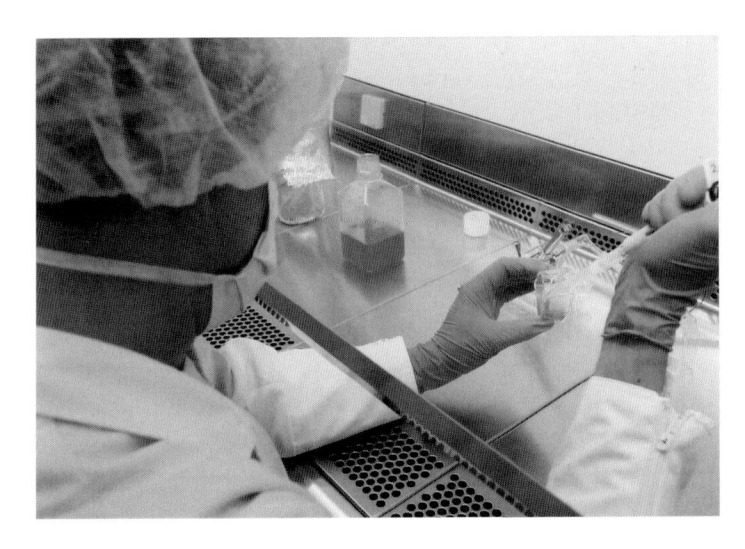

1 Das Zellkulturlabor: Räumliche und apparative Voraussetzungen

Abb. 1-5 Arbeiten an der Reinraumwerkbank. Nur was an Geräten und Zubehör unmittelbar gebraucht wird, soll sich in der Bank befinden.

Bunsenbrenner geeignet, die beim Herabdrücken der Handauflage automatisch zünden. Solche Brenner gibt es auch mit einer bequemen Fußschaltung (siehe jedoch Kapitel 2.4.4).

Zum Absaugen von Medium und anderen Flüssigkeiten ist es vorteilhaft, eine kleine **Vakuumpumpe** außerhalb der Werkbank aufzustellen und diese Pumpe mittels zweier Woulff'scher Flaschen und geeigneten Schläuchen mit der Reinraumwerkbank zu verbinden. Eine kleine Flasche direkt an der Vakuumpumpe soll den Übertritt von Flüssigkeit in die Pumpe verhindern und eine zweite, nachgeschaltete größere Flasche dient zum Auffangen der abgezogenen Flüssigkeiten. Die verbindenden Schläuche sollten wenigstens innerhalb des Sterilbereiches der Bank aus Silikon bestehen. Halbautomatische Absaugsysteme (Abb. 1-6), die zudem noch leicht zu autoklavieren sind, sind mittlerweile in verschiedenen Ausführungen kommerziell erhältlich. Über einen Druckknopf an der Halterung für die sterilen Pasteurpipetten wird die Saugpumpe an- und abgeschaltet, und so kann das Absaugen des Mediums beliebig gesteuert werden. Die dichten Auffanggefäße erleichtern die Entsorgung von infektiösen Medien.

Als weiteres Gerät in der Reinraumwerkbank muss eine **Pipettierhilfe** (Abb. 2-4) vorhanden sein. Es gibt eine ganze Reihe von mechanischen und elektrischen Pipettierhilfen, wobei den elektrisch betriebenen der Vorzug eingeräumt wird, da diese bequemer und sicherer einsetzbar sind. Man sollte niemals mit dem Mund pipettieren! Bei vorschriftsmäßig herabgelassener Scheibe ist dies ohnehin nicht möglich.

Die Reinraumwerkbank stellt ebenfalls eine mögliche Quelle von Problemen innerhalb der Zellkultur dar. Vor allem die Kontaminationsgefahr darf nicht unterschätzt werden, die auch unter der Bank besteht. Deshalb sollten Anfänger das Arbeiten mit den Flaschen, den Pipetten und einem sterilen Medium ohne Antibiotika zuerst ohne Zellen üben, um zu erkennen, ob die Sterilität auch wirklich eingehalten wird.

Die sterile Werkbank sollte keinesfalls als Lager für Zellkulturflaschen und anderen Utensilien dienen. Die Bank sollte man ca. 10 min vorher einschalten und vor der Arbeit selbst ganz mit 70%igem Alkohol aussprühen. Die Anordnung der Flaschen, der Pipetten und der elektrischen Pipettierhilfe sollte so ergonomisch erfolgen, dass man keine offenen Flaschen oder Petrischalen überstreichen muss. Dies bedingt eine Arbeitsweise, dass in der Reinraumwerkbank nicht von oben pipettiert werden kann, da der Luftstrom mögliche Keime, die z. B. an der Pipettierhilfe haften könnten, direkt in die offene Zellkulturflasche befördern könnte. Es sollte immer schräg seitlich sowohl die Pipette als auch die Flasche gehalten werden. Jeglicher Kontakt der sterilen Pipetten mit der unsterilen Außenseite der Kulturflaschen bzw. -schalen ist zu vermeiden. Bei erfolgtem Kontakt ist sofort eine neue Pipette zu verwenden. Auch sollte man darauf achten, dass die Einlassöffnun-

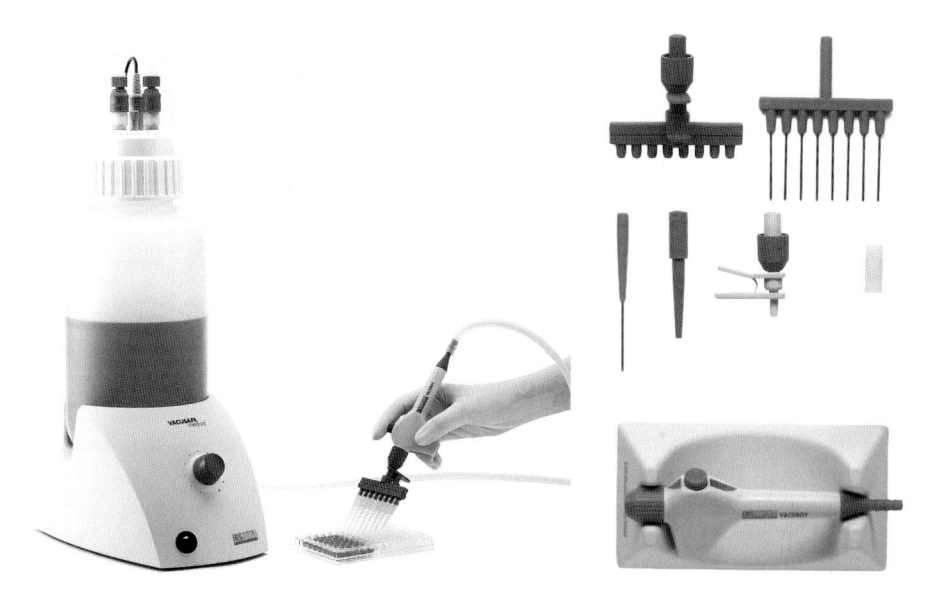

Abb. 1-6 Halbautomatisches, sehr leises Absaugsystem mit Zubehör für Zellkulturmedien (Fa. INTEGRA Biosciences GmbH).

gen für die Umluft sowohl vorne als auch hintern nicht zugestellt werden, um eine Unterbrechung des Luftstroms zu verhindern. Weiterhin ist es vorteilhaft, die Arbeiten ca. 10 cm in die Bank hinein zu verlegen, da am äußeren Rand die Luftströme noch leichter verwirbelt werden können als nach innen zu. Keinesfalls sollte man bei geöffnetem Bankfenster arbeiten, hier haben sich akustische Signale bewährt, die beim Öffnen ertönen, wenn die Bank angestellt ist. Es ist nicht zu empfehlen, die Bank über Nacht bzw. im Dauerbetrieb zu halten, die laminaren Verhältnisse des Windstroms werden dadurch nicht verbessert. Diese stellen sich schon nach ca. 2–3 min ein und selbst bei Unterbrechungen von einer Stunde stellt man besser die Werkbank aus.

Wartung. Die Überprüfung der HOSCH-Filter sollte mindestens einmal im Jahr durch den Kundendienst erfolgen, hier zu sparen ist im Sinne der Kontaminationsverhütung und einer ordnungsgemäßen Qualitätskontrolle (Kapitel 16.1) nicht ratsam. Eine weitere, und recht einfache Methode der Überprüfung der Reinraumverhältnisse beruht darin, dass man unter die laufende Reinraumwerkbank Petrischalen mit Nähragar für Bakterien offen ca. 1 h in den Luftstrom stellt. Danach werden die Petrischalen für mindestens 1 Woche bebrütet, um Bakterienwachstum zu diagnostizieren. Sollte tatsächlich Wachstum auf den Platten auftreten, so ist eine Überprüfung durch den Kundendienst schnellstens zu veranlassen und evtl. ein Austausch der Filter ratsam. Unbedingt zu vermeiden ist ein Arbeiten an der Reinraumwerkbank mit Zellkulturen bei Grippe oder anderen Erkältungskrankheiten.

Weitere Geräte sollten im Reinraumbereich nicht fest installiert sein.

1.3.2 Der Brutschrank

Da vor allem Säugetierzellen auf Temperaturschwankungen und Schwankungen des CO_2-Gehalts sehr empfindlich reagieren, ist die Auswahl eines geeigneten Brutschrankes (Abb. 1-7) von zentraler Bedeutung. Pflanzenzellkulturen kann man bei Raumtemperatur ohne Begasung relativ leicht züchten (Teil V).

1 Das Zellkulturlabor: Räumliche und apparative Voraussetzungen

Abb. 1-7 Begasungsbrutschrank für Zellkulturen (Fa. Thermo Scientific).

Bei der Züchtung von Säugetierzellen kommt es vor allem auf die Umgebungsbedingungen an, die denen *in vivo* möglichst nahe kommen sollten. Diese Bedingungen werden einerseits durch das die Zellen umgebende Medium simuliert, andererseits durch die Umgebungsbedingungen im Brutschrank (Kapitel 5).

Die **Temperaturkonstanz** im Brutschrank, die gerade für Säugerzellen sehr strikt eingehalten werden muss (Kapitel 9.2), kann durch verschiedenartige Regulierungssysteme und Übertemperatursicherungen gesteuert werden. Sogenannte Wassermantelbrutschränke reagieren relativ träge auf einen Temperaturwechsel, da ein ca. 50 l Wasser enthaltender Mantel den eigentlichen Brutraum umschließt. Der Vorteil ist eine gute Temperaturkonstanz, allerdings braucht der Brutschrank bei Temperaturabfall o. Ä. relativ lange, um die Solltemperatur wieder zu erreichen. Wesentlich schneller reagieren Brutschränke ohne Wassermantel auf Temperaturschwankungen. Bei diesen Brutschränken sind an der Innenseite des Schrankes Heizelemente angebracht und die Luft wird meist mittels eines kleinen Ventilators umgewälzt. Als weitere Variante wird das sogenannte Luftmantelsystem propagiert: Hierbei ist im Außenmantel ein Heizungssystem angebracht, das nur bei Bedarf erwärmtes Wasser durch den Mantel pumpt und so eine Temperaturkonstanz im Inneren erreicht. Die Kontrolle der Temperatur kann leicht und einfach vom Benutzer selbst über ein geeichtes analoges Fieberthermometer durchgeführt werden, oder über ein geeignetes Maximum-Minimum-Thermometer.

Der Brutschrank darf keinesfalls im Inneren Keimwachstum zulassen. Daher muss er auch in den Ecken leicht zugänglich und gut zu reinigen sein. Am besten geeignet für diesen Zweck sind Brutschränke, die innen mit **Kupferblech** ausgekleidet sind, da dieses bakterizid und fungizid wirkt. Jedoch genügen Innenauskleidungen aus Edelstahl durchaus den Anforderungen, sie müssen allerdings jede Woche einmal gründlich gesäubert werden. Neuere Legierungen aus Edelstahl mit anderen Metallen versprechen ähnliche bakterizide und fungizide Eigenschaften wie Kupfer zu besitzen, jedoch fehlen den Autoren noch entsprechende Erfahrungen. Die Einlegebleche und deren Halterung, sofern aus Edelstahl, müssen dennoch regelmäßig desinfiziert werden. Der einzig sichtbare Nachteil solcher Kupferschränke ist, dass das Kupferblech trotz guter Pflege nach einiger Zeit relativ unansehnlich wirkt, was aber ihrer Funktionsfähigkeit keinen Abbruch tut. Bei einigen neueren Modellen mit Edelstahlinnenauskleidung wurde ein zusätzliches Filtersystem für die Umluft (ähnlich wie bei den Reinraumwerkbänken) eingebaut. Es soll die unsterile Innenluft, die ja umgewälzt wird, zusätzlich filtern. Hinsichtlich der Praktikabilität solcher Systeme herrscht keine Übereinstimmung, genauso wenig über Systeme mit sogenannter Selbstreinigung, die den Brutschrank auf Temperaturen über 160 °C für eine halbe Stunde oder mehr erhitzen, um ihn zu desinfizieren. Geräte neuerer Bauart haben eine programmierbare Desinfektionsroutine von 90 °C über 24 h unter feuchter Hitze. Derartige Systeme sind zwar praktisch, setzen jedoch einen zweiten Brutschrank mit der identischen Ausstattung zwingend voraus.

Neben der Temperaturkonstanthaltung und der guten Reinigungsmöglichkeit muss der Brutschrank eine **interne Raumbefeuchtung** besitzen. Dies spielt bei Zellkulturen mit relativ großem Nährmediumvolumen (15 ml und mehr) für die Zeit der Inkubation (3–7 Tage) noch keine entscheidende Rolle. Bei Kulturen mit geringem Mediumvolumen (z. B. beim Klonieren in sogenannten Multikammersystemen o. Ä.) spielt dies dagegen eine sehr erhebliche Rolle (Randeffekte!). Ein drastischer Anstieg der Osmolarität bei Austrocknung wäre die Folge, woran die empfindlichen Kulturen sehr schnell sterben würden. Es gibt hier auch bauartbedingte Unterschiede, um eine nahezu 100 %ige relative Luftfeuchtigkeit zu gewährleisten. Entscheidend bei der Auswahl ist hier neben der möglichst guten Raumbefeuchtung die Reinigungs- und Austauschmöglichkeit des Wassers bzw. des Wasserbehälters. Kondenswasser an den Seitenwänden bzw. an den Türen sollte nicht auftreten, letzteres kann durch eine Türheizung effektiv verhindert werden.

Ein weiterer wichtiger Faktor bei der Auswahl eines Brutschrankes zum Züchten von Säugetierzellen ist die kontrollierte **Zufuhr von Gasen**, in der Hauptsache CO_2-Gas. Auch wenn es einige Zellarten gibt, die ganz ohne äußere CO_2-Zufuhr auskommen, sollte stets ein Begasungsbrutschrank eingeplant werden. Man sollte sich von Zeit zu Zeit vergewissern, dass die Anzeige der CO_2-Konzentration am Gerät auch wirklich mit der internen Gaskonzentration übereinstimmt.

Zur Kontrollmessung der CO_2-Konzentration, die ca. alle 2–3 Monate durchgeführt werden sollte, verwendet man am besten ein Gerät der Fa. Drägerwerk AG, Lübeck, das zur Prüfung von gasförmigen Stoffen für vielerlei Zwecke eingesetzt werden kann (Abb. 1-8). Es handelt sich dabei um eine kalibrierte Handpumpe, die ein Gasvolumen von exakt 100 ml durch ein Prüfröhrchen pumpt. Dieses Röhrchen ist mit einem Farbindikator, einer Anzeigeschicht und einer Messskala ausgestattet. Pumpt man die Luft bzw. das zu prüfende Gasgemisch durch das Röhrchen, verfärbt sich die Anzeigeschicht (Abb. 1-9). Es gibt CO_2-Röhrchen für 0,01–60 Vol.-% CO_2. Bei der Messung ist zu berücksichtigen, dass der Brutschrank vor der Messung eine Zeit lang nicht geöffnet wird, um eine gute Durchmischung zu gewährleisten. Für die Messung gibt es bei manchen Brutschränken eigene Gasaustrittsöffnungen, an die das Röhrchen über einen Gummiadapter o. Ä. angeschlossen werden kann. Bei diesen Adaptern empfiehlt es sich, zunächst etwas Luft mittels einer Pipette o. Ä.

Abb. 1-8 Gerät zur Prüfung von Gaskonzentrationen.

aus dem Schlauch zu saugen, damit man beim Messvorgang wirklich nur Innenluft des Brutschrankes absaugt. Sollte sich keine spezielle Öffnung dafür am Brutschrank befinden, muss die Pumpe im zusammengedrückten Zustand sehr schnell in den Brutschrank gebracht werden, die Tür zum Brutschrank darf nicht zu weit geöffnet und muss sofort wieder geschlossen werden, um nicht allzu viel CO_2 aus dem Brutschrank entweichen zu lassen. Dies erfordert Übung und einige Röhrchen! Durch Glastüren lassen sich auch nachträglich leicht Löcher zur Einführung eines Messröhrchens bohren, die mit einem Gummistopfen verschlossen werden können.

Für besondere Fragestellungen gibt es heute Brutschränke, die neben der erforderlichen CO_2-Gaszufuhr noch weitere kontrollierte Zufuhren anderer Gase, wie O_2 oder N_2 zulassen. Die Gasflaschen sollten aus Sicherheitsgründen prinzipiell nicht offen neben dem Brutschrank angebracht werden. Es empfiehlt sich, entweder einen gesicherten Gasschrank anzuschaffen oder noch besser, einen zentralen Gasversorgungsraum mit entsprechenden Zuleitungen zu installieren.

Ferner sollte man sich der Tatsache bewusst sein, dass der am Gasflaschenmanometer angezeigte Druck solange konstant bleibt, bis alles flüssige CO_2 in den Druckflaschen verdampft ist. Danach fällt der Druck rasch ab. Dabei hat sich ein sogenannter **Gaswächter** bewährt, der von der Versorgungsflasche auf eine zweite vorhandene volle Reserveflasche automatisch umschaltet, wenn die 1. Flasche leer ist. Eine elegante Lösung stellen vollautomatische zentrale CO_2-Versorgungsanlagen dar.

Es gibt auch größere Brutschränke als den in Abb. 1-7 dargestellten. In ihnen können mehrere Spinnerflaschen oder größere Rollergestelle mit 20–30 Rollerflaschen untergebracht werden.

Obwohl die CO_2-Konzentration im Sterilbereich kein tatsächliches Problem für den/die Arbeitende(n) bedeutet, sollte man sich die Tatsache vor Augen führen, dass CO_2 schwerer als Luft ist und

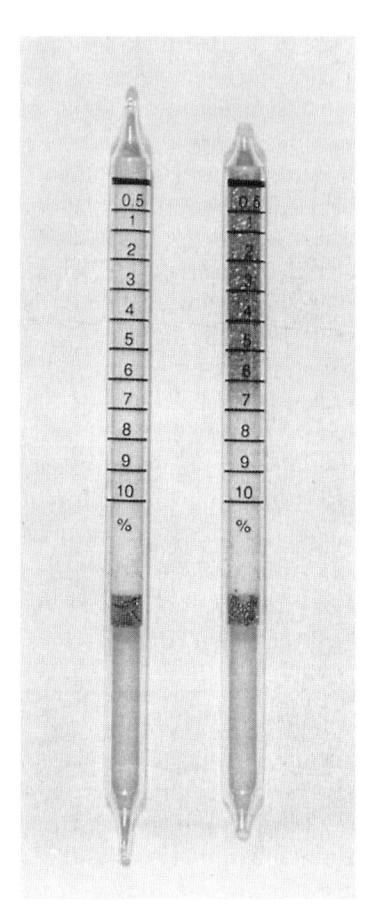

Abb. 1-9 Messröhrchen zur Messung von CO_2-Konzentrationen. Links ungeöffnetes Messrohr, rechts geöffnetes und benutztes, Gehalt 6% CO_2.

Abb. 1-10 Beleuchteter Brutschrank mit Schütteleinrichtung für Pflanzenzellkulturen (New Brunswick Scientific).

sich theoretisch am Boden ansammeln könnte. Deshalb ist es zu empfehlen, die Zwangsentlüftung für diesen Raum, falls möglich, direkt neben dem Brutschrank und am besten nicht an der Decke, sondern in Höhe des Inkubators oder sogar in Fußbodenhöhe zu platzieren. Dabei sollte man aber immer darauf achten, dass der positive Überdruck in diesem Bereich erhalten bleibt, um nicht unsterile und ungewollte Luft von anderen Bereichen in den Sterilbereich zu führen.

Der Brutschrank sollte in unmittelbarer Nähe der Reinraumwerkbank aufgestellt werden (Abb. 1-1). Der Brutschrank sollte so aufgestellt sein, dass man auch an die Rückseite zu Reinigungszwecken gelangen kann. Weiterhin sollte der Brutschrank weder in die Nähe einer Wärmequelle, wie Heizung o. Ä., noch in unmittelbarer Nähe des Fensters aufgestellt sein, da dies z. B. bei Sonneneinstrahlung zu erheblichen Temperaturschwankungen führen kann.

Für Pflanzenzellkulturlaboratorien eignen sich thermostatisierte Braträume mit Beleuchtungsmöglichkeiten am besten, in denen größere Schüttler aufgestellt werden können (s. Abb. 26-1b). Für kleine Ansätze gibt es thermostatisierte Brutschränke mit Schüttlereinrichtung (Abb. 1-10). Eine Begasung oder Feuchteeinrichtung ist für Pflanzenzellkulturen nicht notwendig (Teil V).

Säugerzellen benötigen Temperaturen um 37 °C. Für Fischzellkulturen und Invertebratenzellen muss die Temperatur individuell eingestellt werden, während für Pflanzenzellkulturen meist die Raumtemperatur optimal ist. Näheres darüber in den speziellen Kapiteln (Kapitel 9.2).

1.3.2.1 Probleme bei Brutschränken und Lösungen

Der CO_2-Brutschrank kann die Quelle andauernder Probleme sein, dabei ist nicht unbedingt ersichtlich, dass sie unmittelbar vom Brutschrank herrühren.

Jedoch sind einige Voraussetzungen beim Brutschrank und dessen Betrieb zwingend dauernd zu überprüfen (s. o.), die für den Erfolg der Zellkultivierung entscheidend sind.

Wichtig für die kultivierten Säugerzellen ist es nicht so sehr, die absolute bzw. die optimale Temperatur genauestens zu erreichen, sondern diese über einen längeren Zeitraum konstant zu halten. So gibt es zwar geringe Abweichungen von den 37 °C (Bedingungen z. B. zwischen Lymphocyten und Fibroblasten), dennoch ist es wichtiger, die einmal eingestellte Temperatur konstant zu halten. Dies sollte natürlich durch die Konstruktionsprinzipien der verschiedenen Bauarten der Brutschränke gewährleistet sein, doch ist eine einfache Kontrolle durch ein Maximum-Minimum-Thermometer im Brutschrank empfehlenswert. Es kann auch ein Fieberthermometer diese Dienste leisten, doch sollte das Thermometer nicht direkten Kontakt zu den Einlegeblechen haben, sondern es sollte sich z. B. in einem offenen Glasgefäß mit etwas Wasser befinden.

Die Überprüfung der Luftfeuchtigkeit ist ebenfalls relativ einfach zu vollziehen. Man nehme eine Mikrotiterplatte z. B. mit 96 Vertiefungen und fülle in jede Vertiefung 100 µl Wasser. Danach wiege man die Platte und inkubiere sie z. B. für eine Woche, um sie dann wieder zu wiegen. Der Gewichtsverlust durch Verdunsten darf nicht höher als ca. 10% sein, ansonsten kann es zu erheblich Schwierigkeiten für die kultivierten Zellen gerade bei Klonierungen oder Einzelzellablagen in solchen Mikrotiterplatten kommen.

Die Überprüfung des CO_2-Gehalts im Brutschrank sollte man mindestens alle drei Monate mittels der im Kapitel 1.3.2 beschriebenen Methode vornehmen. Obwohl die modernen Brutschränke meist ein System besitzen, das die einmal eingestellte CO_2-Konzentration wirksam aufrecht erhält, ist es ratsam, der elektronischen Anzeige nicht blind zu vertrauen. Eine weitere Möglichkeit der CO_2-Kontrolle im Brutschrank ist selbstverständlich die Farbe des Kulturmediums. Es gehört zur Routine im Labor der Autoren, eine T-25-Kulturflasche mit ca. 30 ml Zellkulturmedium ohne Zellen in den Brutschrank zu stellen und die Farbe jeden Tag zu kontrollieren. Auch wenn die Farbe des Phenolrots keine exakte pH-Messung ersetzen kann, so ist doch ein täglicher Vergleich zu den Kulturflaschen mit Zellen hilfreich, um extremen Schwankungen im CO_2-Gehalt und damit Medienproblemen zu begegnen.

Eine weitere Rolle spielt die Kontaminationsgefahr im Brutschrank selbst. Es ist irrig, anzunehmen, dass im Brutschrank jemals sterile Verhältnisse erreicht werden könnten. Diesbezüglich hat es in der Vergangenheit immer wieder neue Ansätze gegeben, dies zu erreichen. Jedoch sind diese Maßnahmen bisher nicht nachvollziehbar validiert worden und bedeuten eher eine trügerische Sicherheit, die nicht gegeben ist. Bestens haben sich jedoch die Vollkupferauskleidungen der Brutschränke bewährt, die die Reinigungsintervalle auf 2 Monate im Labor des Erstautors verlängerten. Weitere Maßnahmen, wie z. B. Erhitzen des Brutschrankes auf 180 °C für 1 Stunde sind nur dann sinnvoll, wenn ein zweiter Brutschrank existiert; denn während dieser Zeit der Dekontamination müssen die Zellen weiterhin in ihren physiologischen Umgebungsbedingungen verbleiben. Eine Reinraumatmosphäre mittels HEPA-Filterung der Brutschrankumluft gibt keine zusätzliche Sicherheit, da ein einfaches Öffnen des Brutschrankes und Entnehmen der außen unsterilen Kulturflaschen zu einer weiteren „Kontamination" des Brutschrankes führt.

1.3.2.2 Weitere Geräte im Sterilbereich

Neben einer Reinraumwerkbank und dem Brutschrank werden im Sterilbereich noch folgende Geräte benötigt:
- ein temperierbares **Wasserbad**
- eine **Kühlzentrifuge**, die wenigstens 1000 × g leistet mit einem Rotor, der unterschiedlich große Zentrifugenröhrchen aufnehmen kann (z. B. 15 ml und 50 ml Röhrchen)
- ein **Umkehrmikroskop** mit Phasenkontrasteinrichtung (Abb. 1-11)
- eine **Kühl-/Gefrierkombination** (+4 °C/−20 °C)
- eine **Tiefkühltruhe** (−80 °C).

Besonderer Wert sollte auf die Ausstattung des Mikroskops gelegt werden, da ohne Mikroskopieren ein Arbeiten mit Zellkulturen nicht möglich ist (Kapitel 14.1). Eine Phasenkontrasteinrichtung gehört zur Standardausrüstung, da ohne diese mikroskopische Hilfseinrichtung eine Beobachtung von lebenden tierischen Zellen nahezu unmöglich ist.

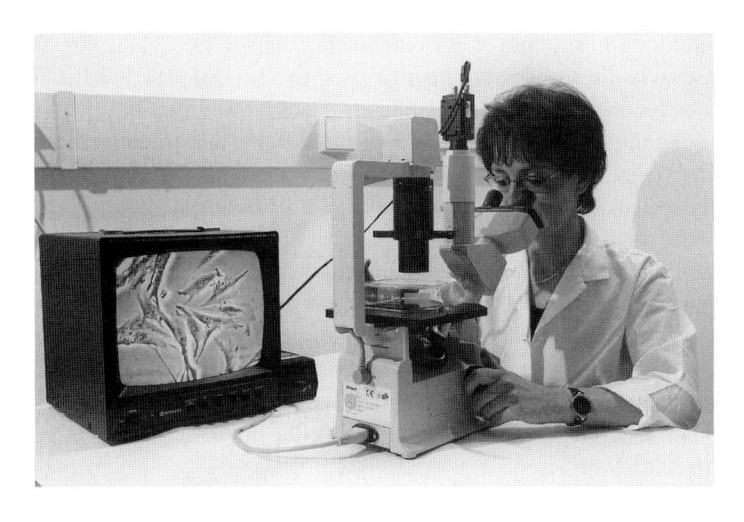

Abb. 1-11 Umkehrmikroskop mit Phasenkontrasteinrichtung und Videokamera und Monitor (Foto: W. Maile).

Die erste Analyse der Zellen findet in der Regel durch Mikroskopieren statt. So kann z. B. eine bakterielle Kontamination schon nach einem Tag ohne Weiteres im Mikroskop festgestellt werden. Um routinemäßig den morphologischen Zustand der Zellen zu beurteilen, genügt meist schon ein Blick ins Mikroskop. Von unschätzbarem Vorteil ist eine Einrichtung zur Fotodokumentation (am besten eine digitale Spiegelreflexkamera mit direkter Verbindung zum Mikroskop oder eine Videokamera mit dazugehörigem PC). In die Überlegungen zur Anschaffung eines Mikroskops sollte weiterhin eine Fluoreszenzeinrichtung einbezogen werden, da viele zellbezogene Tests und Anfärbungen heute ohne diese Technik nicht mehr möglich sind. Die Integration der Fluoreszenz in ein Umkehrmikroskop ist heute durchaus möglich, doch lohnt auch die Anschaffung eines zusätzlichen Forschungsmikroskops. Lichtausbeute und Erweiterungsmöglichkeiten, z. B. in der digitalen Auswertung von Videobildern, sprechen für diese zusätzliche Investition.

Im Sterilraum sollte möglichst viel **Platz für sterile Gläser und Einmalartikel** vorhanden sein. Am besten sind staubgeschützte Schränke (formaldehydfrei) mit verglasten Türen zu verwenden.

Zudem ist es wünschenswert, dass die Wände des Sterilraumes abwaschbar sind. Wichtig ist ferner eine gute Be- und Entlüftung, wobei ein leichter Überdruck im Sterilraum herrschen sollte. Die Zuluft sollte möglichst gefilterte Frischluft sein. Weitere Einrichtungen für den Sterilraum sind ein **Waschbecken**, sowie eine **Arbeitsfläche**. Weiterhin sollten verschließbare **Abfalleimer** o. Ä. vorhanden sein, die täglich zu entleeren sind. Dies gilt auch für das Gefäß, in dem verbrauchte Medien aufgefangen werden.

Wenn größere Mengen gleichartiger Zellkulturen in geschlossenen Kulturgefäßen gezüchtet werden sollen, können begehbare, thermostatisierte Iiterräume, auch sogenannte Klimakammern, geeignet sein. Da der technische Aufwand für Bau und Betrieb nicht unerheblich ist, nur *eine* Temperatur mit zumutbarem Aufwand eingeregelt werden kann und nur Medien ohne Hydrogencarbonat verwendet werden können, sind begehbare Bruträume keine generelle Alternative zu den vielseitig verwendbaren Brutschränken.

2 Steriltechnik – Kontaminationen

Die Steriltechnik umfasst alle Arbeitsverfahren, die darauf abzielen, Kontaminationen mit unerwünschten Mikroorganismen in Zellkulturen zu verhindern. Eingeschlossen werden auch die Kontaminationen mit anderen Zellarten (Kreuzkontaminationen), auf die am Schluss des Kapitels eingegangen wird (Kapitel 2.8).

Unter **mikrobiologischen Kontaminationen** versteht man das Einbringen und Wachstum von Mikroorganismen, worunter die prokaryoten Bakterien (und Mycoplasmen) sowie die eukaryoten Pilze und Hefen fallen. Wenn es um die Elimination aller pathogenen oder zellschädigenden Kontaminationen geht, dann fallen auch die Viren darunter, obwohl sie als nichtzelluläre Partikel nicht zu den Mikroorganismen zu rechnen sind.

Zellkulturmedien stellen auch für Mikroorganismen ausgezeichnete Nährböden dar, in denen sie sich innerhalb kürzester Zeit stark vermehren können. Aus einer Zelle von *Escherichia coli* entstehen theoretisch innerhalb von 30 Stunden Kulturdauer bei einer Generationszeit von 30 min 32 kg Zellmasse aus 2^{60} Zellen bestehend. In der Praxis sind dies zwar erheblich weniger, aber dennoch ausreichend, um eine Zellkultur über Nacht dadurch zu zerstören, dass die Bakterien wichtige Nährstoffe völlig verbrauchen und durch die gebildeten Metabolite und Zerfallsprodukte eine Kultur irreversibel schädigen. Mikroorganismen können dabei außerordentlich resistent sein.

Zum Begriff „steril" ist festzuhalten, dass dieser „frei von vermehrungsfähigen Mikroorganismen und deren Dauerstadien" bedeutet, also ein absoluter Begriff ist (absolute Keimfreiheit). Die Prüfung der Sterilität ist meist schwierig (Kapitel 2.5), da die Gefahr falsch positiver wie falsch negativer Ergebnisse groß ist (Sekundärkontamination, begrenzte Stichprobenzahl).

Trotz der Verwendung von Antibiotika bilden Kontaminationen mit Bakterien, Pilzen und Mycoplasmen nach wie vor ein wesentliches Problem bei der Kultur von Zellen. **Viruskontaminationen** scheinen dagegen weit weniger häufig zu sein. Dies hängt wohl mit der größeren Empfindlichkeit der Viren gegenüber z. B. Temperaturen über 37 °C bzw. 55 °C zusammen. Dennoch wird auf eine kürzlich beobachtete Viruskontamination von humanen Zelllinien mit einem Affenvirus (SMRV = *Squirrel Monkey Retrovirus*) verwiesen, die eine Einstufung der infizierten Zelllinien durch die *Zentrale Kommission für die Biologische Sicherheit* (ZKBS, www.bvl.bund.de) in L2 erforderlich machte (Kapitel 3).

Alle aseptischen Arbeitsschritte sollen sowohl mikrobiologischen Grundregeln als auch dem gesunden Menschenverstand folgen. Sie müssen wirtschaftlich und im Routinelabor praktikabel sein. Eine absolute Sicherheit kann dabei nicht erreicht werden, auch wenn alle Maßnahmen immer wieder kontrolliert werden. **Quellen der Kontamination** können sein: kontaminierte Zellen, Gerätschaften, Medien und Reagenzien sowie Luftkeime (Abb. 2-1).

Kontaminierte Zellen werden oft von einem Labor zum anderen weitergegeben (Kapitel 2.8), Gerätschaften können vor allem bei Ausfall von Autoklaven und Heißluftsterilisatoren keimhaltig sein, während Medien und Reagenzien fehlerhaft hergestellt und mangelhaft geprüft sein können. Die größte Quelle für Luftkeime ist meist der Mensch (Abb. 2-2). Eine Kontamination von Kulturen tritt immer wieder auf und lässt sich nie ganz vermeiden. Kommt es jedoch zu wiederholten Infektionen, ist systematisch nach der Infektionsquelle zu suchen (Überprüfung der Funktionstüchtigkeit der Geräte, Evaluierung der Arbeitsschritte, etc.), da sonst ein Zellkulturlabor durch ständige Infektionen lahmgelegt werden kann.

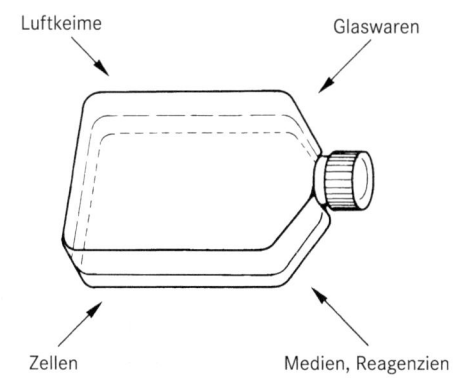

Abb. 2-1 Kontaminationsquellen für Zellkulturen.

Kopfhaut $1,5 \times 10^6/cm^2$

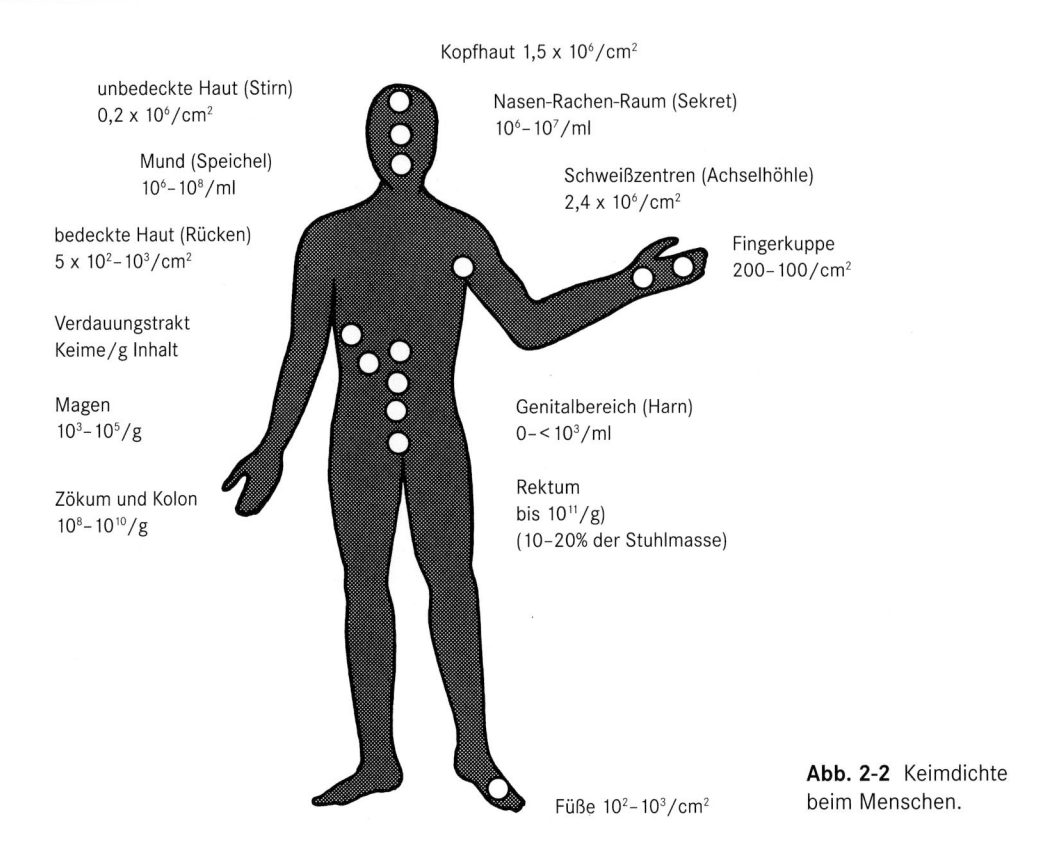

unbedeckte Haut (Stirn)
$0,2 \times 10^6/cm^2$

Nasen-Rachen-Raum (Sekret)
$10^6 - 10^7/ml$

Mund (Speichel)
$10^6 - 10^8/ml$

Schweißzentren (Achselhöhle)
$2,4 \times 10^6/cm^2$

bedeckte Haut (Rücken)
$5 \times 10^2 - 10^3/cm^2$

Fingerkuppe
$200 - 100/cm^2$

Verdauungstrakt
Keime/g Inhalt

Magen
$10^3 - 10^5/g$

Genitalbereich (Harn)
$0 - <10^3/ml$

Zökum und Kolon
$10^8 - 10^{10}/g$

Rektum
bis $10^{11}/g)$
(10–20% der Stuhlmasse)

Füße $10^2 - 10^3/cm^2$

Abb. 2-2 Keimdichte beim Menschen.

2.1 Der Sterilbereich

Wie bereits in Kapitel 1.3 ausgeführt, soll dieser Teil vom übrigen Labor abgetrennt sein, empfehlenswert sind weitgehend verglaste Wände und eine gut dichtende Schiebetür. Wände und Fußböden werden zweckmäßigerweise mit fugenlosen Kunststoffbahnen belegt, die leicht zu reinigen sind. Sie müssen UV-stabil sein, falls UV-Strahler installiert werden sollen.

Den eigentlichen Arbeitsplatz, die Reinraumwerkbank, stellt man an dem der Tür entferntest gelegenen Platz auf, Fenster und Türen bleiben während der Arbeit geschlossen (vgl. Sicherheitsvorschriften Kapitel 3.1). Im Zellkulturlabor sollten auch keine Tiere seziert werden, z. B. zur Gewebeentnahme für Primärkulturen (Kapitel 19.1). Für Tierpräparationen ist ein eigener Raum oder zumindest eine eigene Reinraumwerkbank mit vertikalem Luftstrom vorzusehen. Versuchstiere und deren Käfige sind eine große Quelle von Luftkeimen. Als sehr nützlich haben sich sogenannte **Staubschutzmatten** erwiesen. Sie müssen täglich feucht gereinigt werden und halten dann viel Staub und Schmutz von den Schuhen zurück.

2.2 Laborreinigung

Auf dem Fußboden und anderen Oberflächen lagern sich vor allem nach Arbeitsende Staubpartikel mit anhaftenden Keimen ab. Sie können dann wieder aufgewirbelt werden, wenn sie nicht möglichst täglich entfernt werden. Für die Fußbodenreinigung verwendet man am besten ein **Desinfektionsmittel** mit einem Reinigerzusatz.

2.3 Hygiene

Der Mensch beherbergt eine Vielzahl von Mikroorganismen, die durch „Tröpfcheninfektion" in die Kulturen gelangen können. Bei Arbeiten in Reinraumwerkbänken sollte daher nicht gesprochen werden. Es sollte außerdem nicht mit einer Erkältung gearbeitet werden, zumindest sollte man eine **Gesichtsmaske** tragen, da allein bei einmaligem Niesen ca. 10^4–10^6 Keime abgegeben werden. Außer in der Mundflora finden sich vor allem auf der Haut z. T. erhebliche Keimmengen (Abb. 2-2), die bei körperlicher Aktivität und vor allem beim Schwitzen verstärkt an die Umgebung abgegeben werden können. Pilzsporen können sich auch in Kleidung und Haaren festsetzen.

Durch **Händewaschen** mit **antimikrobiellen Seifen** kann der Keimgehalt um 80–90 % reduziert werden. Statt die Hände zu waschen, können diese auch nur desinfiziert werden, wozu Lösungen auf Alkoholbasis, z. B. 70%iger Ethanol geeignet sind. Sie töten vegetative Keime in 0,5–5 min ab, das Auskeimen von Sporen wird unterdrückt. In der Regel ist nach Waschen und Desinfizieren erst innerhalb von 1–2 h die normale Keimbesiedelung wieder hergestellt. Das Tragen von **Einmal-Handschuhen** ist in der Regel nur bei Arbeiten mit pathogenem oder potenziell pathogenem Material nötig und sinnvoll. Wichtig ist auch bei Benutzung von Handschuhen, dass man während des Arbeitens Kontaminationen der Handschuhe vermeidet, sich z. B. nicht in die Haare fasst; lange Haare sollten stets zurückgebunden werden. Das Tragen besonderer **Labormäntel** oder **-schuhe** ist bei Einhaltung der Grundregeln der aseptischen Technik und Verwendung einer Reinraumwerkbank nicht unbedingt erforderlich, jedoch empfehlenswert. Die gesetzlichen Regelungen werden in Kapitel 3.1 behandelt.

2.4 „Aseptische" Arbeitstechnik

Es gilt heute als Stand der Technik, eine Reinraumwerkbank für alle sterilen Arbeitsschritte zu benutzen. Die nachfolgenden Techniken beschreiben daher das Arbeiten an bzw. in einem solchen Gerät.

2.4.1 Arbeitsfläche

Es werden nur die unbedingt nötigen Utensilien aufgestellt, wobei Luftansaugschlitze in Werkbänken ohne durchbrochene Tischplatte stets frei bleiben sollten. Abfälle und beim Arbeiten nicht mehr benötigte Glas- und Kunststoffwaren werden sofort auf eine Ablage (kleiner Beistellwagen) außerhalb der Reinraumwerkbank gestellt. Welche Gegenstände beispielsweise für einen Mediumwechsel benötigt werden, wird in einem zu beschreibenden Arbeitsbeispiel aufgeführt.

2.4.2 Desinfektion

Das Ziel aller Desinfektionsmaßnahmen ist die größtmögliche Entkeimung der Oberflächen, um mögliche Infektketten zu unterbrechen. Typische Desinfektionsmittel wirken durch Dehydratation der Keime (70%iger Ethanol), durch Zerstörung der Zellmembran (Tenside, Alkohole, Phenole, höhere Aldehyde), durch Oxidation (H_2O_2, Ozon, Halogene) oder durch Reaktion mit bestimmten Proteinresten (Hg^{2+}, Formaldehyd, Glutaraldehyd) (s. Zusammenfassung: **„Möglichkeiten zum Abtöten von Mikroorganismen"**, S. 35).

Die Arbeitsfläche wird vor dem Einbringen des Arbeitsmaterials mit **70%igem Ethanol** gründlich ausgewischt. Wird ausgesprüht, sollte man daran denken, dass für Ethanol ab ca. 3,3 Vol.-% in

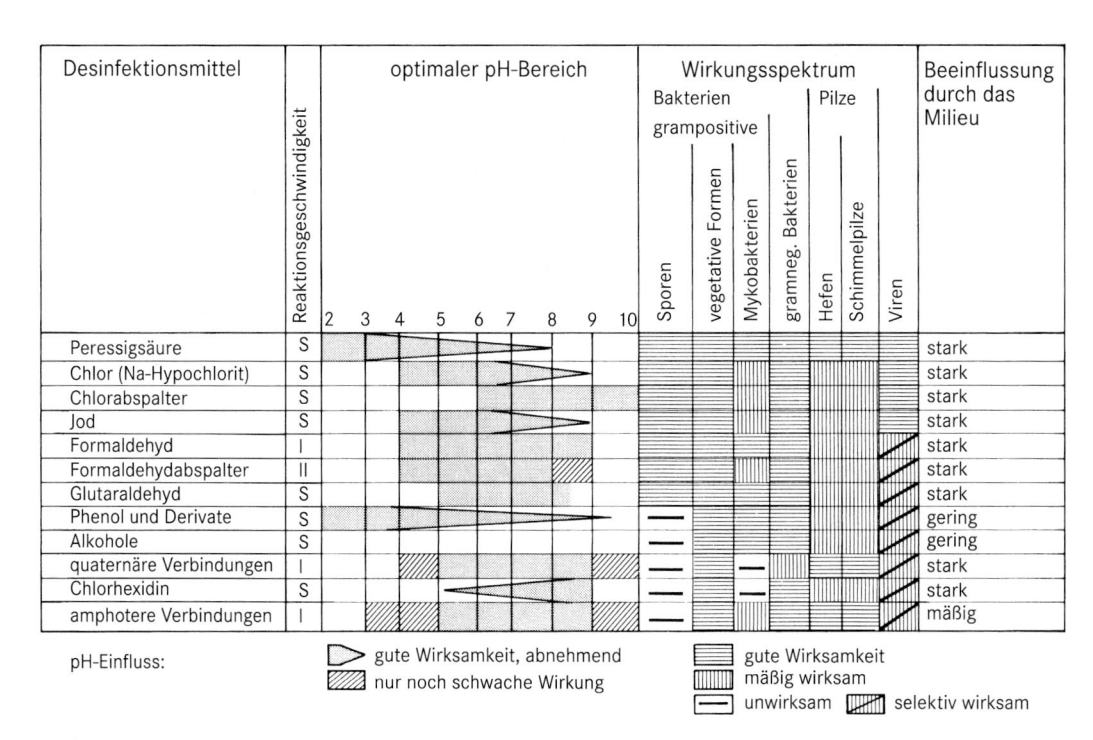

Desinfektionsmittel	Reaktionsgeschwindigkeit	optimaler pH-Bereich								Wirkungsspektrum							Beeinflussung durch das Milieu
										Bakterien grampositive				Pilze			
		2	3	4	5	6	7	8	9	10	Sporen	vegetative Formen	Mykobakterien	gramneg. Bakterien	Hefen	Schimmelpilze	Viren
Peressigsäure	S																	stark
Chlor (Na-Hypochlorit)	S																	stark
Chlorabspalter	S																	stark
Jod	S																	stark
Formaldehyd	I																	stark
Formaldehydabspalter	II																	stark
Glutaraldehyd	S																	stark
Phenol und Derivate	S																	gering
Alkohole	S																	gering
quaternäre Verbindungen	I																	stark
Chlorhexidin	S																	stark
amphotere Verbindungen	I																	mäßig

pH-Einfluss: ▷ gute Wirksamkeit, abnehmend ▨ nur noch schwache Wirkung

▆ gute Wirksamkeit ▥ mäßig wirksam — unwirksam ▨ selektiv wirksam

Abb. 2-3 Wirkungsspektrum und pH-Abhängigkeit der wichtigsten Desinfektionsmittel (S = schnell wirksam, I = langsam wirksam, II = sehr langsam wirksam).

Luft Explosionsgefahr besteht, jedoch muss immer mit einem Papiertuch nachgewischt werden, um die ganze Fläche zu benetzen. Die in der Werkbank benötigten Gegenstände werden ebenfalls sorgfältig mit einem in 70%igem Ethanol getränkten Tuch abgewischt. Ethanol (auch mit 1% Ethylmethylketon vergällter kann benutzt werden) wirkt nur mit einem gewissen Wassergehalt, absoluter Alkohol (99,46%) konserviert dagegen Bakteriensporen, ist daher meist unsteril und sollte nicht verwendet werden. 70%iger Isopropylalkohol (2-Propanol) eignet sich ebenfalls und hat sogar noch etwas bessere Wirkung. Alkohol hat im Vergleich zu anderen Mitteln den großen Vorteil, schnell zu wirken und durch Verdampfen ohne Rückstände zu verschwinden.

Desinfektionslösungen auf Basis **quarternärer Ammoniumsalze** (unter dem Handelsnamen *Biozidal ZF* angeboten) eignen sich vor allem zum Aussprühen von Inkubatorinnenräumen, aber auch der Seitenwände von Laminar-Flow-Bänken, weil sie nicht so schnell verflüchtigen.

Jede verschüttete Flüssigkeit wird ebenfalls mit einem desinfektionsmittelgetränkten Tuch aufgewischt. **Formaldehyd 1,5–3,5%ig** wirkt zusätzlich noch sporozid, hinterlässt aber u. U. Rückstände, kann zu Reizungen führen und steht im Verdacht, cancerogen zu sein. Die maximale Arbeitsplatzkonzentration (MAK-Wert) darf höchstens 1 ppm (1,2 mg/m^3) betragen. Eine Übersicht über Wirkungsspektren von Desinfektionsmitteln vermittelt die Abbildung 2-3. Für die Aufbewahrung von gebrauchten Glaswaren bis zum Spülen (z. B. Pipetten) hat sich eine **10%ige Natriumhypochlorit-Lösung** bewährt. Handelsübliche Lösungen sind selbstangesetzten vorzuziehen, da diese stabilisiert sind.

2.4.3 Pipettieren

Grundsätzlich sollte nie mit dem Mund pipettiert werden, auch wenn die Pipetten mit Watte gestopft sind, da z. B. Gesundheitsgefahren entstehen, wenn potenziell pathogenes Material ver-

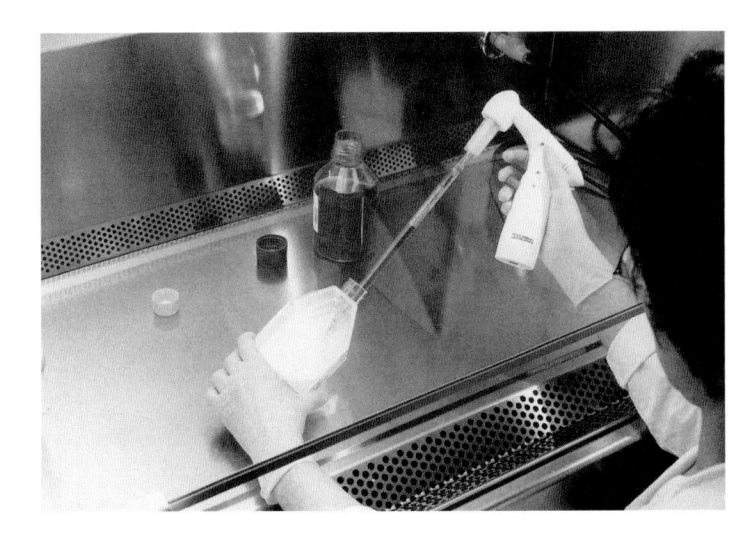

Abb. 2-4 Arbeiten mit elektrischer Pipettierhilfe (Foto: W. Maile).

schluckt wird. In einer Werkbank mit vertikalem Luftstrom ist dies ohnehin nicht möglich, wenn die Frontscheibe vorschriftsmäßig geschlossen ist. Beim Mundpipettieren können vor allem auch Mycoplasmen *(M. orale, M. salivarum)* in die Kultur gelangen, außerdem sollte man mit dem Kopf nie so nah über Flaschen und Kulturen hantieren, wie es für das Pipettieren mit dem Mund nötig wäre. Man verwendet entweder eine einfache oder eine elektrische **Pipettierhilfe**, in die sterilen, mit Watte gestopften Pipetten gesteckt werden (Abb. 2-4).

Die elektrischen Pipettierhilfen werden heute meist schon mit einem innenliegenden Sterilfilter (0,2 µm) geliefert, sodass auf den Wattestopfen bei den Pipetten verzichtet werden könnte. Dabei ist allerdings zu beachten, dass leichter Flüssigkeit in die Pipettierhilfe dringen und so möglicherweise das Gerät beschädigt werden kann.

Wiederverwendbare Pipetten aus Glas, sortiert nach den Größen 1, 2, 5 und 10 ml, werden in rechteckigen, nicht wegrollenden Pipettenbehältern aus Aluminium sterilisiert (Kapitel 2.5.2) und zum Gebrauch in der eingeschalteten Werkbank geöffnet aufgestellt. Für runde Behälter gibt es spezielle Ständer.

Praktisch, wenn auch relativ teuer, sind **Einmalpipetten** aus Glas oder Kunststoff. Welche Pipetten auch verwendet werden, sie müssen die richtige Länge zur Benutzung in der Werkbank haben und dürfen nicht zu dick sein. Insbesondere aber müssen alle Größen absolut fest in der Pipettierhilfe stecken.

Wenn Flüssigkeit in die Watte gelangt, muss die Pipette ausgewechselt werden. Mit Pipetten darf nicht gespart werden. Häufiger Pipettenwechsel vermindert die Gefahr der Verschleppung von Kontaminationen und die Vermischung verschiedener Zelllinien (Kreuzkontamination, Kapitel 2.8). Beim Pipettieren sollte man auch berücksichtigen, dass Zellen, Keime und Substanzen mit der Pipette unbemerkt in die Vorratsflasche gelangen und weiterverschleppt werden könnten.

Häufig muss aus einer größeren Anzahl von Kulturen Medium abgesaugt werden. Hier würde die Verwendung einzelner Pipetten mit Pipettierhilfe die Gefahr einer Kontamination durch eine Vielzahl von Handgriffen stark erhöhen. Hierfür benutzt man deshalb besser sterile **Pasteurpipetten** (ungestopft!), die über eine Saugflasche an eine Vakuumpumpe angeschlossen sind (Abb. 1-6).

Für die Ablage gebrauchter Pipetten eignet sich ein außerhalb der Arbeitsfläche, z. B. auf dem Boden rechts vor der Werkbank aufgestellter Pipettenbehälter, der mit 10% Natriumhypochlorit-Lösung gefüllt ist (Kapitel 2.4.2). Pasteurpipetten und Spritzenkanülen gehören in einen **sicheren Abfallbehälter**, der ein Durchstechen verhindert. Bei der Verwendung von Spritzen und Kanülen sollte man stets die Gefahr einer möglichen Selbstverletzung beachten und sie nur benutzen, um Lösungen (z. B. Colcemid) aus Flaschen mit Durchstechstopfen zu entnehmen.

2.4.3.1 Hantieren von Kulturschalen und Flaschen

Eine der größten potenziellen Infektionsquellen ist verschüttetes Medium, vor allem außerhalb der Laminar-Flow-Arbeitsbank. Kommt es durch unsachgemäßes Hantieren von Kulturschalen oder Kolben zu einem Überschwappen von Medium, kann sich am Schalenrand bzw. am Kolbenhals leicht eine Infektionsbrücke bilden. Dies gilt auch für das Umschütten von Medium von einer Flasche in eine andere, wo hängengebliebene Tropfen am Stopfengewinde eintrocknen und Infektionsbrücken bilden können. Deshalb ist das Schütten von Flüssigkeiten nur im äußersten Notfall und **nicht** wiederholt aus dem gleichen Gefäß zu empfehlen.

2.4.4 Abflammen (Flambieren)

Das Abflammen ist keine sichere Sterilisationsmethode und daher als solche abzulehnen. Die dabei erreichten Temperaturen sind zu niedrig und die Einwirkungszeit ist zu kurz, um an Glas oder Metall anhaftende Keime sicher abzutöten. Zu heiße Glaspipetten können andererseits Zellen schädigen und thermolabile Substanzen zerstören. Auch das Eintauchen in Alkohol und anschließendes Abflammen sind höchstens ein Notbehelf. Ferner muss darauf hingewiesen werden, dass die heiße Gasflamme den sterilen Luftstrom von oben erheblich in seiner Wirkung beeinträchtigen kann und damit die Kontaminationsverhinderung in der Bank beeinträchtigt. Als einzige Rechtfertigung für das Abflammen in Klasse-2-Werkbänken kann angeführt werden, dass man in bestimmten Fällen, wenn man den Verdacht auf Berührung mit einer unsterilen Oberfläche hat und z. B. kein Ersatzstopfen zur Hand ist, den vielleicht kontaminierten Stopfen ausführlich abflammt und abkühlen lässt. Auch das Fixieren von Staub und das Abbrennen von Wattefäden an Pipetten könnten Gründe für Flambieren sein. Eine gute Sterilpraxis kommt ohne jeden Bunsenbrenner in der Reinraumwerkbank aus.

2.4.5 Ultraviolettes Licht (UV)

Ultraviolettes Licht mit dem Wirkungsoptimum bei 254 nm wird zur Verminderung der Keimzahl in der Raumluft und zur Sterilisation glatter Oberflächen ca. 30 min vor Arbeitsbeginn eingesetzt, wobei Bakterien rasch, die strahlungsresistenteren Pilzsporen jedoch wesentlich langsamer abgetötet werden.

Bei 254 nm liegt das Absorptionsmaximum für Nucleinsäuren, wobei es durch UV-Licht zur Dimerisierung benachbarter Pyrimidine kommt (Bildung von Thymin-Dimeren). Dies führt zu einer Strukturverzerrung der DNA-Doppelhelix. Die dadurch bedingten Lesefehler der DNA-Polymerasen führen zu Deletionsmutationen bis hin zum vollständigen Abbruch der Replikation. Ausschlaggebend für die desinfizierende Wirkung von UV-Licht ist der Anteil an UV-C. In der Biologie/Medizin unterscheidet man zwischen UV-A, UV-B und UV-C (Tab. 2-1).

Tab. 2-1 Einteilung, Wellenlängen und biologische Wirkung der UV-Strahlung.

UV-Strahlung	Wellenlänge	biologische Wirkung
UV-A	320–400 nm	niedrig
UV-B	280–320 nm	mittel
UV-C	200–280 nm	hoch

Die UV-Bestrahlung ist eine zusätzliche Desinfektionsmaßnahme, die nur wirksam ist, wenn die Strahlungsleistung jährlich kontrolliert wird und der Abstand bei der Desinfektion von Flächen zwischen 10 und 30 cm beträgt. Auch verringert jede Abweichung der Wellenlänge von 254 nm, z. B. durch veraltete, ausgebrannte UV-Lampen aber auch durch Staubablagerungen an den UV-Röhren, die bakterizide Wirkung erheblich. Für die Desinfektion der Raumluft z. B. durch mobile UV-Strahler hat sich der gleichzeitige Betrieb eines kleinen Ventilators, der die keimhaltigen Partikel in den Nahbereich des Strahlers wirbelt, bewährt. Sinnvoll ist die UV-Desinfektion in Werkbänken, in denen mehrere Strahler unmittelbar über die Arbeitsfläche geschwenkt werden können. Das UV-Licht ist vor Arbeitsbeginn unbedingt auszuschalten, da es sonst zu erheblichen Verbrennungen der Augen und der Haut kommen kann. Auch die Kulturen können geschädigt werden. Kaum sinnvoll ist das Anbringen von UV-Leuchten an der Decke von Räumen, in denen mit Zellkulturen gearbeitet wird.

Grundregeln steriler Arbeitstechnik

! Kulturen vor Arbeitsbeginn auf Sterilität kontrollieren.
! Arbeitsfläche immer aufgeräumt halten.
! Kein Pipettieren mit dem Mund.
! Hände waschen und/oder desinfizieren.
! Geräte und Flaschen außen mit 70%igem Alkohol desinfizieren.
! Nie über offenen sterilen Flaschen oder Schalen hantieren.
! Bei Berührung steriler mit unsterilen Stellen neue Glaswaren/Kunststoffwaren benutzen, nur als Notbehelf nach Abflammen weiterverwenden.
! Verschüttete Lösungen sofort mit alkoholgetränktem Tuch aufwischen.

2.5 Sterilisationsverfahren

Alle Sterilisationsverfahren zielen darauf ab, Mikroorganismen und deren Sporen abzutöten, sowie Viren, Plasmide und andere DNA-Fragmente zu zerstören. Man muss sich jedoch im Klaren darüber sein, dass keines der Sterilisationsverfahren in jedem Fall zu einer vollständigen Eliminierung aller Keime führen muss. Man rechnet im Allgemeinen mit einer Überlebenswahrscheinlichkeit von 10^{-6}, was soviel bedeutet wie die sichere Reduktion auf 10^{-6} keimbildende Einheiten, oder, anders ausgedrückt, nicht mehr als einer von 10^6 Keimen darf überleben. Im Unterschied dazu sieht die Desinfektion eine Keimreduktion um einen Faktor von 10^{-5} vor. Im medizinischen Bereich bedeutet Desinfektion die Beseitigung von **pathogenen Mikroorganismen**.

Auch die Prüfung des Sterilisationsverfahrens bietet meist keine absolute Sicherheit, da bei jeder Öffnung des zu prüfenden Gutes die Gefahr einer Sekundärkontamination besteht. Auf verschiedene Überprüfungsverfahren wird bei den einzelnen Sterilisationsarten noch näher eingegangen.

Bei der Anwendung **feuchter** oder **trockener Hitze**, den beiden gebräuchlichsten Verfahren im Labor, wird das Gut im rekontaminationssicheren Endbehälter sterilisiert. Die keimtötende Wirkung großer Hitze – trockener Hitze bei Heißluftsterilisation und feuchter Hitze und hohem Druck im Autoklav – beruht auf der *Denaturierung* und damit Inaktivierung und Zerstörung von Proteinen und Nucleinsäuren. Dies betrifft auch die Zerstörung von **Pyrogenen**, sogenannte fiebertreibenden Stoffen.

Bei der Keim- oder **Sterilfiltration** genannten Abtrennung von Mikroorganismen mittels geeigneter Sterilfilter muss das Filtrat unter aseptischen (keimfreien) Bedingungen in den Endbehälter gebracht werden.

Tab. 2-2 Sterilisation von Geräten.

Geräte	Sterilisationsverfahren
Drahtnetze	Autoklav*
Filtergeräte mit Membranfiltern	Autoklav
Filterkerzen (z. B. Flow Nr.12112)	Autoklav
Gaze (Mull)	Autoklav
Glaswaren (Flaschen, Kolben, Gläser)	Heißluft**/Autoklav
Pasteurpipetten, Glas, gestopft	Heißluft
Pipetten, Glas, gestopft	Heißluft/Autoklav
Pipettenspitzen	Autoklav
Rührstäbchen	Autoklav
Scheren, Pinzetten	Autoklav
Schläuche (Gummi, Silikon)	Autoklav
Schraubverschlüsse (z. B. Schott blau, Temp. 140 °C)	Autoklav
Schraubverschlüsse (z. B. Schott rot, Temp. 200 °C)	Heißluft
Stopfen (Gummi, Silikon)	Autoklav

* Autoklav: 15 min, 121 °C, 200 kPa (2 bar); ** Heißluftsterilisator: 30 min, 180 °C

Für besonders (wärme-)empfindliche Materialien bzw. Gerätschaften eignet sich die **Gassterilisation** mittels Ethylenoxid, welche bei Raumtemperaturen in speziellen Reaktoren durchgeführt werden kann. Ethylenoxid hat ein hohes keimtötendes Potenzial. Es ist außerordentlich reaktiv und führt durch Alkylierung zu Quervernetzungen und damit zur Inaktivierung von Proteinen bzw. zu Alkylierungen von Nucleinsäuren und zu DNA-Strangbrüchen. Dadurch kommt es zu irreversiblen, letalen Schädigungen der betroffenen Organismen (s. Zusammenfassung: „**Möglichkeiten zum Abtöten von Mikroorganismen**", S. 35).

Nachteil ist, dass nicht überall Gassterilisationsgeräte zur Verfügung stehen. Ferner ist es wichtig zu wissen, ob das Gas auch tatsächlich nach der Sterilisation entwichen ist. Dies dauert bei normaler Lagerung des Sterilisationsguts mindestens 4 Tage.

Eine neuere Methode der Oberflächensterilisation stellt die **Ionen-Plasma-Sterilisation** dar. Sie injiziert z. B. in einem inerten Stickstoffplasma, das über dem Sterilisationsgut eingebracht wird, H_2O_2, das durch seine reaktiven Sauerstoffradikale an der Oberfläche alle Keime abtötet. Es ist materialschonend, umweltverträglich, jedoch dringt es nicht sehr tief in Oberflächen ein und ist nicht für Flüssigkeiten tauglich.

Welches Sterilisationsverfahren angewandt wird, hängt vom Sterilisiergut ab (Tab. 2-2 und 2-3), im Zellkulturlabor also in erster Linie von der Stabilität gegenüber feuchter oder trockener Hitze sowie vom Umfang und von der Art der Kontamination. Im Allgemeinen wird Material aus Metall, Gummi und Kunststoff autoklaviert, ebenso thermostabile Lösungen wie Wasser, EDTA oder HEPES, während Glaswaren durch trockene Hitze sterilisiert und entpyrogenisiert werden. Die Behandlung mit Hitze im Endbehälter ist, wenn immer möglich, vorzuziehen. Von den beiden hierfür infrage kommenden Verfahren ist das Autoklavieren mit feuchter Hitze im gespannten, gesättigten Wasserdampf die sicherste Methode. Wenn für die Dampferzeugung destilliertes, vollentsalz-

Tab. 2-3 Sterilisation von Flüssigkeiten.

Substanz	Sterilisation
Agar	Autoklav*
Aminosäuren	Filter**
Antibiotika	Filter
DMSO	selbststerilisierend
EDTA	Autoklav
Enzyme	Filter
Glucose 20%	Autoklav
Glucose 1-2%	Filter (geringe Konzentrationen karamellisieren beim Autoklavieren)
Glutamin	Filter
Glycerin	Autoklav
HEPES	Autoklav
Lactalbumin-Hydrolysat	Autoklav
$NaHCO_3$	Filter
Natriumpyruvat 100 mM	Filter
Phenolrot	Autoklav
Proteinhaltige Lösungen (Serum, Trypsin u. a.)	Filter
Salzlösungen ohne Glucose	Autoklav
Tryptose	Autoklav
Vitamine	Filter
Wasser	Autoklav

* 15 min, 121 °C, 200 kPa, (2 bar); ** 0,1 µm Porendurchmesser

tes Wasser verwendet wird, bleiben auch keine unerwünschten Rückstände auf dem Sterilisiergut zurück.

2.5.1 Autoklavieren

Autoklaven arbeiten mit gesättigtem, gespanntem Dampf. Wasserdampf besitzt eine hohe Sterilisationswirkung, wenn er durch Druckerhöhung auf mehr als 100 °C erhitzt wird. (Die Sterilisation erfolgt also durch die Temperatur und nicht durch den Druck!). Die Temperatur des gespannten Dampfes ist vom Druck abhängig: die Temperatur im Autoklav beträgt bei einem Dampfdruck von ~100 kPa 100 °C, bei ~200 kPa (1 atü) 121 °C und bei einem Druck von ~300 kPa (2 atü) 134 °C. Somit kann die Sterilisationstemperatur über den Druck geregelt werden. Die übliche Autoklaviertemperatur beträgt 121 °C, sie wird jedoch nur erreicht, wenn die Luft zuvor vollständig aus der Autoklavenkammer vertrieben wurde. Dies geschieht in kleineren Geräten (Abb. 2-5) durch strö-

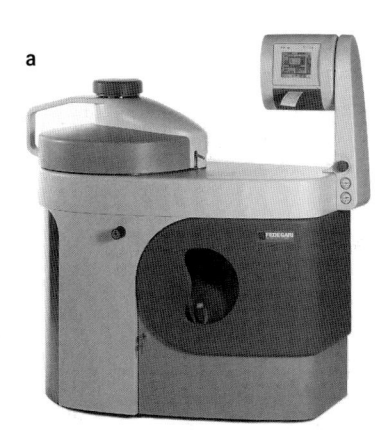

Abb. 2-5 a Vertikaler Autoklav (Fa. INTEGRA Biosciences GmbH), **b** Tischautoklav mit flexiblem Temperaturfühler zur Messung in einem Referenzgefäß (Fa. Systec).

menden Dampf, der sich eine Zeit lang in dem Gerät ausbreitet. In größeren Geräten wird die Luft vollautomatisch, z. B. durch ein fraktioniertes Vakuum- und Dampfinjektionsverfahren, entfernt (Abb. 2-6). Besonders bei Sterilisationsgut mit vielen Höhlungen, z. B. Absaugvorrichtungen mit Schläuchen, aber auch bei Gaze und vor allem bei Wäsche ist es unbedingt nötig, die Luft zu entfernen, da sonst die erforderliche Temperatur nicht erreicht wird (Tab. 2-4).

In den größeren, aber auch wesentlich teureren Autoklaven können größere Flaschen und Filtergeräte vollautomatisch nach vorgewähltem Programm mit Vor- und Nachvakuum sterilisiert werden. Meist sind ein Lösungsprogramm für Wasser und Lösungen und ein Geräte- und Glaswarenprogramm mit fraktioniertem Vor- und Nachvakuum zur Trocknung der Geräte vorprogrammiert, wobei die Höhe der Temperatur, die Dauer der Sterilisation und die Dauer der Nachtrockenzeit frei wählbar sind. Als **Standardverfahren** hat sich eine Sterilisationsdauer von 15 min bei 121 °C bewährt, dabei herrschen ca. 2 bar oder 200 kPa (1 atü) Druck. Die genaue Sterilisierzeit beginnt mit dem Erreichen der Sterilisierungstemperatur und ist abhängig von der Art und dem Volumen des Sterilisiergutes.

Beim Autoklavieren ist es wichtig zu wissen, dass die Temperatur im Gut der Temperatur in der Kammer hinterherhinkt (thermisches Nachhinken) und dass für Erreichen und Absinken der Temperatur gewisse Zeiten erforderlich sind. Die gesamte Betriebszeit eines Autoklavenlaufs, die je nach Bauart variiert, gliedert sich demnach in:
- **Anheizzeit** (Steigzeit): Dampf wird erzeugt bzw. eingeblasen, Luft wird verdrängt,
- **Ausgleichszeit** (thermisches Nachhinken): Alle Teile des Gutes nehmen die Sterilisationstemperatur auf, Luft ist bis auf ca. 10% verdrängt. Wenn das Gut die Sterilisationstemperatur angenommen hat (Messfühler im Gut!) beginnt die

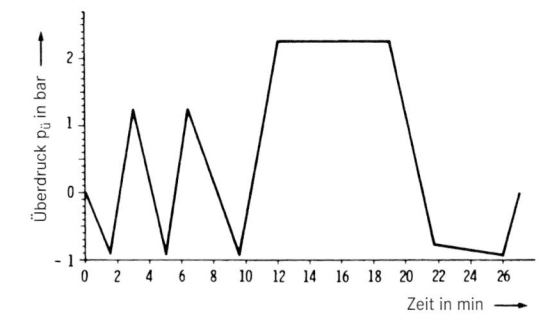

Abb. 2-6 Schema für ein fraktioniertes Vakuumverfahren. Dreimaliges Evakuieren vor der Sterilisation, danach einmaliges Evakuieren zur Trocknung.

Tab. 2-4 Temperatur von Dampf-Luftgemischen.

Luftanteile [%]	Temperatur [°C] bei einem Druck von			
	137,3 kPa (1,373 bar)	156,9 kPa (1,569 bar)	196,1 kPa (1,961 bar)	304,0 kPa (3,040 bar)
0	109	115	121	135
25	96	105	112	128
50	72	90	100	121

- **Sterilisationszeit** (Abtötungszeit), die aus Sicherheitsgründen nicht unter 15 min betragen sollte; es folgt die
- **Abkühlzeit** (Fallzeit), während der der Druckausgleich langsam erfolgen sollte, um Siedeverzug zu vermeiden. Deshalb dürfen Gefäße (Mediumflaschen) nur max. zu 2/3 gefüllt sein, da sonst die Gefahr zu groß ist dass ein Teil des Inhalts überkocht und in den Autoklaven fließt.

Beim empfehlenswerten **fraktionierten Vakuumverfahren** wird
- durch wiederholtes Evakuieren mit Dampfeinblasen die Restluftmenge auf 2 % und weniger verringert und damit die Ausgleichszeit wesentlich verkürzt. Ein fraktioniertes Vakuumverfahren zeigt die Abb. 2-6, wobei nach Ende der Sterilisationszeit nochmals evakuiert wird, was die Dampfentfernung beschleunigt und
- eine Trocknung des Gutes bewirkt („Geräteprogramm").

Dieses Verfahren kann jedoch nur für Instrumente, Schläuche, Glasgeräte bzw. leere Glasflaschen, oder für Flüssigkeiten in dicht verschlossenen Glasflaschen angewandt werden.

Auf **autoklavierbare Medien** wird in Kapitel 7 hingewiesen. Autoklavieren ist weniger arbeitsaufwändig und wesentlich sicherer als Filtrieren. Es ist jedoch genau zu prüfen, ob sich der Aufwand der Eigenherstellung von Medien aus Pulvern lohnt. Hierbei sei auf die Verwendung von Fertigmedien verwiesen (Kapitel 7.3).

Autoklavieren

Material:
- Autoklav (je nach Bauart)
- hitzebeständige Glasflaschen (z. B. Schott Duran-Flaschen mit blauen Schraubverschlüssen)
- Sterilisationsetiketten bzw. -bänder oder
- Sterilisationsindikator „BAG-ChemoStrip 121 °C" (Fa. Biolog. Analysensystem GmbH, D-35423 Lich) (Abb. 2-7)

- Glasflaschen zu 2/3 mit der zu sterilisierenden Lösung (z. B. Salzlösungen, Aqua dest.) füllen, Schraubverschlüsse locker aufsetzen, damit kein Überdruck entsteht.
- Bei leeren Flaschen, die mit Verschluss autoklaviert werden sollen, sollte man ebenfalls den Verschluss nicht ganz dicht aufsetzen, da sonst eine unvollständige Sterilisation aufgrund des Luftkissens im Inneren möglich ist.
- Jede Flasche mit einem Sterilisationsetikett bekleben, mit dem Inhalt und dem Datum beschriften.
- Flaschen gleichmäßig auf dem Einlegeblech aufstellen, auf ausreichenden Zwischenraum achten.
- Temperaturfühler des Autoklaven (falls geräteseitig vorhanden) in ein Referenzgefäß hängen, dessen Wasserinhalt dem des größten einzelnen Flüssigkeitsvolumens des Sterilisiergutes entspricht.

- Tür des Autoklaven schließen; Temperaturwähler am Autoklaven auf 121 °C, Zeitschalter auf 15 min, Rückkühlzeit (bei Autoklaven mit Pressluftkühlung oder dergleichen) auf 30 min einstellen.
- Lösungsprogramm einschalten, Autoklav starten; nach einiger Zeit beginnt das Wasser aufzukochen und Dampf beginnt über das Ventil zu entweichen; nach ca. 10–15 min ist die vormals enthaltene Luftatmosphäre durch reinen Wasserdampf ausgetauscht; das Ventil schließt sich und im Autoklaveninnenraum wird Druck und Temperatur (2 bar, 121 °C) aufgebaut; es beginnt die **Sterilisierzeit**.
- Nach Ablauf der Sterilisierzeit (15 min) schaltet sich die Heizung aus und der Autoklav kühlt langsam ab; dabei wird der Druck im Innenraum sehr langsam abgebaut, um Siedeverzug zu vermeiden.
- Wenn kein Überdruck mehr herrscht und die Temperatur auf ca. 80 °C abgesunken ist, wird in der Regel die Autoklaventür freigegeben; die Tür vorsichtig öffnen (Vorsicht: heißer Dampf entweicht!); das Sterilisiergut kann entnommen werden.
- Nach Beendigung der Betriebszeit Schreiberprotokoll des Autoklaven prüfen (falls vorhanden), BAG-ChemoStrip-Indikator auf korrekten Farbumschlag prüfen.
- Flaschen herausnehmen und auf nicht wärmeleitender Unterlage auf Raumtemperatur abkühlen lassen. Erst danach Flaschen fest verschrauben.

2.5.1.1 Überwachung der Sterilisation

Die schon erwähnten **Sterilisationsindikatoren**, -etiketten und -bänder sind Thermoindikatoren auf chemischer Basis. Die 3 Ziffern („121 °C") des „BAG-ChemoStrip" (Abb. 2-7) schlagen in Abhängigkeit von der Einwirkungszeit um. Dieser Mehr-Stufen-Indikator kontrolliert gleichzeitig die Einhaltung der Sterilisationszeit und der erreichten Temperatur. Der Farbumschlag der 3 Ziffern („121 °C") erfolgt stufenweise von Purpur nach Grün. Die Sterilisationsbedingungen sind erfüllt, wenn alle 3 Ziffern der Temperaturangabe vollständig nach Grün umgeschlagen sind. Die „Sterilabel"-Etiketten bzw. -Bänder schlagen nach ca. 15 min Einwirkungszeit um. Sie sind auch bei späterer Verwendung ein Hinweis dafür, dass das markierte Gut erfolgreich sterilisiert wurde.

Für die **biologische Autoklavenkontrolle** (z. B. alle 4 Wochen) verwendet man in der Regel Sporen von *Bacillus stearothermophilus* (ATCC 7953), die in gebrauchsfertiger Form z. B. als Sterikon-Testampulle bezogen werden können. Man platziert die Ampullen, an einen Draht angebunden, in das Innere von 3 Wasserflaschen und verteilt diese an verschiedenen Stellen im Autoklaven. Die Sporen werden bei 121 °C erst nach 15 min Einwirkungszeit abgetötet. Nach dem Autoklavieren werden die Ampullen 24–48 h bei 55 °C bebrütet. Waren noch lebende Sporen in der Ampulle, schlägt die violette Farbe (Indikator) der Nährlösung durch das Auskeimen der Sporen in gelb um. So lässt sich

BAG-ChemoStrip	Zeit	Ergebnis
121 °C (ungefärbt)	0 min	keine Sterilisation
121 °C (nur 1. Ziffer)	5 min	unzureichende Sterilisation (nur 1. Ziffer gefärbt)
121 °C (zwei Ziffern)	10 min	unzureichende Sterilisation (nur zwei Ziffern gefärbt)
121 °C (alle Ziffern)	15 min	**ausreichende Sterilisation** (alle Ziffern gefärbt)

Abb. 2-7 BAG-ChemoStrip Sterilisationsindikatorstreifen. Mehr-Stufen-Indikator, der gleichzeitig die Einhaltung der Sterilisationszeit und der erreichten Temperatur kontrolliert. Der Farbumschlag der 3 Ziffern („121 °C") erfolgt stufenweise von Purpur nach Grün. Die Sterilisationsbedingungen sind erfüllt, wenn alle 3 Ziffern vollständig umgeschlagen sind.

leicht feststellen, ob im Inneren der Behälter die gewünschten Sterilisationsbedingungen erreicht wurden.

2.5.1.2 Die Verpackung im Autoklaven

Die sicherste Verpackung ist ein dicht schließender Behälter, der selbst als Autoklav wirkt, was für Ampullen, Rollrand- und Schraubverschlussflaschen gilt.

Für kleine Geräte und Apparate haben sich dampfdurchlässige **Polyethylenfolien**, die zugeschweißt werden können, sehr bewährt: Man sieht den Inhalt und kann auf eine Beschriftung verzichten. Auch der eingelegte Indikator ist gut ablesbar. Zum Verschließen der Folien eigenen sich alle üblichen Haushalts-Folienschweißgeräte.

Außerdem gibt es **spezielles Verpackungspapier** und spezielle dampfdurchlässige Beutel. In Papier eingepackte Geräte sollten auf der Außenseite dort, wo sie nach Öffnen angefasst werden können, markiert werden. Universell einsetzbar ist **Aluminiumfolie**, die allerdings nie so dicht zugeklebt werden darf, dass der Dampf nicht mehr ungehindert einströmen kann. Bei Filtergeräten z. B. genügt es, wenn über alle Öffnungen Aluminiumfolie angedrückt wird. Aluminiumfolie darf wegen möglicher Beschädigung niemals wieder verwendet werden, sollte aber dem Recycling zugeführt werden.

2.5.2 Heißluftsterilisation

Trockene Hitze ist weniger wirksam als die Anwendung luftfreien, gesättigten und gespannten Wasserdampfes (Autoklavieren). Die Heißluftsterilisation ist für alle Materialien geeignet, die trocken bleiben müssen. Zu beachten ist allerdings, ob das Sterilisiergut für die hohen Temperaturen (180 °C) auch geeignet ist.

Wichtig ist, dass das zu sterilisierende Gut trocken ist. Trocknen und Sterilisieren sind immer getrennt durchzuführen, da die Resistenz der Sporen sonst durch Restwassergehalte gesteigert wird und durch Verdunstungskälte lokale Temperaturerniedrigungen auftreten. Die Wärmeübertragung durch trockene Hitze erfolgt weitaus schlechter und langsamer als bei feuchter Hitze. Aus diesem Grund werden wesentlich höhere Temperaturen benötigt. Man verwendet deshalb **Sterilisierschränke** mit **Luftumwälzung, Zeitschaltuhr** und **Übertemperatursicherung**, wobei es sicherer und ökonomischer ist, statt eines großen Schrankes mehrere kleinere anzuschaffen.

Die Richtwerte für die Sterilisation gibt die Tabelle 2-5 wieder.

Wie bei der Dampfsterilisation unterscheidet man auch hier Anheizzeit, Ausgleichszeit, Sterilisationszeit und Abkühlzeit:
Anheizzeit: sie wird nie mitgerechnet, ebenso wenig die
Ausgleichszeit: diese kann bei dickwandigen Glaswaren sehr lange dauern. Es empfiehlt sich daher, mindestens einmal, bei Inbetriebnahme des Schrankes, den Temperaturverlauf im Innern einer Flasche mit einem Thermometer zu überprüfen. Die Ablesung des Innenraumthermometers genügt nicht.
Sterilisationszeit: siehe Tabelle 2-5.
Abkühlzeit: bei geschlossenem Schrank abkühlen lassen.

Wenn der Schrank gleich wieder gebraucht wird, können die Flaschen auch in einem besonderen „Sterilraum" oder unter einer Reinraumwerkbank zum Abkühlen aufgestellt werden. Die Flaschen werden in einem besonderen, staubfreien „Sterilschrank" aufbewahrt.

Tab. 2-5 Richtwerte für die Heißluftsterilisation.

Temperatur [°C]	Mindest-Sterilisierzeit [min]
160	180
170	120
180	30

Sterilisation von Flaschen

Material:
- Heißluftsterilisator mit Luftumwälzung und Zeitschaltuhr
- Glasflaschen, gewaschen und getrocknet (Schott Duran-Flaschen mit roten Schraubverschlüssen, 200 °C)
- Aluminiumfolie
- Heißluftindikatoren

- Flaschen mit Aluminiumfolie abdecken oder rote Schraubverschlüsse aufsetzen.
- Jede Flasche mit Indikator und Datum versehen.
- Flaschen mit ausreichendem Zwischenraum im Sterilisierschrank aufstellen.
- Temperatur einstellen, Ventilator einschalten.
- Am Kontrollthermometer ablesen, wann im Innern die erforderliche Temperatur erreicht ist, Ausgleichszeit hinzurechnen.
- Zeitschaltuhr einstellen.
- Bei geschlossener Tür abkühlen lassen.

Sterilisation von Pipetten

Zu den am häufigsten benutzten Geräten gehören Pipetten, deren Reinigung und Sterilisation daher mit besonderer Sorgfalt erfolgen muss.

Für die Überwachung der Sterilisation gibt es **Indikatoren** auf chemischer Basis, Bioindikatoren stehen nicht zur Verfügung.

Bei der Verpackung ist darauf zu achten, dass keine Materialien verwendet werden, die im Heißluftsterilisator verkohlen oder verbrennen und unerwünschte Rückstände hinterlassen, die sowohl das Gut als auch den Sterilisator verunreinigen.

Material:
- Gereinigte, getrocknete Pipetten
- Pipettenbüchsen, eventuell mit Zylindergläsern, Höhe und Durchmesser passend für Pasteurpipetten
- Watteschnur
- Aluminiumfolie
- Sterilisationsklebeband
- Sterilindikatoren für Heißluft
- Pipettenstopfmaschine
- Heißluftsterilisator

- Pipetten mit Pipettenstopfmaschine stopfen; die Watte muss für diesen Zweck geeignet sein, sie darf bei 180 °C nicht verkohlen.
- Boden der Pipettenbüchsen mit einer Schicht Verbandsmull (100% Baumwolle) belegen, Pipetten nach Volumen in Pipettenbüchsen sortieren, Pasteurpipetten vorsichtig, Spitzen nach unten, einlegen.

- Pipettenbüchsen schließen, Verkleben des Deckels ist nicht unbedingt nötig. Mit Größenangaben (1, 5, 10 ml usw.) und einem Indikator versehen, mit Aluminiumfolie umwickeln und mit Sterilisationsklebeband einmal rundum festkleben.
- Für 30 min bei 180 °C sterilisieren, dabei allgemeine Grundsätze einhalten (Kapitel 2.5.2)
- Pipetten entnehmen, an staubfreiem Ort abkühlen lassen, staubfrei aufbewahren.

2.5.3 Sterilfiltration (Keimfiltration)

Diese steriltechnische Methode wird für die **Filtration thermolabiler Lösungen** verwendet. Es ist in vielen Labors üblich, Medien unmittelbar vor Verwendung nochmals durch Einmal-Vakuumfilter zu saugen, was die Sicherheit zweifellos erhöht. Wiederverwendbare Filtergeräte, in die Filtermembranen oder Filterkerzen unterschiedlicher Porengröße eingelegt werden können, werden meist für mittlere und größere Volumina benützt (Vorratshaltung) (Abb. 2-8). Für kleine Volumina von 1 bis ca. 50 ml eignen sich Einmalfilter in Form von Spritzenvorsätzen (Abb. 2-9) oder Filtration mittels einer Schlauchpumpe (Abb. 2-10). Die Filtration bewirkt nicht immer eine vollständige Keimabscheidung. Durch einige immer vorhandene größere Poren können besonders kleine Bakterien durchschlüpfen. Empfehlenswert sind daher Doppelschichtmembranen bzw. das Aufeinanderlegen zweier Membranen mit gleichem Porendurchmesser oder die Verwendung von zwei Spritzenvorsätzen, wenn die Gefahr der Kontamination besonders groß ist.

Für Zellkulturflüssigkeiten wie Medien, Seren oder andere Zusätze ist eine Porengröße von 0,1 µm dringend anzuraten, da Mycoplasmen (Kapitel 2.7) bei den üblichen Porengrößen von 0,2–0,45 µm nicht zurückgehalten werden, weshalb die Flüssigkeiten streng genommen nicht sterilfiltriert werden.

Die **Vakuumfiltration** wird für kleine Volumina von 100–500 ml verwendet, da sie wenig apparativen Aufwand erfordert. Sehr praktisch sind die bereits sterilisiert zu beziehenden Einmalgeräte, die direkt an eine Vakuumpumpe angeschlossen werden können (Abb. 2-8).

Bei der Vakuumfiltration von Zellkulturmedien können durch den Unterdruck CO_2-Verluste auftreten (pH-Wert-Kontrolle) und es muss auf unbedingte Dichtigkeit auf der Filtratseite geachtet werden, damit keine Keime aus der Luft angesaugt werden. Für Lösungen, die leicht flüchtige Substanzen enthalten oder leicht schäumen (**Serum**), ist stets eine Druckfiltration vorzuziehen.

Bei der **Druckfiltration** wird die zu filtrierende Flüssigkeit aus einem autoklavierbaren Edelstahldruckbehälter mit Stickstoff (ersatzweise Druckluft) durch einen Membranfilter gedrückt, der

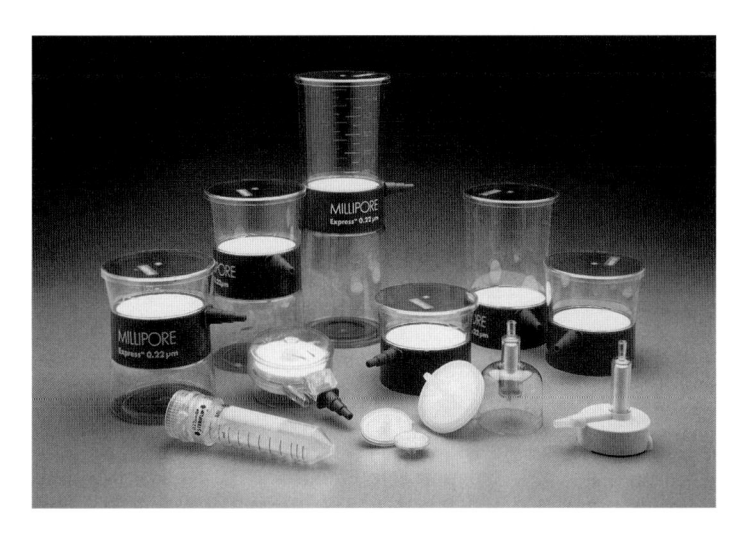

Abb. 2-8 Filtereinheiten für die Sterilfiltration von Zellkulturmedien. Abgebildet sind druck- und vakuumbetriebene Einheiten, Volumenbereich von 50 ml bis 20 l. Alle Einheiten sind steril und gebrauchsfertig (Fa. Millipore).

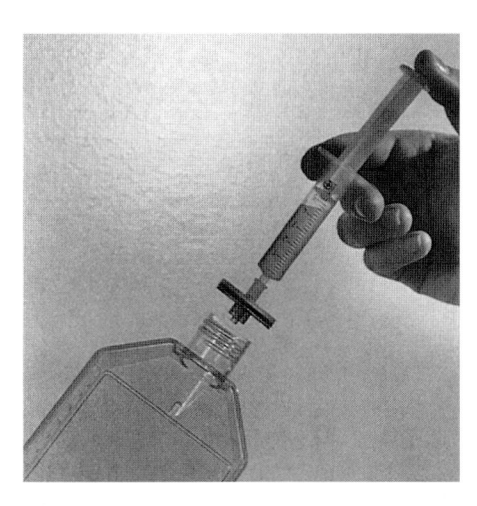

Abb. 2-9 Einmalfiltereinheit für kleine Mengen (Fa. Sarstedt).

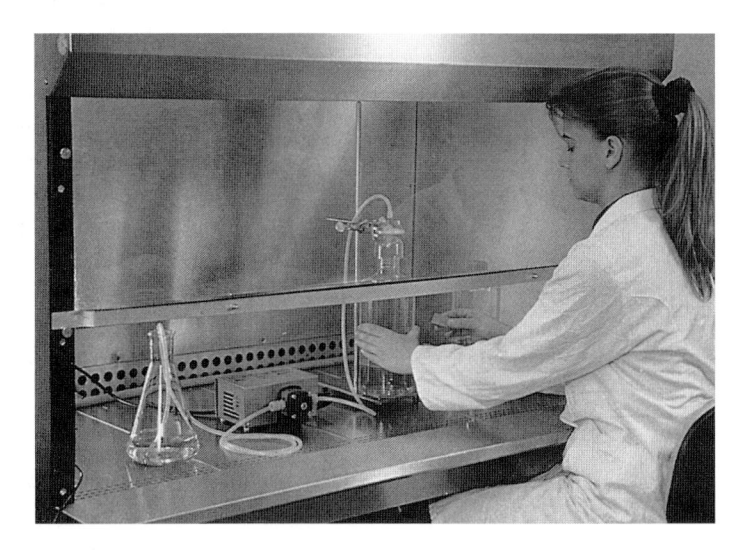

Abb. 2-10 Anordnung zur Sterilfiltration mittels Membranpumpe und Filtereinheit im Labormaßstab (Fa. Sarstedt).

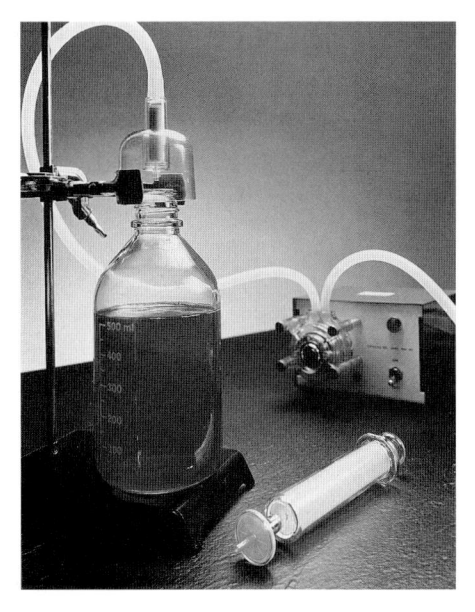

Abb. 2-11 Druckfiltereinheiten für die direkte Filtration in ein beliebiges Auffanggefäß (Fa. Millipore).

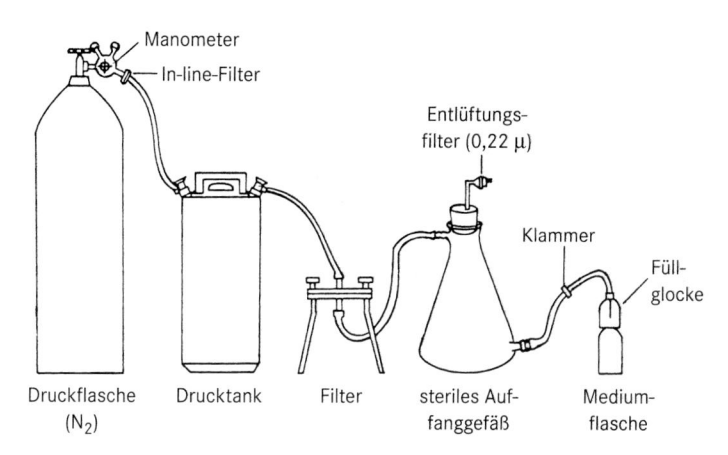

Abb. 2-12 Schematische Anordnung zur Druckfiltration.

in einem Edelstahldruckfiltrationsgerät oder in einem einmal verwendbaren Kunststoffgehäuse eingelegt ist (Abb. 2-11 und 2-12).

Die Filtermembranen bestehen aus den verschiedensten Materialien. Wichtig ist, dass möglichst keine extrahierbaren Substanzen nachweisbar sind. Man informiere sich bei den Herstellern über die Eignung der Materialien für den vorgesehenen Zweck.

In ein Filtergerät wird zuunterst die Sterilmembran, in der Regel mit einem Porendurchmesser von 0,1 µm, eingelegt. Darauf legt man einen Vorfilter, der gröbere Partikel vom Sterilfilter fern hält. Dies kann im einfachsten Fall ein Glasfaserfilter sein.

Für kleinere Volumina bis zu 5 l können die erwähnten Einmalkerzen verwendet werden. Das Medium wird mit einer Schlauchpumpe „drucklos" über das in einem Stativ gehaltene Filter in eine Stutzenflasche, wie oben geschildert, gepumpt oder in Portionen abgefüllt, wobei jedes Mal die Schlauchpumpe abgestellt werden muss, damit sich kein Druck aufbauen kann, den der Silikonschlauch der Schlauchpumpe nicht aushalten würde.

Sterilisation eines Membranfilters

- Filtergehäuse völlig zerlegen, mit Spülmittel waschen, mit viel Leitungswasser und entmineralisiertem Wasser spülen, anschließend trocknen.
- Filterunterstützung richtig einlegen, Membranfilter mittels flacher Pinzette ohne Riffelung auflegen, Membranen aus Celluloseacetat und Polycarbonat stets feucht einlegen, jegliches Knicken vermeiden.
- Vorfilter auflegen, Filter mit Aqua dest. benetzen.
- Deckel auflegen, Schrauben keinesfalls zu fest zuziehen.
- Ausgang des Filters bzw. bei aufgestecktem Schlauch diesen sorgfältig mit Aluminiumfolie verschließen, ebenso locker den Einlass des Filters.
- Kompletten Filter bei 121 °C und 2 bar (200 kPa) Druck 30 min autoklavieren; hierfür nur das „Geräteprogramm" wählen, ohne Vor- und Nachvakuum, die Filtermembran darf auch beim Abkühlen nicht austrocknen.
- Filter über Nacht im Autoklaven oder an einem anderen staubfreien Ort abkühlen lassen.
- Deckel kreuzweise fest anschrauben.

> **Sterilfiltration von Medien**
>
> Material:
> - Druckgefäß
> - Filtergerät, steril
> - Stickstoffflasche und Reduzierventil (für Druckfiltration)
> - sterile Stutzenflasche zum Auffangen des Filtrats, am Auslaufstutzen Silikonschlauch mit Abfüllglocke
> - sterile Flaschen, in die abgefüllt werden soll
>
> - Das frisch zubereitete Kulturmedium in das Druckgefäß schütten.
> - Druckgefäß gut verschließen, mit Stickstoffflasche und Filter unsteril durch Druckschläuche verbinden.
> - Stutzenflasche erhöht aufstellen, Abfüllglocke in Stativklemme festhalten.
> - Druck auf 50 kPa (0,5 bar) einstellen.
> - Filtergerät durch Entlüftungsventil auf der Oberseite des Gerätes entlüften.
> - Die ersten 20–50 ml abfüllen und für spätere Sterilitätsprüfung verwenden (dieser „Vorlauf" enthält gelegentlich Fremdsubstanzen oder Wasser, ist also für die Zellkultur ohnehin nicht zu verwenden).
> - Druck möglichst nicht über 150 kPa (1,5 bar) steigern, um keine Keime „durchzudrücken".
> - Am Ende der Filtration nochmals eine 20–50 ml Probe zur Sterilitätsprüfung nehmen.
>
> Zusätzlich kann nach Ende der Abfüllung der sogenannte **Bubble-Point**-Test durchgeführt werden. Der Bubble-Point-Test ist ein Verfahren zur Bestimmung der Unversehrtheit und Porengröße eines Sterilfilters; gemessen wird der Differenzdruck bei dem ein gleichförmiger Strom von Gasblasen durch ein benetztes Sterilfilter unter bestimmten Prüfbedingungen hindurchtritt:
>
> Das an der Unterseite des Filters befindliche 2. Ventil mit kurzem Schlauch versehen und diesen in ein Gefäß mit Wasser hängen (unsteril), Ventil öffnen, Druck nach Angabe des Herstellers erhöhen (bei 0,2-µm-Membranen von Sartorius dürfen z. B. erst ab 400 kPa (4,0 bar) Blasen aus dem Schlauch im Wasser aufsteigen; steigen vorher Blasen auf, ist die Filtermembran defekt, das gesamte Filtrat muss nochmals filtriert werden).
>
> Bei den für die Medienfiltration dringend empfohlenen 0,1-µm-Filterscheiben übersteigt der Bubble Point in der Regel den maximal zulässigen Druck im Druckgefäß um mehr als 3 bar (Bubble Point bei 0,1-µm-Filterscheiben zwischen 10 und 12 bar). Es genügt, wenn der maximal erreichbare Druck im Druckgefäß erreicht wird, ohne dass sich innerhalb einer Minute Luftblasen (*air bubbles*) zeigen.
>
> Für industrielle Zwecke ist der **Druckhaltetest** zu empfehlen, oft sogar vorgeschrieben. Der Druckhaltetest kann schon vor der Filtration durchgeführt werden. Er ist als einfacher Vortest stets zu empfehlen, um schon vor der Filtration über die Integrität des Filters zumindest vorläufig Bescheid zu wissen.
>
> Zur Durchführung füllt man etwas Aqua dest. in den Drucktank (ca. 50–100 ml) und filtriert diese Menge. Nachdem das Filtrat die Filter passiert hat, schließt man das Ventil der Druckflasche, um eine dauernde Druckzuführung zu unterbrechen. Es kann nun am Manometer abgelesen werden, ob der Druck, der durch die Oberflächenspannung des Wassers in den Poren erhalten bleibt, innerhalb von zwei Minuten rapide gegen Null geht oder ob er nur marginal absinkt. Sollte der Druck erhalten bleiben, so ist anzunehmen, dass es keine Beschädigungen, wie z. B. Haarrisse in dem Filter gibt. Danach kann problemlos die Filtration des Mediums vorgenommen werden.

2.5.4 Sterilitätstest

Wenn der **Bubble-Point**-Test ein intaktes Filter anzeigt, werden je eine Flasche mit den erwähnten 20–50 ml vom Anfang und vom Ende der Filtration bei 37 °C 4 Tage lang bebrütet. Bleibt der Inhalt klar, ist die Abfüllung als steril anzusehen. Trübt sich der Inhalt, werden weitere 3 Flaschen bebrütet, trübt sich der Inhalt wieder, sollte die ganze Charge vernichtet werden.

Eine umfangreichere Sterilitätsprüfung kann mithilfe der **Membranfiltermethode** durchgeführt werden. Proben des Filtrats werden durch spezielle Filter (z. B. Sartorius Sterilitätssystem) gesaugt und dann mit Dextrosebouillon, Thioglykolat- und Sabouraud-Nährboden aufgefüllt und bebrütet. Die Methode eignet sich z. B. für zentrale Medienküchen.

> **Zusammenfassung**
>
> **Möglichkeiten zum Abtöten von Mikroorganismen**
>
> **Desinfektion:** Abtöten von pathogenen Keimen, ohne die biologische Umgebung zu schädigen
> **Sterilisation:** Abtöten aller lebender Zellen
>
> **Methoden der Sterilisation:**
> - **physikalisch:**
>   - feuchte Hitze (Autoklavieren): 121 °C, > 15 min,
>   - trockene Hitze (Heißluftsterilisation): 180 °C, > 30 min (Tabelle 2-5),
>   - Filtrieren (Sterilfiltration): Membranfilter kleiner Porengröße (< 0,2 µm),
>   - Strahlung: ionisierende Strahlung (Röntgen-, Gammastrahlung), UV-Bestrahlung (254 nm)
>   - Ionenplasma
>
> - **chemisch (meist Desinfektion):**
>   - Detergentien: lösen Zellmembranen (Lipidschicht) auf,
>   - monomerische Acrylsäuren (Zellmembranauflösung)
>   - Alkylantien: Quervernetzung von Proteinen, DNA-Strangbrüche:
>   Formaldehyd, Glutaraldehyd,
>   Gassterilisation mit Ethylenoxid,
>   - Alkohole: wirken durch Dehydratation und Denaturierung:
>   Methanol, Ethanol, Isopropanol,
>   - Oxidationsmittel: Na-Hypochlorit, Jod, Chlor, H_2O_2,
>   - Schwermetalle: Silbernitrat, Kupfersulfat, Quecksilber-Salze (z. B. $HgCl_2$ oder Sublimat)

2.6 Antibiotika (Verwendung von Antibiotika in der Zellkultur)

Zwischen 1907 und 1945, als noch keine Antibiotika den Kulturmedien zugegeben wurden, konnten Kontaminationen und damit der Verlust der Kultur nur durch rigorose Steriltechnik vermieden werden. Dies war stets sehr aufwändig und mit vielen Verlusten verbunden, weshalb sich die Zellkulturmethode erst nach Einführung der Antibiotika sprunghaft verbreitete (Kuhlmann, 1996). Ab diesem Zeitpunkt wurden auch die Massenkultur und der exakte quantitative Versuch möglich.

2.6.1 Anwendung

Üblicherweise werden 100 µg/ml **Dihydrostreptomycinsulfat** und 100 U/ml **Penicillin-G-Natrium** in Kombination gegen gramnegative und grampositive Bakterien verwendet. Dabei muss berücksichtigt werden, dass Penicillin in wässriger Lösung nur ca. 3 Tage aktiv bleibt. Penicillinhaltige Stammlösungen dürfen daher, auch kurzfristig, nur in gefrorenem Zustand aufbewahrt werden. Der Stammlösung werden kleine Mengen entnommen und den Medien in einer Endkonzentration von 100 µg/ml Streptomycin und 100 U/ml Penicillin zugesetzt. Die Antibiotika-Stammlösung kann auch aliquotiert eingefroren werden um ein wiederholtes Auftauen zu vermeiden.

Gentamycin ist dagegen unter gleichen Bedingungen 5 Tage lang stabil und außerdem sowohl gegen gramnegative wie grampositive Bakterien wirksam. Es wird mit 50 µg/ml eingesetzt.

Tab. 2-6 Wirkungsspektren und Anwendungskonzentrationen verschiedener Antibiotika.

Antibiotikum	Wirkungsspektrum	Cytotoxische Konzentration [µg/ml]	Empfohlene Konzentration [µg/ml]	Stabilität bei 37 °C [Tage]
Amphotericin B	Pilze, Hefen	30	2,5	~3
Ampicillin	gramneg., grampos. Bakterien		100 U/ml	~3
Carbenicillin	gramneg., grampos. Bakterien		100 U/ml	~3
Chloramphenicol	grampos., gramneg. Bakterien	30	5	~5
7-Chlortetracylin	grampos., gramneg. Bakterien	80	10	~1
Ciprofloxacin	Mycoplasmen	300	10–40	~5
Dihydrostreptomycin-sulfat	grampos., gramneg. Bakterien	30 000	100	~5
Erythromycin Base	grampos., gramneg. Bakterien	300	100	~3
Gentamycin	grampos., gramneg. Bakterien, Mycoplasmen	3000	50	~5
Kanamycin-Sulfat	grampos., gramneg. Bakterien, Mycoplasmen	10 000	100	~5
Lincomycin-Hydrochlorid	grampos. Bakterien		100	~4
Minocyclin (BM-Cyclin 2)	grampos., gramneg. Bakterien, Mycoplasmen	*	5	~3
Neomycinsulfat	grampos., gramneg. Bakterien	3000	50	~5
Nystatin	Pilze, Hefen	600	50	~3
Polymyxin B-Sulfat	gramneg. Bakterien	3000	50	~5
Penicillin G	grampos. Bakterien	10 000	100 U/ml	~3
Streptomycinsulfat	grampos., gramneg. Bakterien	20 000	100	~3
Tetracyclin Base	grampos., gramneg. Bakterien, Mycoplasmen	35	10	~4
Tetracyclin-Hydrochlorid	grampos., gramneg. Bakterien, Mycoplasmen	35	10	~4
Tiamulin (BM-Cyclin 1)	grampos. Bakterien, Mycoplasmen	*	10	~4
Tylosin	grampos. Bakterien, Mycoplasmen	300	10	~5

* Die empfohlene Konzentration sollte nicht überschritten werden, genauere Angaben sind nicht verfügbar.

Gegen Pilze wird **Amphotericin B** in einer Konzentration von 2,5 µg/ml nur gefährdeten Kulturen (z. B. Primärkulturen, Kapitel 19.1) zugegeben. Eine Übersicht über Wirkungsspektren und Konzentrationen weiterer Antibiotika zeigt Tabelle 2-6.

Die Anwendung von Antibiotika hat verschiedene Nachteile (s. u.), sie ist jedoch angezeigt bei der Primärkultur kontaminierter Gewebeproben (z. B. Hautbiopsien). Außerdem halten viele Bearbeiter die Anwendung von Antibiotika bei der Massenkultur (Kapitel 25) für unverzichtbar. Dient die Massenkultur z. B. zur Herstellung therapeutischer Proteine, dürfen keine Antibiotika eingesetzt werden.

> **Grundsätze für die Verwendung von Antibiotika**
> - Das eingesetzte Antibiotikum soll (muss) die Infektion eliminieren, d. h. die Mikroorganismen abtöten. Ein Bakterizid ist einem Bakteriostatikum vorzuziehen.
> - Antibiotika nie unterdosiert verwenden.
> - Entsprechend der Stabilität in wässriger Lösung rechtzeitig nachdosieren. Ein Antibiotikum sollte über die gesamte Kulturperiode ausreichenden Schutz bieten.
> - Wenn trotz der Anwendung von Antibiotika Kontaminationen auftreten, nicht mit einer Vielzahl weiterer Antibiotika behandeln, sondern Kulturen vernichten. Arbeitsabläufe Schritt für Schritt überprüfen.
> - Gelegentlich die Kulturen 2–3 Wochen lang antibiotikafrei weiterzüchten, um die Wirksamkeit der Steriltechnik zu überprüfen und verdeckte bzw. unterdrückte Kontaminationen zur Entfaltung zu bringen.
> - Das Antibiotikum darf das Wachstum der kultivierten Zellen und deren Stoffwechsel nicht beeinflussen oder andere Funktionen der Kultur (z. B. Virusvermehrung, Antikörperproduktion) beeinträchtigen.
> - Werden zwei oder mehr Antibiotika im Zellkulturmedium verwendet, so ist Vorsicht geboten. Eine Kombination von Antibiotika kann u. U. schwerwiegende cytotoxische Auswirkungen auf die Zellkultur haben, die bei Einzelanwendung in der empfohlenen Konzentration nicht auftreten. Näheres zu diesen Kombinationswirkungen ist in den entsprechenden pharmakologischen Nachschlagewerken nachzulesen.

2.6.2 Antibiotikafreie Kultur

Die dauernde Anwendung von Antibiotika verführt oft zur Vernachlässigung der Steriltechnik und begünstigt zudem die Bildung und Ausbreitung von Antibiotikaresistenzen. Folge können schwere, auch durch hohe Dosierung von Antibiotika kaum mehr zu beherrschende Kontaminationen sein. Die Vernachlässigung steriler Arbeitstechniken birgt außerdem die Gefahr der Kreuzkontamination in sich (Kapitel 2.8). Wenn auf Antibiotika in der Routine nicht verzichtet werden kann, dann sollten die oben aufgeführten Grundsätze beachtet werden. Es ist jedoch ein Zeichen für die besonders erfolgreiche Anwendung der aseptischen Arbeitstechniken und den hohen Standard der Zellkulturtechnik, wenn alle Routinearbeiten ohne Antibiotika durchgeführt werden und damit die Aussagekraft der Versuchsergebnisse wesentlich gesteigert werden kann.

2.7 Mycoplasmen

Mycoplasmen sind die kleinsten sich selbst vermehrenden Prokaryoten (Razin et al., 1998). Sie sind in ihrer Form variabel, ihre Größe schwankt zwischen 0,2 und 2 µm, können also die üblichen Sterilfilter aus Cellulose, Polysulfon- und Fluorethylenderivaten passieren, deren Porengröße um

Tab. 2-7 Anteil der häufigsten Mycoplasmakontaminationen in der Zellkultur.

Spezies	Häufigkeit	Wirtsorganismus
M. orale	20–40 %	Mensch
M. hyorhinis	10–40 %	Schwein
M. arginini	20–30 %	Rind
M. fermentans	10–20 %	Mensch
M. hominis	10–20 %	Mensch
A. laidlawii	5–20 %	Rind

aus: Drexler and Uphoff, 2002.

0,2 µm schwankt. Neuere anorganische Filtermembranen (Anotop) und Membranen aus hydrophilen Polyvinylderivaten mit Porengrößen um 0,1 µm machen eine sichere Mycoplasmenabtrennung möglich, Filter dieser Porengröße eignen sich jedoch nicht für jedes Filtrat (z. B. proteinhaltige Lösungen, Serum, etc. in größeren Mengen).

Kontaminationen von Zellkulturen mit Mycoplasmen sind häufig. Nach jüngsten Reihenuntersuchungen in Zellbanken wird geschätzt, dass ~30% aller Zelllinien mycoplasmeninfiziert sind (Drexler and Uphoff, 2002; Drexler et al., 2002). Mycoplasmen wachsen auf der Oberfläche von Zellen, ohne diese zu überwuchern. Dabei können Keimzahlen von 10^6–10^8/ml erreicht werden. Meist wird die Kultur nicht beeinträchtigt, oft weisen die Zellen im Phasenkontrast keine Veränderungen auf. Daher bleiben die meisten Mycoplasmeninfektionen auch lange unentdeckt, obwohl sie mit neueren Methoden leicht nachzuweisen und zu identifizieren sind (s. u.). In der Zellkultur sind ~20 verschiedene Spezies beschrieben worden, wovon sechs besonders häufig sind: *M. orale*, *M. hyorhinis*, *M. arginini*, *M. fermentans*, *M. hominis* und *Acholeplasma laidlawii* (Tab. 2-7).

Obwohl sie nicht immer dramatische Effekte bewirken, können Mycoplasmen vielfältig in den Stoffwechsel der befallenen Zellen eingreifen. Dies kann zu unangenehmen Artefakten bis hin zu Fehlinterpretationen von Versuchsergebnissen führen. Verschiedene Mycoplasmenspezies, unter ihnen die häufigen *M. orale* und *M. arginini* sind starke **Arginin-Verwerter**, d. h. sie benutzen Arginin als Energiequelle (ATP-Gewinnung) statt der üblichen Glucose. Infizierte Zellkulturen leiden daher z. T. sehr stark an Argininmangel. Dies führt durch Störung der Histonsynthese zu cytogenetischen Effekten und Chromosomenaberrationen. Durch Zugabe von 1 mM Arginin statt der üblichen 0,1 mM kann der Wachstumsstillstand der infizierten Kultur aufgehoben und dann eine gezielte Bekämpfung eingeleitet werden.

2.7.1 Vermeidung von Mycoplasmenkontaminationen

Den besten Schutz vor Mycoplasmeninfektionen bietet die **Prävention**. Als Infektionsquellen kamen früher vor allem Serum und Trypsin in Frage, heute ist die Hauptquelle eine **Querinfektion** von einer Kultur in die andere, wenn dieselben Puffer und Medien für verschiedene Kulturen benützt werden. Auch eine Verschleppung über den Flüssigstickstoff bei der Lagerung der Zellen ist möglich (Kapitel 15.2). Die Prävention besteht darin, grundsätzlich jede Charge von Zellen beim Einfrieren und beim nachfolgenden Auftauen auf Mycoplasmen zu testen. Auch sollten Puffer und Medien möglichst nicht gleichzeitig für unterschiedliche Kulturen verwendet werden (Hay et al., 1989; Drexler and Uphoff, 2002).

Infektion von außen, z. B. Tröpfcheninfektion aus der Atemluft, ist eine weitere Ursache für eine Kontamination mit Mycoplasmen. *M. orale* und *M. salivarum* (Name!) befinden sich als harmlose

Begleiter in der menschlichen Mundhöhle. Die Gefahr einer Tröpfcheninfektion besteht also bei der Medienherstellung aus Pulvermedien (Kapitel 7.3) und beim unsachgemäßen Pipettieren mit dem Mund (Kapitel 2.4.3).

> **Zusammenfassung**
>
> **Mycoplasmenkontaminationen**
>
> – sind nicht direkt sichtbar bzw. lichtmikroskopisch nicht sofort erkennbar,
> – können sich schnell auf andere Kulturen ausbreiten (auch über flüssigen Stickstoff),
> – sind nur schwer zuverlässig und dauerhaft zu eliminieren.

2.7.2 Nachweismethoden von Mycoplasmenkontaminationen

In der Literatur wurden zahlreiche Detektionssysteme beschrieben (Tab. 2-8) (Hay et al., 1989; McGarrity, 1982). Manche sind für die Routineprüfung von Zellkulturen recht aufwändig. Man unterscheidet zwischen direkten und indirekten Nachweismethoden. Der direkte Nachweis, die mikrobielle Kultivierung der Mycoplasmen auf Agar-Platten, ist die sensitivste Methode. Diese muss auch eingesetzt werden bei der Reinheitsprüfung biotechnologisch hergestellter Produkte aus Massenzellkulturen. Indirekte Nachweismethoden sind die Fluoreszenzfärbung mycoplasmaler DNA (Abb. 2-13), ELISA- (Abb. 2-14) und PCR-Methoden (Abb. 2-15), die Darstellung in der Elektronenmikroskopie oder der Nachweis Mycoplasmen-spezifischer Enzyme. Die Nachweisgrenze dieser Methoden liegt bei $\sim 10^3 - 10^4$ Keime/ml.

2.7.2.1 Darstellung der Mycoplasmen durch Fluorochromierung mit DAPI

Kontaminationen mit Mycoplasmen können am schnellsten durch die Anfärbung der Mycoplasmen-DNA mit dem speziell an DNA bindenden Fluorochrom DAPI (4–6-Diamidino-2-phenylindol-di-hydrochlorid) festgestellt werden. Die Mycoplasmen erscheinen als gleichmäßig geformte, kleine, hell leuchtende Punkte oder Ansammlungen von solchen. Da sich mitochondriale DNA kaum sichtbar anfärbt, ist die Hintergrundfluoreszenz gering. Kerntrümmer zerfallender Zellen sowie Bakterien und Pilze sind wesentlich größer und anders geformt als Mycoplasmen und daher nach Einarbeitung zu unterscheiden. In gleicher Weise kann auch Bisbenzimid (Hoechst 33258) verwendet werden. Die Methode erfordert etwas Übung. Positivkontrollen sind dabei unerlässlich (Abb. 2-13).

Diese mikroskopische Kontrolle, deren Vorbereitung kaum 30 min dauert, sollte in regelmäßigen Abständen, je nach Zelllinie, durchgeführt werden. Zur Dokumentation können auch Dauerpräparate angefertigt werden.

Gute Dauerpräparate, die im Fluoreszenzlicht nicht so schnell ausbleichen, können mit einem speziellen Einbettmittel hergestellt werden. Dann ist auch nach 10–20 min kein Ausbleichen festzustellen, sodass genügend Zeit zur Anfertigung von Mikrofotografien bleibt. Schwierig gestaltet sich die DAPI-Analyse bei Suspensionszellen, vornehmlich bei transformierten Lymphocyten oder Hybridomzellen. Hier ist es nicht einfach, eine Kontamination zu erkennen, auch wenn die Suspensionszellen relativ einfach an den Objektträger durch Hitze fixiert werden können. Der Grund ist im Verhältnis von Cytoplasma zu Kern zu sehen, das bei fast allen Lymphocyten zugunsten des Kerns ausfällt. Dadurch ist eine sichere Trennung des stark fluoreszierenden Kerns vom Cytoplasmasaum nicht mehr möglich, und die mögliche Kontamination kann nicht eindeutig festgestellt werden. Einfache Abhilfe kann dadurch geschaffen werden, indem man eine mycoplasmenfreie

Tab. 2-8 Nachweis von Mycoplasmenkontaminationen.

Methode	Benötigte Geräte	Kommentar
DNA-bindende Fluoreszenzfarbstoffe: Bisbenzimid (Hoe 33258), DAPI (Roche Diagnostics No. 10 236 276 001)	Fluoreszenzmikroskop mit geeigneten Filtersätzen	empfindlicher Test für adhärierende Mycoplasmen; oft negative Ergebnisse für nicht adhärierende Mycoplasmen; falsch-positive Ergebnisse z. B. durch artifizielle Zellkernzerstörung und DNA-Versprengungen
Elektronenmikroskopie	Rasterelektronenmikroskop, u. U. Transmissionselektronenmikroskop	direkte Sichtbarmachung oberflächlich wachsender Mycoplasmen; durch hohen technischen Aufwand für Routine-Testung ungeeignet
ELISA (Roche Diagnostics No. 11 296 744 001)	Mikrotiterplattenphotometer (Microplate Reader) mit Filter (405 nm)	erkennt nicht alle Stämme; durchschnittliche Empfindlichkeit
Nachweis Mycoplasmenspezifischer Enzyme: a) 6-MPDR-Test: Verstoffwechselung von 6-Methyl-Purin-Desoxyribosid durch mycoplasmale Adenosinphosphorylase	Phasenkontrastmikroskop	Verwendung von mycoplasmenfreien Indikatorzelllinien (z. B. 3T3) erforderlich, Bakterien können falsch-positive Ergebnisse vortäuschen; Nachweisempfindlichkeit nicht sonderlich hoch; leicht durchzuführen*
b) Mycoplasmen-ATP via Adenosinkinase (kommt nur in Bakterien und Mycoplasmen vor)	Luminometer	sehr empfindlich, einfach durchzuführen; Testkit der Fa. Cambrex**
Hybridisierung mit DNA/RNA-Sonden	Southern bzw. Northern Blot Technologie	sehr empfindlich; nicht zum Nachweis aller Mycoplasmen geeignet
PCR von z. B. ribosomaler RNA bzw. deren Genen	Thermocycler, DNA-Elektrophorese	sehr empfindlich; Mycoplasmentypisierung möglich; als fertige Testkits zu beziehen***
mikrobiologische Kultivierung	Brutschrank	sehr empfindlich, allerdings sind nicht alle Mycoplasmen kultivierbar (z. B. *M. hyorhinis*)

*MycoTect™ Kit, GIBCO (Cat. No. 15672-017); **MycoAlert® Mycoplasma Detection Kit, Cambrex; *** z. B. Roche Diagnostics PCR-ELISA-Kit (No. 11 663 925 910), VenorGeM® PCR-based Mycoplasma Detection Kit (Sigma-Aldrich No. MP0025), MycoSensor™ PCR Assay Kit (Stratagene No. 302108), PCR Mycoplasma Test Kit I/C (PromoKine No. PK-CA-91-1048).

adhärente Indikatorzelllinie (z. B. Mausfibroblasten der Linie L 929 oder 3T6) drei bis vier Tage zusammen mit der zu testenden Suspensionslinie als Ko-Kultur inkubiert und danach die Fibroblastenzellen auf mögliche Kontamination mittels DAPI-Test untersucht. Dieses Vorgehen hat sich im Labor des Erstautors gut bewährt, es ist in den meisten Fällen empfindlich genug, um eine mögliche Kontamination der Suspensionszellen festzustellen.

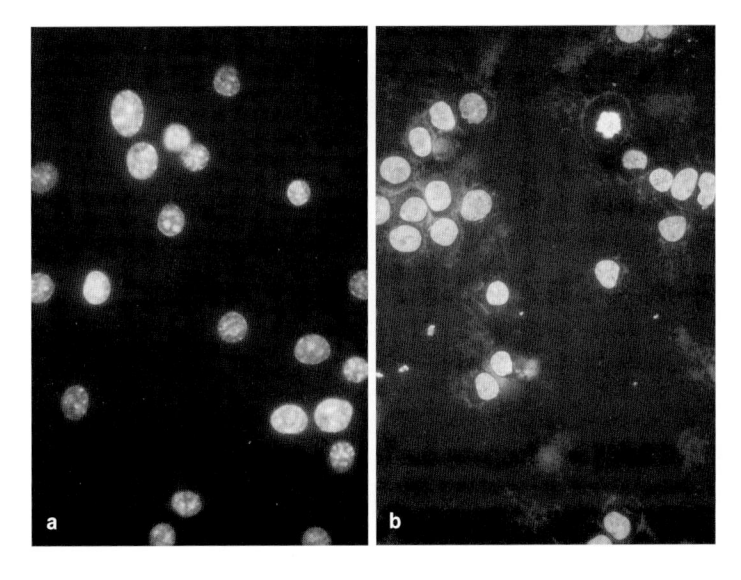

Abb. 2-13 Mycoplasmennachweis mittels DAPI-Färbung. DNA-Kernfärbung von Fibroblasten (L-929).
a Mycoplasmenfreie Zellen (ca. 500 ×), **b** mycoplasmeninfizierte Zellen (ca. 600 ×).

Einbettmittel für Fluoreszenzpräparate

Material:
- p-Phenylendiamin
- phosphatgepufferte Kochsalzlösung: Na_2HPO_4 0,01 M, NaCl 0,01 M
- Glycerin
- Carbonat-Bicarbonatpuffer 0,5 M: 42 g/l $NaHCO_3$ + 53 g/l Na_2CO_3, pH 9,0

- 100 mg p-Phenylendiamin in 10 ml phosphatgepufferter Kochsalzlösung lösen und zu 90 ml Glycerin geben; mit Carbonat-Bicarbonatpuffer auf pH 8,0 einstellen.
- Portionieren und bei –20 °C unter Lichtabschluss aufbewahren, um Braunwerden des Puffers zu verhindern.
- Mit diesem Einbettmittel angefertigte Präparate müssen liegend aufbewahrt werden.

DAPI-Test auf Mycoplasmen

Material:
- 50–70% dichte Monolayerkultur in Kunststoffpetrischale (60 mm) oder Deckglas-Kulturen
- DAPI (Roche Diagnostics No. 10 236 276 001)
- PBS
- Methanol
- Fluoreszenzmikroskop:
  Zeiss: Erregerfilter G 436, Farbteiler FT 510, Sperrfilter LP 520, als kompletter Filtersatz unter Nr. 487707 erhältlich.
  Leitz: Erregerfilter Bp 340, Teilerspiegel RKP 400, Sperrfilter LP 430, als kompletter Filterblock A unter Nr. 513410 erhältlich (für andere Mikroskopfabrikate: Anregung $\lambda = 340$ nm, Emission $\lambda = 488$ nm)

- DAPI-Stammlösung mit 1–5 mg/ml in Aqua dest. herstellen, geeignete Aliquots abfüllen und bei –20 °C einfrieren, Haltbarkeit 12 Monate.
- DAPI-Stammlösung auftauen und mit Methanol zu einer Endkonzentration von 1 µg/ml verdünnen (Arbeitslösung).
- Medium von der Kultur abgießen (Kontaminationsgefahr!), einmal mit DAPI-Methanol Arbeitslösung waschen.

- mit DAPI-Methanol 15 min bei 37 °C im Brutschrank gut bedeckt färben.
- Färbemittel abgießen, mehrmals und sehr gut mit PBS bzw. Aqua dest. waschen, Deckglas mit etwas PBS darunter auf Kultur legen.
- Mit 100× Ölimmersionsobjektiv mikroskopieren.

2.7.2.2 ELISA-Test auf Mycoplasmen

Enzym-Immunoassays, die auf dem ELISA-Prinzip beruhen, benutzen monoklonale als auch polyklonale Antikörper gegen die am meisten verbreiteten Mycoplasmen-/Achleoplasmenspezies in der Zellkultur, *M. arginini*, *M. hyrhinis*, *A. laidlawii* und *M. orale*.

Die Bestimmung der einzelnen Spezies wird getrennt durchgeführt. Die Vertiefungen von 96-Multiwell-Platten sind mit jeweils einem gegen eine Mycoplasmenart gerichteten Antikörper beschichtet. Im eigentlichen Inkubationsschritt wird die Probe (z. B. Zellkulturüberstand, Zellsuspension) eingebracht und mit dem Antikörper reagieren lassen. Im nächsten Schritt werden die wandfixierten Mycoplasmen mit Biotin-gekoppelten Antikörpern markiert, an welche anschließend Strepavidin-gekoppelte alkalische Phosphatase (AP) gebunden wird. Die im Komplex gebundene AP wird durch enzymatische Umsetzung von 4-Nitrophenylphosphat (4-NPP) als Substrat sichtbar gemacht. Das Farbsignal ist der Mycoplasmenkonzentration proportional. Die Messung erfolgt in einem Mikroplatten-Photometer (*Microplate-Reader*) bei 405 nm. Durch die Biotin-Streptavidin-Verstärkung wird eine Nachweisgrenze von 10^5–10^6 Colony Forming Units (CFU)/ml erreicht (Abb. 2-14).

2.7.2.3 Nachweis von Mycoplasmen mittels PCR (Polymerase-Kettenreaktion)

Die PCR ermöglicht, aus geringen Mengen heterogener DNA ein spezifisches Fragment millionenfach anzureichern. Damit eignet sich die PCR besonders gut, Spuren von Fremd-DNA, z. B. von Mycoplasmen, aus Zellkulturen zu amplifizieren und damit nachzuweisen. Die PCR-Technologie

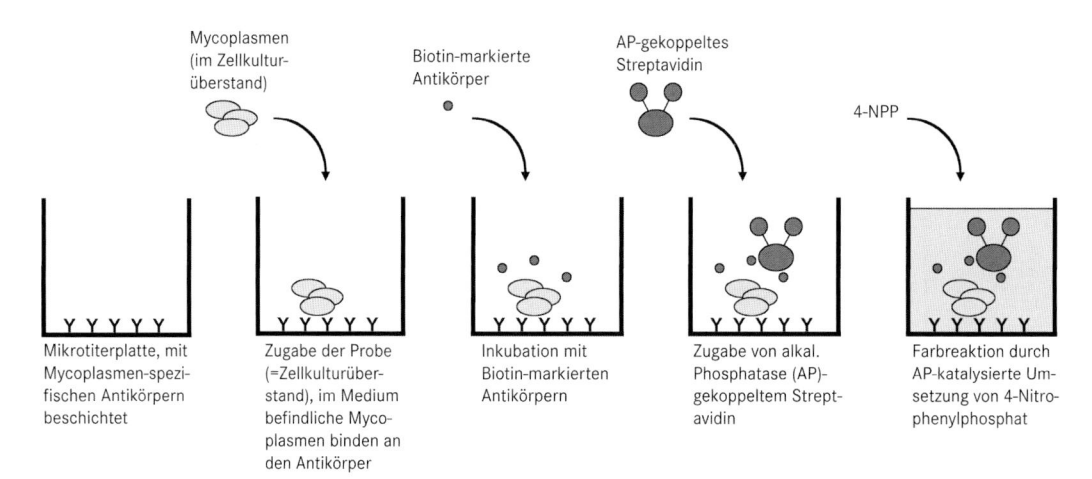

Abb. 2-14 Testprinzip eines Immuno-Assays (ELISA) zum Nachweis von Mycoplasmen (ELISA Mycoplasmen Detection Kit, Roche Diagnostics No. 11 296 744 001).

gehört heute zum Standardrepertoire vieler Labors und findet dadurch auch vermehrt Eingang in die Routinetestung von Zellkulturen. Hochspezifische Primer erlauben nicht nur den sensitiven Nachweis einer Mycoplasmenkontamination, sondern ermöglichen gleichzeitig die Identifizierung der Mycoplasmenspezies (Wirth et al., 1994). Die hohe Sensitivität der PCR kann aber oft auch zu falsch-positiven Signalen führen (Drexler and Uphoff, 2002).

Da die PCR „nur" DNA nachweist, kann es zu „falsch positiven" Ergebnissen kommen, wenn z. B. noch „Spuren" von Mycoplasmen-DNA nach Sterilfiltration im Serum enthalten sind, obwohl keine lebenden Keime mehr vorhanden sind.

Die in den heutigen PCR-basierten Mycoplasmentests verwendeten Primer umfassen Mycoplasmen-spezifische, hochkonservierte Sequenzen der 16S ribosomalen RNA (rRNA), sogenannte **Universalprimer**, die mit jeder Mycoplasmen-DNA reagieren. Diese Primer eignen sich für breite Screening-Verfahren. Daneben gibt es noch **Spezies-spezifische Primer** der intergenen (intercistronischen) Bereiche der 16S–23S rRNA-Gene, die für die Mycoplasmenidentifizierung herangezogen werden (Tabelle 1 in Uphoff and Drexler, 2002a).

Beim kombinierten Mycoplasmen-PCR-ELISA-Test (z. B. von Roche Diagnostics) wird im Zuge der DNA-Amplifizierung ein UTP mit eingebaut, das mit einem Digoxigeninmarker versehen ist. Das eingebaute DigUTP kann dann mittels eines Antikörpers gegen Digoxigenin markiert werden. Die Mikrotiterplatten selbst sind mit Streptavidin gekoppelt. Diese Streptavidin-gekoppelte Festphase kann ihrerseits mitgelieferte, mit Biotin markierte „Capture"-Sonden (Fangsonden) binden. Dies sind kurze, Biotin-markierte DNA-Sequenzen, die mit der amplifizierten DNA einerseits hybridisieren und andererseits mit dem Biotin an die Festphase durch Streptavidin gebunden werden. Das Antikörperfragment selbst ist mit einer Peroxidase gekoppelt, wird bei Vorhandensein einer Mycoplasmen-DNA an die Festphase gebunden und setzt dann ein zugegebenes farbloses Peroxidase-Substrat (TMB) in ein blaues Produkt um. Um maximale Sensitivität zu erreichen, wird das blaue Produkt durch ein „Stoppreagenz" in ein gelbes umgewandelt und die Absorption bei 450 nm gemessen (Abb. 2-15).

Negative und positive, nichtinfektiöse Kontrollen sind immer mit einzuschließen.

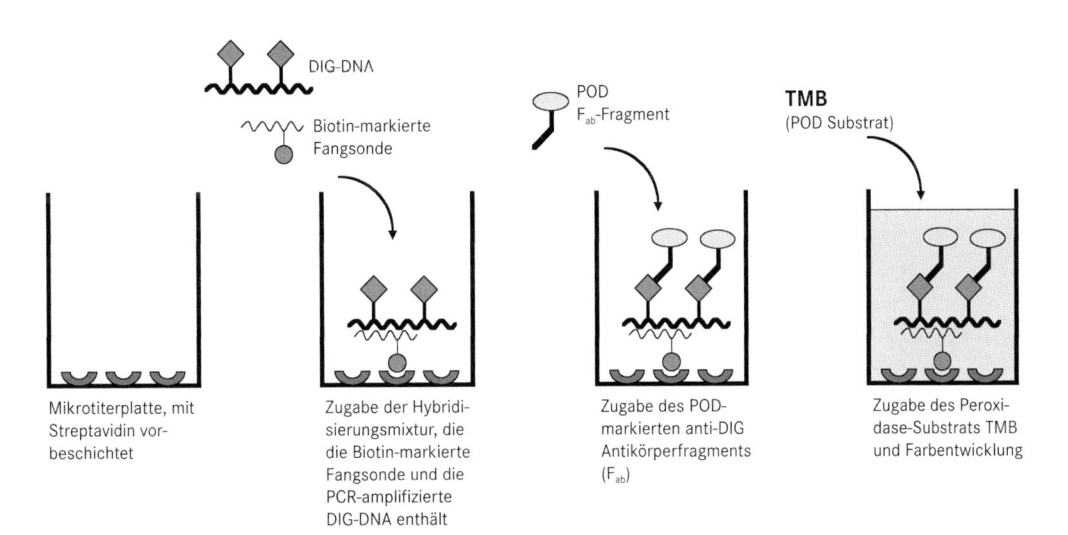

Abb. 2-15 Schematischer Versuchsablauf des Mycoplasmen-PCR-ELISA (Roche Diagnostics No. 11 663 925 910). DIG Digoxigenin, POD Peroxidase, TMB Tetrametylbenzidin.

PCR-ELISA auf Mycoplasmen

Die nachstehende Vorschrift ist auf den käuflichen Testkit der Firma Roche Diagnostics zugeschnitten:

Material:
- Mikrozentrifuge
- PCR-Thermocycler
- ELISA-Reader
- Mikrotiterplattenschüttler
- Whirl-Mix
- Mikropipetten (Positive Luftverdrängungspipetten), sterile passende Pipettenspitzen (evtl. mit Filter)
- sterile Eppendorfgefäße
- doppelt-destilliertes, steriles Wasser (Aqua bidest.)
- Uracil-DNA Glycosylase (Roche No. 11 775 367 001) heat-labile
- Testkit (Roche Diagnostics No. 11 663 925 910)

Die benötigten Lösungen sind entweder vorgefertigt („ready-to-use") oder sollten nach Auftauen portioniert und die nicht benötigten Reagenzien wieder eingefroren werden. Wiederholtes Auftauen und Einfrieren ist zu vermeiden. Einige Reagenzien sollten direkt in der benötigten Menge verdünnt und innerhalb von 14 Tagen aufgebraucht werden.

Da die Methode sehr empfindlich und die Gefahr falsch-positiver Ergebnisse relativ groß ist, wird empfohlen, die Lösungen unter einer nicht laufenden (!) Sterilbank in sterile Gefäße zu pipettieren.

Vorbereitung der Proben

Die zu testende Zellkultur wenigstens zwei Passagen vor dem Test ohne Antibiotika ansetzen. Im Test stört zwar ein Antibiotikum nicht, aber um Gewissheit zu haben, sollte man möglichst viel Mycoplasmen-DNA von vornherein zur Verfügung haben. Theoretisch können mit dieser Methode ca. 20 vorhandene DNA-Kopien erkannt werden.

- Ca. 1 ml des Zellkulturüberstandes bei niedriger g-Zahl (ca. 200 × g) kurz abzentrifugieren, um keine Zelltrümmer etc. in der Reaktionslösung zu haben.
- Diesen Überstand mind. 20 min bei 13 000 × g (maximale Umdrehungszahl der Mikrozentrifuge) zentrifugieren, um evtl. vorhandene Mycoplasmen zu sedimentieren. Achten Sie auf absolute Dichtheit der Zentrifugengefäße!
- Den nicht immer klaren Überstand vorsichtig dekantieren, damit sich kein Medium mehr im Pellet befindet.
- Genau beschriften und mit Mikrospitzen arbeiten, die einen Aerosolfilter besitzen, um Kreuzkontaminationen zu vermeiden; Spitzen immer nur einmal verwenden!
- Sowohl den Proben als auch der Negativ- und Positivkontrolle jeweils 10 µl steriles Aqua dest. und 10 µl Lyse-Reagenz zugeben.
- 1 h inkubieren und dann alle Proben mit dem Neutralisierungsreagenz (30 µl) versetzen.

Nach den bisherigen Testkiterfahrungen ist es durchaus möglich, ohne den Zentrifugations- und Konzentrierungsschritt auszukommen. Doch wird wegen der Reproduzierbarkeit empfohlen, diesen Schritt routinemäßig anzuwenden, da bestimmte Medien oder Seren die Reaktion beeinflussen könnten.

Es ist auch möglich, Mycoplasmen-DNA mittels vorhandener Methoden zu isolieren und diese DNA im Test einzusetzen.

1. Schritt: Amplifizierung der Mycoplasmen-DNA

Bevor die Proben-DNA vervielfältigt werden, kann eine nachträgliche Kontamination (z. B. durch DNA vorangegangener Reaktionen oder durch positive eingeschleppte Proben) durch die Zugabe von Uracil-DNA Glycosylase (1 U/µl) anstatt Aqua dest. verhindert werden. Die PCR-Reaktion sollte dann erst nach einer 10-minütigen Inkubation mit dem Enzym bei Raumtemperatur begonnen werden.

Auf keinen Fall die positive Probe damit behandeln! (Näheres kann dem Beiblatt entnommen werden).

Die jetzt folgende Polymerase-Kettenreaktion (PCR) kann prinzipiell in allen dafür vorgesehenen Geräten durchgeführt werden.

Achtung: einzelne Proben samt negativer und positiver Kontrolle sehr sorgfältig beschriften, unter einer sterilen Werkbank pipettieren (Gebläse dabei ausschalten!).

- Zu jedem Röhrchen 25 µl vorgefertigte PCR-Lösung (Reagenz Nr. 3) und 10 µl steriles Aqua dest. geben.
- jeweils 10 µl der Probe bzw. der negativen und positiven Kontrolle hinzupipettieren und die Reaktionsgefäße dicht verschließen.
- Thermoprogramm: Zyklus Nr. 1: 5 min bei 95 °C
  Zyklus Nr. 2–40: 30 s bei 94 °C; 30 s 62 °C; 1 min 72 °C
  Zyklus Nr. 41: 10 min bei 72 °C

  Abkühlen auf 8 °C.

Dieses Temperaturprogramm ist erfolgreich bei einigen kommerziellen PCR-Geräten angewandt worden. Es kann jedoch zur Optimierung notwendig sein, kleinere Modifikationen an den jeweiligen Geräten vorzunehmen.

2. Schritt: Hybridisierung und ELISA-Verfahren

In diesem Schritt wird die Probe denaturiert, die Hybridisierungslösung zugesetzt und einige Zeit inkubiert (die Hybridisierung dauert mind. 3 h).

Anschließend wird der markierte Antikörper zugeben, die Peroxidase-Reaktion nach Zugabe des Substrates gestartet und im ELISA-Reader quantifiziert.

- In passende separate Reagenzgefäße (beschriften) jeweils 40 µl Denaturierungsreagenz (Lösung 4) zusetzen und jeweils 10 µl der amplifizierten Reaktionslösungen dazupipettieren.
- 450 µl des Hybridisierungsreagenz (Lösung 13) zusetzen und gut durchmischen.
- Jeweils 200 µl des Gemisches in die Vertiefungen der vorbeschichteten Mikrotiterplatte geben, mit der Folie gut abdecken und schütteln.

Sollte ein für die Mikrotiterplatten passender **Schüttler** nicht vorhanden sein, so kann die Reaktion in den Reaktionsgefäßen zunächst separat unter Schütteln (37 °C, mind. 3 h, 300 rpm) durchgeführt werden und erst anschließend jeweils 200 µl in die Mikrotiterplatten überführt werden. Danach die Mikrotiterplatten nochmals eine Stunde bei 37 °C inkubieren.

- Die Hybridisierungslösung durch einfaches Klopfen der Mikrotiterplatte gegen ein weiches Papiertuch entfernen und dreimal mit jeweils 250 µl der Waschlösung (Nr. 7) waschen.
- 200 µl der vorbereiteten und vorverdünnten AK-Lösung (anti-DIG-POD) in die Vertiefungen der Mikrotiterplatte pipettieren, mit Folie abdecken und weitere 30 min bei Raumtemperatur unter Schütteln bei 300 rpm inkubieren.
- Die Antikörperlösung wieder aus der Mikrotiterplatte klopfen und 5× mit jeweils 250 µl der Waschlösung (Nr. 7) waschen.
- 100 µl der auf Raumtemperatur vorgewärmten Peroxidasesubstratlösung (Lösung Nr. 10) zugeben und unter Schütteln mind. 30 min inkubieren.
- Jeweils 100 µl der Stopplösung (Nr. 11) in jede der Vertiefungen geben und innerhalb einer Stunde die Absorption bei 450 nm messen (Referenzwellenlänge: ca. 660 bis 690 nm).

> **Kontrolle der Amplifikate**
>
> Bei den meisten herkömmlichen Geräten muss die amplifizierte DNA im Anschluss (10 µl des Ansatzes) auf einem 2-%-Agarosegel kontrolliert bzw. nachgewiesen werden. Im Rahmen dieses Buches kann auf DNA-Elektrophorese und Detektierung der amplifizierten DNA nicht näher eingegangen werden. Hier sei auf die Beschreibung dieser Techniken in einschlägigen Methodenbüchern der Molekularbiologie verwiesen. Des Weiteren sei auf die Hersteller und Vertreiber von Elektrophoresegeräten verwiesen.
>
> Neuere Entwicklungen auf diesem Gebiet machen es heute schon möglich, amplifizierte DNA ohne Elektrophorese mittels Fluorochromen nachzuweisen (z. B. der „Lightcycler" der Firma Roche Diagnostics).
>
> Nach der ersten PCR erscheint in der Elektrophorese bei einer Mycoplasmenkontamination eine 520 bp-Bande, nach der zweiten PCR beträgt die Bandengröße ca. 300 bp.
>
> Bei massiver Kontamination genügt die erste PCR, um Mycoplasmen nachzuweisen. Es erübrigt sich dann eine zweite Runde.
>
> Wird eine zweite PCR durchgeführt:
> - 10 µl Amplifikat aus der ersten Runde zusetzen.
> - Die Positivkontrolle mindestens 1:10 bis 1:100 verdünnen, damit es nicht zur Überladung der Banden kommt.
> - Proben und Mix nie am selben Arbeitsplatz pipettieren.
> - Pipetten vor Beginn der Arbeiten mit UV bestrahlen.
> - Gestopften Pipettenspitzen verwenden, um Aerosole zu vermeiden.
> - Wird an Sterilbänken gearbeitet, ist das Gebläse abzuschalten, um Wirbel zu vermeiden.
> - Neue Puffer vor Gebrauch testen.
> - 10 × PCR-Puffer dürfen nicht eingefroren werden, sondern sind bei ca. 14 °C zu lagern und sind deshalb auch nur begrenzt haltbar (etwa 6 Monate).

2.7.3 Elimination von Mycoplasmen

Es gibt einige erfolgreiche Methoden, mycoplasmeninfizierte Zellen zu kurieren. So hat sich eine neuartige Generation von Antibiotika (Tab. 2-6) gegen Mycoplasmen gut bewährt (Hay et al., 1989; Uphoff and Drexler, 2002b). Ältere Methoden, wie z. B. die Kultivierung infizierter Zellen mit Peritonealmakrophagen oder die Inokulation solcher Zellen in die Aszitesflüssigkeit von Mäusen sind nicht nur aufwändig und bringen zusätzliche Probleme mit sich (Einbringung von Retroviren in die Zellen), sondern sind auch aufgrund der neuen Tierversuchsgesetze verboten!

Von den derzeit am Markt befindlichen Antibiotikabehandlungen ist die Anwendung von **Tiamutin** (BM-Cyclin 1) und **Minocyclin** (BM-Cyclin 2) gut etabliert, da Mycoplasmen innerhalb von 16–23 Tagen sicher abgetötet werden (Schmidt und Erfle, 1984), ohne für eine Vielzahl getesteter Zellen toxisch zu sein oder zu Resistenz zu führen. Tiamutin-Präparate werden unter den Handelsnamen BM-Cyclin 1 (Roche Diagnostics) bzw. BIOMYC-1 (PromoKine) geführt, die dazugehörigen Minocyclin-Präparate als BM-Cyclin-2 und BIOMYC-2. Die beiden Antibiotika werden alternierend eingesetzt: Tiamutin (auch Tiamulin genannt, ein Pleuromutilin-Derivat) mit 10 µg/ml für 3 Tage, danach Minocyclin (ein Tetracyclin-Derivat) mit 5 µg/ml für 4 Tage. Dieses Schema kann, wenn notwendig, ein- bis zweimal wiederholt werden.

Als weiteres gutes Mittel hat sich der Einsatz von Ciprofloxacin in der in Tab. 2-6 angegebenen Konzentration bewährt. Eine ähnliche Substanz ist auch unter dem Namen MRA (*Mycoplasma-Removal-Agent*, ICN No. 30-500-44) bzw. als BIOMYC-3 von PromoKine (PromoCell GmbH) kommerziell erhältlich. Andere, gegen Mycoplasmen eingesetzte Antibiotika sind Gentamycin,

Kanamycin, Lincomycin oder Tylosin (Tab. 2-6). Neuere Kombinationspräparate, die ebenfalls gegen Mycoplasmen eingesetzt werden können, sind unter den Handelsnamen Plasmocin™, Normocin™, Primocin™ und MycoZap™ auf dem Markt. Es muss darauf hingewiesen werden, dass es nicht opportun ist, vorbeugend irgendeines der oben erwähnten Antibiotika einzusetzen. Es hat sich nämlich gezeigt, dass von bestimmten Mycoplasmenspezies (*M. arginini* und *M. orale*) auch gegen diese Antibiotika Resistenzen entwickelt werden können bzw. dass diese Resistenzen schon vorhanden sind.

Behandlung von Zellkulturen gegen Mycoplasmen

Material:
- BM-Cyclin 1 + 2 (Roche Diagnostics No. 10 799 050 001)
- infizierte Kulturen
- Medium für Mediumwechsel
- DAPI Mycoplasmen-Nachweis

Herstellung 250x konzentrierter Stammlösungen:
- BM-Cyclin 1 (25 mg, lyophilisiert, steril) und BM-Cyclin 2 (12,5 mg, lyophilisiert, steril) jeweils in 10 ml steriler PBS (oder sterilem Aqua dest.) rekonstituieren und evtl. aliquotieren. Die Stammlösungen können bei $-20\,°C$ gelagert werden.

Behandlung der Kulturen:
- Kulturmedium absaugen.
- Frisches Medium mit BM-Cyclin 1 (4 µl der Stammlösung/ml, Endkonzentration 10 µg/ml) hinzufügen.
- Zellen 3 Tage kultivieren.
- Kulturmedium wieder entfernen.
- Neues Medium mit BM-Cyclin 2 (4 µl der Stammlösung/ml, Endkonzentration 5 µg/ml) hinzufügen.
- Zellen 4 Tage kultivieren.
- Behandlungszyklus zweimal wiederholen, dazwischen – falls notwendig – in BM-Cyclin-haltiges Medium subkultivieren.
- Überprüfung der Kulturen mittels DAPI Fluoreszenz-Test.
- Antibiotika nicht prophylaktisch verwenden.

Ein identisches Protokoll kann auch mit BIOMYC-1 und BIOMYC-2 von PromoKine (PromoCell GmbH) (Kat.No. PK-CC-03-036-1 und PK-CC-03-037-1) durchgeführt werden.

Bei allen Mycoplasmenkontaminationen ist zu beachten, dass Mycoplasmen aufgrund der Auflösungsgrenze des Lichtmikroskops nicht direkt zu sehen sind, jedoch ist oft eine deutliche Verunreinigung des Mediums mit Partikeln zu sehen. Eine Veränderung der Morphologie ist für den routinierten Mikroskopiker z. T. an den Randbereichen der Zellen festzustellen.

Eine Argininzugabe zum Routinemedium (s. o.) kann noch zusätzlichen Hinweis geben, falls die Zellen nach der Argininzugabe wieder besser proliferieren bzw. die Morphologie sich wieder verbessert. Es muss nochmals in aller Deutlichkeit vermerkt werden, dass trotz der Möglichkeit, Mycoplasmen durch Antibiotika in der Zellkultur abzutöten, dies keine absolut sichere Methode ist, mycoplasmenfreie Kulturen zu erhalten. Eine gute Sicherheit gibt erst nach der Antibiotikabehandlung eine anschließende „Klonierung" der kurierten Zelllinie mit anschließender PCR (s. o.), wobei eine vierteljährliche Überprüfung der betreffenden Zelllinie eine gute Qualitätskontrolle darstellt. Dieses zeit- und kostenintensive Vorgehen ist nur in besonderen Fällen von Nöten, ansonsten kann routinemäßig der Nachweis Mycoplasmen-spezifischer Enzyme im Lumineszenz-Assay verwendet

2.8 Kreuzkontaminationen

Unter Kreuzkontamination versteht man das fälschliche Einbringen fremder eukaryoter bzw. Säugerzellen in eine Zellkultur (**Mischinfektion**). Weisen die verschleppten Zellen z. B. eine wesentlich höhere Proliferationsrate auf (wie dies bei Tumorlinien der Fall ist), kann die ursprüngliche Kultur innerhalb weniger Passagen von fremden Zellen überwuchert sein. Bleibt die Kreuzkontamination unentdeckt, bedeutet dies u. U., dass mit falschen Zellen gearbeitet wird und oft jahrelange wissenschaftliche Arbeit unbrauchbar ist oder in Frage gestellt werden muss (Chatterjee, 2007; Hollricher, 2007; Masters, 2002b; Stacey, 2000).

Seit der Etablierung kontinuierlicher Zelllinien in den 1950er-Jahren ist das Problem evident, wird aber bis heute nicht mit der nötigen Aufmerksamkeit zur Kenntnis genommen (Buehring et al., 2004; Hughes et al., 2007; Markovic and Markovic, 1998; Nardone, 2007). Damals war die Arbeit mit tierischen Zelllinien aus Maus, Ratte, Kaninchen, Hamster, Hund oder Schwein vorherrschend, wodurch *Inter*spezies-Kontaminationen leicht entdeckt werden konnten: durch Darstellung der Chromosomenbänderung, durch Karyotyp-Analysen oder der Bestimmung von Isoenzymmustern (Zymogramme) (Abb. 2-16) (Hay, 1988; Steube et al., 1995).

Durch den verstärkten Einsatz von Zellkulturen in der biomedizinischen Forschung führte der Trend zur Verwendung humaner Zelllinien. Damit stieg aber die Gefahr der *Intra*spezies-Kontamination innerhalb humaner Zellkulturen in einem Labor. Traurige Berühmtheit erlangten dabei die **HeLa-Zellen**, die vor 50 Jahren aus einem Cervix-Karzinom isoliert wurden (Masters, 2002a;

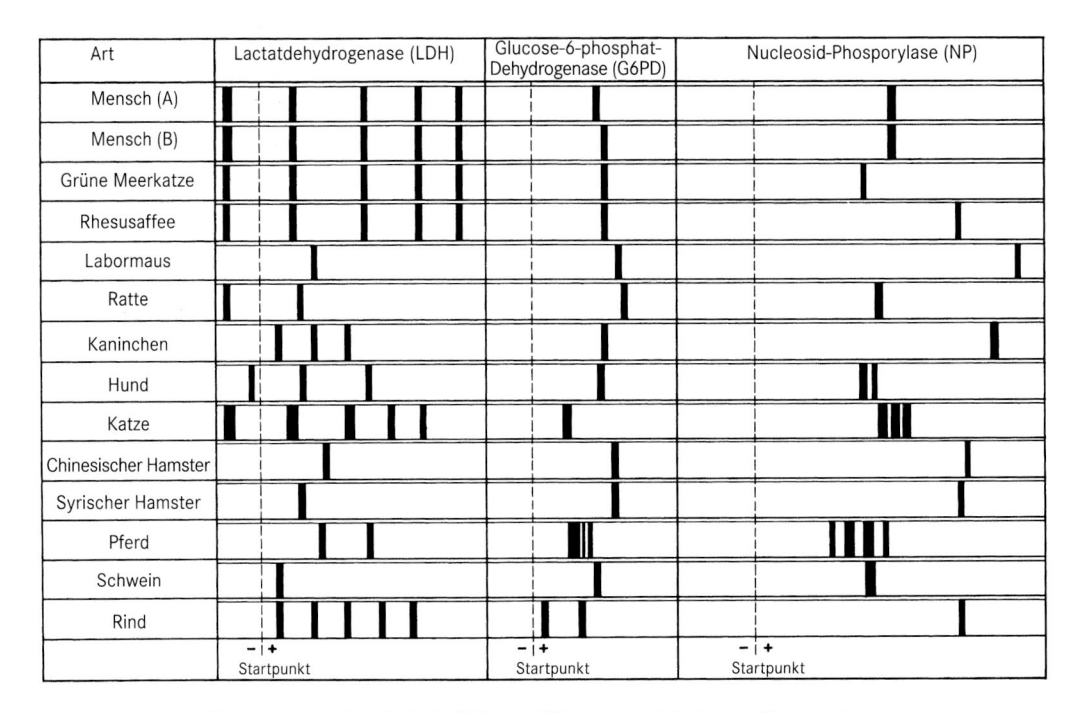

Abb. 2-16 Muster für Isoenzyme der LDH, 6-GPD und NP von verschiedenen Säugerarten.

Tab. 2-9 HeLa-kontaminierte Zelllinien.

Zelllinie	Ursprung	HeLa-Abkömmling
AV3	humane Amnionzellen	+
C 16	MRC-5, fetale Lungenfibroblasten	+
CHANG Liver	Leber	+
FL	Amnion	+
Girardi Heart	Herzbiopsie	+
HEp-2	Larynx-Karzinom	+
HEp-2C		+
HEp-2 (Clone 2B)		+
Intestine 407	embryonale Intestinalzellen	+
KB	Mundkarzinom	+
L-41	Knochenmark	+
L 132	embryonale Lunge	+
WISH	Amnion	+
WKD	Augenbindehaut	+
WRL 68	Hepatocyten	+

O'Brien, 2001). Schon seit den 1970er-Jahren ist bekannt, dass eine Reihe kontinuierlicher Zelllinien mit HeLa-Zellen durchseucht sind (Hollricher, 2007; Masters, 2000; McLeod et al., 1999; Nelson-Rees et al., 1981). Demnach sind ~20% der untersuchten humanen Zelllinien HeLa-kontaminiert und damit falsch bezeichnet. Die drei größten Zellbanken Europas und der USA (DSMZ, ECACC und ATCC) weisen in ihren Katalogen bzw. Websites ausdrücklich darauf hin. ECACC hat eine Liste von HeLa-kontaminierten Zelllinien herausgegeben (Tab. 2-9). Auch die **T24-Linie**, aus einem Blasenkarzinom isoliert, hat die ECV304 Endothelzell-Linie (Dirks et al., 1999) und gewisse Prostata-Krebslinien überwuchert (Tab. 2-10).

Humane *Intra*spezies-Kontaminationen können heute mittels **DNA-Fingerprinting** und **Mikrosatelliten-Analysen** (*short tandem repeat profiling*) identifiziert werden. Damit haben die modernen molekularbiologischen Methoden der DNA-Typisierung aus der forensischen Medizin Eingang in die Zellkultur gefunden (Dirks et al., 2005; Masters, 2002b; Masters et al., 2001; O'Brien, 2001; Parson et al., 2005; Stacey et al., 1992) (Kapitel 16.1).

Tab. 2-10 T24-kontaminierte Zelllinien.

Zelllinie	Ursprung	T24-Abkömmling
ECV304	Nabelschnur	+
JCA-1	Prostatakarzinom	+
TSU-Pr1	Prostatakarzinom	+

3 Sicherheit in der Zellkultur

Es wird immer wieder die Frage gestellt, ob vom Umgang mit kultivierten Zellen spezifische Gefährdungen ausgehen können. Hierbei muss grundsätzlich zwischen Primärkulturen, vor allem humanen Ursprungs, und etablierten Zelllinien unterschieden werden.

Ein Gefährdungspotenzial durch kultivierte Säugerzellen *per se* ist nicht gegeben. In Kultur gehaltene Zellen sind außerhalb der komplexen Kulturbedingungen (siehe Kapitel 5) nicht lebens- und vermehrungsfähig, womit auch kein Risiko für die Umwelt durch unbeabsichtigte Freisetzung besteht. Ferner sind kultivierte Zellen selbst nicht infektiös, sie können Haut oder Schleimhäute nicht aktiv durchdringen (Döhmer et al., 1991; Johannsen et al., 1988).

Anders ist die Situation bei **Primärkulturen** (Kapitel 19.1). Hier kann ein mögliches Risiko durch eine bereits vorliegende Infektion des Spenders nicht gänzlich ausgeschlossen werden. Primäre Zellen werden direkt aus Körperflüssigkeiten oder aus Gewebeproben gewonnen. Gefährdungen durch Primärkulturen sind also möglich, wenn der Spenderorganismus, und damit die daraus gewonnen Kulturen, mit Krankheitserregern kontaminiert ist. Die *Zentrale Kommission für die Biologische Sicherheit* (ZKBS; **www.bvl.bund.de**) hat eine Risikobewertung von primären Vertebratenzellen vorgenommen. Für humane Primärkulturen konnte dabei auf die Erfahrungen der Transfusions- und Transplantationsmedizin zurückgegriffen werden. Es hat sich gezeigt, dass der Nachweis der Seronegativität des Spenders für die humanpathogenen Viren HIV (humanes Immundefizienz-Virus), HBV (Hepatitis-B-Virus) und HCV (Hepatitis-C-Virus) eine ausreichende Sicherheit vor übertragbaren Krankheitserregern gewährt, wenn der Spender ansonsten klinisch unauffällig ist. Beim Umgang mit primären Zellen erfolgt auch im Gegensatz zur Transplantations- und Transfusionsmedizin keine Übertragung des Zellmaterials auf einen Empfänger. Die Forderung nach Seronegativität klinisch unauffälliger Spender für die o. g. Viren ist daher nach dem Stand der Wissenschaft ausreichend.

Es wurden deshalb von der ZKBS folgende Sicherheitsmaßnahmen für den Umgang mit primären Zellen des Menschen vorgeschlagen: Primäre Zellen aus klinisch unauffälligen Spendern sind in die **Risikogruppe 1** einzuordnen, wenn die Seronegativität des Spenders für HIV, HBV und HCV nachgewiesen ist. Sind Spender oder Zellen nicht auf die Abwesenheit o. g. Viren überprüft, so sind die primären Zellen grundsätzlich der **Risikogruppe 2** zuzuordnen. Ist aufgrund von Erkrankungen des Spenders bzw. aufgrund der Art des erkrankten Gewebes die Abgabe anderer viraler Erreger zu erwarten, erfolgt die Einstufung des Materials entsprechend der Risikogruppe des Virus. Für den Umgang mit primären Zellen aus Primaten (außer Mensch) wurde von der ZKBS grundsätzlich folgende Risikobewertung vorgeschlagen: Zellmaterial, das Primaten aus kontrollierten Zuchten entnommen wird, ist aufgrund der weiten Verbreitung Interspezies-übertragbarer Viren der **Risikogruppe 2** zuzuordnen. Für Zellmaterial von Primaten aus Wildfängen ist eine auf den Einzelfall bezogene Risikoabschätzung vorzunehmen, wobei mindestens von einer Zuordnung in die **Risikogruppe 2** auszugehen ist.

3.1 Sicherheitsvorschriften und Entsorgung

Sicherheit für Mensch und Umwelt ist eine Grundvoraussetzung an jedem Arbeitsplatz. Zum sicheren Arbeiten in Laboratorien gehört eine umfassende Kenntnis der Gefahren und Risiken und eine darauf beruhende Risikoabschätzung (s. o.). Die Gefahren und Risiken im Umgang mit kultivierten Zellen können in 3 Gruppen eingeteilt werden:
– biologische Gefahren
– chemische Gefahren
– physikalische Gefahren.

Biologische Gefahren

Neben den bereits besprochenen Gefahren und Risiken, die von den kultivierten Zellen selbst ausgehen können, zählen noch Gefahrenpotenziale durch Medienzusätze, wie biologische Flüssigkeiten (z. B. Serum) oder Gewebeextrakte (Dormint, 1999; Eloit, 1999; Galbraith, 2002; Merten, 2002; Wessman and Levings, 1999) (Kapitel 7.1.2), sowie durch gen- oder biotechnologische Verfahren und Experimente, wie die Transformation (Kapitel 19.4) oder Transfektion (Kapitel 22.1) kultivierter Zellen.

Hier sind die in letzter Zeit verstärkt zum Einsatz kommenden adenoviralen und lentiviralen Expressionssysteme zu nennen (Benihoud et al., 1999; Federico, 1999; Lever et al., 2004). Diese Vektoren der neueren Generation ermöglichen Transfektionsraten bis 100 %. Durch genetische Modifikation und die Verwendung spezifischer Helferzelllinien (Verpackungszellen) sind die retroviralen Vektorsysteme replikationsdefekt. Da jedoch virale Systeme prinzipiell als infektiös zu betrachten sind, sollte für diese Arbeiten mindestens die **Sicherheitsstufe 2** eingehalten werden. Nach einer Risikoabschätzung der ZKBS aus dem Jahr 2001 sind gentechnische Arbeiten mit rekombinantem Adenovirus Typ 5 mit wenigen Ausnahmen der **Risikogruppe 2** zuzuordnen.

Chemische Gefahren

Die Arbeit an und mit Zellkulturen stellt an sich kein chemisches Gefährdungspotenzial dar. Trotzdem sollte, wie in jedem Labor, auf gute Laborpraxis (GLP, *Good Laboratory Practice*) im Umgang mit jeder Art von Chemikalien geachtet werden (→ Gefahrstoffverordnung).

Physikalische Gefahren

Es sind allerdings einige für die Arbeit im Zellkulturlabor spezifische physikalische Gefahren zu beachten. Dazu zählen der Einsatz von UV-Licht (Kapitel 2.4.5), die Verwendung von Gasen unter hohem Druck (z. B. CO_2), Druck bzw. Vakuum bei der Sterilfiltration (Kapitel 2.5.3), große Hitze bei Trockensterilisation bzw. Dampf und Druck beim Autoklavieren (Kapitel 2.5.1 und 2.5.2) und extreme Kälte beim Hantieren mit flüssigem Stickstoff (Kapitel 15). Zu beachten ist auch die Laser-Strahlung in FACS-Geräten (Kapitel 22.5), sowie spezifische Vorsichtsmaßnahmen im Umgang mit radioaktiven Chemikalien.

Grundsätzlich gelten in Zellkulturlaboratorien wie in anderen Laboratorien die allgemeinen und speziellen Unfallverhütungsvorschriften der regionalen Gemeindeunfallversicherungsverbände für kommunale und staatliche Behörden, die Vorschriften der branchenspezifischen Berufsgenossenschaften (BG) der gewerblichen Industrie, z. B. der BG Chemie für die chemische Industrie ebenso wie Empfehlungen der Deutschen Forschungsgemeinschaft (DFG) für deren Sachbeihilfeempfänger, sowie speziell das Gentechnikgesetz und die dazu erlassenen Verordnungen. Detaillierte Vorgaben für sicheres Arbeiten stellen die Unfallverhütungsvorschriften (UVV) der BG Chemie sowie die Merkblätter der BG Chemie „Sichere Biotechnologie": Laboratorien (B 002), Betrieb (B 003) und Zellkulturen (B 009) dar. Grundlage für die zu treffenden Maßnahmen ist die Einstufung der biologischen Agenzien nach deren Gefährdungspotenzial (Tab. 3-1). In Österreich und der Schweiz sind ebenfalls die einschlägigen Arbeitnehmerschutzrichtlinien und weitere gesetzliche Vorschriften, wie Gentechnikgesetze und die dazugehörigen Verordnungen, zu beachten.

Im Zellkulturlabor steht in aller Regel der Schutz der Kulturen vor Kontaminationen der verschiedensten Art im Vordergrund. Sobald jedoch mit potenziell oder tatsächlich pathogenen Organismen einschließlich bestimmter eukaryotischer Zellen, mit *in vitro* neu kombinierter DNA, mit toxischen, explosiven, entflammbaren, ätzenden, radioaktiven oder karzinogenen Stoffen gearbeitet werden muss, hat der Schutz des Experimentators und seiner Umgebung absoluten Vorrang.

Durch die rapide Zunahme der Arbeiten mit neu kombinierten Nucleinsäuren, also auch genmanipulierten eukryotischen Zellen, haben die einschlägigen Gentechnikgesetze (z. B. GenTG in Deutschland) und die dazu erlassenen Verordnungen (z. B. Gentechnik-Sicherheitsverordnung, GenTSV) für viele Zellkulturlabors Bedeutung erlangt. Einen Überblick über die derzeit gültige

Tab. 3-1 Gefährdungspotenzial biologischer Agenzien entsprechend der WHO-Empfehlung WHO/V&B/99.32, 1999 (Risiko-Gruppen, Risiko-Einstufung, -Beschreibung und Biosicherheitsstufen, *Biosafety Level*).

Risiko-Gruppe	Risiko-Einstufung	Risiko-Beschreibung	Biosafety Level (BSL)
1	Kein oder sehr geringes Individual- oder Bevölkerungsrisiko	Erkrankungen von Menschen oder Tieren sind nicht zu erwarten.	Basic – BSL-1
2	Moderates Individualrisiko, geringes Bevölkerungsrisiko	Erkrankungen von Menschen oder Tieren sind möglich, es besteht jedoch keine ernsthafte Gefährdung für Laborpersonal, die Bevölkerung, Nutztierbestände oder die Umwelt. Kontakte im Labor können zu erfolgreichen Infektionen führen, es sind jedoch wirksame Behandlungs- und Präventionsmaßnahmen vorhanden. Das Risiko einer Ausbreitung ist begrenzt.	Basic – BSL-2
3	Hohes Individualrisiko, geringes Bevölkerungsrisiko	Ernsthafte Erkrankungen von Menschen oder Tieren sind zu erwarten, eine Ausbreitung von einem infizierten Wirt zum nächsten ist jedoch nicht üblich. Wirksame Behandlungs- und Präventionsmaßnahmen sind vorhanden.	High Containment – BSL-3
4	Hohes Individual- und Bevölkerungsrisiko	Ernsthafte Erkrankungen von Menschen oder Tieren sind zu erwarten, eine Ausbreitung von einem infizierten Wirt zum nächsten – direkt oder indirekt – ist leicht möglich. Wirksame Behandlungs- und Präventionsmaßnahmen sind nicht ohne Weiteres vorhanden.	Maximum Containment – BSL-4

Rechtslage in Bezug auf biologische Sicherheit und gentechnische Arbeiten in Europa und in Übersee gibt der *Biosafety Server* in Belgien (*Belgian Biosafety Server*, **www.biosafety.be**).

Seit 1998 ist für jedes Privat- bzw. industrielle Labor in Deutschland ein Sicherheitsbeauftragter zwingend zu ernennen, der über die Maßnahmen nach den UVV und nach dem Chemikaliengesetz wacht. Näheres ist bei der Berufsgenossenschaft Chemie zu erfahren.

Gentechnische Arbeiten, wozu auch die Herstellung und Kultivierung gentechnisch veränderter Zellen gehört, dürfen nur in gentechnischen Anlagen durchgeführt werden. Es ist neben dem Versuchsleiter, der einen speziellen Lehrgang absolviert haben muss, noch ein **Beauftragter für die Biologische Sicherheit** zu benennen, der u. a. die Sicherheitseinstufung zur Festlegung des vorhandenen Gefährdungspotenzials der gentechnischen Arbeiten vorzunehmen hat. In international festgelegten Richtlinien sind die verwendeten Spender- und Empfängerorganismen in **Risikogruppen 1–4** klassifiziert, woraus sich die einzuhaltenden **Sicherheitsstufen 1–4** ergeben (Tab. 3-1). Die Errichtung und der Betrieb gentechnischer Anlagen für die Durchführung gentechnischer Arbeiten der Sicherheitsstufe 1 zu Forschungszwecken müssen der zuständigen Behörde spätestens 3 Monate vor Aufnahme der Arbeiten angemeldet werden. Für Arbeiten in höheren Sicherheitsstufen und für alle gewerblichen Arbeiten muss die Anlage genehmigt sein (§ 8 GenTG). Die Durchführung gentechnischer Arbeiten der Sicherheitsstufen 2–4 für Forschungszwecke muss bei der zuständigen Behörde spätestens 2 Monate vor Beginn angemeldet werden (§ 9 GenTG). Für die Durchführung gentechnischer Arbeiten der Sicherheitsstufen 2–4 zu gewerblichen Zwecken bedarf es dagegen einer förmlichen Genehmigung (§ 10 GenTG). Die gesetzlichen Verordnungen in Österreich und der Schweiz lauten sinngemäß.

Je nach Gefährdungsgrad müssen nach den jeweils anzuwendenden Vorschriften abgestufte Sicherheitsmaßnahmen eingehalten werden, wobei die UVV zwischen Labor (L1-L4) und Produk-

Tab. 3-2 Gefährdungspotenzial und Sicherheitsstufen.

Gefährdungs-potenzial biologischer Agenzien	Risiko-Gruppe	Gesamtbeur-teilung des Gefährdungs-risikos unter Beachtung der erforderlichen Hygieneregeln	Sicherheitsstufen			
			Laboratorien		Produktionsbereiche	
			UVV	GenTSV	UVV	GenTSV
–	1	Keine	L 1	S 1	P 1	S 1
+	2	Gering	L 2	S 2	P 2	S 2
	3	Mäßig	L 3	S 3	P 3	S 3
	4	Hoch	L 4	S 4	P 4	S 4

tion (P1-P4) unterscheidet, nicht aber das GenTG bzw. die GenTSV. Die Tab. 3-2 gibt einen Überblick über die Sicherheitsstufen, die sich aus den beiden wichtigsten Vorschriften ergeben.

Für die einzelnen Sicherheitsstufen sind in den genannten Regelwerken ausführliche und zwingend vorgeschriebene Verhaltensweisen und spezielle Sicherheitsvorkehrungen zusätzlich noch zu treffen. Hier sei auf die einzelnen Gentechnikgesetze in den derzeit gültigen Fassungen und die dazu erlassenen Durchführungsverordnungen verwiesen. Grundsätzlich sollte bei allen Zellkulturarbeiten darauf geachtet werden, eine unbeabsichtigte Freisetzung von Zellmaterial zu vermeiden. Es sollten deshalb in jedem gut ausgestatteten Zellkulturlabor Reinraumarbeitsbänke der Klasse 2 vorhanden sein (Kapitel 1.3.1) und darin auch alle S1-Routinearbeiten durchgeführt werden (Vermeidung jeder Emission durch strikte Abtrennung, abgestuft je nach Gefährdungspotenzial).

Für das allgemeine Zellkulturlabor sind die „Grundregeln guter mikrobiologischer Technik" als Stand der Technik nach wie vor gültig (Johannsen et al., 1988; Kierski und Mussgay, 1981). So sind sie auch heute noch als allgemein gültige Regeln z. B. in den Merkblättern der BG Chemie aufgeführt; sie lauten:

- Türen und Fenster der Arbeitsräume müssen während der Arbeiten geschlossen sein.
- In Arbeitsräumen darf nicht getrunken, gegessen oder geraucht werden. Nahrungsmittel dürfen im Laboratorium nicht aufbewahrt werden.
- Laborkittel oder andere Schutzkleidung müssen im Arbeitsraum getragen werden.
- Mundpipettieren ist untersagt, mechanische oder besser elektrische Pipettierhilfen sind zu benutzen.
- Bei allen Manipulationen muss darauf geachtet werden, dass keine vermeidbaren Aerosole auftreten (→ Cytometrie, FACS).
- Nach Beendigung eines Arbeitsganges und vor Verlassen des Laboratoriums müssen die Hände sorgfältig gewaschen werden.
- Laboratoriumsräume sollen aufgeräumt und sauber gehalten werden. Auf den Arbeitstischen sollen nur die tatsächlich benötigten Geräte und Materialien stehen. Vorräte sollen nur in den dafür bereitgestellten Räumen oder Schränken gelagert werden.
- Unerfahrene Mitarbeiter müssen über die möglichen Gefahren unterrichtet werden und sorgfältig angeleitet und überwacht werden (Nachweispflicht der Unterrichtung bei S1 bzw. ab L2).
- Ungeziefer muss, wenn nötig, regelmäßig bekämpft werden.

> **Weitere Sicherheitsmaßnahmen können sein:**
> ❗ die Benutzung von Sicherheitswerkbänken
> ❗ die Beschränkung und Kontrolle des Zugangs zu bestimmten Arbeitsräumen (Laborfremde, Lieferanten, Besucher, Handwerker)
> ❗ Desinfektion aller erregerhaltigen Materialien, bevor sie den Arbeitsraum verlassen
> ❗ ein Unterdruck im Arbeitsraum durch künstliche Belüftung, die Abluft kann durch geeignete Maßnahmen ausreichend keimfrei gemacht werden.

Da in vielen Zellkulturlaboratorien vermehrt mit frischem Humanmaterial gearbeitet wird, möchten wir ergänzend die wichtigsten, zusätzlich zu den „Grundregeln" einzuhaltenden Vorschriften wiedergeben:

- gelbe Hinweisschilder mit schwarzer Schrift „Infektionsgefahr" anbringen
- werdende oder stillende Mütter dürfen nicht mit Humanmaterial arbeiten
- wer noch keine Antikörper gegen Hepatitis B hat, sollte sich impfen lassen
- nur mit Material arbeiten, das anti-HIV negativ ist.

Nicht selten kommt unverletzte Haut mit Humanmaterial (Gewebe, Blut usw.) in Berührung. Man wischt die betreffende Hautstelle mit einem Desinfektionsmittel (Sagrotan, Primasept oder dergleichen) ab und lässt es 5 min einwirken, danach gründlich mit Wasser abspülen.

Wenn während der Arbeit Verletzungen mit dem Verdacht auftreten, dass Humanmaterial in die Wunde gelangt ist, oder kommt Material mit Schleimhäuten in Berührung (Mund, Nase, Auge), muss der Vorgesetzte sofort informiert werden. Dieser veranlasst, ggf. nach Rücksprache mit einem Arzt, die geeigneten Maßnahmen und die Sicherstellung des Materials. In gleicher Weise muss, auch bei kleinsten Verletzungen, mit genneukombiniertem Material verfahren werden.

Bei etablierten, permanent wachsenden Zellkulturen sind in über 45-jähriger Erfahrung keine Zwischenfälle bekannt geworden, die zu einer Gefährdung von Mensch und Umwelt geführt hätten. Demgemäß wird der Umgang mit etablierten, gut charakterisierten Zellen, insbesondere wenn sie von einer kompetenten Zellbank ausgehen (siehe Anhang), als sicher angesehen. Dies gilt nach jetzigem Kenntnisstand unter Beachtung der „Grundregeln" (s. o.) auch bezüglich endogener, Retrovirus-ähnlicher Sequenzen, amphotroper Retroviren und der zurzeit bekannten Tumorviren und deren DNA-Sequenzen in Säuger-DNA, z. B. Papilloma-Virus-DNA-Sequenzen in HeLa-Zellen.

Die Art der **Entsorgung** in einem Zellkulturlabor, das nicht mit gentechnisch veränderten Organismen oder anderen Agenzien mit Gefährdungspotenzial arbeitet, richtet sich danach, ob es sich um Kulturrückstände handelt, wozu auch jedes Einmalmaterial und alle Lösungen gehören, die mit Zellen oder zellhaltigem Material in Berührung gekommen sind oder nicht.

In der Praxis hat es sich bewährt, grundsätzlich alle Zellkulturrückstände und alles mit der Kultur in Berührung gekommene, nicht wieder verwendete Material ausnahmslos zu autoklavieren. Es kann dann mit dem Hausmüll entsorgt oder in das Abwasser gegeben werden. Wenn die Materialien vor dem Autoklavieren getrennt in Autoklavenbeutel oder sonstige Gefäße gegeben wurden, ist nach dem Autoklavieren auch eine Mülltrennung möglich. Material, das aufgrund der Art der Arbeiten nicht mit Zellen in Berührung gekommen sein kann, wird ohne Desinfektion oder Sterilisation entsorgt. Bei dieser schematischen Art der Abfallbeseitigung sind Entscheidung und Verantwortung einfach und überschaubar. Es besteht ein Höchstmaß an Sicherheit. Für Organabfälle menschlicher Herkunft ist Autoklavieren oder sachgemäßes Verbrennen vor dem Entsorgen in jedem Falle vorgeschrieben. Kulturrückstände, Lösungen und Einwegartikel können vor der Entsorgung grundsätzlich auch chemisch desinfiziert werden, dabei sollte jedoch bedacht werden, dass neben Mikroorganismen einschließlich Viren auch keine eukaryotischen Zellen, die Träger von Viren oder Nucleinsäuren mit Gefährdungspotenzial sein könnten, überleben. Hierfür sind chemische Desinfektionsmittel in der Regel nicht gedacht. Es sei jedoch nochmals betont, dass von Zellen gesunder Spender an sich keinerlei Gefahr ausgeht. Es ist allerdings im Einzelfall nicht mit letzter Sicherheit zu sagen, ob eine Zelle etwa gefährliche Viren oder schädliche Nucleinsäuresequenzen enthält.

Da bei der Entsorgung immer wieder Verletzungen auftreten, ist stets daran zu denken, spitze (Kanülen) und scharfkantige (Scherben) Abfälle nur in sicheren und speziell dafür geeigneten Behältern zu sammeln. Um ein hohes Maß an Sicherheit aufrecht zu erhalten ist es außerdem nie verkehrt, jeden Abfall vor Verlassen des Labors entweder in einen Autoklavensack zu geben oder ausreichend zu desinfizieren. Die Abfälle sollten nach Möglichkeit jeden Abend autoklaviert oder zumindest sicher verschlossen gelagert werden, auch um die Ausbreitung von Keimen im Labor zu verhindern. Zellkulturmedien sind ideale Nährböden für Mikroorganismen! Unter Kosten- und Umweltschutzgesichtspunkten sollte schließlich geprüft werden, ob die Abfallmenge durch Benutzung wiederverwendbarer Materialien, z. B. Glas- anstelle von Kunststoffpipetten, reduziert werden kann.

Wenn biologisches Material, dessen Handhabung gesetzlichen Regelungen unterliegt, entsorgt werden soll, müssen die speziellen Vorschriften eingehalten werden.

3.2 Generelle Probleme

Selbst das bestgeführte Zellkulturlabor ist hin und wieder mit Problemen konfrontiert, welche die Laborroutine beeinträchtigen. Meist entstehen diese Probleme dadurch, dass neues Personal eingesetzt wird, dass neue Methoden eingeführt wurden, oder neue Geräte angeschafft wurden, die entweder Altgeräte ersetzten oder dadurch neue methodische Möglichkeiten erschlossen werden.

Untenstehend einige allgemeine Hinweise zur Problemlösung, jedoch wird darauf hingewiesen, dass in den Arbeitsanleitungen selbst und auch bei den Geräten und weiteren Hilfsmitteln detailliertere Hinweise auf mögliche Fehlerquellen enthalten sind.

3.2.1 Wurde das Verfahren geändert?

Die Grundverfahren, wie Mediumwechsel, Passagieren, sowie Einfrieren und Auftauen von Zellen sollten – einmal erprobt – tatsächlich niemals geändert werden. Ebenfalls Verfahren, wie Zellzählung, Vitalitätsprüfungen und alle weiteren Verfahren, die routinemäßig dazu dienen, die Konsistenz und Reproduzierbarkeit zu gewährleisten, sollten niemals ohne triftigen Grund geändert werden.

3.2.2 Wurden andere Geräte als sonst benutzt?

Geräte unterliegen der Abnutzung und dem Verschleiß und manchmal erfüllen sie die gestiegenen Anforderungen nicht mehr und müssen deshalb ausgetauscht werden. Doch schon eine Reparatur kann die Eigenschaften des Gerätes ändern und Probleme mit sich bringen, die nicht unbedingt sofort erkennbar sein müssen. Selbst eine Umstellung des Brutschrankes oder der Reinraumwerkbank innerhalb des Labors oder der Umzug des Labors kann entscheidend dazu beitragen, dass die Abläufe innerhalb der Routine sich verändern und es dadurch zu Problemen kommt, die längere Zeit unentdeckt bleiben. Jedoch muss darauf hingewiesen werden, dass auch neue Geräte selbst in der Garantiezeit nicht unbedingt störungssicher sind, sodass auch bei der Anfangsinvestition die Anschaffung gebrauchter und geprüfter Geräte eine Einsparung ohne Sicherheitsverlust in der Praxis bedeuten können.

3.2.3 Wurde neues Personal mit geringerer Ausbildung eingesetzt?

Weiterhin ist zu bedenken, dass gut geschultes und in der Zellkultur speziell bewandertes Personal selbst eingearbeiteten Hilfskräften vorzuziehen ist. Hier gilt es ganz genau zu erwägen, dass eine gute Vor- und Ausbildung und ein solides Grundwissen auch der technischen Mitarbeiter der Grundstock für ein erfolgreiches Arbeiten mit den anspruchsvollen Zellen darstellt. Hier zu sparen, erscheint nicht zweckmäßig und eine gute und solide Ausbildung in den Grundlagen der Zellkultur sollte heute nicht mehr an den Lern- und Lehrmöglichkeiten scheitern. Doch diese gute Grundausbildung in der Zell- und Gewebekulturtechnologie ist nicht einfach durch ein bloßes Nachkochen der betreffenden Vorschriften zu erreichen, sondern es erfordert darüber hinaus auch solide theoretische Kenntnisse der Molekular- und speziellen Zellbiologie, immer unter Berücksichtigung der *In-vitro*-Verhältnisse.

3.2.4 Protokollführung

Eine Möglichkeit, generell diesen Problemen von vornherein zu begegnen, ist die Anwendung von sogenannten standardisierten Arbeitsanweisungen („Standard Operating Procedures" = SOP), die schon seit geraumer Zeit in industriellen Produktionsverfahren und auch zum Teil in diagnostischen Labors angewandt werden (Kapitel 17). Solche Vorschriften können, falls eine sogenannte Zertifizierung z. B. nach bestimmten Industrienormen vorliegt, nicht ohne größeren Aufwand verändert werden bzw. man kann prinzipiell von diesen Vorschriften nicht ohne Weiteres und nicht ohne dies zu dokumentieren, abweichen. Jedoch erscheinen solche Vorschriften, was die Grundlagenforschung betrifft, wenig sinnvoll, da ja gerade die Abänderung und Erweiterung der Vorschriften und Protokolle die Fortschritte in der Forschung erst ermöglichen.

In jedem Falle ist dringend anzuraten, ein sogenanntes Medienbuch zu führen, wo alles über die aktuellen Medien aufgezeichnet wird.

4 Literatur

Adelmann S. Umgang mit biologischen Agenzien in Labor und Produktion. Bioengineering 3: 32-38, 1990.
American Type Culture Collection (ATCC): Quality Control Methods for Cell Lines. 2nd Ed., edited by R.J. Hay, J. Caputo and M.L. Macy, Rockville, Md., 1992.
American Type Culture Collection (ATCC), Website: http://www.atcc.org/
Bay. Gemeindeunfallversicherungsverband Unfallverhütungsvorschrift Gesundheitsdienst (GUV 8.1), Bay. Staatsanzeiger 11, 1983.
Belgian Biosafety Server, Website: http://www.biosafety.be
Benihoud K., Yeh P. and Perricaudet M. Adenovirus vectors for gene delivery. Curr. Opin. Biotechnol. 10: 440-447, 1999.
Berufsgenossenschaft der Chem. Industrie: Merkblatt Sichere Biotechnologie: Betrieb (B 003), Jedermann-Verlag Heidelberg, 1992.
Berufsgenossenschaft der Chem. Industrie: Merkblatt Sichere Biotechnologie: Laboratorien (B 002), Jedermann-Verlag Heidelberg, 1992.
Berufsgenossenschaft der Chem. Industrie: Merkblatt Sichere Biotechnologie: Zellkulturen (B 009), Jedermann-Verlag Heidelberg, 1992.
Berufsgenossenschaft der Chem. Industrie: Unfallverhütungsvorschrift Biotechnologie (VBG 102), Jedermann-Verlag Heidelberg, 1988.
Buehring G.C., Eby E.A. and Eby M.J. Cell line cross-contamination: how aware are mammalian cell culturists of the problem and how to monitor it? In Vitro Cell. Dev. Biol. 40: 211-215, 2004.
Bundesverb. der Unfallversicherungsträger der öffentlichen Hand (BAGUV): Richtlinien für Laboratorien (GUV 16.17), München, 1983.
Chatterjee R. Cases of mistaken identity. Science 315: 928-931, 2007.

4 Literatur

Deutsche Forschungsgemeinschaft: Zum Einsatz mikrobiologischer Sicherheitskabinen, Empfehlungen. Deutsche Forschungsgemeinschaft Bonn, 1979.
Deutsche Sammlung von Mikroorganismen und Zellkulturen (DSMZ), Website: http://www.dsmz.de/
DIN, Deutsches Institut für Normung e.V.: Sicherheitswerkbänke für mikrobiologische und biotechnologische Arbeiten, Anforderungen, Prüfung. DIN EN 12469, Beuth Verlag Berlin, 2000.
DIN, Deutsches Institut für Normung e.V.: Typprüfung von Schwebstofffiltern. DIN EN 1822, Beuth Verlag Berlin, 2000.
Dirks W.G., Drexler H.G. and MacLeod R.A.F. ECV304 (endothelial) is really T24 (baldder carcinoma): cell line cross-contamination at source. In Vitro Cell. Dev. Biol. 35: 558-559, 1999.
Dirks W.G., Fähnrich S., Estella I.A.J. and Drexler H.G. Short tandem repeat DNA typing provides an international reference standard for authentication of human cell lines. ALTEX 22: 103-109, 2005.
Döhmer J. et al. Gefährdungspotential durch Retroviren beim Umgang mit tierischen Zellkulturen. Arbeitsgruppe des DECHEMA-Arbeitskreises Tierische Zellkulturtechnik. Bioforum 11: 428-436, 1991.
Dormont D. Transmissible spongiform encephalopathy agents and animal sera. Dev. Biol. Stand. 99: 25-34, 1999.
Drexler H.G. and Uphoff C.C. Mycoplasma contamination of cell cultures: Incidence, sources, effects, detection, elimination, prevention. Cytotechnology 39: 75-90, 2002.
Drexler H.G., Uphoff C.C., Dirks W.G. and MacLeod R.A.F. Mix-ups and mycoplasma: the enemies within. Leukemia Res. 26: 329-333, 2002.
Driesel A.-J. (Hrsg.). Sicherheit in der Biotechnologie, 3 Bände. Hüthig Buch Verlag Heidelberg, 1992.
Eloit M. Risks of virus transmission associated with animal sera or substitutes and methods of control. Dev. Biol. Stand. 99: 9-16, 1999.
European Collection of Cell Cultures (ECACC), Website: http://www.ecacc.org.uk/
Europ. Comm. f. Standardisation. Biotechnological performance criteria for microbiological safety cabinets. (WI 191) CEN/TC233 Biotechnology, Central Secr. Europ. Comm. f. Standardisation, B-1050 Brussels, Belgien, 1988.
Federico M. Lentiviruses as gene delivery systems. Curr. Opin. Biotechnol. 10: 448-453, 1999.
Galbraith D.N. Transmissible spongiform encephalopathies and tissue cell culture. Cytotechnology 39: 117-124, 2002.
Gentechnikgesetze:
   Bundesrepublik Deutschland:
       Gesetz zur Regelung der Gentechnik (Gentechnikgesetz – GenTG),
       Bundesgesetzblatt I, 2066, 1993, zuletzt geändert durch Bundesgesetzblatt I, 534, 2006
   Österreich:
       Gentechnikgesetz – GTG, BGBl. Nr. 510/1994, zuletzt geändert durch BGBl. I, Nr. 127/2005
   Schweiz:
       Bundesgesetz über die Gentechnik im Ausserhumanbereich (Gentechnikgesetz, GTG),
       Nr. 814.91 vom 21. März 2003
Gesetz zur Verhütung und Bekämpfung von Infektionskrankheiten beim Menschen (Infektionsschutzgesetz), Bundesgesetzblatt I, S. 1045, v. 20. Juli 2000
Hasskarl H. Gentechnikrecht. Editio Cantor Verlag Aulendorf, 1990.
Hauptverband der gewerblichen Berufsgenossenschaften: Merkblatt für das sichere Arbeiten an und mit mikrobiologischen Sicherheitswerkbänken (ZH 1/48). Carl Heymanns Verlag Köln, 1987.
Hay R.J. The seed stock concept and quality control for cell lines. Anal. Biochem. 171: 225-237, 1988.
Hay R.J., Macy M.L. and Chen T.R. Mycoplasma infection of cultured cells. Nature 339: 487-488, 1989.
Hollricher K. Die unendliche Sorglosigkeit: Zellkulturen – von kontaminiert bis falsch typisiert. Laborjournal 06/2007: 30-34, 2007.
Hughes P., Marshall D., Reid Y., Parkes H. and Gelber C. The costs of using unauthenticated, over-passaged cell lines: how much more data do we need? BioTechniques 43: 575-586, 2007.
Johannsen R. et al. Chancen und Risiken durch Säugerzellkulturen. Arbeitskreis Sicherheitsaspekte beim Umgang mit Säugerzellkulturen des DECHEMA-Arbeitsausschusses Sicherheit in der Biotechnologie. Forum Mikrobiologie 11: 359-367, 1988.
Johnson R.W. Application of the principles of good manufacturing practices (GMP) to the design and operation of a tissue culture laboratory. J. Tissue Culture Methods 13: 265-274, 1991.
Kierski und Mussgay. Vorläufige Empfehlungen für den Umgang mit pathogenen Mikroorganismen und für die Klassifikation von Mikroorganismen und Krankheitserregern nach den im Umgang mit ihnen auftretenden Gefahren, Bundesgesundheitsblatt 24: 347-358, 1981.
Kuhlmann I. The prophylactic use of antibiotics in cell culture. Cytotechnology 19: 95-105, 1996.
Lever A.M.L., Strappe P.M. and Zhao J. Lentiviral vectors. J. Biomed. Sci. 11: 439-449, 2004.
Markovic O. and Markovic N. Cell cross-contamination in cell cultures: the silent and neglected danger. In Vitro Cell. Dev. Biol. 34: 1-8, 1998.
Masters J.R.W. Human cancer cell lines: fact and fantasy. Nature Rev. Molec. Cell Biol. 1: 233-236, 2000.
Masters J.R. HeLa cells 50 years on: the good, the bad and the ugly. Nature Rev. Cancer 2: 315-319, 2002a.
Masters J.R. False cell lines: The problem and a solution. Cytotechnology 39: 69-74, 2002b.

Masters J.R., Thomson J.A., Daly-Burns M., Reid Y.A., Dirks W.G. et al. Short tandem repeat profiling provides an international reference standard for human cell lines. Proc. Natl. Acad. Sci. USA 98: 8012-8017, 2001.

McGarrity G.J. Detection of mycoplasmal infection of cell cultures. Adv. Cell Culture 2: 99-131, 1982.

McLeod R.A.F., Dirks W.G., Matsuo Y., Kaufmann K., Milch H. and Drexler H.G. Widespread intraspecies cross-contamination of human tumor cell lines arising at source. Int. J. Cancer 83: 555-563, 1999.

Merten O.-W. Virus contamination of cell cultures – a biotechnological view. Cytotechnology 39: 91-116, 2002.

Nardone R.M. Eradication of cross-contaminated cell lines: A call for action. Cell Biol. Toxicol. 23: 367-372, 2007.

Nelson-Rees W.A., Daniels D.W. and Flandermeyer R.R. Cross-contamination in cell culture. Science 212: 446-452, 1981.

O'Brien S.J. Cell culture forensics. Proc. Natl. Acad. Sci. USA 98: 7656-7658, 2001.

Parson W., Kirchebner R., Mühlmann R., Renner K., Kofler A., Schmidt S. and Kofler R. Cancer cell line identification by short tandem repeat profiling: power and limitations. FASEB J. 19: 434-436, 2005.

Rabenau H. und Doerr H.W. Die Infektionssicherheit biotechnologischer Pharmazeutika aus virologischer Sicht. GIT Verlag Darmstadt, 1990.

Razin S., Yogev D. and Naot Y. Molecular biology and pathogenicity of mycoplasmas. Microbiol. Mol. Biol. Rev. 62: 1094-1156, 1998.

Schmidt J. and Erfle V. Elimination of mycoplasmas from cell cultures and establishment of mycoplasma-free cell lines. Exp. Cell Res. 152, 565-570, 1984.

Stacey G.N. Cell contamination leads to inaccurate data: we must take action now. Nature 403: 356, 2000.

Stacey G.N., Bolton B.J. and Doyle A. DNA fingerprinting transforms the art of cell authentication. Nature 357: 261-262, 1992.

Stadler P. und Wehlmann H. Arbeitssicherheit und Umweltschutz in Bio- und Gentechnik. VCH Verlagsgesellschaft Weinheim, 1992.

Steube K.G., Grunicke D. and Drexler H.G. Isoenzyme analysis as a rapid method for the examination of the species identity of cell cultures. In Vitro Cell. Dev. Biol. 31: 115-119, 1995.

Tierseuchengesetz, Bundesgesetzblatt I, 2038, 1995.

Ulrich H.J. Bauliche und technische Voraussetzungen für Laboratorien der Sicherheitsstufe S1-S4. Bioforum 24: 574-579, 2001.

Uphoff C.C. and Drexler H.G. Comparative PCR analysis for detection of mycoplasma infections in continuous cell lines. In Vitro Cell. Dev. Biol. 38: 79-85, 2002a.

Uphoff C.C. and Drexler H.G. Comparative antibiotic eradication of mycoplasma infections from continuous cell lines. In Vitro Cell. Dev. Biol. 38: 86-89, 2002b.

VDI, Verein Deutscher Ingenieure. Reinraumtechnik: Messtechnik in der Reinraumluft. VDI 2083, Blatt 3, Beuth Verlag Berlin, 2005.

Verordnung über die Sicherheitsstufen und Sicherheitsmaßnahmen bei gentechnischen Arbeiten in gentechnischen Anlagen (Gentechnik-Sicherheitsverordnung – GenTSV), Bundesgesetzblatt I, 285, 1995.

Wallhäußer K.H. Sterilisation, Desinfektion, Konservierung, Keimdifferenzierung-Betriebshygiene. 5. Aufl., Thieme Verlag, Stuttgart, 1995.

Wessman S.J. and Levings R.L. Benefits and risks due to animal serum used in cell culture production. Dev. Biol. Stand. 99: 3-8, 1999.

WHO, World Health Organization: Laboratory Biosafety Manual, 3rd Edition, WHO, Genf, 2004.

Wirth M., Berthold E., Grashoff M., Pfützner H., Schubert U. and Hauser H. Detection of mycoplasma contaminations by the polymerase chain reaction. Cytotechnology 16: 67-77, 1994.

Zentrale Kommission für die Biologische Sicherheit (ZKBS), Website: http://www.bvl.bund.de

II Die Zelle und ihre Umgebung

5 Zellbiologische Grundlagen der Zell- und Gewebekultur
6 Kulturgefäße und ihre Behandlung
7 Zellkulturmedien
8 Serumfreie Zellkultur
9 Physiologische Zellkulturparameter
10 Reinstwasser für Zell- und Gewebekulturen
11 Literatur

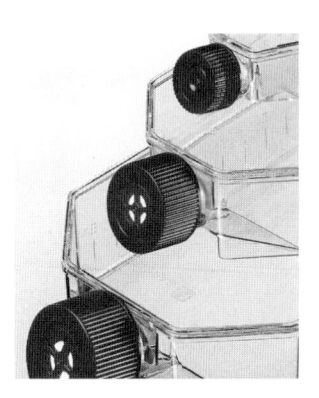

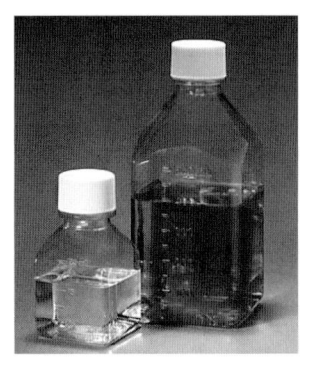

5 Zellbiologische Grundlagen der Zell- und Gewebekultur

Im Unterschied zur mikrobiellen Kultur, wo die einzelne Zelle bereits einen Organismus für sich darstellt, wird in der Säugerzellkultur eine Zelle aus dem Gewebeverband herausgelöst und unter *In-vitro*-Bedingungen gehalten. Für eine erfolgreiche Zell- und Gewebekultur mussten zwei entscheidende Probleme gelöst werden: (**1**) Populationen von Zellen mussten aus einigen wenigen Zellen herangezüchtet werden können, und (**2**) anschließend über mehrere Generationen am Leben erhalten werden (Kapitel 19.1).

> Nach McKeehan et al. (1990) ruht die Zellkultur auf zwei fundamentalen biologischen Konzepten. Zum einen auf der Zellenlehre von **Schwann und Schleiden**, nach der die Zelle als der kleinste Baustein des Lebens definiert wurde, und zum anderen auf dem Konzept der *Homöostase*, der Konstanthaltung des inneren Milieus und damit konstanter Umgebungsbedingungen für Zellen, Gewebe und Organe *in vivo*.

Um zu gewährleisten, dass aus einem Organismus isolierte Zellen wachsen, proliferieren, wenn möglich sogar differenzieren und spezifische Zellfunktionen ausüben, muss deren *In-vivo*-Umgebung bestmöglich *in vitro* simuliert und nachgebildet werden. Dazu ist eine genaue Kenntnis der Physiologie des jeweiligen Organismus, Organs und/oder Gewebes unerlässlich. Demnach definieren sich die einzusetzenden **Umweltbedingungen** für die kultivierten Zellen:

- Temperatur und Luftfeuchte
- extrazelluläres Ionenmilieu und Osmolarität
- pH-Wert und Pufferung
- basale Versorgung mit essentiellen Nährstoffen und Sauerstoff (Oxygenierung)
- Supplementierung mit ergänzenden Stoffwechselprodukten, Wachstumsfaktoren und Hormonen
- das Kultursubstrat (im Sinne der Kulturunterlage, z. B. eine extrazelluläre Matrix)
- die „Entsorgung" der Stoffwechselendprodukte
- die „Vorsorge" vor Kontaminationen

Ein Großteil dieser genannten Faktoren wird durch das jeweilige Kulturmedium in einem entsprechenden Ausmaß und einem ausgewogenen Verhältnis zueinander bereitgestellt (Kapitel 7). Gerade die optimale Kombination der einzelnen Variablen und deren daraus resultierende synergistische Wirkung kann ausschlaggebend sein, ob Zellen *in vitro* wachsen und proliferieren.

Ernährung und Stoffwechsel: Tierische Zellen haben hohe Nährstoffansprüche. Für eine geordnete Stoffwechselaktivität der Zellen muss eine qualitativ und quantitativ ausreichende Nährstoffversorgung gewährleistet sein. *In vivo* erfolgt diese über das Blut(plasma) bzw. die interstitielle Flüssigkeit, die alle Zellen des Körpers umspült, *in vitro* übernimmt diese Aufgabe das Kulturmedium (Kapitel 7).

Zellteilung und Proliferation: Zellen können unabhängig voneinander wachsen und sich teilen. Für den Eintritt in einen Teilungszyklus sind allerdings, neben einer ausreichenden Nährstoffversorgung für *de-novo*-Synthesen, eine Reihe von **mitoseauslösenden** Signalen notwendig. Diese Komponenten, Wachstumsfaktoren bzw. **mitogene** Faktoren, werden in der Regel durch die Zugabe von **Serum** in die Kultur eingebracht (Kapitel 7.1.3). In der **serumfreien Zellkultur** erfolgt dies durch spezifische Beimischungen von Wachstumsfaktoren, Hormonen, Cytokinen, u. Ä. (Kapitel 8).

Zusammenhalt von Zellen im Gewebeverband: Alle Körperzellen, mit Ausnahme der Blutzellen und den Zellen des Immunsystems, bilden komplexe Gewebeverbände die in vielfacher Weise miteinander (über **Zell-Zell-Kontakte**) sowie mit der extrazellulären Matrix (über **Zell-Matrix-Kon-**

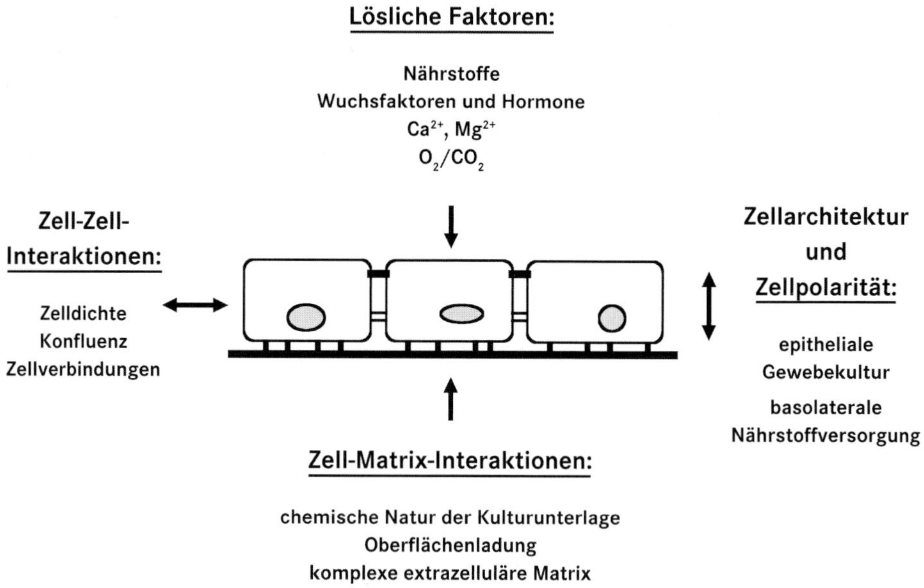

Lösliche Faktoren:

Nährstoffe
Wuchsfaktoren und Hormone
Ca^{2+}, Mg^{2+}
O_2/CO_2

Zell-Zell-Interaktionen:

Zelldichte
Konfluenz
Zellverbindungen

Zellarchitektur und Zellpolarität:

epitheliale Gewebekultur
basolaterale Nährstoffversorgung

Zell-Matrix-Interaktionen:

chemische Natur der Kulturunterlage
Oberflächenladung
komplexe extrazelluläre Matrix

Abb. 5-1 Parameter, die Wachstum, Proliferation und Differenzierung von kultivierten Zellen *in vitro* kontrollieren und beeinflussen.

takte) verbunden sind. Zellen in Kultur benötigen demnach nicht nur ausreichenden Kontakt untereinander (Zell- bzw. Einsaatdichte, Kapitel 13), sondern auch geeignete und teilweise hochspezifische Kulturunterlagen, an die sie sich anheften können (Kapitel 6).

Die einzelnen Parameter, welche für Stoffwechsel, Wachstum, Proliferation und Differenzierung von Zellen *in vitro* von Bedeutung sind, sind in Abb. 5-1 zusammengefasst. Für nähere Details und weiterführende Informationen sei auf einschlägige Lehrbücher der Zellbiologie und Biochemie verwiesen (Alberts et al., 2002; Berg et al., 2007; Lodish et al., 2008; Nelson and Cox, 2009; Plattner und Hentschel, 2006; Voet and Voet, 2005).

6 Kulturgefäße und ihre Behandlung

Für tierische Zellkulturen spielt bei den strikt adhärenten Zelllinien die Oberfläche des Kulturgefäßes eine entscheidende Rolle, wobei prinzipiell die Zellen bei physiologischem pH-Wert (7,2–7,4) an ihrer Oberfläche negative Nettoladungen tragen. Die Oberflächenladungen der Zellen werden vornehmlich durch glykosylierte Seitenketten von Membranproteinen und von Glykolipiden, der sogenannte **Glykocalix**, festgelegt (Alberts et al., 2002; Ohtsubo and Marth, 2006). Diese Ladungen sind unregelmäßig über die ganze Zelle verteilt und können durch den physiologischen Zustand der Zellen beeinflusst werden. Zellen können auf Oberflächen mit positiver als auch mit negativer Ladung gezüchtet werden. Es scheint wohl eher die Ladungsdichte als die Qualität der Ladung entscheidend für das Anheften der Zellen an die jeweilige Oberfläche zu sein. Die Interaktion der Zellen mit der Kulturoberfläche beinhaltet eine Kombination aus elektrostatischer Anziehung und van-der-Waals-Kräften. Für die Adhäsion der Zellen sind zwei Ladungsträger entscheidend: Bivalente Kationen und/oder Proteine ganz bestimmter Art, die sich im Medium befinden und sich an die Oberfläche des Kulturgefäßes anheften können. Während als bivalente Kationen vor allem Calcium- und Magnesiumionen in Frage kommen, gibt es eine größere Zahl von Zellproteinen, die *in vivo* wie *in vitro* dazu beitragen, dass Zellen nicht nur aneinander haften, sondern in spezifischer Weise mithilfe von extrazellulären Proteinen in Verbindung treten bzw. sogar miteinander kommunizieren. Während für Fibroblasten sowohl Kollagen als auch Fibronectin als Anheftungsfaktoren eine Rolle spielen, scheint es für Epithelzellen Laminin und Kollagen Typ IV zu sein (Kapitel 6.6).

Zellen können auf Unterlagen aus **Glas, Metall** und **Kunststoff** gezüchtet werden. Wachstum von tierischen Zellen in Suspension kommt nur bei einigen wenigen Zelllinien vor.

Seit Beginn der ersten Versuche, Zellen *in vitro* zu züchten, ist Glas aufgrund der optischen Eigenschaften bis heute das ideale Substrat für tierische Zellen. Die Wahl des geeigneten Kultursubstrats (im Sinne der Kulturunterlage) stellt für die tierischen adhärenten Zellen mitunter ein entscheidendes Problem dar. Er soll hier nicht nur auf die Materialien und Gefäße eingegangen werden, sondern auch auf die verschiedenen Arten der Vorbehandlung ihrer Oberflächen.

6.1 Züchtung von Zellen auf Glas

Vor der Einführung von Kunststoffgefäßen wurden so gut wie ausschließlich Glasflaschen und -schalen für die Zellzüchtung verwendet. Glas hat den Vorteil, dass es wiederverwendbar ist (Umweltaspekt, in manchen Instituten auch finanzieller Aspekt), bei den Kulturgefäßen ist es jedoch vom Kunststoff wegen dessen Vorteilen (z. B. jede beliebige Form herstellbar) verdrängt worden. Für Aufbewahrung und Transport von Medien, Seren und Reagenzien sowie für Ansetzen, Abmessen und Sterilisieren der verschiedensten Lösungen wird auch im Zellkulturlabor nach wie vor Glas verwendet. Daneben werden heute auch hochverdichtete Kunststoffbehälter verwendet, die allerdings dem Recycling zugeführt werden sollten, da sie sich auch nach Reinigung mit den normalen Laborverfahren nicht mehr resterilisieren lassen.

Aufgrund jahrzehntelanger Erfahrung wird Glas der 1. hydrolytischen Klasse (Tab. 6-1) bevorzugt, obwohl selbst Gläser der 3. hydrolytischen Klasse nach intensiver Behandlung (Extrahieren, Waschen) für manche Zellen durchaus geeignet sein können.

Gläser der 1. hydrolytischen Klasse, z. B. Duran 50 von Schott, bestehen hauptsächlich aus Siliziumdioxid, SiO_2, als Netzwerkbildner sowie aus Metalloxiden, wie z. B. Natriumoxid, Na_2O, als Netzwerkwandler; wegen ihres Gehaltes an Bortrioxid, B_2O_3 (Tab. 6-2), werden sie **Borosilikatgläser** genannt.

Durch Einwirken von Wasser und Säuren auf Borosilikatgläser kommt es zur Herauslösung von Ionen wie z. B. Natrium (in Tab. 6-1 als Basenabgabe angegeben), an deren Stelle H^+- und OH^--

Tab. 6-1 Wasserbeständigkeit nach DIN 12111.

Hydrolytische Klasse	Säureverbrauch an n/100 HCl [mg]	Basenabgabe als Äquivalentwert [µval/g]
1	bis 0,10	bis 1,0
2	über 0,10 bis 0,20	über 1,0 bis 2,0
3	über 0,20 bis 0,85	über 2,0 bis 8,5
4	über 0,85 bis 2,0	über 8,5 bis 20,0
5	über 2,0 bis 3,5	über 20,0 bis 35,0

Tab. 6-2 Zusammensetzung eines Borosilikatglases, Marke Duran 50 (Schott).

Verbindung	Gewichtsprozente
SiO_2	80,60
B_2O_3	12,70
Al_2O_3	2,40
Fe_2O_3	0,03
ZrO_2	0,055
TiO_2	0,035
Na_2O	3,55
K_2O	0,53
CaO	0,035
MgO	0,010
F	0,001
Cl	0,065
	100,011

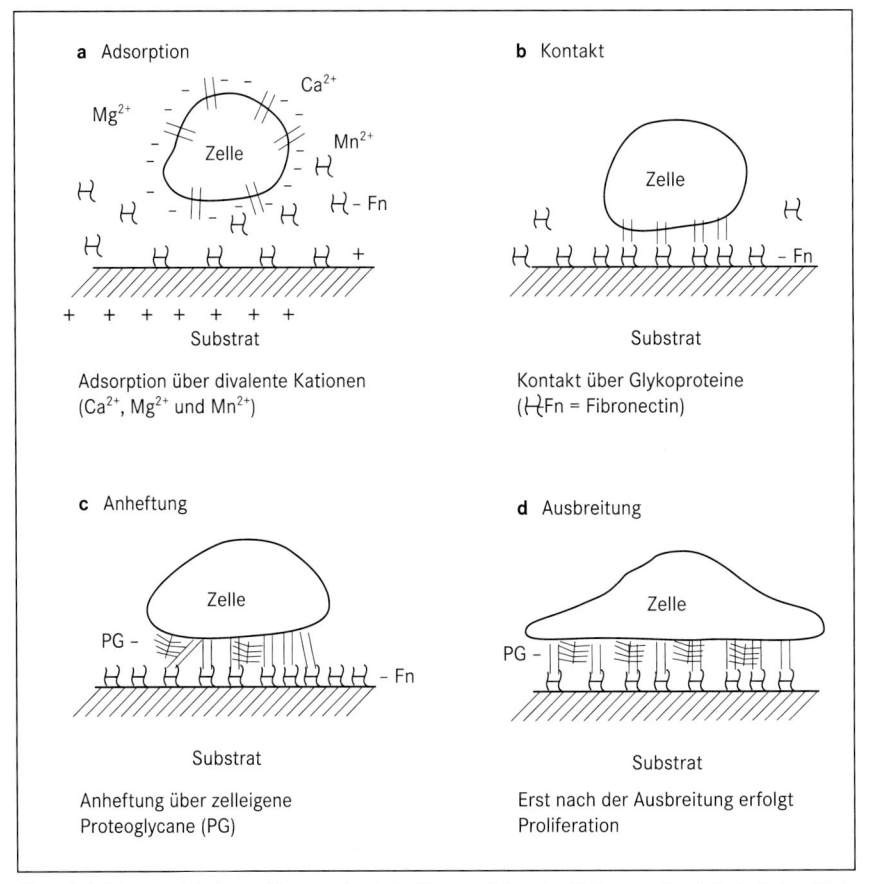

Abb. 6-1 Die verschiedenen Phasen der Anheftung adhärenter Zellen an der Substratoberfläche.
a Adsorption über divalente Kationen (Ca^{2+}, Mg^{2+} und Mn^{2+}) **b** Kontakt über Glykoproteine (Fn = Fibronectin)
c Anheftung über zelleigene Proteoglykane (PG) **d** Erst nach der Ausbreitung erfolgt die Proliferation.

Ionen treten. Dadurch kann sich eine dünne, porenarme Silikagelschicht ausbilden. Dieser erwünschte Vorgang wird durch die in Kapitel 6.5 beschriebene Reinigung frischer und gebrauchter Gläser gefördert.

In proteinhaltigen Medien können (Serum-)Proteine an die Oberflächen von Glas oder Plastik adsorbieren, sodass sich an den Anhaftungsstellen der Zellen an die Kulturunterlage eine Proteinschicht ausbildet (Abb. 6-1). In proteinfreien Medien kann es nötig sein, die Glasoberfläche z. B. mit basischen Polymeren zu beschichten (Kapitel 6.6), deren positive Ladung für die Anhaftung der negativ geladenen Zellmembranen verantwortlich gemacht wird. Die Anhaftung der negativ geladenen Zellen an das ebenfalls negativ geladene, unbeschichtete Glas wird durch bivalente Kationen wie z. B. Calcium und Magnesium besorgt. Deshalb enthalten alle Medien für adhärente Zellen $CaCl_2$, das in den Rezepturen für Suspensionskulturen reduziert ist (Spinner-Salze).

Um mögliche Störungen zu vermeiden ist es empfehlenswert, auch alle Gläser, die nicht unmittelbar der Anhaftung von Zellen dienen, wie Bechergläser oder Messzylinder, in Borosilikatglas-Qualität zu benützen. Es gibt heute allerdings Beschichtungs- bzw. Vergütungsverfahren auch für Weichglas, das dann für biologische Zwecke im Labor durchaus geeignet ist.

6.2 Züchtung von Zellen auf Plastikmaterial

Seit mehr als 30 Jahren wird in zunehmendem Maße Glas als Substrat zur Züchtung von Zellen durch **Polystyrol** und anderes Plastikmaterial ersetzt. Dieses wird nach einmaligem Gebrauch weggeworfen und stellt eine bequeme, allerdings teure und keinesfalls umweltneutrale Alternative zum Glas dar. Die Flaschen, Röhrchen und Schalen bestehen zum allergrößten Teil aus speziell vorbehandeltem Polystyrolmaterial, das von guter optischer Qualität und für die Zellzüchtung gut geeignet ist. Die Vorbehandlung der normalerweise **ungeladenen, hydrophoben Oberfläche** der Polystyrolgefäße (Abb. 6-2a) erfolgt beim Hersteller entweder durch Bestrahlung mit Gamma-Strahlen, auf chemischem Wege, durch Lichtbogenbehandlung oder im Vakuum mithilfe eines sogenannten **Plasmaverfahrens**. Dabei werden ionisierte Gase hochfrequent angeregt, wobei chemisch aggressive Radikale gebildet werden, welche die Oberfläche entsprechend modifizieren. Zwei Arten von Plasmabehandlung werden derzeit unterschieden: die Oberflächenbehandlung mit **Sauerstoff-Plasma**, wodurch sauerstoffhaltige funktionelle Gruppen, wie Hydroxyl-, Carbonyl- und Carboxylgruppen in das Polystyrol-Polymer eingebaut werden (Abb. 6-2b). Dies resultiert in der Bildung einer hydrophilen, **negativen** Oberflächenladung bei pH 7,2. Bei der Behandlung mit einem **Sauerstoff-Stickstoff-Plasmagemisch** werden zusätzlich stickstoffhaltige Seitengruppen, wie Amino- und Amidogruppen eingeführt, was bei physiologischen pH-Werten in einer **positiven** Nettoladung resultiert (Abb. 6-2c). Letztere Kulturschalen, die für schlecht anhaftende Zellen und für Primärkulturen entwickelt wurden, werden z. B. unter speziellen Handelsnamen (PRIMARIA™, Becton Dickinson) oder farbkodiert (**Cell**⁺ Gewebekulturschalen, Sarstedt) vertrieben.

Neben Polystyrol gibt es noch andere Plastikmaterialien, die zur Züchtung von tierischen Zellen ein geeignetes Substrat abgeben. Dazu gehören z. B. Polycarbonat, Polytetrafluorethylen (P.T.F.E.), Cellophan, Polyacrylamide und andere Kunststoffe (Zusammensetzung und Eigenschaften: Tab. 6-3). Während es bei den Glaskulturgefäßen nur einige gängige Größen gibt, ist die Auswahl der Kunststoffkulturgefäße sehr groß. Neben den Standardkulturflaschen von 25–175 cm^2 Kulturfläche gibt es in Kunststoffausführung viele Formen von Kulturröhrchen, Petrischalen und Multischalen sowie Mikrotestplatten mit Vertiefungen für Volumina von 0,01–15 ml (Abb. 6-3).

Ebenfalls meist aus Kunststoffmaterial sind die Gefäße zur Züchtung von Zellen in größerem Maßstab, darunter die sogenannten Rollerflaschen und die Wannenstapel (Kapitel 25).

Aus Polymermaterialien, vornehmlich aus Polyacrylamid, Cellulose und Dextranpolymeren, sowie aus Glas sind auch die Mikroträger (Microcarrier), Kugeln von ca. 100 bis max. 800 µm

Tab. 6-3 Eigenschaften von thermoplastischen Kunststoffen.

Material	Eigenschaften (für den Laborgebrauch)	Durchsichtigkeit	Autoklavierbarkeit	Hitzebeständigkeit bis ca.	Brennbarkeit
Polystyrol (Styrol)	biologisch inert, hart, ausgezeichnete optische Eigenschaften	durchsichtig	schmilzt	64–80 °C	langsam
stark verdichtetes Polystyrol	Gummigehalt erhöht die Festigkeit von Styrol	matt	schmilzt	64–90 °C	langsam
Styrol (Acrylnitril)	erhöhte Festigkeit gegenüber Polystyrol	durchsichtig	schmilzt	90–93 °C	langsam
Polyethylen (hohe Dichte)	biologisch inert, hohe chemische Widerstandsfähigkeit	matt	mehrmals möglich	121 °C	langsam
Polyethylen (niedrige Dichte)	biologisch inert, hohe chemische Widerstandsfähigkeit	matt	schmilzt	40–50 °C	langsam
Polypropylen	biologisch inert, hohe chemische Widerstandsfähigkeit, besonders zäh	durchscheinend	mehrmals möglich	140 °C	langsam
Polycarbonat	sehr fest, inert, widerstandsfähig gegen hohe Temperaturen	durchsichtig	ja	135–160 °C	flammhemmend
Methyl-Methacrylat (Plexiglas, Lucite)	beste optische Eigenschaften	durchsichtig	schmilzt	71–88 °C	langsam
Celluloseacetat (Acetat)	fest, etwas flexibel	durchsichtig	schmilzt	43–90 °C	langsam
Nylon	fest, hitzebeständig, hohe Wasserdampfdurchlässigkeit	matt	ja	150–180 °C	flammhemmend
PTFE (Teflon)	biologisch und chemisch inert, hohe Hitzebeständigkeit, glatte Oberfläche	matt	ja	121 °C	nicht brennbar
PVC (Weichmacher)	inert, fest, hohe chemische Widerstandsfähigkeit	durchsichtig	schmilzt	43–80 °C	flammhemmend
Vinylchlorid	beliebt als Folienmaterial	durchsichtig	schmilzt	54–66 °C	flammhemmend
Cellulosenitrat (Celluloid)	fest	durchsichtig	schmilzt	60–71 °C	schnell (explosiv)
Polypropylen-Folie	als Folienmaterial	durchsichtig	ja	126 °C	langsam
Polyester-Folie	beliebt als Folienmaterial	durchsichtig	ja	121 °C	flammhemmend

Schwache Säuren	Starke Säuren	Schwache Alkalien	Starke Alkalien	Organische Lösungsmittel	Gasdurchlässigkeit* dünnwandiger Produkte		
					O$_2$	N$_2$	CO$_2$
keine	wird durch oxidierende Säuren angegriffen	keine	keine	löslich in aromatischen chlorierten Kohlenwasserstoffen	niedrig	sehr niedrig	hoch
keine	wird durch oxidierende Säuren angegriffen	keine	keine	löslich in aromatischen chlorierten Kohlenwasserstoffen			
keine	wird durch oxidierende Säuren angegriffen	keine	keine	löslich in Ketonen, Estern und chlorierten Kohlenwasserstoffen	sehr niedrig	sehr niedrig	niedrig
keine	wird durch oxidierende Säuren angegriffen	keine	keine	widerstandsfähig unter 80 °C	hoch	niedrig	hoch
keine	wird durch oxidierende Säuren angegriffen	keine	keine	widerstandsfähig unter 60 °C	hoch	niedrig	sehr hoch
keine	wird durch oxidierende Säuren angegriffen	keine	keine	widerstandsfähig unter 80 °C	hoch	niedrig	sehr hoch
keine	keine	keine	wird langsam angegriffen	löslich in halogenierten Kohlenwasserstoffen – teilweise in aromatischen Stoffen	sehr niedrig	sehr niedrig	niedrig
leicht	wird durch oxidierende Säuren angegriffen	leicht	leicht	löslich in Ketonen, Estern und aromatischen Kohlenwasserstoffen	sehr hoch	sehr niedrig	
leicht	Zersetzung	leicht	Zersetzung	weicht in Alkalien auf; löslich in Ketonen und Estern	sehr niedrig	sehr niedrig	hoch
keine	wird angegriffen	keine	keine	widerstandsfähig	sehr niedrig	sehr niedrig	
keine	keine	keine	keine	widerstandsfähig			
keine	keine	keine	keine	leicht löslich in Ketonen, Estern; sonst widerstandsfähig	niedrig		hoch
keine	keine	keine	keine	leicht löslich in Ketonen, Estern; sonst widerstandsfähig	niedrig		hoch
leicht	Zersetzung	leicht	Zersetzung	löslich in Ketonen, Estern; weicht in Alkohol auf; wird durch Kohlenwasserstoffe leicht angegriffen			
keine	wird durch oxidierende Säuren angegriffen	keine	keine	widerstandsfähig unter 80 °C	hoch	niedrig	sehr hoch
keine	keine	keine	keine	widerstandsfähig	sehr niedrig	sehr niedrig	sehr niedrig

* gemessen in cm^3/645 cm^2 in 24 h/ml Lösung. Die Eigenschaften können je nach Hersteller variieren.

Abb. 6-2 Modifizierung der Polystyroloberfläche durch Plasmabehandlung. **a** Ungeladenes und hydrophobes Polystyrol-Polymer, unbehandelt. **b** Traditionelle, durch Sauerstoff-Plasma behandelte, hydrophile Kulturoberfläche. **c** PRIMARIA™ Kulturoberfläche nach Behandlung mit einem Sauerstoff-Stickstoff-Plasma.

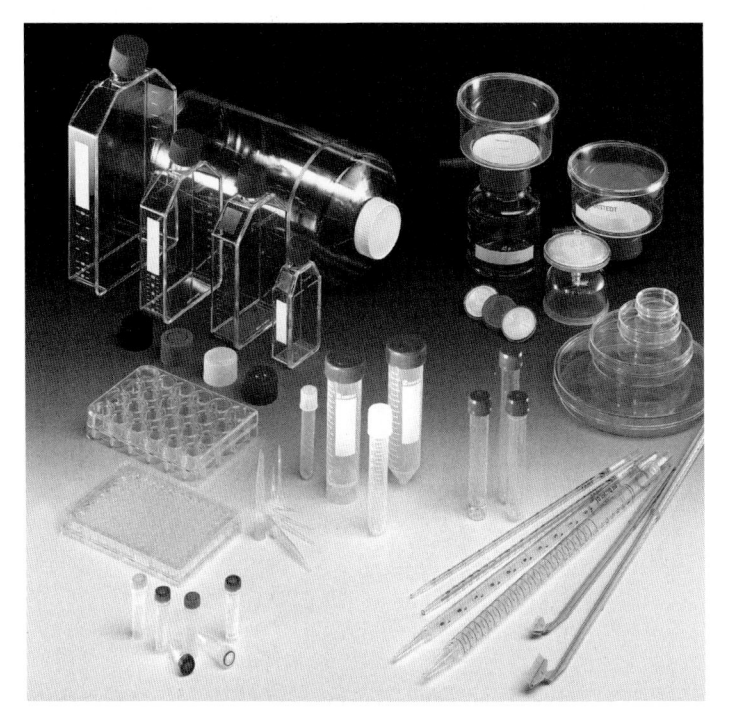

Abb. 6-3 Diverse Einmalartikel für die Zellkultivierung (Fa. Sarstedt).

Durchmesser, auf denen ebenfalls Zellen gezüchtet werden können. Diese Mikroträger werden in speziell dafür konstruierten Gefäßen ganz vom Nährmedium bedeckt gehalten (Kapitel 25).

Kunststoff-Einmalartikel für die Zellkultur müssen normalerweise vor Gebrauch nicht behandelt werden. Es gibt aber immer wieder Fragestellungen, bei denen es notwendig ist, die Oberflächen zu modifizieren.

6.3 Züchtung von Zellen auf anderen Materialien

Daneben gibt es noch weitere Substrate zur Züchtung von tierischen Zellen, wobei es sich meist um Spezialfälle handelt. Zellen können im Prinzip auf rostfreiem **Stahl** sehr gut wachsen, ebenfalls auf **Palladium** oder **Titan**. Weiterhin können Zellen auf Filterpapier oder anderem Filtermaterial wachsen, ebenso in Hohlfasersystemen (*hollow fibers*) (Kapitel 25).

Ein weiteres Substrat zur Züchtung von transformierten, nicht strikt adhärenten Zelllinien stellt **Agar** dar. Solche halbfesten Substrate dienen häufig zur Erkennung von Transformationsvorgängen. Diploide Zelllinien sterben auf Agar bzw. Agarosesubstrat sehr schnell ab.

6.4 Spezielle Kulturgefäße

6.4.1 Kulturflaschen

Es gibt eine ganze Reihe von Kulturflaschen verschiedener Größe, wobei man prinzipiell auf die Wachstumsfläche achten muss, weniger auf das Volumen.

Dabei spielt natürlich die ungefähre Zellausbeute die entscheidende Rolle, so liegt die Zellausbeute z. B. bei einer 25-cm^2-Flasche (T-25) bei maximal 5×10^6 Zellen, während Standardplastikflaschen mit 75 cm^2 (T-75) eine Zellausbeute zwischen 5×10^6 und 2×10^7 Zellen je nach Zelllinie erreichen.

Die Kulturflaschen sind entweder mit einem **Silikonstopfen** zu verschließen, der luftdurchlässig sein kann, um bei CO_2-Begasung des Mediums die richtige Einstellung des pH-Wertes zu gewährleisten, oder sie sind mit einem **Schraubverschluss** ausgestattet. Dieser Verschluss kann bei CO_2-Begasung im Brutschrank mit einer Vierteldrehung leicht geöffnet werden, bevor die Flasche mit den Kulturen in den Schrank gestellt wird. Um das nachträgliche Öffnen der Flaschen für die CO_2-Versorgung zu vermeiden, wurden Zellkulturflaschen entwickelt, die mit einer kontaminationssicheren Belüftungskappe ausgestattet sind (Abb. 6-4). Dabei ist in die Schraubkappe ein hydrophober Filter (0,22 µm) eingebaut, der sowohl einen optimalen CO_2-Austausch garantiert als auch eine Benetzung des Schraubdeckels mit Medium verhindert. Dies kann mögliche Kontaminationsrisiken im Brutschrank vermeiden helfen.

Die Kulturflaschen sind entweder mit geradem oder leicht abgewinkeltem Hals erhältlich, wobei es der/dem jeweiligen Benutzer/in überlassen ist, welche der beiden Typen sie/er benutzt. Ähnliches gilt für die Formgestaltung der Flaschen, die ebenfalls unterschiedlich sein kann.

Für das Waschen und Vorbehandeln der **Glaskulturflaschen** gilt ähnliches wie für alle Glasgeräte, die in der Zellkultur Verwendung finden (Kapitel 6.5).

Bei **Plastikflaschen** ist vor dem Auspacken darauf zu achten, dass die Flaschen keine Risse oder ähnliches aufweisen, die durch Herstellung und Transport verursacht sein können. Ferner ist auf die Unversehrtheit der Verpackung zu achten, um die Sicherheit der Sterilität zu gewährleisten.

Während Glasflaschen sehr gut wiederholt gebraucht werden können, ist dies bei Plastikflaschen nicht der Fall. Erstens können die Polystyrolmaterialien weder heiß gereinigt werden, noch ist der-

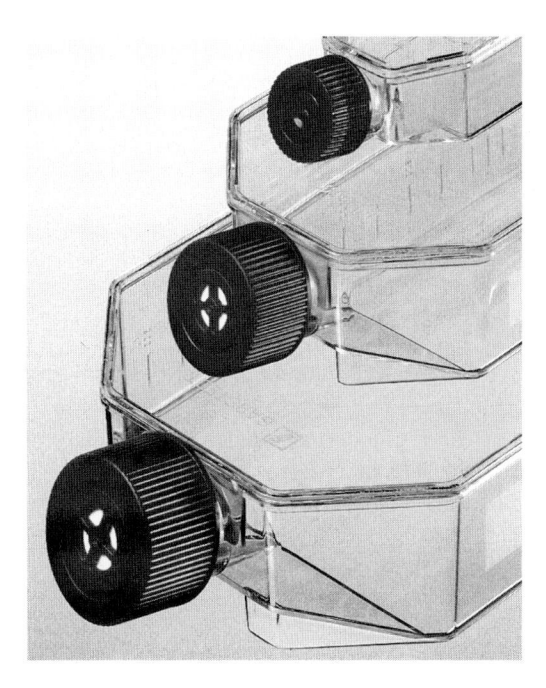

Abb. 6-4 Zellkulturflaschen mit integrierten hydrophoben Filtern in der Schraubkappe (Fa. Sarstedt).

zeit eine Methode gebräuchlich, die eine Sterilisation von solchen Plastikflaschen im Labor zulässt. Weiterhin können strikt adhärente Zelllinien die Oberfläche von Polystyrolkulturflaschen stark verändern, sodass ein mehrmaliger Gebrauch keine reproduzierbaren Ergebnisse liefert.

Eine Variante der normalen Kulturflaschen stellen die **Rollerkulturflaschen** oder *roller-bottles* dar. Rollerflaschen sind runde Flaschen, meist mit einer Wachstumsfläche von 700–1500 cm², die auf Rollen in einer speziellen Apparatur entlang ihrer Längsachse gedreht werden (s. Abb. 25-2a).

Das Medienvolumen sollte bei allen Arten von Kulturgefäßen im Verhältnis zur Wachstumsfläche stets so gehalten werden, dass ein Luft- bzw. Gasaustausch an der Oberfläche stattfinden kann. Günstig ist ein Verhältnis von Wachstumsfläche [cm²] zu Medienvolumen [ml] von ca. 1:2 bis 1:6, sodass eine 75-cm²-Zellkulturflasche zwischen 15 bis maximal 50 ml je nach Zelllinie und Wachstumsbedingungen an Nährmedium enthalten sollte.

6.4.2 Petrischalen, Vielfachschalen und Mikrotiterplatten

Die **Petrischalen** stellen eines der ältesten Kulturgefäße dar. Es gibt sie heute sowohl aus Glas als auch aus verschiedenen Plastikmaterialien. Sie sind die billigsten Gefäße für die Zellzüchtung. Petrischalen benötigen stets einen Brutschrank, der eine kontrollierte Luftfeuchtigkeit (100% relative Luftfeuchtigkeit) besitzt, da die Ventilation sehr viel stärker ist als bei dicht zu verschließenden Flaschen. Um eine bessere Gaszufuhr (bei CO_2-Brutschränken) zu gewährleisten, sind manche Petrischalen mit speziellen Nocken (Stege) ausgestattet, die bei aufgelegtem Deckel eine optimale Belüftung garantieren.

Die Kontaminationsmöglichkeit ist zwar größer, da die Oberfläche bei geöffnetem Deckel ganz der Außenluft ausgesetzt ist, während dies bei Kulturflaschen nicht der Fall ist. Allerdings ist bei Petrischalen die Kulturfläche wesentlich besser zugänglich, da es hier keine Probleme mit etwaigen Ecken oder unzugänglichen Stellen gibt.

Plastikpetrischalen sind in unterschiedlichsten Ausführungen erhältlich, wobei es Schalen mit Unterteilungen, mit Raster u. Ä. gibt, die für spezielle Fragestellungen sehr gut zu verwenden sind.

Abb. 6-5 Kulturplatteneinsatz mit poröser Membran als Wachstumsfläche zum Einsatz in eine Multischale (Fa. Millipore).

Ferner gibt es Petrischalen aus Plastikmaterial, deren Unterseite aus Cellophan oder anderem **gasdurchlässigen** Material besteht. Vorteile dieser Ausführungen sind die bessere Gaszuführung auch von unten und die Kulturfläche kann zur weiteren zellbiologischen Analyse ausgeschnitten bzw. speziell behandelt werden. Prinzipieller Nachteil bei allen Plastikpetrischalen ist der Umstand, dass mit vielen organischen Lösungsmitteln nicht gearbeitet werden kann, da vor allem Polystyrol sich mit den meisten Lösungsmitteln nicht verträgt (Tab. 6-3).

In den letzten 20 Jahren sind für Mehrfachkultivierungen in kleinerem Maßstab Schalen aus Plastikmaterialien entwickelt worden, die mehrere Vertiefungen besitzen mit einem gemeinsamen Deckel. Sie sind sehr gut geeignet, unter Standardbedingungen Mehrfachbestimmungen durchzuführen. Solche **Multischalen** gibt es sowohl in runder als auch in rechteckiger Ausführung, wobei die Zahl der Vertiefungen pro Schale sich zwischen 6 und 96 bewegt. Entsprechend unterschiedlich groß ist die Kulturfläche, die von 9 cm^2/Vertiefung (6-Well) bis zu 0,3 cm^2/Vertiefung bei einer 96er-Schale betragen kann (Tab. 35-2 im Anhang).

Einsätze für Multischalen, deren Boden aus porösen Membranen bestehen (Abb. 6-5), können für Transport-, Permeabilitäts- und Differenzierungsstudien adhärenter und nicht adhärenter Zellkulturen verwendet werden. Die Nährstoffe können hierbei die Zellen von oben und unten erreichen (s. Kapitel 21.1.3).

Eine konsequente Fortführung der Multischalen sind die **Mikrotiter**- oder Terasakiplatten (Abb. 6-6). Dies sind Plastikschalen mit bis zu 384 Vertiefungen pro Platte, wobei jede einzelne Vertiefung von der anderen strikt getrennt ist. Die Wachstumsfläche solcher Mikrotestplatten variiert je nach Ausführung zwischen knapp 0,5 mm^2 bis zu 35 mm^2. Entsprechend gering ist hier die Zellausbeute, die zwischen 1000 und bis zu 50 000 Zellen pro Vertiefung liegt. Diese Mikrotestplatten gibt es in verschiedenen Ausführungen, wobei sowohl die Form der Vertiefung unterschiedlich ist als auch die Art des Deckels.

Speziell für Klonierungs- und Wachstumsexperimente sind diese Mikrotiterplatten gut geeignet, wenn die Zahl der Replikate relativ hoch ist. Solche Platten werden in bestimmter Ausführung auch für die Hybridomtechnologie verwendet. Zu beachten ist beim Gebrauch solcher Mikrotestplatten, dass je nach Ausführung die äußeren Vertiefungen für die Kultivierung der Zellen kritisch sein können (sogenannter Randeffekt). Sollte dies der Fall sein, lässt man besser die äußeren Vertiefungen frei.

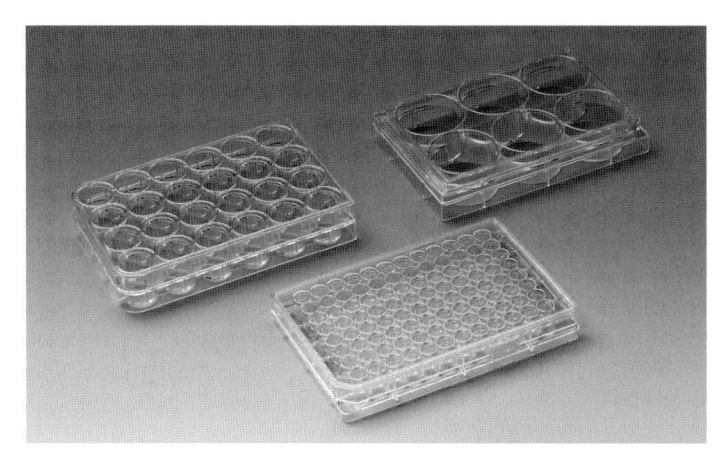

Abb. 6-6 Mikrotiterplatten (Fa. Sarstedt).

6.4.3 Wannenstapel und andere Kulturgefäße

Für die industrielle Zellzüchtung in größerem Maßstab gib es eine Reihe von Kulturgefäßen und Systemen, die ebenfalls entweder aus Glaskörpern oder aus Plastikmaterial bestehen (Kapitel 25).

6.4.4 Deckgläser und Objektträger

Deckgläser und Objektträger gibt es heute sowohl aus Glas in vielen Formen und Größen wie auch in Plastikausführungen. Für Glasobjektträger und Deckgläser gilt das Gleiche wie für die Glaskulturflaschen, sie müssen speziell gewaschen und vorbehandelt werden, um sie für die Zellzüchtung brauchbar zu machen. Dies gilt nicht für die Objektträger und Deckgläser aus Plastikmaterial, sie sind nicht vorzubehandeln und brauchen auch nicht sterilisiert zu werden, da sie in aller Regel steril verpackt geliefert werden.

Objektträger- und Deckglaskulturen werden meist nicht zur Routinezüchtung verwendet. Sie dienen der zellbiologischen Analyse oder zum Anlegen einer Primärkultur mit anschließender mikroskopischer Kontrolle. Weitere Verwendung finden die Deckglas- bzw. Objektträgerkulturen in speziellen Zellkulturkammern, bei denen es möglich ist, die Zellen mit neuem Medium zu perfundieren, sie unter einem normalen Mikroskop zu betrachten und die Zellen für Anfärbungen etc. weiter zu verarbeiten.

Deckglas- und Objektträgerkulturen sind stets noch in Petrischalen o. Ä. zu halten, wobei es unerheblich ist, ob diese Schalen aus unbehandeltem Polystyrol oder aus Glas bestehen.

Für elektronenmikroskopische Studien sind dünne Deckgläser aus Celluloseacetat oder Folien aus P.T.F.E. geeignet. Ferner gibt es Objektträgersysteme, bei denen über dem Deckglas Kulturkammern angeklebt sind, die für die cytologische Analyse abgezogen werden können (Abb. 6-7).

6.4.5 Reagenzgläser, Zentrifugengläser und andere Kulturröhrchen

Neben den Objektträgern und Deckgläsern spielten in der Frühzeit der Zellzüchtung Röhrchen und Reagenzgläser eine entscheidende Rolle. Allerdings wurden sie im Laufe der Entwicklung mehr und mehr von den Kulturflaschen abgelöst. Sie sind aber heute noch für Blutzellkulturen, für Routinecytotoxizitätsexperimente und für biochemische Experimente sehr gut brauchbar. Dabei können die Gläser mittels einer speziellen Apparatur auch gedreht werden – ähnlich wie bei den Rollerkulturen – sodass die gesamte Innenfläche der Gläser ausgenutzt werden kann.

6 Kulturgefäße und ihre Behandlung

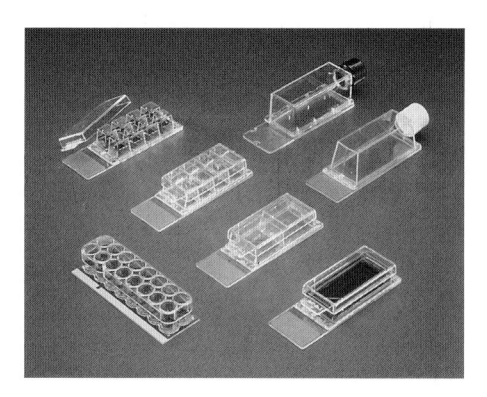

Abb. 6-7 Objektträgersysteme mit unterteilten Kulturkammern (Fa. Nunc).

Kulturröhrchen aus Plastikmaterial gibt es ebenfalls in vielerlei Ausführungen, wobei allerdings, wie bei allen runden Kulturgefäßen, die Beobachtung unter dem Mikroskop relativ schwierig ist. Weiterhin gibt es spezielle Kunststoffröhrchen (aus Polystyrol), die einen abgeflachten Kulturboden besitzen. Dadurch wird die mikroskopische Beobachtung erleichtert.

6.5 Reinigung und Vorbehandlung von Glaswaren

Neue und gebrauchte Glaswaren müssen nach speziellen Vorschriften gereinigt werden. Eine Reinigung wie in chemischen Laboratorien üblich, ist ungeeignet.

Der Reinigung sollte größte Beachtung geschenkt werden, sie sollte nach einem festen Schema peinlich genau erfolgen, Spülmaschinen z. B. sind ständig zu kontrollieren, Störungen müssen unverzüglich behoben werden. Manche Misserfolge haben ihre Ursache in der Spülküche, deshalb sollte auch das Personal immer wieder auf die besonderen Anforderungen hingewiesen werden.

Sowohl moderne Spülmaschinen als auch die Reinigungsmittel sind in der Lage, allen Anforderungen gerecht zu werden. Von daher gesehen besteht kein Anlass, Wegwerfartikel aus Kunststoff zu benützen. Umweltschutz durch Abfallvermeidung kann hier voll zum Tragen kommen.

Wenn Glaswaren nicht geeignet sind, kann dies, übrigens wie bei Kunststoffen auch, von den biologischen Eigenschaften der Zellen abhängen. Ungewaschene Glaswaren können für manche permanenten Zelllinien geeignet sein, während selbst gut gespülte Glaswaren für gewisse „empfindliche" Zelllinien ungeeignet sind.

Neben der Abgabe unerwünschter Ionen aus dem Glas ist die produktions- und transportbedingte Verschmutzung neuer Glaswaren zu beseitigen. Nach Gebrauch sind anhaftende Zellreste sowie Reste von Lösungen usw. zu entfernen. Mikrobiell kontaminierte Glaswaren werden nach speziellen Vorschriften dekontaminiert, bestimmte Glaswaren, z. B. Deckgläser, müssen ebenfalls gesondert behandelt werden.

Reinigung neuer Glaswaren

- Neue Glaswaren mehrmals unter fließendem heißem Leitungswasser (LW) bürsten und spülen.
- 10–16 Stunden in 1% Salzsäure einlegen (27 ml konz. HCl auf 1 l Aqua dest., **Vorsicht:** Handschuhe).
- Mehrmals unter fließendem warmen LW abspülen.
- 2 Stunden in heiße Spülmittellauge (7X®, 1%, Firma ICN) einlegen, vollständig bedecken, ohne Luftblasen.

- Kurz mit warmem H$_2$O abspülen.
- Ohne Antrocknen sofort in einer Spülmaschine mit üblichem Zellkulturprogramm spülen.
- Bei 160 °C 2 Stunden im Heißlufttrockenschrank trocknen, wenn die Spülmaschine über keinen leistungsfähigen Trockner verfügt.

Wenn man nicht selbst programmiert, sollte man sich zumindest nach Referenzen für das vom Hersteller angebotene Zellkulturprogramm erkundigen. Seit vielen Jahren bewährte Spülmittel sind z. B. Neodisher GK (für automatisch dosierende Maschinen Neodisher FT, flüssig) und Neodisher N (Chem. Fabrik Dr. Weigert). Alternativ von Hand: 10× mit warmem Leitungswasser spülen und bürsten, 5× mit Aqua dest. spülen. Detergenzien dürfen niemals antrocknen; wenn doch geschehen, wieder in Salzsäure einweichen und wie oben weiterbehandeln.

Reinigung gebrauchter Glaswaren

- Gebrauchte Glaswaren nicht antrocknen lassen, deshalb möglichst noch im Labor in Spülmittel- oder Desinfektionsmittellösung einweichen, zumindest jedoch in Aqua dest.
- Mit warmem LW abspülen; Gefäße, in denen Zellen gewachsen sind, kurz ausbürsten.
- In der Spülmaschine mit Zellkulturprogramm spülen.
- Bei 160 °C 2 Stunden im Heißlufttrockenschrank trocknen.

Mikrobiologische Dekontamination von Glaswaren

Glaswaren können Infektionen mit Pilzen, Bakterien, Mycoplasmen und Viren aus kontaminierten Zellkulturen verbreiten, nicht selten wachsen in Medienresten Mikroorganismen, vor allem Pilze. Um dies zu verhindern, legt man die Glaswaren in eine Natrium-Hypochlorit-Lösung ein, der man etwas Detergens beifügt:

- 50 ml Na-Hypochlorit in 950 ml Aqua dest. geben, dazu 20 ml 7X® Spülmittellauge (ICN). Mit Handschuhen arbeiten, Na-Hypochlorit ist hautreizend, keine Säuren zugeben.
- Weiterbehandlung wie bei Reinigung gebrauchter Glaswaren.
- Bei bekannter Kontamination, insbesondere mit pathogenen Mikroorganismen oder antibiotikaresistenten Keimen, gibt man die Glaswaren im Labor in ein dichtes Behältnis (Kunststoffbeutel, autoklavierbar), außen mit Desinfektionsmittel gründlich desinfizieren, auf kürzestem Weg in einen Autoklaven bringen und 30 min bei 121 °C autoklavieren.

Reinigung von Deckgläsern

Deckgläser für Deckglaskulturen sollten aus Glas der 1. hydrolytischen Klasse bestehen (18 × 18 mm). Diese Gläser werden wie folgt gereinigt:

- Mit sauberem, fusselfreiem Tuch und abs. Ethanol (unvergällt) abwischen.
- Für 12 Stunden in abs. Ethanol (unvergällt) überkreuz einlegen, um ein Zusammenkleben zu vermeiden.
- Mit flacher Deckglaspinzette entnehmen und auf fusselfreiem Tuch im Brutschrank bei 37 °C trocknen.
- mit Deckglaspinzette in Glaspetrischale legen und bei 180 °C für 2 Stunden im Heißluftsterilisator sterilisieren.

Reinigung von Objektträgern

Objektträger bestehen aus Glas der 3. hydrolytischen Klasse. Früher war die Reinigung solcher Gläser in stark oxidierenden Säuren weit verbreitet. Der Nachteil heißer Schwefelsäure, Chromschwefelsäure und Salpetersäure besteht in ihrer Gefährlichkeit. Hilfskräfte sollte man damit nicht umgehen lassen. Chromschwefelsäure ist äußerst korrosiv und lässt sich nicht immer vollständig entfernen. Bezüglich der Cytotoxizität von möglichen Rückständen sei erwähnt, dass Nitrat (Salpetersäure) natürlicherweise vorkommt und vermutlich viel weniger toxisch ist als Chromat.

Wer Säurebehandlung dennoch bevorzugt, kann folgendermaßen verfahren:
- Objektträger mit Pinzette 2 Stunden in heiße 50%ige Salpetersäure einlegen (überkreuz, um Zusammenkleben zu vermeiden), mit **größter Vorsicht** im Abzug arbeiten.
- Unter fließendem Aqua dest. 30 min im Ständer gründlich spülen.
- 30 min in abs. Ethanol, unvergällt, stehen lassen.
- Mit Pinzette entnehmen und bei 180 °C 2 Stunden sterilisieren.

Ebenso effektiv, aber ungefährlicher ist folgendes Verfahren:
- Objektträger im Objektträgerständer 12 Stunden in Detergens (7X®) einweichen.
- Mit Leitungswasser kurz abspülen und in einem Gemisch 26% Ethanol, 2% Eisessig, 12 Stunden stehen lassen.
- In Aqua dest. kräftig spülen.
- Ständer mit Objektträgern in Alufolie einpacken und 15 min bei 121 °C autoklavieren.

Pipettenreinigung

- Pipetten sofort nach Gebrach mit den Wattestopfen in Pipettenständer mit Aqua dest. oder Na-Hypochloritlösung (50 ml + 950 ml H_2O), Spitzen nach unten, einstellen.
- Wattestopfen mit Druckluft ausblasen und über Nacht in Spülmittel (7X®) einweichen (das Einweichen entfällt, wenn die Pipetten in einer Spülmaschine gewaschen werden).
- In Pipettenspüler (mit Leitungswasser und Aqua dest.; Zulauf sowie Ablauf) mit Spitzen nach oben stellen und mind. 2 Stunden lang mit Leitungswasser spülen.
- Pipettenspüler leer laufen lassen, mit Aqua dest. dreimal füllen.
- Pipetten bei 160 °C 2 Stunden trocknen.
- Weiterbehandlung: s. Kapitel 2.4.3

Pipetten können auch in Spülmaschinen mit speziellen Einsätzen gereinigt werden.

Silikonisieren von Glaswaren

Um z. B. in Suspensionskulturen das Anheften von Zellen zu verhindern, werden die Glaswaren mit einem Silikonfilm überzogen. Das Silikon darf nicht toxisch sein und muss fest haften.
- Silikonöl, das es auch speziell zu diesem Zweck der Oberflächenbehandlung in derivatisierter Form gibt, oder eine 2%ige Silikonöllösung in Chloroform in das zu beschichtende Gefäß geben und dieses 30 s lang durch Schütteln vollständig benetzen.
- Silikonöl abgießen.
- Mit Aqua dest. sechsmal spülen.
- 1 Stunde bei 100 °C im Heißluftschrank einbrennen.
- 2 Stunden bei 180 °C sterilisieren.

- Den Boden des Kulturgefäßes mit der Lösung gerade bedecken und durch leichtes Schwenken gleichmäßig verteilen, ca. 1–2 Tage lufttrocknen, alternativ lässt man das Protein einige Stunden bei Raumtemperatur binden und saugt anschließend die überstehende Lösung vollständig ab.
- Vor der Zelleinsaat die Kulturgefäße mit steriler PBS oder serumfreiem Medium spülen (Neutralisation und pH-Kontrolle).

Das Aufbewahren in feuchter Atmosphäre ist ca. 2 Monate möglich.
(Spezielle Vorschrift zur Kollagenbeschichtung für die Zelllinie PC-12, Kapitel 21.1.6).

Zum **Ausbreiten von Kollagenfilmen** wird das oben genannte Protokoll dahingehend abgeändert, dass die Kollagenlösung mit 70% Ethanol (steril) verdünnt wird:

- Stammlösung (in Essigsäure) 1:4 mit 70% Ethanol verdünnen.
- Boden des Kulturgefäßes mit Kollagen/EtOH-Lösung bedecken und durch Schwenken gleichmäßig beschichten.
- Bereits nach einigen Minuten überstehende Lösung vollständig absaugen und Kulturgefäße lufttrocknen.

Dieses Verfahren wird auch zur Kollagenbeschichtung von Filtereinsätzen (Kapitel 21.1.3) verwendet.

Gießen von Kollagengelen:

Wird eine essigsaure Lösung von Kollagen Typ I auf pH-Werte über 7,0 gebracht, kommt es zur Ausbildung eines nativen Kollagengels, in welches Zellen aufgebracht werden können. Monolayerkulturen können aber auch mit einer Gelmatrix überschichtet werden (sogenannte Overlay-Kulturen).

Material:
- Säurelösliches Kollagen Typ I, Kollagen R (SERVA, Kat.Nr. 47254)
- 20 ml Kulturmedium (10×)
- 10 ml 0,34 M NaOH, steril

- 20 ml 10× Medium und 10 ml NaOH-Lösung unmittelbar vor Gebrauch mischen.
- 1,7 ml Kollagenlösung auf dem Boden einer 60-mm-Petrischale gleichmäßig verteilen.
- 0,4 ml des mit NaOH versetzten Kulturmediums zugeben und Kulturschale ca. 15 s kreisförmig schwenken. Das Gel ist binnen 15 min fest und haftet am Boden der Petrischale.

Alternativ können die Schalen mit der Kollagen-Lösung auch unter **Ammoniak-Dampf** geliert werden.

Zum Erreichen optimaler Kulturbedingungen wird empfohlen, die fertigen Gele noch 24 h mit 4 ml des gebrauchsfertigen Kulturmediums zu inkubieren. Unmittelbar vor Zelleinsaat wird das Dialysemedium abgesaugt.

Flottierende Kollagenmembranen. Nach Zelleinsaat und Anwachsen der Zellen kann die Kollagenmembran mit einem sterilen Spatel bei kreisförmiger Bewegung der Kulturschale vom Boden gelöst werden. Das Kollagengel flottiert dann als bewachsene Membran im bzw. auf dem Medium (Medium/Luft-Grenzschicht).

Beschichtung mit Kollagen Typ IV:

Material:
- Collagen Type IV (SIGMA)
- Vor Gebrauch mit 0,25% Essigsäure (steril) auf eine Endkonzentration von 0,5–2,0 mg/ml rekonstituieren. Das Kollagen dabei mehrere Stunden bei 2–8 °C lösen.

- Den Boden des Kulturgefäßes mit der Lösung gerade bedecken und durch leichtes Schwenken gleichmäßig verteilen, ca. 1–2 Tage lufttrocknen.
- Vor der Zelleinsaat die Kulturgefäße mit steriler PBS oder serumfreien Medium spülen (Neutralisation und pH-Kontrolle).

Beschichten von Oberflächen mit Laminin

Material:
- Laminin (SIGMA), sterile Lösung bei −70 °C gelagert

- Lamininlösung bei 2–8 °C langsam erwärmen um Gelbildung zu vermeiden.
- Mit steriler PBS auf gebrauchsfertige Konzentration (1–2 µg/cm^2) verdünnen.
- Den Boden des Kulturgefäßes mit der Lösung gerade bedecken und durch leichtes Schwenken gleichmäßig verteilen, mind. 60 min lufttrocknen.

Beschichten von Oberflächen mit Fibronectin

Material:
- Das verwendete Fibronectin wird aus Humanplasma ohne Zusatz von Heparin gewonnen. Das käufliche Fibronectin ist tiefgefroren und darf erst kurz vor Gebrauch aufgetaut werden. Die eingesetzte Konzentration kann zwischen 0,01 und 0,05 mg/ml variieren, wobei dies mit sterilem Aqua bidest. eingestellt werden kann.

- Die Fibronectinlösung bei 37 °C im Wasserbad auftauen und mit sterilem Aqua dest. auf die gewünschte Konzentration (z. B. 0,02 mg/ml) einstellen, mind. 30 min stehen lassen.
- Den Boden des Kulturgefäßes mit einer dünnen Schicht der Fibronectinlösung bedecken und an der Luft trocknen.

Beschichtete Gefäße sind bis zu zehn Wochen haltbar.

Beschichten von Oberflächen mit Basement Membrane Matrigel™

Material:
- Matrigel™ (Becton Dickinson) ist aus der Basalmembran des Engelbreth-Holm-Swarm Mäusesarkom isoliert. Die Präparation besteht hauptsächlich aus Laminin, Kollagen Typ IV, Heparansulfat, Proteoglykanen und Entactin (Nidogen), an die noch eine Reihe von Wachstumsfaktoren gebunden sind.

Es konnte gezeigt werden (Vukicevic et al., 1992), dass die wachstumsfördernde Wirkung von Matrigel™ großteils den in der Matrix gebundenen Wuchsfaktoren zuzuschreiben ist. Deshalb wird neuerdings auch eine von Wachstumsfaktoren gereinigte Matrigel™-Präparation, Matrigel™-Growth Factor Reduced (GFR), angeboten.

- BD Matrigel™ Matrix, bei −20 °C gelagert, vor Gebrauch über Nacht bei 4 °C auftauen lassen, um Gelbildung zu vermeiden.
- Alle weiteren Arbeitsschritte wenn möglich auf Eis mit gekühlten Medien und vorgekühlten Gerätschaften (Pipetten, Röhrchen, Petrischalen) durchführen.

Matrigel™ kann auf dreifache Weise verwendet werden: (**1**) als dünnes Gel (<0,5 mm), auf dem die Zellen kultiviert werden, (**2**) als dickes Gel (>1 mm), in welches die Zellen eingesät und als 3D-Kulturen gehalten werden, und (**3**) in stark verdünnter Form zur Beschichtung von Kulturgefäßen ohne Ausbildung eines Matrixgels:

(1) Dünnes Gel:
- Eisgekühltes Matrigel™ mit vorgekühlter Pipette gut durchmischen und auf vorgekühlte Petrischale (50 µl/cm^2) aufbringen.
- Petrischalen auf 37 °C bringen und Matrigel™ für mind. 30 min gelieren lassen. Die Schalen sind gebrauchsfertig.

(2) Dickes Gel:
- Eisgekühltes Matrigel™ mit vorgekühlter Pipette gut durchmischen.
- Zellen in Matrigel™ Matrix bei 4 °C suspendieren und in vorgekühlte Petrischalen 200 µl/cm^2 ausplattieren.
- Kulturschalen auf 37 °C bringen und Matrix mit eingeschlossenen Zellen für mind. 30 min gelieren lassen. Anschließend 3D-Kulturen mit Kulturmedium überschichten.

(3) Beschichtung mit Matrigel™:
- Eisgekühltes Matrigel™ mit vorgekühlter Pipette gut durchmischen und mit eiskaltem, serumfreien Kulturmedium >1:4 verdünnen.
- Verdünnung in eisgekühlte Kulturgefäße pipettieren und Boden gleichmäßig bedecken. Bei Raumtemperatur ca. 60 min stehen lassen.
- Überstand absaugen und Kulturschalen mit serumfreiem Medium spülen. Die Schalen sind nun gebrauchsfertig.

Beschichten von Oberflächen mit Gelatine

Beschichten der Kulturgefäße mit Gelatine stellt eine preiswerte Alternative zur Kollagenbeschichtung dar. Sterile Gelatinelösungen können entweder käuflich erworben oder als Lösung autoklaviert werden:

- Gelatine (z. B. SIGMA Gelatinepulver) mit Aqua dest. auf 20 mg/ml (2%, w/v) einstellen, im Wasserbad bei 37 °C verflüssigen und autoklavieren.
- Pro 10 cm^2 Bodenfläche 1 ml der Lösung in das Kulturgefäß geben und 30 min bei 37 °C inkubieren.
- Lösung absaugen und einmal mit PBS waschen; Kulturgefäß sofort verwenden.

Alternativ:
- Oberfläche der Kulturschale mit 0,1–0,2 mg Gelatine pro cm^2 bedecken und für mind. 2 h lufttrocknen.
- Die Kulturschalen können bei Raumtemperatur gelagert werden.

> **Beschichten von Oberflächen mit fetalem Kälberserum**
>
> Für erste Anhaltspunkte beim Anlegen einer Primärkultur o. Ä. ist die Beschichtung mit fetalem Kälberserum eine preiswerte Alternative zur Fibronectinbeschichtung.
>
> - So viel normales, steriles fetales Kälberserum in das Kulturgefäß pipettieren, dass der Boden gerade bedeckt ist.
> - Proteine 60 min bei Raumtemperatur binden lassen und überschüssiges Volumen absaugen.
> - In verschlossenem Zustand bei Raumtemperatur antrocknen lassen und innerhalb von 2–4 Tagen verwenden.

Bei Glaswaren, die für die Zellkultur öfters verwendet werden, ist eine strikte Trennung von anderen Glaswaren, die z. B. für die organische Chemie oder selbst für die Mikrobiologie benutzt werden, unverzichtbar. Neue Gläser sollten zuerst vor Gebrauch behandelt werden (HCl/NaOH-Behandlung s. o.). Die Prüfung der Glaswaren nach dem Waschen in der Spülmaschine (nicht zu viel Detergenzien benutzen!) kann ebenfalls schon Hinweise geben. Mit dem bloßen Auge sind schon Ablagerungen erkennbar, eine NaCl-Lösung mit Phenolrot auf die Oberfläche gegossen zeigt nach kurzer Zeit, ob sich der pH-Wert ins Basische verschiebt (Violettfärbung). Außerdem kann hochreines Wasser in die Glasflaschen pipettiert werden und nach ca. 30 min kann die Leitfähigkeit gegen das nicht benutzte hochreine Wasser gemessen werden. Für Glas zu Züchtungszwecken empfiehlt es sich, eine Plating Efficiency (s. Kapitel 14.4.4) z. B. gegen eine Polystyrolkontrolle durchzuführen.

Die Aufbewahrung der sterilen Glaswaren (immer mit einer Aluminiumfolie über der Öffnung) sollte immer in einem staubfreien, geschlossenen Schrank erfolgen.

Die Pipetten sind stets eine weitere Unsicherheitsquelle in der Zellkultur, da sehr häufig gebraucht und deshalb auch häufig gewaschen. Hier ist besondere Vorsicht geboten, jedoch ist die Verwendung von Einmalpipetten aus Polystyrol oder Polycarbonat nur in Extremfällen zu empfehlen, wenn es z. B. nach Problemen um die Prüfung von Glaspipetten direkt geht. Endotoxinfreie Glaswaren sind nur über eine Hitzebehandlung von 200 °C über drei Stunden möglich, Polystyrolartikel sind meist davon nicht betroffen.

Plastikartikel für die Zellkultur sind meist aus Polystyrol oder Polycarbonat, andere Kunststoffarten spielen eine untergeordnete Rolle. Für die adhärenten Zellen muss die Oberfläche speziell behandelt werden (s. o.), während es für die Suspensionszellen gleichgültig ist, ob man behandeltes oder nichtbehandeltes Kunststoffmaterial benützt. Manchmal kann es jedoch günstig sein, auf unbehandeltes Material zurückzugreifen, da gerade bei der Gewinnung und Züchtung von Hybridomzellen (Kapitel 22.3) es sehr lästig sein kann, wenn die Zellen sich an der behandelten Oberfläche dennoch anheften, wozu einige Myelomzelllinien durchaus neigen. Man muss jedoch darauf hinweisen, dass diese unterschiedlichen Kulturbedingungen bei ein und derselben Zelllinie sich unterschiedlich auswirken können!

Ansonsten hat sich bei den behandelten Kunststoffflaschen für die Zellkultur heute ein Standard entwickelt, der eine einheitliche und für die Züchtung der Zellen ausreichend günstige Voraussetzungen bietet, gleichgültig, von welcher Firma die Artikel bezogen werden.

Wenn man unsicher ist, ob man hydrophobes Material, also unbehandelten Kunststoff vor sich hat oder hydrophilisierten, also behandelten, ist ein einfacher Wassertropfen hilfreich: wenn er sich auf der Oberfläche sofort ausbreitet, ist die Oberfläche hydrophil, wenn er als dicker, runder Tropfen sich nicht schlagartig ausbreitet (wie z. B. auch auf Parafilm), ist die Oberfläche hydrophob.

Auf die Schraubkappen sollte man durchaus einiges Augenmerk richten. Hier ist die Wahl gegeben: (**a**) ohne Belüftungsmembran und (**b**) mit Belüftungsmembran. Die Schraubkappen ohne Belüftung haben den Vorteil, dass die Flaschen, wenn sie außerhalb des Brutschranks mit den Zellen kommen, dicht verschlossen werden können und deshalb auch nach einiger Zeit den pH-Wert des Mediums im richtigen Bereich halten können. Dies ist bei den belüfteten Flaschen ein Problem, denn bei manchen Medien (z. B. DMEM mit hohem $NaHCO_3$-Anteil) kann sich der pH-Wert relativ schnell ins Basische verändern (Violettfärbung), was den Zellen durchaus schaden kann. Andererseits ist natürlich der Verschluss im Brutschrank bei den belüfteten Schraubkappen einfach dicht zu halten, während bei den unbelüfteten Kappen mindestens eine Vierteldrehung notwendig ist, damit CO_2 in den Gasraum der Flasche über dem Medium auch wirklich gelangt. Hier gibt es jedoch Vorrichtungen (z. B. Noppen), die den leicht geöffneten Verschluss sicher halten, damit er nicht von der Flasche abfällt. Beide Möglichkeiten sind hinreichend sicher, was die Kontaminationsgefahr betrifft.

7 Zellkulturmedien

In der Frühphase der Zell- und Gewebekultur wurden zur Anzucht der Gewebeexplantate ausschließlich biologische Flüssigkeiten, wie Gerinnsel aus Froschlymphe, Plasmagerinnsel, Embryonalextrakte, u. Ä. verwendet (s. Einleitung).

Die Grundlagen der modernen Zell- und Gewebekultur wurden in den späten 1940er-Jahren gelegt. Die Namen *Gey*, *Earle*, *Hanks*, *Eagle*, *Dulbecco*, *Ham* oder *Waymouth* sind untrennbar damit verbunden (Pollack, 1981). Ihre Pionierarbeiten führten zur Entwicklung definierter Zellkulturmedien, die bis heute die **Standardmedien** zur Kultivierung tierischer und humaner Zellen darstellen (Primärkulturen wie auch etablierte Zelllinien). Neben einfachen **Basalmedien** (s. u.) stehen heute auch komplexe Wuchsmedien sowie serumfreie Medienformulierungen zur Verfügung (Kapitel 8).

Das Kulturmedium ist bei Weitem der wichtigste Einzelfaktor in der Züchtung von Zellen und Geweben. Ein universelles Kulturmedium gibt es nicht. In der Zellkulturliteratur sind mehr als 100 verschiedene Medienformulierungen beschrieben, wobei nur etwa ein Dutzend im Allgemeinen verwendet wird (Bettger and McKeehan, 1986; Butler and Jenkins, 1989; Levintow and Eagle, 1961). Einige Spezialmedien sind beschrieben worden, für das Anlegen von Primärkulturen, für die Propagierung von immortalen und transformierten Zelllinien, oder für serumfreie Zellkultur (Barnes and Sato, 1980a, 1980b).

Dennoch erfolgt die Auswahl des jeweiligen Mediums oft noch nach rein empirischen Gesichtspunkten: welches Medium gerade im Labor auch für andere Zellen bzw. Zelltypen verwendet wird, oder welches Medium für diesen Zelltyp in anderen Labors kürzlich verwendet und publiziert wurde. Es ist auch nicht möglich, eine generelle Empfehlung für das eine oder andere Medium für die betreffende Zelllinie oder für die spezielle Primärkultur zu geben. Es wird deshalb empfohlen, auf die in der Originalarbeit angegebene Rezeptur oder auf Informationen der Zellbanken (ATCC, ECACC, DSMZ; s. Kapitel 36) zurückzugreifen, bevor man andere Medien bzw. neue Rezepturen erprobt. Tab. 7-1 gibt eine grobe Übersicht der für eine Auswahl gebräuchlicher Zelllinien verwendeten Nährmedien samt entsprechenden Zusätzen.

Wie oben ausgeführt, bestimmt eine Vielzahl fein abgestimmter Variablen, ob Zellen *in vitro* wachsen und proliferieren. Die Ansprüche, welche an Kulturmedien gestellt werden, hängen in erster Linie von den kultivierten Zellen selbst ab. Ein Nährmedium muss alle essentiellen Nährstoffe in einer für die Zellen verfügbaren Form enthalten. Dazu zählen alle (anabolen) Vorstufen für Neusynthesen, katabole Substrate für den Energiestoffwechsel, Vitamine und Spurenelemente für katalytische Funktionen, und anorganische Ionen (Elektrolyte), deren Funktionen sowohl katalytisch

Tab. 7-1 Auswahl von Medien zur Züchtung von Zellen oder Zelllinien.

Zellen oder Zelllinien	Medium	Serum	Literatur
B-Lymphocyten (Maus)	Iscoves Mod. Dulbecco's M. (IMDM)	–	Iscove, N.N. und Melchers, F.J., Exp.Med., 147: 923. 1978 Iscove, N.N., et al., Exp.Cell Res., 126: 121. 1980
BaK-Zellen (*baboon kidney*)	SFRE-199	–	Weiss, S.A., et al., In Vitro, 16: 616. 1980
Epithelzellen	DMEM	+	Folkman, J., et al., Proc. Natl. Acad. Sci., USA, 76 (10): 5217–5221. 1979 Fawcett, J., et al., Biochem. Biophys. Res. Comm., 174 (2): 903–908. 1991
	Dulbecco's MEM	+	Folkman, J., et al., Proc. Natl. Acad. Sci., USA, 76 (10): 5217–5221. 1979 Gordon, E.L., et al., In Vitro Cell. Dev. Biol., 27A: 312–326. 1991 Weis, J.R., et al., Thrombosis Res., 61: 171–173. 1991
	Medium 199 mit Earles salts	+	Bowman, P.D., et al., In Vitro, 17: 353–362. 1981 Jaffe, E.A., et al., J. of Clin. Invest., 52: 2745–2756. 1973 Thornton, S.C., et al., Science, 222: 623–625. 1983
Erythrocyten-Vorläuferzellen	Iscoves Mod. Dubeccos M. (IMDM)	–	Iscove, N.N. und Melchers, F.J., Exp. Med., 147: 923. 1978 Iscove, N.N., et al., Exp.Cell Res., 126: 121. 1980
fibroblastenähnliche diploide Zellen (Mensch)	MCDB 110 Medium	–	Bettger, W.J., et al., Proc.Natl. Acad.Sci., USA, 78: 5588. 1981
	MCDB 105 Medium	–	Peehl, D.M. und Ham, R.G., In Vitro, 16: 526. 1980
Fibroblasten (Huhnembryo)	MCDB 201 Medium	–	McKeehan, W.L. und Ham, R.G., J.Cell Biol., 71: 727. 1976
Fibroblasten (Säuger)	Minimum Essential Medium Eagle (MEM)	+	Eagle, H., Science, 122: 501. 1955 Eagle, H., Science, 130: 432–437. 1959 Eagle, H., Tissue Culture Assoc. Manual, 3: 517–520. 1976
HeLa-Zellen	BME Ham	+ +	Eagle, H., Science, 122: 501. 1955 Ham, R.G., Proc. Natl. Acad. Sci., 53: 288–293. 1965
HeLa-Zellen (Subtypen)	MEM	+	Eagle, H., Science, 130: 432–437. 1959 Blaker, G.J., et al., J.Cell Sci., 9: 529–537. 1971
Hepatocyten-Epithelzellen	Williams Medium E	+	Williams, G.M. und Gunn, J.M., Exp. Cell Research, 89: 139–142. 1974 Williams, G.M., et al., Exp. Cell Research, 69: 106–112. 1971
Hybridomazellen	H-Y Medium, Hybri-Max	+	Kennett, R.H., et al., Monoclonal Antibodies: Hybridomas, A New Dimension in Biological Analysis. 365–371. 1980
	serum- und proteinfreies Hybridoma Medium	–	Ham, R.G., et al., Proc. Natl. Acad. Sci. USA, 53: 288–293. 1965 Myoken, Y., et al., In Vitro, 25: 477–480. 1989
Keratinocyten (Mensch)	MCDB 151 Medium	–	Peehl, D.M. und Ham, R.G., In Vitro, 16: 526. 1980

Tab. 7-1 Auswahl von Medien zur Züchtung von Zellen oder Zelllinien (Fortsetzung).

Zellen oder Zelllinien	Medium	Serum	Literatur
Keratinocyten (epidermal, Mensch)	MCDB 153 Medium	–	Boyce, S. T. und Ham, R.G., J. Invest. Dermatol., 81: 33. 1983
Knochen	Ham F-12	+	Freshney, R.I., Culture of Animal Cells: A Manual of Basic Techniques. Alan R. Liss, Inc. NY. pp. 273–275. 1987
	BGJb Medium	+	Bigger, J.D., et al., Exp. Cell Res., 25: 1, 41–58. 1961
Knochenmark	Fischers Medium	+	Freshney, R.I., Culture of Animal Cells: A Manual of Basic Techniques. Alan R. Liss, Inc. NY. pp. 285. 1987
Knochenmark (hämatopoetisches Gewebe)	Iscoves Mod. Dulbeccos M. (IMDM)	–	Iscove, N.N., und Melchers, F.J., Experimental Med., 147: 823. 1978 Iscove, N.N., et al., Experimental Cell Res., 126: 121. 1980
Knochenmark (Primärkultur)	McCoys 5A Modified Medium	+	Hsu, T.C. und Kellog, D.S., J.N.C.I., 25: 221–231. 1960
Knorpel	BGJb Medium, Fitton-Jackson Mod.	+	Biggers, J.D., et al., Exp. Cell Res., 25: 41–58. 1961
L-Zellen (Maus)	CMRL 1066 Medium	–	Healy, G.M. und Parker, R.C., J. of Cell Biology, 30: 531–538. 1966
	NCTC 135 Medium	–	Evans, V.J., et al., Exp. Cell Res., 36: 439. 1964
Leberzellen (Maus)	DMEM	+	Nature, 276: 510–511. 1978
Leberzellen (Mensch, primäre)	Ham F-12 Kaighns Mod.	+	Kaighn, M., J. Natl. Cancer Inst., 53: 1437–1444. 1974 Reidl, L., Methods in Enzymology, Vol. LVIII Cell Culture (eds. Jakoby, Pastan), Academic Press, NY. 1979
Leberzellen (Mensch)	BME mit Earles salts	+	Chang, R.S., Proc. Soc. Exp. Biol. Med., 87: 440. 1954
Leberepithelzellen (Ratte)	Williams Medium E	+	Williams, G.M und Gunn, J.M., Exp. Cell Research, 89: 139–142. 1974 Williams, G.M., et al., Exp. Cell Research, 69: 106–112. 1971
Leukocyten (Mensch)	RPMI 1640 Medium	+	Moore, G.E., et al., JAMA, 199: 519–524. 1967 Moore, G.E., et al., 21 Annual Symp. on Fundamental Cancer Research. Feb., 41–63. 1967
Leydigzellen	DMEM + Ham F-12	–	Mather, J.P. und Sato, G.H., Exp. Cell Res., 124: 215. 1979
Lymphoblasten	Fischer's Medium	+	Fischer, G.A. und Sartorelli, A.C., Methods in Med. Res., 10: 247. 1964
Makrophagen-Vorläuferzellen	Iscoves Mod. Dulbeccos M. (IMDM)	–	Iscove, N.N. und Melchers, F.J., Exp. Med., 147: 923. 1978 Iscove, N.N., et al., Exp. Cell Res., 128: 121. 1980
Myelomazellen	serum- und proteinfreies Hybridoma Medium	–	Ham, R.G., Proc. Natl. Acad., Sci. USA, 53: 288–293. 1985 Myoken, Y., et al., In Vitro, 25: 477–480. 1989
Nervenzellen (sympathische)	L-15 Medium	+	Mains, R.E. und Petterson, P.H., J. Cell Biol., 59: 329. 1973 Jacoby, W. B. und Pastan, I.H., Methods in Enzymology, Cell Culture, Academic Press, NY.LVIII, pp. 574–584. 1979

Tab. 7-1 Auswahl von Medien zur Züchtung von Zellen oder Zelllinien (Fortsetzung).

Zellen oder Zelllinien	Medium	Serum	Literatur
Novikoff-Hepatomazellen	McCoy 5A Modified Medium	+	McCoy, T.A., et al., Proc. Soc. Exp. Biol. Med., 100: 115–118. 1959
CHO-Zellen (*chinese hamster ovary*)	Ham Medium	–	Ham, R.G., Exp. Cell Res., 29: 515–526. 1963
	MCDB 302 Medium	+	Hamilton, W.G. und Ham, R.G., In Vitro, 13: 537. 1977
primäre Explantate (Huhn, Maus)	Ham F-12	+	Freshney, R.I., Culture of Animal Cells: A Manual of Basic Techniques. Alan R. Liss., Inc. NY. p. 107–126. 1987
primäre Explantate (Mensch)	L-15 Medium	+	Leibovitz, A., Amer., J. Hyg., 78: 173–180. 1963
Primärkulturen verschiedener Organe	McCoy 5A Modified Medium	+	Hsu, T.C. und Kellogg, D.S., J.N.C.I., 25: 221–231. 1960 Patterson, M.K. und Dell'orco, R.T., Tissue Culture Assoc. Manual, 4: 737–740. 1978
Retina (Kaninchen)	Ames Medium	+	Ames, A. und Nesbett, F., J. Neurochem., 37: 867. 1981
Sertolizellen	DMEM + Ham F-12	–	Jacoby, W.B. und Pastan, I.H., Methods in Enzymology, Vol. LVIII, Cell Culture. Academic Press, NY., p. 103. 1979
T-Lymphocyten (Maus)	Iscoves Mod. Dulbeccos M. (IMDM)	–	Iscove, N.N. und Melchers, F.J., Exp. Med., 147: 923. 1978 Iscove, N.N., et al., Exp. Cell Res., 126: 121. 1980

als auch physiologisch sind, z. B. die Aufrechterhaltung des pH-Wertes und der Osmolarität (Kapitel 9).

Je nach Fragestellung und Bedarf, können Kulturmedien unterschiedliche Grade der Zusammensetzung bzw. Komplexität aufweisen. Man unterscheidet demnach:
- Kulturmedien, die für ein unmittelbares Überleben essentiell sind,
- Kulturmedien, die für ein verlängertes Weiterleben essentiell sind,
- Kulturmedien, die für unbegrenztes Wachstum und Proliferation essentiell sind,
- Kulturmedien, die für die Expression spezifischer Zellfunktionen essentiell sind.

Im einfachsten Fall genügt bereits eine einfache **Salzlösung**, um extrazelluläres Ionenmilieu, Osmolarität und pH-Wert zu gewährleisten. Diesen Salzlösungen (*Balanced Salt Solution*, BSS) (Tab. 7-2) können für ein kurzfristiges Weiterleben der Zellen Energiesubstrate, meist Glucose und Glutamin, zugegeben werden. Die für unbegrenztes Zellwachstum in Kultur notwendigen **Vollmedien** enthalten darüber hinaus alle erforderlichen Nährbestandteile: essentielle, und evtl. nichtessentielle Aminosäuren, Vitamine, Spurenelemente und niedermolekulare Zusatzstoffe, wie z. B. Pyruvat. Die für eine ausreichende **Proliferation** notwendigen Hormone und (mitogenen) Wuchsfaktoren werden zumeist durch die Zugabe von **Serum** eingebracht (Kapitel 7.1.3 und Kapitel 8). Eine erhöhte **Zelldifferenzierung** kann entweder durch Zugabe geeigneter Differenzierungsfaktoren, aber auch durch Wegnahme essentieller Medienkomponenten (sogenannte **Defizienzmedien**) oder durch entsprechende Kulturmethoden erzielt werden (Kapitel 19 bis 21).

Tab. 7-2 Zusammensetzung der gebräuchlichsten Salzlösungen (*Balanced Salt Solutions*, BSS).

g/l	Earles BSS	Hanks BSS	Pucks BSS	Dulbeccos PBS ohne Ca^{2+}, Mg^{2+}	Dulbeccos PBS mit Ca^{2+}, Mg^{2+}
NaCl	6,80	8,00	8,00	8,00	8,00
KCl	0,40	0,40	0,40	0,20	0,20
$Na_2HPO_4 \times 7\ H_2O$		0,10	0,29		
Na_2HPO_4				1,15	1,15
$NaH_2PO_4 \times H_2O$	0,14				
KH_2PO_4		0,06	0,15	0,20	0,20
$CaCl_2$	0,20	0,14	0,012		0,10
$MgCl_2 \times 6\ H_2O$		0,10			0,10
$MgSO_4 \times 7\ H_2O$	0,20	0,20	0,154		
Glucose	1,00	1,00	1,10		
Phenolrot	0,01	0,01	0,005		
$NaHCO_3$	2,20	0,35			
Gasphase	5% CO_2	Luft	Luft	Luft	Luft

7.1 Zusammensetzung der Medien

7.1.1 Grundkomponenten

Die heute gebräuchlichen Kulturmedien bestehen meist aus einem sogenannten **Basalmedium**, dem je nach Bedarf und Fragestellung zusätzliche Faktoren, wie Serum oder Gewebeextrakte, Wuchsfaktoren und Hormone, Vitamine und Spurenelemente, oder weitere Aminosäuren und Nährstoffe zugegeben werden.

Die Basalmedien sind ihrerseits auf Grundlage einer **isotonen Salzlösung** (*Balanced Salt Solution*, BSS) aufgebaut, die der Ionen- bzw. Elektrolytzusammensetzung des Extrazellulärraumes des jeweiligen Organismus entspricht: Säuger, Amphibien, Fische, oder Insekten. Die Salzlösungen für Säugerzellen gehen auf den britischen Physiologen *Sidney Ringer* (1835-1910) (*Ringerlösung*) und den amerikanischen Pharmakologen *Maurice Vejux Tyrode* (1878-1930) (*Tyrode-Lösung*) zurück. Die dominierenden Kationen bzw. Anionen sind Na^+ und Cl^-, daneben noch K^+, Ca^{2+}, Mg^{2+}, HCO_3^- und PO_4^{3-} (s. Tab. 23-1).

Na^+ und Cl^- sind für den osmotischen Druck des Nährmediums verantwortlich (Kapitel 9.1), Na^+ und K^+ für die Aufrechterhaltung des Zellmembranpotenzials, Ca^{2+}- und Mg^{2+}-Ionen tragen wesentlich zur Zelladhäsion bei (Kapitel 6.2), Mg^{2+} ist auch Kofaktor in enzymatischen Reaktionen und $H_2PO_4^-$, HPO_4^{2-}, sowie HCO_3^- dienen der Aufrechterhaltung des pH-Wertes und der Pufferung (Kapitel 9.4).

Die wichtigsten basalen Salzlösungen (BSS), auf denen (fast alle) Kulturmedien aufgebaut sind, sind **Earles BSS** und **Hanks BSS**. Earles- und Hanks-Salzlösungen unterscheiden sich primär im

Gehalt an $NaHCO_3$ und demnach in der Art der Pufferung (Kapitel 9.4). Earles-gepufferte Medien mit **2200 mg $NaHCO_3$/l** eignen sich für die Zellkulturen mit hoher Proliferationsrate, die zweckmäßigerweise in einem CO_2-Brutschrank (5% CO_2) gezüchtet werden (Tab. 7-2). Nach Earles-gepufferte Medien mit **850 mg $NaHCO_3$/l** sind für Zellen mittlerer Proliferationsrate und außerdem für die Zugabe von HEPES konzipiert (Kapitel 9.4.2). HEPES-gepufferte Medien sollten dennoch $NaHCO_3$ enthalten, wenn auch in geringerem Maße (ca. 350 mg/l) und auch mit CO_2 weiterhin begast werden, da die Zellen Bicarbonat nicht nur für die Pufferung benötigen, sondern dieses auch eine wichtige Komponente für zelluläre Stoffwechsel- und Transportprozesse ist.

Hanks-gepufferte Medien enthalten **350 mg $NaHCO_3$/l** und werden für schwach wachsende Kulturen verwendet, vor allem für frisch angelegte Primärkulturen. Diese Medien sollten in einem CO_2-Brutschrank mit höchstens 1% CO_2 (oder vollständig ausgeschalteter CO_2-Begasung) verwendet werden, da das Medium sonst zu schnell sauer wird. Ausschließlich mit $NaHCO_3$ gepufferte Medien sollten nicht zu lange offen stehen, da sonst CO_2 entweicht und der pH-Wert sehr schnell auf unphysiologische Werte von pH 7,6 und höher ansteigen kann (Kapitel 9.4).

Kulturmedien mit **Spinner-Salzen** sind Earles-gepufferte Medien, welche kein $CaCl_2$ und $MgCl_2$ enthalten und speziell für Suspensionskulturen (Spinner-Kulturen) entwickelt wurden. Es gibt allerdings derzeit nur einige komplette käufliche Formulierungen (MEM-Spinner, MEM-Joklik, DMEM bzw. DMEM/Ham F-12), die keine bivalenten Ionen enthalten und direkt für die Spinnerkultur eingesetzt werden können.

Dulbeccos PBS (*Phosphate Buffered Saline*) ist, wie der Name schon sagt, eine rein Phosphat-gepufferte Salzlösung und wird ohne CO_2-Begasung verwendet (Tab. 7-2). Je nach Anwendung wird PBS mit oder ohne Ca^{2+}- und Mg^{2+}-Ionen eingesetzt. Die Salzlösungen nach **Puck** (*Pucks Saline*) bilden meist die Basis kommerzieller Trypsinlösungen (Kapitel 13.1.2).

7.1.2 Zusätze zu Kulturmedien

7.1.2.1 Glucose und andere Kohlenhydrate

Jede lebende Zelle, *in vivo* wie *in vitro*, benötigt ausreichende Energiesubstrate. Diese werden meist durch entsprechende Kohlenhydrate bereitgestellt (Morgan and Faik, 1981). Als beste Energiequelle bietet sich natürlich **Glucose** an, die in Kulturmedien in physiologischen Konzentrationen (1 g/l, 5,5 mM) eingesetzt wird. Für schnell wachsende Tumorlinien werden auch Medien mit erhöhtem Glucosegehalt (4,5 g/l, 25 mM) verwendet. Durch die hohen Glykolyseraten mancher Zelllinien kann es jedoch zu massiven Lactat-Akkumulationen im Kulturmedium kommen, weshalb oft alternative Kohlenhydratquellen eingesetzt werden. **Fructose** oder **Galactose** werden wesentlich langsamer verstoffwechselt und die Lactatproduktion dadurch wesentlich verringert (Barngrover et al., 1985; Imamura et al., 1982). **Disaccharide** können nicht von allen Zellen verwertet, sondern müssen vor der zellulären Aufnahme durch Disaccharidasen gespalten werden.

Auch **Ribose** und Pyrimidinnucleoside, wie **Uridin**, können Hexosen in manchen Zellkulturen ersetzen (Gstraunthaler et al., 1987; Reitzer et al., 1979; Wice et al., 1981).

7.1.2.2 Aminosäuren

Von den **20** natürlich vorkommenden *L*-Aminosäuren werden **13** als für kultivierte Zellen essentiell betrachtet und müssen in entsprechenden Mengen im Kulturmedium enthalten sein: Arginin, Cyst(e)in, Glutamin, Histidin, Isoleucin, Leucin, Lysin, Methionin, Phenylalanin, Threonin, Tryptophan, Tyrosin und Valin. Die restlichen **7** Aminosäuren, Alanin, Asparagin, Asparaginsäure (Aspartat), Glutaminsäure (Glutamat), Glycin, Prolin und Serin, sind nicht in allen Medienformulierungen enthalten und können von den Zellen selbst synthetisiert werden. Komplexere Vollmedien enthalten aber sehr wohl auch die nichtessentiellen Aminosäuren, um den Zellstoffwechsel von den Eigensynthesen zu entlasten.

Epithelzellen exprimieren, im Gegensatz zu Fibroblasten, eine D-Aminosäure-Oxidase, die es den Zellen ermöglicht, eine *D*-Aminosäure in die *L*-Form (*L*-Enantiomer) überzuführen. In Primärkulturen von Epithelzellen (Kapitel 20) werden deshalb oft **D-Valin-haltige** Selektionsmedien verwendet, um unerwünschtes Fibroblastenwachstum zu unterdrücken (Gilbert and Migeon, 1975, 1977).

7.1.2.3 Glutamin

Eine Besonderheit stellt Glutamin in der Zellkultur dar. Glutamin weist nicht nur den höchsten Plasmagehalt aller Aminosäuren auf, es wird auch in Kulturmedien in wesentlich höheren Konzentrationen (2–4 mM) als alle übrigen Aminosäuren verwendet. Glutamin stellt nämlich, neben Glucose und Pyruvat, eine wichtige Energiequelle dar (Zielke et al., 1984). Endprodukt des Glutaminstoffwechsels ist **Ammoniak**, welcher in höheren Konzentrationen für manche Zellen toxisch sein kann.

In Kulturen, die eine Glutamin-Synthetase exprimieren, kann Glutamin durch **Glutamat** ersetzt werden, was u. U. zu geringeren Ammoniakproduktionsraten führt.

Glutamin ist in Lösung nicht stabil und zerfällt bei längerer Lagerung bei 37 °C und basischem pH in Glutamat oder in Pyrrolidon-Carboxylsäure und Ammoniak. Glutaminlösungen müssen deshalb bei –20 °C gelagert werden, dasselbe gilt auch für glutaminhaltige Medien, die stets bei 4 °C gehalten werden sollten. Fertigmedien (Flüssigmedien) werden deshalb in der Regel ohne Glutamin geliefert, welches unmittelbar vor Gebrauch meist aus einer 200 mM *L*-Glutamin-Stammlösung (100×) aliquotiert zugegeben werden muss. Die Zugabemengen zu den gebräuchlichsten Medien sind in Tab. 7-3 angeführt.

In letzter Zeit sind auch **glutaminhaltige Dipeptide** (Ala-Gln, Gly-Gln) unter dem Handelsnamen GLUTAMAX™ in die Zellkultur eingeführt worden. *L*-Alanyl-*L*-Glutamin (GLUTAMAX I) und *L*-Glycyl-*L*-Glutamin (GLUTAMAX II) sind nicht nur in Lösung stabil, sondern auch hitzeresistent, wodurch die Medien sogar autoklaviert werden können. Die Dipeptide werden von den Zellen aufgenommen, durch intrazelluläre Peptidasen gespalten und die Aminosäuren (Alanin bzw. Glycin und Glutamin) intrazellulär freigesetzt (s. Abb. 35-4 im Anhang). Jedoch ist zu beachten, dass nicht alle Zelllinien mit dem Dipeptid gleich gut proliferieren, es kann zu einer leichten Wachstumsverzögerung kommen.

7.1.2.4 Vitamine

Die in den meisten Zellkulturmedien enthaltenen Vitamine sind vor allem jene der **B-Gruppe**: Biotin, Folsäure, Nicotinsäure/Nicotinamid, Pantothensäure, Pyridoxin, Riboflavin und Thiamin. In manchen Medienformulierungen findet sich auch noch Cobalamin (Vitamin B_{12}), Cholin und myo-Inosit. Auch Ascorbinsäure (Vitamin C) wird in einigen Zellkulturen als Antioxidans eingesetzt. Vitamin A-Derivate sind in manchen serumfreien Zellkulturmedien enthalten (Kapitel 8).

7.1.2.5 Spurenelemente

Die wichtigsten Spurenelemente, die kultivierte Zellen benötigen, sind Eisen, Kupfer und Zink, daneben noch Kobalt, Chrom, Mangan, Molybdän und Vanadium. Letztere werden vor allem über das Serum (s. u.) in das Kulturmedium eingebracht. Ein weiteres, wichtiges Spurenelement, das vor allem in serumfreien Medien als essentieller Bestandteil enthalten sein muss (Kapitel 8), ist **Selen**.

Tab. 7-3 Empfohlene Glutaminzugabe zu sterilen Flüssigmedien.

Medium	Glutamin* [ml/l]	Endkonzentration [mg/l]
BME Earle	10,0	292,3
BME Hanks	10,0	292,3
MEM Earle	10,0	292,3
MEM Hanks	10,0	292,3
MEM Dulbecco	20,0	584,0
MEM Spinner	10,0	292,3
MEM Glasgow	20,0	584,6
MEM Iscove		
Medium 199 Earle	3,4	100,0
Medium 199 Hanks	3,4	100,0
Medium L-15	10,3	300,0
Medium F 10	5,0	146,2
Medium F 12	5,0	146,2
Medium McCoy 5a	7,5	219,15
Medium RPMI 1640	10,3	300,0

* *L*-Glutamin, 200 mM, wässrige Lösung.

7.1.2.6 β-Mercaptoethanol

β-Mercaptoethanol (auch 2-Mercaptoethanol, **β-ME** od. **2-ME**) ist eine niedermolekulare Thiolverbindung, die vor allem zu Maus-Lymphocyten-Kulturen zugegeben wurde. Der genaue Wirkmechanismus ist bis heute nicht vollständig geklärt. β-ME bildet zum einen Thiol-Komplexe mit Cystein, erhöht den intrazellulären Glutathiongehalt und verhindert dadurch Oxidationsschäden bzw. erhöht den zellulären Redox-Status. β-ME wirkt als Radikalfänger (*free radical scavenger*). In Lymphomazellen wird der zelluläre Transport von Cystin verbessert. Als reduzierendes Agens verbessert β-ME auch die Antikörperproduktion in Hybridomakulturen. Neuerdings wird β-ME auch zu Stammzell-Kulturmedien (Kapitel 24.2) zugegeben, da es stimulierend auf die *In-vitro*-Differenzierung von Oocyten wirkt.

7.1.3 Serum

Die Verwendung von Seren als Zusatz zu Kulturmedien ist weit verbreitete Routinetechnik in der Zellkultur. Neben tierischen Seren unterschiedlicher Entwicklungsstadiums und Alters der Tiere (fetale, neugeborene und adulte Seren) werden auch Seren verschiedener Spezies (Rind, Pferd, Schwein, Ziege, etc.) verwendet. Neuerdings kommen auch humane Seren in der Gewebekultur vermehrt zum Einsatz (Stichwort *Tissue Engineering*).

> **Rolle des Serums in der Zellkultur**
>
> **Serum liefert**
> - Wachtumsfaktoren und Hormone
> - Bindungs- und Transportproteine
> - Anheftungs- und Ausbreitungsfaktoren (*attachment and spreading*)
> - zusätzliche Aminosäuren, Vitamine und Spurenelemente
> - Fettsäuren und Lipide
>
> **Weitere Funktionen**
> - enthält Proteaseinhibitoren
> - verbessert die Pufferwirkung
> - bewirkt „Detoxifizierung" (durch unspezifische Bindung und Inaktivierung)
> - erhöht die Viskosität des Mediums
> - bietet mechanischen Schutz durch Herabsetzung von Scherkräften
> - hat (kolloid)osmotische Wirkung (→ serumfrei vs. proteinfrei)

Seren versorgen die Kulturen mit Hormonen, Wachstums- und Anheftungsfaktoren, Bindungs- und Transportproteinen (z. B. Fibronectin und Transferrin), mit zahlreichen Aminosäuren, anorganischen Salzen, Spurenelementen sowie Puffer- und Neutralisationssystemen, wie z. B. Albumin, Immunglobulinen oder Proteaseinhibitoren. Neben höhermolekularen Stoffen wie Polypeptiden, Wachstumsfaktoren und Hormonen, werden mit dem Serum auch Fettsäuren und Lipide, meist in Form von Lipoproteinen, in die Zellkultur eingebracht (Davis, 2002; Freshney, 2000; Masters, 2000).

Tabelle 7-4 gibt einen Überblick über die Bestandteile tierischer Seren.

Weitere Eigenschaften sind die Pufferfunktion der Serumproteine (hauptsächlich Albumin), die über ihre Aminoseitengruppen Protonen binden bzw. abgeben können, sowie die unspezifische Bindung und damit Inaktivierung von toxischen Stoffwechselendprodukten. Eine wichtige Funktion erfüllen die im Serum enthaltenen Proteaseinhibitoren (Tab. 7-4). Während der Kultivierungsdauer neutralisieren sie die aus abgestorbenen Zellen freigesetzten lysosomalen Peptidasen und inaktivieren das Trypsin bei der Subkultivierung (Kapitel 13.1.2). Durch die Suspendierung der trypsinierten Zellen in serumhaltigem Medium wird die Trypsinreaktion gestoppt. In der serumfreien Zellkultur muss deshalb ein Waschschritt mit einem Trypsininhibitor zwischengeschaltet werden (Kapitel 8 und Kapitel 13.1.2).

Die Verwendung von Seren birgt aber auch eine Reihe von **Nachteilen**. Seren können toxische Stoffe (z. B. Umweltgifte), bakterielle Toxine (Endotoxine) und unerwünschte Mikroorganismen wie Viren, Bakterien (einschließlich Mycoplasmen und Nanobakterien) und Pilze sowie Antikörper enthalten (Merten, 1999; 2002). Eine weitere mögliche Gefahrenquelle stellt prinzipiell das Vorhandensein jeder Form der übertragbaren spongiformen Enzephalopathie (TSE bzw. BSE) dar, jedoch ist bis jetzt kein Testsystem so empfindlich und spezifisch, dass ein völliges Fehlen oder ein Nachweis diagnostiziert werden könnte (Dormont, 1999; Galbraith, 2002).

Darüber hinaus finden sich enorme Schwankungen in der qualitativen und quantitativen Zusammensetzung einzelner Serumchargen (Price and Gregory, 1982) (Tab. 7-5).

Testung von Seren und Chargen-Reservierung. Die enormen qualitativen und quantitativen Schwankungen in der Zusammensetzung von Seren bedingen oft vor einem Neukauf von Seren die Austestung verschiedener Chargen. Chargenschwankungen können resultieren aus (**a**) der unterschiedlichen geographischen Herkunft des Rohserums, (**b**) jahreszeitlichen Schwankungen der Rinderpopulationen, oder (**c**) aus unterschiedlichen Methoden der Rohserumgewinnung und Weiterverarbeitung.

Tab. 7-4 Bestandteile tierischer Seren für die Zellkultur.

Proteine:	
Serumproteine	Albumin
	Globuline (z. B. Immunglobuline, IgG)
	α_1-Antitrypsin (Proteaseinhibitor)
	α_2-Makroglobulin (Proteaseinhibitor)
Transportproteine	Transferrin
	Transcortin
	α_1-Lipoprotein
	β_1-Lipoprotein
Adhäsionsfaktoren	Fibronectin
	Laminin
Enzyme	Lactat-Dehydrogenase
	Alkalische Phosphatase
	γ-Glutamyl-Transferase
	Alanin-Aminotransferase (ALT/GPT)
	Aspartat-Aminotransferase (AST/GOT)
Hormone	Insulin
	Glucagon
	Corticosteroide
	Vasopressin
	Thyroxin
	Parathormon
	Wachtumshormon
	Hypophysenhormone (glandotrope Faktoren)
	Prostaglandine
Wuchsfaktoren und Cytokine	Epidermal Growth Factor (EGF)
	Fibroblast Growth Factor (FGF)
	Nerve Growth Factor (NGF)
	Endothelial Cell Growth Factor (ECGF)
	Platelet-derived Growth Factor (PDGF)
	Insulin-like Growth Factors (IGFs)
	Interleukine
	Interferone
	Transforming Growth Factors (TGFs)
Fettsäuren und Lipide	freie und Protein-gebundene Fettsäuren
	Triglyceride
	Phospholipide
	Cholesterin
	Ethanolamin
	Phosphatidylethanolamin
Vitamine und Spurenelemente	Retinol (Vitamin A)
	Vitamine der B-Gruppe:
	Thiamin
	Riboflavin
	Pyridoxin/Pyridoxalphosphat
	Cobalamin
	Folsäure
	Nicotinsäure/Nicotinamid
	Panthotensäure
	Biotin
	Ascorbinsäure (Vitamin C)
	α-Tocopherol (Vitamin E)
	Selen, Eisen, Zink und Cu, Co, Cr, I, F, Mn, Mo, V, Ni, Sn

Tab. 7-4 Bestandteile tierischer Seren für die Zellkultur (Fortsetzung).

Kohlenhydrate	Glucose
	Galactose
	Fructose
	Mannose
	Ribose
	Intermediärmetabolite der Glykolyse
Nichtproteinäre Stickstoffverbindungen	Harnstoff/Harnsäure
	Purine und Pyrimidine
	Polyamine
	Kreatinin
	Aminosäuren

Müssen für sensible Zellen Serumchargen getestet werden, empfiehlt es sich, genau definierte Endpunkte des eigenen Zellkultursystems heranzuziehen. Für diese Testreihen bieten alle großen Firmen spezielle Testmuster verschiedener Chargen kostenlos an, die bei positiver Testung entweder reserviert oder gleich komplett aufgekauft werden können. Bei einem Ankauf soll nicht mehr als ein Zweijahresbedarf bezogen werden, da es sonst bei zu langer Lagerung zu Qualitätsverlusten kommen kann.

Nachteile der Verwendung serumhaltiger Medien

! Serum ist für die Mehrzahl der Zellen keine physiologische Flüssigkeit, außer bei der Wundheilung.
! Seruminhaltsstoffe können von Charge zu Charge qualitativ und quantitativ stark schwanken, wodurch zumindest ein erhöhter Aufwand für die Auswahl geeigneter Seren entsteht.
! Seren können Inhibitoren enthalten, deren Wirkung im Einzelfall schwer einzuschätzen sind (Bakterientoxine, Lipide).
! Seren können Stoffe enthalten, die mit Sekreten der Zellen cytotoxische Substanzen bilden können, z. B. oxidieren Polyamin-Oxidasen Polyamine zu toxischen Polyaminoaldehyden; Proteasen in den Seren bauen erwünschte Proteine ab.
! Inhaltsstoffe von Seren stören die weitere Verwendung der Zellkulturen oder von deren Stoffwechselprodukten: Antikörper neutralisieren zu diagnostizierende Viren, stören die Aufreinigung von monoklonalen Antikörpern; Antigen-Antikörper-Komplexe können im Serum enthaltenes Komplement aktivieren; Endotoxine stimulieren unerwünscht das Wachstum von Lymphocyten, usw.
! Mikroorganismen (Pilze, Bakterien, Viren) können trotz steriler Herstellung der Seren in die Zellkulturen gelangen, der Nachweis von z. B. Virenfreiheit in Arzneimitteln aus Zellkulturen erfordert einen enormen Aufwand.
! In Primärkulturen wird das unerwünschte Wachstum von Fibroblasten begünstigt.
! In heterogenen Zellpopulationen von Primärkulturen werden unkontrollierbar bestimmte Zelltypen bevorzugt zum Wachstum stimuliert (selektiert).

Hinzu kommt noch, dass in letzter Zeit massive ethische Bedenken laut wurden in Bezug auf ein mögliches Leiden der Rinderföten bei der Rohserumgewinnung (Jochems et al., 2002; van der Valk et al., 2004). Auch wurde die Frage aufgeworfen, ob der weltweite Bedarf an fetalem Kälberserum in Forschung und Biotech-Industrie überhaupt abgedeckt werden kann.

Fetales Kälberserum (FKS) wird aus dem Blut von Rinderföten zwischen dem 3. und ca. 7. Trächtigkeitsmonat nach der Schlachtung meist keimarm gewonnen. Es wird angenommen, dass weltweit jährlich ca. 500 000 Liter fetales Kälberserum benötigt werden, was der Tötung von rund 1 Mio. Rinderföten entspricht. Die Herkunftsländer sind vor allem USA, Argentinien, Brasilien, Südafrika, Australien und Neuseeland. In den großen Rinderherden weiden dort Kühe und Stiere

Tab. 7-5 Zusammensetzung fetaler Kälberseren.

Inhaltsstoff	Durchschnittlicher Gehalt	Streuung	Proben
Endotoxin	0,356 ng/ml	0,008-10,0	39
Hämoglobin	11,3 mg/dl	2,4-18,1	17
Glucose	125 mg/100 ml	85-247	43
Natrium (Na)	137 meq/l	125-143	43
Kalium (K)	11,2 meq/l	10,0-14,0	43
Chlorid (Cl)	103 meq/l	98-108	43
Stickstoff (Blutharnstoff)	16 mg/100 ml	14-20	43
Gesamtprotein	3,8 g/100 ml	3,2-7,0	43
Albumin	2,3 g/100 ml	2,0-3,6	43
Calcium (Ca)	13,5 mg/100 ml	12,6-14,3	43
Anorg. Phosphor	9,8 mg/100 ml	4,3-11,4	43
Cholesterin	31 mg/100 ml	12-63	43
Harnsäure	2,9 mg/100 ml	1,3-4,1	43
Kreatinin	3,1 mg/100 ml	1,6-4,3	43
Gesamt-Bilirubin	0,4 mg/100 ml	0,3-1,1	43
Direktes Bilirubin	0,2 mg/100 ml	0,0-0,5	43
Alkalische Phosphatase	255 mU/ml	111-352	43
Lactatdehydrogenase	864 mU/ml	260-1215	43
Glutamat-Oxalacetat-Transaminase 340	130 mU/ml	20-201	43
Selen	0,026 µg/ml	0,014-0,038	25
Cortison	0,05 µg/100 ml	<0,1-2,3	43
Insulin	10 µU/ml	6-14	40
Parathyroid	1718 pg/ml	85-6180	41
Progesteron	8 ng/100 ml	<0,3-36	42
T3	119 ng/100 ml	56-223	41
T4	12,1 ng/100 ml	7,8-15,6	42
Testosteron	40 ng/100 ml	21-99	42
Prostaglandin E	5,91 ng/ml	0,5-30,48	37
Prostaglandin F	12,33 ng/ml	3,77-42,00	38
TSH	1,22 ng/ml	<0,2-4,5	40
FSH	9,5 ng/ml	<2-33,8	34
Wachstumshormon	39,0 ng/ml	18,7-51,6	40
Prolaktin	17,6 ng/ml	2,00-49,55	40
LTH	0,79 ng/ml	0,12-1,8	38
Vitamin A	9 µg/100 ml	<1-35	16
Vitamin E	0,11 mg/100 ml	<0,1-0,42	16
pH	7,40	7,20-7,60	40

gemeinsam, weshalb eine große Anzahl trächtiger Tiere zur Schlachtung kommt. Wird im Schlachthof-Fließband ein trächtiges Tier vorgefunden, wird dieses separiert, der Uterus mitsamt der noch ungeöffneten Fruchtblase aus der Karkasse herausgenommen und das fetale Blut mittels Herzpunktion abgesaugt. Nicht immer ist jedoch aufgrund der spezifischen Situation in den Herkunftsländern gewährleistet, dass die Blutgewinnung unter ethisch akzeptablen Bedingungen erfolgt (van der Valk et al., 2004).

Man lässt das Blut gerinnen und trennt anschließend das Rohserum durch Zentrifugation vom Blutkuchen ab; das überstehende Serum soll möglichst wenig Hämoglobin (als Parameter für fehlende Hämolyse) und Endotoxin (als Hinweis für Asepsis) enthalten. Von besonderer Wichtigkeit für die Qualität des Serums ist der dabei durchlaufene Gerinnungsprozess. Bekanntlich wird die wachstumsfördernde und mitogene Wirkung nur durch die Zugabe von Serum erreicht, während Plasma als Medienzusatz ungeeignet ist. Das fetale Blut soll auf natürliche Weise gerinnen, weil dabei eine Vielzahl mitogener Faktoren und Wuchsfaktoren aus aktivierten Thrombocyten freigesetzt werden. Werden hingegen die zellulären Bestandteile aus dem Plasma sofort physikalisch entfernt, fehlt diese wachstumsfördernde Aktivität. Alle anderen Inhaltsstoffe entziehen sich mehr oder weniger der Einflussmöglichkeit der Hersteller.

Das Serum wird sodann meist gepoolt, eingefroren und in der Regel entweder in den USA oder in Europa durch Kerzenfilter mit einem Porendurchmesser von mind. 0,1 µm sterilfiltriert. Hierbei werden in der Regel auch Mycoplasmen (Kapitel 2.7) zurückgehalten. Die Sterilfiltration allein bietet jedoch keine ausreichende Gewähr für Sterilität. Vielmehr muss der gesamte anschließende Abfüll- und Verpackungsprozess steril verlaufen. Der Grund für die besondere Rolle des fetalen Kälberserums ist bis heute unbekannt geblieben, auffällig ist jedoch insbesondere, dass der fetale Kreislauf des Rindes zu einem hohen Prozentsatz mit der vom Organismus kaum zu verwendenden Fructose betrieben wird, weshalb fetale Seren stets einen signifikant hohen Anteil an Fructose aufweisen sollten. Serum von geborenen Kälbern hat diesen hohen Fructoseanteil nicht.

Serum von neugeborenen Kälbern (NKS) wird aus Blut von 1–10 Tage alten Kälbern ebenfalls bei der Schlachtung keimarm gewonnen. Im NKS sind meist schon erheblich mehr Immunglobuline als im FKS enthalten, was jedoch für die Zellen als solche ohne Belang ist. Der Antikörpergehalt spielt nur dann eine Rolle, wenn z. B. bestimmte bovine Viren wie PI-3 in Zellkulturen vermehrt oder nachgewiesen werden sollen. Das NKS ist in vielen Fällen eine preiswerte Alternative zum FKS. Es ist allerdings zu beachten, dass das NKS im Vergleich zum FKS für manche Zelllinien weniger wachstumsfördernd ist. So sinkt z. B. die Subkulturzahl humaner Fibroblasten bei Verwendung von NKS.

Kälberserum (KS) kann zur Kurzzeitkultivierung relativ „anspruchsloser" Zellen verwendet werden. Es enthält einen hohen Anteil an Antikörpern (γ-Globulinen).

Pferdeserum (PS) wird normalerweise aus Blut gewonnen, das bei der Schlachtung anfällt. Es gibt jedoch auch die Qualität „*donor horse*", wobei Spenderpferden immer wieder venöses Blut entnommen wird. Diese letztere Entnahmemethode garantiert ein Serum mit weniger Ausgangsverkeimung und auch weniger Endotoxinen. Endotoxingehalt wurde mit schlechterem Zellwachstum in Verbindung gebracht, außerdem können Endotoxine im Serum Endotoxinstudien stören, z. B. LPS-Stimulationen in Zellkulturen. Pferdeserum wird verschiedentlich als preiswerte Alternative zu Kälberseren verwendet.

Die **Hitzeinaktivierung**, also die Erwärmung des Serums, in der Regel 30 min auf 56 °C, vermindert oder beseitigt ganz allgemein störende Einflüsse verschiedenster Art aus dem Serum. Diese Standardmethode leitet sich von der Zerstörung des Komplements ab. Es hat sich allerdings herausgestellt, dass im fetalen Kälberserum relativ wenige Komponenten des Komplements wirklich aktiv sind bzw. bestimmte Komponenten völlig fehlen. Eine Komplementinaktivierung kann notwendig sein bei Virusvermehrung oder dem Screening bestimmter Viren und in Cytotoxizitätstests (Kapitel 22.6). Neben der Inaktivierung des Komplements wurde die Hitzeinaktivierung von Serum auch eingesetzt, um eventuell vorhandene Mycoplasmen abzutöten (Tab. 7-6). Durch die Verbesse-

Tab. 7-6 Übersicht über bekannte Wirkungen der Hitzeinaktivierung von Serum (30 min bei 56 °C, andere Bedingungen in der Tabelle). Die Übersicht kann wegen der weiten Streuung der Berichte in der Literatur nicht vollständig sein.

- Komplementzerstörung
- Fibrinfällung
- Fibrinogen wird bei 56 °C nach 10 min zerstört
- Vitamine werden ganz oder teilweise irreversibel geschädigt
- Wachstumsfaktoren werden in ihrer Konzentration vermindert
- Lactatdehydrogenase wird zerstört
- Amylase-Konzentration wird vermindert
- alkalische Phosphate werden bei 55 °C nach 35 min rasch zerstört
- IgE human, IgM-, IgG2b-, IgG3 Maus werden denaturiert
- MD/VD-Viren werden inaktiviert
- Phage T4 wird bei 60 °C nach mehr als 3 h zu 99 % inaktiviert, Phage f2 nach 30 min
- Anheftungskapazität für bestimmte Rollerkulturen wird bei 56 °C für 40 min vermindert
- Mycoplasmen werden ab 41 °C nach 30 min inaktiviert, Inaktivierungsrate vom Einzelfall abhängig
- Oxidations- und Katalyseprozesse werden beschleunigt
- Standardisierung verschiedener Serumchargen dadurch, daß alle thermolabilen Komponenten auf gleich niedrige Konzentration gebracht werden. Die Konzentration thermolabiler Komponenten kann jedoch auch nach einer Hitzeinaktivierung ungleich sein, da eine schon zuvor bestehende sehr niedrige Konzentration nicht angehoben wird.

rung der kommerziellen Filtrationsmethoden (s. o.) und Einhaltung höchster Qualitätsstandards werden heutzutage alle Seren frei von Mycoplasmen und bestimmten Viren angeboten.

Die Vermeidung störender Faktoren im Serum kann jedoch mit der Abnahme wachstumsfördernder Eigenschaften einhergehen, sodass in jedem Einzelfall die Vor- und Nachteile einer Hitzeinaktivierung experimentell ermittelt werden sollten. Eine generelle Hitzeinaktivierung nur auf Verdacht kann in der Regel nicht empfohlen werden (Verlust positiver Eigenschaften). Im Labormaßstab wird die Hitzeinaktivierung im Wasserbad durchgeführt, das Serum sollte dabei gerührt, zumindest aber öfter umgeschüttelt werden (Schaumbildung vermeiden). Entscheidend ist jedoch, dass das Serum (nicht das Wasserbad!) während der gesamten Inaktivierungszeit die gewünschte Temperatur hat, was am besten durch die Messung in einer Referenzflasche mit gleichem Volumen Wasser festgestellt werden kann.

Ein weiteres Inaktivierungsverfahren stellt die γ-Bestrahlung des Serums dar, wobei die Dosis der ^{60}Co-Quelle 2,5 MegaRad beträgt.

Als Beispiel für eine notwendige und gezielte Hitzeinaktivierung (30 min, 56 °C) sei die Zerstörung der Lactatdehydrogenase (LDH) im Serum eines Zellkulturmediums genannt, wenn im Zellkulturüberstand der Gehalt an LDH als Maß für die Schädigung von Zellen gemessen werden soll. Die Tabelle 7-6 gibt einen Überblick über bekannt gewordene Wirkungen der Hitzeinaktivierung. Die vielfach zur Inaktivierung von „Viren" durchgeführte Hitzeinaktivierung kann problematisch sein, wenn der gewünschte Erfolg nicht kontrolliert werden kann.

Als weitere Inaktivierungsmethoden bei Seren sollen noch die UV-Bestrahlung und die zeitlich begrenzte pH-Absenkung auf pH-Werte um bzw. <5 genannt werden. Beide Methoden können in ihrer Wirkung auf die wachstumsfördernden Substanzen bzw. auf die Eigenschaft des Serums nicht abschließend beurteilt werden. Es scheint nach dem heutigen Wissen schwierig zu sein, eine universelle Inaktivierungsmethode für Serum zu Zellkulturzwecken zu empfehlen. Es empfiehlt sich daher, jeweils für den speziellen Einsatzzweck das Serum individuell zu behandeln, wobei natürlich der Nachweis der Wirksamkeit erbracht werden muss.

> **Grundsätze bei der Serumverwendung**
>
> ! Man lasse sich möglichst von mehreren Chargen Muster kommen und prüfe damit das eigene System. Man kann eine gewünschte Menge dieser Charge solange beim Hersteller reserviert halten.
> ! Serum soll bei −20 °C aufbewahrt werden, es kann dann ohne Qualitätsverlust 1 Jahr gelagert werden. Sehr gute Seren können ihre wachstumsfördernden Eigenschaften bis zu 3 Jahren behalten.
> ! Seren sollen langsam aufgetaut werden, um Ausfällungen von Lipoproteinen zu verhindern. Wiederholtes Auftauen und Einfrieren vermindert die wachstumsfördernden Eigenschaften und sollte vermieden werden. Für spezielle Zwecke empfiehlt sich ein Portionieren und Einfrieren bei −80 °C.
> ! Seren werden den Medien in der Regel in Konzentrationen zwischen 1 % und 25 % zugesetzt.
> ! Verwendung hitzeinaktivierter Seren nur bei erwiesener Notwendigkeit unter Beachtung evtl. Nachteile bezüglich wachstumsfördernder Eigenschaften.
> ! Man sollte daran denken, dass es bei Arbeiten mit speziellen Substanzen wie z. B. radioaktiv markierten Aminosäuren nicht genügt, das Medium ohne die „kalten" Substanzen herzustellen, vielmehr sollte auch das verwendete Serum, z. B. durch Dialyse, davon befreit werden.

7.1.4 Alternativen zur Verwendung von Serum in der Zellkultur

Die oben aufgezeigten Nachteile von Serum als Medienzusatz machen klar, dass die Verwendung von vor allem fetalem Kälberserum (FKS) aus wissenschaftlicher wie auch aus tierschützerischer Sicht keine ideale Lösung darstellt (Even et al., 2006; Gstraunthaler, 2003; van der Valk et al., 2004). In den letzten Jahren sind eine Reihe von alternativen Methoden und Serumalternativen zum FKS aufgezeigt und entwickelt worden.

Die Methoden, fetales Kälberserum in der Zellkultur zu reduzieren bzw. zu ersetzen, sind mannigfach (Jayme et al., 1988): (**a**) die Optimierung bestehender Medienformulierungen, (**b**) die Verwendung von Medien mit reduziertem Serumanteil, (**c**) der Einsatz alternativer Serensubstitutionen, oder (**d**) die Entwicklung chemisch definierter, serumfreier Zellkulturmethoden. Die **serumfreie Zellkultur** wird in Kapitel 8 ausführlich besprochen.

Alternative Seren und Serensubstitutionen sind erfolgreich etabliert. Allerdings wird dabei ein undefinierter Medienzusatz, nämlich Serum, lediglich durch ein anderes, wenig definiertes und komplexes biologisches Produkt ersetzt. Zu nennen sind hier kommerzielle Ersatzprodukte, die aus Seren gewonnen und unter standardisierten Bedingungen hergestellt werden. Nachteil ist, dass die Produktionsverfahren wie auch die genaue Zusammensetzung der Inhaltsstoffe nicht bekannt sind. Andere biologische Ersatzprodukte sind Gewebeextrakte (z. B. Hypophysenextrakte von Rindern) oder Rinder-Kolostrum (Belford et al., 1995; Klagsbrun, 1980; Pakkanen and Neutra, 1994; Steimer et al., 1981). Kürzlich wurden auch Pflanzenextrakte erfolgreich zur Kultivierung von Epithelzellen eingesetzt (Pazos et al., 2004).

Umfassende Zusammenstellungen kommerziell erhältlicher serumfreier Medien und Serumalternativen sind in zwei großen Datenbanken allgemein zugänglich gemacht (**http://www.zet.or.at** und **http://www.focusonalternatives.org.uk**) (Falkner et al., 2006). Geeignete serumfreie Medienformulierungen für bestimmte Zelltypen bzw. Zelllinien können dort mithilfe von Suchbegriffen direkt abgefragt werden.

> Die Vorsichtsmaßnahmen, die bei der Verwendung von Serum getroffen werden müssen, sind bereits ausführlich erläutert worden. Deshalb hier nur einige weitere Gesichtspunkte, die bei einem serumhaltigen Medium beachtet werden müssen.

7.1.5 Zusammenfassung wichtiger Grundsätze

Die Eignung des Serums auf seine proliferative Wirkung sollte stets im eigenen Labor, mit den eigenen Zellen und dem eigenen System überprüft werden. Die Angaben des Herstellers sollten genau geprüft werden, sowie ein Zertifikat bezüglich der Herkunft und der analytischen Daten sollten schon bei der Erprobung der einzelnen Chargen bzw. Proben der Firmen mitgeliefert werden. Jedoch sind diese Angaben, vor allem was die Wachstumsförderung betrifft, immer auf das spezielle System beschränkt, sodass ein bloßes Vertrauen auf diese Daten nicht angebracht ist. Die einmal als gut getestete Charge sollte mindestens 1 Jahr reichen, mehr zu bestellen ist nicht sinnvoll. Für die Portionierung empfiehlt es sich, entweder eine 500 ml Serumflasche für die Medienzubereitung ganz zu verwenden (doch nicht zu viel komplettes Medium ansetzen!) oder die entsprechende Menge aus dem aufgetauten Serum zu entnehmen und den Rest in kleinen Portionen wieder einzufrieren. Serum nicht mehrmals auftauen und einfrieren!

Es muss noch darauf hingewiesen werden, dass es für pharmazeutische Zwecke, also für die Herstellung von Produkten für die Human- bzw. Veterinärmedizin bestimmte, strikt nachvollziehbare Qualitätskriterien bezüglich der Herkunft, der Produktion und der Virussicherheit des Serums gibt, die unbedingt eingehalten werden müssen. Für derartige Zwecke muss ein eigens dafür deklariertes Serum verwendet werden, während für Forschungszwecke (deklariert meist: nur für *In-vitro*-Gebrauch) hier keine so strengen Anforderungen bezüglich der Herkunft etc. gestellt werden.

Zu bedenken ist ferner, dass die proliferativen Eigenschaften von Proteinen herrühren, die hitzelabil sind. Deshalb ist das komplettierte Medium auch nur ca. 6 Wochen haltbar, sodass auch hier daran gedacht werden muss, nur für diesen Zeitraum die richtige Menge des kompletten Mediums herzustellen. Die Lagerung des kompletten Mediums gut verschlossen bei 4 °C sollte selbstverständlich sein, auch die Lagerung im Dunkeln.

Sollte man trotz aller Vorsichtsmassnahmen feststellen müssen, dass die Zellen plötzlich nicht mehr so gut wachsen, ist es stets am besten, neues Medium nach den eigenen Vorgaben herzustellen und dies im Vergleich zum alten einzusetzen.

Vorsicht ist bei anderen undefinierten biologischen Zusatzstoffen geboten, sofern man serumfreies Medium benutzt, da diese Bestandteile enthalten können, die chemisch bzw. biochemisch meist nicht sonderlich gut definiert sind und ebenfalls Schwankungen unterworfen sein können. Dies gilt auch für das zurzeit häufig erwähnte proteinfreie Medium, das meist niedermolekulare Peptide biologischer Herkunft enthält, dessen Zusammensetzung ebenfalls stark variieren kann und meist ebenfalls nicht genau definiert ist.

Serumfreies, mit biochemisch definierten Zusätzen versehenes Medium (SFM) ist heute immer mehr im Einsatz, dies ist prinzipiell zu begrüßen. Jedoch muss auf die Adaption der Zellen hingewiesen werden sowie auf die Tatsache, dass es durchaus vorkommen kann, dass gut auf SFM adaptierte Zelllinien nach einiger Zeit trotzdem nicht mehr so gut wachsen wie am Beginn ihrer optimalen Adaption. Die Gründe hierfür sind nicht bekannt und liegen meist in den individuellen Zelllinien selbst.

7.2 Kurze Beschreibung der gebräuchlichsten Kulturmedien

Die genauen Zusammensetzungen der bisher käuflichen Medien sind den Katalogen der entsprechenden Zellkulturmedienhersteller zu entnehmen.

In Tabelle 7-7 sind die für Säuger-Zellkulturen gebräuchlichsten Kulturmedien aufgelistet:

Tab. 7-7 Übersicht über die gebräuchlichsten Zellkulturmedien.

Bezeichnung des Mediums	Autoren und Erstbeschreibung
BME, Basal Medium Eagle	Eagle, 1955
MEM, Minimum Essential Medium Eagle (Eagles MEM)	Eagle, 1959
DMEM, Dulbeccos Modified Eagles Medium	Dulbecco and Freeman, 1959
Glasgow MEM	MacPherson and Stoker, 1961
IMDM, Iscoves Modified DMEM	Iscove and Melchers, 1978
Medium 199	Morgan, Morton and Parker, 1950 Morgan, Campbell and Morton, 1955
McCoys Medium	McCoy et al., 1959
Waymouths Medium	Waymouth, 1959
L-15, Leibovitz Medium	Leibovitz, 1963
Hams Nutrient Mixtures: Ham F-10 Ham F-12	Ham, 1963 Ham, 1965
F-12 Coons Modification	Coon and Weiss, 1969
MCDB Serie: MCDB 402 MCDB 104 und MCDB 105 MCDB 202 MCDB 401 MCDB 501	Molecular, Cellular and Developmental Biology, University of Colorado
RPMI Serie: RPMI 1603 RPMI 1629 RPMI 1630 RPMI 1640	Roswell Park Memorial Institute (Moore et al., 1967)
NCTC Serie: NCTC 109 NCTC 135	National Cancer Institute, Tissue Culture Section
CMRL Serie: CMRL 1066 CMRL 1415	Connaught Medical Research Laboratories

Basal Medium Eagle (BME) und Minimum Essential Medium Eagle (MEM)
BME, 1955 von *Harry Eagle* entwickelt, war eines der ersten synthetischen Zellkulturmedien, um Maus-Fibroblasten und HeLa-Zellen in Kultur zu halten. Eine Weiterentwicklung war Eagles MEM im Jahre 1959. MEM zählt heute zum weitestverbreiteten Zellkulturmedium. Frühe Versuche, Säuger-Fibroblasten und bestimmte HeLa-Stämme zu kultivieren, haben gezeigt, dass diese Zellen besondere Nährstoffansprüche haben, die durch BME nicht gedeckt werden konnten. MEM beinhaltet eine höhere Konzentration an Aminosäuren, sodass das Medium eher der Proteinzusammensetzung kultivierter Säugerzellen entspricht. Optional können der Originalrezeptur noch die nichtessentiellen Aminosäuren in einer Endkonzentration von 0,1 mM, sowie 1 mM Pyruvat zugegeben werden.

Eine Modifikation des BME ist das **Glasgow Minimum Essential Medium**, welches von *MacPherson und Stoker* (1961) entwickelt wurde. Die Konzentration an Aminosäuren und Vitaminen ist verdoppelt, ebenso ist der Gehalt an Glucose und NaHCO$_3$ gegenüber der Originalformulierung erhöht. Dem gebrauchsfertigen Medium werden noch 10% Tryptose-Phosphat zugesetzt.

Minimalmedium für Suspensionskulturen (MEM Spinner)
Dieses Medium ist für Suspensionskulturen in Spinnerflaschen gedacht. Es ist nicht für strikt adhärente Zellkulturen geeignet, also auch nicht für Mikroträgerkulturen. Diesem Medium fehlt das CaCl$_2$, von NaH$_2$PO$_4$ ist gegenüber dem Minimalmedium zehnmal mehr enthalten. Das Medium ist also vor allem phosphatgepuffert. Die Kulturen benötigen daher auch kein von außen zugeführtes CO$_2$, was die Kultur größerer Volumina z. B. in Spinnerflaschen und Bioreaktoren erleichtert. Es ist allerdings ratsam, die Zellen, bevor diese mit diesem Medium in den Bioreaktoren konfrontiert werden, schon in der T-Flasche an dieses Medium zu adaptieren.

Dulbeccos Modified Eagles Medium (DMEM)
Dieses Medium ist mittlerweile in vielen Modifikationen zu einem häufig verwendeten Universalmedium geworden. Es handelt sich dabei um eine Modifizierung des Basal- bzw. Minimalmediums nach *Eagle*, wobei eine bis zu vierfache Konzentration von Aminosäuren und Vitaminen sowie noch andere Zusatzkomponenten (z. B. Pyruvat) darin enthalten sind. Der NaHCO$_3$-Gehalt ist gegenüber der Pufferung nach Earle um 1,7-fach erhöht (3,7 g/l, 44 mM). Dies ergibt eine höhere Pufferkapazität des Mediums, bedingt aber auch einen höheren CO$_2$-Gehalt (10%) im Brutschrank (Tab. 7-8 und Kapitel 9.4).

Die Verwendung von DMEM mit 3,7 g/l NaHCO$_3$ (44 mM) in einer 5% CO$_2$-Atmosphäre statt des vorgeschriebenen 10% CO$_2$-Gehaltes ist einer der **derzeit meist gemachten Fehler** in der Zellkultur. Unter diesen Bedingungen wird nämlich eine Kultur mit einem anfänglichen pH-Wert des Mediums von pH = 7,7 (!) gestartet. In Tab. 7-8 sind die pH-Werte von DMEM mit 3,7 g/l NaHCO$_3$ unter 5% bzw. 10% CO$_2$ dem MEM mit 2,2 g/l und 5% CO$_2$-Gehalt gegenübergestellt.

Soll also DMEM in einer 5%-Atmosphäre verwendet werden, dürfen dem Pulvermedium nur 2,2 g/l NaHCO$_3$ zugegeben werden. Da allerdings in der Originalrezeptur aufgrund des höheren Gehalts an NaHCO$_3$ von 3,7 g/l aus osmotischen Gründen die NaCl-Konzentration erniedrigt ist (6,4 g/l), muss diese entsprechend aufgefüllt bzw. ausgeglichen werden. Eine derartige Modifikation der DMEM-Formulierung ist derzeit käuflich nicht erhältlich und deshalb nur mit Pulvermedium zu erreichen.

Es gibt darüber hinaus auch HEPES-gepufferte Modifikationen, wobei es stets angebracht ist, daneben auch noch NaHCO$_3$ in entsprechend geringeren Konzentrationen (empfohlen: von 0,5–1,2 g/l) zu verwenden, um den Zellen CO$_2$ als notwendigen Kofaktor zuzuführen. Die CO$_2$-Konzentration im Brutschrank muss dann entsprechend verringert werden. Die Originalrezeptur von DMEM enthält 1 g/l Glucose. Es hat sich jedoch auch eine Rezeptur mit 4,5 g/l für die verschiedensten Zelllinien hervorragend bewährt.

DMEM gibt es auch in einer 1:1-Mischung mit Ham F-12 Medium (s. u.), wobei diese Mischung häufig als **Grundmedium für serumfreie Applikationen** angewandt wird (Kapitel 8.1). Ferner wird

Tab. 7-8 Standardwerte der Natriumhydrogencarbonat- und CO$_2$-Konzentrationen für DMEM und MEM und die daraus resultierenden pH-Werte der Medien (modifiziert nach Gstraunthaler et al., 1993)

Medium	[NaHCO$_3$] im Medium	CO$_2$-Gehalt im Brutschrank	resultierender pH-Wert
DMEM	3,7 g/l (44 mM)	10%	7,4
DMEM	3,7 g/l (44 mM)	5%	7,7
MEM	2,2 g/l (26 mM)	5%	7,4

dieses Medium auch in der Massenkultur eingesetzt (Kapitel 25). Hier ist die $NaHCO_3$-Konzentration bei 1,2–2,4 g/l.

Eine Modifikation ist **Iscoves Modified DMEM (IMDM)**. Dieses Medium kann ohne Zugabe von Serum verwendet werden. Es enthält neben Selen noch zusätzliche Aminosäuren und Vitamine, sowie Natriumpyruvat und HEPES Puffer. Eisennitrat ist durch Kaliumnitrat ersetzt. Nach Zugabe von Albumin, Transferrin und Sojabohnenlipiden (Lecithin) kann man darin verschiedene Knochenmarkszellen, Lymphocyten und Hybridomzellen züchten. Das Medium enthält zwar HEPES als Puffersubstanz, aber auch mit 3024 mg/l relativ viel $NaHCO_3$, sodass die Kulturen in einem CO_2-Brutschrank gehalten werden sollten. Medium und Zusätze sind kommerziell erhältlich, es sind damit sowohl Langzeitkulturen von B-lymphoblastoiden Zelllinien als auch Massenkulturen von Hybridzellen möglich.

Hams Nutrient Mixtures Ham F-10 und Ham F-12

Das von *Richard Ham* (1963) für die Züchtung von diploiden Ovarialzellen des chinesischen Hamsters nach exakten Versuchen zusammengestellte Medium ermöglicht bei geringer Serumzugabe, z. B. 2% FKS, die Klonierung von Hamster-Ovarialzellen (CHO). Andererseits wird Medium F-10 mit 20% FKS erfolgreich zur Züchtung der meist schlecht wachsenden primären menschlichen Fruchtwasserzellen verwendet.

Ham F-12 (Ham, 1965) ist eine Weiterentwicklung von F-10, der Gehalt einiger Aminosäuren und des Zinksulfats ist erhöht, außerdem wurden Putrescin und Linolsäure hinzugefügt. Die sehr komplexe Zusammensetzung mit vielen Spurenelementen macht Ham F-12 vielseitig einsetzbar. In dieser Form können Zellen des chinesischen Hamsters ohne Serum vermehrt werden. Auf die 1:1-Mischung mit DMEM als Grundmedium für serumfreie Applikationen wurde bereits hingewiesen (s. o.).

Coons Modifikation des Ham F-12 wurde zur Kultivierung von Hybridzellen entwickelt, die durch virale Fusion produziert wurden. Die Modifikation beinhaltet die doppelte Menge an Aminosäuren und Pyruvat, ferner die Zugabe von Ascorbinsäure und eine Änderung der Salzkonzentration.

Leibovitz Medium L-15

Das L-15 Medium nach *Leibovitz* (1963) gehört zur Gruppe von Zellkulturmedien, die ohne CO_2-Begasung eingesetzt werden. Das Medium enthält kein $NaHCO_3$. Die basischen Aminosäuren *L*-Arginin, *L*-Histidin und *L*-Cystein übernehmen zusammen mit Na_2HPO_4 die Pufferung. Die sonst übliche $D(+)$-Glucose ist durch $D(+)$-Galactose, Na-Pyruvat und *L*-Alanin ersetzt. Da Galactose zu einem geringeren Anteil als Glucose in Milchsäure umgesetzt wird, benötigen L-15-Kulturen in der Regel weniger Medienwechsel, da die Kulturen nicht so schnell ansäuern. Andererseits wird wegen des auf 550 mg/l erhöhten Na-Pyruvats genügend zelleigenes CO_2 produziert, um die Zellen mit dem nötigen HCO_3^- zu versorgen. Dieses Medium ist vor allem für schnell wachsende Zellen in relativ hoher Dichte geeignet. „Normale" Zelllinien wachsen eher langsam, da die Metabolisierung von Galactose über Umwege erfolgt.

McCoys Medium 5A

Dieses Medium gilt als eines der Standardmedien für klonales Wachstum von Hepatomazelllinien (McCoy et al., 1959). Es wird heute auch für andere permanente Zelllinien und auch für primäre Zellen verwendet. Die Medienformulierung basiert auf BME, allerdings entspricht die Aminosäure- und Vitaminzusammensetzung jener von Medium 199.

Medium 199

Medium 199 ist ein hochkomplexes Medium, welches bereits 1950 erstmals beschrieben wurde. Es ist das erste definierte Medium und enthält über 60 synthetische Komponenten. Ursprünglich als

Tab. 7-9 Medien für serumfreie Zellkultur.

Zellarten	Medien
Permanente Linien, mit Proteinzusatz	DMEM, MEM alpha-Medium, McCoy 5A, RPMI 1640
Permanente Linien, mit Proteinen oder Hormonen	F-10, F-12, DMEM
Permanente, adhärente Linien ohne Proteine	CMR L1066, MCDB 411, DMEM
Permanente Linien, Klonwachstum	F-12, MCDB 301, DMEM, IMDM
Nichttransformierte Zellen	DMEM, IMDM, MCDB 104, 105, 202, 401, 501

vollständig definierte Nährquelle für die Kultivierung von Hühnerembryo-Fibroblasten eingesetzt, wurde das Medium ohne Serumzusätze verwendet. Bald hatte man jedoch herausgefunden, dass Langzeitkulturen den Zusatz von Serum zum Kulturmedium benötigen. Wenn man Medium 199 vorschriftsmäßig supplementiert, ist es sehr vielseitig einsetzbar, insbesondere zur Kultivierung von nichttransformierten Zellen. Medium 199 kann mit Hanks Salzen (350 mg/l $NaHCO_3$) oder mit Earles Salzen (2,2 g/l $NaHCO_3$) und CO_2-Atmosphäre verwendet werden.

RPMI Medien

RPMI-Medien wurden am *Roswell Park Memorial Institute*, Buffalo, N.Y., USA entwickelt. RPMI 1640 ist das am häufigsten verwendete Medium dieser Serie. Vor allem Lymphocyten von Tier und Mensch werden in diesem Medium gezüchtet. Für periphere Blutlymphocyten wird häufig eine Mischung aus 80% RPMI 1640 und 20% FKS verwendet, für Mäuse-Myelomazellen hat sich eine Mischung aus 85% RPMI 1640 und 15% FKS bewährt, wobei das FKS besonders sorgfältig ausgesucht werden sollte. Die in der Hybridomtechnologie üblichen Selektionsmedien erhält man durch Zusatz von HAT oder HT (Kapitel 22.3) zu RPMI 1640 oder DMEM.

MCDB Serie

MCDB (*Molecular, Cellular and Developmental Biology, University of Colorado*) Medien sind Niedrig-Protein-Medien, die ein serumfreies Wachstum spezieller Zelltypen ermöglichen, indem Hormone, Wachstumsfaktoren, Spurenelemente oder geringe Mengen an fetalem Kälberserum zugegeben werden (Kapitel 8). Jedes MCDB Medium (Tab. 7-7) ist qualitativ und quantitativ so variiert, um ein definiertes und optimales Gleichgewicht in einer nährstoffhaltigen Umgebung zu schaffen und selektiv Wachstum und Proliferation spezieller Zellen zu ermöglichen. MCDB 105 und 110 sind Modifikationen von MCDB 104 und für den Einsatz in Langzeitkulturen optimiert. MCDB 151, 201 und 302 sind Modifikationen des Ham F-12, die für das Wachstum humaner Keratinocyten entwickelt wurden. MCDB 202 ist für die Kultivierung von Hühnerzellen spezifisch, MCDB 401 ist Maus-spezifisch.

Die in Tab. 7-9 aufgeführten Medien eigenen sich insbesondere zur Züchtung von humanen Epithelzellen ohne weitere Zusätze.

7.3 Herstellung gebrauchsfertiger Medien

Alle gängigen Medien werden heute in vorgemischter, geprüfter Form als **Pulver-** oder als **Fertigmedien** angeboten, wobei man gebrauchsfertige 1×-Lösungen und 10×-Konzentrate unterscheidet. Der Vorteil in der Verwendung von Fertigmedien liegt in der Qualitätskontrolle der Herstellung (Kontrolle der Einwaage, Qualität des verwendeten Wassers [Kapitel 10], Sterilität), als nachteilig sind die hohen Kosten zu sehen und die Tatsache, dass die Medien als vorgegebene Formulierungen zu verwenden sind. Pulvermedien haben den Vorteil einer größeren Variationsbreite in der Medienherstellung, zum einen was die Mengen betrifft, zum anderen aber auch die Zusammensetzung der Medien, da diese verändert und an spezielle Bedürfnisse angepasst werden können (z. B. Medien mit spezifischen Supplementen oder aber Defizienzmedien).

Vor dem Gebrauch der Medien müssen je nach Medienformulierung u. U. noch Glutamin, $NaHCO_3$, Phenolrot, Antibiotika oder Serum zugeben werden. Supplemente, die in Lösung nicht stabil sind (z. B. Glutamin, Antibiotika) sollten in allen Fällen unmittelbar vor Verwendung der Medien steril zugegeben werden.

Herstellung eines Mediums aus gebrauchsfertigen Teillösungen

Material:
- Flasche mit Mediumlösung, steril
- L-Glutamin, steril
- Antibiotika (Penicillin/Streptomycin und/oder Gentamycin)
- Serum
- sonstige erforderliche Zusätze
- CO_2-Gasanschluss mit Sterilfilter, 0,22 µm
- 1 N NaOH, $NaHCO_3$, 7,5%ige Lösung (w/v), steril
- 1 Wasserbad, 37 °C

- Zuerst das Serum und das Glutamin im Wasserbad bei 37 °C auftauen; die Mediumlösung und sonstige benötigte Lösungen ebenfalls auf 37 °C vorwärmen.
- Die Antibiotikaflasche unter sterilen Bedingungen öffnen und das Lyophilisat mittels Pipette mit sterilem Medium auflösen.
- Nach Erwärmen aller Teillösungen die erforderlichen Mengen jeweils mit einer neuen Pipette in der sterilen Werkbank in die angewärmte Mediumflasche geben und durch vorsichtiges Umschütteln bzw. Suspendieren mit der Pipette mischen (**Konzentrationsangaben** für Antibiotika: Tab. 2-6; Seren: 5–25%, Kapitel 7.1.3; L-Glutamin: Tab. 7-3; $NaHCO_3$: Tab. 9-1 und HEPES: Kapitel 9.4.2).
- Nun den pH-Wert durch Auftropfen auf Indikatorpapier oder mit einem pH-Meter in einem separaten Gefäß unsteril messen und auf den für das jeweilige Medium richtigen Wert einstellen; die Korrektur des pH-Wertes nach unten erfolgt am einfachsten durch Einleiten von CO_2-Gas über ein kleinen Sterilfilter mit 0,22 µm Porendurchmesser: das Gas vorsichtig auf die Oberfläche der Lösung blasen und hierbei gut schütteln; das Einstellen muss langsam geschehen, da der üblicherweise in den Medien enthaltene Phenolrotindikator verzögert umschlägt; in selteneren Fällen ist es nötig, das Medium mit 1 N NaOH-Lösung auf einen höheren pH-Wert einzustellen.
- Das Medium ist nun gebrauchsfertig, Teilmengen können mit einer Pipette entnommen werden. Die Entnahme sollte nicht durch Schütten erfolgen, da auch das Schraubgewinde einer Flasche Keime tragen kann.
- Wird auf Vorrat hergestellt, oder werden Reste verwendet, so sollten das Mischungsdatum, Art und Menge der Zusätze sowie die Zelllinie, für die das Medium gedacht ist, auf der Flasche durch ein besonderes Etikett vermerkt werden; **für jede Zelllinie getrennte Flaschen benutzen, um die Vermischung von Zelllinien zu vermeiden.**
- Das komplette Medium kann bei 4 °C maximal sechs Wochen aufbewahrt werden. Um mehrfaches Erwärmen einer Charge zu vermeiden, das Medium in 100-ml-Portionen abfüllen und Reste wegwerfen.

Noch enger sind die Grenzen für den **pH-Wert** im Medium zu setzen. Ideal für nahezu alle Zellen sind Ausgangswerte von pH 7,2–7,4, wobei sich diese während der Kultivierung auf ein physiologisches Optimum einstellen, das von Zellart zu Zellart unterschiedlich sein kann. Gemäß Abb. 7-1 hängt der pH-Wert in $NaHCO_3$-gepufferten Medien von der $NaHCO_3$-Konzentration im Medium und dem CO_2-Gehalt der Brutschrankatmosphäre ab (Abb. 9-2).

7 Zellkulturmedien

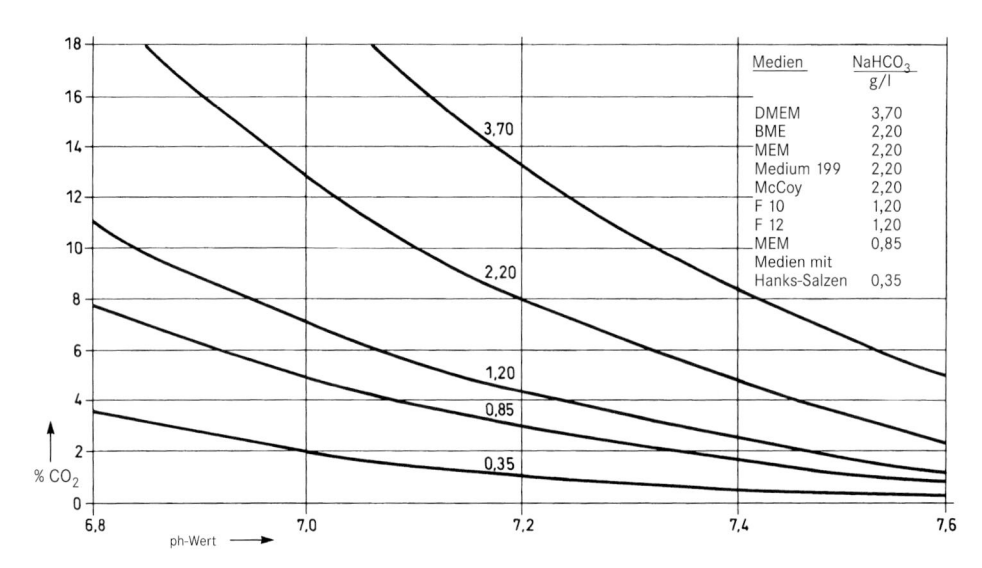

Abb. 7-1 Diagramm zur Abhängigkeit der pH-Werte in Medien von der CO_2-Konzentration im Brutschrank.

Medien	$NaHCO_3$ g/l
DMEM	3,70
BME	2,20
MEM	2,20
Medium 199	2,20
McCoy	2,20
F 10	1,20
F 12	1,20
MEM	0,85
Medien mit Hanks-Salzen	0,35

Herstellung eines Mediums aus dem 10× Konzentrat

Material:
- Sterile 1000-ml-Schraubverschlussflasche
- sterile Pipetten
- 100 ml Konzentrat, steril
- 1000 ml steriles, hochreines Wasser (Kapitel 10)
- *L*-Glutamin, steril
- Antibiotika (Penicillin/Streptomycin und/oder Gentamycin)
- Serum
- sonstige erforderliche Zusätze
- $NaHCO_3$, 7,5%ige Lösung (w/v), steril
- 1 N NaOH, steril
- 1 N HCl, steril

- Alle Arbeiten unter sterilen Bedingungen in einer sterilen Werkbank durchführen.
- 800 ml steriles, hochreines Wasser in der 1-l-Flasche bereitstellen und unter vorsichtigem Schwenken 100 ml Konzentrat hinzufügen, anschließend Natriumhydrogencarbonatlösung (Tab. 9-1).
- Mit sterilem Wasser auffüllen bis auf die erst unmittelbar vor Gebrauch zuzusetzende Menge *L*-Glutaminlösung.
- Den pH-Wert unter vorsichtigem Umschwenken mit sterilem NaOH auf 7,1–7,4 einstellen, notfalls mit steriler 1 N HCl nach unten korrigieren.
- Das Medium kann bei 4 °C vier bis sechs Monate ohne Aktivitätsverlust gelagert werden (Verfallsdatum auf der Flasche beachten). Unmittelbar vor Gebrauch steril Glutamin, Antibiotika, Serum und andere Zusätze hinzufügen (Konzentrationsangaben siehe Verweise oben). Das gebrauchsfertige Medium ist bei 4 °C ca. vier bis sechs Wochen haltbar.

Herstellung eines Mediums aus einer Pulvermischung

Material:
- 1 Magnetrührer mit Rührstab
- Ansatzgefäße, steril oder keimarm
- Sterilfilter, sterilisiert
- sterile Flaschen mit sterilen Verschlüssen
- Pulvermedium
- hochreines Wasser (Kapitel 10)
- $NaHCO_3$, 7,5%ige Lösung (w/v), steril
- 1 N HCl
- 1 N NaOH

- Ca. 90% der Wassermenge in das Ansatzgefäß auf dem Magnetrührer geben, erforderliche Menge Pulvermedium abwiegen und sofort in ca. 15–30 °C warmes Wasser einrühren (die Pulver sind meist stark hygroskopisch, längeres offenes Stehen lassen führt zur Verklumpung und zu kontrollierten Reaktionen der Substanzen untereinander).
- Natriumhydrogencarbonat hinzufügen und mit Wasser bis zum Endvolumen auffüllen; in Pulvermedien ist Glutamin meist enthalten.

Bei manchen Medien ist es nötig, den pH-Wert mit NaOH oder HCl auf den gewünschten Wert einzustellen. Bei anschließender Druckfiltration kann der pH-Wert nach der Filtration durch CO_2-Verlust um 0,2–0,3 pH-Einheiten ansteigen, weshalb man den pH-Wert vor der Filtration entsprechend niedriger einstellt.

Die nun folgende Druckfiltration ist der Vakuumfiltration vorzuziehen. Besondere Hinweise zu Druckfiltration siehe Kapitel 2.5.3.

- Das Medium in einer sterilen Werkbank in die vorbereiteten Flaschen abfüllen, beschriften und bei 4 °C lagern. Die Haltbarkeit beträgt in der Regel 1 Jahr. Es ist durchaus möglich, dem Medium vor (unsteril) oder nach (steril) der Filtration alle benötigten Zusätze zuzumischen, das Medium muss dann jedoch bei –20 °C eingefroren werden und sollte ebenfalls nicht länger als 1 Jahr gelagert werden.

Pulvermedien sind stark hygroskopisch und müssen deshalb vor Luftfeuchtigkeit geschützt werden. Es sollten auch nicht kleinere Mengen entnommen werden, sondern der gesamte Pulverinhalt auf einmal (für 1, 5 oder 10 l) angesetzt werden.

Supplemente können vor der Membranfiltration zugegeben und gemeinsam sterilfiltriert werden oder werden nachher steril zugeführt.

Autoklavierbare Medien

Material:
- Ansatzgefäß, steril oder keimarm
- Flaschen mit Verschlüssen, unsteril
- autoklavierbares Pulvermedium
- hochreines Wasser
- $NaHCO_3$, 7,5%ige Lösung (w/v), steril
- 1 N HCl, steril
- 1 N NaOH, steril

- Ca. 90% der erforderlichen Wassermenge in das Ansatzgefäß geben; erforderliche Menge Pulvermedium abwiegen und sofort in ca. 15–30 °C warmes Wasser einrühren, da die Pulver stark hygroskopisch sind; mit Wasser auffüllen, abzüglich der benötigten 7,5%igen $NaHCO_3$-Lösung.
- pH-Wert (sollte bei 4,1 liegen) notfalls mit 1 N HCl nachstellen.
- Lösung zu höchstens 500 ml je Flasche abfüllen, wieder jeweils abzüglich der später hinzuzufügenden $NaHCO_3$-Lösung; die Schraubverschlüsse sollten nur ganz leicht geöffnet sein (Kontaminationsgefahr!).

- 15 min bei 121 °C autoklavieren.
- Flaschen auf Raumtemperatur abkühlen lassen (man sollte unbedingt so lange warten!) und jeder Flasche die benötigte Menge an steriler $NaHCO_3$-Lösung in der sterilen Werkbank zufügen.
- Glutamin, Serum und andere Zusätze folgen zuletzt, da sie nicht hitzestabil sind.
- Erforderlichenfalls den pH-Wert mit 1 N sterilem NaOH oder 1 N steriler HCl auf 7,2–7,4 einstellen.

In dieser kompletten Form sollte das Medium nur bei –20 °C für höchstens 1 Jahr aufbewahrt werden; bei 4 °C ist es höchstens 4–6 Wochen haltbar.

Autoklavierbare Medien werden verwendet, wenn keine geeigneten Filter zur Verfügung stehen oder wenn Agarmedien benötigt werden. Streng genommen ist das Autoklavieren stets sicherer als das Filtrieren, wenn auch für die eingesetzten Substanzen oft weniger schonend.

Supplemente für die einzelnen Kulturmedien werden entweder in steriler einfacher oder auch in steriler Flüssigmehrfachkonzentration (bis zu 100×) angeboten und müssen steril in der richtigen Konzentration entsprechend dazu pipettiert werden.

8 Serumfreie Zellkultur

Wachstum und Proliferation kultivierter Zellen erfolgt unter kontrollierten *In-vitro*-Bedingungen. Allerdings wird mit der Verwendung von Serum ein undefinierter Medienzusatz in die ansonst definierten Kulturbedingungen eingebracht.

Den Tabellen 7-4 und 7-5 ist leicht zu entnehmen, wie groß allein schon die Zahl der bekannten Inhaltsstoffe ist und wie sehr ihre Konzentrationen schwanken können. Die genaue Zahl der Inhaltsstoffe ist verständlicherweise nicht bekannt (man denke an die Zahl der unbekannten Antikörper oder Wachstumsfaktoren!), sie liegt jedoch schätzungsweise über 1000. Seren sind also stets undefinierte Naturprodukte wechselnder Zusammensetzung und schwankenden Gehalts an Inhaltsstoffen.

Daraus folgt, dass es in bestimmten Fällen von Vorteil ist, auf die Verwendung von Serum zu verzichten. Die unter Kapitel 7.1.3 genannten Nachteile in der Verwendung von Serum stellen gleichzeitig die Vorteile dar beim vollständigen Ersatz von Serum in der Zellkultur. In den letzten Jahrzehnten wurde versucht, einzelne Serumbestandteile, wie Hormone oder Wachstumsfaktoren in gereinigter Form einem serumfreien Medium zuzusetzen. Dies führte zur Entwicklung von **serumfreien, chemisch definierten Medien** (Barnes and Sato, 1980a, 1980b; Bjare, 1992; Gstraunthaler, 2003; Taub, 1990).

Gründe für serumfreie Zellkulturen
- Vermeidung qualitativer und quantitativer Schwankungen der Medienzusammensetzung.
- Arbeiten unter definierten und kontrollierten Bedingungen *in vitro*.
- Vermeidung (unbekannter) mikrobieller Kontaminationen.
- Leichtere Isolierung von Zellprodukten („Down-Stream Processing").

Die Entwicklung serumfreier Kulturmedien eröffnete neue Perspektiven in der Zell- und Gewebekultur. Tierisches Serum kann heute schon in vielen Anwendungen ersetzt werden. Die genaue Kenntnis der Ansprüche spezifischer Zelltypen an mitogene Faktoren und Hormone erlaubt gezielte Einblicke in die endokrine Regulation von Zellstoffwechsel und -proliferation und ermöglicht die spezifische Selektion verschiedener Zellarten unter serumfreien, chemisch definierten Kulturbedingungen (Barnes et al., 1987).

Wenn auf die Verwendung von Serum verzichtet wird, sollte grundsätzlich Folgendes beachtet werden:

> **Grundsätzliche Erwägungen**
>
> ! Was als Vor- und Nachteil definiert wird, hängt von der jeweils verwendeten Zelllinie und vom Verwendungszweck der Zellkultur ab.
> ! Prinzipiell wachsen und gedeihen Zellen *in vivo* stets mit Serum, deshalb ist die Kultivierung ohne Serum *in vitro* von Zellen nicht unbedingt biologisch erstrebenswert, jedoch kann es für den Einzelfall von Vorteil sein, die Nährstoffbedingungen genau definiert zu wissen.
> ! Das Weglassen von Serum erfordert je nach Zelllinie und Verwendungszweck den Zusatz anderer Substanzen und bei vielen adhärenten Zellen die Verwendung bestimmter Oberflächen der Kulturgefäße oder deren gezielte Beschichtung mit Anheftungsfaktoren (Tab. 8-1).
> ! Die anstelle von Seren den Medien zugefügten Substanzen können chemisch komplex oder definiert sein. Sollen chemisch definierte Medien verwendet werden oder sollen mit den Zellkulturen Arzneimittel hergestellt werden, so ist z. B. die Verwendung von Produkten tierischen Ursprungs (z. B. Rinderserumalbumin, Transferrin) problematisch. Rekombinante Proteine sind vorzuziehen.
> ! Auch in chemisch definierten Substanzen können Spuren von Verunreinigungen festgestellt werden, z. B. Cu^{2+} in NaCl. Die Anforderung an die Reinheit hat also ihre Grenzen und ist für den speziellen Verwendungszweck jeweils festzulegen.
> ! Serumfreie Medien sind nicht notwendigerweise preiswerter als serumhaltige. Vielmehr kann der Preis eines serumfreien Mediums deutlich über dem eines serumhaltigen liegen, da z. B. viele Wachstumsfaktoren sehr teuer sind.

Jeder Zelltyp hat ausgeprägte spezies- und gewebespezifische Nährstoffansprüche. Serumfreie Medien sind heute für eine Vielzahl von Primärkulturen und Zelllinien beschrieben (Bottenstein et al., 1979) (Tab. 7-9). Dabei werden einem chemisch definierten Basalmedium (z. B. einer Mischung aus DMEM und Ham F-12 Medium) gereinigte, oder auch rekombinante Hormone und Wuchsfaktoren zugegeben. Bindungs- und Transportproteine sowie Spurenelemente, die in keiner Medienformulierung fehlen dürfen, sind ebenfalls identifiziert worden. Dazu zählen Insulin, Transferrin und Selen (**ITS**) (s. u.). Zu den Hormonen und Wachstumsfaktoren, die für viele Zellen in serumfreier Kultur essentiell sind, gehören außerdem Glucocorticoide, Schilddrüsenhormone, Östrogene und Gestagene, sowie Prostaglandine und spezifische Wuchsfaktoren (EGF, NGF, FGF, PDGF). Auch langkettige ungesättigte Fettsäuren sind als essentielle Mediensupplemente beschrieben (Tab. 8-2). Bei den Hormonzusätzen wurde die interessante Beobachtung gemacht, dass jene Agonisten einem serumfreien Medium zugeführt werden müssen, die über spezifische Rezeptoren den cAMP-Spiegel der kultivierten Zellen hochhalten. Als Alternativen (bei Fehlen spezifischer Rezeptoren) wurden auch Forskolin oder Cholera-Toxin erfolgreich eingesetzt (Gstraunthaler, 2003). Die über das Serum eingebrachten Anheftungsfaktoren und Komponenten der extrazellulären Matrix müssen in manchen Fällen durch entsprechende Beschichtung der Kulturgefäße bzw. Wachstumsunterlagen bereitgestellt werden (s. u.).

Für die meisten Routinezüchtungen ist jedoch der Zusatz von Serum, wobei es nicht immer fetales Kälberserum sein muss, auch heute noch der einfachste, effektivste und meist auch wirtschaftlichste Weg, gut wachsende Zellkulturen zu erhalten. Wie jedoch bereits erörtert wurde (s. Kapitel 7.1.5), setzt dies eine nach den jeweiligen Erfordernissen der Zellen vorab geprüfte Serumqualität voraus.

Auf die Zusammenstellungen aller derzeit erhältlichen serumfreien Medien in umfangreichen Datenbanken (**http://www.zet.or.at** und **http://www.focusonalternatives.org.uk**) ist bereits in Kapitel 7.1.4 hingewiesen worden.

8 Serumfreie Zellkultur

Tab. 8-1 Anheftungs- und Matrixfaktoren.

Faktor	Herkunft	Lagerung	Zellen	Gebrauchskonz.
Collagen Typ I	Känguruh-Schwanz	2-8 °C	Muskelzellen, Hepatocyten, spinale Ganglionzellen, embryonale Lungenzellen, Schwann'sche Zellen	6-10 µg/cm^2
Collagen Typ I	Ratten-Schwanz		fördert die Anheftung vieler Zelltypen	s. o.
Collagen Typ I	Kalbshaut			
Collagen Typ II	Hühnchen-Sternum		Chondrocyten	s. o.
Collagen Typ IV	Engelbreth-Holm-Swarm-Maus-Sarkom	-20 °C gelöst bei 2-8 °C		
Collagen Typ IV	humane Placenta	20 °C		s. o.
Chondroitin-Sulfat A	Rinder-Trachea	2-8 °C	scheint eine regulatorische Rolle zu spielen bei Chrondrocyten, Neuralzellen u. Tumorzellen	0,02-2 mg/ml
Chondroitin-Sulfat B	Rinder-Schleimhaut			
ECM Gel	Engelbreth-Holm-Swarm-Maus-Sarkom	-20 °C gelöst bei 2-8 °C	Epithel-, Endothel-, Muskel-, Nerven- u. Tumorzellen	6-10 µg/cm^2
Fibronectin	Human-Plasma	2-8 °C	Epithel-, mesenchymale-, neuronale Zellen, Fibroblasten, Endothel- u. Neuralleistenzellen	1-5 µg/cm^2
Fibronectin	Rinder-Plasma	s. o.		s. o.
Gelatine 2% Lösg.	Rinder-Haut	2-8 °C	benutzt f. Anheftung verschied. Zelltypen	0,1-0,2 mg/cm^2 Lösung: 5-10 µl/cm^2
Laminin	Basis-Membran des Engelbreth-Holm-Swarm-Maus-Sarkoms	-20 °C	Epithel-, Endothel-, Muskel-, Tumor-, Schwannoma-Zellen, Hepatocyten	1-2 µg/cm^2
Laminin	humane Placenta	s. o.		s. o.
Poly-*D*-Lysin synth. Hydrobromid	MW 30 000-70 000 MW 70 000-150 000 MW > 300 000	-0 °C gelöst bei -20°C	Anheftung unterschiedl. Zell-Typen	0,5 ml einer 0,10 mg/ml Lösung auf 25 cm^2
Poly-*L*-Lysin, synth.	MW 70 000-150 000 MW 150 000-300 000			
Poly-*L*-Ornithin Hydrobromid synth.	MW 30 000-70 000	2-8 °C	Anheftung unterschiedl. Zellen	0,5 ml einer 0,10 mg/ml Lösung auf 25 cm^2
SPARC	Maus-Euter-Zellen (PYS-2) Zellen	-20 °C	inhibiert Zellausbreitung, vermindert lokale Kontakte i.v.	4-40 µg/ml
Superfibronectin	Human-Plasma u. rekombinant	2-8 °C	epitheliale, mesenchymale, neuronale, Neuralleisten-, Endothelzellen	1 µg/ml
Tenascin	hum. Glioblastomzellen	-20 °C	epitheliale, mesenchymale, neuronale, Neuralleistenzellen	10 µg/ml
Thrombo-Spondin	humane Thrombocyten	-20 °C	Anheftung von Osteoblasten, Rinder-Aorten-Endothel-Zellen, Neuronen, humanen Melanomzellen; steigert die Proliferation von mitogenstim. glatten Muskelzellen	0,025-50 µg/ml
Vitronectin	Human-Plasma Ratten-Plasma	2-8 °C	Zellen m. Integrin-Rezeptor, der Vitronectin bindet: Thrombocyten, Endothel-, Melanom-, Osteosarkomzellen	0,1 µg/ml

Tab. 8-4 Zelluläre Wachstumsfaktoren.

Bezeichnung	Abkürzung	Konzentrationen	Zellarten
Epidermal Growth Factor	EGF	1–10 ng/ml	Fibroblasten, Endothelzellen, HeLa, Myeloma, Ovar, Prostata, Glia
Fibroblast Growth Factor, acid	a-FGF	3–100 ng/ml	Mesodermzellen, 3T3, Amnion-Fibroblasten
Fibroblast Growth Factor, basic	b-FGF	0,3–10 ng/ml	Mesodermzellen, 3T3, Amnion-Fibroblasten
Granulocyte Colony Stimulating Factor	G-CSF	0,05–5 ng/ml	Knochenmark-Vorläuferzellen, Koloniebildung von Granulocyten
Granulocyte Macrophage Colony Stimulating Factor	GM-CSF	0,003–1,0 ng/ml	Knochenmark-Vorläuferzellen
Insulin-like Growth Factor II	IGF II	20–200 ng/ml	Hühner-Embryo-Fibroblasten, 3T3, Knorpel
Interleukin-1 alpha	IL-1 alpha	2–50 IU/ml	T- und B-Zellen, Fibroblasten, Hepatocyten, Endothel, Makrophagen
Interleukin-1 beta	IL-1 beta	2–30 IU/ml	T- und B-Zellen, Fibroblasten Hepatocyten, Endothel, Makrophagen
Interleukin-2	IL-2	20–100 U/ml	T-Lymphocyten, NK-Zellen
Macrophage Colony Stimulating Factor	M-CSF	5–125 U/ml	Monocyten, Macrophagen
Nerve Growth Factor	2,5S-NGF	0,1–10 ng/ml	Auswachsen von Neuronen aus Ganglien, Phäochromocytoma
	7S-NGF	1–100 ng/ml	
	beta-NGF	0,1–10 ng/ml	
Platelet Derived Growth Factor	PDGF	1–100 ng/ml	Fibroblasten, Muskel, Glia, Knorpel
Stem Cell Factor	SCF	1–100 ng/ml	menschliche Knochenmarkszellen, hämatopoietische Vorläuferzellen
Transforming Growth Factor-beta 1	TGF-beta 1	0,1–3 ng/ml	stimuliert Mesenchymzellen, inhibiert Hepatocyten, T- u. B-Zellen
Tumor Necrosis Factor alpha u. beta	TNF-alpha u. beta	0,1–110 ng/ml	toxisch für Gefäßendothelzellen, L 929, stimuliert Fibroblasten

Serumgehalts, (**2**) sequentielle Änderungen im Mischungsverhältnis von serumhaltigem mit serumfreiem Medium oder (**3**) die Adaptation an serumfreie Bedingungen über konditioniertes Medium (Tab. 8-5).

Die exemplarisch hier beschriebenen Adaptionsprotokolle können natürlich je nach Bedarf und Erfolg auch in kleineren Schritten und über noch mehr Passagen durchgeführt werden. Während der Anpassung an serumfreies Medium sollte auf alle Fälle in einer höheren Zelldichte ausgesät werden. Zu beachten ist ferner, dass die Kulturgefäße in den ersten Subkultivierungen bereits dem endgültigen serumfreien Protokoll entsprechend vorbehandelt bzw. beschichtet sind.

Bei der Umstellung von Kulturen an alternative Seren bzw. Serumsubstitutionen sollten ebenfalls diese schrittweise Anpassungen angewandt werden.

Manche Zellarten, z. B. Raji-Zellen, können ohne Adaptionsphase unmittelbar vom serumhaltigen in serumfreies Medium umgesetzt werden, ohne dass eine über das übliche Maß hinausgehende lag-Phase des Wachstums auftritt. Bei den meisten anderen Zellarten verringert sich die Lebensfähigkeit innerhalb von 2–3 Tagen um 50%, wenn sie ohne Adaptionsphase in ein serumfreies

Tab. 8-5 Protokolle zur Adaptation an serumfreie Kulturbedingungen.

1. Reduktion des Serumgehalts	2. Sequentielle Adaptation	3. Adaptation mit konditioniertem Medium
Kultivierung der Zellen im Normalmedium mit 10% FKS ↓	Kultivierung der Zellen im Normalmedium mit 10% FKS	Kultivierung der Zellen im Normalmedium mit 10% FKS
Subkultivierung der Zellen in serumfreies Medium mit 5% FKS ↓	*Passage 1:* 75% Normalmedium 25% serumfreies Medium	*Passage 1:* 50% kond. Normalmedium 50% serumfreies Medium
Subkultivierung der Zellen in serumfreies Medium mit 1% FKS ↓	*Passage 2:* 50% Normalmedium 50% serumfreies Medium	*Passage 2:* 50% konditioniertes Medium von Passage 1, 50% SFM
weitere Reduktion des Serumgehalts bis auf 0,1% FKS ↓	*Passage 3:* 25% Normalmedium 75% serumfreies Medium	*Passage 3:* 25% konditioniertes Medium von Passage 2, 75% SFM
weitere Kultivierung in serumfreiem Medium	*Passage 4:* 100% serumfrei	*Passage 4:* 100% serumfrei

Medium umgesetzt werden (Muzik 1982). Hier empfiehlt es sich, zunächst einige Wochen mit der Hälfte des üblichen Serumzusatzes zu kultivieren und beim Umsetzen in serumfreies Medium die doppelte der sonst üblichen Zellzahl einzusetzen (2×10^6/ml statt 1×10^6/ml).

Auf einen wichtigen Punkt sei noch hingewiesen: Bei jeder Umstellung auf serumfreies Medium sollten Veränderungen der Zellen in Betracht gezogen werden. Diese können die Morphologie, den Karyotyp, Oberflächenmarker usw. betreffen. Zellen in serumfreiem Medium müssen also nicht immer mit denjenigen aus serumhaltiger Kultur, aus denen sie hervorgegangen sind, identisch sein. Oft findet weniger eine Adaption der gesamten Zellpopulation als vielmehr eine **Selektion** bestimmter Zellen statt, die sich dann durchsetzen.

8.4 Serumfreie und proteinfreie Kulturmedien

Serumproteine weisen neben ihren spezifischen Funktionen als Wachstums- und Adhäsionsfaktoren, Bindungs- und Transportproteine oder Proteaseinhibitoren (Tab. 7-4) auch eine Reihe unspezifischer Eigenschaften auf, die positiv und protektiv auf kultivierte Zellen wirken. Dazu zählen die Erhöhung der Viskosität des Mediums, der kolloidosmotische (onkotische) Druck, die Verbesserung der Pufferkapazität des Mediums und der Schutz der Zellen vor mechanischen Einflüssen durch Herabsetzung der Scherkräfte. Aus diesen Gründen wird manchen serumfreien Formulierungen noch Albumin (Rinderserumalbumin, Humanalbumin) zugesetzt. Man unterscheidet deshalb zwischen **serumfreien** und **proteinfreien** Medien. Proteinfreie Kulturbedingungen gewinnen in der Biotechnologie immer mehr an Bedeutung. Zum einen wird die – bereits erwähnte – Extraktion und Aufreinigung von Biopharmazeutika aus dem Kulturmedium wesentlich erleichtert, zum anderen wird aber auch von den Zulassungsbehörden gefordert, dass die zur Produktion eingesetzten Zellkulturverfahren vollkommen frei von tierischen Proteinen sind (Eloit, 1999; Jayme and Smith, 2000; Wessman and Levings, 1999).

8.5 Zusammenfassung: Allgemeine Grundsätze in der Herstellung und Verwendung von Zellkulturmedien

Das Kulturmedium kann eine Quelle von Problemen sein, die bedacht werden müssen. Es ist prinzipiell nicht ratsam, von vornherein ein anderes Medium für die betreffende Zelllinie zu wählen als das in der Literatur vorgeschlagene bzw. veröffentlichte. Auch die Zusätze wie Serum etc. sollten zunächst so eingesetzt werden, wie vorgeschlagen.

Doch einige Parameter sollten stets bedacht werden und auch andauernd überprüft werden:

Gleichgültig, ob man das Medium selbst zubereitet oder als Fertigmedium käuflich erwirbt, stets ist ein **Medienbuch** zu führen, wo akribisch genau die Art des Mediums, der Zusätze, die Chargennummer, der Eingang des Mediums und der Hersteller aufgezeichnet ist.

Das Alter des Mediums spielt eine entscheidende Rolle beim Erfolg der Zellzüchtung. 1×-Flüssigmedium sollte nicht länger als 1 Jahr bei 4 °C aufbewahrt werden, wenn es komplettiert ist, nicht länger als 6 Wochen bei 4 °C. UV-Bestrahlungen bzw. Lampen mit viel UV-Lichtanteil sind zu meiden, da fotochemische Zersetzungen bzw. Radikalbildungern die Qualität des Mediums entscheidend verschlechtern können.

Die Lagerung des Mediums in Glasflaschen ist den Plastikflaschen vorzuziehen, da z. B. die Oxidation in den Plastikflaschen erheblich schneller vor sich geht als in den gasdichten Glasflaschen.

Ferner ist bei der Herstellung eigener Medien die Überlegung wichtig, wie viel komplettes Medium man im Zeitraum von 6 Wochen tatsächlich benötigt. Es ist auch zu bedenken, dass die Qualität des Mediums unter der Tatsache leidet, dass das Medium direkt vor Gebrauch erwärmt werden muss, was natürlich der Qualität schadet, da man dieses bei jedem Medienwechsel machen muss. So kann sich das Medium bei einer „Standzeit" von 6 Wochen sicherlich ca. 24 h bei 37 °C befunden haben, was Auswirkungen z. B. auf den tatsächlichen Glutamingehalt haben kann. Auch die tatsächliche Antibiotikakonzentrationen, wenn welche eingesetzt werden, sind hier betroffen.

Sollte ein anderes Nachbarlabor die gleichen Zelllinien und das gleiche Medium benutzen, so ist es immer gut, bei Schwierigkeiten die beiden Medien zu vergleichen. Dies gilt natürlich auch für die Zelllinien, die hier ebenfalls auf diese Weise verglichen bzw. getestet werden können.

Das Medium ist natürlich auf seine Osmolalität und den pH-Wert vor dem Einsatz zu testen, ebenso die Sterilität, falls man es selbst herstellt. Den pH-Wert routinemäßig mit dem pH-Meter zu überprüfen, lohnt sich nicht; es reicht in der Regel die Farbe des Mediums im Brutschrank. Einige Erfahrung ist nötig, um die Farbe richtig einzuschätzen, doch dies sollte selbst eine(r)m Anfänger(in) bald gelingen. Der richtige pH-Wert im Brutschrank ist auch ein Indiz, dass die Glutaminkonzentration noch ausreichend ist. Es hat sich nämlich gezeigt, dass die Glutaminkonzentration im fertigen Flüssigmedium stark vom pH-Wert und auch von der Temperatur abhängt: bei pH 7,8 und einer Temperatur von 37 °C ist innerhalb kurzer Zeit (zwischen 4 und 6 Tagen Lagerung) die Glutaminkonzentration auf Werte unter 30% gesunken, unter diesen Bedingungen leiden die Zellen entscheidend in ihren Proliferationsverhalten. Der pH-Wert im Medium hängt auch von der entsprechenden CO_2-Konzentration im Brutschrank ab. Hier muss man sich vorher vergewissern, welches Medium man benutzt bzw. ob es vielleicht Modifikationen bezüglich des Natriumhydrogencarbonatgehalts gibt, wie z. B. beim DMEM (Tab. 7-8). Ferner ist die Stabilität des pH-Wertes außerhalb des Brutschrankes im Medium nicht sonderlich groß, je nach Natriumhydrogencarbonatgehalt steigt ja bei CO_2-Verlust der pH-Wert relativ schnell an. Dies sollte man beachten, wenn man mit vielen T-Flaschen z. B. Trypsinierungen durchführt; denn hier befinden sich die T-Flaschen ja über einen längeren Zeitraum außerhalb des Brutschrankes. Dies hat schon nach ca. 25–30 min einen negativen Einfluss auf die Vitalität der Zellen. Deswegen ist es empfehlenswert, die nicht benutzten Flaschen stets zu verschließen.

Bei Zusatz von HEPES, das ja durchaus den pH-Wert stabilisieren kann, ist zu bedenken, dass HEPES keineswegs osmotisch so aktiv ist wie $NaHCO_3$, sodass durch Zugabe von NaCl die Osmolarität nachjustiert werden muss. Als Faustregel gilt, dass 1 g NaCl einen Osmolalitätsanstieg von ca. 34 mosm/l Medium ergibt. $NaHCO_3$ sollte man keinesfalls vollständig durch HEPES ersetzen; denn proliferierende Zellen benötigen immer eine bestimmte Menge an CO_2 für den Stoffwechsel. Falls beim Herstellen des Mediums nach dem Lösen in Aqua dest. Ausflockungen bzw. Ausfällungen zu beobachten sind, kann man zunächst versuchen, auf 37 °C zu erwärmen und gut zu durchmischen. Sollte dies keinen Erfolg haben, so ist das Medium zu verwerfen und gegebenenfalls der Hersteller zu befragen bzw. das Medium zu reklamieren. Unternehmen sie keine Versuche, durch Erhitzen oder Filtration die Präzipitate zu lösen bzw. aus dem Medium zu entfernen. Es kann jedoch vorkommen, dass beim Zusatz von Serum leichte Ausflockungen zu beobachten sind. Dies rührt in der Regel von unvollständiger Fibrinbildung während der Serumproduktion her und ist an und für sich unbedenklich.

Falls das Medium innerhalb von 24 h sich schon orangerot oder sogar gelb färbt, ist entweder der pH-Wert anfangs zu niedrig eingestellt oder die Zellkonzentration war anfangs schon zu hoch. Eine bakterielle Kontamination ist meist mit einer sichtlichen Trübung und einer raschen Gelbfärbung begleitet und gut zu diagnostizieren. Weniger eindeutig sind Pilzinfektionen, diese verfärben in der Regel das Medium nicht sofort und brechen auch meist erst sichtbar nach 3–6 Tagen aus.

Großes Augenmerk ist auf das demineralisierte Wasser und auf die Anlagen zu deren Gewinnung zu richten (Kapitel 10). Das Wasser sollte mindestens alle drei Monate auf Endotoxine (<0,1 ng/ml bzw. <1,2 EU/ml) und auf Verunreinigung durch organische Stoffe (<10 ppm) überprüft werden.

Die Schlauchverbindungen zur Wasserleitung und zu den einzelnen Kartuschen sollten auf evtl. Algenwachstum hin öfters überprüft und regelmäßig gereinigt werden. Die Aktivkohle sollte mindestens einmal pro Jahr ausgetauscht und reaktiviert werden. Dies ist durch ein Säure- und Laugenbad mit anschließendem Trocknen bei 200 °C für mind. 2 h möglich. Eine zusätzliche Beschichtung der Aktivkohle mit Silberionen hat sich im Labor des Erstautors zur Verhinderung des mikrobiellen Wachstums gut bewährt.

Wasser für die Herstellung von Zellkulturmedien sollte prinzipiell nicht bevorratet werden, denn die Veränderungen durch langes Stehen lassen z. B. in Plastikgefäßen sind relativ groß und die Kontaminationsgefahr sowie der daraus resultierende Pyrogen- bzw. Endotoxingehalt ist ebenfalls von Belang. Deshalb ist eine frische Zubereitung des demin. Wassers am Tage der Medienherstellung dringend zu empfehlen.

9 Physiologische Zellkulturparameter

Die Umgebungsbedingungen kultivierter Zellen *in vitro* umfassen weiterhin eine Reihe physikochemischer Parameter, die über die Kultivierungsdauer in engen, physiologischen Grenzen gehalten werden müssen. *In vivo* wird dies durch Regelmechanismen der **Homöostase**, der Konstanthaltung des inneren Milieus, bewerkstelligt. Neben einer konstanten Nährstoffversorgung und Temperatur, sind dies die
- **Isoionie,** die Konstanthaltung der ionalen Zusammensetzung des Extrazellulärraumes, die
- **Isotonie,** die Konstanthaltung des osmotischen Druckes (extrazelluläre Osmolarität, Kapitel 9.1) und die
- **Isohydrie,** die Konstanthaltung der extrazellulären H^+-Ionenkonzentration und damit des extrazellulären pH-Wertes (Kapitel 9.4).

Unter Kulturbedingungen muss vor allem auf die Einhaltung der Osmolarität des Kulturmediums, sowie auf eine ausreichende Pufferung geachtet werden. Verschiebungen in der Ionenzusammensetzung kommen praktisch nicht vor.

9.1 Osmolarität

Der **osmotische Druck** ist ein Maß für die Konzentration aller osmotisch wirksamen Teilchen im Kulturmedium, unabhängig von der chemischen Natur der Stoffe bzw. Stoffgemische. Die Osmolarität wird ausgedrückt in **osm/l**. Da die Osmolarität auf Volumeneinheit bezogen ist und das Volumen nicht nur von der Temperatur, sondern auch vom Volumen der gelösten Substanzen abhängig ist, wird eigentlich die **Osmolalität** mit der Einheit **osm/kg H_2O** verwendet. Der Anteil des osmotischen Druckes, der durch makromolekulare Proteine (Serumproteine, Albumin) erzeugt wird, wird als **kolloidosmotischer** oder **onkotischer** Druck bezeichnet.

Die Plasmaosmolalität in Säuger- bzw. Warmblütlerorganismen beträgt ca. 290 mosm/kg H_2O. Bei Medien für Säugerzellen sollte die Osmolalität in folgenden Grenzen gehalten werden: 270 mosm/kg H_2O für RPMI-1640, 340 mosm/kg H_2O für DMEM. Für Insektenkulturen muss die Osmolalität auf etwa 360 mosm/kg H_2O eingestellt werden. Bei Amphibien-Zellkulturen liegt die Osmolalität weit niedriger, dies wird durch Verdünnen der Standardmedien mit Aqua dest. erreicht.

Zu beachten ist allerdings, wenn zusätzliche Supplementierungen zu gebrauchsfertigen Medien zugegeben werden, z. B. 25 mM HEPES oder 25 mM Glucose. In diesem Fall muss die NaCl-Konzentration entsprechend vermindert werden. Eine wesentliche Veränderung der Osmolalität kann auch bei unsachgemäßen Kulturbedingungen oder schlecht gewarteten Brutschränken auftreten. Für eine optimale Äquilibrierung des hydrogencarbonathaltigen Mediums mit der CO_2-Atmosphäre des Brutschrankes dürfen Zellkulturgefäße nicht dicht verschlossen sein. Dies bedingt allerdings die Kultivierung der Zellen in 95% relativer Luftfeuchtigkeit, um jegliche Volumenverluste durch Verdunstung des Mediums, und eine damit verbundene Erhöhung der Osmolalität, zu vermeiden (Kapitel 1.3.2).

Am besten überprüft man die Osmolalität des frisch hergestellten Mediums mit einem Osmometer mittels Gefrierpunktserniedrigung.

9.2 Temperatur

Alle zellulären Prozesse sind – als biochemische (enzymatische) Reaktionen – temperaturabhängig. Die Reaktionsgeschwindigkeit nimmt mit steigender Temperatur zunächst zu, fällt jedoch nach Erreichen eines Temperaturoptimums meist rapide ab. Dies ist dadurch bedingt, dass die Enzyme als thermolabile Proteine bei höheren Temperaturen zunehmend denaturiert werden.

Das **Temperaturoptimum** tierischer Enzyme liegt meist in der Nähe der Körpertemperatur des jeweiligen Organismus. Für (homoitherme) Warmblütler liegt diese bei 37 °C, für wechselwarme Tiere entsprechend darunter.

Zellkulturen von Amphibien, Fischen oder Insekten werden meist bei 25–28 °C inkubiert. Dazu werden u. U. speziell ausgerüstete Brutschränke mit Wasserkühlung bzw. Gegenheizung benötigt.

Für die Kultur von Warmblütlerzellen empfiehlt es sich, etwas unter 37 °C (36,5 °C) zu bleiben, da über 37 °C sonst **Hitzeschock-Reaktionen** induziert werden können, welche – als zelluläre Stressantwort – zur Synthese und zellulären Akkumulation von **heat-shock-Proteinen** führen (Santoro, 2000; Wolffe and Tata, 1984).

9.3 Oxygenierung

Eine ausreichende Versorgung mit Sauerstoff ist Grundvoraussetzung für den oxidativen Stoffwechsel kultivierter Zellen. Die Verfügbarkeit von Sauerstoff als hydrophobes Molekül hängt direkt

9 Physiologische Zellkulturparameter

von der Gleichgewichtskonzentration der im Kulturmedium gelösten Menge ab, welche eine Funktion des Sauerstoffpartialdruckes (pO_2) in der Brutschrankatmosphäre (normalerweise 95% Luft, 5% CO_2), der Art der Oxygenierung (meist durch Oberflächendiffusion), der Ionenstärke des Mediums (290 mosm/kg H_2O) und der Temperatur (37 °C) ist. Der entscheidende Parameter ist die **Sauerstoff-Transfer-Rate** (*oxygen transfer rate*, OTR), die vom pO_2, der zur Verfügung stehenden Diffusionsfläche und der Diffusionsstrecke, d. h. der die Zellen bedeckenden Medienhöhe, abhängig ist. In statischen Monolayerkulturen kommt deshalb dem eingesetzten Medienvolumen besondere Bedeutung zu (Gstraunthaler et al., 1999). Als Richtwert sollten Monolayerkulturen mit 2–5 mm Medium bedeckt sein, was 0,2–0,5 ml/cm² Kulturfläche entspricht.

Unter herkömmlichen Kulturbedingungen kann man davon ausgehen, dass die Kulturen ausreichend mit Sauerstoff versorgt sind. Kultivierte Zellen, hier vor allem Tumorzellen und transformierte Linien, können aber auch hohe Glykolyseraten aufweisen. In der Massenzellkultur spielt die Versorgung der Zellen mit Sauerstoff aufgrund der großen Volumina eine weit wichtigere Rolle (Kapitel 25).

Sauerstoff ist bekanntlich äußerst reaktiv und kann in höheren Konzentrationen toxisch sein. Die Empfindlichkeit kultivierter Zellen gegenüber Sauerstoff ist vom Zelltyp abhängig. Eine Reihe von Medienformulierungen ist beschrieben, wo der Einsatz von **Radikalfängern**, sogenannte Scavenger von reaktiven Sauerstoffintermediaten, zu wesentlichen Verbesserungen der Kulturen geführt hat. Darunter zu nennen wären: Ascorbinsäure, α-Tocopherol, Glutathion oder β-Mercaptoethanol.

9.4 pH-Wert und Pufferung

Für alle zellulären Prozesse gilt auch ein **pH-Optimum**. Der physiologische pH-Wert liegt bei **7,4** und muss durch entsprechende Regelmechanismen bzw. ausreichende Pufferung in engen Grenzen (pH 7,2–7,6) gehalten werden. In Vertebraten wird der pH-Wert des Blutes durch das CO_2/HCO_3^--System geregelt. Obwohl der pKa-Wert für $NaHCO_3$ mit 6,1 unterhalb des pH-Regelbereiches von 7,2–7,4 liegt (Abb. 9-1), ist das CO_2/HCO_3^--System der **physiologische Puffer**. Die gute Pufferwir-

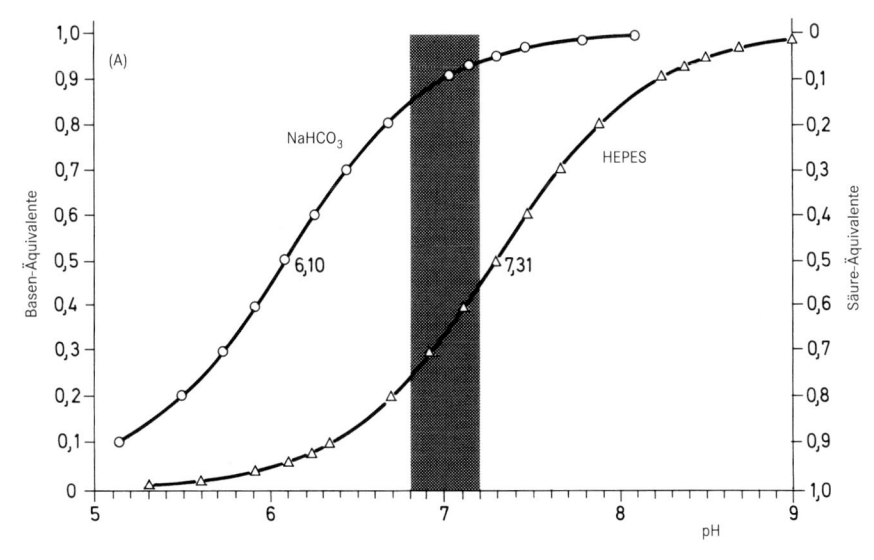

Abb. 9-1 pKa-Werte und Titrationskurven von $NaHCO_3$ und HEPES. pKa von $NaHCO_3$ mit 6,10 deutlich unter dem physiol. Optimum von 6,8–7,2 (dunkle Säule).

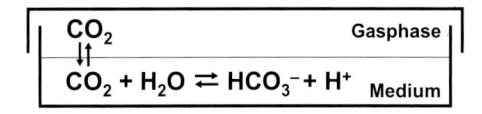

$$CO_2 \text{ (Gasphase)}$$
$$\updownarrow$$
$$CO_2 + H_2O \rightleftharpoons HCO_3^- + H^+ \text{ (Medium)}$$

Abb. 9-2 Hydrogencarbonat-Puffer als offenes System. Das Puffer-Gleichgewicht im Kulturmedium ist abhängig vom CO_2 in der Gasphase, da dieses zum Austausch zwischen gasförmigem und gelöstem CO_2, dem Anhydrid der Kohlensäure (H_2CO_3), gehört.

kung kommt durch die relativ hohe Pufferkonzentration des CO_2/HCO_3-Systems zustande. Mit einer gasförmigen Pufferkomponente, dem CO_2, welches über die Atmung reguliert werden kann, steht darüber hinaus ein **offenes System** zu Verfügung, wodurch die Pufferkapazität noch weiter erhöht wird. In der Zellkultur wird dies durch $NaHCO_3$ im Kulturmedium und einen entsprechenden CO_2-Gehalt der Brutschrankatmosphäre erreicht (Abb. 9-2).

Die mathematische Beziehung zwischen den Konzentrationen von Hydrogencarbonat und CO_2 in einer Lösung und dem daraus resultierenden pH-Wert ist in der **Henderson-Hasselbalch-Gleichung** festgeschrieben (s. Anhang, Kap. 35.1.1). Bei einem pKa von 6,1 bei 37 °C (s. o.) errechnet sich für einen physiologischen pH-Wert von 7,4 ein Verhältnis $[HCO_3^-]/[CO_2]$ von 20:1. Damit wird klar, dass der pH-Wert des Kulturmediums vom **Konzentrationsverhältnis** der Pufferpartner festgelegt wird und nicht von der absoluten Konzentration. Die **Pufferkapazität** jedoch ist konzentrationsabhängig. Diese Bedingungen werden für Zellkulturen *in vitro* übernommen, indem man dem Medium ~2,2 g/l (26 mM) $NaHCO_3$ hinzufügt und über dem Medium eine Atmosphäre von 5% CO_2 erzeugt.

9.4.1 $NaHCO_3$

Alle Zellen produzieren im Rahmen des oxidativen Stoffwechsels CO_2 und benötigen HCO_3^- für eine Vielzahl gekoppelter Transportprozesse. Erhöhte CO_2-Gehalte, die z. B. bei starkem Wachstum auftreten können, erniedrigen den pH-Wert, was durch erhöhten Natriumhydrogencarbonatgehalt neutralisiert werden kann (Abb. 9-3). Damit ist Natriumhydrogencarbonat sowohl Puffersubstanz als auch essentieller Nahrungsbestandteil.

Bei Kulturmedien auf Basis von Earles Salzen (Kapitel 7.1.1) wird $NaHCO_3$ in einer Konzentration von 2,2 g/l (26 mM) zugegeben und in einer Atmosphäre von 5% CO_2 inkubiert (Formeln im Anhang, Kap. 35.1.1). Für jedes Medium ist eine bestimmte Menge an $NaHCO_3$ vorgegeben (Tab. 9-1). Die Originalformulierung von DMEM enthält z. B. 3,7 g/l $NaHCO_3$ (44 mM), allerdings ist dazu ein CO_2-Gehalt von 10% erforderlich (Tab. 7-8), wodurch die Pufferkapazität von DMEM deutlich erhöht wird (s. o.). In offenen Kulturbehältern wird der physiologische pH-Wert durch Inkubation in einem korrekt eingestellten CO_2-Inkubator aufrechterhalten. Bei Verwendung von Kulturflaschen ist der Gasaustausch über die Schraubverschlüsse zu gewährleisten (Kapitel 6.4.1). Auch ist die CO_2-Steuerung des Brutschrankes routinemäßig zu überprüfen (Kapitel 1.3.2).

Bei längerem Hantieren von reinen Natriumhydrogencarbonat-gepufferten Kulturen außerhalb der Brutschrankatmosphäre (z. B. längeres Mikroskopieren) kommt es durch Entweichen von CO_2 zu einer Alkalinisierung des Mediums (pH-Verschiebung nach oben). In diesen Fällen ist es ratsam, zusätzlich organische Puffer einzusetzen oder die Flaschen, wenn möglich, gasdicht zu verschließen.

9.4.2 HEPES

Die von *Good et al.* (1966) als Puffer eingeführte 4-(2-Hydroxyethyl)-1-piperazinethansulfonsäure (HEPES) wird in einer Konzentration von 10–25 mM verwendet, wobei aber auch 50 mM für wenige Minuten, z. B. bei der Fusionierung von Zellen (Kapitel 22.3) nicht toxisch sind. HEPES benötigt zwar für die Pufferwirkung kein CO_2, jedoch ist es für viele Zellarten, vor allem bei sehr

Zugegeben werden: $NaHCO_3$ und CO_2 (Gas)

Vorgang: Dissoziation   Hydratisierung

$$NaHCO_3 \rightleftharpoons Na^+ + HCO_3^- \qquad CO_2 \text{ (gelöst)} + H_2O \overset{C.A.^*}{\rightleftharpoons} H_2CO_3$$

Pufferwirkung gekoppelt an CO_2-Partialdruck

$$\boxed{H^+} + \boxed{HCO_3^-} \rightarrow \boxed{H_2CO_3} \qquad CO_2 \text{ (Gas)}$$

$$CO_2 \text{ (gelöst)} + H_2O$$

$\boxed{H^+\text{-Zunahme}}$ $\qquad H^+ + HCO_3^- \rightarrow H_2CO_3 \rightarrow CO_2 + H_2O$

$\boxed{OH^-\text{-Zunahme}}$ $\qquad OH^- + H_2CO_3 \rightarrow HCO_3^- + H_2O$

$\boxed{CO_2\text{-Zunahme}}$ $\qquad CO_2 \text{ (gelöst)} + H_2O \overset{C.A.^*}{\rightarrow} H_2CO_3 \rightarrow H^+ + HCO_3^-$

* C.A. = Carboanhydratase

Abb. 9-3 Hydrogencarbonat-Puffersystem in Zellkulturen.

Tab. 9-1 Für Pulvermedien empfohlene $NaHCO_3$-Zugabe.

Medium	$NaHCO_3$* [ml/l]	Endkonzentration [mg/l]
BME Earle	29,3	2200
BME Earle	11,3	850
BME Hanks	4,7	350
MEM Earle	29,3	2200
MEM Earle	11,3	850
MEM Hanks	4,7	350
MEM Dulbecco	49,3	3700
MEM Spinner	29,3	2200
MEM Glasgow	36,7	2750
Medium 199 Earle	29,3	2200
Medium 199 Earle	16,7	1250
Medium 199 Hanks	4,7	350
Medium F 10	16,0	1200
Medium F 12	15,7	1176
Medium L-15	–	–
Medium McCoy 5a	29,3	2200
Medium RPMI 1640	26,7	2000
Earles Puffer	29,3	2200
Hanks Puffer	4,7	350

* steril, 7,5% Stammlösung

geringen Zelldichten (Klonierung) erforderlich, z. B. zu 20 mM HEPES 8 mM $NaHCO_3$ in einer Atmosphäre mit 2% CO_2 zuzugeben. Die Abb. 9-1 zeigt deutlich, dass der pKa-Wert von HEPES mit 7,31 sehr nahe dem physiologischen pH-Bereich liegt. HEPES-Zusatz bewirkt daher speziell in diesem Bereich verbesserte Pufferung und pH-Stabilität bei schnell wachsenden Kulturen mit starker Ansäuerung. $NaHCO_3$ sollte jedoch auch bei HEPES-Pufferung mit mindestens 0,5 mM enthalten sein. Ferner ist daran zu denken, dass HEPES einen geringeren osmotischen Beitrag als $NaHCO_3$ liefert, sodass evtl. mit NaCl ausgeglichen werden muss. Als Faustregel im wässrigen Zellkulturmilieu gilt, dass 1 g NaCl/l ca. 34 mosm/l beiträgt.

9.4.3 Phenolrot

Phenolrot dient als pH-Indikator im Kulturmedium und wird, je nach Medienformulierung, in einer Konzentration von 1–20 mg/l zugegeben. Phenolrot hat bei physiologischen pH-Werten um 7,4 eine charakteristische, kirschrote Farbe, wird bei Erhöhung des pH-Wertes (>7,6) dunkelrot bis violett und bei Absinken des pH-Wertes (<7,2) im Kulturmedium orange bis gelb.

Lange Zeit galt Phenolrot als biologisch **inert**, welches die kultivierten Zellen nicht beeinflusst. Neuere Berichte raten allerdings zur Vorsicht. Zum einen wird Phenolrot von einigen Zellen verstoffwechselt, wodurch die chemische Grundstruktur verändert wird und die charakteristische rote Färbung verloren geht. In solchen Kulturen färbt sich das Medium stark gelb, obwohl der pH-Wert unverändert ist. Zum anderen wurde gezeigt, dass sowohl Phenolrot selbst als auch lipophile Verunreinigungen als Östrogen-Agonisten wirken, d. h. an den Östrogenrezeptor binden und diesen aktivieren können (Moreno-Cuevas and Sirbasku, 2000b). Dies ist vor allem bei der Kultivierung von Zellen zu beachten, die Steroid-Rezeptoren exprimieren, wie östrogenabhängige Mammakarzinomzellen (Berthois et al., 1986; Moreno-Cuevas and Sirbasku, 2000a; Sirbasku and Moreno-Cuevas, 2000). Heute werden alle gängigen Kulturmedien auch in phenolrotfreien Formulierungen angeboten. Bei phenolrotfreier Zellkultur fehlt allerdings die schnelle pH-Kontrolle über die Färbung des Mediums, weshalb es ratsam ist, Parallelkulturen mit phenolrothaltigem Medium mitlaufen zu lassen.

10 Reinstwasser für Zell- und Gewebekulturen

Die Herstellung von Reinstwasser hat in den letzten Jahren immer mehr an Bedeutung gewonnen. Die Verfahren und die Erkenntnisse aus der Pharmaindustrie und Biotechnologie sind vielfältiger geworden und erfordern immer mehr Fachinformationen, um den produktionstechnischen und gesetzlichen Anforderungen gerecht zu werden. Denn geringste Reste von Wasserinhaltsstoffen im Reinstwasser können empfindliche Enzymreaktionen oder das Wachstum von Zellkulturen negativ beeinflussen, sodass eine gleich bleibend hohe Reinstwasserqualität gefordert ist. Die Erkenntnisse aus Pharmazie und Biotechnologie können heute auch auf die kompakten Reinstwassersysteme für das Labor umgesetzt werden. Deshalb werden die aktuellen Reinstwassermaßstäbe der Pharmakopöen aus der Arzneimittelproduktion (USP 28; EuroPharm) als Leitparameter für viele Produktionsbereiche herangezogen (Tab. 10-1).

Die Wasseraufbereitung und die Qualität des Reinstwassers ist die Grundlage für die spätere Qualität der Zellkulturmedien. Im Zellkulturlabor sollte auf jeden Fall eine im Labor stationär installierte Rein- und Reinstwasseraufbereitungsanlage aufgestellt werden, damit die Chemikalie „Reinstwasser" immer frisch am Gebrauchsort, d. h. im Vorbereitungsbereich für die Medien hergestellt werden kann.

Tab. 10-1 Reinstwasserspezifikationen.

	ASTM Type 1	CAP/NCCLS Type 1	DIN ISO 3696 Qualität 1	Reinstwasser-System Beispiel
max. Leitfähigkeit bei 25 °C [µS/cm]	0,056	0,1	0,1	0,055
max. Widerstand bei 25 °C [MΩcm]	18,0	10,0	10,0	18,2
max. TOC [ppb]	10	nicht festgelegt	nicht festgelegt	1–10
max. Extinktion 254 nm, 1 cm optische Wellenlänge	nicht festgelegt	nicht festgelegt	0,001	< 0,001
max. Natrium [ppb]	1			< 0,02
max. Chlorid [ppb]	1			< 0,01
max. Silikat [ppb]	3	50		< 0,5
Keimzahl [KBE/ml]	0,01*	< 10	nicht festgelegt	< 0,01
Pyrogene [EU/ml]	< 0,03	nicht festgelegt	nicht festgelegt	0,005

Für die Zell- und Gewebekultur existieren zurzeit nur Empfehlungen und Erfahrungen, die Reinstwasserqualität ASTM Typ I zu verwenden. Ebenso geeignet ist Reinstwasser des Typs nach CAP/NCCLS Standard (Tab. 10-2).

Letztendlich entscheiden der Wachstumserfolg und sonstige Anforderungen (vor allem gleich bleibende Qualität) der speziellen Zellkultur über die Eignung eines Reinstwassers. Für viele Kulturen erlangt jedoch der Gehalt an Pyrogenen (Endotoxine) immer mehr an Bedeutung. Weiterhin sind organische Verunreinigungen wie z. B. chlorierte Kohlenwasserstoffe und zellschädliche Huminsäuren relevant, die jedoch mit dem Reinstwasseraufbereitungssystem entfernt werden können.

10.1 Verfahren der Aufbereitung, Vorbehandlung

Reinstwasser für Zellkulturmedien muss in verschiedenen Schritten aus Trinkwasser hergestellt werden. Ein Reinstwassersystem wird immer mit bereits vorbehandelten Wasser gespeist. In der Vorbehandlung gilt es, die Leitfähigkeit des Trinkwassers (Einheit: µS/cm) zu reduzieren. In diesem Vorreinigungsprozess werden bereits bis zu 99% aller gelösten Ionen und Pyrogene zurückgehalten, sodass eine Reinstwasseranlage den minimalen Restgehalt weitestgehend entfernen kann. Hierfür stehen folgende, marktübliche Verfahren zur Verfügung:

Tab. 10-2 Reinstwasserspezifikationen nach Pharmastandard für Aqua Purificata.

Parameter	Europharm	USP 24
Leitfähigkeit	≤ 4,3 µS/cm (20 °C)	≤ 1,3 µS/cm (25 °C)
TOC	≤ 500 ppb	≤ 500 ppb
Keimzahl	≤ 100 KBE/ml	≤ 100 KBE/ml

- Ionenaustausch – Entionisierung: Ionenaustauschersysteme in Form von Mischbettharzpatronen
- Entsalzung mit Membrantrennverfahren: Reverse Osmose (z. T. in Kombination mit Ionenaustauschern oder Elektrodenionisierung)
- Destillation: Thermische Destillation in 2- bis 4-fachen Schritten führt bereits zu einer hohen Ionen- und Pyrogenfreiheit. Vor allem können Mikroorganismen und Mycoplasmen sicher abgetötet werden. Dennoch stellt das Verfahren aufgrund hoher Energiekosten, geringer Durchflussmengen und hohem Wartungsaufwand einen Nachteil für die Reinstwasserherstellung im Labormaßstab dar, sodass dieses Verfahren kaum noch zum Einsatz gelangt. Lediglich in der pharmazeutischen Produktion ist die Destillation für die Herstellung von „WFI-Wasser für Injektionszwecke" gemäß der gültigen Pharmakopöen USP 28 und EuroPharm zwingend vorgeschrieben.

10.2 Reinstwasseraufbereitungssysteme

Das mit Ionenaustauschern oder Reverse-Osmose-Systemen vorbehandelte Wasser (Reinwasser, DI-Wasser oder VE-Wasser genannt) wird erst im Reinstwasseraufbereitungssystem zum Endprodukt „Reinstwasser für Zellkulturmedien" hergestellt.

Die Aufbereitung von Reinstwasser erfolgt in Systemen, die mit speziell für diesen Zweck hergestellten, nicht wieder regenerierbaren **Spezialharzen** ausgerüstet sind.

Am Eingang befinden sich makroporöse Austauscher zur Bindung von Kolloiden und z. T. von Pyrogenen. Anschließend erfolgt eine Reinigung in einer Reinstharz-Stufe zur kompletten Reduzierung der gelösten Restionen und in einer weiteren Stufe werden in einem Gemisch aus Reinstharz und speziellen Adsorbern die restlichen organischen Bestandteile gebunden.

Außerdem besitzen viele Systeme eine **UV-Bestrahlungskammer** zur Entkeimung und Photooxidation. Diese Kammer befindet sich in der Regel zwischen der 3. und 4. Reinigungssäule der Spezialharze. Mit dem Strahlenspektrum der UV-Lampe von 245/182 nm werden organische Bestandteile fast vollständig aus dem Reinstwasser oxidiert, sodass ein Rest-TOC-Gehalt von 1–5 ppb einen kaum nachweisbaren Restorganikgehalt darstellt. Neben der Oxidation der organischen Bestandteile sorgt die UV-Kammer für eine keimtötende Wirkung im System. Jedoch muss darauf geachtet werden, dass die Betriebsstunden der UV-Lampe überwacht werden (Maximum ca. 3000 h) und es muss darauf hingewiesen werden, dass die UV-Strahlen z. B. Pyrogene nicht völlig zerstören können.

Zusätzlich beseitigt die **Ultrafiltrationsstufe (UF)** die letzten Spuren von Pyrogenen (bakterielles Endotoxin). Das eingekapselte Ultrafiltrationsmodul ist mit gleichförmigen Polysulfon-Hohlfasermembranen zur Rückhaltung von Pyrogenen und Partikeln ausgestattet. Somit erfolgt im Reinstwassersystem als letzte Stufe – nach den Spezialharzen und der UV-Kammer – eine letzte Hochreinigung als effiziente Maßnahme zur Pyrogenrückhaltung.

Abhängig von der Größe besitzen alle Reinstwassersysteme eine interne oder externe Ringleitung, in der das Wasser mittels einer Pumpe permanent oder in regelmäßigen Intervallen zirkuliert. Das Wasser wird dadurch ständig aufs Neue gereinigt, Rücklösungseffekte vermieden und an der Entnahmestelle eine gleich bleibend hohe Wasserreinheit gewährleistet. Am Ausgang des Systems befindet sich ein Endstellenfilter (z. B. 0,2 µm). Bei Systemen mit externer Rezirkulation (Dispenser, Entnahmepistole) befinden sich zusätzliche Filter an den Entnahmestellen (Abb. 10-1).

Die typischen Eigenschaften eines so produzierten Reinstwassers sind ebenfalls in Tab. 10-3 aufgelistet.

Die Messung des **spezifischen Widerstands**, über den maßgeblich die Güte des Reinstwassers bestimmt wird, erfolgt mit temperaturkompensierten Präzisionsmessgeräten (Widerstandsmessung: in MOhm × cm).

10 Reinstwasser für Zell- und Gewebekulturen

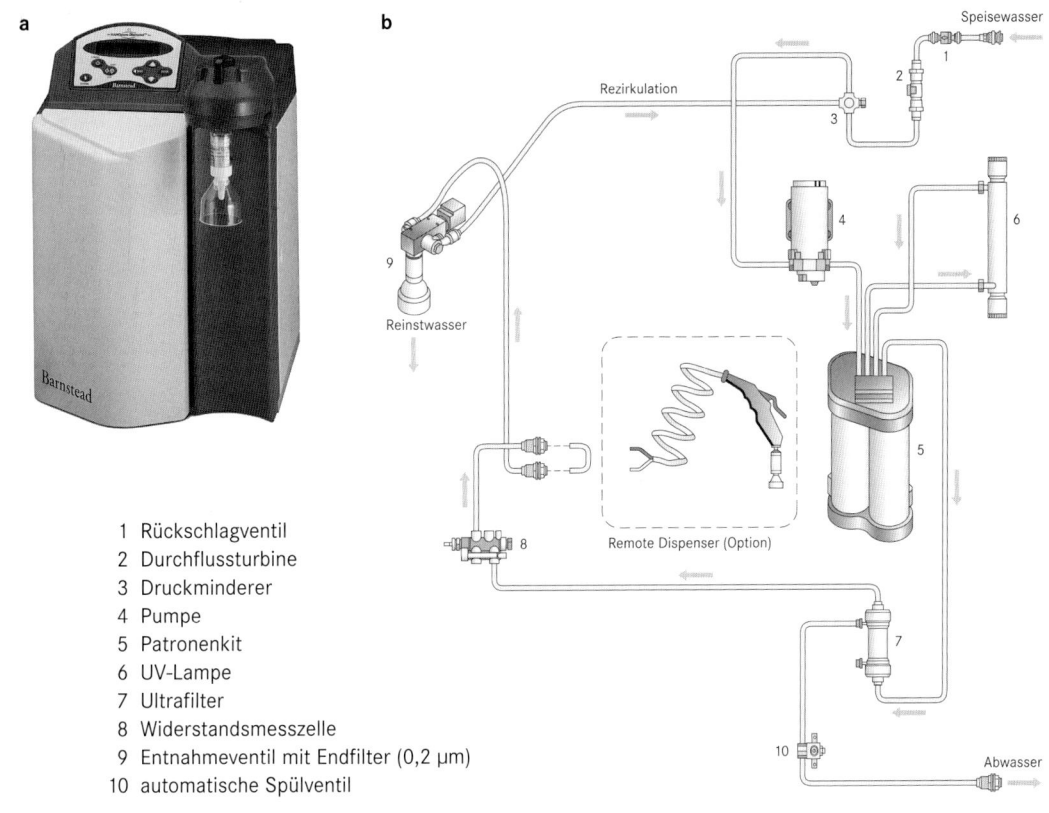

1 Rückschlagventil
2 Durchflussturbine
3 Druckminderer
4 Pumpe
5 Patronenkit
6 UV-Lampe
7 Ultrafilter
8 Widerstandsmesszelle
9 Entnahmeventil mit Endfilter (0,2 µm)
10 automatische Spülventil

Abb. 10-1 a Reinstwasseranlage NANOpure Diamond LifeScience (Barnstead, Vertrieb Werner GmbH).
b Schema Reinstwasseranlage NANOpure Diamond LifeScience.

Tab. 10-3 Vergleich verschiedener Wasseraufbereitungsverfahren bezüglich ihrer Reinigungswirkung.

Verfahren	Gelöste ionisierte Substanzen	Gelöste ionisierte Gase	Gelöste organische Substanzen	Partikel	Bakterien	Pyrogene
Destillation	v/w	k	w	v	v	v
Entionisierung	v	v	k	k	k	k
Umkehrosmose	w	k	w	v	v	v
Kohleadsorption	k	k	w	k	k	k
Filtration	k	k	k	v	v	k
Ultrafiltration	k	k	w	v	v	v
UV-Oxidation	k	k	w	k	w	k

v = vollständig oder nahezu vollständig, w = weitgehend, k = kaum oder nicht.

Die Inline-Überwachung der organischen Restverunreinigungen erfolgt mit sogenannte **TOC-Monitoren** (Messbereich 1–250 ppb TOC). Eine automatische Kontrolle des Pyrogengehalts des Reinstwassers ist nicht möglich. Hier muss auf die üblichen LAL-(Limulus-Amöben-Lysat)Tests zurückgegriffen werden.

Dem Betreiber von Reinstwassersystemen stehen eine ganze Reihe verschiedener Ionenaustauscher, Adsorber und Mischungen aus beiden in Patronen- oder Kartuschenform zur Verfügung, die herstellerabhängig in unterschiedlichen Formen und Mischungen angeboten werden.

10.3 Lagerung von Reinstwasser

Reinstwasser sollte als frisch hergestellte Chemikalie nicht gelagert werden, da allein die Kontamination aus der Luft z. B. mit CO_2 eine Verunreinigung darstellt. Nur eine Befüllung in kleinen Mengen in sterile Behältnisse ist unter aseptischen Bedingungen möglich. Besser ist es, stets frisch hergestelltes Reinstwasser zu verwenden. Hierfür sind die Reinstwassersysteme mit modernen Komforteigenschaften ausgestattet, sodass das Wasser z. B. über eine Volumendosierung genauestens abgefüllt werden kann (*volumetric dispense*) oder über eine Zeitprogrammierung ebenfalls im Dauerbetrieb entnommen werden kann.

In größeren Zentralanlagen, die im Prinzip wie die kleinen kompakten Reinstwasseranlagen aufgebaut sind, kann das Wasser in einer Ringleitung aus hochinerten Werkstoffen wie z. B. infrarotgeschweißtem PVDF ständig zirkulierend gelagert werden.

10.4 Wasser für Reinigungszwecke

Als letztes Spülwasser für Zellkulturartikel eignet sich Wasser der Qualität ASTM I–ASTM IV, das durch Destillation, Ionenaustausch, Umkehrosmose oder einer Kombination davon aufbereitet wurde; Leitungswasser hingegen wird nur für simple, vorhergehende Reinigungsschritte verwendet.

11 Literatur

Alberts B. et al. Molecular Biology of the Cell. 4th Ed., Garland Science, 2002.

Allgaier H. et al. Qualifizierung, Validierung und Betrieb eines Reinstwassersystems in der biotechnischen Produktion. Pharma-Technologie-Journal 4: 58-62, 1992.

ASTM, American Society for Testing and Materials: D1193-06 Standard Specification for Reagent Water. Annual Book of ASTM Standards, Vol. 11.01, April 2007, (http://www.astm.org).

Balda M.S. and Matter K. Epithelial cell adhesion and the regulation of gene expression. Trends Cell Biol. 13: 310-318, 2003.

Barnes D. and Sato G. Methods for growth of cultured cells in serum-free medium. Anal. Biochem. 102: 255-270, 1980a.

Barnes D. and Sato G. Serum-free cell culture: a unifying approach. Cell 22: 649-655, 1980b.

Barnes D., McKeehan W.L. and Sato G.H. Cellular Endocrinology: Integrated physiology in vitro. In Vitro Cell. Dev. Biol. 23: 659-662, 1987.

Barngrover D., Thomas J. and Thilly W.G. High density mammalian cell growth in Leibovitz bicarbonate-free medium: effects of fructose and galactose on culture biochemistry. J. Cell Sci. 78: 173-189, 1985.

Baumann C. Qualitätsanforderungen, Herstellverfahren und Einsatzbereiche für Pharma Wasser. Pharma-Technologie-Journal 4:. 4-10, 1992.

Belford D.A., Rogers M.-L., Regester G.O., Francis G.L., Smithers G.W., Liepe I.J., Priebe I.K and Ballard F.J. Milk-derived growth factors as serum supplements for the growth of fibroblasts and epithelial cells. In Vitro Cell. Dev. Biol. 31: 752-760, 1995.

Berg J.M., Tymoczko J.L. and Stryer L. Biochemistry. 6th Ed., W.H. Freeman, 2007.
Berthois Y., Katzenellenbogen J.A. and Katzenellenbogen B.S. Phenol red in tissue culture media is a weak estrogen: implications concerning the study of estrogen-responsive cells in culture. Proc. Natl. Acad. Sci. USA 83: 2496-2500, 1986.
Bettger W.J. and McKeehan W.L. Mechanisms of cellular nutrition. Physiol. Rev. 66: 1-35 1986.
Bjare U. Serum-free cell culture. Pharmac. Ther: 53, 355-374, 1992.
Bottenstein J., Hayashi I., Hutchings S., Masui H., Mather J., McClure D. B., Ohasa S., Rizzino A., Sato G., Serrero G., Wolfe R and Wu R. The growth of cells in serum-free hormone-supplemented media. Methods Enzymol. 58: 94-109, 1979.
Butler M. and Jenkins H. Nutritional aspects of the growth of animal cells in culture. J. Biotechnol. 12: 97-110, 1989.
DAB, Deutsches Arzneibuch, 10. Aufl. Deutscher Apotheker Verlag Stuttgart, 1996.
Dormont D. Transmissible spongiform encephalopathy agents and animal sera. Dev. Biol. Stand. 99: 25-34, 1999.
Eloit M. Risks of virus transmission associated with animal sera or substitutes and methods of control. Dev. Biol. Stand. 99: 9-16, 1999.
Even M.S., Sandusky C. B. and Barnard N.D. Serum-free hybridoma culture: ethical, scientific and safety considerations. Trends Biotechnol. 24: 105-108, 2006.
Falkner E., Appl H., Eder C., Losert U.M., Schöffl H. and Pfaller W. Serum free cell culture: the free access online database. Toxicol. In Vitro 20: 395-400, 2006.
Focus on Alternatives, UK, Website: http://www.focusonalternatives.org.uk/
Froud S.J. The development, benefits and disadvantages of serum-free media. Dev. Biol. Stand. 99: 157-166, 1999.
Galbraith D.N. Transmissible spongiform encephalopathies and tissue cell culture. Cytotechnology 39: 117-124, 2002.
Gilbert S.F. and Migeon B.R. D-Valine as a selective agent for normal human and rodent epithelial cells in culture. Cell 5: 11-17, 1975.
Gilbert S.F. and Migeon B.R. Renal enzymes in kidney cells selected by D-valine medium. J. Cell. Physiol. 92: 161-168, 1977.
Gospodarowicz D., Lepine J., Massoglia S. and Wood I. Comparison of the ability of basement membranes produced by corneal endothelial and mouse-derived endodermal PF-HR-9 cells to support the proliferation and differentiation of bovine kidney tubule epithelial cells in vitro. J. Cell Biol. 99: 947-961, 1984.
Gstraunthaler G. Alternatives to the use of fetal bovine serum: serum-free cell culture. ALTEX 20: 275-281, 2003.
Gstraunthaler G., Harris H.W. and Handler J.S. Precursors of ribose-5-phosphate suppress expression of glucose-regulated proteins in $LLC-PK_1$ cells. Am. J. Physiol. 252: C239-C243, 1987.
Gstraunthaler G., Landauer F. and Pfaller W. Ammoniagenesis in renal cell culture. Lack of extracellular ammoniagenesis at the apical surface of $LLC-PK_1$ epithelia. Renal Physiol. Biochem. 16: 203-211, 1993.
Gstraunthaler G., Seppi T. and Pfaller W. Impact of culture conditions, culture media volumes, and glucose content on metabolic properties of renal epithelial cell cultures. Are renal cells in tissue culture hypoxic? Cell. Physiol. Biochem. 9: 150-172, 1999.
Ham R.G. An improved nutrient solution for diploid Chinese hamster and human cell lines. Exp. Cell Res. 29: 515-526, 1963.
Ham R.G. Clonal growth of mammalian cells in a chemically defined, synthetic medium. Proc. Natl. Acad. Sci USA 53: 288-293, 1965.
Ham R.G. and McKeehan W.L. Media and growth requirements. Methods Enzymol. 58: 44-93, 1979.
Imamura T., Crespi C.L., Thilly W.G. and Brunengraber H. Fructose as a carbohydrate source yields stable pH and redox parameters in microcarrier cell culture. Anal. Biochem. 124: 353-358, 1982.
Jayme D.W. and Smith S.R. Media formulation options and manufacturing process controls to safeguard against introduction of animal origin contaminants in animal cell culture. Cytotechnology 33: 27-36, 2000.
Jayme D.W., Epstein D.A. and Conrad D.R. Fetal bovine serum alternatives. Nature 334: 547-548, 1988.
Jochems C.E.A., van der Valk J. B.F., Stafleu F.R. and Baumans V. The use of fetal bovine serum: ethical or scientific problem? ATLA 30: 219-227, 2002.
Klagsbrun M. Bovine colostrum supports the serum-free proliferation of epithelial cells but not of fibroblasts in long-term culture. J. Cell Biol. 84: 808-814, 1980.
Keenan J., Pearson D. and Clynes M. The role of recombinant proteins in the development of serum-free media. Cytotechnology 50: 49-56, 2006.
Kleinman H.K., Luckenbill-Edds L., Cannon F.W. and Sephel G.C. Use of extracellular matrix components for cell culture. Anal. Biochem. 166: 1-13, 1987.
Kleinman H.K., Philp D. and Hoffman M.P. Role of extracellular matrix in morphogenesis. Curr. Opin. Biotechnol. 14: 526-532, 2003.
Leibovitz A. The growth and maintenance of tissue-cell cultures in free gas exchange with the atmosphere. Am. J. Hyg. 78: 173-180, 1963.
Levintow L. and Eagle H. Biochemistry of cultured mammalian cells. Annu. Rev. Biochem. 30: 605-640, 1961.
Lodish et al. Molecular Cell Biology. 6th Ed., W.H. Freeman, 2008.

Lutolf M.P. and Hubbell J.A. Synthetic biomaterials as instructive extracellular microenvironments for morphogenesis in tissue engineering. Nature Biotechnol. 23: 47-55, 2005.

McCoy T.A., Maxwell M. and Kruse P.F. Amino acid requirements of the Novikoff hepatoma *in vitro*. Proc. Soc. Exp. Biol. Med. 100: 115-118, 1959.

McKeehan W.L., Barnes D., Reid L., Stanbridge E., Murakami H. and Sato G.H. Frontiers in mammalian cell culture. In Vitro Cell. Dev. Biol. 26: 9-23, 1990.

Merten O.-W. Safety issues of animal products used in serum-free media. Dev. Biol. Stand. 99: 167-180, 1999.

Merten O.-W. Virus contamination of cell cultures - a biotechnological view. Cytotechnology 39: 91-116, 2002.

Miner J.H. Renal basement membrane components. Kidney Int. 56: 2016-2024, 1999.

Moreno-Cuevas J.E. and Sirbasku D.A. Estrogen mitogenic action. I. Demonstration of estrogen-dependent MTW9/PL2 carcinogen-induced rat mammary tumor cells growth in serum-supplemented culture and technical implications. In Vitro Cell. Dev. Biol. 36: 410-427, 2000a.

Moreno-Cuevas J.E. and Sirbasku D.A. Estrogen mitogenic action. III. Is phenol red a "red herring"? In Vitro Cell. Dev. Biol. 36: 447-464, 2000b.

Morgan M.J. and Faik P. Carbohydrate metabolism in cultured animal cells. Bioscience Rep. 1: 669-686, 1981.

Morton H.J. A survey of commercially available tissue culture media. In Vitro 6: 89-108, 1970.

Muzik H., Shea M.E., Lin C.C., Jamro H., Cassol S., Jerry L.M. and Bryant L. Adaptation of human long-term B lymphoblastoid cell lines to chemicall defined, serum-free media. In Vitro 18: 515-524, 1982.

Nelson D.L. and Cox M.M. Lehninger Principles of Biochemistry. 5th Ed., W.H. Freeman, 2009.

Ohtsubo K. and Marth J.D. Glycosylation in cellular mechanisms of health and disease. Cell 126: 855-867, 2006.

Pakkanen R. and Neutra M. Bovine colostrum ultrafiltrate: an effective supplement of the culture of mouse-mouse hybridoma cells. J. Immunol. Meth. 169: 63-71, 1994.

Pazos P., Boveri M., Gennari A., Casado J., Fernandez F. and Prieto P. Culturing cells without serum: lessons learnt using molecules of plant origin. ALTEX 21: 67-72, 2004.

Pharm. Eur., European Pharmacopoeia, 4th edition. Maisonneuve S.A., Sainte-Ruffine, 2000.

Plattner H. und Hentschel J. Zellbiologie. 3. Aufl., Thieme-Verlag, 2006.

Pollack R. Readings in Mammalian Cell Culture. 2nd Ed., Cold Spring Harbor Laboratory, 1981.

Price P.J. and Gregory E.A. Relationship between in vitro growth promotion and biophysical and biochemical properties of the serum supplement. In Vitro 18: 576-584, 1982.

Reid L. and Rojkind M. New techniques for culturing differentiated cells: reconstituted basement membrane rafts. Methods Enzymol. 58: 263-278, 1979.

Reitzer L.J., Wice B.M. and Kennell D. Evidence that glutamine, not sugar, is the major energy source for cultured HeLa cells. J. Biol. Chem. 254: 2669-2676, 1979.

Ruoslahti E and Öbrink B. Common principles in cell adhesion. Exp. Cell Res. 227: 1-11, 1996.

Santoro M.G. Heat shock factors and the control of the stress response. Biochem. Pharmacol. 59: 55-63, 2000.

Sirbasku D.A. and Moreno-Cuevas J.E. Estrogen mitogenic action. II. Negative regulation of the steroid hormone-responsive growth of cell lines derived from human and rodent target tissue tumors and conceptual implications. In Vitro Cell. Dev. Biol. 36: 428-446, 2000.

Steimer K.S., Packard R., Holden D. and Klagsbrun M. The serum-free growth of cultured cells in bovine colostrum and in milk obtained later in the lactation period. J. Cell. Physiol. 109: 223-234, 1981.

Taub M. The use of defined media in cell and tissue culture. Toxicol. in Vitro 4: 213-225, 1990.

USP, United States Pharmacopoea, XXVIIIth edition. The United States Pharmacoperal Convention Inc., Rockville, MD., 2005.

van der Valk J., Mellor D., Brands R., Fischer R., Gruber F., Gstraunthaler G., Hellebrekers L., Hyllner J., Jonker F.H., Prieto P., M. Thalen and V. Baumans. The humane collection of fetal bovine serum and possibilities for serum-free cell and tissue culture. Toxicol. in Vitro 18: 1-12, 2004.

Voet D. and Voet J.G. Biochemistry, 3rd Ed., John Wiley & Sons, Inc., 2005.

Vukicevic S., Kleinman H.K., Luyten F.P., Roberts A. B., Roche N.S. and Reddi A.H. Identification of multiple active growth factors in Basement Membrane Matrigel suggests caution in interpretation of cellular activity related to extracellular matrix components. Exp. Cell Res. 202: 1-8. 1992.

Wessman S.J. and Levings R.L. Benefits and risks due to animal serum used in cell culture production. Dev. Biol. Stand. 99: 3-8, 1999.

Wice B.M., Reitzer L.J. and Kennell D. The continuous growth of vertebrate cells in the absence of sugar. J. Biol. Chem. 256: 7812-7819, 1981.

Wolffe A.P. and Tata J.R. Primary culture, cellular stress and differentiated function. FEBS Lett. 176: 8-15, 1984.

Yurchenco P.D. and Schittny J.C. Molecular architecture of basement membranes. FASEB J. 4: 1577-1590, 1990.

zet – Zentrum für Ersatz- und Ergänzungsmethoden zu Tierversuchen, Linz, Website: http://www.zet.or.at/

Zielke H.R., Zielke C.L. and Ozand P.T. Glutamine: a major energy source for cultured mammalian cells. Federation Proc. 43: 121-125, 1984.

III Routinemethoden zur allgemeinen Handhabung kultivierter Zellen

12 Mediumwechsel und Fütterungszyklen

13 Subkultivierung/Passagieren

14 Bestimmung allgemeiner Wachstumsparameter

15 Einfrieren, Lagerung und Versand von Zellen

16 Qualitätskontrolle und Cell Banking

17 Standardisierung in der Zellkultur (Good Cell Culture Practice)

18 Literatur

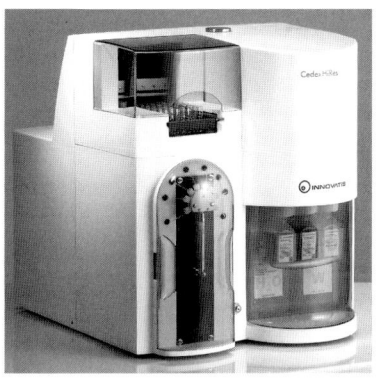

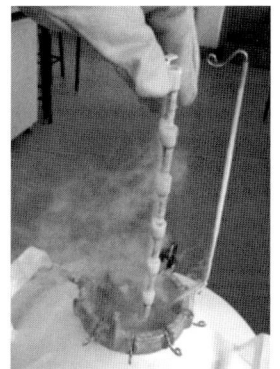

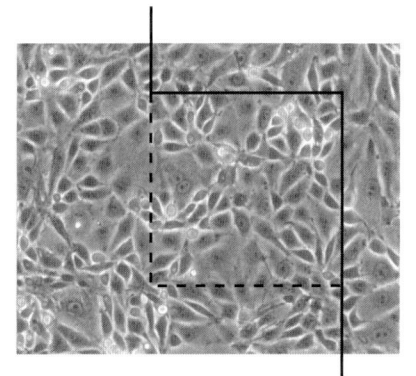

12 Mediumwechsel und Fütterungszyklen

12.1 Mediumwechsel bei Monolayerkulturen

Zelllinien, die als Monolayerkulturen in Petrischalen oder in Flaschen wachsen, benötigen zu ihrem Wachstum und zur Vitalitätserhaltung regelmäßigen Wechsel des Mediums, da bestimmte Bestandteile des Mediums einschließlich aller Zusätze entweder von den Zellen metabolisiert werden oder bei 37 °C im Laufe der Zeit zerfallen. Die Intervalle der Mediumerneuerung und der Subkultivierung variieren von Zelllinie zu Zelllinie, abhängig von Stoffwechselaktivität und Wachstumsgeschwindigkeit.

In einer statischen Kultur (*batch culture*) ändern sich die Kulturbedingungen fortwährend. Die Zellzahl nimmt ständig zu, bis Konfluenz erreicht ist (s. u.), die Konzentration an Nährstoffen (Glucose, Aminosäuren, u. a.) sinkt stetig ab, Stoffwechselendprodukte (z. B. Lactat, Ammoniak) häufen sich an. Dadurch ändert sich der pH-Wert des Mediums, vor allem aber der Redox-Status der Zellen. Diese Veränderungen verlaufen kontinuierlich während eines Fütterungsintervalls. Nach einem Mediumwechsel wird allerdings innerhalb kürzester Zeit die Stoffwechselsituation der Zellen wieder vollständig umgedreht (Abb. 12-1).

Um tiefgreifende Veränderungen der Medienzusammensetzung und damit der Stoffwechselsituation der Zellen zu vermeiden, ist es deshalb empfehlenswert, besonders von schlecht und sehr langsam wachsenden Zellen nur die Hälfte des Mediums abzuziehen und durch frisches Medium zu ersetzen. Dafür müssen eventuell die Fütterungsintervalle kürzer gewählt werden.

Die in Abb. 12-1 schematisch gezeigten Veränderungen der Medienzusammensetzung während der Fütterungszyklen in statischen Kulturen müssen besonders bedacht werden bei stoffwechselphysiologischen Versuchen (Kapitel 14.3.2) und bei der Zellernte, da der jeweilige Zeitpunkt, zu dem die Versuche durchgeführt bzw. die Zellen geerntet werden (z. B. frisch gefütterte Zellen gegenüber gehungerten Zellen), die Versuchsergebnisse und deren Reproduzierbarkeit entscheidend beeinflussen kann. Deshalb ist es ratsam, strikte Fütterungsprotokolle einzuhalten (Kapitel 16).

Auch langsam wachsende Zellen verbrauchen die Nährstoffe des Mediums, sodass auch ohne sichtbaren pH-Umschlag nach einiger Zeit ein Mediumwechsel vorzunehmen ist. Ein wöchentlicher Rhythmus von Montag – Donnerstag – Montag ist zu empfehlen.

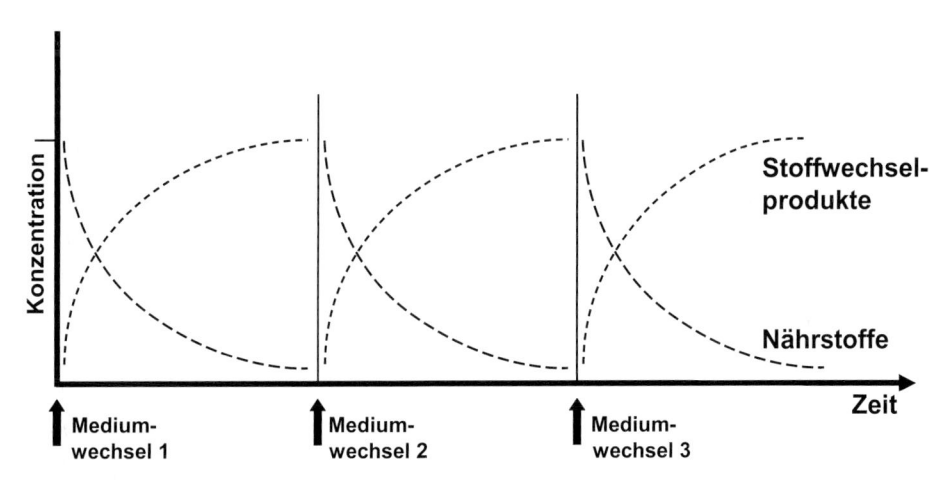

Abb. 12-1 Kinetik der zyklischen Veränderungen des Kulturmediums: Nährstoffverbrauch und Endproduktakkumulation während der Fütterungszyklen.

LLC-PK$_1$

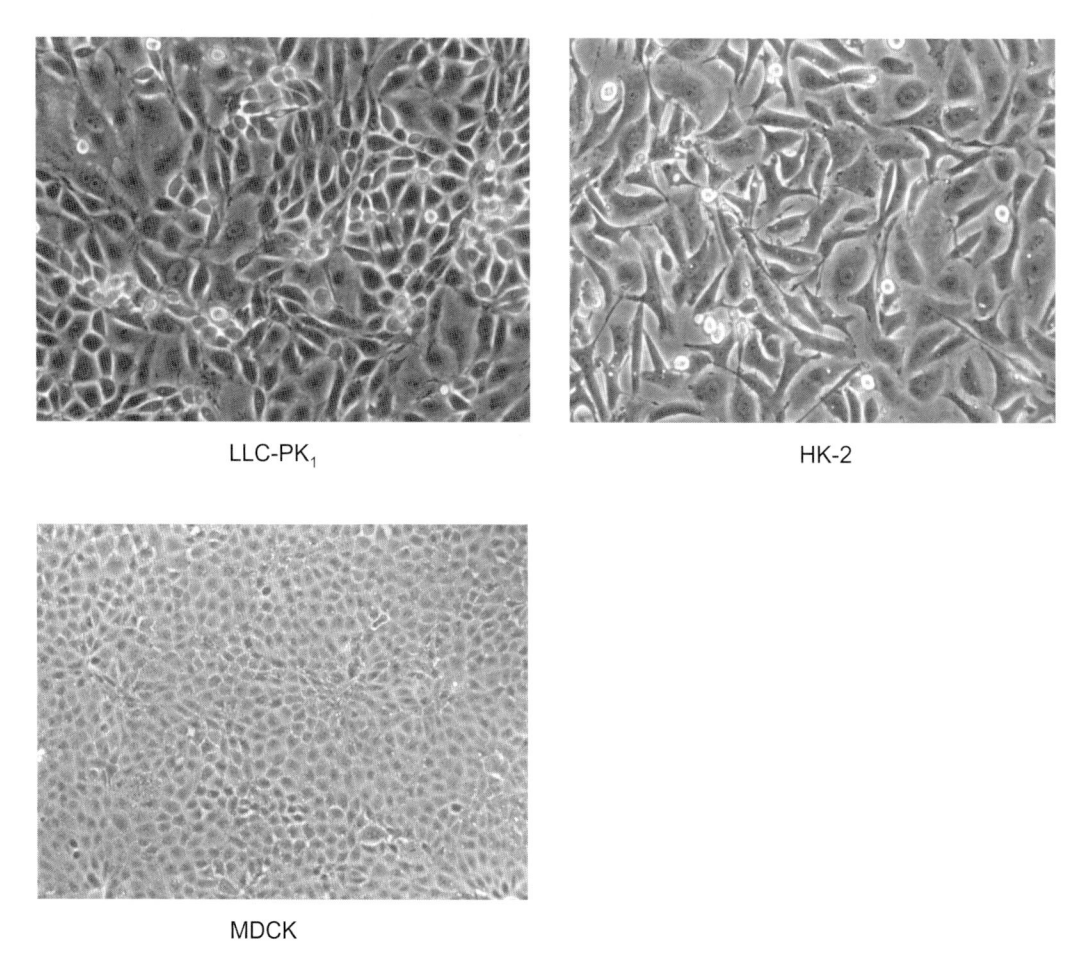

HK-2

MDCK

Abb. 12-2 Phasenkontrastmikroskopische Aufnahmen von konfluenten Epithelzellkulturen. Die Aufnahmen zeigen die unterschiedlichen morphologischen Erscheinungsmuster epithelialer Kulturen: LLC-PK$_1$-Zellen aus einer Schweineniere, humane HK-2 Nierenzellen und MDCK-Zellen aus der Niere eines Hundes (Vergr. 100×).

Bei schneller wachsenden Kulturen sollte das Medium in 48-h-Intervallen (Montag – Mittwoch – Freitag – Montag) gewechselt werden.

Es empfiehlt sich stets, vor oder nach jedem Mediumwechsel die Zellen unter dem Phasenkontrastmikroskop zu betrachten, um einen routinemäßigen Überblick über ihren jeweiligen Zustand der Vitalität, der Morphologie und anderer, möglicherweise für die einzelne Zelllinie wichtiger visueller Parameter zu erhalten.

Ist die gesamte Oberfläche mit den Zellen bedeckt, so bezeichnet man dies als Konfluenz. Dabei kann es von Zelllinie zu Zelllinie Unterschiede geben, wie sich ein konfluenter Monolayer unter mikroskopischer Betrachtung darstellt (Abb. 12-2).

Da sich die Zellen bei Erreichen der Konfluenz in engem Kontakt befinden und keinerlei freie Oberfläche als Substrat vorhanden ist, hören die meisten Zellen auf, sich zu teilen (Kontaktinhibition). Bei manchen Epithelzellen bzw. Kulturen von transportierenden Epithelien (Nierenepithelzelllinien oder intestinale Linien, Kapitel 21.1) kommt es durch den von apikal nach basolateral gerichteten Salz- und Flüssigkeitstransport zur Ausbildung sogenannter Dome. Dies sind flüssigkeitsgefüllte Blasen zwischen dem kultivierten Epithel und dem Boden des Kulturgefäßes (Abb. 21-1) (Gstraunthaler, 1988).

Je nach Fragestellung sollte bei strikt adhärenten Zelllinien die vollständige Konfluenz u. U. nicht abgewartet werden, bis man subkultiviert (Kapitel 13.1). Manche Epithelzelllinien (Kapitel 21.1) differenzieren jedoch erst bei dichter Konfluenz und beginnen evtl. Dome auszubilden (s. o.). Solche Zellen, z. B. Nierenepithel-Zellkulturen, können über 2 Wochen und länger in vollständiger Konfluenz weiterkultiviert werden (Gstraunthaler, 1988).

Die Zellen können allerdings auch, sofern ihre Vermehrung durch den engen Kontakt unterdrückt wird, eine Zeit lang in einem Medium mit geringem Serumgehalt aufbewahrt werden. Dieses Verfahren kann dazu verwendet werden, Kulturen nichttransformierten Ursprungs für eine bestimmte Zeit in „Ruhe" zu halten. Mit transformierten Zelllinien ist dies nicht möglich, da diese sich trotz des nach Konfluenz fehlenden Platzes weiter teilen und vermehren (fehlende Kontakthemmung).

Der Mediumwechsel wird nachfolgend als Beispiel für eine Routinemethode im Zellkulturlabor besprochen.

Mediumwechsel bei Monolayerkulturen

Ein Mediumwechsel bei strikt adhärenten Zellen (Monolayer) gestaltet sich relativ einfach: Das Kulturmedium wird abgesaugt oder abpipettiert und frisches Medium wird unmittelbar wieder zugegeben.

Üblicherweise sollte bei Monolayerkulturen ein Verhältnis von Medienvolumen zu Kulturoberfläche von 0,2–0,5 ml/cm^2 gewählt werden. Dies entspricht einer Medienhöhe von 2–5 mm, mit der die Zellen bedeckt sind. Die Medienhöhe – und damit das Medienvolumen im Kulturgefäß – ist ein kritischer Faktor in der Sauerstoffversorgung der Zellen, die sogenannte **oxygen transfer rate**, OTR (Kapitel 9.3) (Gstraunthaler et al., 1999).

Alle Arbeiten sind in einer Laminar-Flow-Reinraumbank (Kapitel 1.3.1) unter sterilen Bedingungen (Kapitel 2) durchzuführen.

Material:
- vorgewärmtes Kulturmedium (Wasserbad, 37 °C)
- Pasteurpipetten, steril, ungestopft
- sterile Pipetten (je nach Bedarf 5, 10, 25 ml), Pipettierhilfe
- Ethanol, 70%ig in Spritzflasche

- Mediumflasche aus dem Wasserbad nehmen, mit Alkohol abwischen und trocken in die Laminar-Flow-Bank stellen.
- Kulturen aus Inkubator nehmen und auf mögliche Kontaminationen mikroskopieren, nur eindeutig sterile Kulturen bearbeiten.
- Pipettencontainer mit Alkohol abwischen, in Werkbank stellen.
- Zu bearbeitende Kulturgefäße in die Werkbank stellen.
- Zum Absaugen des Mediums Pasteurpipette entnehmen, ohne mit der Spitze irgendwo anzustoßen (geschieht dies doch einmal, neue Pipette nehmen, niemals durch Abflammen zu „retten" versuchen); Pipette vorsichtig in den Schlauch zur Saugflasche stecken (Vakuumpumpe eingeschaltet!); Pipette nicht im unteren Teil berühren, Hand nicht über offenen Flaschen oder Schalen bewegen.
- Kulturflaschen nacheinander leicht schwenken, mit Pipette etwas schräg vom Boden Medium völlig absaugen; Monolayer nicht durch Berühren mit der Pipettenspitze beschädigen.
- Pasteurpipette zum Abfall geben.
- Aus der Mediumflasche Kulturmedium mit sterilen Pipetten entnehmen (Pipettierhilfe!) und entsprechendes Volumen in Kulturgefäße geben; bei Petrischalen Deckel leicht öffnen und Medium schräg einpipettieren, ohne den Monolayer zu verletzen; bei Kulturflaschen Medium auf der der Kultur gegenüberliegenden Flaschenseite ohne Schaumbildung einpipettieren, Pipette dabei bis unter den Hals einführen; Medium darf nicht das Innere des Halses berühren.

- Werden verschiedene Zelllinien im Labor gehalten, diese <u>nie</u> gleichzeitig bearbeiten (Gefahr einer Kreuzkontamination, Kapitel 2.8); zwischen den Arbeiten Werkbank (Arbeitsfläche und Seitenflächen) immer wieder mit 70%igen EtOH abwischen.
- Nach Beendigung der Arbeiten Absaugschlauch mit Alkohol durchspülen, dass keine Medienreste verbleiben (Gefahr von Bakterien- und Schimmelwachstum); Saugflasche sorgfältig ausspülen.

12.2 Mediumwechsel bei Suspensionskulturen

Die vorangegangene Vorschrift für den Mediumwechsel kann nicht ohne Weiteres für Suspensionskulturen, d. h. für solche Zellen, die kontinuierlich ohne feste Substratunterlage wachsen können (z. B. Tumorzellen o. Ä.), adaptiert werden.

Während die Sterilitätsvorkehrungen und alle anderen Maßnahmen ähnlich bzw. identisch sind, so ist es in der Regel eigentlich nicht notwendig, Mediumwechsel bei Suspensionskulturen durchzuführen. Man verfährt meist so, dass man, falls dies notwendig sein sollte, einfach neues Medium dem alten zugibt (Volumenerhöhung bei gleichzeitiger Verdünnung der Zellen), um die Zellen mit frischem Medium zu versorgen. Alternativ besteht auch die Möglichkeit, z. B. die Hälfte der Zellsuspension aus einer Kulturflasche abzuziehen und mit frischem Medium wieder aufzufüllen. Möglich ist auch eine sofortige Subkultivierung der Zellen, d. h. ein Transfer eines Aliquots in eine neue Flasche (Kapitel 13.2).

Falls dennoch nur ein Mediumwechsel notwendig sein sollte, ist es ratsam, die Zellen zunächst in der Flasche sedimentieren zu lassen, nur einen Teil des verbrauchten Mediums abzusaugen und diesen Teil dann durch frisches Medium zu ersetzen.

Mediumwechsel bei Suspensionskulturen

Material:
- Kulturflasche mit Suspensionskulturen
- vorgewärmtes Medium
- sterile Pipetten, Pasteurpipetten zum Absaugen, Absaugvorrichtung, etc. (s. o.)
- evtl. neue Kulturflaschen
- evtl. Zählkammer

- Die Kulturflaschen zunächst aufrecht in die sterile Werkbank stellen und die Zellen langsam sedimentieren lassen.
- Ca. 45 min warten, bis möglichst alle Zellen sich am Boden der Flasche befinden; falls die Zellen nicht sedimentieren, diese durch Zentrifugation (ca. $500 \times g$, 10 min) vom Medium trennen; die Kulturflaschen während der Sedimentationsphase geschlossen halten, um einen Anstieg des pH-Wertes zu vermeiden.
- Danach vorsichtig eine sterile Pasteurpipette, die mit einem Schlauch mit einer Absaugvorrichtung (s. o.) verbunden ist, bis an die Oberfläche des Mediums führen.
- Das verbrauchte Medium vorsichtig absaugen bis ca. die Hälfte des Mediums abgesaugt ist.
- Die gleiche Menge an frischem Medium zusetzen und die Kulturen wieder in den Brutschrank zurückstellen.

13 Subkultivierung/Passagieren

13.1 Subkultivierung von Monolayerkulturen

Ist die gesamte Wachstumsfläche von den kultivierten Zellen bedeckt (geschlossener, *konfluenter Monolayer*), so wachsen in der Regel strikt adhärente Zelllinien nicht mehr weiter. Tumorzellen und transformierte Zellen können zwar noch weiter wachsen, allerdings übersteigt die Zellzahl dann meist eine Grenze, bei der das Medium zu oft gewechselt werden müsste. Ferner sinkt bei zu hoher Zelldichte die Proliferationsrate stark ab. Dies kann zum Absterben der Kultur führen. Deshalb ist es notwendig, die Zellen nach erreichter Maximaldichte zu verdünnen. Dies geschieht durch das **„Passagieren"** der Zellen; d. h. die Zellen werden – meist durch enzymatische Verdauung – aus dem Monolayer herausgelöst, in Suspension gebracht und nach entsprechender Verdünnung in ein neues Kulturgefäß überführt.

„Passagieren" bedeutet ferner, dass sich die Anzahl der Subkultivierungen und damit die Passagezahl einer Kultur um 1 erhöht.

Es gibt heute eine ganze Reihe von Verfahren, die geeignet sind, Monolayerkulturen in Suspension zu bringen und in neue Kulturgefäße verdünnt zu überführen. Im nachfolgenden Abschnitt sind die derzeit gebräuchlichsten Verfahren kurz aufgeführt. Eine Zusammenfassung gibt Tabelle 13-1.

13.1.1 Abklopfen der Zellen (Shake-off-Verfahren)

Zellen, die relativ lose an das Substrat gebunden sind, sowie Zellen, die sich gerade in der Mitose befinden, können durch einfaches Abklopfen oder Schlagen an die Unterseite der Kulturschale sowie durch mehrfaches Spülen mit Medium in Suspension gebracht werden. Bei dieser sehr schonenden Prozedur ist die Zellausbeute meist gering. Es kann allerdings öfter wiederholt werden. 30- bis 60-minütige Vorinkubation der Zellen bei 4 °C kann die Zellausbeute zusätzlich erhöhen. Dieses Verfahren ist auch geeignet, synchron wachsende Zellen zu erhalten (Kapitel 22.4). Bevorzugte Zelllinien für dieses Verfahren sind die CHO-Zellen (Chinese Hamster Ovary, ATCC CCL-61) und einige Subzelllinien von HeLa-Zellen.

Shake-off-Verfahren

Material:
- Kulturflaschen mit konfluenten Kulturen
- sterile Zentrifugenröhrchen
- Tischzentrifuge
- Pipetten (steril), Pipettierhilfe
- Kulturmedium (vorgewärmt)
- Hämocytometer oder anderes Zellzählgerät

- Die Kulturflaschen mit den konfluenten Kulturen entweder direkt aus dem Brutschrank entnehmen oder 30 min geschlossen im Kühlschrank (bei 4 °C) aufbewahren und dann in den sterilen Arbeitsbereich überführen.
- Die Unterseite der Flasche durch kräftiges Klopfen mit dem Zeigefinger bearbeiten; alternativ seitlich an die Flasche mit dem Handballen klopfen, jedoch zu kräftiges Schütteln und Schaumbildung vermeiden.
- Das Kulturmedium aus dieser Flasche entweder direkt in mehrere neue Kulturflaschen überführen oder in sterile Zentrifugengläser füllen.

Tab. 13-1 Dissoziationsmethoden in der Subkultivierungsroutine.

Art der Kultur	Waschlösung	Dissoziationsmedium
Zahlreiche Zelllinien mit unbegrenzter Lebensdauer Diploide Zelllinien nach wenigen Passagen	Phosphatgepufferte Salzlösung (PBS) ohne Calcium (Ca) und Magnesium (Mg)	Trypsin 0,25 % in PBS ohne Calcium und Magnesium
Zelllinien mit unbegrenzter Lebensdauer, bei denen die Integrität der Zelloberflächenproteine wichtig ist	PBS ohne Calcium und Magnesium	0,05 % Trypsin und 0,53 mM EDTA in PBS ohne Calcium und Magnesium
Schwach adhärente, epitheliale Zellen Transformierte Fibroblasten Primäre Zellen, bei denen die Integrität der Zelloberflächenproteine wichtig ist	PBS ohne Calcium und Magnesium	0,05 % Trypsin und 0,53 mM EDTA in PBS ohne Calcium und Magnesium
Stark adhärente, diploide Zellen, nach wenigen Passagen	PBS ohne Calcium und Magnesium	Trypsin 0,25 % und 1 mM EDTA in PBS ohne Ca, Mg, Dispase 0,6–2,4 E/ml in PBS
Epitheliale Zellen	0,5–1 mM EDTA in PBS ohne Calcium und Magnesium	0,5–1 mM EDTA, Dispase 0,6–2,4 E/ml in PBS
Stark adhärente Zellen Epitheliale Zellen Einige Tumorzellen	0,5–1 mM EDTA in PBS ohne Calcium und Magnesium	Trypsin 0,25 % und 1 mM EDTA in PBS ohne Ca, Mg, Dispase 0,6–2,4 E/ml in PBS ohne Calcium und Magnesium
Kulturen mit mehreren Schichten Dichte Kulturen, kollagenreich	1 mM EDTA in PBS ohne Calcium und Magnesium	Trypsin 0,25 % in PBS ohne Calcium und Magnesium, Collagenase 200 E/ml _mit_ Calcium und Magnesium
Alle adhärenten Kulturen	PBS ohne Calcium und Magnesium	Mechanisches Abschaben der Zellen (nicht für Routinepassagierung, da diese Methode die Zellen beschädigt und verklumpen lässt)
Mitotische Zellen bzw. Zelllinien mit sehr schwacher Adhärenz	Kein	Keines – nur Klopfen oder Schütteln oder heftiges Pipettieren (dabei Schaumbildung vermeiden)

Bemerkung:
Serumzusatz hemmt nur Trypsinwirkung. Wenn im Dissoziationsmedium EDTA verwendet wird, ist eine Zentrifugation (ca. 5–10 min bei 300 × g) empfehlenswert.

- Die Prozedur kann innerhalb von 30 min wiederholt werden, nachdem den Zellen frisches Medium zugeführt worden ist.
- Die Zellen anschließend durch Zentrifugation (ca. 500 × g, 10 min) vom Medium trennen.
- Neues Medium den Zellen unter sterilen Bedingungen zugeben und die Suspensionen dann auf neue Kulturflaschen verteilen.
- Eine zusätzliche Variante dieses Verfahrens ist das Abspülen der Zellen mit Medium, wobei ein ähnlicher Effekt wie bei beim Abklopfen erreicht werden kann. Zusammen mit dem Abklopfen der Zellen kann durch das Abspülen die Zellausbeute noch gesteigert werden.

13.1.2 Passagieren der Zellen mit Trypsin bzw. Trypsin-EDTA

Die am weitesten verbreitete Methode, adhärente Zelllinien zu subkultivieren, ist der Gebrauch von Trypsin, eventuell in Verbindung mit EDTA (zum Komplexieren von Ca^{2+} und Mg^{2+}). Dabei ist darauf zu achten, dass die Zellen nicht zu lange mit dem Trypsin bzw. der Trypsin-EDTA-Lösung in Kontakt bleiben. Längere Einwirkzeiten können die Lebensfähigkeit der Zellen irreversibel schädigen. Ganz allgemein kann gesagt werden, dass EDTA (oder EGTA) als Ca^{2+}-Chelator vor allem die Zell-Zell-Verbindungen löst, während Trypsin die Zell-Matrix-Verbindungen andaut und die Zellen von der Kulturunterlage ablöst (*Detachment*).

Trypsin, eine alkalische Pankreasprotease aus den Bauchspeicheldrüsen von Rindern oder Schweinen isoliert, ist eine Endopeptidase, die Peptidbindungen am Carboxylende eines Lysin oder Arginin spaltet.

Kommerzielle Präparationen von Trypsin enthalten neben Trypsin noch andere proteolytisch aktive Enzyme, meist Chymotrypsin und Elastase, deren Gehalt von Charge zu Charge schwanken kann. Deshalb ist eine sorgfältige Prüfung jeder Trypsincharge vor der Anwendung auf die jeweilige Zelllinie notwendig. Es empfiehlt sich überhaupt, einen größeren Vorrat (für ca. 1 Jahr) von einer als gut getesteten Präparation zu aliquotieren und bei $-20\,°C$ einzufrieren.

Die Aktivität der meist noch ungereinigten Enzympräparation wird auch heute noch meist als 1 : 250 angegeben. Diese Aktivitätsbezeichnung bedeutet, dass 1 g Trypsin 250 g Casein verdauen kann. Daneben gibt es mittlerweile auch genauere Aktivitätsangaben in sogenannte BAEE-Einheiten. Näheres kann in den betreffenden Produktkatalogen nachgelesen werden.

Bevor man die Trypsinlösung einwirken lässt, sollten die Zellen mit phosphatgepufferter Salzlösung (PBS) – ohne Calcium und Magnesium – gewaschen werden. Dabei werden noch Reste des Serums abgespült, sowie die divalenten Kationen ausgewaschen. Geringe Spuren von serumhaltigem Medium können die Wirkung von Trypsin beeinträchtigen und die Zeit der Einwirkung auf die Zellen erheblich verlängern.

Prinzipiell können sowohl die PBS-Lösungen zum Vorwaschen und auch die Trypsinierungslösungen direkt auf den Zellrasen vorsichtig pipettiert werden. Jedoch ist zu bedenken, dass der Zellrasen, vornehmlich bei Epithelzellen, auf mechanische Einwirkungen, z. B. durch zu schnelles und direktes Pipettieren, sich schon lösen kann. Deshalb wird bei solchen empfindlichen Zellen empfohlen, alle Pipettierungen für die Passagierung nicht direkt auf die Zellen durchzuführen, sondern durch Drehen der Flaschen auf die zellfreie Oberseite zu pipettieren und danach die Flasche wieder vorsichtig zu drehen.

Beim Trypsinierungsprozess sollten die verwendeten Lösungen auf $37\,°C$ vorgewärmt werden. Diese Temperatur ist auch die optimale Temperatur für die Trypsinwirkung (Einwirkzeit zwischen 3 und 10 min). Das pH-Optimum für Trypsin liegt bei pH 7,6–7,8 (s. u.). Werden zum Trypsinieren die Kulturflaschen im CO_2-Brutschrank inkubiert, müssen die Flaschen fest verschlossen werden, dass es durch die CO_2-Atmosphäre zu keinen pH-Verschiebungen in saure Bereiche unterhalb des pH-Optimums kommt. Bei Petrischalen ist es ratsam, nichtbegasbare Brutschränke zum Trypsinieren zu verwenden, oder die Schalen bei Raumtemperatur unter der Werkbank zu halten.

Grundsätzlich kann der Trypsinierungsprozess auch bei $4\,°C$ oder bei Raumtemperatur durchgeführt werden. Bei $4\,°C$ sind die Trypsin bedingten Schädigungen an der Zelle relativ geringer, allerdings sind die Einwirkzeiten länger und die Zellen verklumpen leichter.

Die Trypsinkonzentration muss für jede Zelllinie zunächst bestimmt werden (Richtwerte: 0,25 % und 0,1 % ohne EDTA-Zusatz und zwischen 0,1 % und 0,025 % mit Zusatz von EDTA. Die Konzentration von EDTA beträgt gewöhnlich zwischen 0,1 und 0,01 Gewichtsprozent). Eine der gebräuchlichsten Lösungen zur Passagierung von Zelllinien ist derzeit eine Lösung aus Trypsin-EDTA, die aus 0,05 % Trypsin und 0,02 % EDTA in PBS-Lösung, pH 7,6 besteht (pH-Optimum des im Basischen wirkenden Trypsins). Diese Kombination ermöglicht es, die Einwirkdauer nochmals zu reduzieren, um die Zellen von ihrer Unterlage zu lösen.

Der Trypsinierungsprozess sollte im Umkehrmikroskop unter Phasenkontrast beobachtet werden, um die optimale Einwirkzeit für jede Zelllinie genau feststellen zu können. Diese ist gegeben, wenn die Mehrzahl der Zellen sich von der Unterlage abgehoben hat und abgerundet in der Trypsinierungslösung schwimmt.

Achtung: Es sollte darauf geachtet werden, dass der Trypsinierungsprozess vollständig abläuft, d. h. dass möglichst alle Zellen abgelöst sind und sich im Trypsinfilm in Suspension befinden. Bleiben immer wieder größere Inseln nichttrypsinierter Zellen zurück und werden nur die ersten sich ablösenden Zellen abgespült und subkultiviert, kommt es zu einer **unerwünschten Selektion** schlecht haftender Zellen einer Kultur.

Mittels einer Pipette werden die noch lose anhaftenden Zellen abgespült, gut mit der Pipette suspendiert und in ein Zentrifugenglas gegeben, das Medium mit Serumzusatz enthält. Serum bewirkt eine sofortige Inaktivierung des Trypsins (Trypsininhibitoren, Tab. 7-4) und vermag auch teilweise das cytotoxische EDTA zu binden. Es ist ratsam, die Zellen jetzt nochmals zu zentrifugieren, das Trypsin-EDTA-Serummedium abzupipettieren und frisches Medium aufzufüllen, da Reste von EDTA die Anheftung der Zellen verlangsamen und im Cytoplasma die subtile Regulation der Calcium-Homöostase stören können.

Bei besonders empfindlichen Zelllinien kann die Trypsineinwirkung derart reduziert werden, dass ein Vorspülen mit PBS (ohne Ca^{2+}/Mg^{2+}), das 1 mM EDTA enthält, erfolgt und anschließend die Trypsin-EDTA-Lösung nur kurz auf den Zellen bleibt (ca. 1 min), um dann diese Lösung mittels einer Pasteurpipette abzusaugen. Die verbleibende Menge an adsorbierter Dissoziationslösung reicht aus, um nach 5–10 min oft schon bei Raumtemperatur die Zellen abzulösen.

Es sollten jedoch keine Anstrengungen gemacht werden, mittels Zugabe von neuem Medium die Zellen vorzeitig zu dissoziieren, ein Verklumpen der Zellen könnte daraus leicht resultieren. Jedoch kann mit dieser Methode meist auf die Zentrifugation verzichtet werden.

Das Aussäen der Zellen in neue Kulturgefäße erfolgt nach einem Verdünnungsfaktor (*split ratio*), dessen Optimum für jede Zelllinie vorher bestimmt werden muss (Richtwerte: 1:2 bis 1:5 bei normalen diploiden Zellen, 1:5 bis 1:15 bei transformierten Zelllinien).

Passagieren mit Trypsinlösung

Material:
- Kulturflasche mit konfluent gewachsenen Zellen
- Waschlösung: PBS ohne Ca^{2+}/Mg^{2+} (steril)
- Trypsinlösung in PBS (0,25%) oder Trypsin-EDTA
- vorgewärmtes Kulturmedium
- Pipetten (steril), Pipettierhilfe
- neue Kulturflaschen

- Die auf 37 °C erwärmte Trypsinlösung (erst kurz vor Gebrauch auf 37 °C bringen! Gefahr von Inaktivierung durch Eigenverdau), nach sorgfältigem Abziehen des alten Mediums und einer mindestens einmaligen Waschung der Zellen mit PBS, auf die Zellen geben (ca. 5 ml zu einer 75-cm^2-Kulturflasche); Flasche verschließen und kurz schwenken, um die Verteilung der Trypsinlösung zu gewährleisten.
- Flasche fest verschließen und kurz (ca. 1 min) in den Brutschrank bei 37 °C stellen.
- Danach die Trypsinlösung vorsichtig abziehen, sodass ein leichter Trypsinfilm auf dem Monolayer verbleibt. Die Flasche wieder in den Brutschrank zurückstellen und nach 10 bzw. 15 min die Ablösung der Zellen beobachten.
- Frisches Medium mit 10% Serumzusatz zu den Zellen geben und die Zellen mit dem Medium von der Unterlage abspülen. Durch vorsichtiges Auf- und Abpipettieren vorhandene Zellklumpen suspendieren.

- Je nach gewünschter Verdünnung (mittels Zellzahlbestimmung, Kapitel 14.2, oder nach vorgegebenem Verteilungsverhältnis = *split ratio*) die Zellsuspension in neue Kulturflaschen geben; die Kulturflaschen mit neuem Medium auf das gewünschte Volumen auffüllen (ca. 15–20 ml für eine 75- cm^2-Kulturflasche) und sofort in den Brutschrank zurückstellen.

Passagieren mit Trypsin-EDTA-Lösung

Material:
- Kulturflasche mit konfluent gewachsenen Zellen (Monolayer)
- sterile 15 ml Zentrifugenröhrchen
- Trypsin-EDTA-Lösung (0,05% Trypsin/0,02% EDTA, 37 °C)
- vorgewärmtes Kulturmedium
- sterile Pipetten, Pipettierhilfe
- Labor- bzw. Tischzentrifuge

- Die Zellen mit warmer PBS-Lösung waschen, dann eine kleine Menge Trypsin-EDTA-Lösung zugeben, ein dünner Flüssigkeitsfilm genügt.
- Die Zellen bei 37 °C für ca. 3–10 min inkubieren.
- Die Zellsuspension mittels einer sterilen Pipette aufnehmen und in Zentrifugenröhrchen geben, das mindestens die doppelte Menge an frischem Medium mit Serumzusatz enthält.
- Die Zellsuspension bei 300 × g für 5 min zentrifugieren, mit neuem Medium aufnehmen, Zellzahl bestimmen (Kapitel 14.2) und auf neue Kulturflaschen verteilen.

Modifikation beim Passagieren serumfreier Zellkulturen

Durch die im fetalen Kälberserum enthaltenen Proteaseinhibitoren (Tab. 7-4) wird nach Zugabe serumhaltigen Mediums der Trypsinisierungsprozess sofort gestoppt. Bei serumfreier Zellkultur (Kapitel 8) muss daher vor dem Aussäen ein Inaktivierungs- und Waschschritt mit einem pflanzlichen Trypsininhibitor zwischengeschaltet werden.

Material:
- Soybean Trypsininhibitor (SIGMA T6522), in serumfreiem Medium in einer Konzentration von 1 mg/ml lösen und sterilfiltrieren

- Nach dem Trypsinieren Zellen in 1 ml Trypsininhibitor pro ml Trypsinlösung aufnehmen.
- Zellen bei 300 × g für 5 min zentrifugieren, Überstand vollständig absaugen.
- Zellpellet in serumfreiem Medium resuspendieren.
- Suspension auf neue Kulturgefäße entsprechend aufteilen.

13.1.3 Passagieren von Monolayerkulturen mit anderen proteoloytischen Enzympräparationen

Weitere Enzympräparationen zur Dissoziation von Monolayerkulturen sind Collagenase-, Dispase- und Pronasepräparationen.

Collagenase ist eine neutrale Protease, die Kollagen, die Hauptkomponente des tierischen extrazellulären Bindegewebes, zu spalten vermag. Es wird vor allem in der Gewebe- und Zellkultur zur Gewinnung von Primärkulturen angewandt (Kapitel 19.1), allerdings auch zur schonenden Subkultivierung besonders empfindlicher Zellen. Das Enzym hat in der käuflichen Form meist noch andere proteolytische Nebenaktivitäten, die genau definiert sind. Collagenase kann in Verbindung mit anderen Enzymen, wie Trypsin, Elastase und Hyaluronidase zur Dissoziation besonders kollagenreicher Bindegewebszellen verwendet werden. Es benötigt zur Aktivität Ca^{2+}-Ionen. Neuerdings sind auch ausgewählte Mischungen bakterieller Collagenasen unter dem Handelsnamen *Liberase*

(Roche Diagnostics) auf dem Markt (**www.collagenase.com**). Umfangreiche Information der Firma *Worthington Biochemical Corp.* finden sich auch unter **www.tissuedissociation.com**.

Die Konzentration von Collagenase zur Dissoziation von Monolayerkulturen kann zwischen 0,1 und 1% variiert werden, je nach Zelllinie und Einwirkdauer. Eine mikroskopische Betrachtung der Zellen ist hier ebenfalls unbedingt notwendig. Ferner muss darauf hingewiesen werden, dass Serumzusatz bzw. frisches Medium mit Serumzusatz die Aktivität der Collagenase nicht stoppen kann, sodass eine sofortige Zentrifugation der Zellsuspension nach Collagenasebehandlung unbedingt notwendig ist.

Weitere neutrale proteolytisch wirksame Enzyme, die zur Dissoziation von Monolayerkulturen verwandt werden können, sind **Dispase** und **Pronase**, ferner **Elastase** und **Hyaluronidase**, wobei vor allem bei sehr empfindlichen Monolayerkulturen das Enzym Dispase häufig Anwendung findet. Auch diese Enzyme werden nicht durch Serum in ihrer Aktivität gestoppt. Nachfolgend sind die wichtigsten Proteasen nach ihrer Wirksamkeit, Zellen abzulösen, aufgelistet:

- Trypsin
  - Papain*
    - Elastase
      - Pronase
        - Accutase^{TM}**
          - Hyaluronidase
            - Collagenase Typ 2
              - Collagenase Typ 1
                - Collagenase Typ 4
                  - Collagenase Typ 3
                    - Dispase (neutrale Protease)
                      - Desoxyribonuclease (DNase)

* Pflanzliche Protease
** nicht definierte Enzymmischung (nichtbakteriell und nicht von Säugern stammend)

Die restlichen Enzyme werden derzeit nur in einigen wenigen Spezialfällen verwendet. Die generelle Konzentration dieser Enzyme liegt je nach Aktivität und Reinheit der Präparation bei der Suspendierung von Monolayerkulturen zwischen 0,1 und 1 mg/ml Lösung. DNAse dient der Verdauung externer DNA, welche die Verklumpung der Zellen fördert. Sie wird nur in Verbindung mit anderen Proteasen verwendet.

Ferner werden sogenannte Fertigmischungen zur Passagierung von Monolayerkulturen angeboten, die für manche Zellen durchaus vorteilhaft sein können. Es wird jedoch darauf hingewiesen, dass nur solche Mischungen verwendbar sind, deren Zusammensetzung genau bekannt ist und zudem nicht von Charge zu Charge variieren.

Passagieren von Monolayerkulturen mit Dispase

Dispase ist eine neutrale Protease bakteriellen Ursprungs (von *Bacillus polymyxa*). Die Peptidasereaktion verläuft sehr schonend, weshalb sich Dispase gut zur Subkultivierung empfindlicher epithelialer Zellen eignet, da die Zellmembranen nicht angegriffen werden. Es muss allerdings beachtet werden, dass Epithelzellen durch Dispase leicht von der Unterlage gelöst, die Zellen u. U. aber nicht vollständig voneinander getrennt werden (Klumpenbildung!).

Material: • Dispaselösung: Die lyophilisierte Dispase sollte für Monolayerkulturen in einer Aktivität von 0,6–2,4 Einheiten (U)/ml PBS (ohne Ca^{2+} und Mg^{2+}) verwendet werden

- Die Kulturen zunächst mit einer Schicht von auf 37 °C erwärmter Dispaselösung bedecken und 5 min im Brutschrank inkubieren.
- Die Lösung vorsichtig abziehen bzw. dekantieren und weitere 10 min bei 37 °C im Brutschrank inkubieren. Ablauf der Proteasereaktion mikroskopisch verfolgen.
- Medium nachpipettieren und sofort bei 300 × g 10 min abzentrifugieren.
- Das Zentrifugat zweimal mit frischem Medium waschen und in der gewünschten Verdünnung in neue Kulturgefäße geben.
- Epithelzelllinien sollten nach der Dissoziation gut durchpipettiert werden, um evtl. auftretende Verklumpungen zu vermeiden.
- Während der nächsten 24 h sollten keine Medienwechsel oder andere Manipulationen mit den frisch eingesäten Zellen erfolgen.

13.1.4 Passagieren von Monolayerkulturen durch Abschaben

Prinzipiell ist eine mechanische Dissoziation von Monolayerkulturen zum Zweck der Subkultivierung ungeeignet, da die Zellen durch die mechanischen Einflüsse zu sehr geschädigt werden. Es gibt allerdings bestimmte Fragestellungen, besonders bei der Erforschung der Zellmembran, wo es durchaus denkbar ist, anstelle von Trypsin und anderen proteolytisch wirksamen Proteinen mechanische Verfahren heranzuziehen, um enzymatisch bedingte Veränderungen an der Zellmembran auszuschließen. Für diesen Zweck gibt es spezielle **Gummischaber** (*rubber policeman*) im Laborhandel. Man kann sich solche Schaber allerdings auch selbst herstellen, indem man einen Glasstab unter Erhitzen etwas abwinkelt und den kürzeren abgewinkelten Teil mit einem weichen Silikonschlauch umgibt. Ein solcher Zellschaber ist nach Autoklavierung für viele Anwendungen einsetzbar, wobei der Silikonschlauch leicht ausgetauscht werden kann.

Passagieren durch Abschaben

Material: • Gummischaber (steril)

- Die Monolayerkulturen zunächst vom alten Medium befreien und zweimal mit PBS (ohne Ca^{2+} und Mg^{2+}) sorgfältig waschen.
- Danach entweder normales Wachstumsmedium oder PBS (ohne Ca^{2+} und Mg^{2+}) auf die Zellen geben und mit dem sterilen Schaber die Zellen von oben nach unten vorsichtig abschaben; den Zellschaber vorsichtig im Medium schwenken, um evtl. anhaftende Zellen noch abzulösen.
- Die Zellsuspension mittels einer Pipette noch einige Male vorsichtig durchmischen, um bei dieser Prozedur leicht auftretende Zellklumpen aufzulösen.
- Anschließend direkt in neue Flaschen aussäen bzw. die Zellen nach Abzentrifugation mit neuem Medium suspendieren und aussäen.

13.1.5 Einsäen der Zellen

Die **Einsaatdichte** (*seeding density*) ist eine kritische Größe, welche nicht unterschritten werden darf, da die Kultur u. U. nicht mehr anwächst. Als Richtwert wird eine Inokulumsgröße von 10^4–10^5 Zellen/ml angesehen. Als Ursachen für die Probleme beim Unterschreiten einer kritischen Einsaatdichte werden genannt: (**a**) Zellen benötigen sofort wieder einen direkten Kontakt zueinander (Zell-Zell-Kontakt, Abb. 5-1), und (**b**) die Zellen konditionieren das Kulturmedium durch Sekretion spezifischer Wachstumsfaktoren. Dies erklärt auch die sehr niedrigen Einsaatdichten bei transformierten Zellen, die nicht auf exogene Wuchsfaktoren angewiesen sind. Die eingesetzte Zellzahl wirkt sich auch auf die Dauer der lag-Phase aus (Zellzyklus, s. Anhang, Kap. 35.2.9). Sehr niedrige Zelldichten werden bei der Bestimmung der **Anheftungseffizienz** gewählt (Kapitel 14.4.4). Besondere Kulturmaßnahmen müssen auch beim **Klonieren** von Säugerzellen getroffen werden (Kapitel 22.2).

Sind die Zellen in der vorher bestimmten Zelldichte in die Kulturflasche eingesät, wird noch frisches, auf 37 °C erwärmtes Medium zugefügt. Hierbei ist darauf zu achten, dass die Menge des eingesetzten Mediums zwischen 0,2 und 0,5 ml pro cm^2 Wachstumsfläche liegt.

Die **Kulturflaschen** (Kapitel 6) zur routinemäßigen Subkultivierung von adhärenten Zellen bestehen entweder aus Spezialglas oder aus Polystyrol. Die Oberflächen sind gut geeignet, adhärenten Zellen als Substrat zur Anheftung zu dienen. So ist meist eine weitere spezielle Vorbehandlung der Kulturflaschen nicht mehr nötig.

Es hat sich allerdings gezeigt, dass für bestimmte empfindliche Zelllinien eine Vorbehandlung der Kulturflaschen die Anheftung der Zellen fördern kann. Für Routinezwecke ist eine Vorbehandlung der Flasche mit einem dünnen Film von fetalem Kälberserum günstig, man kann allerdings auch konditioniertes Medium der gleichen Zelllinie verwenden. Für bestimmte Fragestellungen ist auch Polylysin geeignet, während eine Beschichtung mit Kollagen, Fibronectin, Laminin oder anderer ECM (extrazelluläre Matrix) nur für spezielle und ausgewählte Einzelfälle wegen des relativ großen Aufwands und der damit verbundenen Kosten zu empfehlen ist (Kapitel 6.6).

Nach dem Einsäen der Zellen und Auffüllen mit frischem Medium sollten die Zellen sofort zurück in den Brutschrank gestellt werden, wobei die Schraubverschlüsse der Flaschen bei CO_2-Begasung leicht geöffnet sein können, um ungehinderten Gasaustausch zu gewährleisten. Neuere Modelle von Kulturflaschen sind bereits mit gasdurchlässigen Schraubkappen ausgestattet (Abb. 6-4).

Die Kulturen sollten in den nächsten 24 h nicht aus dem Brutschrank genommen noch sollte an ihnen manipuliert werden, um den initialen Anheftungsprozess nicht zu stören. Aus diesem Grunde sollte auch in den nächsten 48 h kein Mediumwechsel erfolgen, um eine für das Wachstum notwendige „Konditionierung" des Mediums zu erreichen.

Nach zwei oder drei Tagen, je nach initialer Zelldichte, können die Zellen unter dem Phasenkontrastmikroskop betrachtet werden, um Wachstum und Zelldichte zu beobachten bzw. Kontaminationsfreiheit zu kontrollieren. Der pH-Wert des Mediums kann am Farbumschlag des Phenolrotindikators (Kapitel 9.4.3) abgelesen werden. Eine Farbveränderung von rot zu gelblich-orange zeigt meist gutes Wachstum der Kultur an und rührt von der Metabolisierung von Glucose zu Lactat her.

13.2 Subkultivierung von Suspensionskulturen

Wesentlicher einfacher gestaltet sich die Subkultivierung von Zellen, die in Suspension wachsen. Bei tierischen Zellen handelt es sich meist um transformierte Zelllinien, während kultivierte Pflanzenzellen (Teil V) in der Regel als Suspensionskulturen wachsen. Die Subkultivierung solcher Zellen kann ohne die Einwirkung von Enzymen oder mechanische Hilfsmittel einfach mittels Verdünnung des Mediums durchgeführt werden. Das alte Medium muss dabei nicht vollständig durch frisches ersetzt werden, noch müssen die Zellen u. U. zentrifugiert werden.

Ein einfaches Vorgehen läuft dergestalt, dass ein Aliquot der dicht gewachsenen Zellsuspension abpipettiert und, mit frischem Medium versetzt, auf neue Kulturgefäße aufgeteilt wird.

> **Subkultivierung von Suspensionskulturen**
>
> Material:
> - Suspensionskultur
> - sterile Kulturflaschen
> - Medium
> - Pipetten (steril)
>
> - Die Suspensionskultur, die entweder in Flaschen oder in speziell dafür geeigneten Gefäßen gehalten wird, gut durchmischen, um einheitliche Zellzahlen zu erzielen.
> - Die gewünschte Menge an Zellen mittels einer sterilen Pipette entnehmen und in die neue Flasche, die bereits vorgewärmtes, frisches Medium enthält, unter sterilen Bedingungen pipettieren; die Zellzahl so einstellen, dass für langsamer wachsende Kulturen (Generationszeit von 24–48 h) eine Zelldichte von 10^5 Zellen pro ml nicht unterschritten wird; bei schneller wachsenden Kulturen (Generationszeit 12–18 h) genügen 10^4 Zellen pro ml.

14 Bestimmung allgemeiner Wachstumsparameter

Das morphologische Erscheinungsbild (epitheloid oder fibroblastenartig), aber auch generelle Wachstumsparameter, wie Proliferationsrate oder allgemeine Stoffwechselparameter, sind spezifische, äußere Charakteristika einer jeden Zellkultur, von Primärkulturen bis zu kontinuierlichen Linien. Diese charakteristischen Eckpunkte einer Kultur sind rasch und einfach zu erheben und sollten im täglichen Routinebetrieb regelmäßig kontrolliert werden. Zellzählung und Vitalitätsbestimmung spielen bei der Qualitätskontrolle von Zellkultursystemen eine zentrale Rolle.

14.1 Mikroskopische Betrachtung der Kulturen

Zur routinemäßigen Kontrolle der Kulturen gehört die tägliche Betrachtung des Zustandes der kultivierten Zellen im Mikroskop. Dazu bedarf es eines sogenannten Umkehr- oder Inversmikroskops mit Phasenkontrasteinrichtung, das die Betrachtung der Kulturen im geschlossenen Kulturgefäß unter sterilen Bedingungen erlaubt (Kapitel 1.3.2.2).

Um routinemäßig den morphologischen Zustand der Zellen zu beurteilen, genügt meist schon ein erster Blick ins Mikroskop. Morphologische Veränderungen der kultivierten Zellen sind oft die ersten Anzeichen für auftretende Probleme oder Krisen in der Kultur, wie ungleichmäßiges Wachstums- und Proliferationsverhalten (z. B. Ringe oder Vibrationen), spontane Zellveränderungen durch Transformation (Kapitel 19.4), plötzlicher Zelltod (Apoptose) (Kapitel 19.3) oder Alterung und Seneszenz der Kultur (Kapitel 19.2). Auch Kontaminationen durch Bakterien oder Hefen können schon nach einem Tag im Mikroskop festgestellt werden. Unterscheiden sich verschiedene Kulturen in Wuchsverhalten und Morphologie weit genug voneinander, können u. U. auch Kreuzkontaminationen (Kapitel 2.8) bereits mikroskopisch rechtzeitig entdeckt werden.

Es ist deshalb ratsam, sich mit der Morphologie und dem Wachstumsverhalten aller im Labor gehaltenen Kulturen bzw. Zelllinien möglichst vertraut zu machen, sodass jegliche Abweichungen von der Norm sofort entdeckt werden können. Des Weiteren empfiehlt sich, eine ausführliche Fotoserie der einzelnen Kulturen anzulegen, zu verschiedenen Passagen, aber auch zu verschiedenen Zeitpunkten nach dem Passagieren bzw. zu verschiedenen Stadien der Konfluenz (s. Abb. 12-2 und 21-6). So kann bei Verdacht auf Unregelmäßigkeiten immer auf eine Fotodokumentation zurück-

- Mindestens 4 große Quadrate auszählen und den Mittelwert errechnen; dabei darauf achten, dass Zellen, die auf den Linien liegen, nicht zweimal gezählt werden; dies kann dadurch vermieden werden, dass nur solche Zellen mitgezählt werden, die oben und links vom Betrachter auf den Linien liegen (Abb. 14-2, schwarz) (Kapitel 14.2.3).
- Die Berechnung der Zellzahl folgendermaßen vornehmen: den Mittelwert aus den vier großen Quadraten mit 10^4 multiplizieren, dies ergibt die Zellkonzentration pro Milliliter; die Gesamtzellzahl ergibt sich aus dem Volumen der Zellsuspension mal der Zellzahl pro ml (Verdünnungsfaktor der Zellsuspension berücksichtigen!).
- Mögliche Fehlerquellen bei der Zählung sind meist auf eine unkorrekte oder mangelhafte Durchmischung der Zellsuspension zurückzuführen oder die Zellsuspension war zu verdünnt (zu wenige Zellen pro großes Quadrat) oder zu dicht (über 1000 Zellen pro großes Quadrat).

14.2.2 Zellzählung mit elektronischen Zählgeräten

Bei der elektronischen Zellzählung haben sich zwei unterschiedliche Messprinzipien etabliert.

Bei den optisch-basierten Zellzählern werden die Zellen ähnlich wie im Hämocytometer in eine Durchflusszelle aus Glas injiziert. Mit einem Mikroskop und einer Kamera werden digitale Bilder aufgenommen, gespeichert und über eine digitale Bildanalyse ausgewertet. Die verwendeten Algorithmen erlauben die Klassifizierung und Zählung der erkannten Objekte.

Elektrisch-basierte Zellzähler arbeiten nach dem Widerstandsmessprinzip (ISO 13319). Die Zellen werden in isotoner Elektrolytlösung suspendiert und durch eine Messkapillare definierter Geometrie gesaugt, an die über zwei Platinelektroden eine elektrische Spannung angelegt ist. Eine intakte Zelle ist ein elektrischer Isolator. Sobald die Zelle in die Messkapillare eindringt, verdrängt sie die gut leitfähige Elektrolytlösung. Die Widerstandserhöhung generiert ein klassifizierbares, elektrisches Signal. Die Anzahl entsprechender Signale entspricht der Zellzahl in der Probe.

Moderne Zellzählgeräte beider Varianten gestatten es, neben der Zellzahl auch die Zellvitalität, die Zellgröße und die Zellaggregation zu messen. Die wesentlichen Unterschiede der Messverfahren sind in Tabelle 14-1 zusammengestellt.

Optisch basierte Systeme (z. B. Cedex HiRes, innovatis AG, Abb. 14-3) verwenden zur Vitalitätsmessung die Trypanblau Farbstoffausschluss-Methode (s. Kap. 14.4.1). Im Gegensatz zu vitalen Zellen nehmen tote Zellen mit geschädigter Membran den Farbstoff auf. Die Zellprobe wird vollautomatisch mit Trypanblau gemischt und inkubiert. Die hochauflösende, digitale Bildauswertung

Tab. 14-1 Gegenüberstellung optisch-basierter und elektrisch-basierter Messverfahren zur Zellzählung.

Messverfahren	Optisch-basiert	Elektrisch-basiert
Zellzählung	Digitale Bildanalyse	Widerstandsmessprinzip
Zellvitalität	Farbstoffausschluss-Methode	Stromausschluss-Methode
Zellgröße	2-dimensional (Pixelzählung)	3-dimensional (Elektrolytverdrängung)
Zellmorphologie	Erscheinungsbild der suspendierten Zelle (Compactness)	nicht verfügbar
Probenvolumen	≥300 µl	typisch 5–100 µl
Messzeit	3,5–4,5 Minuten	minimal 10 Sekunden
Größenbereich	1–90 µm	0,7–160 µm
Max. Aggregatgröße	10–15 Zellen	300–500 Zellen

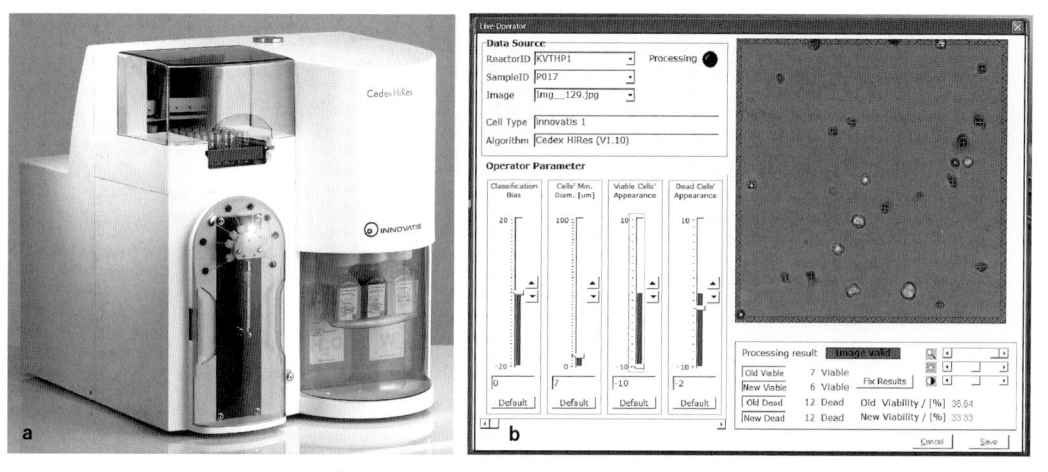

Abb. 14-3 a Optisch-elektronisches System für die Zellauswertung (Cedex HiRes, Fa. innovatis AG) mit Lebend-Tot-Auswertung (**b**).

erlaubt es, tote von lebenden Zellen zu unterscheiden und Zellaggregate neben Einzelzellen, Zelldebris und anderen Objekten nachzuweisen. Der Anwender kann die zellspezifischen Einstellungen der Auswertealgorithmen mithilfe eines „Live-Operators" (Abb. 14-3b) optimieren. Er sieht sofort die Auswirkungen von Veränderungen auf Bilder der Zellproben. Weiterhin liefert die Bildauswertung zusätzlich Informationen zum Zelldurchmesser und zur Zellmorphologie (*Compactness*). Die Speicherung der Bilder ermöglicht es jederzeit, die Analyseergebnisse nachzuvollziehen und die Daten mit optimierten zellspezifischen Parametern erneut auszuwerten. Die Systeme wurden insbesondere für die Verwendung in der industriellen Produktionskontrolle und der Prozessoptimierung entwickelt.

Moderne elektrisch-basierte Zellzählgeräte (z. B. CASY® Model TT, innovatis AG, Abb. 14-4; www.casy-technology.com) kombinieren das Widerstandsmessprinzip mit einer digitalen Echtzeit-Signalauswertung, der Pulsflächenanalyse. Dazu werden die von den Zellen verursachten individuellen Signale mit einer Frequenz von 1 MHz abgetastet (Abb. 14-5).

Die jeweilige Pulsfläche ist dem Zellvolumen direkt proportional. Mit diesem Verfahren kann, neben der Bestimmung der Zellzahl, die Größenverteilung der Zellen über einen sehr großen Mess-

Abb. 14-4 Elektronisches Zellzählgerät nach dem Widerstandsprinzip (CASY® Model TT, Fa. innovatis AG).

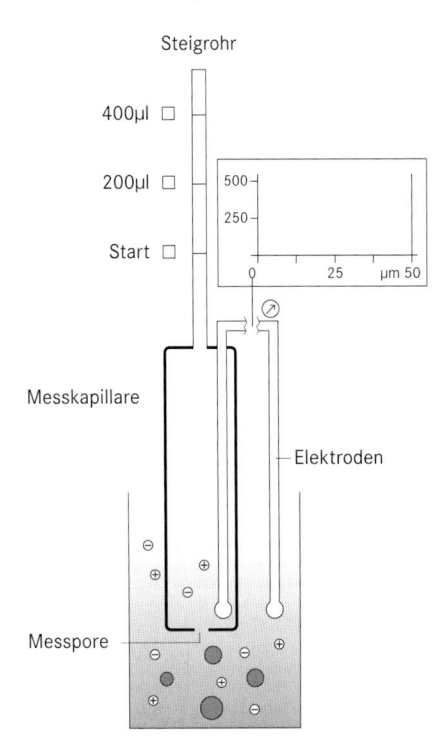

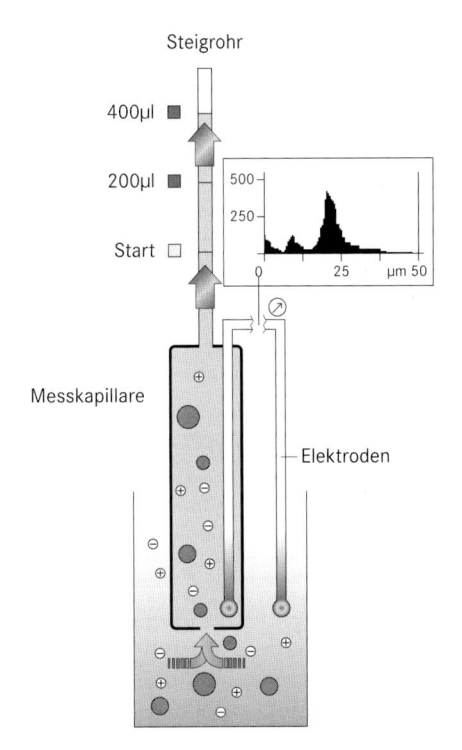

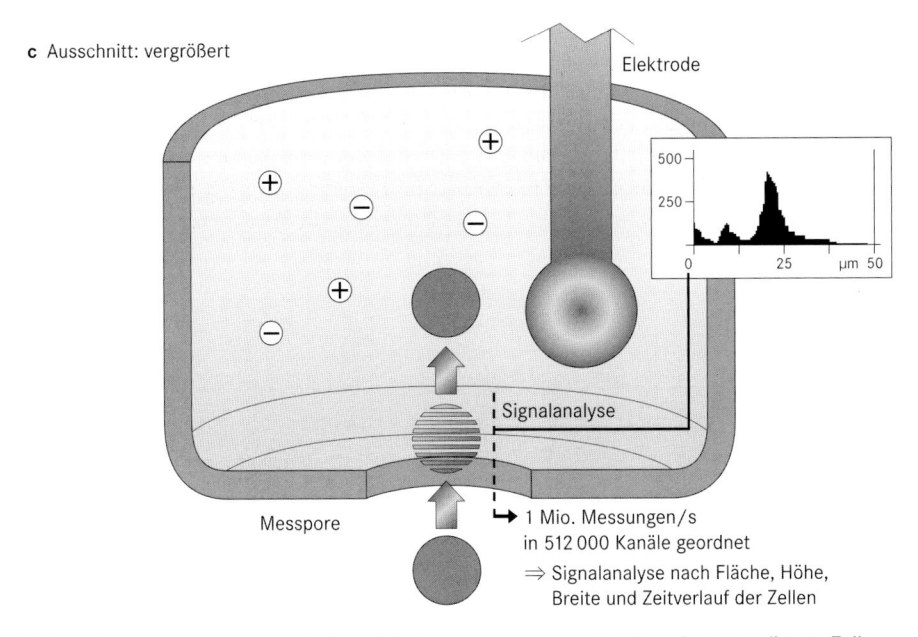

Abb. 14-5 Funktionsprinzip der elektronischen Zellzählung. **a** Ausgangssituation mit suspendierten Zellen, **b** Messvorgang mit Durchtritt einer Zelle durch die Messpore, **c** Vergrößerter Ausschnitt.

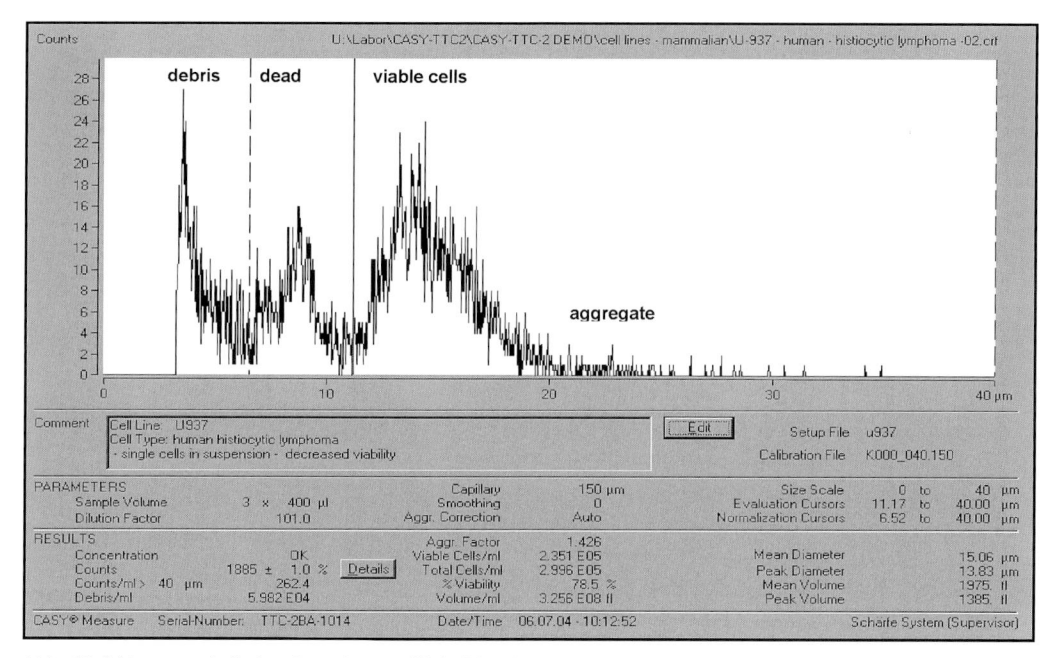

14 Bestimmung allgemeiner Wachstumsparameter　　　　　　　　　　　　　　　　　147

Abb. 14-6 Messprotokoll einer Lymphomazelllinie (U937).

bereich hochauflösend dargestellt werden. Die für jeden Zelltyp charakteristische Größenverteilung bietet wichtige Zusatzinformationen. Der große Messbereich ermöglicht die gleichzeitige Quantifizierung von Zelldebris, toten Zellen, vitalen Zellen und Zellaggregaten in der Zellprobe (Abb. 14-6).

Die Lebend/Tot-Differenzierung der CASY®-Systeme verwendet das Stromausschlussverfahren (ECE®). Ähnlich wie bei der Farbstoffausschluss-Methode schließen vitale Zellen den Strom beim Durchtritt durch die Messpore aus und werden in der Größenverteilung mit ihrem tatsächlichen Volumen angezeigt. Einhergehend mit dem Zelltod wird die Zellmembran durchlässig für den elektrischen Strom. Tote Zellen werden deshalb in der Größenverteilung deutlich kleiner, in etwa mit der Größe ihres Zellkerns, dargestellt (Abb 14-7). Das farbstofffreie, nichtinvasive Stromausschlussverfahren eignet sich insbesondere für den Einsatz in der Forschung.

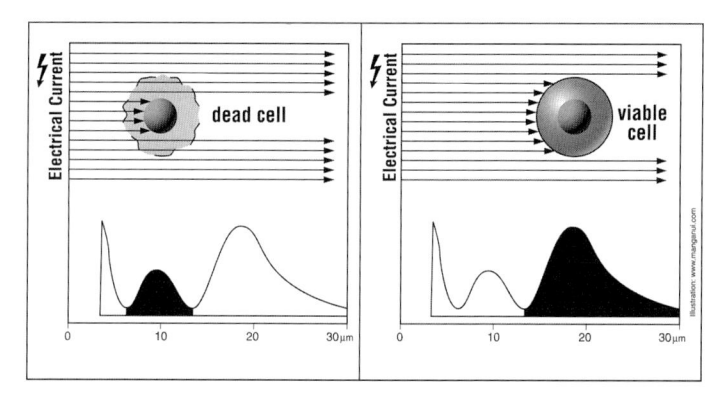

Abb. 14-7 Prinzip des Stromausschlussverfahrens (ECE) mit dem Histogramm der Verteilung von Zelldebris, Zellkern (tote Zellen) und lebenden Zellen.

Bestimmung der Lebendzellzahl durch elektronische Zellzählung am Beispiel des CASY® Cell Counter, Model TT, Fa. innovatis AG)

Material:
- CASY® Model TT (Abb. 14-4) mit 150 µm Messkapillare (Abb. 14-8)
- Messlösung, CASY®ton (partikelfrei, frisch)
- Systemreiniger, CASY®clean (frisch!)
- Probengefäß CASY®cup (sehr sauber!)
- Zellsuspension ($1 \times 10^4 - 1 \times 10^7$ Zellen/ml)

Gerätevoreinstellung für die Zählung von z. B. U937 Zellen (Abb. 14-6)

- Verdünnungsfaktor   Messkonz. $1 \times 10^3 - 2 \times 10^4$ Zellen/ml
- Probenvolumen $3 \times 400\,\mu l$
- X-Achse   0–40
- Normalization Cursors 6,52–40 µm
- Evaluation Cursors   11,17–40 µm

Allgemeine Vorbereitung

- Vorratsbehälter (rechts) mit CASY®ton füllen, Abfallbehälter (links) leeren (Überlaufen vermeiden), Gerät einschalten: Das Gerät führt automatisch einen Selbsttest aus und lädt die zuletzt verwendeten Geräteeinstellungen.
- Probenbecher mit CASY®ton unter die Messkapillare stellen, durch Drücken der Taste „Clean" einen Reinigungszyklus auslösen: Das Flüssigkeitssystem des Gerätes wird gefüllt, die Messkapillare von Verunreinigungen und Luftblasen befreit. „Clean" dient auch zur Beseitigung von Verstopfungen der Messkapillare.
- Zur Prüfung der Reinigung neuen Probenbecher mit CASY®ton unter die Messkapillare stellen und durch Drücken der Taste „Start" eine Messung auslösen; bei sauberem Gerät den Leerwert ermitteln (sollte <100 Counts/ml sein).

Zählung der Probe

- Probenbecher mit 10 ml CASY®ton füllen, Aliquot der Zellsuspension (5–100 µl) zugeben (Vorverdünnung empirisch ermitteln, Messkonz. $1 \times 10^3 - 2 \times 10^4$ Zellen/ml), geschlossenen Probenbecher dreimal schwenken, dabei Schaumbildung unbedingt vermeiden; Probenbecher unter die Messkapillare stellen und über „Start" eine Messung auslösen: Das Gerät führt entsprechend der Voreinstellung drei Einzelmessungen mit 400 µl Messvolumen durch, auf dem LCD-Display wird die Größenverteilung der Zellen angezeigt; eine für U937 typische Größenverteilung zeigt ganz links Zelldebris, im Bereich von ca. 6,5–11,2 µm tote Zellen (Zellkerne), ab ca. 11,2 µm vitale Zellen (Abb. 14-6).

Pflege des Gerätesystems

- Nach Abschluss der Messungen Probenbecher mit CASY®ton unter die Messkapillare stellen und das System durch mehrere Reinigungszyklen reinigen; das System sollte einmal wöchentlich über Nacht mit Systemreiniger (CASY®clean) gefüllt werden; andere Wartungsarbeiten sind nicht erforderlich.

Die Messkapillaren	Die Anwendung
45 µm	0,7 µm – 30 µm **Spezial-Messkapillaren** für Bakterien und Debris-Partikel
60 µm	1,2 µm – 40 µm **Standard-Messkapillaren** für Hefen, Algen, Spermien, Pollen, Erythrocyten, Thrombocyten
150 µm	3,2 – 120 µm **Standard-Messkapillaren** für alle Arten von Zelllinien, Primärkulturen, große Algen
200 µm	4,0 µm – 160 µm **Spezial-Messkapillaren** für sehr lange Zellen (z. B. Kardiomyocyten), große Zellaggregate

Abb. 14-8 CASY® Messkapillaren und deren Anwendungsbereiche.

14.2.3 Bestimmung der Zellzahl in Monolayerkulturen

Die oben beschriebenen Methoden beziehen sich ausschließlich auf die Quantifizierung von Zellsuspensionen. Soll die Zellzahl bzw. Zelldichte (Zellen/Fläche) einer Monolayerkultur bestimmt werden, müssen die Zellen entweder von der Kulturunterlage durch Trypsinieren (Kapitel 13.1.2) *quantitativ* gelöst und in Suspension gebracht werden, oder es wird die Zellzahl pro Wuchsfläche direkt mikroskopisch bestimmt.

Abb. 14-9 zeigt das Proliferationsverhalten einer Nierenepithelzellkultur (LLC-PK$_1$-Zellen) bis zum Erreichen der Konfluenz 4 Tage nach der Einsaat. Zur Quantifizierung wird die Kultur täglich fotografiert und ein Zählquadrat geeigneter Größe darüber gelegt (Abb. 14-10). Die Auszählung der Zellen pro Fläche erfolgt wie in einer Zählkammer (Abb. 14-2). Mit dieser Methode kann dieselbe Kulturschale täglich fotografiert werden (gepaarte Testpunkte einer Kultur), die Kultur bleibt erhalten und wird nicht durch Trypsinieren zerstört. Für eine korrekte Statistik empfiehlt es sich, mehrere Gesichtsfelder einer Kultur zu fotografieren und auszuwerten.

14.2.4 Wachstumskurve und Populationsverdopplungszeit

Zellen in Kultur können außerordentlich schnell wachsen und sich teilen. Unter dem Begriff „Wachstum" einer Kultur versteht man im Allgemeinen die Zunahme der Zahl der Zellen und/oder

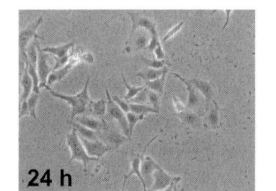

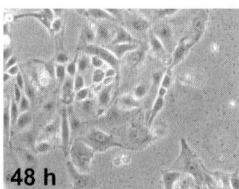

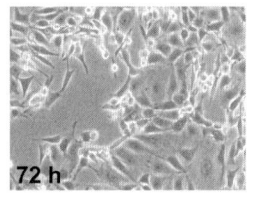

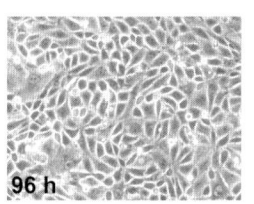

Abb. 14-9 Zunahme der Zelldichte (Zellen/Fläche) einer Monolayerkultur (LLC-PK$_1$-Zellen) über eine Kulturdauer von 4 Tagen.

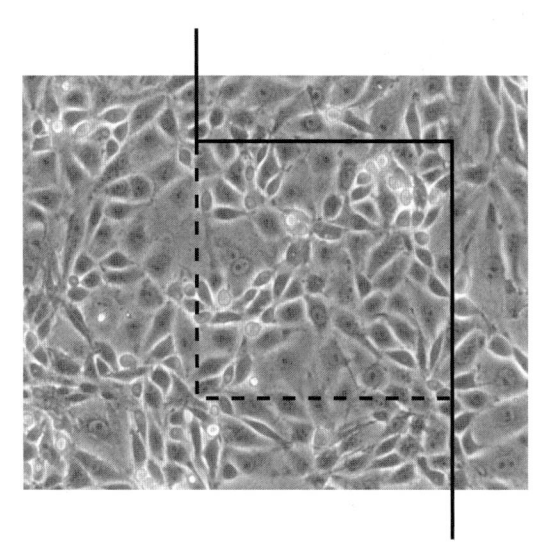

Abb. 14-10 Zählquadrat über einer Monolayerkultur (Kantenlänge 200 µm). Die Zellen auf den gestrichelten Linien werden nicht mitgezählt (Pfaller et al., 1990). In diesem Beispiel erhält man demnach die Zellzahl pro 0,04 mm² (40 000 µm²).

der Masse der Zellen (*Zellzahl* und *Zellmasse*), wobei zwischen Zellzahl und Zellmasse (Biomasse) strikt zu unterscheiden ist. Die für einen Teilungszyklus einer Zelle benötigte Zeit ist die **Generationszeit**, welche bei schnell proliferierenden Tumorlinien ca. 22–24 h beträgt. Die Zellzyklusdauer einer Zelle kann u. a. in Proliferationstests (Kapitel 14.4.3) oder durch Cytometrie (Kapitel 22.5) bestimmt werden. Da sich in einer Kultur die Zellen nicht synchron teilen und u. U. unterschiedliche Generationszeiten aufweisen, bezeichnet man das Zeitintervall für die Verdopplung der *Zellzahl in einer Kultur* als **Populationsverdopplungszeit**. Die Zeit der Verdopplung der *Zellmasse* bezeichnet man als **Verdopplungszeit**. In der log-Phase einer Kultur (s. u.) sind alle 3 Parameter eng gekoppelt.

Um die Wachstumseigenschaften einer Kultur zu bestimmen, kann aus den Zellzahlbestimmungen zu den unterschiedlichen Zeitpunkten nach dem Einsäen eine **Wachstumskurve** (s. Anhang, Kap. 35.2.8) konstruiert werden. Diese stellt für eine bestimmte Kultur bzw. Zelllinie und bestimmte Kulturbedingungen einen charakteristischen Verlauf dar, aus welchem sich die oben genannten Wachstumsparameter ableiten lassen.

Zur Erstellung einer Wachstumskurve bevorzugt man eine halblogarithmische Darstellung, wobei auf der Ordinate der Logarithmus der Zellzahl und auf der Abszisse die Zeit (linear) aufgetragen werden. Bei dieser Darstellungsweise ergibt die Phase des exponentiellen Wachstums eine Gerade (sogenannte **logarithmische** oder **log-Phase**). Die **Steilheit** der Geraden entspricht der Teilungsrate bzw. der **Populationsverdopplungszeit** (Abb. 14-11). Aus der **Plateauphase** kann die maximal erreichbare Zelldichte bestimmt werden.

Zellpopulationsverdopplung

Material:
- HeLa-Zellen (ATCC CCL-2)
- 100 ml MEM Earle + 2 mM Glutamin + 10% FKS
- 0,25% Trypsinlösung
- zwei 24-Well Zellkulturplatten
- sterile ungestopfte Pasteurpipetten
- Mikropipette 100 µl, sterile Spritzen
- Zählkammer
- Absaugeinrichtung für Medium

14 Bestimmung allgemeiner Wachstumsparameter

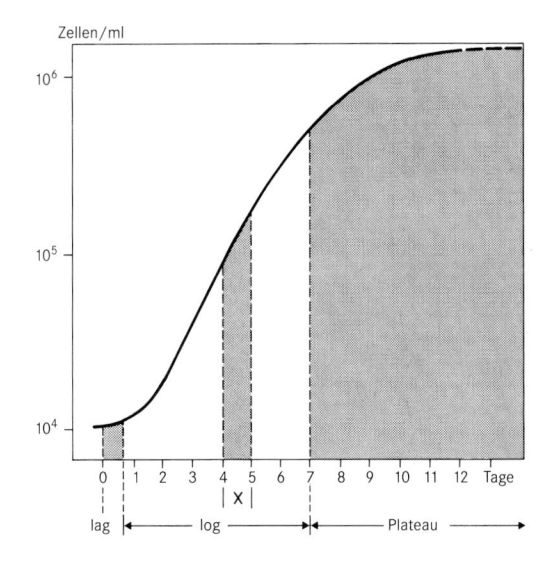

Abb. 14-11 Wachstumskurve von HeLa-Zellen. X = Populationsverdopplungszeit 24 h von 1×10^5 Zellen/ml auf 2×10^5 Zellen/ml.

- HeLa-Zellen aus der Stammkultur auf 2×10^5 Zellen/ml verdünnen und je 1 ml in jede Vertiefung zweier Platten einpipettieren; die Zellen dürfen auf keinen Fall durch Kreisen der Platte im Zentrum der Vertiefung angehäuft werden.
- Platten verschließen und 24 h bei 37 °C, 5% CO_2, 95% rel. Feuchte, ohne sie zu bewegen, bebrüten.
- Die Zellen aus 3 Vertiefungen zählen: dazu das Medium vorsichtig und vollständig mit einer Pasteurpipette absaugen und mit der Mikropipette 0,1 ml Trypsinlösung zufügen, bis zur Ablösung der Zellen im Brutschrank einwirken lassen (ca. 15 min), die Zellen ohne Schaumbildung dispergieren, ungefärbt in die Zählkammer bringen und die Zellzahl bestimmen.
- Die Zellzählung täglich zur selben Zeit wiederholen und protokollieren.
- Das Medium wechseln, wenn der pH-Wert abfällt (Phenolrot!).
- Die Zählungen beenden, wenn die Plateauphase erreicht ist.
- Die Zellzahlen auf ein log-Papier gegen die Zeit eintragen.
- Aus der log-Phase die Populationsverdopplungszeit bestimmen (Abb. 14-11).

14.2.4.1 Populationsverdopplungszeit bei Suspensionskulturen

Anders als bei adhärent wachsenden Kulturen können bei Suspensionskulturen Zelldichten von z. B. 5×10^6/ml erreicht werden. Die Kulturdauerzeiten können erheblich länger sein als bei adhärent wachsenden Zellen.

14.2.5 Zellmasse

Die Biomasse der Zellen einer Kultur dient meist als Bezugswert in stoffwechselphysiologischen und biochemischen Experimenten (mg Protein, µg DNA). Oft ist es deshalb notwendig, den Gesamtprotein- oder Gesamt-DNA-Gehalt einer Kultur direkt zu bestimmen.

14.2.5.1 Bestimmung des Gesamtproteins

Zur Bestimmung des Gesamtproteins einer Kultur muss dieses quantitativ gesammelt werden. Dies erfolgt z. B. durch vollständige Lyse des Monolayers im Kulturgefäß in Natriumhydroxid. Die Proteinkonzentration des basischen Lysats kann anschließend mit den üblichen Bestimmungsmethoden (Lowry, Bradford, Biuret-Methode, BCA-Kit) gemessen werden.

Bestimmung des Gesamtproteins einer Kultur

Material:
- Monolayerkulturen
- PBS ohne Ca^{2+}, Mg^{2+}
- 0,1 N NaOH-Lösung
- (sterile) Zellschaber
- verschließbare Zentrifugenröhrchen
- Proteinbestimmungs-Kit (z. B. Lowry; Bradford; Biuret-Methode; BCA-Kit)

- Monolayer mindestens einmal mit PBS ohne Ca^{2+}, Mg^{2+} waschen.
- Kulturen je nach Größe des Kulturgefäßes mit 5–20 ml 0,1 N NaOH überschichten.
- Kulturflaschen fest verschließen bzw. Petrischalen mit Parafilm abdichten (kein Flüssigkeitsverlust durch Verdunstung!) und Zellprotein über Nacht bei 4 °C lysieren.
- Das Zelllysat mithilfe steriler Zellschaber gut durchmischen und in verschließbare Zentrifugenröhrchen überführen. Durch mehrmaliges Auf- und Abpipettieren das Proteinhydrolysat gut in Lösung bringen.
- Nach entsprechender Verdünnung die Proteinkonzentration des Hydrolysats bestimmen und auf Gesamtprotein pro Kultur zurückrechnen.

Sulforhodamin B (SRB) ist ein Proteinfarbstoff, mit dem ebenfalls die Gesamtbiomasse der Zellen einer Kultur bestimmt wird (Tab. 14-2). SRB färbt Gesamtprotein in Abhängigkeit des pH-Wertes. Nach saurer Fixierung der Zellen werden diese mit einer SRB-Lösung inkubiert, gewaschen und der gebundene Farbstoff anschließend im Basischen extrahiert. Die Absorption von Sulforhodamin kann bei 565 nm gemessen werden. Mit der Fixierung der Zellen wird ein eindeutiger Endpunkt definiert. Damit kann die Zunahme der Gesamtbiomasse gegenüber einer Referenzkultur als Maß für die Zellvermehrung herangezogen werden, wodurch dieser Test auch als Proliferationsassay eingesetzt werden kann (Kapitel 14.4.3).

14.2.5.2 Bestimmung des DNA-Gehalts

Zur Bestimmung der Gesamt-DNA einer Kultur gilt das Obengesagte sinngemäß. Wieder muss die Gesamt-DNA quantitativ aus der Kultur isoliert werden. Dies geschieht durch Überschichten der Kultur mit einer entsprechenden Solubilisierungslösung (z. B. TRI REAGENT®, MRC, Inc.) und anschließender Extraktion der genomischen DNA. Nach Quantifizierung der DNA kann wieder auf den Gesamt-DNA-Gehalt der Kultur hochgerechnet werden.

Vorsicht: Durch Änderungen im Ploidiegrad der Zellen ändert sich auch der DNA-Gehalt pro Zellkern, wodurch der DNA-Gehalt pro Zelle meist **überschätzt** wird.

14.3 Bestimmung allgemeiner Stoffwechselparameter

14.3.1 Nährstoffverbrauch und Stoffwechselraten

Zellen in Kultur sind – wie alle Lebewesen – offene Systeme, die in ständigem Stoffaustausch mit der Umgebung, in diesem Fall dem Kulturmedium, stehen. Eine einfache Methode, die metabolische Aktivität einer Zellkultur zu beschreiben ist es daher, den Nährstoffverbrauch und die Produktion bzw. Ausscheidung von Stoffwechselendprodukten zu bestimmen (Abb. 12-1). Gebräuchlichste Parameter sind Verbrauchsmessungen von Glucose oder Glutamin (Kapitel 7.1.2). Wesentlich aussagekräftiger sind kombinierte Messungen, in welchen die Produktionsraten der entsprechenden Stoffwechselendprodukte (Lactat bzw. Ammoniak) mitbestimmt werden (Doverskog et al., 1997; Gstraunthaler et al., 1992, 1993, 1999; Holcomb et al., 1995).

Die Abb. 14-12 zeigt zwei Nierenepithelzelllinien, welche sich in Glucoseverbrauch und Lactatproduktion charakteristisch unterscheiden.

Der MTT-Test misst ebenfalls zelluläre Stoffwechselraten, dieser wird allerdings als Vitalitätstest in der Zellkultur verwendet (Kapitel 14.4.2).

14.3.2 Spezifische Zellprodukte

Falls Zellkulturen zur Produktion spezifischer Zellprodukte eingesetzt werden, wie Hybridomzellen zur Produktion monoklonaler Antikörper (Kapitel 22.3) oder transfizierte Zellen zur Expression und Sekretion spezifischer Proteine (Kapitel 21.3.1 und Kapitel 22.1) (Wurm, 2004), kommt der größtmöglichen Produktionsrate besondere Bedeutung zu (Kapitel 25). Um die Zellkulturbedingungen auf maximale Produktausbeute optimieren zu können, müssen neben allgemeinen Stoffwechselparametern die Produktionsraten kontinuierlich überwacht werden. Dies bedingt, dass zur Isolierung, zum Nachweis und zur Quantifizierung des gewünschten Zellprodukts entsprechende Methoden zur Verfügung stehen.

14.4 Vitalitätstests

In Vitalitätstests wird der Anteil lebender (vitaler) Zellen bestimmt. In der Regel wird dabei nicht zwischen proliferierenden und ruhenden Zellen unterschieden. Die Möglichkeiten, die Lebensfähigkeit kultivierter Zellen zu bestimmen sind jedoch so vielfältig, wie die eingesetzten Messmetho-

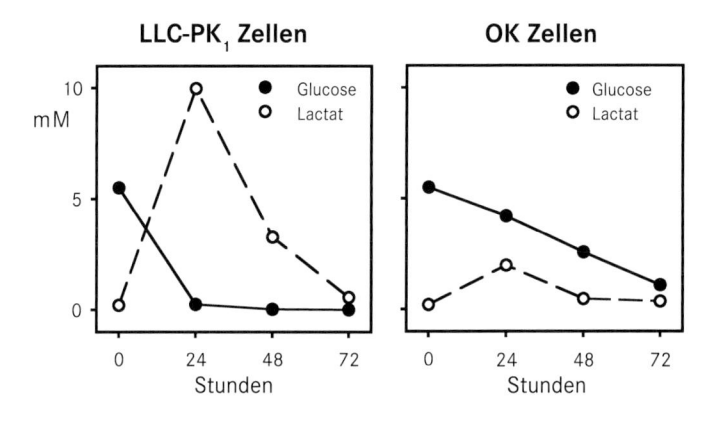

Abb. 14-12 Zeitverläufe von Glucoseverbrauch und Lactatproduktion in den beiden Nierenepithelzelllinien LLC-PK$_1$ (Schwein) und OK (Opossum).

Tab. 14-2 Vitalitätstests in der Zellkultur (modif. nach Cook and Mitchell, 1989).

Messprinzip	Messmethode	analysierte Parameter
1. Zellpermeabilität:	Farbstoffausschlusstest ^{51}Cr-Freisetzung Lactat-Dehydrogenase-Freisetzung	Integrität der Zellmembran
2. Zellfunktion:	ATP-Gehalt MTT-(WST-)Test Neutralrot Resazurin (Alamar Blue) ^{3}H-Thymidin, BrdU, ^{35}S-Methionin Ionengradienten, pH_i	Energiestoffwechsel mitochondriale Funktion lysosomale Aktivität metabolische Aktiviät DNA-Synthese Proteinsynthese Zellhomöostase
3. Zellreproduktion:	Wachstumskurve *Plating Efficiency* *Cloning Efficiency* *Colony Forming Efficiency* Sulforhodamin B	Proliferationsrate Anheftungseffizienz Klonierungseffizienz Koloniebildungseffizienz Gesamtprotein (Biomasse)
4. Zellreproduktion:	Membran „blebbing" Zellvolumen Cytoskelett	Schädigung der Zellmembran Zellschwellung oder -schrumpfung Schädigung der Zellarchitektur

den (Cook and Mitchell, 1989; Stewart et al., 2000) (Tabelle 14-2). Mit diesen Methoden werden sehr unterschiedliche Eigenschaften lebender Zellen bestimmt (Membranintegrität, Stoffwechselaktivität, Wachstums- und Proliferationsfähigkeit), was oft auch zu Ungenauigkeiten in der Verwendung der Begriffe Vitalität im engeren Sinn, Cytotoxizität oder Überlebensrate führt. Breit gestreut ist daher auch die Anwendung dieser Tests:
- Routinetests auf Zellvitalität nach dem Trypsinieren (Kapitel 13.1)
- und beim Einfrieren bzw. Auftauen von Zellen (Kapitel 15)
- Austestung von Medien, Mediensupplementen oder Serumchargen (Kapitel 7.1.2)
- *In-vitro-*Toxizitätstests (Kapitel 22.6)

Daneben gibt es noch reine Zellzyklusbestimmungen (Kapitel 22.5), sowie kombinierte Tests (z. B. *Plating Efficiency*), in denen die Anheftungs-, Wachstums- und Proliferationsfähigkeit strikt adhärenter Zellen bestimmt wird (Kapitel 14.4.4).

Im Folgenden wird versucht, etwas Ordnung in die einzelnen Begriffe und die verwendeten Methoden zu bringen.

14.4.1 Vitalfärbung zur Testung auf Lebensfähigkeit von Zellen

Für Routineuntersuchungen auf Vitalität von Zellen haben sich Tests bewährt, die davon ausgehen, dass bei lebenden Zellen bestimmte Farbstoffe (geladen und/oder M_r von >200) nicht in das Zellinnere gelangen können, während tote Zellen sich mit dem betreffenden Farbstoff anfärben. Andererseits gibt es Testsubstanzen, die nur durch lebende Zellen aufgenommen werden und intrazellulär akkumulieren (z. B. Neutralrot), oder Tests mit fluoreszierenden Farbstoffen, die durch den Zellstoffwechsel in die fluoreszierende Form übergeführt werden (z. B. Resazurin in fluoreszierendes Resorufin) (O'Brien et al., 2000) (Kapitel 14.4.2, „MTT-Test").

Der am weitesten verbreitete Test auf die Lebensfähigkeit von Zellen ist der sogenannte **Trypanblauausschlusstest**, der als Routinetest einfach und schnell anzuwenden ist. Trypanblau ist ein saurer Farbstoff, der als Anion sehr leicht an Proteine binden kann. Die Farbstoffaufnahme der Zellen ist stark pH-abhängig. Die maximale Aufnahme findet bei pH 7,5 statt. Deshalb sollte bei der Durchführung der pH-Bereich relativ eng eingehalten werden. Weiterhin sind die Temperatur, die Färbedauer sowie die Farbstoffkonzentration relativ kritisch. Bei diesem Test ist zu berücksichtigen, dass möglichst ohne Serumzusatz im Medium gearbeitet werden sollte, da sich die Anzahl der gefärbten Zellen bei zunehmender Serumkonzentration drastisch vermindert und deshalb eine vorhandene Lebensfähigkeit vortäuschen kann. Weiterhin ist zu bedenken, dass die stark gefärbte Trypanblaulösung mit der Zeit verklumpt und unsteril sein kann. Deshalb sind kleinere Volumina der Stammlösung empfehlenswert.

Trypanblaufärbung

Material:
- Zellen nach der Trypsinierung, entweder in neuem Wachstumsmedium oder in PBS pH 7,4 aufnehmen und die Zellkonzentration zwischen 10^5 und 10^6 Zellen/ml einstellen
- Zählkammer
- sterile 0,5%ige Trypanblaulösung

Zusammensetzung: 0,5 g Trypanblau und 0,9 g NaCl auf 100 ml mit Aqua dest. auffüllen und mit 0,45 µm-Filter filtrieren. Die sterilfiltrierte Lösung ist bei Raumtemperatur ca. 6 Monate haltbar. Es wird empfohlen, kleinere Mengen der Lösung aufzuteilen, um eine Kontamination der Gesamtlösung zu verhindern. Ferner kann die Lösung bei zu langer Lagerung aggregieren, sodass die Konzentration des Farbstoffes nicht mehr mit der ursprünglichen Lösung übereinstimmt. Die Endkonzentration im Test mit den Zellen sollte bei genau 0,18% liegen (Verdünnungsfaktor 1:5). Es ist darauf zu achten, dass die Lösung vorgewärmt wird. Es können sich hier Ungenauigkeiten ergeben, die die Reproduzierbarkeit des Tests vermindern.

- Die Zellsuspension (0,1 ml) mit 3,6 ml PBS (ohne Ca^{2+}/Mg^{2+}) verdünnen und die vorgewärmte Trypanblaulösung (2,7 ml einer 0,5%igen Lösung) zugeben.
- Den Testansatz vorsichtig mit einer Pipette durchmischen und ca. 2–5 min bei 37 °C inkubieren, anschließend nochmals mit der Pipette gut durchmischen und in der Neubauer-Zählkammer auszählen, sofort mit der Zählung beginnen.

Lebende Zellen dürfen nicht angefärbt sein, während tote Zellen durchgängig blau angefärbt sind. Auch diejenigen Zellen, die nur schwach blau angefärbt sind, werden als tot betrachtet. Sollte eine Zellzählung wiederholt werden, muss der Testansatz stets neu gemischt werden, da Trypanblau im Prinzip cytotoxisch für die Zellen ist, sodass mit zunehmender Inkubationsdauer mit dem Farbstoff ein Anstieg der toten Zellen zu beobachten ist.

Den Prozentsatz an lebenden Zellen errechnet man am besten mit der Auswertung nach folgendem Schema:

$$\% \text{ lebende Zellen} = \frac{\text{ungefärbte Zellen}}{\text{ungefärbte Zellen} + \text{gefärbte Zellen}} \times 100$$

In den letzten Jahren sind automatische Auswertsysteme auf dem Markt erschienen, die die Trypanblaufärbung automatisieren (sowohl Anfärbung als auch die Auszählung der vitalen Zellen). Es gibt jedoch aufgrund der oben beschriebenen prinzipiellen Fehlerquellen noch Vorbehalte, die bisher nicht zur Gänze ausgeräumt sind (Kap. 14.2.2).

Als einfache Alternative zu Trypanblau empfiehlt sich **Erythrosin B** in einer Konzentration von 100 mg/100 ml isotonischer PBS pH 7,2–7,4. Mit dieser Stammlösung wird eine vorhandene Zellsuspension auf ca. $0,3–2 \times 10^6$ Zellen pro ml eingestellt bzw. direkt mit dieser Lösung auf diese Zellzahl verdünnt. Es sollte ebenfalls innerhalb von ca. 5 min die Färbung und Zählung erfolgen. Bevor man jedoch auf Erythrosin B routinemäßig wechselt, ist ein Vergleich der beiden Färbungen durchzuführen, um systematische Fehler auszuschließen.

Neutralrot (3-Amino-7-dimethylamino-2-methyl-Phenazin Hydrochlorid) wird nur von lebenden Zellen aktiv aufgenommen und in Lysosomen gespeichert. Nach der Inkubation mit dem Farbstoff für 3 h werden die Zellen gewaschen und der aufgenommene Farbstoff in essigsaurem Ethanol gelöst und spektroskopisch quantifiziert. Die Neutralrotmethode wird auch in Cytotoxizitätstests eingesetzt (Kapitel 22.6).

14.4.2 MTT-Test zur Messung von Lebensfähigkeit und Wachstum

Der Test misst die Aktivität der mitochondrialen und cytosolischen Dehydrogenasen lebender Zellen unabhängig davon, ob sie momentan DNA synthetisieren bzw. proliferieren oder nicht. Der Vorteil liegt in der wenig zeitaufwändigen Bewältigung großer Serien unter Vermeidung teurer Radioisotope und Zählapparaturen, in der Automatisierung und hohem Durchsatz. Der MTT-Test eignet sich besonders für adhärente Zellen (Scudiero et al., 1988).

Das schwach gelbe 3-(4,5-Dimethylthiazol-2-yl)-2,5-diphenyl-tetrazolium Bromid (MTT) dringt in die Zellen ein, sein Tetrazoliumring wird durch das Succinat-Tetrazolium-Reductase-System im Cytosol und auch von aktiven Mitochondrien aufgebrochen, es entsteht das wasserunlösliche, dunkelblaue Formazan (Mosmann, 1983; Scudiero et al., 1988) (Abb. 14-13). Nach Inkubation werden die Zellen lysiert und das gebildete Formazan mithilfe einer Solubilisierungslösung freigesetzt. Dazu werden entweder essigsaure SDS/DMSO-Lösungen (Carmichael et al., 1987) oder saure Triton X-100/Isopropanol-Gemische (Mosmann, 1983) verwendet. Die Intensität der alkoholischen Formazanlösung wird photometrisch bestimmt. Neuerdings werden auch Tetrazolium-Derivate angeboten (z. B. XTT, WST-1, WST-8), die in wasserlösliche Formazanprodukte umgewandelt werden, wodurch der Solubilisierungsschritt entfällt (Roehm et al., 1991).

Das Succinat-Tetrazolium-Reductase-System ist Teil der mitochondrialen Atmungskette und damit nur in vitalen Zellen aktiv. Neuere Untersuchungen haben allerdings gezeigt, dass die mitochondriale Elektronentransportkette bei der Reduktion von MTT eine eher untergeordnete Rolle spielt sondern vielmehr cytosolische Reduktionsprozesse unter Verbrauch von NADH bzw. NADPH beteiligt sind (Berridge and Tan, 1993). Man sollte deshalb den MTT-Assay nicht länger als reinen mitochondrialen Aktivitätstest sehen.

Moderne MTT-Test-Kits (z. B. Roche Diagnostics, PromoKine, Sigma-Aldrich, Dojindo u. a.) sind auf Vitalitäts- und Proliferationsbestimmungen in 96-Well Mikrotiterplatten ausgelegt. Die Tests sind einfach und schnell durchzuführen, die Zellen müssen weder gewaschen noch geerntet werden. Der gesamte Test wird in den Mikrotiterplatten durchgeführt. Damit kann eine große Anzahl von Proben fließbandartig gemessen und mithilfe eines ELISA-Lesegerätes automatisiert nach verschiedenen Gesichtspunkten ausgewertet werden.

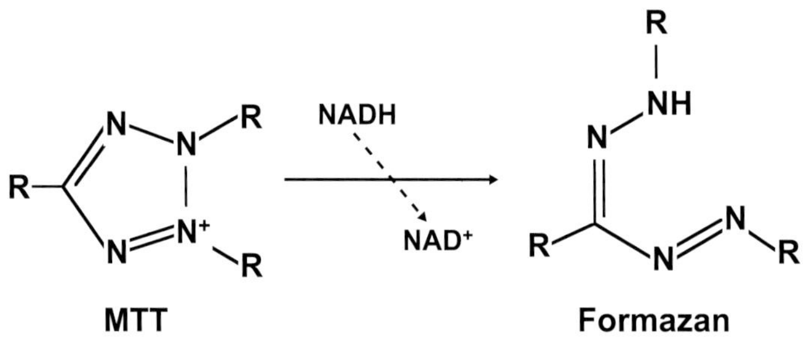

Abb. 14-13 Umwandlung von MTT (gelb) durch NADH-abhängige Reductasen in Formazan (blau).

MTT-Test auf Lebensfähigkeit

Material:
- Testzellen, adhärent oder suspendiert wachsend aus log-Phase einer Stammkultur
- MTT (SIGMA M 5655), 5 mg/ml in PBS, sterilfiltriert
- PBS ohne Ca^{2+} und Mg^{2+}
- Mischung zur Zelllyse und zur Auflösung des Formazans 99,4 ml DMSO, 0,6 ml Essigsäure (100%), 10 g SDS
- Multikanalpipette
- Pipettenspitzen für 20 µl und 100 µl
- Schüttelmaschine für Mikrotiterplatten
- ELISA-Reader, Testwellenlänge 570 nm, Referenzwellenlänge 630 nm

- Zellen in Mikrotiterplatte mit flachem Boden in vorher bestimmter Konzentration einsäen, äußere Reihen wegen größerer Verdunstung frei lassen oder mit 10%iger Kupfersulfatlösung füllen.
- Zellen 24 h bei 37 °C, 5% CO_2, 95% rel. Feuchte inkubieren.
- Medium absaugen, je Vertiefung 200 µl Testmedium (mit zu prüfenden Substanzen) z. B. in Verdünnungsreihe in mind. je 5 Vertiefungen pipettieren, Kontrolle ohne Zellen mit Medium und Kontrolle mit Zellen und Medium ohne Prüfsubstanzen einpipettieren.
- 24–36 h inkubieren, dann je Vertiefung 20 µl sterile MTT-Lösung zugeben.
- Vorsichtig durchpipettieren oder auf Schüttler mischen und 2 h bei 37 °C im CO_2-Schrank bebrüten; die Bildung der blauen Farbstoffaggregate kann mikroskopisch beobachtet werden.
- Überstand mit Pasteurpipette und Vakuumpumpe absaugen (adhärente Zellen) oder in Zentrifuge mit Platten-Rotor bei 800 × g 2 min abzentrifugieren (Suspensionszellen).
- 100 µl der Mischung aus DMSO, Essigsäure und SDS (s. o.) zugeben.
- Platten 5 min stehen lassen, danach 5 min auf dem Schüttler mischen.
- Photometrieren und auswerten; der Test gibt brauchbare Werte im Bereich zwischen 200 und 300 000 Zellen je Vertiefung.

14.4.3 Proliferationsassays

Vitalitätstests (s. o.) messen vornehmlich Zellintegrität, allgemeine Stoffwechselaktivitäten (zelluläre Reduktionsreaktionen) oder intrazelluläre ATP-Gehalte. Bei der Bestimmung der Zellproliferation hingegen wird das gesamte komplexe Geschehen von Zellwachstum, sowie von Kern- und Zellteilung (Mitose und Cytokinese) direkt oder indirekt erfasst. Dementsprechend vielfältig ist auch die Palette der einzusetzenden Methoden. Diese reichen von der Bestimmung der Proliferation einer Kultur durch Aufnahme einer klassischen Wachstumskurve (Kapitel 14.2.4 und Anhang) bis zu detaillierten Zellzyklus-Analysen mittels Durchflusscytometrie (Kapitel 22.5).

Die einfachste Methode, die proliferative Kapazität von Zellen in einer Kultur zu bestimmen ist, wie oben kurz ausgeführt, die Bestimmung der Zellzahl einer Kultur über die Zeit (Kapitel 14.2). Die Methode ist einfach durchzuführen und ist auch an adhärenten Kulturen anzuwenden, wo die Zellzahl pro Wachstumsfläche über mehrere Tage an ein und derselben Kulturschale bzw. -flasche bestimmt werden kann (s. Abb. 14-9 „LLC-PK_1-Zellen über die Zeit"). Eine andere Möglichkeit ist die Bestimmung der Zunahme an Biomasse (Gesamtprotein) (Kapitel 14.2.5).

Andere Methoden sind oft nur *Momentaufnahmen* der Zellen in einer bestimmten Phase des Zellzyklus oder erfassen nur Einzelschritte der Zellteilung. Dazu zählen der Einbau von radioaktivem Thymidin (^{3}H-Thymidin) (Kapitel 22.4.6) oder von nicht radioaktiven Thymidin-Analoga (Bromdesoxyuridin, BrdU) in die sich gerade replizierende, genomische DNA, um deren Syntheserate während der S-Phase des Zellzyklus zu bestimmen (Kapitel 22.5.2), oder die direkte Bestimmung des DNA-Gehalts von Zellen mittels Durchflusscytometrie (Kapitel 22.5). Erfolgt die Markierung

Auftauen von Pflanzenzellkulturen, Teil V). Als Frostschutzmittel dienen vor allem Glycerin und Dimethylsulfoxid (DMSO). Sie verhindern die Kristallbildung innerhalb und außerhalb der Zelle sowie die partielle Dehydratation des Cytoplasmas, indem sie sich mit dem Zellwasser mischen, dieses teilweise ersetzen und binden.

Serum kann ebenfalls einen günstigen und schützenden Effekt haben, weshalb in manchen Einfrierprotokollen das Einfriermedium die doppelte bis dreifache Serumkonzentration enthält. Deshalb kann es in serumfreien Kulturen beim Einfrieren mit serumfreien Medien zu Schwierigkeiten kommen, wenn z. B. die Zellen nicht genügend an die serumfreien Bedingungen adaptiert sind. Ein kürzlich ausgearbeitetes Einfrierprotokoll für serumfreie Kulturen mit Pluronic® F68 als Kryoschutz (Hernandez and Fischer, 2007) ist weiter unten beschrieben.

−70 °C ist eine kritische Temperatur für die eingefrorenen Zellen, auch schon 15 min über dieser Temperatur kann die Vitalität der Zellen durch beginnende Eiskristallbildung signifikant beeinträchtigen.

15.1 Einfrieren von Zellen

Kulturen, die zum Einfrieren und zur Langzeitlagerung vorbereitet werden, sollten frei von jeglichen Kontaminationen sein (Kapitel 2.7), auf ihre Authentizität (Kapitel 2.8) geprüft und eine hohe Vitalität (Kapitel 14.4) aufweisen. Die Kulturen sollten sich in der späten log-Phase des Wachstums befinden, Monolayerkulturen kurz vor Erreichen der Konfluenz. 24 h vor dem Einfrieren sollte noch ein Mediumwechsel vorgenommen werden.

Das Einfrieren der Zellen erfolgt grundsätzlich in Suspension. Die in der Literatur beschriebenen Einfrierprotokolle unterscheiden sich in der Wahl des Frostschutzmittels (Dimethylsulfoxid [DMSO], Glycerin und verschiedene andere Zusätze wie z. B. Trockenmilch, Hydroxyethylstärke oder Pluronic® F-68) sowie im eigentlichen Einfrierprotokoll.

Das ideale Einfrierprotokoll sieht ein rasches Abkühlen der Zellsuspension im Einfriermedium auf 0 °C vor, gefolgt von einem Tieffrieren mit einer Abkühlrate von 1 °C pro Minute über 2 Stunden. Nach dieser Zeit ist die Zellsuspension auf −120 °C herabgekühlt und kann im flüssigen Stickstoff gelagert werden. Dazu werden allerdings spezielle Einfriergeräte bzw. -vorrichtungen benötigt (Abb. 15-1), die nicht in jedem Labor zur Verfügung stehen.

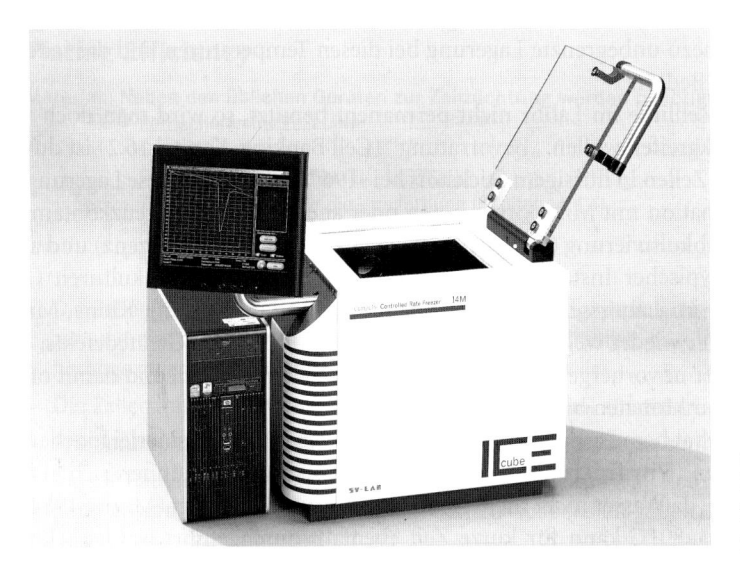

Abb. 15-1 Computergesteuerter Einfrierautomat mit Dokumentation der Einfrierparameter (SY-LAB IceCube 14M).

Abb. 15-2 Verschiedene Bautypen von Einfrierröhrchen (CORNING). Ampullen mit Außengewinde (**a, c**) oder mit Innengewinde und Dichtungsring (**b**), auf Füßchen stehend (**a, b**) oder als Rundampulle (**c**).

Ein einfacheres, aber sehr bewährtes Einfrierprotokoll, das ohne apparativen Aufwand durchgeführt werden kann, kann als Alternative verwendet werden:
- Abkühlen der Zellsuspension auf 0 °C
- Weiteres Absenken der Temperatur der Einfrierampullen in einer Tiefkühltruhe auf –20 °C über 2–4 h
- rascher Transfer der Ampullen in einen –80 °C Tiefkühler, Tiefkühlen über Nacht
- am nächsten Tag Überführen der Proben in flüssigen Stickstoff

Ferner ist zu beachten, dass Einfrierampullen (Kryoröhrchen) verwendet werden, welche ausschließlich für diese Zwecke geeignet sind. Die Röhrchen müssen materialbeständig sein, gut verschließbar und dicht gegenüber dem Eindringen von Flüssigstickstoff (Gefahr beim Auftauen!, Kapitel 15.3), sowie gut und dauerhaft beschriftbar. Ob die Röhrchen Außen- oder Innengewinde besitzen, ist praktisch unerheblich, beide erfüllen ihren Zweck (Abb. 15-2). Wichtig ist eher, dass die Röhrchen nicht ganz voll gefüllt werden, damit die Zellsuspension sich beim Gefrierprozess ausdehnen kann (ca. 0,2 ml weniger, Graduierung der Röhrchen beachten).

Einfrieren von Zellen

Material:
- sterile Zentrifugenröhrchen
- sterile Einfrierröhrchen (1,8 ml) (Kryoröhrchen)
- sterile Pipetten
- Kulturmedium
- Einfriermedium:
  gebrauchsfertiges Kulturmedium mit 10% fetalem Kälberserum (FKS), alternativ kann der FKS-Anteil auch auf 20% erhöht werden,
  10% (v/v) Glycerin (frisches Glycerin, autoklaviert) zugeben, oder 10% (v/v) DMSO (frisch und farblos) steril zugeben

- Einfriermedium und Einfrierröhrchen auf Eis stellen!
- Zellen wie beim Passagieren trypsinieren (Kapitel 13.1.2 „Protokoll").
- Zellsuspension in Zentrifugenröhrchen überführen und bei 300 × g für 5 min zentrifugieren.
- Das Zellpellet im Einfriermedium aufnehmen, die Zellzahl sollte bei 10^6–10^7 Zellen pro ml liegen. Die Zellen dabei gut resuspendieren, damit keine Klumpen vorliegen. **Alternativ** können sehr empfindliche Zellen nach der Zentrifugation in Normalmedium resuspendiert und mit doppelt konzentriertem, kaltem Einfriermedium vorsichtig gemischt werden.
- Von dieser Zellsuspension ca. 1,5 ml in vorbereitete und vorbeschriftete Einfrierampullen (1,8 ml Füllvolumen) pipettieren.

- Die Ampullen für 15 min in den Kühlschrank geben, damit das Einfriermedium in die Zellen eindringen kann. Dann für 2-4 h bei -20 °C tieffrieren. Über Nacht in die Gasphase des Stickstoffaufbewahrungsbehälters (ca. -150 °C) hängen oder alternativ in eine -80 °C Tiefkühltruhe stellen.
- Am nächsten Tag die Einfrierröhrchen in flüssigen Stickstoff überführen (Abb. 15-3).
- Sicherheitsvorschriften im Umgang mit flüssigem Stickstoff beachten (Kapitel 15.3.1).

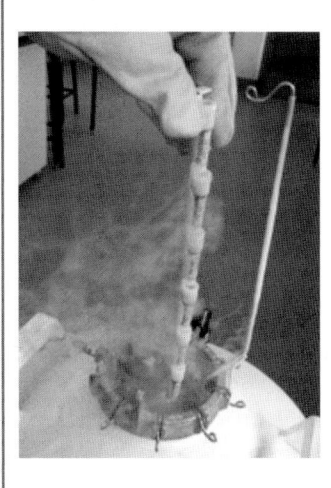

Abb. 15-3 Überführen der Einfrierröhrchen in den Flüssigstickstoff-Lagerbehälter.

Einfrierprotokoll für serumfreie Kulturen

Wie oben bereits ausgeführt, fällt beim Einfrieren serumfreier Kulturen unter strikt serumfreien Bedingungen der schützende Effekt des Serums weg. Deshalb wurde kürzlich ein spezielles Einfriermedium erarbeitet (Kryomedium FILOCETH[1]), welches für das Einfrieren von Zellen unter serumfreien Bedingungen optimiert ist (Hernandez and Fischer, 2007).

Kryomedium FILOCETH: 89 % serumfreies Medium
                      1 % Pluronic® F-68 (SIGMA, GIBCO)
                      10 % DMSO

Zum Einfrieren serumfreier Kulturen kann das oben beschriebene Protokoll unverändert angewandt werden:
- Trypsinieren der Kulturen,
- Zentrifugation mit Trypsininhibitor,
- Suspendierung im Kryomedium,
- Abfüllen in Kryoröhrchen und
- Einfrieren.

Lediglich beim Auftauen der Zellen muss in einem Zentrifugationsschritt das Einfriermedium vor der Aussaat entfernt und das Zellpellet in frischem, serumfreiem Medium resuspendiert werden.

15.1.1 Überprüfung des Einfrierprotokolls

Auch bei strikter Einhaltung der oben beschriebenen Vorschriften kann es passieren, dass die Vitalität der eingefrorenen Zellen derart eingeschränkt ist, sodass diese nicht wieder weiter kultiviert werden können. Sind nach dem Einfrieren die aktuellen Stammkulturen gleichzeitig erschöpft,

---

[1] Patent angemeldet

kann dies den unwiederbringlichen Verlust der Kulturen bedeuten. Es ist deshalb ratsam, die Originalkulturen solange beizubehalten, bis der Einfrierprozess dahingehend überprüft ist, ob die Zellen vital eingefroren wurden bzw. sich auch wieder auftauen lassen.

Üblicherweise werden größere Mengen einer Kultur zum Einfrieren herangezüchtet bzw. vorbereitet, sodass z. B. 10 Ampullen einer Charge eingefroren werden können. Man lässt aber die ursprüngliche Kultur noch weiterlaufen, taut nach 1–2 Wochen eine der Ampullen wieder auf, und vergleicht die Zellen mit der parallelen Ursprungskultur. Sind keinerlei Unterschiede feststellbar, kann davon ausgegangen werden, dass auch die restlichen 9 Ampullen der Charge ordnungsgemäß eingefroren wurden.

15.2 Lagerung der Zellen

Die Lagerung von Zellen in flüssigem Stickstoff kann über Jahre ohne Verlust der Lebensfähigkeit durchgeführt werden. Es muss nur gesichert sein, dass die Lagerungstemperatur dauerhaft unter −130 °C gehalten wird. Denn nur unterhalb dieser Temperatur kann eine Eiskristallbildung, welche die Zellen irreversibel schädigen würde, ausgeschlossen werden (Mazur, 1984). Dabei ist es gleichgültig, ob die Lagerung direkt in der Flüssigphase (bei −196 °C) oder in der Gasphase über dem flüssigen Stickstoff (−150 bis −160 °C) erfolgt. Die speziell dafür gebauten **Aufbewahrungsbehälter** gibt es in verschiedenen Ausführungen und Größen, wobei die Lagerung der Behälter so erfolgen muss, dass der Raum, in dem der Stickstoffbehälter steht, gut belüftet ist (**Erstickungsgefahr!**). Lagerbehälter neueren Typs sind bereits mit Temperatur- bzw. Füllstandsanzeigern ausgestattet, um ein „Trockenlaufen" rechtzeitig anzuzeigen. Ansonsten empfiehlt es sich natürlich, den Füllstand der Lagerbehälter wöchentlich zu kontrollieren!

In größeren Instituten oder Forschungseinrichtungen mit mehreren Zellkultur-Labors besteht u. U. auch die Möglichkeit, Zellen in Stickstoff-Behältern anderer Einheiten zu lagern, wie auch umgekehrt, Zellen aus anderen Labors in die eigenen Stickstofftanks mit aufzunehmen. Maßnahmen solcher Art minimieren nochmals die Gefahr eines etwaigen Verlustes wertvoller Zell-Chargen bei einem Gerätedefekt. Alle einschlägigen Zellbanken (s. Kapitel 36 „Zellbanken") bieten auch an, Zellen unter qualitätsgeprüften Bedingungen zu deponieren.

Die Lagerung von Zellen in der unmittelbaren Gasphase über dem Flüssigstickstoffniveau wird in letzter Zeit verstärkt propagiert, um mögliche Kreuzkontaminationen über den flüssigen Stickstoff auszuschließen (Tedder et al., 1995). Auch das Eindringen von flüssigem Stickstoff in schlecht dichtende Röhrchen, das Probleme beim Auftauen verursachen kann (Kapitel 15.3), wird bei dieser Lagerung verhindert. Diese Art der Lagerung bedarf allerdings eines strikt geregelten Flüssigstickstoffniveaus im Lagerbehälter.

Zum kontrollierten Einfrieren von Zellen gibt es außerdem spezielle **Einfriergeräte**, die eine kontrollierte, in der Regel frei wählbare Kühlungsrate von 0,1–50 °C/min ermöglichen. Die gleichen Geräte können auch zum kontrollierten Auftauen verwendet werden (Abb. 15-1).

15.3 Auftauen von Zellen

Das Auftauen der Zellen soll schnell erfolgen. Die Ampullen werden nach Entnahme aus dem Stickstofflagerbehälter im Wasserbad auf 37 °C erwärmt, die Zellsuspension mit vorgewärmtem Kulturmedium entsprechend verdünnt und ausgesät. Suspensionskulturen und Zellen in serumfreiem Kryomedium müssen einmal zentrifugiert und gewaschen werden, um das Frostschutzmittel zu entfernen, sonst genügt bei adhärenten Kulturen meist ein Mediumwechsel nach 24 h.

> **Auftauen von Zellen**
>
> Material:
> - Zellen in Kryoröhrchen in flüssigem Stickstoff
> - Schutzhandschuhe
> - Schutzbrille oder Gesichtsschirm
> - Wasserbad (37 °C)
> - neue Kulturgefäße
> - gebrauchsfertiges Medium (auf 37 °C vorgewärmt)
>
> - Schutzhandschuhe anziehen und Schutzbrille bzw. Gesichtsschirm aufsetzen.
> - Stickstofflagerbehälter mit Zellen vorsichtig öffnen und mit Schutzhandschuhen die Kryoröhrchen aus den Halterungen lösen und sofort in ein 37 °C-Wasserbad überführen. (**Vorsicht**, es kann noch flüssiger Stickstoff in den Röhrchen eingeschlossen sein, der bei Erwärmung durch Volumenexpansion heftig entweicht!)
> - Kryoröhrchen nur so lange im Wasserbad halten, bis gerade das letzte Eisklümpchen verschwindet.
> - Danach rasch unter die Sterilbank wechseln, die Ampulle mit 70%igem Alkohol außen abwischen (desinfizieren) und den Inhalt mittels einer 2 ml-Pipette in eine neue Kulturflasche überführen, in die vorher ca. 20 ml frisches Medium pipettiert wurden.
> - Es empfiehlt sich, ein Aliquot (z. B. 0,1 ml) für eine Vitalitätsuntersuchung mittels Trypanblau oder Erythrosin B (Kapitel 14.4) zu verwenden.
> - In den nächsten 12 Stunden sollten die Zellen in Ruhe gelassen werden!
> - Mediumwechsel: bei DMSO-Zusatz als Frostschutz innerhalb von 24 h, bei Glycerinzusatz spätestens nach 48 h.
> - Bei Überführung von eingefrorenen Zellen in kleinere Kulturflaschen, in Multischalen oder bei vorgegebener Einsaatdichte empfiehlt es sich, die aufgetauten Zellen sofort in ein Zentrifugenröhrchen zu überführen, mit komplettem Medium aufzufüllen (Verdünnungsverhältnis: 1,8 ml Einfrierröhrcheninhalt plus 20 ml Kulturmedium) und kurz abzuzentrifugieren, das Medium abzusaugen, anschließend die Zellen in neuem Kulturmedium zu resuspendieren und auf die Flaschen bzw. Multischalen zu verteilen.

15.3.1 Vorsichtsmaßnahmen beim Umgang mit flüssigem Stickstoff

Vorsicht: Das sachgemäße Hantieren mit flüssigem Stickstoff erfordert die Einhaltung spezieller Vorsichtsmaßnahmen, welche in Kapitel 3 beschrieben sind.

Auch beim Einfrieren und Auftauen kann es zu Problemen kommen, die sich vor allem in der Vitalität der Zellen bemerkbar machen können. Eine kontrollierte und langsame Einfrierrate ist für die Zellen wichtig, ebenso die richtige Konzentration des Kryoschutzmittels (7–10 Vol.-% DMSO bzw. Glycerin im Medium). Die optimale Einfrierrate ist für Säugerzellen ca. –1 °C pro Minute, wobei diese Rate durchaus von Zelllinie zu Zelllinie leicht schwanken kann. Wichtig ist auch die Vorinkubationszeit im Kühlschrank nach dem Zusetzen des Einfriermediums; denn DMSO bzw. das Glycerin soll in die Zellen diffundieren und dort das Wasser binden bzw. verdrängen. Hier ist zu beachten, dass DMSO grundsätzlich schneller in die Zellen diffundiert (bei 4 °C) als Glycerin (ca. 5 min vs. 15–30 min). Diese Zeiten sollten jedoch nicht überschritten werden, da sowohl DMSO als auch Glycerin in diesen Konzentrationen (7–10 Vol.-%) hoch toxisch sind.

Die Toxizität der Frostschutzmittel ist auch der Grund, warum man so schnell wie möglich auftauen soll, ohne allerdings die Zellen zu überhitzen (s. o.). Bei den meisten Zelllinien ist es durchaus möglich, die aufgetaute Zellsuspension mit dem Gefrierschutzmittel direkt in das Kulturmedium zu geben und dann anschließend die Zellen zu pelletieren. Jedoch kann es bei empfindlichen Zellen hierbei zu einem osmotischen Schock kommen, dem man durch langsameres Zugeben des frischen Kulturmediums begegnen kann (Intervall des Verdünnens am Anfang tropfenweise [ca. 1–2 min] dann bis zu 10 min immer schneller werdend, bis eine Verdünnung von ca. 1:20 erreicht ist). Danach kann die verdünnte Zellsuspension entweder direkt ausgesät werden (Achtung: Vitalität stets testen und Einsaatdichte einhalten) oder es kann die Zellsupension zentrifugiert werden und das Zellpellet in frischem Medium wieder aufgenommen werden.

15.4 Versand von Zellen

Zellkulturen können von einem Labor zu einem anderen leicht transportiert werden, entweder als eingefrorene Ampulle auf Trockeneis oder als lebende Kultur. In jedem Falle ist es wichtig, den Empfänger über den Versand rechtzeitig zu informieren und über die Handhabung der zugesandten Kultur vorher genau zu instruieren. Zelllinien von kommerziellen Zellbanken (ATCC, ECACC, DSMZ; s. Kap. 36) werden grundsätzlich in gefrorenem Zustand ausgesandt.

Versand von Zellen

- Vor dem Versand direkt instruieren, auf welchem Wege die Zellen zum Empfänger gelangen. Hier haben sich in Europa die Übernachtdienste bewährt, die tatsächlich innerhalb von 24 h eine Zustellung garantieren.
- Den Empfänger entweder per Fax oder per E-Mail instruieren, wie er mit den Zellen weiter verfahren soll.
- Genaue Daten über die Zellzahl und das Kulturmedium mit allen Komponenten mitliefern.
- Evtl. Passagezahl und Einsaatdichte angeben.
- Bei Lieferung in eingefrorenem Zustand das Trockeneis (−78,5 °C) so dimensionieren, dass es mindestens 3 Tage hält und die Kühlkette nicht unterbrochen wird (Styroporbehälter mit einer Wandstärke von mind. 3 cm und einem Rauminhalt von ca. 3–5 Liter sind ausreichend).
- Bei Versand von Lebendkulturen, was prinzipiell vorzuziehen ist, die T-25- bzw. T-75-Flasche (Zelldichte ca. 60–80% der maximal erreichbaren Dichte) bis zum Rand mit komplettem Kulturmedium füllen und die Verschlusskappe (ohne Belüftung!) gut verschrauben und zusätzlich mit Parafilm dicht verschließen. Es sollen sich möglichst keine Luftblasen mehr in der Flasche befinden.
- Die Flasche gut stoßfest in Verpackungsmaterial einwickeln und mit dem Zusatz: „Bitte nicht einfrieren" versehen und mit den Zellinformationen dann mittels 24-h-Kurierdienst verschicken.
- Bei Erhalt das Medium steril mittels einer Pipette entnehmen (nicht gießen!) und ca. 7–20 ml (je nach Flaschengröße) auf den Zellen belassen und nach 24 h mikroskopisch beurteilen. Das mitgelieferte Medium kann für die erste Passage noch verwendet werden oder es dient als Reserve, falls mit dem im Labor benutzten Medium bei der nachfolgenden Kultivierung Schwierigkeiten auftreten sollten.
- Bei grenzüberschreitendem Versand außerhalb der EU sind mögliche Quarantänerichtlinien zu beachten.

15.5 Probleme mit Zellen

Bei den gezüchteten Zellen sind naturgemäß die meisten Störungen zu vermerken, da sie ja stark variieren können, selbst wenn man eindeutig definierte Zelllinien benutzt. Es muss immer wieder darauf hingewiesen werden, dass selbst eindeutig definierte und klonierte Zelllinien nicht unbedingt eine biologisch einheitliche Population darstellen, sondern dass sich die Zellen von Passage zu Passage ändern können bzw. dass eine Selektion nach unbekannten Kriterien stattfindet. Dies gilt für alle Zellen *in vitro*, gleichgültig ob es sich um Primärkulturen oder um Tumorzelllinien handelt (Kapitel 19 und 21).

Eine unbeabsichtigte Viruskontamination von Zellkulturen ist relativ selten, jedoch muss darauf hingewiesen werden, dass z. B. Humanmaterial vor der Kultivierung eindeutig als virusfrei getestet werden muss, ansonsten gelten diese Zellen mindestens als L2-Material, wobei die betreffenden Sicherheitsmaßnahmen eingehalten werden müssen (Kapitel 3.1). Sollte ein Verdacht auf Viruskontamination allerdings bestehen, ist entweder eine immunhistochemische Untersuchung angebracht (sofern es taugliche Antikörper gegen das Virus gibt!) oder die Zellkultur sollte einer elektronenmikroskopischen Analyse unterzogen werden.

Ein weiterer Punkt, der bei einem schlechten Wachstum der Zellen beachtet werden sollte, ist die Einsaatdichte. Bei den meisten Zelllinien ist in der Literatur stets die Mindestdichte angegeben, die auf keinen Fall bei einem gegebenen Medium unterschritten werden sollte. Gründe für eine dünnere Einsaat als vorgeschrieben gibt es sicherlich viele, ein Hauptgrund mag die vermeintliche Einsparung von Medium und Equipment sein, um z. B. am Ende mehr Zellen bei gleicher Anfangszellzahl zu erhalten. Dies ist meist ein Trugschluss und führt eher umgekehrt zu einem langsameren Wachstum der Zellen, wenn nicht gar zu einem vorzeitigen Absterben.

Andererseits ist bei Zelllinien mit begrenzter Lebensdauer zu beachten, dass eine zu häufige Subkultur die Zellen bald in die Seneszenz (Kapitel 19.2) führt. Hier hilft nur eine überlegte Strategie der Kryokonservierung von Zellen mit niedriger Passagezahl, die erst dann wieder aufgetaut werden sollten, wenn die häufiger passagierten Zellen erste Alterungserscheinungen zeigen. Auch eine zu hohe Einsaatdichte ist nicht zu empfehlen, dies führt meist zu einem erhöhten Arbeitsaufwand und ist in einem relativ schnellen Umschlag des Phenolrotindikators im Medium zur gelben Farbe, ohne dass eine offensichtliche bakterielle Kontamination vorliegt, festzustellen.

Das Wachstum bzw. die Proliferation der Zellen während der Inkubationszeit kann trotz aller Vorsichtsmaßnahmen in einem bestimmten Rahmen variieren, ohne dass sofort Alarm geschlagen werden müsste. Jedoch sollte man es sich prinzipiell angewöhnen, vor jedem Mediumwechsel und vor und 24 h nach der Passage die Zellen einer eingehenden mikroskopischen Analyse zu unterwerfen. Je mehr man mit dem gesunden Erscheinungsbild der wachsenden Kultur vertraut ist, desto eher werden selbst schon kleinere Abweichungen von der Norm bemerkbar, wenn man sie auch nicht immer sofort quantifizieren kann (Kapitel 14.1). Häufigstes mikroskopisches Zeichen für ein schlechtes Wachstum sind zunehmende Vakuolisierungen, diese sind meist ein Signal, dass die *In-vitro*-Bedingungen für die Zellkultur verbessert werden müssen.

16 Qualitätskontrolle und Cell Banking

16.1 Qualitätskontrolle

Die Kultivierung humaner oder tierischer Zellen steht meist am Beginn eines jeden wissenschaftlichen Experiments. Erfolg der Versuche und Aussagekraft der Ergebnisse hängen direkt vom Zustand und von der Qualität der kultivierten Zellen ab. Dies setzt voraus, dass die Zellen unter Einhaltung höchster Qualitätsstandards und, wenn möglich, unter Bedingungen der *„Good Laboratory Practice* (GLP)" in Kultur gehalten werden (Kapitel 17).

> **Qualitätskontrolle von Zell- und Gewebekulturen**
> (*Purity – Identity – Stability*)
>
> - **Reinheit:** frei von Infektionen und mikrobiellen Kontaminationen
> - **Identität (Authentizität):** frei von Kreuzkontaminationen, richtige Bezeichnung (Beschriftung) der Kulturen
> - **Stabilität:** genotypische und phänotypische Stabilität der Zellen bei Langzeitkultivierung (hohe Passagezahlen)

Neben der grundsätzlichen Einhaltung steriler Arbeitstechniken (Kapitel 2) und höchsten Standards in der Verwendung von Kulturgefäßen (Kapitel 6), Medien und deren Zusätzen (Kapitel 7), sind es vor allem die Zellen selbst sowie deren Herkunft und Reinheit, die einer ständigen Kontrolle unterzogen und dokumentiert werden müssen (Freshney, 2002; Stacey and Auerbach, 2007). Darunter versteht man die Validierung und routinemäßige Kontrolle einer Zelllinie bzw. einer Kultur in Bezug auf:

- Ursprung und Authentizität der Zellen
- Identifizierung der Zellen
- Kontaminationen mit Mycoplasmen
- Kreuzkontamination mit anderen Zellen

16.1.1 Ursprung und Authentizität der Zellen

Bei Primärkulturen (Kapitel 19.1) von Biopsiematerial oder aus anderen Gewebeproben ist eine lückenlose Dokumentation oberstes Gebot. Auch die Authentizität von Zelllinien muss überprüft und dokumentiert sein. Dies betrifft vor allem Kulturen, welche nicht über autorisierte Zellbanken, wie ATCC, ECACC oder DSMZ (s. Kap. 36) bezogen wurden, sondern aus anderen Quellen stammen, z. B. von Kollegen, Forschungspartnern oder aus Nachbarlabors. Zur Vermeidung laborinterner Verwechslungen von Kulturen ist eine genaue Beschriftung der Kulturgefäße unerlässlich. Dies gilt besonders für die Einfrierröhrchen, damit auch nach Jahren der Lagerung in Flüssigstickstoff die Zellen eindeutig zugeordnet werden können. Unvollständige oder fehlerhafte Beschriftungen und schlechte Protokollführung sind die häufigsten Ursachen für Verwechslungen oder falsche Bezeichnungen von Zelllinien innerhalb eine Labors (Masters, 2000).

16.1.2 Identifizierung der Zellen

Allein der tägliche Umgang mit den Zellkulturen bietet eine Reihe von Möglichkeiten, die Identität der Zellen ständig zu prüfen und zu bestätigen. Dazu zählen der Phänotyp der Zellen, das mikroskopische Erscheinungsbild (Kapitel 14.1) oder das Wachstumsverhalten der Kulturen. Auch Differenzierungsmarker, Proteinexpressionsmuster und andere zellspezifische biochemische oder molekularbiologische Parameter geben Aufschluss über die Identität der bearbeiteten Zelllinie.

Spezifischere Tests, die auf die Verifizierung der Ursprungsspezies oder der Herkunft der Zellen aus bestimmten Geweben abzielen, sind eine Karyotyp- bzw. Chromosomenanalyse oder die Bestimmung von Isoenzymmustern (Steube et al., 1995) (Abb. 2-16).

16.1.3 Kontaminationen mit Mycoplasmen

Trotz größtmöglicher Umsicht lassen sich wiederkehrende Mycoplasmenkontaminationen nicht gänzlich ausschließen. Hauptquelle dafür ist die Querinfektion durch eine bereits befallene Kultur. Es ist deshalb unerlässlich und gehört zur guten Zellkulturpraxis, die Kulturen in regelmäßigen Abständen auf Mycoplasmenbefall zu testen (Kapitel 2.7). Dies gilt vor allem für Kulturen, die zum Einfrieren oder zum Versand bzw. zur Weitergabe an andere Labors vorbereitet werden.

16.1.4 Kreuzkontamination mit anderen Zellen

Die Kontamination von Zellkulturen mit anderen Zellen ist seit mehr als 30 Jahren bekannt und dokumentiert (Kapitel 2.8), und stellt immer noch ein tiefgreifendes Problem in der Zellkultur dar (Buehring et al., 2004; Masters, 2002). Der verstärkte Einsatz humaner Zellen in der biomedizinischen Forschung hat das Problem der **Intraspezies-Kontaminationen** innerhalb humaner Linien wieder evident werden lassen (O'Brien, 2001). Doch stehen mit den modernen Methoden der DNA Typisierung, wie DNA-Fingerprinting und Mikrosatelliten-Analysen (*Short Tandem Repeat Profiling*), sensitive Werkzeuge zur Verfügung, Zellkulturen eindeutig zuzuordnen. Einzige Voraussetzung dafür ist das Vorhandensein eines DNA-Profils einer eindeutig definierten Referenzkultur (Dirks et al., 2005; Masters, 2000; Masters et al., 2001). Derartige DNA-Fingerprint Datenbanken sind derzeit im Aufbau begriffen.

16.2 Cell Banking

Zur guten Zellkulturpraxis gehört auch, sich vor Ort eine Zellbank einzurichten und aufzubauen, auf die immer wieder zurückgegriffen werden kann. Die Bevorratung und Lagerung von Zellen in Flüssigstickstoff-Lagerbehältern bei –196 °C wurde in Kapitel 15 ausführlich beschrieben. Werden neue Zelllinien von Zellbanken gekauft oder auch von anderen Quellen bezogen, sollten diese noch vor Beginn der eigentlichen Experimente in die Breite gezüchtet und in entsprechender Menge eingefroren werden.

Neben den eigentlichen Stammkulturen („Master Cell Bank") sollten auch im Labor selbst hergestellte Substämme und Sublinien, Klone, Mutanten oder Transfektanten in regelmäßigen Abständen weggefroren werden, um im Falle eines Gerätedefekts, eines Stromausfalles oder anderer unvorhergesehener Ereignisse nicht alle Kulturen zu verlieren. Die sachgemäße Lagerung der Zellen bewahrt diese ferner vor Kontaminationen mit Mikroorganismen oder anderen Zellen, vor Variabilität durch ständige Subkultivierung, vor Zellalterung bei Langzeitkultur und vor anderen genetischen Veränderungen.

Um diese oft nur sehr langsam und schleichend verlaufenden Zellveränderungen (Genetic and Phenotypic Drift) zu vermeiden, ist es ratsam, je nach Zelllinie nach ca. 20–30 Passagen die Kulturen zu verwerfen und mit frisch aufgetauten Kulturen entsprechend niedriger Passagezahl fortzufahren. Man kann auch systematisch die spezifischen Eigenschaften von Kulturen mit niedriger und sehr hoher Passagezahl untersuchen und miteinander vergleichen, um direkte Informationen über genetische Instabilitäten oder Zellalterung der bearbeiteten Zelllinie zu erhalten.

17 Standardisierung in der Zellkultur (Good Cell Culture Practice)

Die Kultivierung eukaryoter Zellen *in vitro* ist heute als Routinetechnik aus der zell- und molekularbiologischen Grundlagenforschung bis hin zur angewandten Biotechnologie nicht mehr wegzudenken (s. Einleitung). Trotz der weiten Verbreitung und der vielfältigen Anwendungen von Zell- und Gewebekulturen sind eine Reihe grundlegender Fragen und Arbeitsvorschriften ungeklärt und werden in den einzelnen Laboratorien auf unterschiedlichste Weise gehandhabt.

Eine erfolgreiche Propagierung von Zellen *in vitro* bedeutet, dass Zellen sich vermehren und entsprechend proliferieren sollen, heißt aber auch, dass die kultivierten Zellen einen möglichst hohen Grad der Differenzierung erreichen und damit der Situation *in vivo* möglichst nahe kommen sollen. Zellproliferation und Zelldifferenzierung stellen dabei aber häufig zwei einander entgegengesetzte Endpunkte in der Zellkultur dar (Brown et al., 2003; Strehl et al., 2002). Welches der beiden Ziele erreicht werden soll, hängt von der jeweiligen Fragestellung, und damit von den gewählten Kulturbedingungen, ab. Dazu zählen:

- die Ergänzung von Medien mit Wachstums- oder Differenzierungsfaktoren (Kapitel 7.1.2)
- die Verwendung einer spezifischen extrazellulären Matrix (Kapitel 6.6)
- die Subkultivierungsintervalle und Einsaatdichten (Kapitel 13)
- die Zyklen des Mediumwechsels (Kapitel 12)
- statische Kulturen im Gegensatz zu Kulturen in Perfusionsreaktoren (Kapitel 25)
- u.v.a.m.

Es ergeben sich somit eine Vielzahl von Kulturparametern, die genau definiert und aufeinander abgestimmt werden müssen (Gstraunthaler, 2000, 2006). Ziel muss es sein, im Sinne einer *guten Laborpraxis* die entscheidenden Parameter zu definieren und zu standardisieren, um innerhalb eines Labors reproduzierbare Kulturbedingungen zu schaffen, aber auch um die Vergleichbarkeit von Ergebnissen aus verschiedenen Laboratorien zu ermöglichen und herzustellen.

In Anlehnung an die „*Good Laboratory Practice* (GLP)" (Cooper-Hannan et al., 1999), wurde vor einigen Jahren von *ECVAM*, dem European Centre for the Validation of Alternative Methods (http://ecvam.jrc.it), die Initiative zu einer „*Good Cell Culture Practice* (GCCP)" ins Leben gerufen (Balls et al., 2006; Coecke et al., 2005; Hartung et al., 2001, 2002). Ziel dieser Initiative ist es, definierte, standardisierte und harmonisierte Rahmenbedingungen für die Entwicklung und Anwendung von *In-vitro*-Verfahren zu schaffen. Dazu sollen allgemeine Richtlinien erarbeitet werden, um Mindestanforderungen in der Zell- und Gewebekultur in der Grundlagenforschung, in der angewandten Biotechnologie, der Bioreaktor-Produktion, bis hin zur klinischen Anwendung zu definieren, um die Qualität, die Aussagekraft, die Vergleichbarkeit und die Reproduzierbarkeit von *In-vitro*-Arbeiten zu sichern bzw. zu verbessern. Ferner sollen die Richtlinien helfen, eine effektive Qualitätskontrolle (Kapitel 16.1) aufzubauen, sowie die Ausbildung und Unterweisung der wissenschaftlichen Mitarbeiter zu unterstützen (Coecke et al, 2005; Hartung et al., 2002).

Aus diesem Grund sind die GCCP-Richtlinien in ihrem Umfang bewusst breit gesetzt, um alle *In-vitro*-Systeme von Zellen, Geweben und Organen humanen oder tierischen Ursprungs zu umfassen und abzudecken. Die dabei behandelten Themenkreise sind:

- Ursprung und Nomenklatur der verwendeten Zellsysteme
- Beschreibung und Dokumentation aller Arbeiten
- Medien und Kulturbedingungen
- Charakterisierung und Aufrechterhaltung spezifischer Differenzierungsmerkmale
- Qualitätskontrolle
- Lagerung und Stammkultursammlung
- Ausbildung und Unterweisung
- Rechtslage und Sicherheitsaspekte
- mögliche Patentierung
- Fragen der Ethik

In zwei umfangreichen Thesenpapieren (Coecke et al., 2005; Hartung et al., 2002) wurden sechs operative Grundsätze als GCCP-Richtlinien definiert:

1. Schaffung und Erhalt eines umfassenden Verständnisses für das jeweilige *In-vitro*-System und aller Faktoren, die das System beeinflussen könnten.
2. Sicherstellung der Qualität aller verwendeten Materialien und eingesetzten Methoden, um die Verlässlichkeit, Gültigkeit und Reproduzierbarkeit aller durchgeführten Arbeiten zu gewährleisten.
3. Festschreibung all jener Informationen, die notwendig sind, das verwendete Material und die eingesetzten Methoden nachvollziehbar so zu dokumentieren, dass sie eine Wiederholung der Arbeiten erlauben und den Experimentatoren ermöglichen, die Arbeiten zu verstehen und deren Ergebnisse zu bewerten.
4. Setzen und Aufrechterhalten aller erforderlichen Maßnahmen, um das Laborpersonal und die Umwelt vor jeglichen potenziellen Gefährdungen ausreichend zu schützen.
5. Einhaltung aller einschlägigen Gesetze und Regelwerke sowie von ethischen Grundsätzen.
6. Vorkehrungen treffen für eine einschlägige, umfassende Ausbildung und praktische Unterweisung des gesamten Personals, um eine hohe Qualität und Sicherheit der Arbeiten im Labor zu gewährleisten.

18 Literatur

Balls M., Coecke S., Bowe G., Davis J., Gstraunthaler G., Hartung T., Hay R., Merten, O.-W., Price A., Schechtman L., Stacey G. and Stokes W. The Importance of Good Cell Culture Practice (GCCP). Proceedings of the 5th World Congress on Alternatives and Animal Use in the Life Sciences, Berlin, Germany, 2005. ALTEX 23 (Special Issue): 270–273, 2006.

Bathia R., Jesionowski G., Ferrance J. and Ataai M.M. Insect cell physiology. Cytotechnol. 24: 1–9, 1997.

Berridge M.V. and Tan A.S. Characterization of the cellular reduction of 3-(4,5-dimethylthiazol-2-yl)-2,5-diphenyltetrazolium bromide (MTT): subcellular localization, substrate dependence, and involvement of mitochondrial electron transport in MTT reduction. Arch. Biochem. Biophys. 303: 474–482, 1993.

Brown G., Hughes P.J. and Michell R.H. Cell differentiation and proliferation – simultaneous but independent? Exp. Cell Res. 291: 282–288, 2003.

Buehring G.C., Eby E.A. and Eby M.J. Cell line cross-contamination: how aware are mammalian cell culturists of the problem and how to monitor it? In Vitro Cell. Dev. Biol. 40: 211–215, 2004.

Butler M. and Jenkins H. Nutritional aspects of the growth of animal cells in culture. J. Biotechnol. 12: 97–110, 1989.

Carmichael J., DeGraff W.G., Gazdar A.F., Minna J.D. and Mitchell J. B. Evaluation of a tetrazolium-based semiautomated colorimetric assay: assessment of chemosensitivity testing. Cancer Res. 47: 936–942, 1987.

Coecke S., Balls M., Bowe G., Davis J., Gstraunthaler G., Hartung T., Hay R., Merten, O.-W., Price A., Schechtman L., Stacey G. and Stokes W. Guidance on Good Cell Culture Practice. A Report of the Second ECVAM Task Force on Good Cell Culture Practice. ATLA 33: 261–287, 2005.

Cook J.A. and Mitchell J. B. Viability measurements in mammalian cell systems. Anal. Biochem. 179: 1–7, 1989.

Cooper-Hannan R., Harbell J.W., Coecke S., Balls M., Bowe G., Cervinka M., Clothier R., Hermann F., Klahm L.K., de Lange J., Liebsch M. and Vanparys P. The principles of Good Laboratory Practice: application to *in vitro* toxicology studies. ECVAM Workshop Report 37, ATLA 27: 539-577, 1999.

Coriell L.L. Preservation, storage, and shipment. Methods Enzymol. 58: 29-36, 1979.

Dirks W.G., Fähnrich S., Estella I.A.J. and Drexler H.G. Short tandem repeat DNA typing provides an international reference standard for authentication of human cell lines. ALTEX 22: 103-109, 2005.

Doverskog M., Ljunggren J., Öhman L. and Häggström L. Physiology of cultured animal cells. J. Biotechnol. 59: 103-115, 1997.

Freshney R.I. Cell line provenance. Cytotechnology 39: 55-67, 2002.

Gstraunthaler G. Epithelial cells in tissue culture. Renal Physiol. Biochem. 11: 1-42, 1988.

Gstraunthaler G.J.A. Ammoniagenesis in renal cell culture. A comparative study on ammonia metabolism of renal epithelial cell lines. Contrib. Nephrol. (Karger, Basel), Vol. 110: 88-97, 1994.

Gstraunthaler G. Standardisierung in der Zellkultur – wo fangen wir an? In: Forschung ohne Tierversuche 2000 (H. Schöffl, H. Spielmann, F.P. Gruber, H. Appl, F. Harrer, W. Pfaller, H.A. Tritthart, Hrsg.), Springer Verlag, Wien, New York, pp. 40-49, 2000.

Gstraunthaler G. Standardization in Cell and Tissue Culture - The Need for Specific GLP Guidelines in the Cell Culture Laboratory (Good Cell Culture Practice - GCCP). Proceedings of the 5th World Congress on Alternatives and Animal Use in the Life Sciences, Berlin, Germany, 2005. ALTEX 23 (Special Issue): 274-277, 2006.

Gstraunthaler G., Landauer F. and Pfaller W. Ammoniagenesis in LLC-PK$_1$ cultures: role of transamination. Am. J. Physiol. 263: C47-C54, 1992.

Gstraunthaler G., Seppi T. and Pfaller W. Impact of culture conditions, culture media volumes, and glucose content on metabolic properties of renal epithelial cell cultures. Are renal cells in tissue culture hypoxic? Cell. Physiol. Biochem. 9: 150-172, 1999.

Gstraunthaler G., Thurner B., Weirich-Schwaiger H. and Pfaller W. A novel gluconeogenic strain of OK cells with metabolic properties different from gluconeogenic LLC-PK$_1$ cells. Cell. Physiol. Biochem. 3: 78-88, 1993.

Hartung T., Gstraunthaler G., Coecke S., Lewis D., Blanck O. and Balls M. Good Cell Culture Practice (GCCP) – eine Initiative zur Standardisierung und Qualitätssicherung von *in vitro* Arbeiten. Die Etablierung einer ECVAM Task Force on GCCP. ALTEX 18: 75-78, 2001.

Hartung T., Balls M., Bardouille C., Blanck O., Coecke S., Gstraunthaler G. and Lewis D. Good Cell Culture Practice. ECVAM Good Cell Culture Practice Task Force Report 1. ATLA 30: 407-414, 2002.

Hernandez Y.G. and Fischer R. Serum-free culturing of mammalian cells – adaptation to and cryopreservation in fully defined media. ALTEX 24: 110-116, 2007.

Holcomb T., Curthoys N.P. and Gstraunthaler G. Subcellular localization of PEPCK and metabolism of gluconeogenic substrains of renal cell lines. Am. J. Physiol. 268, C449-C457, 1995.

Masters J.R.W. Human cancer cell lines: fact and fantasy. Nature Rev. Molec. Cell Biol. 1: 233-236, 2000.

Masters J.R. False cell lines: The problem and a solution. Cytotechnology 39: 69-74, 2002.

Masters J.R., Thomson J.A., Daly-Burns B. et al. Short tandem repeat profiling provides an international reference standard for human cell lines. Proc. Natl. Acad. Sci. USA 98: 8012-8017, 2001.

Mazur P. Freezing of living cells: mechanisms and implications. Am. J. Physiol. 247: C125-C142, 1984.

Mosmann T. Rapid colorimetric assay for cellular growth and survival: application to proliferation and cytotoxicity assays. J. Immunol. Methods 65: 55-63, 1983.

O'Brien S.J. Cell culture forensics. Proc. Natl. Acad. Sci. USA 98: 7656-7658, 2001.

O'Brien J., Wilson I., Orton T. and Pognan F. Investigation of the Alamar Blue (resazurin) fluorescent dye for the assessmant of mammalian cell cytotoxicity. Eur. J. Biochem. 267: 5421-5426, 2000.

Pfaller W., Gstraunthaler G. and Loidl P. Morphology of the differentiation and maturation of LLC-PK$_1$ epithelia. J. Cell. Physiol. 142: 247-254, 1990.

Roehm N.M., Rodgers G.H., Hatfield S.M. and Glasebrook A.L. An improved colorimetric assay for cell proliferation and viability utilizing the tetrazolium salt XTT. J. Immunol. Methods 142: 257-265, 1991.

Scudiero D.A., Shoemaker R.H., Paull K.D., Monks A., Tierney S., Nofziger T.H., Currens M.J., Seniff D. and Boyd M.R. Evaluation of a soluble tetrazolium/formazan assay for cell growth and drug sensitivity using human and other tumor cell lines. Cancer Res. 48: 4827-4833, 1988.

Stacey G.N. and Auerbach J.M. Quality control procedures for stem cell lines. In: Culture of Human Stem Cells (R.I. Freshney, G.N. Stacey and J.M. Auerbach, Eds.). John Wiley & Sons, Inc., 2007.

Steube K.G., Grunicke D. and Drexler H.G.: Isoenzyme analysis as a rapid method for the examination of the species identity of cell cultures. In Vitro Cell. Dev. Biol. 31: 115-119, 1995.

Stewart N.T., Byrne K.M., Hosick H.L., Vierck J.L. and Dodson M.V. Traditional and emerging methods for analyzing cell activity in cell culture. Methods Cell Sci 22: 67-78, 2000.

Strehl R., Schumacher K., de Vries U. and Minuth W.W. Proliferating cells versus differentiated cells in tissue engineering. Tissue Eng. 8: 37-42, 2002.

Tedder R.S., Zuckerman M.A., Goldstone A.H., Hawkins A.E., Fielding A., Briggs E.M., Irwin D., Blair S., Gorman A.M., Patterson K.G., Linch D.C., Heptonstall J. and Brink N.S. Hepatitis B transmission from contaminated cryopreservation tank. Lancet 346: 137–140, 1995.

Wurm F.M. Production of recombinant protein therapeutics in cultivated mammalian cells. Nat. Biotechnol. 22: 1393–1398, 2004.

IV Spezielle Methoden und Anwendungen

19 Allgemeine Aspekte der Primärkultur
20 Spezielle Primärkulturen
21 Kultivierung spezieller Zelllinien
22 Spezielle zellbiologische Methoden in der Zellkultur
23 Organkulturen
24 Stammzellen und Tissue Engineering
25 Massenzellkultur

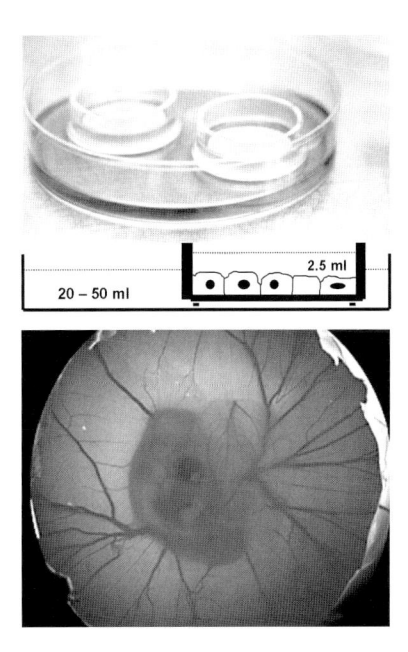

Tab. 19-1 Präparations- und Selektionsmethoden für Primärkulturen.

A. Präparationsmethoden: Art der Zellisolierung	Methode	Literatur
enzymatisch	Perfusion von Geweben und Organen mit spezifischen Protease- oder Peptidaselösungen, Sammeln der Zellen im Effluat und Kultivierung der herausgelösten Zellen	
Aufreinigung	Zentrifugation der (enzymatisch gewonnenen) Zellsuspension im Dichtegradienten, Isolierung und Kultivierung der Zellen aus spezifischen Banden; Isolierung von Blutzellen im Dichtegradienten	Gesek et al., 1987 Lash and Tokarz, 1989 Scott et al., 1986 Vinay et al., 1981
mechanisch	Mikrodissektion: z. B. Mikrodissektion von Tubulusfragmenten der Niere und Auswachsen nephronspezifischer Zellen unter geeigneten Kulturbedingungen	Horster, 1980 Horster and Sone, 1990 Wilson and Horster, 1983
immunologisch	Immunodissektion: Anheftung einer Zellpopulation an Kulturschalen, die mit spezifischen Antikörpern vorbeschichtet wurden	Helbert et al., 1997 Smith and Garcia-Perez, 1985 Spielman et al., 1987
	Immunoselektion: Anreicherung einer Zellpopulation durch Bindung an spezifische Antikörper, die an magnetische Mikropartikel gekoppelt sind	Baer et al., 1997 Pizzonia et al., 1991
B. Selektionsmethoden: Selektionsdruck durch geeignete Medien und Wuchsbedingungen		Literatur
Auswahl geeigneter Kulturparameter, abgestimmt auf die jeweiligen „physiologischen" Eigenschaften des Gewebes bzw. Organs		Gstraunthaler, 2003 Barnes et al., 1987
→ Serumfreie Zellkultur: spezifische, hormonelle Stimulation des gewünschten Zelltyps bei gleichzeitiger Unterdrückung unerwünschten Fibroblastenwachstums		
→ D-Valin-haltige Selektionsmedien: spezifische Selektion von (Nieren)Epithelzellen, die eine D-Aminosäure-Oxidase exprimieren		Gilbert and Migeon, 1975, 1977
→ Glucosefreie Medien: Selektion proximaler Nierenepithelzellen, welche zur Gluconeogenese befähigt sind		Courjault-Gautier et al., 1995 Gstraunthaler and Handler, 1987 Jung et al., 1992
→ Hyperosmolare Kulturbedingungen: spezifische Selektion von Zellen des Nierenmarks, welche in hyperosmolarem Milieu überleben		Burg, 1995 Handler and Kwon, 1993

Während es für die mechanische Desintegration neben Skalpell, Schere und feinen Drahtnetzen nur relativ wenige methodische Ansätze gibt, ist in den letzten 20 Jahren die Gewinnung von Primärkulturen auf enzymatischem Weg zur Methode der Wahl geworden.

Es gibt viele **Enzympräparationen**, die imstande sind, Gewebe verschiedenster Art und Herkunft in Einzelzellen zu zerlegen. Meist handelt es sich dabei um Fraktionen von proteinspaltenden Enzymen, die miteinander kombiniert werden können. Die meistgebrauchten Enzympräparationen sind Trypsin, Collagenase, Dispase, Pronase, Elastase, Hyaluronidase, Papain, DNase und verschiedene Kombinationen dieser Enzyme (Kapitel 13.1.3).

Trypsin und Pronase erzielen meist die beste und vollständigste Dissoziierung von Gewebe in Einzelzellen, allerdings ist die Schädigung der Zellen auch am größten. Dispase und Collagenase schädigen die Zellen bei der Zerlegung des Gewebes in Einzelzellen weniger, wohingegen die Ausbeute an Einzelzellen schlechter ist. Die anderen Enzyme, wie Hyaluronidase, Elastase und DNase werden meist nur in Verbindung mit anderen Enzymen benutzt. So kann z. B. DNase sehr gut bei der Trypsinierung von Gewebe eingesetzt werden, um freigesetzte und unlösliche DNA, die die Aggregation von Einzelzellen fördert, zu hydrolysieren. DNA wird in der Regel bei nekrotischen Zellen freigesetzt, je besser der Zustand des Gewebes, desto weniger DNA tritt aus. Papain kann als Protease nichttierischer Herkunft (modifizierter Latexsaft aus *Carica papaya*) alternativ zum pankreatischen Enzym (Trypsin) eingesetzt werden. Es benötigt zu seiner Aktivität einen Zusatz von Cystein (ca. 0,5 Vol.-%).

Obwohl es für die verschiedenen Gewebe und Tierspezies spezielle Bedingungen zur Gewinnung von Primärkulturen gibt, kann man doch einige generelle Punkte vorausschicken, die es **prinzipiell zu beachten** gilt. Auch auf die strikte Einhaltung aseptischer Präparationsmethoden und die stete Kontaminationskontrolle der Kulturen sei hier verwiesen (Vierck et al., 2000):

> ! Die Entnahme von Gewebe oder Organen soll so aseptisch wie möglich vor sich gehen. Ist dies nicht möglich, sollte man mit Medium, das mindestens die doppelte empfohlene Antibiotikakonzentration enthält, arbeiten.
> ! Nach Entnahme des Gewebes sofort unter die Reinraumwerkbank.
> ! Nekrotisches Gewebe sowie Fett, Haare und ähnliches sofort entfernen.
> ! Das Gewebe sollte mit einem Skalpell o. Ä. möglichst fein zerschnitten werden.
> ! Die enzymatische Zerlegung des Gewebes kann sowohl bei 37 °C als auch bei 4 °C durchgeführt werden. Dabei ist der Zeitfaktor zu berücksichtigen (37 °C: kurze Dauer, aber dafür größere Zellschädigung; 4 °C: relativ lange Einwirkdauer der Enzyme, dafür geringere Zellschädigung).
> ! Die Beendigung der enzymatischen Dissoziierung kann sowohl durch Zentrifugation und Waschen des Sediments mit frischer Nährlösung ohne Enzyme durchgeführt werden, als auch durch Zufügen von Inhibitoren der betreffenden Enzyme ins Dissoziationsmedium.
> ! Die Konzentration der ausgesäten Zellen muss in der Primärkultur sehr viel höher liegen als für eine normale Subkultur von Zelllinien, da eine erhebliche Anzahl von Zellen abstirbt.
> ! Es sollte immer ein relativ nährstoffreiches Medium zum Anlegen einer Primärkultur verwendet werden, wobei dem Medium je nach Bedarf Serum zugesetzt werden sollte. Dabei ist fetalem Kälberserum meist der Vorzug vor anderem Serum zu geben.
> ! Prinzipiell gibt fetales Gewebe bessere Ausbeuten an Zellen, ist leichter zu dissoziieren und wächst schneller und leichter an als Primärkulturen aus adultem Gewebe.
> ! Es sollte nach jeder enzymatischen oder mechanischen Dissoziierung ein Test der Zellen auf Lebensfähigkeit mittels Vitalfärbung durchgeführt werden, um die Dissoziierungsbedingungen zu standardisieren.
> ! Manche Zellpopulationen lassen sich schon aufgrund der Anheftfähigkeit an das Substrat relativ einfach trennen. So kann z. B. bei einer Gewinnung von Epithelkulturen eine nicht gewünschte Fibroblastenpopulation relativ einfach beseitigt werden, indem man die schnellere Anheftung der Bindegewebszellen ausnützt, um nach ca. 30–60 Minuten die Primärzellen, die sich schon angeheftet haben, von der von im Überstand befindlichen epitheloiden Population einfach zu trennen.
> ! Primärkulturen sind anfangs häufiger zu beobachten, um auf evtl. auftretende Veränderungen sofort reagieren zu können (Mediumwechsel, CO_2-Begasung, Antibiotikakonzentration, etc.).

19.2 Seneszenz und Zellalterung

Zellen, die in Primärkultur auswachsen, unterliegen bereits einer Selektion in Bezug auf die Fähigkeit an die Kulturunterlage zu adhärieren und in weiterer Folge unter den vorhandenen Kulturbedingungen zu proliferieren. Die Kulturunterlage wie auch das Angebot über das Kulturmedium an Nährstoffen, Vitaminen, Spurenelementen, Wuchsfaktoren und Hormonen stellen dabei die stärksten Selektionsfaktoren dar. Ein weiteres Kriterium, welcher Zelltypus letzlich in Kultur dominiert,

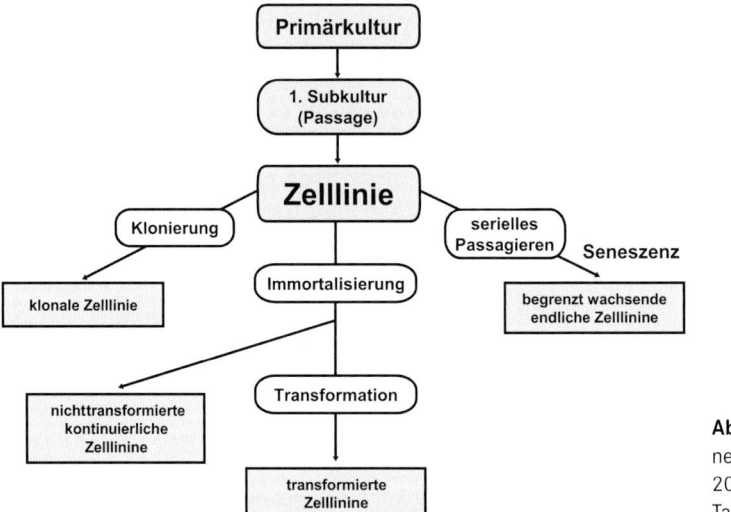

Abb. 19-2 Etablierung verschiedener Zelllinien (McAteer and Davis, 2002). (Für Details siehe Text und Tab. 19-3A).

liegt in der Natur der Zellen selbst (transformiert vs. nichttransformiert) (Abb. 19-2, Tab. 19-2; Kapitel 19.4). Die Selektionsbedingungen sind für alle Primärkulturen, ob aus Gewebeexplantaten oder isolierten Zellen angelegt, gleich. Sind alle Voraussetzungen erfüllt, wachsen Primärkulturen in den allermeisten Fällen zu einem konfluenten Monolayer heran.

Wie aus Abb. 19-1 und 19-2 ersichtlich, kann aus einer Primärkultur durch anschließende Subkultivierung eine Zelllinie herausgezüchtet werden. Solche Linien können, je nach Ursprung des Ausgangsmaterials, über mehrere Passagen weiterpropagiert werden. Durch die gewählten Kultur- und Selektionsbedingungen bestehen diese Linien aus mehr oder weniger homogenen Typen von Zellen (heterogene Zelllinien). Die Reinheit bzw. Homogenität einer Linie kann durch – oft mehrmaliges – Klonieren erreicht und aufrechterhalten werden (klonale Linie) (Abb. 19-2).

Während der nachfolgenden Passagen tritt in einigen Fällen eine stetige Abnahme der Proliferationsrate ein, bis die Zellen nicht mehr subkultiviert werden können und die Kultur abstirbt (Abb. 19-3). Diese eingeschränkte Zellteilungsaktivität wird als **Seneszenz** bezeichnet (Hayflick, 1998; Sherr and DePinho, 2000). Deren genaue Ursachen, wie z. B. die kontinuierliche Verkürzung der

Tab. 19-2 Selektionsprozesse in der Entwicklung einer Zellline (Freshney, 2005).

Ursprung der Kultur	Selektionsfaktoren	
	primäres Explanat	enzymatische Zellisolierung
Isolationsmethode	mechanisch	enzymatisch
Primärkultur	Adhäsion und Auswachsen des Explanats	Zelladhäsion und Proliferation
erste Subkultur	Sensitivität gegenüber Trypsin, Angebot an Nährstoffen, Wachstumsfaktoren und Hormonen, Proliferationsfähigkeit der Kultur, Nährstoffverbrauch und Substratlimitierung	
Weiterpropagierung als Zelllinie	relative Wachstumsraten der verschieden Zelltypen in der Kultur, selektives Überwuchern eines Zelltypus und erreichbare Zelldichten, Dominanz transformierter Zellen gegenüber normalen Phänotypen, Angebot an Nährstoffen, Wachstumsfaktoren und Hormonen, Substratlimitierung	
Seneszenz und Transformation	normale, nichttransformierte Zellen altern und sterben ab, transformierte Zellen überwuchern die Kultur	

19 Allgemeine Aspekte der Primärkultur

```
┌─────────────────────┐         ┌─────────────────────┐
│ Replikatives Altern │         │    Zellschädigung   │
└─────────────────────┘         │   („culture shock") │
                                └─────────────────────┘

Verkürzung der Chromosomen-      ungünstige Kultur-
     enden (Telomere)           und Wuchsbedingungen
            │                            │
            ▼                            ▼
  Telomere zu stark verkürzt,    unterschiedliche Schädigungen
  keine Chromosomenreplikation      zellulärer Strukturen,
        mehr möglich                    DNA-Schäden
                    ╲                ╱
                     ╲              ╱
                      ▼            ▼
              kein geordnetes Durchlaufen
              des Zellzyklus mehr möglich
                          │
                          ▼
                 Wachstumsarretierung,
                   Proliferationsarrest
                (bis zum Absterben der Kultur)
```

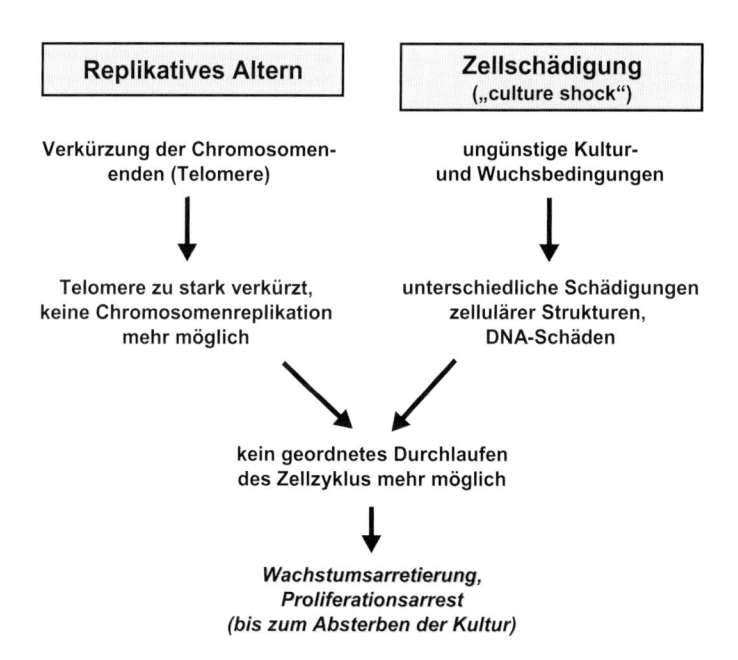

Abb. 19-3 Replikatives Altern und *„culture shock"*. Unterschiedliche Ursachen können die Zellzykluskontrolle nachhaltig stören, was in eine Wachstumsarretierung mündet (modifiz. nach Wright and Shay, 2002).

Chromosomenenden (Telomere) oder ungünstige Kulturbedingungen (*„culture shock"*), werden noch diskutiert (Ben-Porath and Weinberg, 2004, 2005; Di Micco et al., 2007; Campisi and d´Adda di Fagagna, 2007). Telomere versiegeln die Chromosomenenden, schützen diese vor enzymatischen Attacken und gewährleisten die Replikation der terminalen DNA-Bereiche. Die Telomerenverkürzung ergibt sich aufgrund von Problemen bei der Replikation linearer DNA, wie sie in eukaryoten Chromosomen vorliegt. Im Gegensatz zu zirkulärer DNA, wie in (prokaroyten) Bakterien, wo die DNA-Replikation ohne Unterbrechung abläuft, kann die DNA-Polymerase das 3´-Ende linearer DNA-Stränge nicht vollständig replizieren. Dadurch kommt es nach jeder Replikation zur schrittweisen Verkürzung der Telomere, bis eine kritische Telomerlänge erreicht ist (Hayflick, 2000). Der genaue Signalweg, der die Telomerlänge mit dem Stillstand des Zellzyklus verbindet, ist noch nicht bekannt (Cech, 2000).

Ursachen für zelluläre Seneszenz *in vitro*:
- Verkürzung der Chromosomenenden (Telomere)
- Oxidativer Stress und Zellschädigung durch Sauerstoffradikale
- Erhöhte DNA-Schäden durch defekte Reparaturmechanismen
- Genetische Faktoren: **a)** Aktivierung spezifischer Zellalterungsgene

   b) Aktivierung von Onkogenen
- Inadäquate Versorgung mit Nährstoffen, Wuchsfaktoren und Hormonen

Das Phänomen der limitierten Replikationsfähigkeit kultivierter Linien aus Primärkulturen (sogenannte endliche Zelllinien) hat unter dem Begriff **Hayflick Limit** in die Literatur Eingang gefunden (Shay and Wright, 2000). In ihren Arbeiten zur Kultivierung humaner diploider Fibroblasten haben Hayflick und Moorhead (1961) die Beobachtung gemacht, dass normale Fibroblasten nur rund 50 Populationsverdopplungen durchführen können. Aufgrund dieser Beobachtungen teilten sie die Entwicklung einer Zelllinie in 3 Phasen ein (Abb. 19-4):
- in die **Phase I**, die die Phase der Primärkultur umfasst,
- in die **Phase II**, welche jene Periode der Kultur repräsentiert, in der die Zellen maximal proliferieren und in kurzen Subkultivierungsintervallen umgesetzt werden können, und

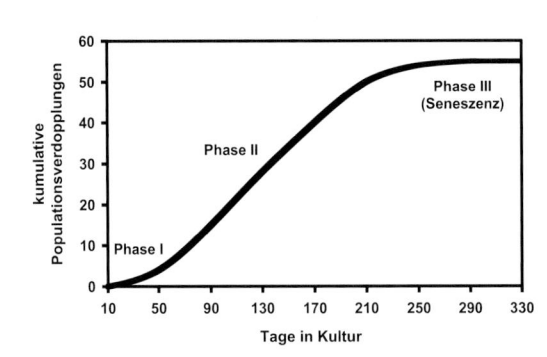

Abb. 19-4 Verlauf der Entwicklung einer Zelllinie, Hayflicks 3 Phasen einer Zellkultur. Nach Hayflick and Moorhead (1963) durchläuft eine begrenzte, endliche Zelllinie 3 Phasen: Phase I repräsentiert die Initiierung der Primärkultur. In Phase II, welche die periodischen Subkultivierungen umfasst, nehmen die Populationsverdopplungen exponentiell zu. In Phase III, welche unterschiedlich lang sein kann, kommt es zu einer Abnahme der Proliferationsraten bis hin zum Wachstumsstillstand der Kultur. Trotzdem leben die Zellen noch weiter und sind stoffwechselaktiv (modifiz. nach Shay and Wright, 2000).

- in die **Phase III**, in der die Zellteilungsrate massiv abnimmt, letztlich zum Erliegen kommt und die Kultur abstirbt.

Während der Phase II kann es zu spontanen Zellveränderungen (genetische Instabilität, Transformation) kommen, wodurch eine kontinuierliche Zelllinie entsteht, die nahezu unbegrenzt lebensfähig ist. Eine Ausnahme bilden die aus Tumorgewebe angelegten Kulturen. Diese sind aufgrund der malignen Transformation des Ursprungsgewebes *per se* immortal und unter bestimmten Bedingungen auch tumorigen (Tab. 19-3, Kapitel 19.4).

19.3 Apoptose in der Zellkultur

Auch in streng konfluenten Kulturen, wo gemeinhin angenommen wird, dass die Zellen durch Kontakthemmung in ihrer Zellteilung arretiert sind (Kapitel 14), findet ein ständiger Auf- und Abbau von Zellen statt. Abgestorbene Zellen werden durch Zellteilung erneuert. Dies erklärt, dass selbst in strikt konfluenten Monolayern noch basale Zellteilungsraten beobachtet werden (Pfaller et al., 1990; Kapitel 22.5). Durch unterschiedlichste Stressoren, Nährstoffmangel und andere Einflüsse kann in den betroffenen Zellen ein genetisch gesteuertes Programm initiiert werden, welches zum Absterben von Zellen führt. Dies wird als **programmierter Zelltod** oder **Apoptose** bezeichnet (Grimm, 2003; Reed, 2000). Apoptose in der Zellkultur (Al-Rubeai and Singh, 1998; Arden and Betenbaugh, 2004, 2006) wurde lange Zeit nicht erkannt und auch nicht beachtet.

19.3.1 Ablauf und Regulation der Apoptose

Apoptose wird durch die Aktivierung spezifischer Cystein-Aspartat-Proteasen, sogenannte **Caspasen**, ausgelöst. Es existiert eine Vielzahl pro-apoptotischer Stimuli, die über unterschiedliche Signaltransduktionswege geleitet werden. Bisher sind zwei Wege zur Auslösung der Apoptose bekannt: der **extrinsische Weg** leitet extrazelluläre Signale über sogenannte Todesrezeptoren (*death receptors*) in die Zelle, während der **intrinsische Weg** unter Beteiligung der Mitochondrien aktiviert wird. Beide Signalwege münden in der Aktivierung von Caspasen, der Caspase-8 und -10 über Fas/CD95-Rezeptoren und der Caspase-9 über Mitochondrien. Sie alle aktivieren in weiterer Folge die nachgeschalteten Effektor-Caspasen, Caspase-3, -6 und -7. Diese leiten dann die zelluläre Degradation ein.

19.3.2 Bestimmungsmethoden zur Apoptose in der Zellkultur

Apoptotische Zellen können morphologisch erkannt und detektiert werden. Die optische Dichte der Zellen nimmt zu, da sich die Zellmembran unter Verlust von Wasser zusammenzieht und die Zelle schrumpft. Durch den Abbau des Cytoskeletts bilden sich Blasen in der Plasmamembran, kleine membranumschlossene Abschnürungen treten auf („*membrane blebbing*"). Gleichzeitig zerfällt der Zellkern, wobei allerdings die Chromosomenbruchstücke innerhalb der intakten Kernmembran liegen bleiben.

Aus diesem Schadensbild resultieren auch die Nachweismethoden von Apoptose in kultivierten Zellen:
- Messung der Enzymaktivität von Caspasen
- Freisetzung von Cytochrom c aus den Mitochondrien
- Änderungen des mitochondrialen Membranpotenzials
- Nachweis von Annexin V an der Zellmembran
- Bestimmung der DNA-Fragmentierung

Eine Vielzahl mehr oder weniger spezifischer Apoptose-Kits ist kommerziell erhältlich (s. Anhang, Kap. 36).

19.4 Transformation und Immortalisierung

19.4.1 Entwicklung kontinuierlicher Zelllinien

Wie in Abb. 19-2 gezeigt, können aus einer Primärkultur entstandene Zelllinien nur über eine begrenzte Zahl von Passagen weitergeführt werden oder es entwickelt sich durch spontane Zellveränderungen eine kontinuierliche Zelllinie. Solche Linien sind immortal, jedoch nichttransfomiert und nichttumorigen. Transformierte Zellen – entweder spontan entstanden oder induziert – weisen gegenüber „normalen" Zellen einen stark veränderten Phänotyp und geänderte Wachstumseigenschaften *in vitro* auf (Tab. 19-3B). Die genetischen Veränderungen, die zur Immortalität einer Zelllinie führen, sind meist Änderungen im Chromosomensatz der Zellen (Ploidie). Finige bekannte und vielseitig eingesetzte Nierenepithelzelllinien sind auf diese Weise entstanden (Kapitel 21.1.2) (Gstraunthaler, 1988), während es interessanterweise bislang noch nicht gelungen ist, nichttransformierte Leberzelllinien zu etablieren.

In Tabelle 19-3 wird versucht, etwas Ordnung in die unterschiedlich verwendeten Begriffe zu bringen (s. Abb. 19-2) (s. Kap. 34, Glossar).

Die unterschiedlichen Wachstums- und neoplastischen Eigenschaften transformierter Zellen können auch als Selektionsmarker herangezogen werden, um z. B. nach induzierter Transformation (s. u.) die transformierten Zellen aus einer Zellpopulation herauszuzüchten:
- Kulturmedien mit < 0,5 % FKS
- Kulturmedien mit Spinner-Salzen (Kapitel 7.2) zur
- Kultivierung nicht adhärierender Zellen in Suspension
- Kultivierung der Zellen in Weichagar (Kapitel 22.2)
- Subkutane Injektion in athymische, immunsupprimierte Mäuse

Die genannten Methoden sind auch geeignet, den Grad der Transformation von isolierten Zellen aus Tumorgeweben zu bestimmen.

Tab. 19-3 Nomenklatur und Eigenschaften transformierter Zelllinien.

A. Nomenklatur von Zelllinien (s. Kap. 34, Glossar)

Zelllinie:
Population von Zellen, die durch Subkultivierung aus einer Primärkultur hervorgegangen ist

endliche (finite) Zelllinie:
nur über eine begrenzte Anzahl von Passagen kultivierbar

kontinuierliche (infinite) Zelllinie:
die Zellen sind unbegrenzt kultivierbar, sind immortal, aber nicht notwendigerweise transformiert (s. u.)

Stammzellen und Stammzelllinien:
embryonale Stammzellen können im undifferenzierten Stadium gehalten und unbegrenzt kultiviert werden, können je nach Potenz in spezifische Zellarten differenzieren

Transformation und Immortalisierung:
beide Begriffe werden oft synonym verwendet und deshalb verwechselt

Immortalisierung:
Zellen sind unbegrenzt kultivierbar, zeigen aber den Phänotyp einer normalen, nichttransformierten Zelle (s. u.), Zellen können spontan immortalisieren

Transformation:
transformierte Zellen weisen starke Veränderungen im Phänotyp gegenüber einer normalen Zelle auf (s. u.), Tumorzellen sind in unterschiedlichen Graden transformiert, transformierte Zellen können tumorigen sein oder nicht (s. u.), normale Zellen können *in vitro* transformiert werden

B. Eigenschaften normaler und transformierter Zelllinien (Freshney, 2005)

Normale Zellen:
adhäsionsabhängig (engl. *anchorage-dependent*), Kontakthemmung bei Erreichen der Konfluenz

Transformierte Zellen:

Wachstumscharakteristika:
immortal, unbegrenzt kultivierbar, adhäsionsunabhängig, können in Suspension oder in Weichagar kultiviert werden, Verlust der Kontakthemmung, „Multilayer-Kulturen", hohe Proliferationsraten, reduzierte Einsaatdichten, geringe Ansprüche an Serumgehalt (<0,5%), erhöhte Antwort auf exogene Wachstumsfaktoren, Produktion autokriner Wachstumsfaktoren, erhöhte Anheftungs- und Klonierungseffizienz („Plating Efficiency" und „Cloning Efficiency"), erhöhte Zellteilungsraten

Genetische Veränderungen:
erhöhte spontane Mutationsrate, Änderungen im Chromosomensatz: aneuploid und heteroploid, Überexpression von Onkogenen und Verlust von Tumorsuppressorgenen

Zellmorphologie:
Änderungen im Aktin-Cytoskelett, Verlust der Zellpolarität, verminderte Expression von Zelladhäsionsmolekülen, veränderte extrazelluläre Matrix

Neoplastische Eigenschaften:
tumorigen (Bildung von Geschwülsten in athymischen Mäusen), Angiogenese fördernd (Produktion von VEGF), erhöhte Sekretion von Proteasen, invasiv

19.4.2 Induzierte Transformation von Zellen

Alle Transformationsstrategien zielen darauf ab, einmal angelegte Primärkulturen zu immortalisieren und nicht, diese maligne zu transformieren bzw. neoplastische Eigenschaften zu induzieren (Tab. 19-3). Letzteres kann durch die Primärkultivierung von Zellen aus Tumorgewebe (z. B. aus Exzisionen oder Biopsien) wesentlich einfacher erreicht werden (Kapitel 19.1).

Die meistverwendeten Methoden zur Immortalisierung von Mammaliazellen in Kultur sind die **virale Transformation**, also das Einschleusen viraler Onkogene, wie das Simian Virus 40 (SV 40) Large-T-Antigen, die adenoviralen Gene E1A und E1B, die Virusgene E6 und E7 des humanen

Papillomavirus (HPV) (Briand et al., 1995; Hopfer et al., 1996; Jha et al., 1998; Linder and Marshall, 1990; Manfredi and Prives, 1994; Shay et al., 1991), sowie die Transformation mit dem Epstein-Barr-Virus (EBV) (s. u.). Eine in letzter Zeit bevorzugte Methode ist die Transfektion von Zellen mit **humaner Telomerase (hTERT)**, mittels derer die replikative Seneszenz kultivierter Zellen (Kapitel 19.2 und Abb. 19-3) verzögert werden kann (Bryan and Cech, 1999; Cech, 2000). Die Telomerase ist eine reverse Transkriptase, welche in den meisten somatischen Zellen inaktiv ist, wodurch die Telomerenenden nach einer Replikation nicht mehr vollständig aufgefüllt werden. Nach Transfektion können hTERT-exprimierende Zellen durch Stabilisierung der Telomerenlänge immortalisiert werden (Bodnar et al., 1998; Hayflick, 2000). Eine Reihe Telomerase-transfizierter Zelllinien wie auch hTERT-Plasmide zur Transfektion eigener Kulturen sind kommerziell erhältlich (www.atcc.org).

Die Expression von transformierenden Genen kann die Physiologie und den Differenzierungsgrad der kultivierten Zellen wesentlich beeinflussen. Während die Kapazität der Zellen zur (nahezu) unbegrenzten Teilungsfähigkeit zunimmt, kann es im Gegenzug zu einem signifikanten Verlust von Differenzierungseigenschaften der Zellen kommen. Deshalb ist eine umgebungsabhängige, „schaltbare", d. h. konditionelle Transformation oder Immortalisierung von Vorteil. Dies wird z. B. durch die Verwendung einer Temperatur-sensitiven Mutante (tsA58) des SV40 *large T antigen* (LT) erreicht. Zellen, die bei permissiver Temperatur (35 °C) kultiviert werden, zeigen unbegrenzte Proliferation, werden die Zellen jedoch auf 37 °C gebracht, wird das SV40 LT inaktiviert und die Zellen kehren zum nichttransformierten Phänotyp zurück (Jha et al., 1998).

19.4.3 Virusvermehrung und Transformation mit Epstein-Barr-Viren (EBV)

Das Epstein-Barr-Virus ist ein humanpathogenes herpesähnliches DNA-Virus, das als Erreger der infektiösen Mononucleose, des Burkitts Lymphoms und des nasopharyngealen Carcinoms gilt. Das Virus kann humane Lymphocyten transformieren, ohne dass diese infektiöse Viren produzieren bzw. regelmäßig oder in großen Mengen in den Überstand abgeben müssen. Vor allem die Transformation menschlicher B-Lymphocyten aus dem peripheren Blut ist sehr einfach und arbeitssparend. Solche transformierten B-Zellen können in üblichen Medien in großer Zahl gezüchtet werden. Das Virus erhält man aus dem Überstand der Marmoset-Blutleukocytenlinie B 95-8, die hohe Titer transformierender EBV in den Überstand entlässt. EBV ist zellspezifisch für B-Lymphocyten, eine Infektion anderer Zellarten kann ausgeschlossen werden.

Sicherheitsmaßnahmen

Das EBV gehört nach der vorläufigen Empfehlung des Bundesgesundheitsamtes zur Risikogruppe 2 mit der Charakterisierung: „Mäßiges Risiko für die Beschäftigten – geringes Risiko für die Bevölkerung und Haustiere" (s. Tab. 3-1). Das Virus ist sehr weit verbreitet, ca. 90% der Bevölkerung haben Antikörper gegen EBV.

Für Arbeiten mit EBV wird ein L2-Labor (Kapitel 3.1, s. Tab. 3-2) empfohlen. Daraus ergibt sich:
- Nur Personen mit nachgewiesenen EBV-Antikörpertitern sollen mit EBV transformierten Zelllinien arbeiten.
- Die Arbeiten sollen in einem gekennzeichneten Labor, zu dem betriebsfremde Personen keinen Zugang haben, durchgeführt werden.
- Die Arbeiten sollen in einer Sicherheitswerkbank der Klasse II (Kapitel 1.3.1) durchgeführt werden.
- Es muss alles getan werden, damit kein Virus verschleppt werden kann. Alle Medien, Gefäße und Geräte werden am einfachsten durch Autoklavieren von potenziell anhaftendem Virus befreit.
- B-Lymphocyten, die transformiert werden sollen, dürfen nicht von Personen stammen, die in dem betreffenden Labor beschäftigt sind.

Viruszüchtung

Material:
- B 95-8-Zellen, EB-Virus produzierend (ATCC CRL-1612)
- RPMI 1640 mit 10% hitzeinaktiviertem FKS, 2 mM Glutamin, 100 IE/ml Penicillin und 100 µg/ml Streptomycin
- Kulturgefäße, z. B. T-25
- Zentrifuge, verschließbare Zentrifugenflaschen
- 0,45-µm-Einmalfilter

- Zellen in angegebenem Medium in einer Konzentration von 1×10^6/ml für 10 Tage ohne Mediumwechsel bei 37 °C, 5% CO_2, 95% rel. Feuchte inkubieren.
- Die Zellsuspensionen vereinigen und bei $400 \times g$ 15 min zentrifugieren.
- Überstand zweimal durch je ein 0,45 µm-Filter filtrieren und bei −80 °C lagern. Die Infektiosität bleibt für mehrere Monate erhalten, längerfristige Lagerung ist in flüssigem Stickstoff möglich.

Transformation

Material:
- RPMI 1640 ohne Serum
- RPMI 1640 mit 10% hitzeinaktiviertem FKS
- Lymphocytentrennmedium
- sterile 50-ml-Zentrifugenröhrchen
- Zentrifuge
- sterile Pipetten, 5 und 10 ml
- Geräte und Lösungen zur Zellzahlbestimmung

- 20 ml menschliches Vollblut mit 20 ml RPMI 1640 ohne Serum verdünnen (= 40 ml); die Blutentnahme darf nur von ärztlichem Personal durchgeführt werden, sie erfolgt am besten mit einem Einmalbesteck.
- In zwei 50-ml-Zentrifugenröhrchen jeweils 20 ml Lymphocytentrennmedium pipettieren und vorsichtig mit 20 ml verdünntem Blut überschichten.
- 30 min bei $400 \times g$ zentrifugieren.
- Lymphocytenbanden aus beiden Röhrchen mit Pipette absaugen und zusammen in neues Röhrchen pipettieren.
- Mit RPMI 1640 ohne Serum auf 50 ml auffüllen und dreimal mit diesem Medium waschen (10 min, $370 \times g$).
- Zellzahlbestimmung durchführen (Kapitel 14.2).
- EBV-haltigen Überstand auftauen und mit gleichen Volumen RPMI 1640 mit 10% hitzeinaktiviertem Serum mischen.
- 1×10^6 Lymphocyten in 1 ml dieser EBV-Mischung suspendieren, in Lymphocytenröhrchen einsäen und 24 h lang bei 37 °C, 5% CO_2 und 95% rel. Feuchte inkubieren.
- Alle Röhrchen zur Entfernung des Virus 5 min bei $1000 \times g$ zentrifugieren, Überstand abpipettieren und unschädlich beseitigen.
- Frisches Medium zugeben, Mediumwechsel ungefähr einmal pro Woche.
- Subkultur je nach Grad der Transformation.

Die Transformation kann man an der Bildung von Zellaggregaten, der Säureproduktion, der Zunahme der Zellzahl, der Größenzunahme der Einzelzelle und der Fähigkeit der Population zur laufenden Subkultivierung erkennen. Transformierte Zellstämme können unter Anwendung spezifischer Selektionsmarker (Tab. 19-3B) isoliert werden (klonale Selektion).

19.4.4 Die Immorto-Maus® (Jat et al., 1991)

Diese transgene Maus trägt eine einzelne Kopie der SV40 tsA58-Tumor-Antigen-Sequenz, die zusätzlich unter der Kontrolle eines Interferon-induzierbaren Promotors (H-$2K^b$) steht (Kern and Flucher, 2005). Die niedrige basale Aktivität dieses MHC Klasse I-Promotors erlaubt eine weitgehend normale Entwicklung der Maus.

Werden aus den Geweben und Organen dieser Maus Zellen isoliert und Primärkulturen angelegt, verhalten sich die Kulturen unter permissiven Bedingungen (35 °C, Zugabe von Interferon-γ, 20 U/ml) als konditionell immortale Zelllinien. Durch höhere Kultivierungstemperaturen (37 °C) und Entzug von Interferon-γ wird die Immortalisierung aufgehoben und die Zellen können ggf. differenzieren.

Die H-$2K^b$-tsA58-TAg-Maus wird heute unter dem Namen „ImmortoMouse®" von Charles River Laboratories vertrieben (www.criver.com).

Eine Vielzahl von Zelllinien wurde bisher aus der Immorto-Maus® isoliert, darunter Sammelrohrzellen der Niere (Takacs-Jarrett et al., 1998), Hepatocyten (Allen et al., 2000), Darmepithelzellen (Whitehead et al., 1993) und Alveolar Typ-II Zellen der Lunge (deMello et al., 2000).

Vorteile:
- keine *In-vitro*-Transformation (z. B. durch Viren) nötig
- die Immortalisierung ist konditionell (d. h. an- und abschaltbar)
- Vermeidung der kritischen Phase zwischen Zellisolierung und Transformation
- bessere Vergleichbarkeit verschiedener Zelllinien durch identische Immortalisierung und Isolierung aus einem Individuum

Durch Einkreuzen lässt sich das H-$2K^b$-Transgen auch auf beliebige andere, z. B. mutierte oder transgene Mausstämme übertragen. Ist allerdings Homozygotie erforderlich, muss über mindestens zwei Generationen gezüchtet werden, was einen nicht unerheblichen Zeitaufwand bedeutet. Die konstitutive Expression geringer Mengen an SV40 LT in den Tieren führt zudem nach wenigen Monaten zu einer Hyperplasie des Thymus, wodurch in weiterer Folge Blutzirkulation und Atmung behindert werden. Dies schränkt die Fertilität und Lebensdauer der H-$2K^b$-tsA58-Mäuse ein.

Der tsA58-Spiegel ist in homozygoten Tieren (bzw. Zellen) höher als in heterozygoten. Homozygote H-$2K^b$-tsA58-Mäuse sind somit stärker gesundheitlich beeinträchtigt. Die Verwendung heterozygoter Weibchen erleichtert daher die Zucht. Aber auch homo- und heterozygote Zelllinien können sich in ihren Eigenschaften unterscheiden.

19.5 Literatur

Al-Rubeai M. and Singh R.P. Apoptosis in cell culture. Curr. Poin. Biotechnol. 9: 152-156, 1998.
Allen K.J., Reyes R., Demmler K., Mercer J.F., Williamson R. and Whitehead R.H. Conditionally immortalized mouse hepatocytes for use in liver gene therapy. J. Gastroenterol. Hepatol. 15: 1325-1332, 2000.
Arden N. and Betenbaugh M.J. Life and eath in mammalian cell culture: strategies for apoptosis inhibition. Trends Biotechnol. 22: 174-180, 2004.
Arden N. and Betenbaugh M.J. Regulating apoptosis in mammalian cell cultures. Cytotechnology 50: 77-92, 2006.
Baer P.C., Nockher W.A., Haase W. and Scherberich J.E. Isolation of proximal and distal tubule cells from human kidney by immunomagnetic separation. Kidney Int. 52: 1321-1331, 1997.
Barnes D., McKeehan W.L. and Sato G.H. Cellular Endocrinology: Integrated physiology in vitro. In Vitro Cell. Dev. Biol. 23: 659-662, 1987.
Ben-Porath I. and Weinberg R.A. When cells get stressed: an integrative view of cellular senescence. J. Clin. Invest. 113: 8-13, 2004.
Ben-Porath I. and Weinberg R.A. The signals and pathways activating cellular senescence. Int. J. Biochem. Cell Biol. 37: 961-976, 2005.

Bodnar A.G., Ouellette M., Frolkis M., Holt S.E., Chiu C.-P., Morin G.B., Harley C.B., Shay J.W., Lichsteiner S. and Wright W.E. Extension of life-span by introduction of telomerase into normal human cells. Science 279: 349-352, 1998.

Briand P., Kahn A. and Vandewalle A. Targeted oncogenesis: A powerful method to derive renal cell lines. Kidney Int. 47: 388-394, 1995.

Bryan T.M. and Cech T.R. Telomerase and the maintenance of chromosome ends. Curr. Opin. Cell Biol. 11: 318-324, 1999.

Burg M.B. Molecular basis of osmotic regulation. Am. J. Physiol. 268: F983-F996, 1995.

Campisi J. and d'Adda di Fagagna F. Cellular senesecence: when bad things happen to good cells. Nature Rev. Molec. Cell Biol. 8: 729-740, 2007.

Cech T.R. Leben am Ende der Chromosomen: Telomere und Telomerase. Angew. Chem. 112: 34-44, 2000.

Charles River Laboratories, Website: http://www.criver.com/

Coecke S., Balls M., Bowe G., Davis J., Gstraunthaler G., Hartung T., Hay R., Merten, O.-W., Price A., Schechtman L., Stacey G. and Stokes W. Guidance on Good Cell Culture Practice. A Report of the Second ECVAM Task Force on Good Cell Culture Practice. ATLA 33: 261-287, 2005.

Courjault-Gautier F., Chevalier J., Abbou C.C., Chopin D.K. and Toutain H.J. Consecutive use of hormonally defined serum-free media to establish highly differentiated human renal proximal tubule cells in primary culture. J. Am. Soc. Nephrol. 5: 1949-1963, 1995.

deMello D.E., Mahmoud S., Padfield P.J. and Hoffmann J.W. Generation of an immortal differentiated lung Type-II epithelial cell line from the adult H-2K^{b}tsA58 transgenic mouse. In Vitro Cell. Dev. Biol. 36: 374-382, 2000.

Di Micco R., Fumagalli M. and d'Adda di Fagagna F. Breaking news: high-speed race ends in arrest – how oncogenes induce senescence. Trends Cell Biol. 17: 529-536, 2007.

Freshney R.I. Culture of Animal Cells, 5th Ed. John Wiley & Sons, 2005.

Gesek F.A., Wolff D.W. and Strandhoy J.W. Improved separation method for rat proximal and distal renal tubules. Am. J. Physiol. 253: F358-F365, 1987.

Gilbert S.F. and Migeon B.R. D-Valine as a selective agent for normal human and rodent epithelial cells in culture. Cell 5: 11-17, 1975.

Gilbert S.F. and Migeon B.R. Renal enzymes in kidney cells selected by D-valine medium. J. Cell. Physiol. 92: 161-168, 1977.

Grimm S. Programmierter Zelltod. Die Apoptose. Chem. unserer Zeit 37: 172-178, 2003.

Gstraunthaler G. Alternatives to the use of fetal bovine serum: serum-free cell culture. ALTEX 20: 275-281, 2003.

Gstraunthaler G.J.A. Epithelial cells in tissue culture. Renal Physiol. Biochem. 11: 1-42, 1988.

Gstraunthaler G. and Handler J.S. Isolation, growth and characterization of a gluconeogenic strain of renal cells. Am. J. Physiol. 252: C232-C238, 1987.

Handler J.S. and Kwon H.M. Regulation of renal cell organic osmolyte transport by tonicity. Am. J. Physiol. 265: C1449-C1455, 1993.

Hayflick L. How and why we age. Exp. Gerontol. 33: 639-653, 1998.

Hayflick L. The illusion of cell immortality. Br. J. Cancer 83: 841-846, 2000.

Hayflick L. and Moorhead P.S. The serial cultivation of human diploid cell strains. Exp. Cell Res. 25: 585-621, 1961.

Helbert M.J.F., Dauwe S.E.H., Van der Biest I., Nouwen E.J. and De Broe M.E. Immunodissection of the human proximal nephron: Flow sorting of S1S2S3, S1S2 a,d S3 proximal tubular cells. Kidney Int. 52: 414-428, 1997.

Hopfer U., Jacobberger J.W., Gruenert D.C., Eckert R.L., Jat P.S. and Whitsett J.A. Immortalization of epithelial cells. Am. J. Physiol. 270: C1-C11, 1996.

Horster M.F. Hormonal stimulation and differential growth response of renal epithelial cells cultivated in vitro from individual nephron segments. Int. J. Biochem. 12: 29-35, 1980.

Horster M.F. and Sone M. Primary culture of isolated tubule cells of defined segmental origin. Methods Enzymol. 191: 409-427, 1990.

Jat P.S., Noble M.D., Ataliotis P., Tanaka Y., Yannoutsos N., Larsen L. and Kioussis D. Direct derivation of conditionally immortal cell lines from an *H-2K^b*-tsA58 transgenic mouse. Proc. Natl. Acad. Sci. USA 88: 5096-5100, 1991.

Jha K.K., Banga S., Palejwala V. and Ozer H.L. SV40-Mediated immortalization. Exp. Cell Res. 245: 1-7, 1998.

Jung J.C., Lee S.-M., Kadakia N. and Taub M. Growth and function of primary rabbit kidney proximal tubule cells in glucose-free serum-free medium. J. Cell. Physiol. 150: 243-250, 1992.

Kern G. and Flucher B.E. Localization of transgenes and genotyping of *H-2K^b*-tsA58 transgenic mice. BioTechniques 38: 38-42, 2005.

Linder S. and Marshall H. Immortalization of primary cells by DNA tumor viruses. Exp. Cell Res. 191: 1-7, 1990.

Manfredi J.J. and Prives C. The transforming activity of simian virus 40 large tumor antigen. Biochim. Biophys. Acta 1198: 65-83, 1994.

McAteer J.A. and Davis J.M. Basic cell culture technique and the maintenance of cell lines. In: *Basic Cell Culture. A Practical Approach, 2nd Ed.* (edited by J.M. Davis), Oxford University Press, 2002.

Pfaller W., Gstraunthaler G. and Loidl P. Morphology of the differentiation and maturation of LLC-PK$_1$ epithelia. J. Cell. Physiol. 142: 247-254, 1990.

Pizzonia J.H., Gesek F.A., Kennedy S.M., Countermarsh B.A., Bacskai B.J. and Firedman P.A. Immunomagnetic separation, primary culture, and characterization of cortical thick ascending limb plus distal convoluted tubule cells from mouse kidney. In Vitro Cell. Dev. Biol. 27: 409-416, 1991.

Reed J.C. Mechanisms of apoptosis. Am. J. Pathol. 157: 1415-1430, 2000.

Schaeffer W.I. Terminology associated with cell, tissue and organ culture, molecular biology and molecular genetics. In Vitro Cell. Dev. Biol. 26: 97-101, 1990.

Shay J.W. and Wright W.E. Hayflick, his limit, and cellular ageing. Nature Rev. Mol. Cell Biol. 1: 72-76, 2000.

Shay J.W., Wright W.E. and Werbin H. Defining the molecluar mechanisms of human cell immortalization. Biochim. Biophys. Acta 1072: 1-7, 1991.

Sherr C.J. and DePinho R.A. Cellular senescence: mitotic clock or culture shock? Cell 102: 407-410, 2000.

Smith W.L. and Garcia-Perez A. Immunodissection: Use of monoclonal antibodies to isolate specific types of renal cells. Am. J. Physiol. 248: F1-F7, 1985.

Spielman W.S., Sonnenburg W.K., Allen M.L., Arend L.J., Gerozissis K. and Smith W.L. Immunodissection and culture of rabbit cortical collecting tubule cells. Am. J. Physiol. 251: F348-F357, 1986.

Takacs-Jarrett M., Sweeney W.E., Avner E.D. and Cotton C. U. Morphological and functional characterization of a conditionally immortalized collecting tubule cell line. Am. J. Physiol. 275: F802-F811, 1998.

Vierck J.L., Byrne K., Mir P.S. and Dodson M.V. Ten commandments for preventing contamination of primary cell cultures. Methods Cell Sci. 22: 33-41, 2000.

Vinay P., Gougoux A. and Lemieux G. Isolation of a pure suspension of rat proximal tubules. Am. J. Physiol. 241: F403-F411, 1981.

Whitehead R.H., VanEden P.E., Noble M.D., Ataliotis P. and Jat P.S. Establishment of conditionally immortalized epithelial cell lines from both colon and small intestine of adult H-$2K^b$-tsA58 transgenic mice. Proc. Natl. Acad. Sci. USA 90: 587-591, 1993.

Wilson P.D. and Horster M.F. Differential response to hormones of defined distal nephron epithelia in culture. Am. J. Physiol. 244: C166-C174, 1983.

Wright W.E. and Shay J.W. Historical claims and current interpretations of replicative aging. Nature Biotechnol. 20: 682-688, 2002.

20 Spezielle Primärkulturen

20.1 Kultivierung von Herzmuskelzellen des Hühnchens

Kultivierung von Herzmuskelzellen des Hühnchens

Material:
- Vorbebrütete Eier (ca. 8–10 Tage alt)
- sterile, gebogene Pinzetten
- sterile Skalpelle
- sterile Petrischalen (2 große mit 20 cm Durchmesser und mehrere kleine Schalen mit 9 cm Durchmesser)
- sterile Uhrgläser
- Objektträger oder Multischalen
- sterile Pasteurpipetten
- sterile Gummibällchen
- Zentrifugengläser (50 ml, steril)
- sterile Silikonstopfen
- PBS, Trypsin, Collagenase, FKS, Medium F-12 mit Pferdeserum

- Die bei 38,5 °C (rel. Luftfeuchtigkeit zwischen 60 und 70%) für ca. 8–10 Tage gehaltenen befruchteten Eier in die sterile Werkbank stellen (am besten auf Eierbecher) und mit 70%igem Ethanol sorgfältig reinigen; das stumpfe Ende des Eies muss nach oben gerichtet sein.

- Das Ei mit dem stumpfen Ende einer gebogenen, sterilen Pinzette aufschlagen und eine runde Öffnung in das Ei brechen.

- Die Pinzette auswechseln.
- Die äußere weiße Eihaut entfernen; darunter ist jetzt die Chorionmembran mit dem Embryo und den Blutgefäßen sichtbar; diese Membran durchstechen und möglichst ganz entfernen.
- Mittels einer sterilen gebogenen Pinzette den Embryo am Hals behutsam aus dem Ei ziehen oder den ganzen Inhalt in eine große Petrischale schütten; Vorsicht ist dabei geboten, dass die Pinzette nicht ganz geschlossen wird, um nicht den Kopf vom Rumpf zu trennen, da das embryonale Halsgewebe sehr dünn und empfindlich ist.
- Den Embryo in einer gesonderten Petrischale auf den Rücken legen und mittels eines Skalpells den Brustraum mit einem Längsschnitt öffnen.
- Das etwas mehr als stecknadelkopfgroße Herz vorsichtig entfernen und in eine Uhrglasschale mit gepufferter Salzlösung geben; es sollten nicht mehr als 10–20 Embryos in einem Arbeitsgang aufbereitet werden.
- Die Herzen zweimal mit gepufferter Salzlösung waschen und die Blutgefäße mit zwei Skalpellen entfernen.
- Die Herzen in möglichst keine Stückchen in dem Uhrglas zerschneiden und einmal mit Salzlösung vorsichtig waschen.
- Mit einer sterilen Pasteurpipette die Stückchen in die Dissoziationslösung legen: entweder 5 mg Trypsin auf 20 ml gepufferter Salzlösung oder eine Collagenaselösung (Worthington Typ II) verwenden, die auf eine Aktivität von 150–200 U/ml eingestellt wird (dies entspricht je nach Aktivität 10 bis 20 mg Collagenase auf 20 ml gepufferte Salzlösung).
- Das Gefäß mit den Gewebestückchen und der Enzymlösung bei 37 °C unter leichtem Schütteln 15 min (mit Trypsin) bzw. eine Stunde (bei Collagenase) inkubieren.
- Mit einer sterilen 10 ml-Pipette die Lösung vorsichtig aufwirbeln und in Einzelzellen zerlegen.
- Die Suspension in ein steriles 50-ml-Zentrifugenglas überführen, die gleiche Menge (20 ml) Medium mit 10% fetalem Kälberserum zugeben und 10 min bei ca. $200 \times g$ abzentrifugieren.
- Das Zellpellet nach Absaugen des Mediums zweimal in Nährmedium mit Serumzusatz waschen und dann endgültig in Medium, dem 15% Pferdeserum zugesetzt wird, auflösen; die Endkonzentration an Zellen sollte bei ca. 3×10^5 Zellen pro ml liegen; dies muss bei den ersten Aufarbeitungen in der Zählkammer bestimmt werden, danach kann man die Zählung weglassen und die Zellen jeweils in dem entsprechenden Endvolumen aufnehmen.
- Die Zellen in einer Dichte von ca. 5×10^5 Zellen pro $10\ cm^2$ aussäen: Je nach Dichte der Zellsuspension fangen die Herzzellen nach 24–48 h wieder rhythmisch zu schlagen an, während die Fibroblasten sich nicht bewegen.
- Eine relative Anreicherung von Muskelzellen kann dadurch erreicht werden, dass man die Zellsuspension in eine große Kulturflasche ($150\ cm^2$) pipettiert, nach ca. 30 min den Überstand aus der Flasche pipettiert und danach in die Kulturschalen gibt.

20.2 Kultivierung von Herzmuskelzellen aus neonatalen Rattenherzen

Kultivierung von Herzmuskelzellen aus neonatalen Rattenherzen

Material:
- Korkplatte (ca. $300 \times 300 \times 15$ mm) mit Aluminiumfolie
- mehrere sterile Pinzetten (anatomisch)
- sterile gebogene Scheren, spitze Pinzetten, Einmalkanülen oder Präpariernadeln, Petrischalen (Glas, 60 mm Durchmesser), Pipetten (10 und 5 ml), Papiertücher
- sterilen Erlenmeyerkolben (50 ml, mit Silikonstopfen)

20 Spezielle Primärkulturen

- Magnetstab (steril, in Erlenmeyerkolben)
- Magnetrührer mit Heizplatte
- Pipettierhilfe, 70%iger Ethanol
- Wasserbad, Zellkulturflaschen (75 cm^2) und Deckgläser (25 mm Durchmesser, rund) bzw. 6-Well-Multischalen
- sterile 15-ml-Zentrifugengläser mit Silikonstopfen bzw. sterile Einmalzentrifugengläser
- Tischzentrifuge mit Kühlung
- Spezialmedium Ham F-12 mit Zusatz von 10 mM HEPES plus 0,5 g NaHCO$_3$ und 10% Pferdeserum
- Hanks Salzlösung ohne Ca^{2+} u. Mg^{2+}
- Phosphatgepufferte Salzlösung (PBS) ohne Ca^{2+} und Mg^{2+}
- PBS mit Ca^{2+} und Mg^{2+}
- Trypsin
- Collagenase
- Ham F-12 (wie oben, jedoch mit 10% fetalem Kälberserum)
- Eisbad

- Die Korkplatte mit Aluminiumfolie auskleiden und mit 70%igem Ethanol abwischen, die sterilen Präpariernadeln oder Einmalkanülen in die Korkplatte für die Fixierung der Ratten einstechen.
- In die Petrischalen sterile PBS (ohne Ca^{2+}/Mg^{2+}) pipettieren.
- Je 1 Schere und 1 spitze Pinzette für die Eröffnung des Brustraumes der Ratten bereithalten.
- Die Ratten (1–3 Tage alt) mit einer großen, geraden, sterilen Pinzette am Hals anfassen und die Halswirbelsäule durch einen festen seitlichen Druck mit der Pinzette auf die Korkplatte durchtrennen, die Zeit zwischen Tötung und Entnahme der Herzen sollte möglichst kurz sein.
- Die Ratten mittels der Einmalkanülen oder der sterilen Präpariernadeln auf dem Rücken liegend auf der Korkplatte fixieren und ganz mit 70%igem Ethanol besprühen.
- Die Haut am unteren Teil des Sternums mit einer sterilen Pinzette anheben und mit einer gebogenen Schere einen Schnitt parallel zum Sternum führen; rechts oben und links unten je zwei Schnitte noch zusätzlich quer anbringen.
- Wenn der Brustraum geöffnet ist, den Herzbeutel mit einem neuen sterilen Präparierbesteck (Schere und Pinzette) ablösen und die Blutgefäße abschneiden.
- Das Herz in eine Petrischale mit Hanks Lösung legen, aufgeschnitten und sorgfältig vom Blut gereinigt.
- Mit zwei sterilen Skalpellen das Herz in der Dissoziationslösung (Trypsin/Collagenase) möglichst fein zerschneiden und danach in den Erlenmeyerkolben mit dem Rührstäbchen überführen.
- Bei 37 °C unter schwachem Rühren inkubieren (entweder im Brutschrank oder auf speziellem Magnetrührer mit Wärmeplatte).
- Danach die Gewebestückchen ganz kurz absitzen lassen und den Überstand verwerfen, neue Dissoziationslösung hinzufügen und diesen Vorgang noch zweimal wiederholen.
- Die nächsten von insgesamt vier Überständen der folgenden Dissoziationsschritte (s. o.) in Zentrifugenröhrchen, die Medium mit 10% FKS enthalten, pipettieren; die Röhrchen bis zum letzten Trypsinisierungsschritt auf Eis halten.
- Die Zellen durch Zentrifugation (ca. 200 × g, 10 min) von der Trypsinisierungslösung trennen und mit neuem Medium aufnehmen.
- Die Zellen nun in einer Konzentration von mindestens 3 × 10^6 Zellen/cm^2 zunächst in Flaschen (75 cm^2) aussäen.
- Nach 45–60 min den Überstand aus der Flasche pipettieren und auf Deckgläser oder Multischalen in einer Konzentration von 2–3 × 10^5 Zellen pro cm^2 aussäen.
- Nach einem Tag Mediumwechsel vornehmen, wobei am besten Medium mit Zusatz von 10% Pferdeserum genommen werden sollte, um das Wachstum von Fibroblasten zu unterdrücken.

- Zur Stimulation der Lymphocytenproliferation die Zellen auf eine Zelldichte von ca. 1×10^6 Zellen/ml einstellen; diese Zellsuspension in die entsprechenden Kulturgefäße geben (z. B. 10 ml auf eine 25-cm^2-Kulturflasche).
- Zu diesen Kulturen Phytohämagglutinin in einer Konzentration von 1–5 µg/ml hinzufügen; die Inkubationszeit beträgt zwischen 48 und 72 Stunden, je nach Art und Herkunft der Lymphocyten und nach der weiteren Verwendung.

3–5 h vor Ende der Kulturzeit kann den Zellen eine Colcemidlösung (Endkonzentration: 0,08 µg/ml) zugesetzt werden, um eine Chromosomenanalyse vorzunehmen (Kapitel 22.8). Ferner können solche Zellen für Zelltoxizitätsuntersuchungen (^{3}H-Thymidineinbau) und vieles andere mehr verwendet werden (Kapitel 22.6).

20.5 Primärkulturen aus Mäusecerebellum (Kleinhirn)

Nervenzellen können als Primärkultur zwar prinzipiell *in vitro* gehalten werden, sie können sich allerdings selbst wenn sie aus embryonalem Gewebe entstammen, wo *in vivo* durchaus noch Nervenzellteilungen vorkommen, nicht mehr vermehren. Es können jedoch *in vitro* bestimmte Differenzierungsvorgänge, wie Bildung von Ausläufern u. Ä. beobachtet werden (Abb. 20-1). Weiterhin

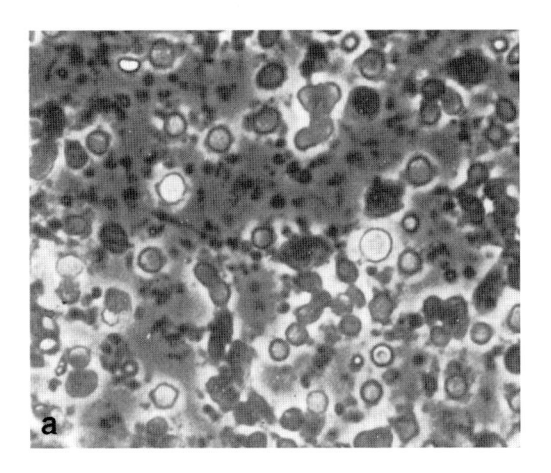

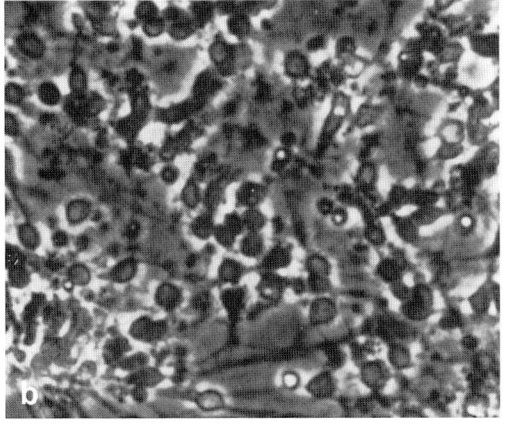

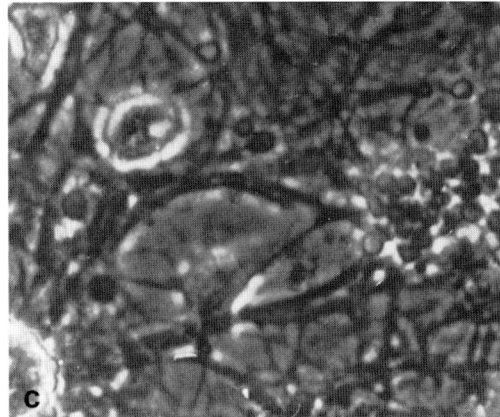

Abb. 20-1 Primärkultur aus Mäusecerebellum (Vergrößerung ca. 100-fach)
a Zellen direkt nach Aussaat;
b Zellen nach 48 h Inkubation;
c Zellen nach 21 Tagen Inkubation.

können in der Primärkultur bestimmte physiologische Vorgänge, die nervenzellspezifisch sind, beobachtet werden:
- Transmittersynthese und -metabolismus
- Transmitterausschüttung
- Rezeptorspezifitäten
- Wechselwirkungen von Nervenzellen auf andere Zelltypen (Mischkulturen)
- neurotoxische Wirkungen.

Primärkultur aus Mäusecerebellum

Material:
- Mäuse im Alter von 2–3 Tagen
- große Schere
- kleine, spitze Scheren
- kleiner Spatel
- spitze Pinzetten (Dumontpinzetten)
- sterile Skalpelle
- sterile Petrischalen (Glas oder Plastik, 35 bzw. 60 mm Durchmesser)
- Stereomikroskop
- sterile Pasteurpipetten mit unterschiedlich weiter Öffnung
- phosphatgepufferte Salzlösung (PBS) mit 1 g Glucose/l oder
- Speziallösung bestehend aus:
  Lösung I: 0,8 g NaCl, 0,3 g KCl, 2 g Glucose auf 500 ml Aqua dest.
  Lösung II: 0,05 g NaH_2PO_4, 0,025 g KH_2PO_4 auf 470 ml Aqua dest.
  Beide Lösungen autoklavieren und 1:1 mischen. Einige Tropfe einer sterilen 0,1%igen Phenolrotlösung zugeben und mit steriler 7%iger $NaHCO_3$-Lösung auf pH 7,2 (mittels steriler Pasteurpipette auf pH-Papier) einstellen. Auf 1 l mit sterilem Aqua dest. auffüllen
- Polylysinlösung: 1 mg Polylysin (M_r = 70 000–300 000) in 100 ml einer 0,1 M Boratpufferlösung pH 8,4 lösen; sterilfiltrieren
- Trypsinlösung: Je nach spezifischer Aktivität der Trypsinpräparation muss die Menge an Trypsin variiert werden. Am besten macht man zunächst eine 1%ige Trypsinlösung in PBS, der noch 0,1% DNase zugesetzt wird und verdünnt diese Lösung in PBS mit 0,1% DNase auf 0,5, 0,1 und 0,01%. Diese Verdünnungen werden in einem Vorversuch eingesetzt und die richtige Trypsinkonzentration festgestellt und auf die spezifische Aktivität bezogen
- Medium: DMEM mit 0,45% Glucosezusatz (4,5 g/l) und 1,4 g $NaHCO_3$, 10% Pferdeserum
- Zusatzlösung: Cytosinarabinosid in PBS (Konz.: 4×10^{-4} M)

- Die Mäuse durch Genickbruch töten.
- Kopf mit großer Schere abschneiden.
- Kopfhaut bis zur Nase und zu den Ohren abschneiden.
- Mit kleiner Schere im Hinterhauptsloch einstechen und von dort aus rechts und links je einen Schnitt entlang der Augen-Ohr-Linie legen.
- Schädel abheben und Gehirn mit kleinem Spatel aus der Hirnschale nehmen.
- Mit einem Tropfen physiologischer Salzlösung befeuchten (PBS o. Ä.).
- Cerebellum abtrennen, sehr einfach an der Querfaltung zu erkennen.
- Gehirnhäute vorsichtig abziehen und das Cerebellum in 3–4 große Stücke grob zertrennen; von hier an steril arbeiten!
- Bei längerdauernder Präparation die Stückchen in physiol. Salzlösung in einem Zentrifugenröhrchen auf Eis legen; die Zerschneidung der Hirne erfolgt am besten unter dem Stereomikroskop bei 10- bis 15-facher Vergrößerung.
- Die kleine Cerebellumstückchen dreimal mit physiol. Salzlösung waschen, Zentrifugation nicht notwendig.
- 12 min (bei älteren Mäusen bis zu 20 min) bei Raumtemperatur in PBS-Lösung, die Trypsin und DNase in der optimalen, zuvor ermittelten Konzentration enthält, inkubieren.

- 30 s vor Ende der Inkubationszeit die Trypsinlösung entfernen.
- dreimal mit Medium inkl. Serum spülen.
- Pro Cerebellum 1 ml DNase-Lösung (0,05%) zum Medium zugeben.
- 1-2 min bei Raumtemperatur inkubieren.
- Cerebellum mit steriler Pasteurpipette in Einzelzellen zerlegen.
- Mit drei Pipetten, deren Öffnung unterschiedlich weit sein muss, die Lösung mit den Zellen auf- und abpipettieren (die drei Pipetten mithilfe eines Bunsenbrenners mehr oder weniger an ihren Öffnungen vorne etwas auszuziehen, sodass unterschiedliche Weiten zustande kommen); mit der Pipette mit der weitesten Öffnung anfangen.
- Bei Raumtemperatur sedimentieren lassen.
- 4/5 des Überstandes abpipettieren und diesen bei 200 × g abzentrifugieren.
- In Medium mit Serum aufnehmen und in Zelldichten von $6-9 \times 10^5$ Zellen/cm^2 aussäen; Mediumvolumen: 300 bis 330 ml/cm^2 (das Verhältnis von Zelldichte zu Volumen ist sehr kritisch!); die Kulturgefäße können vorher mit Polylysin beschichtet werden, die Beschichtung 1 Tag vorher durchführen; die Polylysinlösung (1 mg, M_r 70 000–300 000) in 100 ml 0,1 M Boratpuffer (pH 8,4) sterilfiltrieren, ca. 2 ml pro 25 cm^2-Schale, 24 h bei 37 °C inkubieren; die Lösung anschließend absaugen und zweimal mit Medium waschen.

Kulturbedingungen

35,5 °C, 5% CO_2, 95% rel. Luftfeuchte. Die Kulturschalen werden in große Petrischalen aus Glas (steril), die mit befeuchtetem Mull ausgeschlagen wurden, gelegt, um Austrocknen zu verhindern. Wichtig: kein Mediumwechsel. Die Zellen setzen sich sofort ab, die Fortsätze sind nach 24 h sichtbar und nach ca. 4 Tagen bilden sie ein ausgedehntes Netzwerk. Die Kulturen halten bis zu drei Wochen ohne Mediumaustausch. Es ist jedoch ratsam, die Morphologie täglich zu beobachten (Abb. 20-1).

20.6 Primärkulturen von Hepatocyten

Hepatocyten (Parenchymzellen) und Endothelzellen sowie Kupffer-Sternzellen (Nichtparenchymzellen) werden für Untersuchungen der Zellbiologie, des Arzneimittel-Metabolismus, der Hormonwirkung, Carcinogenese, Fettstoffwechsel und der Toxizität *in vitro* untersucht, um nur die wichtigsten Bereiche zu nennen (Kapitel 22.6).

Die Prüfung am Tier hat hierbei folgende Nachteile:
- Belastung und Leiden des Tieres durch Tierversuch
- Blutkreislauf
- Hormonstatus
- Nervensystem

mit ihren individuellen, unkontrollierten Einflüssen.

Die Verwendung von Zellkulturen hat dagegen folgende Vorteile:
- *In-vitro*-Kulturbedingungen
- einheitliche physikalische und chemische Verhältnisse
- exakte Dosierung
- definierte Stoffkonzentrationen an der Zielzelle
- genaue Kontrolle der Expositionsdauer an der Zelle
- Verfolgung biologischer Effekte an der Zielzelle mittels Mikroskopie und biochemischer Methoden.

Lebern adulter Tiere werden zur Gewinnung von Zellen zweckmäßigerweise perfundiert, Lebern von Feten zerkleinert. Von Adulten erhält man in der Regel nicht proliferierende, differenzierte Zellen, von Feten proliferierende, nicht differenzierte Zellen. Bei der Perfusion werden im 1. Schritt die Desmosomen durch Entzug von Ca^{2+} gelöst, die im 2. Schritt zugeführte, durch Ca^{2+} aktivierte Collagenase löst die extrazelluläre Matrix auf, sodass sich das Leberparenchym in Einzelzellen auflöst. Parenchymzellen können aufgrund ihrer höheren Dichte durch Zentrifugation von den Nichtparenchymzellen getrennt werden.

Werden weibliche Tiere verwendet, muss die Position im Fortpflanzungszyklus bestimmt werden, bei männlichen Tieren entfällt die Berücksichtigung des Fortpflanzungszyklus.

Primärkultur von Hepatocyten

Material:
- Nembutal (Pentobarbital-Natrium, Abbott Ingelheim 100 ml Packung, Konz. 60 mg/ml)
- Perfusionslösung I: 250 ml Hanks-Lösung ohne Ca^{2+} und Mg^{2+}, mit 0,5 mM EGTA (Ethylenglykol-bis-(β-aminoethylether)-N, N'-Tetraessigsäure) und 10 mM HEPES, mit 1 N NaOH auf pH 7,35 eingestellt, vorgewärmt auf 37 °C, sterilfiltriert mit Millex-GV Filter, 0,1 μm (Millipore)
- Perfusionslösung II: 250 ml Hanks-Salzlösung ohne Ca^{2+} und Mg^{2+} oder Williams Medium E (Gibco) mit 100 U/ml Collagenase H (Roche Diagn.) und 10 mM HEPES, mit 1 N NaOH auf pH 7,2 eingestellt, auf 37 °C vorgewärmt, sterilfiltriert (s. o.)
- 70% Ethanol
- Williams Medium E + 10% FKS + 50 μg/ml Gentamycin
- FKS
- Gentamycinlösung, 5 mg/ml
- 21er- und 25er-Kanülen
- 3 sterile Kunststoff-Petrischalen, 90 mm Durchmesser
- Faden zum Abbinden
- regulierbare Schlauchpumpe, 2–20 ml/min
- sterile Bechergläser
- Liquemin 25 000 (Anti-Koagulans, Roche)
- Zentrifugenröhrchen, 50 ml, steril
- mehrere Scheren und verschiedene Pinzetten
- Präpariertisch
- Styroporplatte und Nadeln zum Fixieren der Tiere auf dem Präpariertisch
- Arbeitsplatz auf 37 °C vorgewärmt, z. B. Plexiglashaube 80 cm H × 80 cm B × 40 cm T mit Warmluftgebläse
- Kollagen S (Roche Diagn.) wässrige Lösung, 3 mg/ml
- 60-mm-Petrischalen zur Anzucht, mit 5 mg Kollagen/cm^2 steril beschichtet
- Einmalspritzen 2 und 10 ml
- Wischtücher
- Wattetupfer
- Zentrifuge
- Brutschrank
- Zellzähler
- Mikroskop

- Tier (Hamster, Ratte oder Maus) mit 0,9 mg/ 100 g Körpergewicht der 6% Nembutallösung intraperitoneal anästhesieren, dabei auf dem Rücken auf dem Präpariertisch fixieren.
- Schläuche für die Perfusion mit 70% Ethanol und anschließend mit sterilem Wasser durchspülen.
- Bauch und Brusthöhle des Tieres bis über die Leber mit Schere und Pinzette eröffnen, Verdauungstrakt nach rechts schieben.
- Um die untere Hohlvene (Vena cava inferior) unterhalb der Leber (Abb. 20-2) eine lose Ligatur legen, ebenso bei 2 und 3 um die Pfortader (Vena portae).
- Bei 4 und 5 mit spitzer Pinzette ebenfalls 2 lose Ligaturen legen.

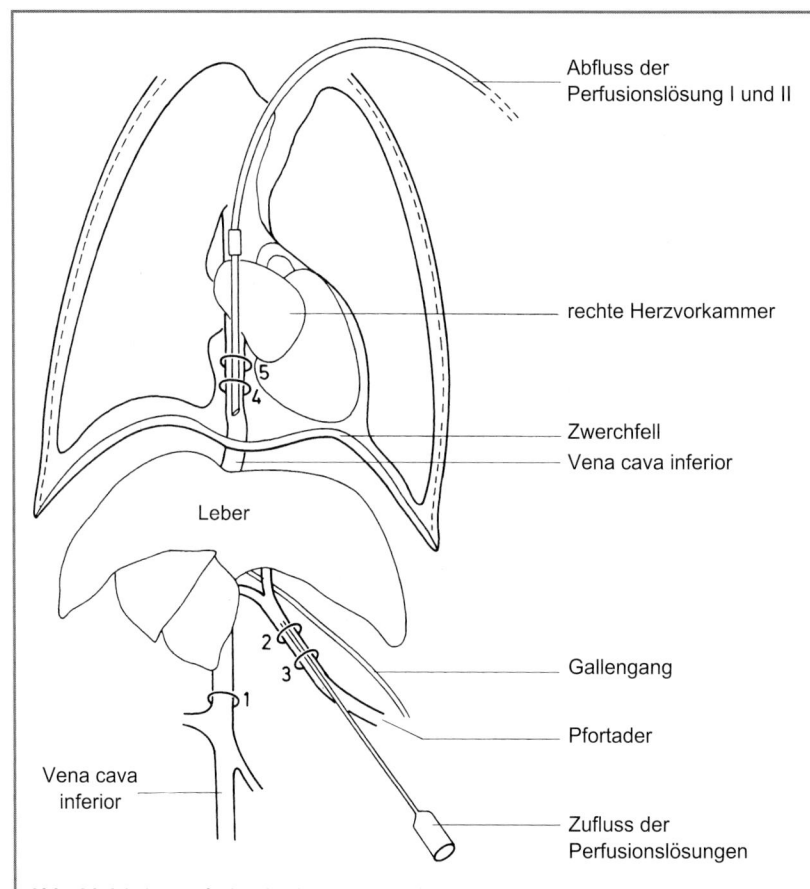

Abb. 20-2 Leberperfusion *in situ*; Lage der Ligaturen 1–5.

- In den eröffneten Körper mittels Spritze Liquemin träufeln (verhindert Blutgerinnung in der Bauch- und Brusthöhle).
- Pfortader unterhalb Ligatur 3 aufschneiden, Blut kurz abtupfen, und sofort Kanüle mit Schlauch und Schlauchklemme, verbunden mit erhöht stehender Perfusionslösung I, in die Pfortader unterhalb Ligaturen 3 und 2 einführen, Ligaturen zur Sicherung der Kanüle festziehen.
- Untere Hohlvene gut unterhalb Ligatur 1 durchtrennen, sofort Schlauchklemme öffnen, Perfusionslösung I bei Hamster mit 5 ml/min, bei Ratte mit 8 ml/min und bei Maus mit 2 ml/min fließen lassen.
- Perfusat in die Bauchhöhle fließen lassen, weiter perfundieren, bis die Leber bleich wird (entblutet).
- Untere Hohlvene oberhalb Ligatur 5 anschneiden, Kanüle, verbunden mit Schlauch, gut unter Ligaturen 5 und 4 einführen, Ligaturen schließen, Schlauch in Becherglas leiten.
- Sofort Ligatur 1 schließen, Perfusionslösung I mit erhöhter Geschwindigkeit ca. 2,5 min lang fließen lassen: Hamster 25 ml/min, Ratte 40 ml/min, Maus 8 ml/min; Perfusat in Becherglas sammeln und verwerfen.
- Anschließend über Pfortader Perfusionslösung II für ca. 10 min durch die Leber mit Schlauchpumpe pumpen: Ratte 20 ml/min, Hamster 15 ml/min, Maus 8 ml/min; Perfusat mit Leberzellen in frischem Becherglas sammeln.
- Leber entnehmen und in Petrischale mit angewärmtem Williams Medium E legen, in steriler Werkbank anhaftendes Fett und Bindegewebe antiseptisch entfernen.

- Leber in frische Petrischale überführen, mit frischem Williams Medium bedecken und Leberkapsel mit Schere und Pinzette entfernen, Gewebe zur restlichen Lösung der Hepatocyten leicht schwenken.
- Restliches Bindegewebe verwerfen, Hepatocytensuspensionen aus Perfusionen und Petrischale vereinigen; jeweils 25 ml Suspension in 50 ml-Zentrifugenröhrchen pipettieren und mit Williams Medium E plus 10% FKS plus 50 µg/ml Gentamycin auffüllen.
- Zellen 2,5 min lang bei $50 \times g$ abzentrifugieren.
- Überstand bei 37 °C unter Rühren aufbewahren, wenn daraus die Nichtparenchymzellen gewonnen werden sollen.
- Pellets mit Parenchymzellen in komplettem Williams Medium suspendieren und in üblicher Weise zählen.
- Aussaat je nach Verwendungszweck in Konzentrationen von 3×10^5 bis 1×10^6 in kollagenbeschichtete Schalen.
- 2 h nach der Einsaat Mediumwechsel zur Entfernung nicht angehefteter Zellen.

Nichtparenchymzellen, hauptsächlich Kupffer-Sternzellen, daneben Fibroblasten und Endothelzellen, können in analoger Weise wie Parenchymzellen gewonnen werden, wenn statt Collagenase Pronase zur Lyse der Parenchymzellen eingesetzt wird, übrig bleiben dann die Nichtparenchymzellen. Da Pronase jedoch Membranrezeptoren schädigen kann, empfiehlt es sich, Nichtparenchymzellen aus dem Überstand abzentrifugierter Hepatocyten zu isolieren.

Primärkultur von Nichtparenchymzellen (Kupffer-Zellen)

Material:
- 50-ml-Zentrifugenröhrchen, steril
- PBS
- RPMI 1640 mit 10% FKS
- Percoll
- Trypanblau
- Hämocytometer
- Pasteurpipetten
- Kühlzentrifuge

- Überstand aus Hepatocytenisolierung (s. o.) in 50-ml-Zentrifugenröhrchen pipettieren und 5 min lang mit $300 \times g$ abzentrifugieren.
- Überstand vorsichtig absaugen, Pellet in PBS von 4 °C mit Pasteurpipette gut suspendieren, bis keine Aggregate mehr zu sehen sind.
- Nochmals abzentrifugieren und Waschen mit kaltem PBS solange wiederholen, bis der Überstand klar ist.
- Pellet nach letztem Waschen in PBS aufnehmen und mittels Pasteurpipette gut suspendieren.
- Zellzahl bestimmen.
- Auf je 33 ml Percoll in 50-ml-Zentrifugenröhrchen 3 ml Zellkonzentrat in PBS mit 10^7 Zellen/ml überschichten.
- Bei $800 \times g$ und 4 °C 45 min zentrifugieren.
- Oberste Bande mit Pasteurpipette entnehmen und in 50-ml-Zentrifugenröhrchen 10 min bei 4 °C und $700 \times g$ zweimal in kaltem PBS waschen.
- Zellzählung mit Trypanblau, Bestimmung des Anteils von Kupffer-Zellen mittels Peroxidase-Reaktion; dazu 0,7 g Saccharose, 2,5 ml 0,2 M Tris, 0,4 ml 1,0 M HCl, 70 µl 3% H_2O_2 und 10 mg Diaminobenzidin mit Aqua dest. lösen und auf 10 ml auffüllen; davon 1 ml mit einem Aliquot von ca.

> 10^6 Zellen aus dem Zellpellet nach dem Percollgradienten-Lauf 30 min bei 37 °C inkubieren: Kupffer-Zellen zeigen dunkelbraune Granula im hellen Cytoplasma.
> - Zellen in einer Konzentration von 2–4 × 10^6/cm² Wachstumsfläche in Schalen mit je 60 mm Durchmesser oder 24er-Schalen mit je 16 mm Durchmesser aussäen und bei 37 °C, 5% CO_2 und pH 7,2 bebrüten.
> - Nach 3–4 h lose Zellen abspülen.

Die Kupffer-Zellen (Lebermakrophagen, Reticuloendothelialzellen, Phagocyten) teilen sich normalerweise nicht und können für höchstens ca. 12 Tage in Kultur gehalten werden. Untersucht werden können u. a. Phagocytose, Abbau phagocytierter Keime, Aufnahme radioaktiv markierten Leucins, Uridins und Thymidins, Immunreaktionen.

20.7 Isolierung und Primärkultur von Endothelzellen

Endothelzellen kleiden als einschichtige Plattenepithelzellen Blut- und Lymphgefäße, Herz- und Lungeninnenräume aus. Die Kontamination mit Erythrocyten sowie die mangelnde Homogenität (Stichwort: glatte Muskelzellen) sind bei der Isolierung von Endothelzellkulturen ein großes Problem. In den letzten Jahren ist die Reinigung solcher Präparationen durch den Gebrauch paramagnetischer Beads, die mit spezifischen monoklonalen Antikörpern beschichtet sind, erleichtert worden. Das Verhalten von Endothelzellen bei der enzymatischen Gewinnung und bei der Subkultivierung ist ebenfalls problematisch, da diese Zellen sehr leicht zur Klumpung neigen, sodass eine exakte Zellzählung sowie eine einheitliche Zellpopulation relativ schwer durchzuführen bzw. zu gewinnen ist. Jedoch ist es heute durchaus möglich, unter bestimmten Bedingungen (s. u.) mit Endothelzellen zu arbeiten, die als Zelllinien mit allerdings sehr beschränkter Lebensdauer als diploide Zellen zu den verschiedensten zellbiologischen Zwecken eingesetzt werden können (Kvietys and Granger, 1997).

Unter bestimmten Voraussetzungen (möglichst unverletztes Gefäßmaterial) ist es möglich, aus Schlachtmaterial von Kälbern und auch aus Humanmaterial (Nabelschnur oder Operationsgut) relativ einheitliche Primärkulturen aus Endothelzellen anzulegen.

Dabei ist die nichtenzymatische Gewinnung solcher Endothelzellen meist der enzymatischen Gewinnung, z. B. durch Collagenasen in Kombination mit anderen Proteasen (Hyaluronidase, Dispase), vorzuziehen, da die Gefahr der „Verunreinigung" mit glatten Muskelzellen bei der mechanischen Methode sehr viel geringer ist. Ferner ist bei der enzymatischen Methode die Gefahr gegeben, dass z. B. vorhandene Oberflächenrezeptoren etc. geschädigt werden.

In den letzten Jahren ist es jedoch möglich geworden, zur Subkultivierung enzymatische Methoden (wie z. B. eine Trypsinierung mit 0,05% Trypsin/0,02% EDTA) zu verwenden. Allerdings sollte die Trpysinierung nicht bei 37 °C im Brutschrank, sondern eher bei Raumtemperatur durchgeführt werden. Zur besseren Anheftung der trypsinierten Zellen ist es ratsam, entweder käufliche, mit Gelatine oder mit Kollagen beschichtete Polystyrolflaschen zu verwenden, oder diese selbst zu beschichten (Endkonzentration der Gelatine: ca. 0,04 Vol.-% bzw. beim Kollagen Typ I Kalbshaut 0,01%). Das Medium zur Subkultivierung kann komplett z. B. von PromoCell oder von Clonetics bezogen werden. Dabei ist zu beachten, dass solche fertigen Mixturen nicht mehr eingefroren werden dürfen und nur begrenzte Zeit haltbar sind. Der Gehalt an fetalem Kälberserum ist hier meist stark reduziert (2%), um die zugesetzten endothelspezifischen Wachstumsfaktoren nicht zu maskieren.

Im folgenden Abschnitt wird eine Methode vorgestellt, die es erlaubt, auf mechanischem Wege die Gewinnung von reinen Populationen von Endothelzellen durchzuführen.

Gewinnung von Endothelprimärkulturen aus Schlachtmaterial (Lungenarterie vom Kalb)

Material:
- Größere Styroporfläche, die mit Alufolie überdeckt ist
- Präpariernadeln
- steriles Präparierbesteck, bestehend aus geraden und gebogenen Scheren, geraden und gebogenen Pinzetten, sterilen Skalpellen (Nr. 10)
- 70% Ethanol zur Desinfektion
- PBS (steril) ohne Ca^{2+} und Mg^{2+}
- Penicillin/Streptomycin-Lösung (steril, 500 IU/ml; 5000 µg/ml)
- Gentamycinsulfatlösung (steril, 50 µg/ml)
- Medium 199 ohne Serumzusatz mit 4,35 g/l Na-Hydrogencarbonat
- Thymidin
- vorgetestetes Kälberserum und fetales Kälberserum (FKS)
- Medium 199 mit 5% FKS und 5% Kälberserum sowie 4,35 g/l Na-Hydrogencarbonat und 4,5 mg/l Thymidin sowie Penicillin/Streptomycin (100 U/ml bzw. 100 µg/ml) sowie Gentamycinsulfat (50 µg/ml); alle Konzentrationen sind Endkonzentrationen im Medium
- als Alternative: EGMv bzw. EGM (Fa. PromoCell); es können auch Medien aus der MCDB-Reihe mit den entsprechenden Zusätzen verwendet werden
- Pipetten (steril, gestopft, Größen von 1 bis 10 ml)
- Zellschaber, steril
- T-75- und T-25-Flaschen

- Ein Arterie (am besten die Lungenarterie) mit einem Papierhandtuch, das in 70% Ethanol getaucht wurde, oberflächlich desinfizieren und vom umgebenden Gewebe freipräparieren.
- Danach die Arterie in eine PBS-Lösung mit dreifacher Antibiotikalösung legen und unter die sterile Werkbank bringen; wenn es die Zeit erlaubt, kann die bakterielle Kontamination noch durch eine einstündige Inkubation bei 4 °C mit frischer PBS, das die dreifache Konzentration an Antibiotika enthält, bekämpft werden.
- Danach nochmals dreimal mit steriler PBS (dreifach Antibiotika) waschen und in steriler Petrischale mit Schere öffnen, dabei flach in die Petrischale legen; mit dem sterilen Skalpell die Oberfläche leicht anschaben, dabei vorsichtig die Oberfläche mit einem Zug einmal ankratzen.
- Die gewonnenen Zellen vom Skalpell in ein 20-ml-Zentrifugenglas, das mit Medium 199 (einfach Antibiotikum) gefüllt ist, abstreifen und 10 min bei 250 × g abzentrifugieren; für jedes Blutgefäß bzw. Gefäßabschnitt sollte ein separates Röhrchen bzw. ein separater Ansatz gemacht werden.
- Noch zweimal mit Medium, das FKS und Kälberserum enthält, waschen und den Inhalt jedes Röhrchens in einer T-25-Flasche (5 ml Medium mit Serum) bei 37 °C, 8% CO_2 und 95% rel. Luftfeuchte inkubieren.
- Für eine Woche ruhen lassen, kein Mediumwechsel, alle 2 Tage mikroskopische Kontrolle.
- Nach 7 Tagen Mediumwechsel, danach kann an eine weitere Reinigung der Zellen gedacht werden.
- Zu diesem Zweck unter dem Mikroskop die Flächen mit Fibroblasten und glatten Muskelzellen mit einem Filzstift markieren.
- Die Endothelzellen mit einem sterilen Zellschaber außerhalb der Filzstiftmarkierungen vorsichtig abkratzen und in neue T-25-Flasche mit 25 ml serumhaltigem Medium inkubieren (Bedingungen wie oben); wenn die Zellen in der T-25-Flasche konfluent geworden sind, dann im Verhältnis von 1:2 subkultivieren.
- Die konfluenten Zellen zweimal mit serumhaltigem Medium waschen, mit einem sterilen Zellschaber vorsichtig abkratzen und mit einer sterilen 10-ml-Pipette noch zusätzlich durch Auf- und Abpipettieren ablösen; hat man die Zellen möglichst vollständig abgelöst, dann mit der Pipette in eine neue T-25-Flasche geben und die Zellsuspension mindestens zehn- bis fünfzehnmal aufziehen, um evtl. auftretende Aggregate zu zerkleinern.
- Die Spezifität und Reinheit der Kultur kann nicht nur durch morphologische Kriterien, sondern auch durch bestimmte biochemische Parameter festgestellt werden, so z. B. durch das Vorhandensein von Faktor VII oder durch Messung der Aktivität des „Angiotensin-converting"-Enzyms.

Isolierung von Endothelzellen und glatten Muskelzellen aus Humanarterien

Material:
- UV-Lampe
- sterile Wattestäbchen
- sterile Skalpelle
- Dulbeccos MEM, mit HEPES, gepuffert auf pH 7,4
- Medium für Endothelzellen = Custom Formulation Medium (PromoCell) + ECGS + 1% Penicillin/Streptomycin-Lösung
- Medium für glatte Muskelzellen (SMC): Waymouths/Ham F-12 (1:1) + 10% FKS mit 1% Penicillin/Streptomycin-Lösung
- Präparierschalen mit Paraffinwachs
- kleine kollagenbeschichtete Petrischalen
- normalgroße Petrischalen
- Handschuhe (außen ungepudert)

Vorbereitung:
- offene Präparierschalen (Deckel danebenlegen) unter der Sterilbank 30 min UV-sterilisieren
- Präparierbesteck (mind. 2 spitze Scheren und Pinzetten und 1 Schere zum Greifen) sowie lange Stecknadeln (in einer Glasschale) ca. 1 h bei 180 °C hitzesterilisieren

- Handschuhe anziehen.
- Arterie in sterile, silikonisierte Präparationsschale legen, an den Enden feststecken.
- Mit der Klemme in die Nadeln greifen; Arterie mit einer Pinzette halten.
- Zum sterilen Ablegen der Bestecke, die im Moment nicht benötigt werden, den sterilen Deckel der Präparierschale benutzen.
- Fett mit der Pinzette hochziehen und mit der spitzen Schere wegschneiden.
- Falls die Arterie Abgänge aufweist, das Gefäß so legen, dass die Abgänge auf die Seiten zu liegen kommen.
- An den Enden jeweils 2 Nadeln befestigen, sodass das Gefäß richtig gespannt ist.
- Arterie der Länge nach aufschneiden, aufklappen und an den Enden feststecken.
- Das Gefäß mit DMEM-Medium bedecken, damit es nicht austrocknet.
- Die kleinen, kollagenbeschichteten Petrischalen mit Endothelzellmedium füllen.
- Mit einem Wattestäbchen ganz sachte über die aufgeklappte Innenseite des Gefäßes rollen, dann in dem Medium verteilen bzw. ausstreichen.
- Beim zweiten Mal über die gleiche Stelle etwas stärker rollen und dann in einer neuen Petrischale verteilen, zum Schluss das ganze Endothel abschaben.
- Die Petrischale beschriften: Datum, Gefäßtyp (z. B. A. iliaca), evtl. Alter und Geschlecht des Spenders, Zellart.
- Mit dem Skalpell einmal längs die obere Schicht einritzen, nicht in die Adventitia schneiden, dann querritzen zu kleinen Rechtecken.
- Die Media-Rechtecke mit einer Pinzette abziehen und in einer normalen Petrischale sammeln.
- Die Media-Rechtecke auf einen Haufen schichten und klein schneiden, danach die zerschnittenen Explantate gleichmäßig über die Schale verteilen.
- Die Schale beschriften: Datum, Gefäß, evtl. Alter und Geschlecht des Spenders, Zellart.
- Die Explantate 3 h im Brutschrank ohne Medium antrocknen lassen, dann SMC-Medium vorsichtig zugeben.
- Nach ca. 2–4 Tagen sind kleine Endothelzell-Klone (EC) zu sehen.
- Nach 2–3 Wochen sind zahlreiche glattmuskuläre Zellen aus den Explantaten ausgewachsen.
- Petrischalen je nach Zelldichte zuerst 1–2 × pro Woche, später jeden 3. Tag mit neuem Medium versehen.

20 Spezielle Primärkulturen

> **Doppelfärbung zur Charakterisierung von Endothelzellen (EC) oder glatten Muskelzellen (SMC) kombiniert mit DNA-Färbung**
>
> - Zellen (in 2. Passage nach Gefäßisolation) auf Deckgläschen aussäen.
> - Zelldichte: gerade konfluent, aber nicht übereinander wachsen lassen.
> - 15–30 min bei 37 °C mit der DAPI-Gebrauchslösung (1:50 mit Methanol verdünnte DAPI-Stammlösung: 5 mg DAPI/ml Methanol, Lagerung bei –20 °C) inkubieren (gleichzeitige Fixierung der Zellen, da Methanol dabei).
> - Kurz waschen in PBS.
> - Erst-Antikörper zur Charakterisierung von SMC: monoklonaler Maus-Antikörper (Mab) gegen glattmuskuläres Aktin, 1:50 in PBS verdünnen.
> - Erst-Antikörper zur Charakterisierung von EC: polyklonaler Kaninchen-Antikörper gegen den von-Willebrand-Faktor, 1:100 in PBS verdünnen.
> - Kontroll-Serum (Negativkontrolle): unspezifisches Maus IgG, 1:100 in PBS verdünnen.
> - Zugabe des spezifischen Erst-Antikörpers bzw. des Kontrollserums (vor Zugabe kurz anzentrifugieren).
> - 40 min bei 37 °C in feuchter Kammer inkubieren.
> - Zweimal waschen in PBS (je 5 min).
> - Zweit-Antikörper zur Charakterisierung von SMC: Anti-Maus-IgG, FITC-konjugiert, 1:25 in PBS verdünnen.
> - Zweit-Antikörper zur Charakterisierung von EC: Anti-Kaninchen-IgG, Cy3-konjugiert, 1:50 in PBS verdünnen.
> - Zweit-Antikörper zugeben (vor Zugabe kurz anzentrifugieren).
> - 40 min bei 37 °C in feuchter Kammer inkubieren.
> - Zweimal waschen in PBS (je 5 min).
> - Eindecken in Mowiol (Fluoreszenzverstärkung) und bei 4 °C dunkel lagern (mind. 1 Nacht bei 4 °C dunkel stehen lassen).
> - 15–30 min bei 37 °C mit der DAPI-Gebrauchslösung (1:50 mit Methanol verdünnte DAPI-Stammlösung: 5 µg DAPI/ml Methanol, Lagerung bei –20 °C) inkubieren (gleichzeitige Fixierung der Zellen, da Methanol dabei).
>
> **Betrachten am Fluoreszenzmikroskop**
>
> - DAPI: mit UV-Filter anregen, leuchtet hellblau (Anregung: 365 nm, Emission: > 420 nm).
> - FITC: blau anregen, leuchtet grün (Anregung: 495 nm, Emission: 525 nm).
> - Cy3: grün anregen, leuchtet rot (Anregung: 555/618 nm, Emission: 634 nm).

20.8 Gewinnung einer Zellkultur aus soliden Humantumoren

Es ist unbestritten, dass die *In-vitro*-Kultur menschlicher Tumorzellen Untersuchungen und Diagnosen erlaubt, die entweder nur unter großen Kosten oder überhaupt nicht *in vivo* durchgeführt werden könnten.

Allerdings gibt es immer noch Probleme bei der Gewinnung einer vitalen Kultur für *In-vitro*-Zwecke. Abhängig von den Möglichkeiten der einzelnen Labors schwanken die Erfolgsraten zwischen 40 und 60%, bei soliden Tumoren sind sie noch weitaus geringer, falls man diese isoliert betrachtet. Hier eine kurze Beschreibung einer einfachen und reproduzierbaren Methode zur Gewinnung von einer *In-vitro*-Kultur aus soliden Tumoren.

Primärkultur aus solidem Humantumor

Material:
- Petrischalen (Plastik) steril 100 × 15 mm
- 2000-ml-Erlenmeyerkolben
- Kulturflaschen: T-25 und T-75 cm^2 aus Plastik
- 24er-Multiwell-Schale (Plastik für die Zellkultur, steril)
- Pipetten: Standard: 10 ml, 5 ml, 1 ml (steril, Plastik oder Glas)
- Pipetten (mit weiter Auslassöffnung) 5 ml und 10 ml (Bellco)
- sterile Pasteurpipetten
- Plastikzentrifugenbecher (steril) 10 ml und 15 ml
- Gewebehomogenisator
- Nalgene Filtereinheit (115 ml)
- Handschuhe
- Zentrifuge
- Ammoniumchlorid
- EDTA-Dinatriumsalz
- HCl, KCl, KHCO$_3$, KH$_2$PO$_4$, NaHCO$_3$, Na$_2$HPO$_4$, NaCl, Percoll, Trypanblau, Chelex 100, 200–400 mesh, Natriumform (Fa. Biorad), Aqua dest., Amphotericin B, Gentamycin, Penicillin/Streptomycin-Lösung (500 U/ml; 500 µg/ml)
- Trypsin-EDTA-Lösung (0,5%:0,2%)
- Medium: L-15
- Eagles MEM mit Spinner-Salzen
- Ham F-12
- L-Glutamin-Lösung (100 × konz.) (200 mM)
- Eagles MEM mit Hanks-Salzen

Präparation der Medien und Reagenzien

Transportmedium: Zum MEM oder zum MEM mit Spinner-Salzen folgende Antibiotika geben: Gentamycin (Endkonz.: 100 µg/ml); Streptomycin (100 µg/ml); Penicillin (100 U/ml) und Amphotericin B (50 µg/ml), pH 6,8–7,2. Jeweils 25 ml Medium steril in 50-ml-Zentrifugenbecher geben.

Kulturmedium: Standardmedien mit NaHCO$_3$, pH 7,2 und 2% FKS und Antibiotika (Gentamycin und Amphotericin B, Konz. wie oben), sowie L-Glutamin (10 ml auf 1 l Medium)

Decalcifizierung des fetalen Kälberserums

- 180 g Chelex in einen 1-l-Becher geben
- 500 ml Aqua dest. zugeben, 30 min sitzen lassen
- mit Chelex so auffüllen, dass eine ca. 1:1 (v/v)-Lösung mit Wasser hergestellt wird
- mit konz. HCl auf pH 7,0 einstellen; leichtes Umrühren!
- Chelex sitzen lassen, Wasser abgießen, 500 ml Serum zugeben, unter leichtem Rühren ca. 30 min behandeln
- Chelex sitzen lassen und das Serum entweder sofort sterilfiltrieren (0,22-µm-Filter) oder als 10%ige Lösung ins Medium geben und das Medium sofort sterilfiltrieren
- Chelex kann wieder regeneriert werden (Vorschrift: Biorad GmbH)

Erythrocytenlysierender Puffer

8,29 g NH$_4$Cl, 10 g KHCO$_3$ und 0,0371 g EDTA mit Aqua dest. auf 1 l auffüllen, autoklavieren

Sonstige Lösungen

PBS (ohne Ca^{2+}/Mg^{2+}); PBS mit Ca^{2+}/Mg^{2+}

Percolllösung

Isotonisch: 9 Vol. Percolllösung mit 1 Vol. zehnfach konz. PBS (ohne Ca^{2+}/Mg^{2+}). Zur Zentrifugation: die isotonische Lösung nochmals mit dem gleichen Volumen einfach konz. PBS (ohne Ca^{2+}/Mg^{2+}) auffüllen, Trypanblau: 0,5 g Trypanblau auf 100 ml PBS; autoklavieren

- Der von einem Arzt herausgetrennte Tumor oder Stückchen eines nicht nekrotischen Tumors, der aseptisch gewonnen werden sollte, sofort in die bereitstehenden 50-ml-Zentrifugenbecher (mit 25 ml Transportmedium) geben, gut verschließen; das Gewebe sollte sofort weiter verarbeitet werden, es kann aber, falls keine Gelegenheit dazu ist, bis zu 6 h bei 4 °C im Kühlschrank aufbewahrt werden.
- Das Gewebe in der sterilen Werkbank mit sterilen Skalpellen so klein wie möglich schneiden.
- Die homogene Zellsuspension durch ein steriles Netz (Stahl oder Teflon) mit einer Maschenweite von 50 µm treiben.
- Mit warmem Medium (ca. 15–20 ml) (Ham F-12 mit FKS) die Zellen füttern und mit einer Pipette mit weiter Öffnung mehrmals auf- und absaugen.
- Die Zellen bei $350 \times g$ 15 min zentrifugieren und zweimal mit warmem Medium waschen.
- Um die roten Blutkörperchen zu lysieren, die Zellsuspension nach der letzten Zentrifugation im Lysierpuffer aufnehmen (1 Vol. Sediment zu 10 Vol. Puffer) und einige Male mit einer Pipette mit weiter Öffnung auf- und abpipettieren.
- Ca. 10–15 min bei Raumtemperatur stehen lassen, danach die Zellen zentrifugieren und in warmem Medium aufnehmen.
- Alternativ kann die Zellsuspension durch eine Zentrifugation im Percollgradienten von den Erythrocyten befreit werden: die Zellsuspension im Transportmedium in ein 15-ml-Zentrifugenglas geben (ca. 8 ml), mittels einer langen sterilen Pasteurpipette die sterile Percolllösung (1:2-Verdünnung der isotonischen Percolllösung mit PBS) folgendermaßen unter die Zellsuspension bringen:
  - Die Percolllösung (ca. 2–3 ml) in die Pasteurpipette ziehen.
  - Vorsichtig die Pasteurpipette in das Zentrifugenglas geben bis die Spitze den Boden erreicht hat.
  - Die Pasteurpipette vorsichtig entleeren, sodass die Percolllösung die Zellen unterschichtet, die Pasteurpipette vorsichtig entfernen, um Mischen der Percolllösung mit der Zellsuspension zu vermeiden; bei $400 \times g$ 10 min zentrifugieren.
  - Den Überstand verwerfen und mindestens fünfmal mit Medium waschen; Zellen bei einer Dichte von ca. 10^5 bis 10^6 Zellen/ml Wachstumsmedium (Ham F-12 mit 2% FKS o. Ä.) aussäen.
- Für Screeningzwecke ist es empfehlenswert, eine 24er-Multiwell-Schale zu verwenden, um möglichst viele Replikate zu bekommen; täglich beobachten; falls Zellcluster auftauchen, die in Suspension sind, nicht abwaschen und in neue Schalen überimpfen, dies führt in der Regel bei diesen Kulturen zu einer Stimulierung von Fibroblasten, die als Monolayer wachsen; Geduld ist hier wichtiger, die Zellen wachsen nach ca. 3–5 Tagen richtig aus, es kann allerdings auch Wochen dauern, bis sich die Tumorzellen an die *In-vitro*-Bedingungen adaptiert haben.
- Alternativ dazu kann die Zellsuspension auch nach 24 h bzw. 48 h mit Trypsin-EDTA kurz (ca. 5 min) behandelt werden und dann wieder weiter in Medium (Ham F-12 mit 2% FKS) gezüchtet werden.
- Die Zellsuspension nach der mechanischen Zerkleinerung und anschließenden Filtrierung kann, falls erforderlich, sofort in Medium mit 10% Glycerin überführt und eingefroren werden (Kapitel 15.1).

20.9 Gewinnung von Keratinocyten

Epidermale Keratinocyten, das epitheliale Kompartiment der Haut, unter dem das Bindegewebe beginnt, können relativ einfach mit ausreichender Reinheit enzymatisch gewonnen werden. Dabei werden von den proteolytischen Enzymen vor allem Trypsin und Dispase verwendet. Das Wachstum der gewonnenen Zellen kann durch Kollagenbeschichtung zusätzlich stimuliert werden. Auf Kollagengels zusammen mit Fibroblasten lässt sich auf einer einfachen Filterunterlage eine dreidimensionale organotypische Kultur aufbauen (Kapitel 23), die viele Merkmale einer differenzierten Haut aufweist.

20.9.1 Gewinnung von humanen Keratinocyten

Primärkultur aus Spalthaut

Material: **Außer den üblichen Zellkulturmaterialien**
- Plastikpetrischalen für die Mikrobiologie (10 cm)
- sterile Skalpelle, gebogene Pinzetten, gebogene Scheren

Lösungen und Medien
- DPBS Sigma D-8537: 98 ml + 2 ml Antibiotikalösung Sigma A-5955 (AB), 100 ml
- HBSS Sigma H-4641 (10×): 10 ml + 90 ml Aqua dest., steril
- Dispase II Roche Diagnostics Cat. No. 04 942 078 001: 100 ml (1×) steril, >2,4 U/ml
- Trypsin Sigma T-4549 (10×): 25 g/l in 0,9%; NaCl ~2,5%ig: 10 ml + 88 ml HBSS + 2 ml AB, pH = 7,2, einstellen mit 40–45 µl 1 N NaOH, Endkonzentration Trypsin: 0,25%ig
- Medium DMEM/Ham F-12 (50:50) mit 10% FKS oder Keratinocyte Growth Medium, PromoCell C-200 10, serumfrei

- Hautproben fünfmal in je 10 ml DPBS waschen, zumindest einmal während des Spülens die Instrumente wechseln.
- Proben mit dem Skalpell in Stücke gleicher Größe (etwa 1 × 2 cm) schneiden. Diese Stücke mit der Epidermisseite nach unten in trockene Plastikpetrischalen legen und mit wenigen Tropfen DPBS befeuchten. Das subkutane und untere Dermalgewebe so weit wie möglich mit gebogenen Scheren abschneiden. Dieser Schritt erübrigt sich bei Spalthautpräparaten.
- Gewebeproben erneut fünfmal in je 10 ml DPBS spülen.
- Gewebestückchen über Nacht bei 4 °C in 20 ml Dispaselösung (2,0–2,5 mg/ml) legen.
- Wird die Ablösung der Epidermis an den Schnitträndern der Hautproben sichtbar, die Stücke (Dermisseite nach unten) in Petrischalen legen und mit 5 ml Medium bedecken. Mit 2 feinen gebogenen Pinzetten wird die Epidermis vorsichtig abgezogen.
- Die Epidermisstückchen für 20–30 min in 0,25%iger Trypsinlösung bei 37 °C inkubieren.
- Zum Abstoppen der Reaktion 5 ml FKS + 15 ml Medium zufügen. Gut suspendieren oder mit der Pipette durch ein Kunststoffnetz (Maschenweite 100 µm) passieren.
- Die isolierten Zellen 10 min bei 200 g zentrifugieren und die Gesamtzellzahl ermitteln.
- mindestens $2,5 \times 10^6$ Zellen pro T-25 aussäen und 1–3 Tage bei 37 °C zum Anheften und Ausbreiten stehen lassen.
- Bei serumfreiem Medium muss nach der Trypsinierung ein Trypsininhibitor (Soja-Bohneninhibitor oder Aprotinin, 0,1 mg/ml Medium) benutzt werden.

20.9.2 Gewinnung einer Keratinocyten-Primärkultur aus Mäusehaut

---

Primärkultur aus Mäusehaut

Material: **Außer den üblichen Zellkulturmaterialien**
- Skalpelle
- gebogene Pinzetten
- gebogene Scheren
- Nylonsieb mit Maschenweite 100 µm (alles steril)

20 Spezielle Primärkulturen

Lösungen und Medien
- DPBS Sigma D-8537: 98 ml + 2 ml Antibiotikalösung Sigma A-5955 (AB), 200 ml
- HBSS Sigma H-4641 (10×): 10 ml + 90 ml Aqua dest., steril
- Trypsin Sigma T-4799 (1:250) 0,2%: 0,2 g Trypsin + 98 ml HBSS, + 2 ml AB, pH 7,2, einstellen mit ca. 45–50 µl 1 N NaOH

danach sterilfiltrieren

Medium 1 (3 Teile DMEM + 1 Teil Ham F-12):

- 64,5 ml DMEM (Sigma D-5648)
- 21,5 ml Nutrient Mixture Ham F-12 (Sigma N-8641)
- 1 ml L-Glutamin (200 mM) (Sigma G-7513)
- 1 ml Na-Pyruvat (100 mM) (Sigma S-8636)
- 10 ml FKS
- 2 ml Antibiotikalösung (Pen/Strep. Endkonz.: 100 U/100 µg/ml)

Medium 2

- 94 ml MCDB 153 (Sigma M-7403, Calciumkonzentration 0,11 mM)
- 1 ml L-Glutamin (200 mM) (Sigma G-7513)
- 1 ml Na-Pyruvat (100 mM) (Sigma S-8636)
- 2 ml FKS (Calciumkonzentration im FKS durchschnittlich 3,4 mM)
- 2 ml Antibiotikalösung (Pen/Strep. Endkonz.: 100 U/100 µg/ml)

- Hautproben fünf- bis zehnmal in DPBS waschen, zumindest einmal während des Spülens die Instrumente wechseln.
- Proben mit dem Skalpell in Stücke gleicher Größe (etwa 1 × 2 cm) schneiden. Diese Stücke mit der Epidermisseite nach unten in trockene Plastikpetrischalen legen und mit wenigen Tropfen DPBS befeuchten. Das subkutane und untere Dermalgewebe so weit wie möglich mit gebogenen Scheren abschneiden.
- Gewebeproben erneut fünf- bis zehnmal in DPBS spülen.
- 5–8 Gewebestückchen werden auf 15 ml **eiskaltes** Trypsin in Petrischalen (10 cm) gelegt; 24–48 Stunden bei 4 °C inkubieren. Der pH-Wert des Trypsins muss kontrolliert werden.
- Wird die Ablösung der Epidermis an den Schnitträndern der Hautproben sichtbar, die Stücke (Dermisseite nach unten) in Petrischalen legen und mit 5 ml Medium 1 bedecken. Mit 2 feinen gebogenen Pinzetten wird die Epidermis vorsichtig abgezogen und in einem 50-ml-Zentrifugenröhrchen, das 20 ml Medium 1 enthält, gesammelt. Vitale Keratinocyten dieses epidermalen Teils durch kräftiges Pipettieren und Sieben durch Nylongaze abtrennen.
- Den verbleibenden dermalen Teil auf seiner epidermalen Seite vorsichtig mit gebogenen Pinzetten abschaben.
- Die isolierten Zellen vom epidermalen und dermalen Teil vereinigen, zweimal in Medium 1 10 min bei 100 g zentrifugieren und die Gesamtzellzahl ermitteln.
- Mindestens $2,5 \times 10^6$ Zellen pro T-25 in Medium 1 aussäen und 1–3 Tage bei 37 °C zum Anheften und Ausbreiten stehen lassen.
- Beginn der Kultivierung in Medium 1 nach 1–3 Tagen.
- Zweimal Waschen mit Medium 2 und Weiterkultivieren in Medium 2.

Primärkulturen und Explantate sind, was die Bedingungen *in vitro* betrifft, die am meisten gefährdeten Objekte in der Zellkultur. Bei Explantaten, die schlecht anheften, empfiehlt es sich, z. B. einen dicken Tropfen fetales Kälberserum in die Kulturschale vorzulegen und das Explantat vorsichtig direkt auf das Serum zu legen und nur relativ wenig Kulturmedium zuzusetzen. Ferner kann man die Adhärenz durch das Auflegen eines sterilen Deckglases für ein bis zwei Tage zusätzlich fördern. Ein leichtes Aufrauen der Kulturoberfläche kann ebenfalls vor der Inokulation nützlich sein.

> **Kultivieren und Passagieren von NIH/3T3-Fibroblasten**
>
> Material:
> - NIH/3T3-Zellen (ATCC CRL-1658)
> - Kulturmedium: DMEM, 10% FKS
> - 60-mm-Kulturschalen
> - PBS ohne Ca^{2+}, Mg^{2+}
> - Trypsin-EDTA-Lösung
> - sterile Pipetten und Pipettierhilfe
>
> **Passagieren subkonfluenter Kulturen**
>
> - 3 Tage alte, 70–80% konfluente Kulturen zum Trypsinieren vorbereiten, Kulturen nicht bis zur Konfluenz heranwachsen lassen.
> - Zellen mit vorgewärmter PBS-Lösung waschen, PBS absaugen.
> - Kulturen mit 1 ml Trypsin-EDTA überschichten, leicht schwenken und Trypsinlösung absaugen, sodass ein leichter Flüssigkeitsfilm verbleibt.
> - Trypsinierung (1–5 min) unter dem Mikroskop kontrollieren, meist reicht 1 min Einwirkungszeit.
> - Zellen mit frischem Kulturmedium von der Kulturschale abspülen, durch vorsichtiges Auf- und Abpipettieren in Suspension bringen.
> - Zellzahl bestimmen und Zellsuspension auf gewünschte Inokulumdichte einstellen.
> - Aliquots in neue Schalen einsäen, wieder 3 Tage bebrüten.

21.1.2 Nierenepithelzelllinien (Gstraunthaler, 1988)

In den späten 1950er-Jahren wurden für unterschiedliche Zwecke Kulturen von Nierenepithelzellen angelegt, aus denen sich kontinuierliche Linien entwickelt haben. Die bekanntesten Beispiele sind die MDCK-Linie (Madin-Darby-Canine-Kidney, 1958) aus der Niere eines Cockerspaniels (Gaush et al., 1966) und die LLC-PK_1-Zellen, ebenfalls 1958 aus einer Schweineniere (New Hamshire Pig Kidney) isoliert (Hull et al., 1976). MDCK-Zellen wurden kultiviert um Wirtszellen zur Virusvermehrung zu erhalten, LLC-PK_1-Zellen sollten als Produktionsquelle von Plasminogenaktivator (Urokinase) dienen.

Kultivierte Epithelien

Kontinuierliche Epithelzelllinien, wie auch Primärkulturen, behalten *in vitro* ihre charakteristische Zellpolarität bei und wachsen als geschlossenes Epithel (Monolayer). Dies kann bereits als Übergang von der *Zellkultur* zur *Gewebekultur* gesehen werden.

MDCK- und LLC-PK_1-Kulturen wurden als Modellsysteme für transportierende Epithelien entdeckt, als Ende der 1960er-Jahre die strukturellen und funktionellen Eigenschaften der Zellen in Kultur erkannt und beschrieben wurden. Diesen Arbeiten ging die Beobachtung voraus (Leighton et al., 1969), dass geschlossene Monolayer dieser Zellen auf festen Unterlagen sogenannte Dome bildeten, flüssigkeitsgefüllte Blasen des kultivierten Epithels auf dem flüssigkeitsundurchlässigen Boden der Kulturschale (Lever, 1985; Slaughter et al., 1982) (Abb. 21-1a). Voraussetzung dafür ist, dass die Zellen die für transportierende Epithelien charakteristische Zellpolarität in der Kultur *in vitro* beibehalten haben. In der Tat, die Zellen sind polar ausgerichtet, haften mit ihrer basolateralen Seite an der Kulturunterlage, während der apikale Zellpol zum Kulturmedium gerichtet ist.

Die Dombildung des konfluenten Monolayers ist nicht nur Ausdruck eines gerichteten Salz- und Wassertransports über das kultivierte Epithel (Abb. 21-1b), sondern auch ein Hinweis darauf, dass die Epithel(zell)schicht (wasser)dicht sein muss, was wiederum auf die Ausbildung intakter Zell-Zell-Verbindungen (z. B. von Tight Junctions) schließen lässt. Die Dombildung (Größe, Form und

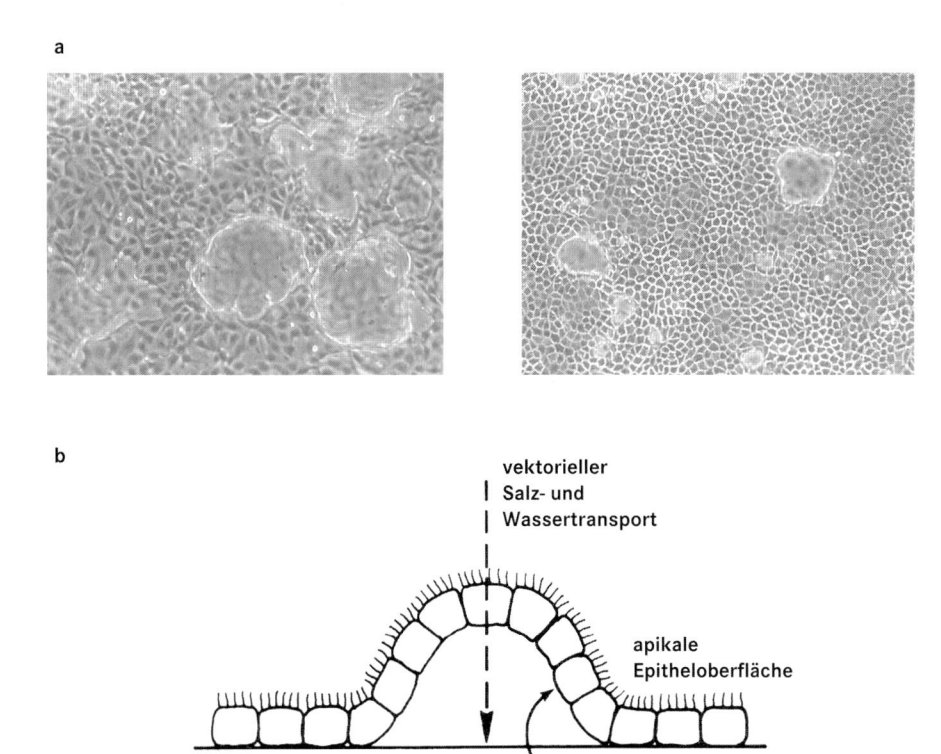

Abb. 21-1 Dombildung in kultivierten Nierenepithelien. **a:** Phasenkontrastmikroskopische Aufnahmen von Domen in LLC-PK$_1$-Kulturen (links) und in MDCK-Monolayer (rechts; Aufnahmen: G. Gstraunthaler; Vergr. 100×). **b:** Schematische Darstellung der Dombildung durch gerichteten Salz- und Wassertransport über das kultivierte Epithel (Slaughter et al., 1982).

Häufigkeit) ist über die Transportleistung des kultivierten Epithels manipulierbar: Hemmung der Na$^+$/K$^+$-ATPase durch Ouabain oder Depletion des zellulären ATP-Gehalts durch „Hungern" führt zu einem Kollabieren der Dome, während neuerliches „Füttern" oder die Stimulierung des Salztransports durch Hormone (z. B. Aldosteron) zu einer Vermehrung der Dome führt. Logische Konsequenz dieser Erkenntnisse war die Kultivierung transportierender Nierenepithelzellen auf mikroporösen, flüssigkeitsdurchlässigen Unterlagen (Kapitel 21.1.3).

Weitere, häufig verwendete Nierenepithelzelllinien sind die OK-Zellen aus dem Amerikanischen Opossum (Koyama et al., 1978) und die NRK-Linien aus der Ratte. Davon sind 2 Sublinien etabliert worden, die epithelartig wachsende Linie NRK-52E und die Fibroblastenlinie NRK-49F (De Larco and Todaro, 1978) (Kapitel 21.1.4). Die humane Nierenlinie HK-2 (Ryan et al., 1994) ist eine virustransformierte Linie, die mit dem Papillomavirus (HPV) 16 immortalisiert wurde.

21.1.2.1 Die Madin-Darby-Canine-Kidney (MDCK) Linie

Die MDCK-Linie ist eine der am besten charakterisierten Nierenepithelzelllinien. Seit nunmehr 50 Jahren in Kultur, haben die Zellen ihre charakteristischen Epitheleigenschaften *in vitro* beibehalten und weisen einige Ähnlichkeiten zu Epithelzellen des distalen Tubulus der Säugerniere auf (Gstraunthaler et al., 1985). Für eine nähere Beschreibung der MDCK-Zellen und ihre Verwendung als *In-vitro*-Modelle in der Nieren- und Transportphysiologie sei auf umfangreiche Übersichtsarbeiten verwiesen (Cho et al., 1989; Gstraunthaler, 1988; Handler, 1986; Handler et al., 1980; Horster and Stopp, 1986; Kreisberg and Wilson, 1988; Sakhrani and Fine, 1983; Taub and Saier, 1979).

21.1.3 Kultivierung von Epithelzellen auf mikroporösen Unterlagen (Filtereinsätzen)

Der Wert von kultivierten Zellen und Epithelien in der physiologischen, pharmakologischen und zellbiologischen Forschung wie auch die Aussagekraft von *In-vitro*-Toxizitätstests (Kapitel 22.6) ist in hohem Maße abhängig vom Grad deren terminaler Differenzierung. Hier brachte vor allem die Kultivierung von Epithelien auf mikroporösen Unterlagen neue Impulse. Von *kultivierten Epithelien* spricht man dann, wenn durch die kultivierte Epithelschicht (Monolayer) zwei Lösungsräume (apikal und basolateral) voneinander getrennt werden. Dies ist dann der Fall, wenn Epithelzellen auf permeablen Unterlagen, wie z. B. speziellen Membranen, gezüchtet werden.

Die natürlichen physiologischen Bedingungen sind am ehesten gegeben, wenn Epithelzellen auf Filtern als Kulturunterlage wachsen und damit das kultivierte Epithel von der basolateralen (serösen) Seite mit Sauerstoff, Nährstoffen und Hormonen versorgt wird. Die Zellen erreichen dabei einen wesentlich höheren Grad der Differenzierung und sezernieren in einigen Fällen auch eine Basallamina. Der Stimulus für die Differenzierung ist offensichtlich die dadurch erzielte Zugänglichkeit der basolateralen Epithelseite für Nährstoffe, Wuchsstoffe und Hormone (Cook et al., 1989; Handler et al., 1984, 1989; Lang et al., 1986).

Schon sehr früh wurden eine Reihe von mikroporösen Membranfiltern und anderen porösen Kultursubstraten (z. B. beschichtete Nylonnetze, Amnionhäute, u. a.) für das Studium von Zellwachstum, Differenzierung und embryonaler Induktion verwendet. Jedoch, diese Materialen waren entweder frei flotierend auf dem Kulturmedium, oder am Boden des Kulturgefäßes befestigt.

Filtereinsätze

Eine wesentliche Bereicherung brachte die Entwicklung von verschiedenen Filtereinsätzen (s. Abb. 6-5). Damit steht ein 2-Kompartiment-System zur Verfügung, worin beide (apikale und basolaterale) Kompartimente durch das kultivierte Epithel voneinander getrennt werden. Mussten früher solche Filtereinsätze noch selbst hergestellt werden, so werden diese heute kommerziell gefertigt und angeboten (s. Kap. 36).

Die Entwicklung eines Zellkultursystems, das eine spezifische biologische Barriere nachahmen und darstellen soll, bedarf nicht nur einer entsprechend ausgewählten Zelllinie, sondern auch der sorgfältigen Auswahl der permeablen Kulturunterlage, auf der das Epithel gezüchtet werden soll. Idealerweise sollte in so einem Zellkulturmodell die entscheidende Transport- und Diffusionsbarriere das kultivierte Epithel und nicht das Kultursubstrat, also das Filtermaterial, darstellen.

Damit werden an diese Filtereinsätze besondere Qualitätsanforderungen gestellt:

Qualitätsanforderungen an Filtereinsätze

Eine mikroporöse Membran sollte
(1) unbehandelt oder nach entsprechender Beschichtung mit extrazellulärer Matrix eingesetzt werden können;
(2) nach Möglichkeit durchsichtig (transparent, transluzent) sein, um lichtmikroskopisch das Wachstum des Epithels verfolgen zu können;
(3) durchlässig sein für hydrophile wie auch hydrophobe Substanzen;
(4) durchlässig sein für nieder- und hochmolekulare Stoffe.

Weitere Qualitätsanforderungen an diese Filtermembranen sind
(5) deren Beständigkeit gegenüber organischen Lösungsmitteln und damit die Möglichkeit, diese für die Elektronenmikroskopie zu präparieren, sowie deren Verwendbarkeit in der Ultramikrotomie.

Tab. 21-2 Filtereinsätze: Hersteller, Typen und Eigenschaften.

Hersteller	Produktname	Filtermaterial	optische Eigenschaften	Porengröße
Millipore	Millicell™-HA	Nitrocellulose (Cellulose-Mischester)	opak	0,45 µm
	Millicell™-CM	hydrophile PTFE-Membran (Polytetrafluorethylen)	transparent	0,4 µm
	Millicell™-PCF	Polycarbonat	opak	0,4–12,0 µm
	Millicell™-PET	Polyester (Polyethylen Terephthalat)	opak; transparent bei Porengrößen >1 µm	0,4–8,0 µm
Corning	Transwell	Polycarbonat	opak	0,4–8,0 µm
	Transwell-Clear	Polyester (PET Membran)	transparent	0,4 u. 3,0 µm
	Transwell-COL	kollagenbeschichtete PTFE-Membran	transparent	0,4 u. 3,0 µm
Nunc	Anopore™	Aluminiumoxid Keramikmembran	transparent	0,02 u. 0,2 µm
Falcon	Cell Culture Inserts	Polyester (PET Membran)	transparent	0,4–8,0 µm
	BioCoat™ Cell Culture Inserts	verschieden beschichtete PET Membranen: Kollagen, Fibronectin, Laminin, Matrigel	transparent	0,4–8,0 µm
Greiner Bio-One	ThinCert™ Inserts	PET Membran	opak; transparent bei Porengrößen >1 µm	0,4–8,0 µm
TPP	Maxicell Inserts	Aluminiumoxid	transparent	0,02 µm
		Polycarbonat	opak	0,4 u. 8,0 µm

Filtereinsätze sind heute in den verschiedensten Ausführungen kommerziell erhältlich:
- Auf Füßchen stehend (Abb. 21-2a) oder in sogenannten Multiwell-Platten hängend (Abb. 21-2b): Die Filtereinsätze mit Füßchen sind frei beweglich und können auch in Kulturschalen mit großem Volumen basolateralen Mediums gezüchtet werden (Abb. 21-3). Die in den Multiwell-Platten hängenden Filtereinsätze sind immer zentriert und eignen sich vor allem für Ko-Kulturen, da der basolateral in der Kulturschale befindliche Zellrasen der Zweitkultur durch den darüber stehenden Kultureinsatz nicht beschädigt wird.
- In verschiedenen Größen (Durchmesser): Filtereinsätze sind in verschieden Größen erhältlich, sodass diese in Multiwell-Platten mit 6, 12 oder 24 Vertiefungen passen (Tab. 21-2).
- Mit verschiedenen Filtermaterialien (z. B. Polycarbonat, Nitrocellulose, Polyester, Aluminuimoxid Keramikfilter) ausgestattet (Tab. 21-2): Die physiko-chemischen Eigenschaften der Membran bedürfen besonderer Aufmerksamkeit. Dazu zählen vor allem die Proteinbindungseigenschaften der einzelnen Filtermaterialien, die für das Anhaften und Auswachsen der Zellen, für

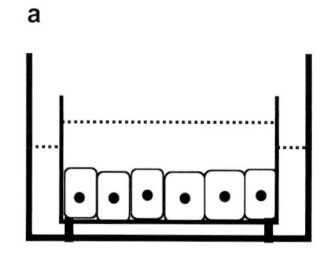

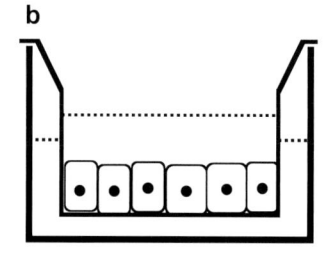

Abb. 21-2 Verschiedene Bautypen kommerziell erhältlicher Filtereinsätze: **a** Filtereinsatz auf Füßchen stehend; **b** am oberen Rand der Kulturschale frei hängend (siehe auch Abb. 6-5).

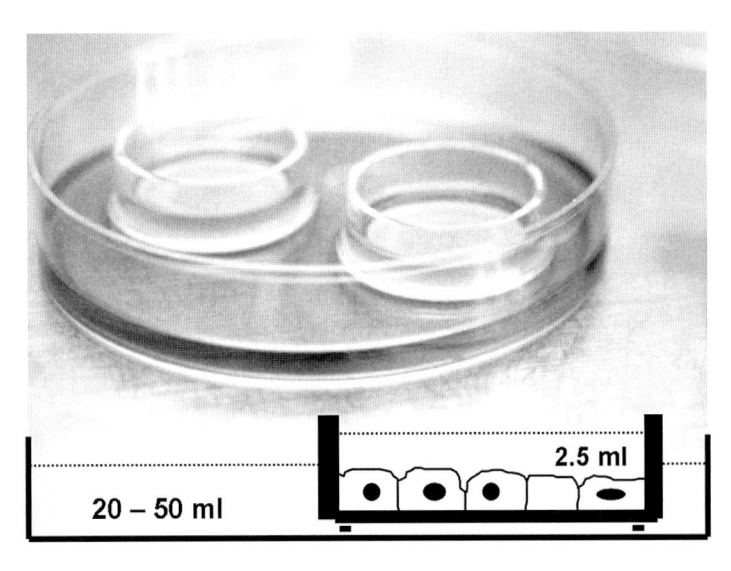

Abb. 21-3 Filtereinsätze in Petrischalen mit großem Volumen basolateralen Medien. Mit dieser Kulturmethode ist eine gleichmäßige Medium- bzw. Nährstoffversorgung des kultivierten Epithels von der basolateralen Seite gewährleistet.

die Beschichtung mit Komponenten der extrazellulären Matrix und für mögliche unspezifische Bindungen bei Transportstudien von entscheidender Bedeutung sein können. Die Filtermaterialien werden weiterhin mit unterschiedlichen Porengrößen (von 0,02–12 μm), verschiedenen Vorbehandlungen (Beschichtungen) und teilweise lichtdurchlässig (transparent) angeboten (Tab. 21-2).

Die Barriere-Funktion und damit verbunden die Transportleistung kultivierter Epithelien, lässt sich am einfachsten mittels elektrophysiologischer Messgrößen in modifizierten USSING-Kammern ermitteln. Die transepitheliale Potenzialdifferenz, der Kurzschlussstrom und der daraus resultierende elektrische Widerstand bzw. die Leitfähigkeit sind jene Parameter, welche die Transporteigenschaften und die Integrität des kultivierten Epithels bestimmen. Die dafür notwendigen Mess- und Perfusionskammern sind für die verschiedenen Typen von Filtereinsätzen erhältlich (z. B. Endohm™-Kammern und EVOM™ Messeinrichtung von WPI, World Precision Instruments, www.wpiinc.com). In diesen Messkammern können die elektrophysiologischen Messungen auch wiederholt unter sterilen Bedingungen durchgeführt werden.

Neuerdings wurden auch spezielle Perfusionsapparaturen und -kammern für Transport- und Absorptionsstudien an kultivierten Epithelien entwickelt (Felder et al., 2002; Jennings et al., 2004; Koppelstätter et al. 2004; Minuth et al., 1992a, 1992b, 1996, 2004).

Epithelkulturen auf mikroporösen Unterlagen wurden bislang in der physiologischen, zellbiologischen und pharmakologisch-toxikologischen Epithelforschung erfolgreich eingesetzt. Diese Gewebekulturtechnik hat sich in den letzten Jahren auch als aussagekräftige, wertvolle *In-vitro*-Alternative von Toxizitätstests etablieren können (Gstraunthaler et al., 1990; Steinmassl et al., 1995) (Kapitel 22.6).

Filtereinsätze für kultivierte Epithelien halfen entscheidend mit, *In-vitro*-Modelle zu etablieren, die den *In-vivo*-Bedingungen sehr nahe kommen, und damit unser Verständnis der zellulären Funktion von Epithelien wesentlich zu erweitern. Die Tatsache, dass der Grad der Differenzierung kultivierter Epithelien auf mikroporösen Unterlagen gegenüber konventionellen Kulturbedingungen zum Teil stark verbessert werden kann, bietet neue Möglichkeiten zur Erforschung der Differenzierung von einschichtigen, aber auch mehrschichtigen Epithelien bis hin zur Organkultur (Kapitel 23).

Die nachfolgende Rezeptur ist sehr allgemein gehalten und für jede Epithelzelllinie als auch für epitheliale Primärkulturen anzuwenden.

Kultivierung transportierender Epithelzelllinien auf Filtereinsätzen

Material:
- MDCK- oder LLC-PK$_1$-Zellen, aber auch andere Epithelzelllinien (HT-29, Caco-2, T$_{84}$, s. Kapitel 21.1.5) oder Primärkulturen
- Filtereinsätze, Typenauswahl je nach Bedarf bzw. Fragestellung (Tab. 21-2)
- passende Kulturgefäße (Petrischalen oder den Insertgrößen entsprechende Multiwell-Platten)
- Materialien zum Trypsinieren: Trypsin, PBS, Kulturmedium, etc. (Kapitel 13.1.2)
- sterile Pipetten und Pipettierhilfe
- sterile (oder abflammbare) gebogene Pinzetten

Vorbemerkung: Die Vorbereitung und Beimpfung der Filtereinsätze erfolgt nach dem Pipettierschema in Abb. 21-4. Die in der folgenden Vorschrift genannten Volumina beziehen sich auf 30-mm-Filtereinsätze in 6-Well-Platten. Für kleinere Einsätze müssen die Volumenangaben der Hersteller beachtet werden.

- Vorbereitung der Filtereinsätze: Kommerziell bezogene Inserts werden steril und gebrauchsfertig geliefert. Sie bedürfen normalerweise keiner weiteren Behandlung. Falls die Zellen nicht anhaften bzw. kein geschlossenes Epithel ausbilden, ist auf vorbeschichtete Einsätze auszuweichen oder es sind die Filter mit Komponenten der extrazellulären Matrix entsprechend zu beschichten (Kapitel 6.6). Diesbezüglich sei auf die Arbeitsvorschriften der einzelnen Hersteller und deren Filtertypen verwiesen (s. Tab. 21-2 und Kap. 36).

Ein einfaches und kostengünstiges Verfahren ist die Vorbehandlung von Filtern mit Glutaraldehyd: Filter in steriler 2,5% Glutaraldehydlösung (SIGMA G6257) für 2 h tränken; danach Filter mehrmals in Aqua dest. spülen, in Kulturschalen stellen und serumhaltiges Kulturmedium zugeben (für 6-Well-Platten: 2 ml Medium innen, 1,5 ml außen). Für die Manipulationsschritte sterile Pinzetten verwenden. Die Filtereinsätze leer (ohne Zelleinsaat) im Brutschrank über Nacht stehen lassen. Man nimmt an, dass die Serumproteine mit den freien Aldehydgruppen vernetzen und so die Anhaftung der Zellen ermöglichen bzw. erleichtern (Reichlin, 1980).

- Gebrauchsfertige Filtereinsätze in vorgesehene (oder bereits mitgelieferte) Kulturgefäße stellen und mit Medium benetzen (für 6-Well-Platten: 2 ml Medium innen, 1,5 ml außen).
- Beimpfen der Filtereinsätze (Abb. 21-4): Die Einsaat der Filter erfolgt in einer Zelldichte, dass die Zellen nicht mehr proliferieren müssen, sondern sofort anhaften und innerhalb von 24 h Zell-Zell-Kontakte bilden („*high seeding density*"). Ein geschlossenes Epithel wird nach 3–4 Tagen erreicht (Handler et al., 1984). Dies wird mit einem bestimmten Aufteilungsverhältnis (*split ratio*) erzielt, wenn z. B. eine konfluente Kultur aus einer 10-cm-Petrischale auf sechs Filtereinsätze aufgeteilt wird.
- Herstellen der Zellsuspension: konfluente Kultur in einer 10-cm-Petrischale trypsinieren (Kapitel 13.1.2) und Zellsuspension auf 12 ml Endvolumen einstellen.

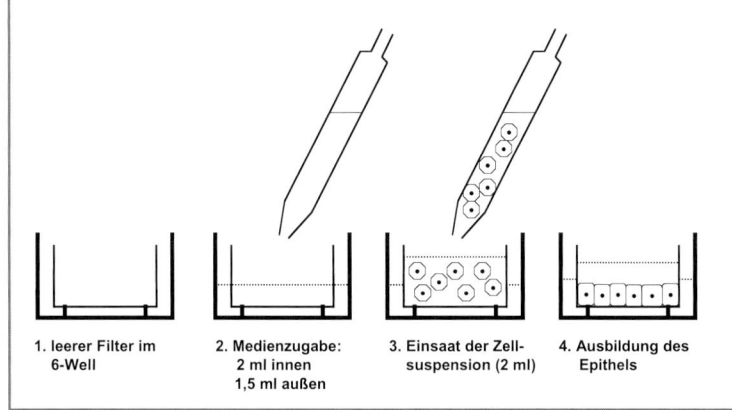

Abb. 21-4 Pipettierschema zum Beimpfen von Filtereinsätzen. Die Darstellung und die genannten Volumina beziehen sich auf 30-mm-Filtereinsätze in 6-Well-Platten.

1. leerer Filter im 6-Well
2. Medienzugabe: 2 ml innen, 1,5 ml außen
3. Einsaat der Zellsuspension (2 ml)
4. Ausbildung des Epithels

- Je 2 ml der Suspension in sechs vorbereitete Filtereinsätze pipettieren (Abb. 21-4). Dadurch steigt der Mediumspiegel im Insert an, durch den Flüssigkeitsausgleich werden allerdings die Zellen gleichmäßig am Filter gespreitet, können sofort anhaften und zum Epithel auswachsen.
- Nach 24–48 h das Medium wechseln. Das Medium immer zuerst außen absaugen und dann erst innen, aber in umgekehrter Reihenfolge wieder zugeben, zuerst 2 ml innen, dann 1,5 ml außen. Dadurch wird immer ein leichter hydrostatischer Druck auf das Epithel aufrechterhalten und ein mechanisches Ablösen der Zellen verhindert.
- Ist das Epithel dichtgewachsen, sollte je nach Zelltyp ein unterschiedliches Flüssigkeitsniveau aufrechterhalten werden (Abb. 21-3 und 21-4, rechts).

21.1.4 Nierenzelllinien aus der normalen Ratte

Aus einer heterogenen Kultur von Nierenzellen der normalen Ratte (*Rattus norvegicus*) wurden von De Larco und Todaro (1978) 25 Klone isoliert, von denen acht Klone ein epithelartiges und 17 Klone ein fibroblastenartiges Erscheinungsbild zeigten. Aus diesen Klonen wurden 2 Sublinien etabliert, die epitheloide Linie NRK-52E (ATCC CRL-1571) und die Fibroblastenlinie NRK-49F (ATCC CRL-1570).

21.1.5 Intestinale Epithelzelllinien

Wie in Kapitel 19.4 ausgeführt, können aus allen Tumorgeweben Primärkulturen isoliert und kontinuierliche Zelllinien angelegt werden. Eine Gruppe von humanen Coloncarcinomlinien hat besondere Bedeutung erlangt, als die Zellen trotz ihres Ursprungs aus einem Tumor die charakteristische epitheliale Architektur und die physiologischen Eigenschaften transportierender Epithelien beibehalten haben. Diese sind die Caco-2-, HT-29- und T_{84}-Coloncarcinomzelllinien.

Caco-2 und HT-29 wurden aus humanen Coloncarcinomen direkt entnommen und isoliert (Fogh et al., 1977), während die T_{84}-Zellen eine transplantierbare Linie sind, welche aus den Lungenmetastasen eines Coloncarcinompatienten stammen und nach Transplantation in nackte Mäuse etabliert wurden (Murakami and Masui, 1980).

Die epithelialen Eigenschaften von Caco-2-Zellen (Chantret et al., 1994; Hidalgo et al., 1989; Shah et al., 2006; Pinto et al., 1983), HT-29-Zellen (Gout et al., 2004; Zweibaum et al., 1985) und T_{84}-Zellen (Dharmsathaphorn and Madara, 1990; Dharmsathaphorn et al., 1984) sind ausführlich dokumentiert (Abb. 21-5a). Caco-2- und HT-29-Zellen differenzieren zu Enterocyten (Epithelzel-

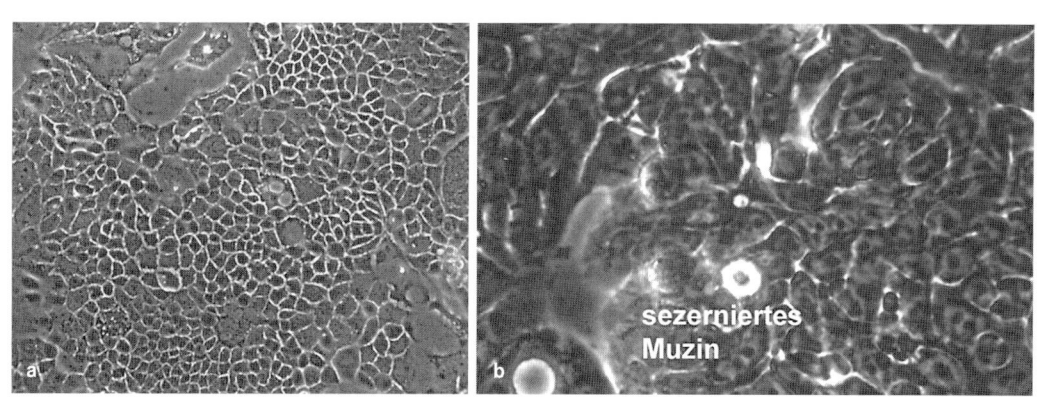

Abb. 21-5 Caco-2-Zellen und Muzin-produzierende HT-29-Zellen.

len des Duodenums), wenn die Glucose im Kulturmedium durch Galactose ersetzt wird. Von HT-29-Zellen wurde weiterhin eine Mucin-sezernierende klonale Linie isoliert (Lesuffleur et al., 1990; Leteurtre et al., 2004) (Abb. 21-5b).

Die Kulturbedingungen für diese Tumorlinien als auch deren Wachstumseigenschaften, wie Ausbildung geschlossener Monolayer und Dombildung (Artursson, 1991), sind mit jenen der Nierenepithelzelllinien nahezu identisch (Kapitel 21.1.2). Demnach können die oben beschriebenen Kulturbedingungen und Methoden auf diese Zelllinien direkt übertragen werden.

21.1.6 Phäochromocytomzellen PC-12

Die permanente Zelllinie PC-12 wurde aus einem Tumor des Nebennierenmarks der Ratte isoliert (Greene and Tischler, 1976). Die Linie führt zu transplantierbaren Tumoren in Ratten und reagiert reversibel auf NGF (Nerve Growth Factor) mit der Ausbildung neuronenähnlicher Fortsätze. PC-12-Zellen synthetisieren und speichern die Katecholamin-Neurotransmitter Dopamin und Noradreanlin (Norepinephrin). Die Zelllinie eignet sich daher gut als Modellsystem für neurochemische und neurobiologische Studien.

Auch die serumfreie Kultur ist möglich, mit etwas vermindertem Wachstum. Das Medium besteht aus Ham F-12 mit 5 µg Insulin/ml und 100 µg Transferrin/ml, die übrigen Kulturbedingungen sind die gleichen wie bei Serumzusatz. Sollen die Zellen, vor allem in serumfreier Kultur besser anheften, beschichtet man die Kulturgefäße mit Poly-D-Lysin (Kapitel 6.6) und 50 µg Fibronectin/ml. Dies ist auch eine bewährte Methode, die Zellen fest an die Mikrotiterplatten zu heften, wenn ELISA-Tests mit diesen Zellen durchgeführt werden sollen.

Kultur von Phäochromocytomzellen PC-12

Material:
- PC-12-Zellen (ATCC CRL-1721) in der logarithmischen Wachstumsphase
- Medium Ham F-12 + 10% hitzeinaktiviertes Pferdeserum + 5% FKS + 50 U/ml Penicillin und 50 µg/ml Streptomycin
- Kulturschale mit 6 Vertiefungen, je 8 cm^2 Wachstumsfläche
- sterile, gestopfte kurze Pasteurpipetten mit Gummiball
- Absaugeinrichtung
- Zentrifuge
- sterile Zentrifugenröhrchen

- Medium mit Pasteurpipette vorsichtig, aber möglichst vollständig absaugen.
- 1 ml frisches Medium zugeben und die nur leicht anhaftenden Zellen mit einer Pasteurpipette abspülen.
- Zellen bei 300 × g für 10 min, RT, abzentrifugieren.
- Überstand absaugen, Zellen in definiertem Volumen aufnehmen (Einsaatvolumen 5 ml je Vertiefung).
- Zellaggregate durch Pipettieren auflösen.
- Aussaat von 5×10^4 Zellen/cm^2, also 4×10^5 Zellen/Vertiefung der 6-Well-Platte.
- Bebrütung in CO$_2$-Brutschrank bei 37 °C, 95% rel. Luftfeuchte und 2% CO$_2$.
- Mediumwechsel alle 2–3 Tage.
- Subkultur einmal in der Woche, jeweils Zellzählung nach Abzentrifugieren, Einsaat wie oben.
- Die Zellen wachsen bis zu $4,8 \times 10^6$/Schale stets in Aggregaten von bis zu 20 Zellen, leicht angeheftet. Seren sind vorher auszutesten, Kriterien sind die Zahl lebender Zellen und das Aussehen.
- PC-12-Zellen können, wie andere Zellen, von Mycoplasmen befallen werden. Wie in anderen Fällen empfiehlt sich daher ein regelmäßiger Mycoplasmentest mit DAPI oder Bisbenzimid (Kapitel 2.7.2).

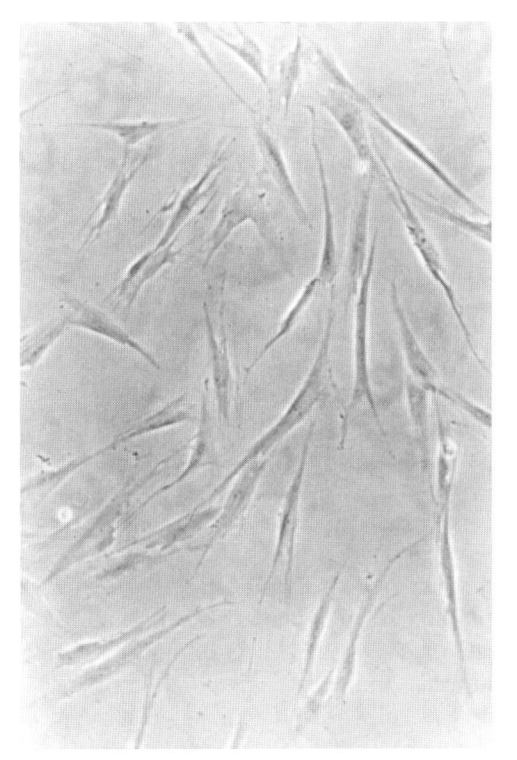

a Normale humane dermale Fibroblasten

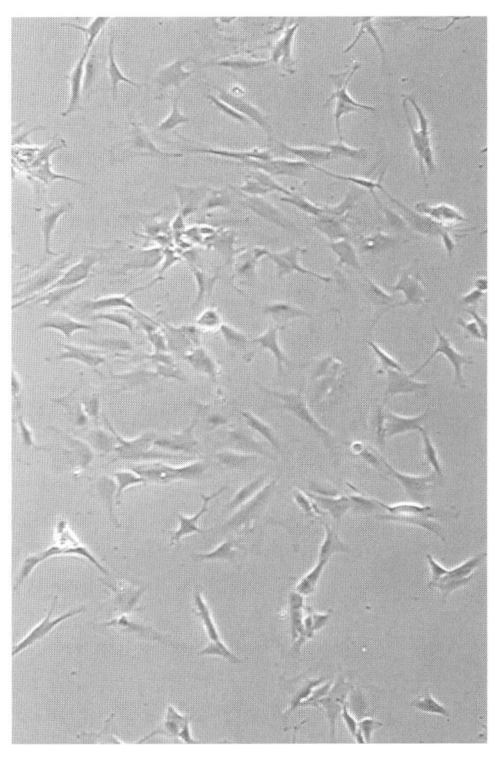

b Normale humane Chondrocyten

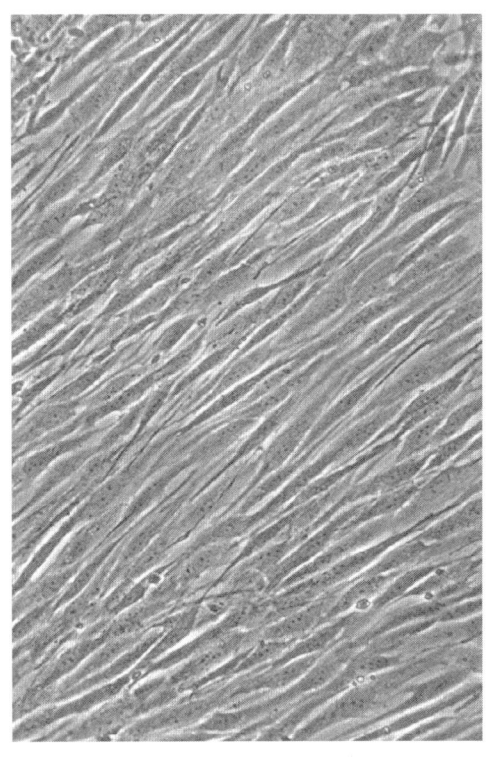

c Undifferenzierte normale Skelettmuskelzellen

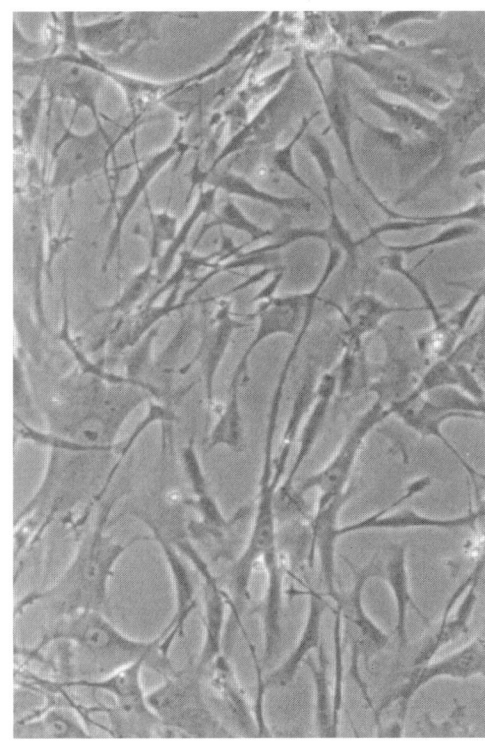

d Undifferenzierte normale humane glatte Muskelzellen der Coronararterien

Abb. 21-6 Humane adhärente Zelllinien.

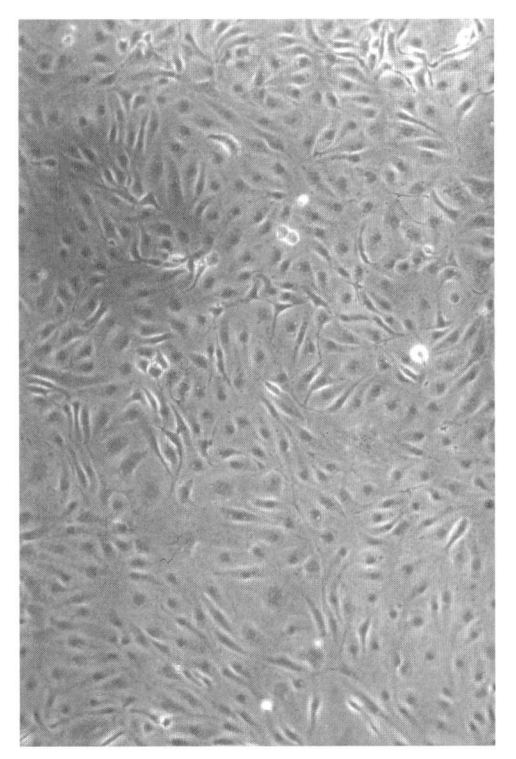

21 Kultivierung spezieller Zelllinien

e Normale humane dermale mikrovaskuläre Endothelzellen

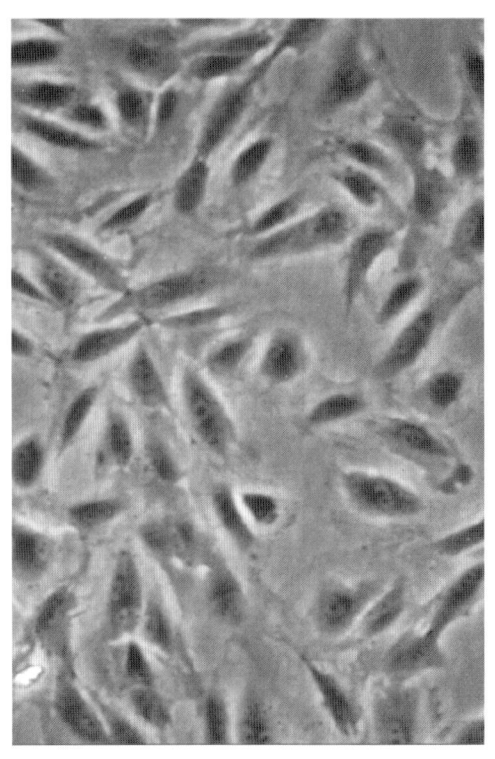

f Normale humane venöse Nabelschnurendothelzellen

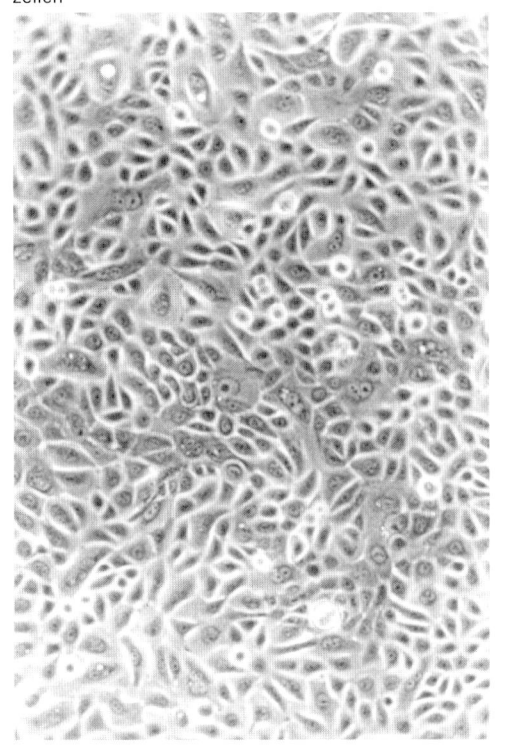

g Normale humane dermale Keratinocyten

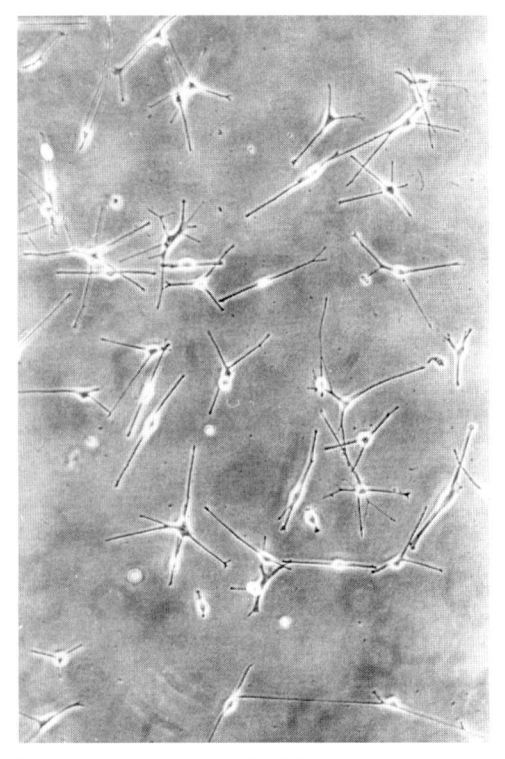

h Normale humane dermale Melanocyten

Typische Erscheinungsbilder von **humanen adhärenten Zelllinien** sind unter dem Umkehrmikroskop (unterschiedliche Maßstäbe) in zelltypspezifischen Medien (Aufnahmen und Medien: PromoCell GmbH) sind in Abbildung 21-6a–h abgebildet.

21.2 Kaltblütige Vertebraten

21.2.1 Fischzellkulturen

Die Kultur von Knochenfischzellen unterscheidet sich nicht wesentlich von jener landlebender Wirbeltiere. Für diagnostische Zwecke werden heute ausschließlich permanente Zelllinien (Tab. 21-3) verwendet, deren Subkultur nachfolgend beschrieben wird. Dieselbe Methode wird auch zur Subkultur von Primärkulturen benutzt.

Subkultivierung von Fischzellen

Material:
- MEM Earle, flüssig, steril + 10% FKS + 50 µg/ml Gentamycin + 1% einer 200 mM Glutaminlösung (bei Bedarf + 5 µg Amphotericin B/ml), pH-Wert durch Begasung mit CO_2 aus der Druckflasche auf die Oberfläche auf 7,3–7,5 einstellen
- Trypsin-EDTA-Lösung (0,05% bzw. 0,02%)
- Kulturflaschen, Kunststoff T-25 oder T-75
- sterile, gestopfte 5-ml-, 10-ml- und 25-ml-Pipetten
- sterile, ungestopfte, kurze Pasteurpipetten
- Pipettierhilfe

- Kulturen auf Sterilität, gutes Wachstum und gewohnte Morphologie mit Umkehrmikroskop prüfen, nur einwandfreie Kulturen einer Zellart bearbeiten.
- Alle Gegenstände, die in die Reinraumwerkbank gebracht werden, mit 70%igem Ethanol abwischen, Hände desinfizieren, Gebläse der Reinraumwerkbank 20 min vor Arbeitsbeginn einschalten.
- Verbrauchtes Medium mit Pasteurpipette und Vakuumpumpe absaugen.
- Zu Kulturen in T-25-Flaschen 3 ml Trypsin-EDTA-Lösung; zu Kulturen in T-75-Flaschen 5 ml der Lösung zugeben.
- Lösung gut schwenken, dann sofort absaugen, Kulturen sollen benetzt bleiben.
- Kulturen bei Raumtemperatur belassen, bis sich nach 4–7 min die Zellen abzulösen beginnen, dann durch leichtes Klopfen gegen die Hand Zellen lösen.
- In T-25-Flaschen 5 ml, in T-75-Flaschen 10 ml frisches Medium einpipettieren, Zellen mit Pipette gut suspendieren und gem. Tab. 21-3 aufteilen oder nach Zellzählung der lebenden Zellen mit der Trypanblaumethode genaue Einsaatmenge einstellen.
- Zellsuspension in Flaschen geben und mit Medium auffüllen.
- Temperatur gem. Tab. 21-3 wählen.

Tab. 21-3 Häufig kultivierte Fischzelllinien.

Zelllinie	ATCC[1] Nr.	Zelldichte/ml	Zellform	Inkubationstemperatur [°C]
BB[2]	CCL 59	1×10^5	fibroblastoid	23
BF-2[3]	CCL 91	1×10^5	fibroblastoid	23
CAR[4]	CCL 71	1×10^5	fibroblastoid	25
CHH-1[5]	CRL 1680	–	Herzgewebe	–
CHSE-214[5]	CRL 1681	–	–	21
FHM[6]	CCL 42	5×10^5	epitheloid	34
Grunt Fin (GF)[7]	CCL 58	2×10^5	fibroblastoid	20
RTG[8]	CCL 55	$3-5 \times 10^4$	fibroblastoid	22
RTH[8]	CRL 1710	–	Hepatom	–

[1] American Type Culture Collection (s. Kap. 36, Zellbanken)
[2] *Ictalurus nebulosus* (Kleiner Katzenwels)
[3] *Lepomis macrochiru* (Blauwange)
[4] *Carassius auratus* (Goldfisch)
[5] *Oncorhynchus tshawytscha* (Quinnat-Lachs)
[6] *Pimephales promelas* (Fat head minnow)
[7] *Haemulon sciurus* (Blaustreifengrunzer)
[8] *Salmo gairdneri* (Regenbogenforelle)

Angemerkt sei, dass das angegebene Medium (Wolf et al., 1976) für die Zucht der meisten Zellen von Teleostiern (Knochenfischen) geeignet ist.

Wenn sich die Zellen mit der angegebenen Trypsin-EDTA-Mischung nicht ablösen lassen, kann man auch EDTA-Lösung zur Vorinkubation (0,02%ig) verwenden. Sie darf aber nicht länger als 10–12 min auf den Zellen bleiben, da sonst Zellschäden auftreten können.

21.3 Invertebraten

Während das Anlegen von Kulturen aus Wirbeltiergewebe auch routinemäßig in der Regel immer möglich ist, steht von Invertebraten meist zu wenig Ausgangsmaterial zur Verfügung, und die Technik der Gewinnung ist so kompliziert, dass das Anlegen von Primärkulturen für die Routine kaum in Frage kommt.

Es sind inzwischen jedoch von ungefähr 70 Spezies Zelllinien herangezüchtet worden, größtenteils von Insekten, aber auch von Zecken und Mollusken. Die Linien stammen zwar von den verschiedensten Entwicklungsstadien und Organen, es gibt jedoch einige Gemeinsamkeiten bei der Kultivierung solcher Zelllinien, die nachfolgend am Beispiel von Insektenzelllinien geschildert werden sollen.

21.3.1 Temperatur

Das schnellste Wachstum wird zwischen 25 °C und 30 °C beobachtet. Die meisten Zelllinien wachsen bei 37 °C sehr schlecht und zeigen eine veränderte Morphologie, während sie bei 20 °C langsam wachsen, aber länger überleben. Eine empfehlenswerte Temperatur ist 27 °C.

21.4.2 Insektenzelllinien

Die für das Baculovirus am meisten verwendeten Insektenzellen sind die Sf9-Zellen. Sf9 ist eine immortalisierte Zelllinie aus Ovarialzellen der Larven von *Spodoptera frugiperda*, einer Mottenart (Nachtfalter), die zur Familie der Eulenfalter und zur Ordnung der Schmetterlinge (Lepidoptera) zählt (Vaughn et al., 1977). Sf9-Zellen sind robuste, wenig scherstressempfindliche Zellen, die sowohl adhärent als Monolayer als auch in Suspension kultiviert werden können. Eine weitere Linie sind die Sf21-Zellen. Die optimale Kultivierungstemperatur liegt bei 27 °C, bei einem optimalen pH-Wert von 6,2. Für eine bessere Isolierung und Aufreinigung der rekombinant hergestellten Proteine wurden auch serumfreie Medien entwickelt (Hink, 1991; Vaughn and Fan, 1997). Ein weiteres Argument für die Verwendung serum- und proteinfreier Medien ist ein mögliches Verschleppen tierischen Fremdproteins in rekombinant hergestellten Produkten zu vermeiden (Merten, 1999). Sf9-Zellen lassen sich gut in serumfreien Medien kultivieren, wobei in der Regel eine um ca. zehnmal höhere Aminosäurenkonzentration als bei vergleichbaren Medien für Säugerzellen enthalten ist.

Kultur von Sf9-Zellen und Virusinfektion

Material:
- Sf9-Zellen (ATCC CRL-1711)
- Medium (TNM-FH Insektenmedium mit 10% FKS)
- Spinnerflaschen (1 l), Rührer und sterile Rührstäbchen
- Brutschrank (ohne CO_2-Begasung), 95% rel. Luftfeuchtigkeit
- Zentrifuge
- Druckluft mit Sterilfilter zur Begasung der Spinnergefäße
- Zellzähler (CASY oder Zählkammer, Kapitel 14.2)
- sterile Pipetten und Pipettierhilfe
- Virussuspension

Anlegen einer Suspensionskultur

- Medium (450 ml) in einem 1-Liter-Spinnergefäß bei Raumtemperatur vorbereiten.
- 50 ml Suspension von Sf9-Zellen (1,5–3,0 × 10^6 Zellen/ml) zufügen.
- Bei 27 °C im Brutschrank, bei einer konstanten Rührgeschwindigkeit von 50–60 rpm inkubieren; für optimales Wachstum bei höheren Dichten kann eine **leichte** Belüftung der Oberfläche nötig sein (sterile Druckluft, Stopfen mit Pasteurpipette im 2. Entlüftungsrohr, nicht in das Medium einleiten).
- Stammkulturen bei einer Zelldichte von 2–2,5 × 10^6 Zellen/ml subkultivieren (ca. zwei- bis dreimal/Woche); hierzu ca. 80% der Zellsuspension entnehmen und durch frisches Medium ersetzen; die entnommenen Zellen entweder zur Subkultivierung oder zur Kryokonservierung verwenden, exakter ist die Subkultivierung nach genauer Zellzählung.

Virusinfektion

- Die Zellsuspension bei 1000 × g für 10 min zentrifugieren, Medium absaugen und mit frischem Medium auf eine Konzentration von 1 × 10^7 Zellen/ml einstellen (Vitalität sollte 97% betragen).
- Virus- und DNA-Lösungen auf Raumtemperatur bringen, ca. 1 mg Wildtyp-Virus (*Autographa californica* Nuclear Polyhedrosis Virus, AcNPV) und ca. 2–4 mg der rekombinanten DNA (Transfervektor mit fremder DNA) in ein 15-ml-Polypropylenröhrchen geben, 7,5 ml Puffer (25 mM HEPES pH 7,1, 140 mM NaCl, 125 mM $CaCl_2$) zufügen, vorsichtig mischen.
- Mischung tropfenweise der Zellsuspension zufügen, Kulturgefäße 4 h bei 27 °C inkubieren.
- Anschließend die Zellen vorsichtig abzentrifugieren (500 × g, 10 min), in frisches komplettes Nährmedium aufnehmen (Ausgangsdichte 1 × 10^6 Zellen/ml) und 5 Tage bei 27 °C inkubieren.
- Prüfung der Zellen auf Infektion unter dem Umkehrmikroskop: ca. 10–50% der Zellen sollten im Kern virale Einschlusskörperchen aufweisen.

- Mit dem Überstand einen Plaque-Test durchführen (s. u.), um die rekombinanten Viren zu identifizieren: Der Virus-Titer sollte mindestens 10^7 „Plaque Forming Units" (PFU) enthalten, bis zu 90% hiervon können rekombinante Viren-DNA enthalten.

Plaque-Test

- Vom Überstand der Virusinfektion zehnfach Verdünnungen mit Kulturmedium herstellen (10^{-3} bis 10^{-5}).
- Ca. 2×10^6 Sf9-Zellen mit ca. 5 ml Medium in 60-mm-Durchmesser-Petrischalen einsäen (5–10 Schalen pro Verdünnung), 1 h bei 27 °C inkubieren, bis sich die Zellen angeheftet haben.
- Medium entfernen und jede Schale mit 1 ml der Virusverdünnung infizieren, 1 h bei 27 °C inkubieren, damit die Viren an die Zellen adsorbieren können.
- Agarose-Overlay (Kapitel 22.6, 1% Endkonzentration mit TNM-FH-Medium) herstellen und flüssig halten.
- Virus-Inokulum von den Sf9-Zellen absaugen und je Schale vorsichtig 5 ml flüssiges Agarose-Overlay zugeben, Agar erstarren lassen (ca. 20 min) und noch zusätzlich 1 ml TNM-FH-Medium beifügen, 5 Tage bei 27 °C inkubieren; Schalen dabei nicht bewegen.
- Zur Identifizierung der Plaques eine 0,03% Neutralrotlösung in PBS herstellen und 5 ml davon in jede Schale geben, 1–2 h bei 27 °C inkubieren, restliche Lösung absaugen und über Nacht umgedreht bei 4 °C inkubieren.
- Die Plaques erscheinen dann unter dem Umkehrmikroskop hell im dunkleren Umfeld des Monolayers. Man erkennt sie daran, dass die infizierten Zellen keine Polyhedrin-Einschlusskörper im Zellkern aufweisen.
- Zur Isolierung die Agarose mittels einer sterilen Pasteurpipette unmittelbar über den gewünschten Plaques entnehmen und in 1 ml frischem Kulturmedium steril auf dem Whirl-Mix mischen, 30 min bei Raumtemperatur stehen lassen.
- Plaque-Test mit dem virushaltigen Überstand solange wiederholen, bis nur noch Plaques ohne Polyhedrin-Einschlusskörperchen unter dem Mikroskop zu entdecken sind.

Mit dem so gewonnenen Überstand, der rekombinante Viren enthält, können Sf9-Zellen infiziert werden. Dadurch kann man ausreichende Mengen an Inokulum für nachfolgende Massenkulturen gewinnen. Bei allen Schritten sollte getestet werden, ob das gewünschte rekombinante Produkt in ausreichender Konzentration und Reinheit gebildet wurde.

Für weitere Einzelheiten, wie z. B. Herstellung rekombinanter Virus-DNA, Identifikation des rekombinanten Produkts etc. sei auf die Literatur am Ende dieses Kapitels verwiesen.

21.4.3 Aufbewahrung und Lagerung

Insektenzelllinien können in ihren Kulturgefäßen bei niedriger Temperatur bis zu 9 Monate am Leben gehalten werden.

Aufbewahrung von Insektenzelllinien

- Kultur in üblicher Weise subkultivieren.
- Kulturflaschen gut verschließen und bei 5 °C in einem Kühlschrank (Beleuchtung durch Herausschrauben der Lampe stilllegen) lagern.
- Kulturen (bei unbekannter Überlebenszeit) wöchentlich mikroskopieren und rechtzeitig vor einer Ablösung oder Degeneration subkultivieren; die Rückkehr der ursprünglichen Wachstumsrate kann 5 Subkulturen nötig machen.

Tiefgefrierkonservierung von Insektenzellen

- Zellen aus der exponentiellen Wachstumsphase mit 0,25%igem Trypsin ablösen.
- Bei 380 × g 10 min bei Raumtemperatur abzentrifugieren.
- In der Hälfte des ursprünglichen Mediumvolumens, dem zuvor 10% Glycerin zugefügt wurden, aufnehmen.
- In Einfrierröhrchen (Kapitel 15.1) zu je 1 ml in einer automatischen Apparatur (falls vorhanden) auf −120 °C herunterkühlen und sofort in flüssigem Stickstoff lagern.

Auftauen

- Durch Eintauchen in ein 28 °C warmes Wasserbad auftauen; Schütteln beschleunigt das Auftauen.
- Röhrcheninhalt von 1 ml und 4 ml Medium in eine T-25-Flasche einsäen.
- Wenn die Zellen nicht innerhalb längstens 4 h angeheftet sind, Zellen abzentrifugieren, Überstände verwerfen, Zellen in frischem Medium ohne Glycerin aufnehmen.
- Wenn sich die Zellen innerhalb von 4 h angeheftet haben, Medium mit einer Pipette absaugen und 5 ml frisches Medium ohne Glycerin zugeben.

21.5 Literatur

Arturrson P. Cell cultures as models for drug absorption across the intestinal mucosa. Crit. Rev. Therapeut. Drug Carrier Systems 8: 305-330, 1991.

Babich H. and Borenfreund E. Cultured fish cells for the ecotoxicity testing of aquatic pollutants. Toxic Assess. 2: 113-133, 1987.

Bols N.C. and Lee L.E. Technology and use of cell cultures from the tissues and organs of bony fish. Cytotechnol. 6: 163-187, 1991.

Chantret I., Rodolosse A., Barbat A., Dussaulx E., Brot-Laroche E., Zweibaum A. and Rousset M. Differential expression of sucrase-isomaltase in clones isolated from early and late passages of the cell line Caco-2: evidence for glucose-dependent negative regulation. J. Cell Sci. 107: 213-225, 1994.

Cho M.J., Thompson D.P., Cramer C.T. Vidmar T.J. and Scieszka J.F. The Madin Darby canine kidney (MDCK) epithelial cell monolayer as a model cellular transport barrier. Pharmacet. Res. 6: 71-77, 1989.

Chuman L., Fine L.G., Cohen A.H. and Saier M.H. Continuous growth of proximal tubular kidney epithelial cells in hormone-supplemented serum-free medium. J. Cell Biol. 94: 506-510, 1982.

Cook J.R., Crute B.E., Patrone L.M., Gabriels J., Lane M.E. and van Buskirk R.G. Microporosity of the substratum regulates differentiation of MDCK cells in vitro. In Vitro Cell. Dev. Biol. 25: 914-922, 1989.

De Larco J.E. and Todaro G.J. Epitheloid and fibroblastic rat kidney cell clones: epidermal growth factor (EGF) receptors and the effect of mouse sarcoma virus transformation. J. Cell. Physiol. 94: 335-342, 1978.

Dharmsathophorn K. and Madara J.L. Established intestinal cell lines as model systems for electrolyte transport studies. Methods Enzymol. 192: 354-389, 1990.

Dharmsathophorn K., McRoberts J.A., Mandel K.G. Tisdale L.D. and Masui H. A human colonic tumor cell line that maintains vectorial electrolyte transport. Am. J. Physiol. 246: G204-G208, 1984.

Felder E., Jennings P., Seppi T. and Pfaller W. LLC-PK$_1$ cells maintained in a new perfusion cell culture system exhibit an improved oxidative metabolism. Cell. Physiol. Biochem. 12: 153-162, 2002.

Fogh J., Fogh J.M. and Orfeo T. One hundred and twenty-seven cultured human tumor cell lines producing tumors in nude mice. J. Natl. Cancer Inst. 59: 221-225, 1977.

Gaush C.R., Hard W.L. and Smith T.F. Characterization of an established line of canine kidney cells (MDCK). Proc. Soc. Exp. Biol. and Med. 122: 931-935, 1966.

Gout S., Marie C., Laine M., Tavernier G., Block M.R. and Jacquier-Sarlin M. Early enterocytic differentiation of HT-29 cells: biochemical changes and strength increases of adherens junctions. Exp. Cell Res. 299: 498-510, 2004.

Grace T.D.C. Establishment of four strains of cells from insect tissue grown in vitro. Nature 195: 788-789, 1962.

Greene L.A. and Tischler A.S. Establishment of a noradrenergic clonal line of rat adrenal pheochromocytoma cells which respond to nerve growth factor. Proc. Natl. Acad. Sci. USA 73: 2424-2428, 1976.

Gstraunthaler G.J.A. Epithelial cells in tissue culture. Renal Physiol. Biochem. 11: 1-42, 1988.

Gstraunthaler G. Alternatives to the use of fetal bovine serum: serum-free cell culture. ALTEX 20: 275-281, 2003.

Gstraunthaler G., Gersdorf E., Fischer W., Joannidis M. and Pfaller W. Morhological and biochemical changes of LLC-PK$_1$ cells during adaptation to glucose-free culture conditions. Renal Physiol. Biochem. 13: 137-153, 1990.

Gstraunthaler G., Holcomb T., Feifel E., Liu W., Spitaler N. and Curthoys N.P. Differential expression and acid-base regulation of glutaminase mRNAs in gluconeogenic LLC-PK$_1$-FBPase$^+$ cells. Am. J. Physiol. Renal Physiol. 278: F227-F237, 2000.

Gstraunthaler G., Pfaller W. and Kotanko P. Biochemical characterization of renal epithelial cell cultures (LLC-PK$_1$ and MDCK). Am. J. Physiol. 248: F536-F544, 1985.

Gstraunthaler G., Steinmassl D. and Pfaller W. Renal cell cultures: a tool for studying tubular function and nephrotoxicity. Toxicol. Lett. 53: 1-7, 1990.

Handler J.S. Use of cultured epithelia to study transport and its regulation. J. Exp. Biol. 106: 55-69, 1983.

Handler J.S. Studies of kidney cells in culture. Kidney Int. 30: 208-215, 1986.

Handler J.S., Green N. and Steele R.E. Cultures of epithelial models: Porous-bottom culture dishes for studying transport and differentiation. Methods Enzymol. 171: 736-744, 1989.

Handler J.S., Perkins F.M. and Johnson J.P. Studies of renal cell function using cell culture techniques. Am. J. Physiol. 238: F1-F9, 1980.

Handler J.S., Preston A.S. and Steele R.E. Factors affecting the differentiation of epithelial transport and responsiveness to hormones. Fed. Proc. 43: 2221-2224, 1984.

Hidalgo I.J., Raub T.J. and Borchardt R.T. Characterization of the human colon carcinoma cell line (Caco-2) as a model system for intestinal epithelial permeability. Gastroenterol. 96: 736-749, 1989.

Hink W.F. A serum-free medium for the culture of insect cells and production of recombinant proteins. In Vitro Cell. Dev. Biol. 27: 397-401, 1991.

Holcomb T., Curthoys N.P. and Gstraunthaler G. Subcellular localization of PEPCK and metabolism of gluconeogenic substrains of renal cell lines. Am. J. Physiol. 268: C449-457, 1995.

Horster M.F. and Stopp M. Transport and metabolic functions in cultured renal tubule cells. Kidney Int. 29: 46-53, 1986.

Hull R.N., Cherry W.R. and Weaver G.W. The origin and characteristics of a pig kidney cell strain, LLC-PK$_1$. In Vitro 12: 670-677, 1976.

Jennings P., Koppelstätter C., Pfaller W., Morin J.-P., Hartung T. and Ryan M.P. Assessment of a new cell culture perfusion apparatus for in vitro chronic toxicity testing. Part 2: Toxicological evaluation. ALTEX 21: 61-66, 2004.

Koppelstätter C., Jennings P., Ryan M.P., Morin J.-P., Hartung T. and Pfaller W. Assessment of a new cell culture perfusion apparatus for in vitro chronic toxicity testing. Part 1: Technical description. ALTEX 21: 51-60, 2004.

Kost T.A. and Condreay J.P. Recombinant baculoviruses as expression vectors for insect and mammalian cell. Curr. Opin. Biotechnol. 10: 428-433, 1999.

Kost T.A. and Condreay J.P. Recombinant baculoviruses as mammalian cell gene-delivery vectors. Trends Biotechnol. 20: 173-180, 2002

Kost T.A., Condreay J.P. and Jarvis D.L. Baculovirus as versatile vectors for protein expression in insect and mammalian cells. Nature Biotechnol. 23: 567-575, 2005.

Koyama H., Goodpasture C., Miller M.M., Teplitz R.L. and Riggs A.D. Establishment and characterization of a cell line from the american opossum (Didelphys virginiana). In Vitro 14: 239-246, 1978.

Kreisberg J.I and Wilson P.D. Renal cell culture. J. Electron Microscopy Techn. 9: 235-263, 1988.

Leighton J., Brada Z., Estes L.W. and Just G. Secretory activity and oncogenicity of a cell line (MDCK) derived from canine kidney. Science 163: 472-473, 1969.

Lesuffleur T., Barbat A., Dussaulx E. and Zweibaum A. Growth adaptation to methotrexate of HT-29 human colon carcinoma cells is associated with their ability to differentiate into columnar absorptive and mucus-secreting cells. Cancer Res. 50: 6334-6343, 1990.

Leteurtre E., Gouyer V., Rousseau K., Moreau O., Barbat A., Swallow D., Huet G. and Lesuffleur T. Differential mucin expression in colon carcinoma HT-29 clones with variable resistance to 5-fluorouracil and methotrexate. Biol. Cell 96: 145-151, 2004.

Lever J.E. Variant (MDCK) kidney epithelial cells altered in response to inducers of dome formation and differentiation. J. Cell. Physiol. 122: 45-52, 1985.

Luckow V.L. and Summers M.D. Trends in the development of Baculovirus expression vectors. Bio/Technology 6: 47-55, 1988.

Madin S.H. and Darby N.B. Established kidney cell lines of normal adult bovine and ovine origin. Proc. Soc. Exp. Biol. and Med. 98: 574-576, 1958.

McCarroll L. and King L.A. Stable insect cell cultures for recombinant protein production. Curr. Opin. Biotechnol. 9: 590-594, 1997.

Merten O.W. Safety issues of animal products used in serum-free media. Dev. Biol. Stand. 99: 167-180, 1999.

Minuth W.W., Dermietzel R., Kloth S. and Hennerkes B. A new method culturing renal cells under permanent superfusion and producing a luminal-basal medium gradient. Kidney Int. 51: 215-219, 1992a.

Minuth W.W., Stöckl G., Kloth S. and Dermietzel R. Construction of an apparatus for perfusion cell cultures which enables in vitro experiments under organotypic conditions. Eur. J. Cell Biol. 57: 132-137, 1992b.

Minuth W.W., Kloth S., Aigner J., Sittinger M. and Röckl W. Approach to an organo-typical environment for cultured cells and tissues. BioTechniques 20: 498-501, 1996.

Minuth W.W., Strehl R. and Schumacher K. Tissue factory: Conceptual design of a modular system for the *in vitro* generation of functional tissues. Tissue Eng. 10: 285-294, 2004.
Murakami H. and Masui H. Hormonal control of human colon carcinoma cell growth in serum-free medium. Proc. Natl. Acad. Sci. USA 77: 3464-3468, 1980.
Pfeifer T.A. Expression of heterologous proteins in stable insect cell culture Curr. Opin. Biotechnol. 9: 518-521, 1998.
Pinto M., Robine-Leon S., Appay M., Kedinger M., Triadou N., Dussaulx E., Lacroix B., Simon-Assmann P., Haffen K., Fogh J. and Zweibaum A. Enterocyte-like differentiation and polarization of the human colon carcinoma cell lines Caco-2 in culture. Biol. Cell 47: 323-330, 1983.
Possee R.D. Baculoviruses as expression vectors. Curr. Opin. Biotechnol. 8: 569-572, 1997.
Reichlin M. Use of glutaraldehyde as a coupling agent for proteins and peptides. Methods Enzymol. 70: 159-165, 1980.
Ryan M.J., Johnson G., Kirk J., Fuerstenberg S.M., Zager R.A. and Torok-Storb B. HK-2: An immortalized proximal tubule epithelial cell line from normal adult human kidney. Kidney Int. 45: 48-57, 1994.
Sakhrani L.M. and Fine L.G. Renal tubular cells in culture. mineral Electrolyte MeTab. 9: 276-281, 1983.
Shah P., Jogani V., Bagchi T. and Misra A. Role of Caco-2 cell monolayers in prediciton of intestinal drug absorption. Biotechnol. Prog. 22: 186-198, 2006.
Slaughter R.S., Smart C.E., Wong D. and Lever J.E. Lysosomotropic agents and inhibitors of cellular transglutaminase stimulate dome formation, a differentiated characteristic of MDCK kidney epithelial cell cultures. J. Cell. Physiol. 112: 141-147, 1982.
Steinmassl D., Pfaller W., Gstraunthaler G. and Hoffmann W. LLC-PK$_1$ epithelia as a model for in vitro assessment of proximal tubular nephrotoxicity. In Vitro Cell. Dev. Biol. 31: 94-106, 1995.
Taub M and Saier M.H. An established but differentiated kidney epithelial cell line (MDCK). Methods Enzymol. 58: 552-560, 1979.
Taub M., Chuman L., Saier M.H. and Sato G. Growth of Madin-Darby canine kidney epithelial cell (MDCK) line in hormone-supplemented, serum-free medium. Proc. Natl. Acad. Sci. USA 76: 3338-3342, 1979.
Todaro G.J. and Green H. Quantitative studies of the growth of mouse embryo cells in culture and their development into established lines. J. Cell Biol. 17: 299-313, 1963.
Vaughn J.L. and Fan F. Differential requirements of two insect cell lines for growth in serum-free medium. In Vitro Cell. Dev. Biol. 33: 479-482, 1997.
Vaughn J.L., Goodwin R.H., Tompkins G.J. and McCawley P. The establishment of two cell lines from the insect Spodoptera frugiperda (Lepidoptera; Noctuidae). In Vitro 13: 213-217, 1977.
Wolf K. et al. Procedures for subculturing fish cells and propagation fish cell lines. TCA-Manual 2: 471-474, 1976.
Wolf K. Fish viruses and fish viral diseases. Cornel Univ. Press, New York, 1988.
Zweibaum A., Pinto M., Chevalier G., Dussaulx E., Triadou N., Lacroix B., Haffen K., Brun J. and Rousset M. Enterocytic differentiation of a subpopulation of the human colon tumor cell line HT-29 selected for growth in sugar-free medium and its inhibition by glucose. J. Cell. Physiol. 122: 21-29, 1985.

22 Spezielle zellbiologische Methoden in der Zellkultur

Es würde sicherlich den Rahmen dieses Buches sprengen, alle verfügbaren zellbiologischen und gentechnologischen Methoden im Einzelnen hier aufzuführen. Doch sollen einige wenige Methoden beispielhaft beschrieben werden, die geeignet sind, bestimmte routinemäßig auftretende zellbiologische Fragestellungen zu beantworten. Hierher gehören u. a. die Transfektion von Zellen, Methoden zur *In-vitro*-Toxizität, zur genotoxischen Wirkung von Substanzen auf Zellen und ähnliche Fragestellungen. Es werden hier vor allem anwendungsorientierte Tests beschrieben. Die – täglich anfallenden – Routinemethoden in der Zellkultur sind in den Kapiteln 12 bis 15 ausführlich beschrieben.

22.1 Transfektion

Als **Transfektion** bezeichnet man das Einbringen fremder DNA oder RNA (siRNA) in eukaryote Zellen. Die Überführung fremden Genmaterials in eine andere Wirtszelle ermöglicht der Zelle Leistungen zu bringen, die vorher nicht im Repertoire der Zelle lagen bzw. die diese in bisher nicht gewünschtem Maße erbrachte (Grimm, 2004). Dazu gehören die Expression von Proteinen oder mutierter Varianten zum Studium deren zellulärer Funktion, oder auch zur biotechnologischen Produktion rekombinanter Proteine (Kapitel 21.4). Um die Rolle eines spezifischen Gens zu studieren, können je nach Experimentalansatz und Art der transfizierten Genkonstrukte auch zelleigene Gene überexprimiert oder stillgelegt (abgeschaltet) werden. Es können aber auch an- bzw. abschaltbare Promoterkonstrukte in Zellen transfiziert werden („*Genschalter*"), wo durch Zugabe entsprechender Induktoren zum Kulturmedium (z. B. Antibiotika, synthetische Glucocorticoide) bestimmte Gene gezielt induziert und wieder abgedreht werden können (Colosimo et al., 2000).

Als Maß für die Effizienz, mit der fremdes Genmaterial in Zellen eingebracht und von diesen exprimiert wird, dient der Nachweis sogenannter *Kontrollplasmide*. Die Transfektion von Kontroll- oder Referenzplasmiden kann gleichzeitig mit dem „*gene of interest*" erfolgen (Kotransfektion), oder in eigens durchgeführten Vorversuchen. Eine elegante Methode ist dabei die Transfektion von Vektoren, welche das Gen für das **Green Fluorescent Protein (GFP)** enthalten, einem autofluoreszierenden Protein der Tiefseequalle *Aequorea victoria*. Transfizierte Zellen, die GFP exprimieren, können damit leicht von nichttransfizierten unterschieden und deren Anteil quantifiziert werden.

Zellen nehmen freie, nackte DNA nur ungenügend auf, weshalb zur Steigerung der Transfektionseffizienz eine Vielzahl geeigneter Methoden entwickelt wurden. Die heute gebräuchlichen Transfektionsmethoden lassen sich in *(a)* biochemische, *(b)* physikalische und *(c)* virale (Virus-vermittelte) Methoden einteilen. *Biochemische Methoden* sind die Calciumphosphat- oder DEAE-Dextran-mediierte Transfektion und die Transfektion mittels kationischer Liposomen. Diese Methoden zielen darauf ab, durch Komplexbildung dem DNA-Konstrukt eine positive Nettoladung zu verleihen, wodurch eine Interaktion mit der negativ geladenen Zelloberfläche ermöglicht und die zelluläre Aufnahme des DNA-Komplexes erleichtert wird. Zu den *physikalischen Transfektionsmethoden* zählt die Elektroporation (s. u.) und die direkte Mikroinjektion von Nucleinsäuren in eine Wirtszelle (Capecchi, 1980). Neu entwickelte *virale Transfektionsmethoden* beruhen auf hocheffizienten Virussystemen, wie Retroviren, Adenoviren oder Lentiviren (Amalfitano, 2004; Benihoud et al., 1999; Blesch, 2004; Federico, 1999; Lever et al., 2004). Obwohl mit replikationsdefekten Viruskonstrukten gearbeitet wird (die viralen Vektoren enthalten nur mehr jene Gene für die Verpackung der DNA und die Infektion der Wirtszelle), kann ein potenzielles Risiko für Gesundheit und Umwelt nicht gänzlich ausgeschlossen werden, weshalb alle Transfektionsarbeiten dieses Typs in **Sicherheitsstufe 2** (S2, s. Tab. 3-1 und 3-2) durchzuführen sind. Vor Aufnahme der Arbeiten müssen also die räumlichen und apparativen Voraussetzungen gegeben sein und zur Durchführung der Experimente die gesetzlich vorgeschriebenen Sicherheitsmaßnahmen eingehalten werden (Kapitel 3.1). Eine Ausnahme bildet das bereits in Kapitel 21.4 besprochene Baculovirus-Expressionssystem.

Jede der Methoden hat ihre Vor- und Nachteile. Die zellulären Mechanismen der DNA-Aufnahme sind bei jeder Methode unterschiedlich (s. u.), weshalb für jede Fragestellung (• erforderliche Transfektionseffizienz, • stabile oder transiente Transfektion, • Größe des zu transfizierenden DNA-Konstrukts, • Art der zu transfizierenden Zellen) die jeweils optimale Lösung gesucht werden muss.

Mechanismen der DNA-Aufnahme bei verschiedenen Transfektionsmethoden
a) durch Endocytose: Ca-Phosphat-Präzipitation, DEAE-Dextran,
b) durch Fusion mit der Zelle: kationische Liposomen (Lipofektion)
c) durch Diffusion: Elektroporation
d) direktes Einbringen durch Mikroinjektion
e) Virus-vermittelter DNA-Transfer: adenovirale, lentivirale Vektorsysteme

Expressionsvektoren, denen das zu transfizierende Gen eingebaut wird, tragen ferner **Selektionsmarker**, also Gene, welche den transfizierten Zellen eine Resistenz gegenüber verschiedenen Antibiotika verleihen (z. B. Geneticin, Hygromycin B, Zeocin, Blasticidin S; Tab. 22-1). Dies erlaubt die Selektion der transfizierten Zellen in Kulturmedien, denen die entsprechenden Antibiotika zugesetzt werden. Eine wichtige **Vorbereitungsarbeit** in der Zellkultur ist daher die Suche nach optimalen Selektionsbedingungen durch Austesten der einzusetzenden Antibiotikakonzentrationen. Einzelne Zelllinien weisen eine sehr unterschiedliche Sensiviät gegenüber diesen Antibiotika auf, weshalb jeweils in einer Testreihe die **minimale Hemmkonzentration** für das Selektionsantibiotikum bestimmt werden muss. Man nimmt dann meist die doppelte bis vierfache minimale Hemmkonzentration für die Selektion (Tab. 22-2).

Ein sehr häufig verwendetes Selektionsantibiotikum ist das Aminoglykosid **Geneticin** (G-418), ein Neomycin-Derivat. Die plasmidisch übertragene Neomycin-Resistenz ist dominant (Colbere-Garapin et al., 1981). G-418 hemmt die eukaryote Proteinsynthese durch irreversible Bindung an die 80S-Ribosomen. Für viele Säugerzellen liegt die cytotoxische Konzentration von G-418 bei 100 µg/ml, als Konzentration im Selektionsmedium werden meist 400–800 µg/ml eingesetzt (Tab. 22-2).

Bestimmung der cytotoxischen Geneticinkonzentration

Material: • Geneticin (G-418-Sulfat),
 sterile Stammlösung mit 50 mg/ml aktivem G-418

- Dem Kulturmedium wird 1% der G-418-Stammlösung zugesetzt (1 ml auf 100 ml Medium, Endkonzentration: 500 µg/ml).
- Danach wird eine Verdünnungsreihe (1:2-Verdünnungen) mit jeweils 50 ml Medium angesetzt bis zur Konzentration von 31,25 µg/ml.
- Die zu transfizierenden Zellen werden dann in parallelen Kulturen (500, 250, 125, 62,5 und 31,25 µg/ml G-418) über einen Zeitraum von mindestens 2 Wochen getestet. Die toxische Wirkung von Geneticin tritt in der Regel erst nach etwa 10 Tagen auf.

Doch nicht alle Zelllinien reagieren gleich sensitiv auf Geneticin, manche Nierenepithelzelllinien (Kapitel 22.1.2) sind äußerst resistent gegenüber G-418. Ganz allgemein kann gesagt werden, dass einzelne Zelllinien überhaupt große Unterschiede in der cytotoxischen Konzentration für die verschiedenen Selektionsantibiotika aufweisen (Tab. 22-2). Sind die natürlichen Resistenzen der Zellen gegen ein Antibiotikum zu groß, muss auf jeweils andere Selektionsmarker ausgewichen werden (s.

Tab. 22-1 Dominante Selektionsmarker in Transfektionsexperimenten.

Selektionsantibiotikum	Resistenzgen auf dem Plasmid
Geneticin (G-418-Sulfat)	Neomycin-Resistenzgen (*neo*): kodiert eine Aminoglykosid-3'-Phosphotransferase; diese phosphoryliert G-418 und hemmt dadurch die Interaktion mit 80S-Ribosomen
Hygromycin B	Hygromycin-Resistenz (*hph*-Gen): kodiert eine Hygromycin-Phosphotransferase; inaktiviert Hygromycin B durch Phosphorylierung
Zeozin	Zeozin-Resistenz (*Sh ble*-Gen): kodiert ein 13 665 Da großes Protein, welches die Bindung von Zeozin an die zelluläre DNA verhindert
Blasticidin S	Blasticidin-Resistenz (*bsd*-Gen): kodiert eine Desaminase, die Blasticidin in ein unwirksames Deaminohydroxy-Derivat umwandelt

Tab. 22-2 Selektionsbedingungen und Konzentrationsbereiche für die vier wichtigsten Selektionsantibiotika.

Zelllinie	Konzentrationsbereiche zur Selektion [µg/ml]			
	G-418	Hygromycin B	Zeocin	Blasticidin S
HeLa	200–400	~500	~150	1–3
NIH/3T3	600–1000		~400	5–10
CHO	~400	~250	~250	5–10
COS-1			~400	3–10
293 HEK	600–800		200–400	5–10
Jurkat	600–700	~1000	~200	

Quelle: www.invitrogen.com

Tab. 22-1). Dazu werden heute bereits Expressionsvektoren ein und desselben Typs kommerziell angeboten (gleiche *multi cloning site*, gleiche Promotoren, gleiche Reportergene), mit jeweils unterschiedlichen Resistenzgenen.

22.1.1 Transfektion nach der Calciumphosphatmethode

Nachstehend wird eine sehr effiziente Methode dargestellt, wie in Empfängerzellen (hier Mausfibroblasten: LTK-Zellen) fremde DNA eingeschleust und zur Expression gebracht werden kann (Chen and Okayama, 1988). Ihr besonderes Merkmal ist der Kotransfer von verschiedenen DNAs, und sie eignet sich besonders gut für adhärente Zellen. Sie kann vor allem für den stabilen Transfer von Fremd-DNA in das Zellgenom eingesetzt werden, jedoch auch für transiente (= vorübergehende) Expression der DNA. Die Calciumphosphat-DNA-Präzipitation ist einfach, kostengünstig und bedarf keiner speziellen Apparaturen (Jordan and Wurm, 2004).

Transfektion

Material: **Neben den üblichen Geräten für die Züchtung permanenter Zelllinien ist ein entsprechender Test notwendig, der die Leistungen der genveränderten Zellen testen kann**
- Ultrazentrifuge
- N_2-Flasche
- sterile Zentrifugenröhrchen
- HEBS-Puffer (2×): 1,5 mM Na_2HPO_4, 280 mM NaCl, pH 7,2
- $CaCl_2$-Lösung: Als Stammlösung 2,5 M bereiten und in Aliquots einfrieren. Die Endkonzentration an $CaCl_2$ muss im Test 125 mM sein!
- Selektions-DNA (z. B. bestimmte Markergene, die das Wachstum der Zellen unter bestimmten Selektionsbedingungen zulassen oder beeinflussen, z. B. pTK oder pAG 60; diese Marker ergeben z. B. bei LTK-Zellen mehr als eine Transformante pro ng DNA.
- Carrier- oder Kotransfer-DNA = hochmolekulare DNA aus der Empfängerzelle. Hier ist der Reinheitsgrad und die Länge der DNA entscheidend. Sie sollte möglichst immer aus der gleichen Zelle stammen!
- Transfektions-DNA
- LTK-Mausfibroblasten in der log-Phase

- Sowohl die Kotransfer-DNA als auch die Selektions-DNA sollten in ausreichender Reinheit vorliegen. Dabei empfiehlt sich eine zweimalige Ultrazentrifugation über einen Cäsiumchloridgradienten und möglicherweise eine weitere Reinigung mit NACS 52. Die Effizienz einer Transfektion hängt in entscheidendem Maße von der Reinheit der benutzten DNAs ab. Weiterhin kann eine Linearisierung des Plasmids die Effizienz steigern.

- Die Kotransfer-DNA kann zur Testung der optimalen Länge mittels einer sterilen Einmalspritze und verschieden dünner Kanülen (zehnmaliges Aufziehen) in verschieden große Bruchstücke geschert werden, wobei alle Ansätze auf ihre Effektivität hinsichtlich der Transfektion getestet werden sollten.

Die Präparate werden wie folgt hergestellt:

- In einem sterilen (Eppendorf)Röhrchen **a** ein halbes Volumen (250 µl) vom zweifach konzentrierten HEBS-Puffer vorlegen.
- In ein zweites Röhrchen **b** nacheinander die $CaCl_2$-Lösung und die gewünschten DNAs, aufgeteilt nach Selektions-DNA (500 ng), Kotransfer-DNA (5 µg) und Carrier-DNA (5 µg) pipettieren, mit sterilem Wasser auf 250 µl Endvolumen auffüllen.
- Das $CaCl_2$-DNA-Gemisch unter leichtem Schütteln (auf dem Whirl-Mix) in den HEBS-Puffer (Röhrchen **a**) tropfen, zum Aufwirbeln der Lösungen eignet sich auch die Einleitung von Stickstoff oder Druckluft über eine gestopfte, sterile Pasteurpipette.
- Nach 30 min hat sich bei Raumtemperatur das Ca-DNA-Präzipitat gebildet und man gibt es nun auf die Zellen, die mit frischem Medium kurz vorher zweimal gewaschen wurden; mit 1–5 ml Medium inkubieren und das Präzipitat gleichmäßig über die Zellen verteilen (leichtes Schwenken der T-25-Flasche). Die DNA-Präzipitate sind mikroskopisch als schwarze, kristalline Strukturen auf den Zellen gut erkennbar.
- Nach 30 bis 60 min Inkubationszeit bei 37 °C das restliche Medium (Gesamtvolumen 5,5 ml) zugeben; der erste Mediumwechsel sollte nicht vor 4 h und spätestens nach 12 h durchgeführt werden.

Wichtig ist das Volumenverhältnis von Präzipitat zu Medium, das experimentell zu ermitteln ist, da sich das Präzipitat nicht sofort nach Zugabe auf die Zellen wieder auflösen sollte. Weiterhin ist zu beachten, dass es Zelllinien gibt, bei denen eine zu lange Verweildauer des Präzipitats schädlich sein kann. Deshalb kann die angegebene Verweildauer nur als Richtwert dienen!

Zusätzlich kann den Zellen nach einigen Stunden noch ein Glycerol- bzw. DMSO-Schock versetzt werden, um die DNA-Aufnahme zu optimieren. Dies gilt allerdings nicht für alle Zelllinien und muss experimentell ermittelt werden! Besonders gut für einen Glycerolschock eignen sich Nierenepithelzellen, da diese osmotische Veränderungen leicht verkraften.

Mit der Selektion beginnt man am besten erst zwei Tage nach der Transfektion (Mediumwechsel mit Selektionszusätzen je nach Markergen. Falls oben genannte Marker verwendet werden, kann HAT-Medium [Kapitel 22.3] verwendet werden).

Die Zellen nehmen das (positiv geladene) $CaPO_4$-DNA-Kopräzipitat über einen endocytotischen Prozess auf. Es muss dann gewartet werden, bis einzelne Kolonien im Selektionsmedium (s. o.) auswachsen.

Die weitere Behandlung der Zellen hängt nun von der vorgegebenen Zellkonzentration ab. Entscheidend ist immer die vorgegebene Dichte der Zellen bei der Transfektion, sie sollten sich möglichst in der logarithmischen Wachstumsphase befinden. Bei konfluenten Zellen gelingt die Transfektion meist schlecht bzw. sie brauchen sehr viel länger, bis Klone sichtbar werden. Es kann auch ratsam sein, die Zellen nach der Inkubation mit dem Präzipitat direkt zu verdünnen, besonders wenn der Selektionsdruck nicht allzu hoch ist. Ebenso sollten bei neuen Zellen die Rahmenbedingungen in Probetransfektionen vorher getestet werden (z. B. mit GFP-Vektoren), wie auch die einzelnen Puffer und Medien sowie die Konzentration der zur Selektion verwendeten Antibiotika (s. Tab. 22-2).

22.1.2 Lipofektion

Eine weitere biochemische Transfektionsmethode, welche in den letzten Jahren entwickelt wurde und sich aufgrund seiner Erfolge weit verbreitet hat, ist das Einschleusen fremden Genmaterials mittels kationischer Liposomen (Mannino and Gould-Fogerite, 1988). Das zu transfizierende Material wird in Phospholipid-Vesikel verpackt, welche unter geeigneten Bedingungen mit der Zellmembran zur Fusion gebracht werden. Zusätzlich werden noch neutrale Helferlipide (z. B. DOPE) eingesetzt, um die Zelltoxizität zu verringern. Als erste Verbindung wurde DOTMA (N-[1-(2,3-dioleyloxy)propyl]-N,N,N-Trimethylammoniumchlorid) eingesetzt (Felgner et al., 1987). Aus Mischungen von DOTMA mit Phospholipiden werden positiv geladene Liposomen hergestellt, an die die negativ geladene DNA bindet. Es enstehen dabei größere Komplexe, die von den Zellen aufgenommen werden. Mittlerweile sind eine Vielzahl kationischer Lipide synthetisiert worden. Diese Gemische der neueren Generation enthalten zusätzlich DNA-kompaktierende Substanzen, wodurch komplexe DNA-Lipid-Gemische entstehen, die eine Einkapselung der DNA in Liposome nicht mehr notwendig machen. Kommerziell erhältliche Entwicklungen auf diesem Gebiet sind Lipofectamine™ 2000 (GIBCO Invitrogen) (Dalby et al., 2004), DOSPER, DOTAP und FuGENE™ 6 (Roche Diagnostics) (Jacobsen et al., 2004), SatisFection™ (Stratagene), TransFast™, Tfx™, Transfectam® (Promega), u. a. Für detailliertere Informationen und Arbeitsvorschriften sei auf die Firmeninformationen verwiesen (s. Kap. 36).

Lipofektion weist eine Reihe von Vorteilen gegenüber anderen biochemischen Transfektionsmethoden auf. Dazu zählen eine hohe Transfektionseffizienz, die Möglichkeit, Zellen zu transfizieren die gegenüber der Calciumphosphatmethode resistent sind, das Einschleusen auch größerer DNA-Konstrukte sowie die Transfektion von RNA. Nachteilig sind die Cytotoxizität mancher synthetischer Liposomen und die Notwendigkeit, eine Vielzahl von Variablen vorab zu testen und Transfektionsparameter zu optimieren (Colosimo et al., 2000).

22.1.2.1 Lipofektion in nicht adhärenten Zellen

Lipofectin™-Reagenz enthält die liposomenbildenden Substanzen DOTMA (N-[1-(2,3-dioleyloxy)propyl]-N,N,N-Trimethylammoniumchlorid) und DOPE (Dioleoyl-phosphatidylethanolamin), die aufgrund ihrer positiven Ladung sehr effektiv mit DNA und RNA komplexieren. Dieser Komplex fusioniert mit der Zelloberfläche, gelangt so in das Zellinnere und anschließend findet die Expression der eingeschleusten Gene im Zellkern bzw. im Cytoplasma statt.

Lipofektion in nicht adhärenten Zellen

Material:
- 10-ml-Polystyrol-Röhrchen (keine Polypropylen-Röhrchen!)
- Opti-MEM (Fa. Gibco)
- Lipofectin™-Reagenz (Fa. Gibco)
- DMEM bzw. RPMI-Medium mit 10% FKS
- DMEM bzw. RPMI-Medium mit 20% FKS
- Selektions-DNA
- Kotransfer-DNA
- pro Versuch werden 5×10^6 bis 1×10^7 Zellen eingesetzt

1. Tag:
- Die Zellen zweimal mit PBS oder serumfreiem Medium waschen und in 1,5 ml Opti-MEM mit Lipofectin (30 µg/Versuch) suspendieren.
- In ein zweites Röhrchen mit 1,5 ml Opti-MEM die erforderlichen DNAs pipettieren.

Lipofectin und DNA sollten im Verhältnis 1:1 bis 1:10 eingesetzt werden. Bei einer stabilen Lipofektion achte man zusätzlich auf das Verhältnis von Selektions- zu Kotransfer-DNA (1:5 bis 1:10).
- Das Medium mit den DNAs in die Zellsuspension tropfen, sehr vorsichtig mischen (nicht vortexen!) und in eine kleine Flasche überführen.
- Nach 3 bis 5 h Inkubationszeit (länger hat sich nicht bewährt) 3 ml DMEM oder RPMI-Medium mit 20% FKS zugeben, sodass eine Endkonzentration von 10% FKS erreicht wird.

2. Tag:
- Mediumwechsel mit DMEM bzw. RPMI-Medium mit 10% FKS.

4. Tag:
- Die Zellen nach 24–48 h für eine transiente Expression ernten bzw. für eine stabile Expression in Selektionsmedium (Medium mit entsprechendem Antibiotikum, z. B. Geneticin [G-418-Sulfat] o. Ä.) überführen; dazu die entsprechende Zelldichte auswählen: für die meisten lymphoiden Zellen hat sich eine Zelldichte von 1×10^6 Zellen pro ml bewährt, bei Ag-8-Zellen sollte die Zelldichte bei $0,2–0,5 \times 10^6$ Zellen pro ml liegen.

Lässt man das Lipofectin länger als 3 h (bis 24 h) auf den Zellen, so kann man unter Umständen bei der transienten Lipofektion eine leichte Erhöhung der Expression sehen. Jedoch nimmt die Zelldichte dadurch sehr stark ab, da viele Zellen sterben.

22.1.3 Transfektion mittels Elektroporation

Ähnlich wie die Elektrofusion bietet sich auch bei der Transfektion von DNA die Anlegung elektrischer Impulse an, besonders bei Zellen, die sich der Calcium-Kopräzipitationstechnik widersetzen (z. B. menschliche Lymphocyten). Doch auch bei adhärent wachsenden Zellen, wie z. B. bei Maus-L929-Zellen oder bei CHO-Zellen, lässt sich durch Elektroporation die Transfektionseffizienz erhöhen (Golzio et al., 2004). Bei Bakterien ist die Elektroporation schon mit gutem Erfolg angewendet worden, wo z. B. die herkömmlichen Methoden versagt haben (Shikegawa and Dower, 1988). Es gibt mittlerweile eine ganze Reihe von Instrumenten für die Elektroporation, die relativ einfach zu bedienen und zu handhaben sind. Allerdings muss betont werden, dass die angegebenen Größen nur Richtwerte sind, die für die jeweilige Zelllinie bzw. für den jeweiligen Versuchsansatz individuell erprobt werden müssen.

Im folgenden Abschnitt wird eine Methode vorgestellt, die sich mit kleineren Abwandlungen bei vielen Zelltypen bewährt hat und die relativ leicht im Labor auf die speziellen Zellen zu adaptieren ist. Die apparative Ausrüstung zeigt Abb. 22-1.

Elektroporation

Material:
- Elektroporationsapparat
- Medien für die Elektroporation: Am besten haben sich einfache Salzlösungen mit hoher Ionenstärke bewährt. Ob Saccharose oder Mannitol zugegeben werden soll, ist eine Frage, die bisher noch nicht allgemeingültig beantwortet werden kann.
- PBS (ohne Ca^{2+}/Mg^{2+}) pH 7,2
- phosphatgepufferte Saccharoselösung: 272 mM Saccharose, 1 mM $MgCl_2$ und 7 mM Natriumphosphat, pH 7,4
- Zellen in einer Dichte von $0,5$ bis 12×10^6 Zellen pro ml als Suspensionszellen, entweder aus einer laufenden, logarithmisch wachsenden Kultur (wichtig, s. o.) oder aus einer laufenden Suspensionskultur (Vitalität über 95%!) einsetzen
- sterile Werkbank

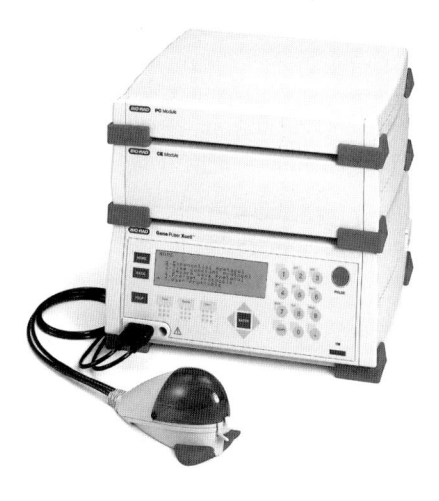

Abb. 22-1 Apparatur für die Elektroporation (Gene Pulser/Fa. Bio-Rad).

- Die (trypsinierte) Zellsuspension mit kaltem Elektroporationsmedium zweimal waschen und in kalter PBS auf eine Zellkonzentration von 0,5 bis 10×10^6 Zellen/ml einstellen.
- Den Zellen 2–10 µg lineare DNA (für stabile Expression) bzw. 10–40 µg zirkuläre DNA (für transiente Expression) zugeben, 10 min in der kalten PBS inkubieren (Zusatz von Carrier-DNA ist nicht unbedingt erforderlich, kann jedoch in Einzelfällen die stabile Transfektionseffizient erhöhen).
- 0,8 ml der Zellsuspension in die Elektroporationsküvetten geben und anschließend den Impuls anlegen; prinzipiell kann keine exakte Angabe gemacht werden, welche Voltzahlen eingestellt werden sollen, auch die Länge des Impulses variiert von Zelltyp zu Zelltyp und muss stets für die individuellen Bedürfnisse der Transfektionseffizienz neu erprobt werden; doch gibt es für adhärente Säugerzellen, B-Lymphocyten, Pflanzenzellprotoplasten und Bakterien einige Richtwerte (Tab. 22-3).

Tab. 22-3 Beispiele für Richtgrößen des elektrischen Feldes und der Impulsdauer beim elektrischen Gentransfer.

Zellart	Feldstärke [V/cm]	Impulsdauer [ms]
CHO-Zellen	300–3000	2–10
3T3-Fibroblasten	600–1500	5–7
HeLa-Zellen	400–1500	7–10
primäre Maus Knochenmarkszellen	625–1500	6–12
menschliche B-Lymphocyten (EBV-transf. o. primär)	375–1125	5–10
Andere Eukaryoten		
Dictyostelium discoideum	2500	0,7
Trypanosoma brucei	600; 3 ×	k.A.
Pflanzenprotoplasten		
Mais	500	2–4
Karotte	875	20
Tabak	2500	0,005–0,001
Bakterien		
Escherichia coli	6250	5–10
Campylobacter jejunii	5000	2–20
Lactobacillus caucasicum	5000	10
Streptococcus thermophilus	5000	4–5

- Nach Anlegen des Impulses noch zusätzlich 10 min auf Eis inkubieren.
- Mit vorgewärmtem Medium (normales Wachstumsmedium) verdünnen (ca. 1:20), die Zellen in 96er-Multischalen geben und mindestens 48 h bei 37 °C inkubieren.
- Die Selektions-Chemikalien (je nach Markergen) zugeben und nach 10 Tagen kolonieweise auszählen.

Die Temperatur vor, während und nach dem Anlegen des Impulses kann auch RT betragen, wobei zunächst zu prüfen ist, ob die Vitalitätsrate bei RT sinkt. Es ist berichtet worden, dass eine Erhöhung der Temperatur die Transfektionseffizienz deutlich steigern kann.

Die Bedingungen können variiert werden (Kirsop, 1992).

22.2 Klonieren

Für viele Fragestellungen ist es wünschenswert, eine genetisch möglichst einheitliche Zellpopulation zu haben. Um dies zu erreichen, versucht man, eine Zellpopulation aus **einer** isolierten Zelle zu züchten. Eine solche Zellpopulation wird „Klon" genannt, die Züchtung aus einer Zelle „Klonierung", die Fähigkeit der Zellen zur Klonbildung „Cloning Efficiency" oder, wenn nicht absolut sicher, dass die Population aus einer Zelle hervorgegangen ist, auch „Plating Efficiency" (Kapitel 14.4.4).

Die prinzipielle Problematik beim Klonieren kultivierter Zellen besteht – im Gegensatz zum Klonieren von Mikroorganismen – darin, dass die Zellen unterhalb einer kritischen Zelldichte nicht mehr anwachsen (Kapitel 13.1.5). Da man es aber *per definitionem* beim Klonieren mit Einzelzellen zu tun hat, müssen geeignete Maßnahmen getroffen werden, dieses Problem zu umgehen. Einerseits muss versucht werden, die einzelne Zelle in einem möglichst kleinen Volumen Medium zu halten und/oder andererseits das Klonierungsmedium mit Wachstumsfaktoren und Hormonen zusätzlich anzureichern bzw. konditionierte Medienüberstände der gleichen Zelllinie zu verwenden. Ersteres gelingt durch sogenannte **Limited Dilution**, bei der nur **eine** Zelle in die Vertiefung einer 96-Well-Mikrotiterplatte in 100–200 µl Medium gebracht werden soll (s.u.) (McFarland, 2000; Reid, 1979).

Aus der Vielzahl der Methoden für adhärent und nicht adhärent wachsende Zellen werden nachstehend zwei vereinfachte Methoden angeführt. Es gibt zahlreiche weitere Methoden, von denen die Vereinzelung mit einem Zellsortierer die eleganteste, aber auch teuerste ist (Kapitel 22.5).

22.2.1 Limited-Dilution-Klonierung

Limited-Dilution-Klonierung von Hybridomzellen

Diese Methode zielt darauf ab, in jeder der 96 Vertiefungen einer Mikrotiterplatte einen Klon zu züchten, weshalb in jede Vertiefung <1 Zelle eingesät werden sollte.

Material:
- RPMI 1640 komplett gemischt, 20 ml je Mikrotiterplatte
- Mikropipettor 200 µl, 8 Kanal
- sterile Pipettenspitzen in dazu passendem Ständer
- steriles Reagenzienreservoir
- Mikrotestplatten
- Utensilien für Zellzählung
- Hybridomzellen aus der log-Phase, mycoplasmennegativ

- RPMI-Medium auf 37 °C erwärmen.
- Aus der Stammkultur (T-25 mit 10 ml Zellsuspension) 0,2 ml entnehmen und daraus die Zellzahl bestimmen; Beispiel: Zellzahl 1×10^5/ml. Man verdünnt 1:100, z. B. 49,5 ml RPMI 1640 + 0,5 ml gut suspendierte Stammkultur (1. Verdünnung 1×10^3/ml), hiervon wird eine 2. Verdünnung 1:10 hergestellt, z. B. 9 ml RPMI 1640 + 1 ml der 1. Verdünnung, man erhält eine Zellkonzentration von 100 Zellen/ml. Hiervon fügt man 1 ml zu 19 ml RPMI 1640 in einem Reagenzienreservoir (96 × 200 ml + Schwund = 20 ml mit 100 Zellen) und mischt gut durch (bei dieser „Hand-Verdünnung" äußerst wichtig!).
- Mit dem Mikropipettor in jede Vertiefung 200 µl einpipettieren, Platte verschließen und daraufhin mikroskopieren, in welchen Vertiefungen sich wie viele Zellen befinden und dies in ein Schema eintragen.
- Platte bei 37 °C, 5% CO_2 und 95% rel. Feuchte bebrüten.
- Platte täglich mikroskopieren; Vertiefungen, in denen eindeutig aus einer Zelle ein Klon auswächst, markieren, die übrigen Vertiefungen sicherheitshalber (Kontamination, Verwechslung) abpipettieren.
- Gewünschte Klone mit Pasteurpipette entnehmen, wenn nötig, nach kräftigem Suspendieren.
- Wenn mit der Zellzahl von 1 Zelle/Vertiefung keine ausreichende Zahl von Klonen heranwächst, kann die Zahl notfalls bis 10 Zellen/Vertiefung erhöht werden.

22.2.2 Klonierung in Weichagar

Klonierung in Weichagar

Material:
- 2%iger Agar (Bacto Agar Difco) in Aqua dest. autoklavieren (15 min 121 °C)
- Dulbeccos MEM (DMEM), doppelt konzentriert (aus 10× Konz.)
- Pferdeserum (PS), hitzeinaktiviert
- Glutamin 200 mM (100×)
- Na-Hydrogencarbonat, 7,5%
- Natrium-Pyruvat 1 mM
- Gentamycin, 5 mg/ml
- DMEM einfach, flüssig
- 6 Petrischalen, 9 cm Durchmesser, mit Nocken
- sterile Messzylinder, 50 ml
- sterile Pasteurpipetten, kurz, gestopft
- sterile Röhrchen für Zellmischung
- 10-ml-Shorty-Pipetten
- 45 °C-Wasserbad

- Agar nach Autoklavieren (15 min, 121 °C) bei 45 °C im Wasserbad halten.
- DMEM mit Glutamin (4 mM), Na-Pyruvat (1 mM) und Gentamycin (50 µg/ml) komplettieren (ohne Serum!), $NaHCO_3$ (49,3 ml der 7,5%igen Lösung) zugeben und mit 5 N NaOH auf pH 7,2 einstellen (für 1 l).
- DMEM 2×, DMEM 1× komplett und Pferdeserum getrennt auf 45 °C erwärmen.
- für 6 Petrischalen mischen:
25 ml DMEM 2×
30 ml DMEM 1×
20 ml PS und
25 ml Agar 2%;
jeweils mit frischen, sterilen Messzylindern in eine Flasche geben, gut mischen, bei 44 °C halten (Endkonzentration 0,5% Agar).

kann, die mit großer Akribie und Einhaltung zahlreicher Vorsichtsmaßnahmen durchgeführt werden muss. Hierzu gehört, dass vor der Fusion bereits ein einfaches, verlässliches und mit großer Probenzahl durchführbares Testsystem für die oft in kurzer Zeit und in großer Zahl anfallenden antikörperhaltigen Überstände zur Verfügung stehen muss.

22.3.1 Prinzipieller Verfahrensablauf

Die Abbildung 22-2 schildert in kurzer Form den Ablauf von der Immunisierung bis zur Produktion monoklonaler Antikörper (MAK). Nach der Immunisierung einer Maus gewinnt man deren Milzzellen, die die gewünschten antikörperproduzierenden B-Lymphocyten (Plasmazellen) enthalten. Gleichzeitig züchtet man in Zellkulturen Myelomzellen (Plasmocytom, Knochenmarkstumor). Beide Zellarten werden mithilfe eines Fusogens, hier Polyethylenglykol (PEG), fusioniert. Das Gemisch aus fusionierten Hybridomzellen und nicht fusionierten Elternzellen wird in ein Selektionsmedium, bestehend aus Zellkulturmedium mit Hypoxanthin, Aminopterin und Thymidin (= HAT-Medium) gebracht. Hierin überleben nur die „echten" Hybride aus Milzzelle und Myelomzelle, alle anderen Zellen (u. a. Fusionszellen eines Elternzelltyps) sterben nach kürzerer oder längerer Zeit ab.

Man kann anstelle des Syntheseblockers Aminopterin auch Azaserin verwenden. Dann benötigt man im Selektionsmedium kein Thymidin. Die im Testsystem (s. u.) als positiv gefundenen Kolonien werden kloniert, getestet und rekloniert. Ein Teil wird für spätere Verwendung und zur Sicherheit in flüssigem Stickstoff ($-196\,°C$) aufbewahrt. Ein anderer Teil wird in der Zellkultur in entsprechenden Mengen weiterkultiviert (Kapitel 25). Zellkulturen von Hybridomzellen erzielen, je nach Kultivierungsart, Ausbeuten bis zu 1 mg/ml. Früher wurden Hybridomzellen in die Bauchhöhle von Mäusen injiziert („Ascitesproduktion"). Die dort erzielten Ausbeuten betrugen bis zu 20 mg/ml. Heute lässt die in Deutschland und in Österreich gültige Gesetzgebung diese Art der Antikörperproduktion aus tierschutzrechtlichen Gründen nicht mehr zu.

22.3.2 Antigene und Adjuvantien

Man unterscheidet partikuläre Antigene, einschließlich der zellulären, und lösliche Antigene. Letztere sind in wässrigen Lösungen oft wenig immunogen und werden daher nach Herbert et al. (1968) mit komplettem Freund-Adjuvans oder nach einer anderen Methode auch mit Aluminiumhydroxid $Al(OH)_3$ und *Bordetella pertussis* ($1–2 \times 10^9$ IU *B. pertussis*: hitzeinaktivierte Keuchhustenkeime, Schweizer Serum- und Impfinstitut Bern) verabreicht. Hier muss für jedes Antigen die beste Methode herausgefunden werden.

22.3.3 Tierwahl für die Immunisierung

Da es zur Fusion schon viele brauchbare Mäuse-Myelomzelllinien gibt, ist die Maus das Tier der Wahl. Infrage kommt vor allem die Balb/c-Linie, von der auch alle Mäuse-Myelomazelllinien abstammen (Tab. 22-4). Human- und Rattensystem müssen hier wegen des begrenzten Rahmens außer Betracht bleiben.

22.3.4 Immunisierung

Bewährt hat sich folgendes Schema (für lösliche Proteine als Antigen):
Erstimmunisierung: 150 µg in 300–400 µl PBS zusammen mit Adjuvans, i.p.

weitere Immunisierungen:
alle 4 Wochen 100 µg in 300–400 µl PBS, i.p.
letzte Impfung 100 µg in 100 µl PBS, i.v.

Antigen und Adjuvans werden sorgfältig mit einer Spritze in einem Zentrifugenröhrchen (Eppendorf) gemischt und mit einer Injektionsnadel Nr. 27 injiziert. 3–4 Tage später wird die Milz entnommen.

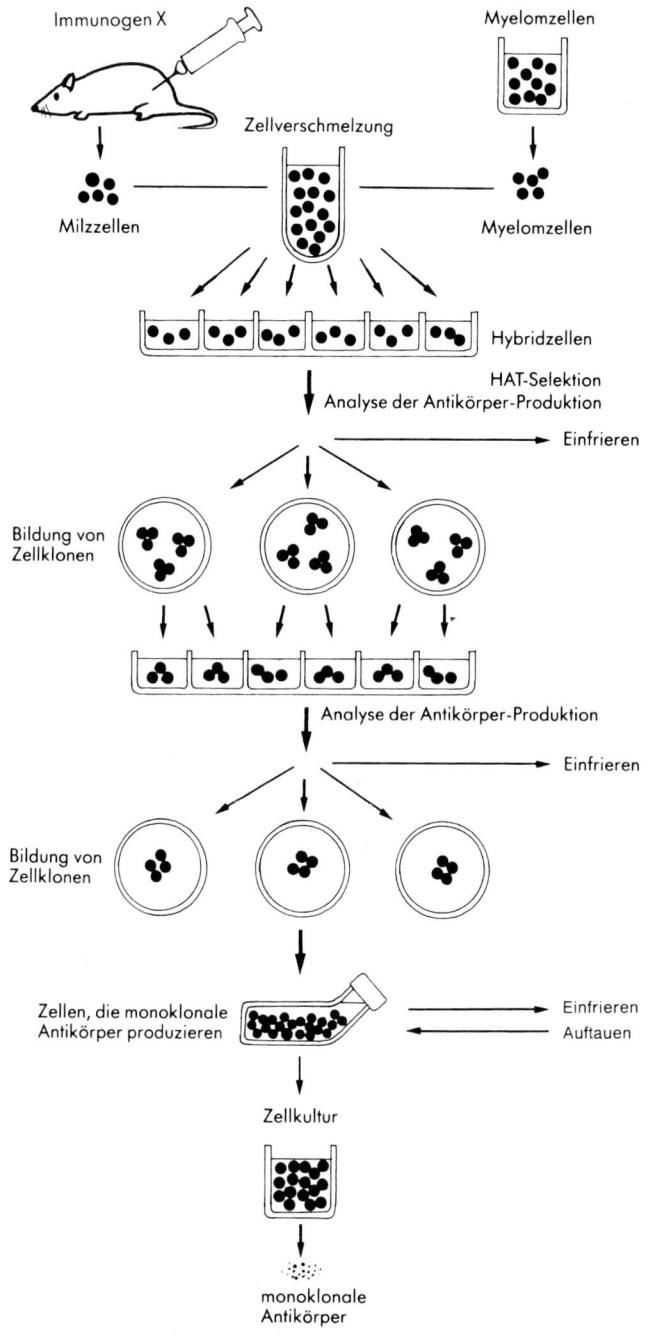

Abb. 22-2 Verfahrensschritte bei der Herstellung monoklonaler Antikörper (Erklärung siehe Text).

Sicherheitsmaßnahmen: Bei der Handhabung des Freund-Adjuvans muss eine Schutzbrille getragen werden, da Kontakt mit den Augen zur Erblindung führen kann. Jede Stichverletzung ist zu vermeiden. Sollte dies doch einmal geschehen, muss die Wunde wie bei einem Schlangenbiss behandelt werden: nötigenfalls erweitern, ausbluten lassen, unter fließendem Wasser mit einem Detergens ausspülen. Spätestens bei tiefen Verletzungen sollte ein Arzt informiert werden.

Für eine erfolgreiche Fusionierung ist die Immunisierung von 3 Tieren ratsam, deren Milzzellen entweder zusammen in einer Fusion oder getrennt in 3 Fusionen benützt werden. Abhängigkeit von einem Tier ist auch wegen Verwechslung, Entweichen oder Tod tunlichst zu vermeiden!

22.3.5 Kultur der Myelomzellen

In der Regel benützt man Myelomzellen, die selbst keine Antikörperketten (Tab. 22-4) mehr produzieren oder gar sezernieren, da sonst die Hybride die unerwünschten elterlichen Antikörperketten in unterschiedlichen Kombinationen produzieren und die gewünschten Antikörper dadurch eine oder beide Antigenbindungsstellen verlieren können. Bei der Auswahl der Myelomzelle spielt aber auch die Fusionsrate und die Abhängigkeit von „Feeder"-Zellen eine Rolle. Die Tab. 22-4 listet einige häufig verwandte Myelomlinien auf, die teilweise von den im Anhang aufgeführten Zellbanken erhältlich sind.

Maus-Myelomzellen werden in Dulbeccos MEM mit 4,5 g Glucose/l oder RPMI 1640, jeweils mit 10–15% FKS oder 15–20% PS in T-25- oder größeren Flaschen in stationärer Kultur liegend

Tab. 22-4 Ausgewählte Myelomlinien, die sich als Fusionspartner eignen.

Zelllinie	Ig	Ursprung	Literatur
Mensch			
SKO-007	ε, λ	U-266 Myelom	Olsson & Kaplan, Proc. Natl. Acad. Sci. 77, 5429. 1980
GM 1500	γ_2, κ	G-1500 Myelom	Croce et al., Nature 288, 488. 1980
UC 729-6	κ (M)	β-Lymphom	Royston & Handley, U.S. Patent Nr. 4.451.570
U 937	π	Lymphom	Lindl, Cytotechnology 21, 183. 1996
Maus			
x63-Ag 8	γ_1, κ	MOPC-2	Köhler & Milstein, Nature 256, 495. 1975
NS1-Ag 4/1	κ	x63	Köhler & Milstein, Eur. J. Immunol., 6, 511. 1975
x63-Ag 8.653	keine	x63-Ag 8	Kearney et al., J. Immunol. 123, 1548. 1979
Sp 2/0-Ag 14	keine	x63-Ag 8xBalb/c	Shulman et al., Nature 276, 269. 1978
NSO/1	keine	NS1-Ag 4/1	Galfré & Milstein, Methods in Enzymol 73, 1. 1981
FO	keine	SP 2/0-Klon	Fazekas de St. Groth, J. Immunol. Meth. 35, 1. 1981
S194/5XXOB4 · 1	keine	Balb/c	Trowbridge J. Exp. Med. 148, 313. 1978
MOPC-21-45 · GTG 1 · 7	γ_{2b}, κ	Babl/c	Margulies et al., Cell 8, 405. 1976
Mensch × Maus			
F 3 B 6	keine	Hum. PBL xNS-1	ATCC Nr. HB 8785
T L 48	keine	Hum. PBL x x63-Ag 8.653	Gebauer & Lindl, Arzneimittelforsch. 39, 287. 1989
Ratte			
210 · RCY 3 · Ag 1.2.3.	κ	LOU/c	Galfré & Milstein, Methods in Enzymol 73, 1. 1981
YB 2/3 / O.Ag 20	keine	(LOU × AD) F1	Galfré et al., Nature 277, 131. 1979

gezüchtet. Ob den Medien außer Serum weitere Zusätze wie 2-Mercaptoethanol zugegeben werden sollen, muss für den Einzelfall experimentell ermittelt werden. Die Zellen werden bei 37 °C und Zusatz von 5 bzw. 10% CO_2 bei einer Einsaatdichte von 5×10^4 Zellen/ml kultiviert. Um die Dauer der logarithmischen Wachstumsphase zu kennen, muss zuvor eine zelltypische Wachstumskurve erstellt werden. Für die Fusion müssen die Zellen in der log-Phase sein (ca. 5×10^4 bis 2×10^5 Zellen/ml) und eine Lebensfähigkeit von 98–99% aufweisen (Trypanblaufärbung). Die Zellen sollten nicht zu lange ununterbrochen kultiviert werden, um eine Rückmutation zu HGPRT-haltigen Zellen zu verhindern. Dazu taut man in Abständen neue Zellen auf. Um die Abwesenheit des Enzyms sicherzustellen, gibt man gelegentlich 20 µg/ml 8-Azaguanin, ein für normale $HGPRT^+$-Zellen cytotoxisches Guanin-Analogon, in das Medium. Sind die Zellen weiterhin $HGPRT^-$ überleben sie.

Schließlich sollten die Myelomazellen regelmäßig auf Mycoplasmen (Kapitel 2.7) überprüft werden. Auf diese Überprüfung kann nicht oft genug hingewiesen werden.

22.3.6 Konditionierte Medien und „Feeder"-Zellen

Das klonale Wachstum einzelner, frisch fusionierter Hybride ist meist schlecht. Die „Cloning Efficiency" kann durch Zugabe von konditionierten Medienüberständen wesentlich verbessert werden. Diese Überstände können entweder selbst hergestellt oder besser aus kommerziellen Quellen bezogen werden. Sie stammen entweder von der Maus (Ewing-Sarkom-Makrophagen) oder vom Menschen (Nabelschnurendothelzellen) und sollten vor dem Einsatz für die speziellen Hybridomzellen auf ihre Wirksamkeit bei unterschiedlichen Konzentrationen getestet werden. In sehr kritischen Fällen können Peritoneal-Exsudat-Zellen (PEZ) der Maus die „Cloning Efficiency" oft erheblich steigern.

Fusion von Mäusezellen mit Polyethylenglykol (PEG)

Material:
- Immunisierte Maus, 4 Tage nach der letzten Impfung
- 7 nicht immunisierte Mäuse für Feeder-Zellen
- Myelomzellen, insgesamt 2×10^7 Zellen aus log-Phase
- 200 ml RPMI 1640 + 1% einer 100 mM Glutaminlösung + 50 µg/ml Gentamycin
- 200 ml RPMI 1640 + 1% einer 200 mM Glutaminlösung + 50 µg/ml Gentamycin + 10% FKS
- 4 ml PEG 1500, 50%ige gebrauchsfertige Lösung in HEPES
- Trypanblaulösung, gebrauchsfertig
- PBS
- 100 ml HAT-Medium, hergestellt aus 96 ml komplettem RPMI-1640 Medium + FKS (s. o.) und 4 ml 50× HAT-Konzentrat; das Medium enthält dann 2×10^{-4} mol Hypoxanthin, 8×10^{-7} mol Aminopterin und $3,2 \times 10^{-5}$ mol Thymidin
- 100 ml HT-Medium, hergestellt aus 98 ml RPMI 1640 komplett mit FKS (s. o.) und 2 ml 50× HT-Konzentrat, entspricht einer Endkonzentration von 1×10^{-4} mol Hypoxanthin und $1,6 \times 10^{-5}$ mol Thymidin
- 70% Ethanol
- Zentrifuge
- Wasserbad 37 °C
- Eisbad
- sterile Scheren
- Pinzetten
- sterile Petrischalen, 9 cm Durchmesser
- sterile, konische 10- und 50-ml-Zentrifugenröhrchen
- sterile, gestopfte Pasteurpipetten mit Gummiball
- sterile 2-ml-Pipetten
- mit Aluminiumfolie umwickeltes Stück Styropor (ca. 10 × 20 cm)
- V2A-Stahlsieb, 125 µm Maschenweite

- sterile Spritzen, 5 ml
- Kanülen
- Nadeln zum Fixieren der Mäuse auf dem Styropor

Feeder-Zellen (Peritoneal-Exsudat-Zellen)

- Am Tag vor der Fusion wird eine entsprechende Anzahl von Mäusen benötigt.
- Maus durch Genickbruch töten, Kopf entfernen, ausbluten lassen, das Tier auf dem Rücken liegend mit Nadeln auf dem Styropor fixieren.
- Nach Desinfektion ein Fenster in die Bauchdecke schneiden.
- Mit einer 5-ml-Spritze 4 ml PBS, eisgekühlt, und 1 ml Luft unter das Peritoneum spritzen.
- Den Bauch leicht massieren, dann mit einer Pasteurpipette durch die angehobene Bauchdecke die zellhaltige Spülflüssigkeit entnehmen.
- Spülflüssigkeit in eisgekühles Zentrifugenglas geben und bei 4 °C und 400 $\times$ g abzentrifugieren, mit RPMI 1640 komplett mit FKS zweimal waschen.
- Zellen wie üblich zählen und auf 5×10^4 Zellen/ml einstellen: Für eine 96er-Platte wird 10 ml Zellsuspension benötigt, für eine 24er-Platte sind es 24 ml.
- 0,1 ml in jede Vertiefung einer 96er-Platte bzw. 1 ml in jede Vertiefung einer 24er-Platte einsäen und bei 37 °C bebrüten.

Myelomzellen

- Myelomzellen aus einer Stammkultur in 50-ml-Zentrifugenröhrchen bei 200 $\times$ g 10 min bei RT abzentrifugieren.
- Zellen leicht suspendieren, kleine Probe mit Trypanblaulösung 1:10 verdünnen und zählen.
- Zellen mit Medium auf 1×10^7/ml einstellen.

Milzzellen

- Immunisierte Maus durch Genickbruch töten (wenn möglich, in einem besonderen Sektionsraum oder in einer separaten Werkbank).
- Maus auf aluminiumumwickeltem Styropor mit der linken Seite nach oben mit Nadeln aufstecken und mit 70%igem Ethanol desinfizieren.
- In die Oberhaut (Fell mit Pinzette leicht anheben) ein Fenster schneiden, sodass die dunkelbraunrot schimmernde Milz durch das Peritoneum zu sehen ist.
- Peritonealhaut mit Ethanol abspülen und trocknen lassen.
- Peritonealhaut über der Milz entfernen, nach Instrumentenwechsel Milz steril entnehmen und in sterile Petrischale mit sterilem Medium legen (die verschlossene Schale kann nun in den Zellkultur-Sterilbereich gebracht werden, Schale außen mit Ethanol abwischen).
- Milz von anhaftendem Gewebe befreien.
- Milz in neuer Petrischale mit Pinzette durch das Stahlsieb reiben, Zellen in Medium ohne Serum auffangen.
- Zellen mit steriler Pasteurpipette in ein 10-ml-Zentrifugenröhrchen pipettieren und 10 min senkrecht im Eis stehen lassen (gröbere Partikel sedimentieren).
- Überstand mit steriler Pasteurpipette in neues 10-ml-Zentrifugenröhrchen überführen und bei Raumtemperatur 10 min bei 200 $\times$ g abzentrifugieren.
- Sediment noch zweimal in Medium ohne Serum waschen.
- Zellen in 10 ml RPMI 1640 ohne Serum suspendieren, Zellzahl in 1:100-Verdünnung mit Trypanblau zählen; zu erwarten sind ungefähr 1×10^6 Milzzellen.

> **Fusion**
>
> - 1×10^8 Milzzellen mit 2×10^7 Myelomzellen (Verhältnis 5:1) in 50-ml-Zentrifugenröhrchen geben, mit RPMI 1640 ohne Serum auf 40 ml auffüllen, mit Pipette einmal vorsichtig durchmischen.
> - Abzentrifugieren bei 400 × g, 4 °C, 10 min.
> - Nochmals mit 40 ml RPMI 1640 wie oben waschen und abzentrifugieren.
> - Überstand mit Pasteurpipette vollständig absaugen (wichtig!).
> - Sediment durch weiches Klopfen etwas auflockern.
> - 1 ml PEG, auf 37 °C erwärmt, tropfenweise mit 2-ml-Pipette zugeben, einmal suspendieren, dann für 60 s in ein Wasserbad von 37 °C stellen.
> - PEG-Zellmischung mit 1 ml RPMI 1640 verdünnen (ohne Serum, erwärmt auf 37 °C); Röhrchen mit Zellen in Ständer bei RT stellen.
> - 1 min später 2 ml RPMI 1640 ohne Serum zugeben.
> - 2 min später 4 ml RPMI 1640 ohne Serum zugeben.
> - 4 min später ca. 30–40 ml RPMI 1640 mit 10 % FKS zugeben.
> - sofort bei 400 × g, 4 °C, 10 min abzentrifugieren, Überstand absaugen.
> - Zellsediment mit 25 ml RPMI 1640 aufnehmen, vorsichtig mit 10-ml-Pipette einmal suspendieren und je 1 ml in jede Vertiefung einer 24er-Zellkulturplatte einsäen (oder 1×10^6 Zellen/ml auszählen), bei erfahrungsgemäß schlecht wachsenden Hybriden gleichzeitig 1×10^5 bis 5×10^5 PEZ/ml zugeben, oder tags zuvor in die Vertiefungen einsäen (in 1 ml Medium, dieses vor Zugabe der frisch fusionierten Zellen absaugen).
> - Nach 24 h je Vertiefung 0,5 ml RPMI 1640 mit doppelter HAT-Konzentration zugeben, 24–48 h später sterben die meisten Zellen.
> - Nach 2 Wochen das HAT-RPMI-1640-Medium durch RPMI-1640-HT-Medium ersetzen (zuvor keinen Mediumwechsel durchführen).
> - Täglich auf Koloniewachstum und Sterilität mikroskopieren; unsterile Kulturen vorsichtig aseptisch absaugen und die betreffende Vertiefung mit 5 N NaOH- oder 1 M $CuSO_4$-Lösung auffüllen, um Ausbreitung der Kontamination zu stoppen.
> - Weitere 2 Wochen später altes Medium vorsichtig absaugen und nochmals RPMI 1640 komplett mit 10 % FKS zugeben.
>
> Es kann auch mit einem anderen Selektionsmedium (HAs), das bei Humanfusionen bevorzugt angewendet wird, gearbeitet werden, wobei der Selektionseffekt derselbe ist.
> HAs-Selektionsmedium: Zum Kulturmedium (RPMI 1640 mit 10 % FKS) werden zusätzlich pipettiert: 5 ml einer 0,01%igen Azaserinlösung und 5 ml einer 100× konz. Hypoxanthinlösung. Alle anderen Parameter, wie Selektionszeiten etc., wie bei HAT-Medium.

22.3.7 Elektrofusion von Zellen

Eine weitere Methode zur Fusion tierischer wie auch pflanzlicher Zellen stellt die Fusionierung mithilfe elektrischer Felder dar. Diese vom apparativen Aufwand relativ teure Methode hat allerdings einige entscheidende Vorteile gegenüber der PEG-vermittelten Zellfusion: Die Fusionseffizienz liegt bei vielen Zelltypen um ein Vielfaches höher, die Ausbeute an stabilen Hybridzellen ebenfalls, und der Fusionsprozess kann unter dem Mikroskop beobachtet werden. Weitere Vorteile der Elektrofusion sind die bessere Reproduzierbarkeit, das einfache und schnelle Protokoll und der wesentlich geringere Bedarf an B-Zellen.

Die Elektrofusion stellt einen Zweistufenprozess dar. **Im ersten Schritt** wird der notwendige enge Membrankontakt der zu fusionierenden Zellen durch Dielektrophorese hergestellt (Abb. 22-3). Ein

- Zellen, wie bei Hybridomzellen beschrieben, in die Fusionskammern überführen und mit den vom Radius der Zellen abhängigen elektrischen Parametern fusionieren.
- Beispiel für **Haferprotoplasten** (Abb. 22-5): Suspendieren in 0,5 M Mannitol, Perlenketten bei 500 kHz und einer Feldstärke von 200 V/cm; fusionieren kann man diese Zellen mit einem Feldimpuls von 1 kV/cm; die Zellen runden innerhalb von wenigen Minuten ab und können auf einen Nähragar überführt werden.

22.3.8 Screening tierischer Hybride

Wenn bereits im HAT-Medium starkes Klonwachstum auftritt, können Überstände auf Vorhandensein von Antikörpern getestet werden, wofür hier ein ELISA-Test empfohlen wird.

Screening auf das Vorhandensein von Antikörpern

Material:
- Antigen, 2–10 µg/ml in 0,06 M Na_2CO_3, pH 9,6
- zu testender Überstand
- Konjugat: Kaninchen anti-Maus IgG-POD
- Positivkontrolle: Maus IgG
- Substrat: ABTS
- Nachbeschichtungslösung: 0,9% NaCl mit 1% BSA
- Waschlösung: 0,9% NaCl
- Platte mit 96 Vertiefungen, Flachboden
- automatische Pipette mit unsterilen Spitzen (Abb. 22-6)
- automatisches Photometer (Plate Reader)

Vorbemerkung: Die optimalen Konzentrationen des Konjugates, der Positivkontrolle und des Substrates sowie der Inkubationszeit des Substrates müssen vorher ausgetestet werden, um die günstigste Farbentwicklung zu erhalten und um innerhalb der Messgrenze des Photometers zu liegen.

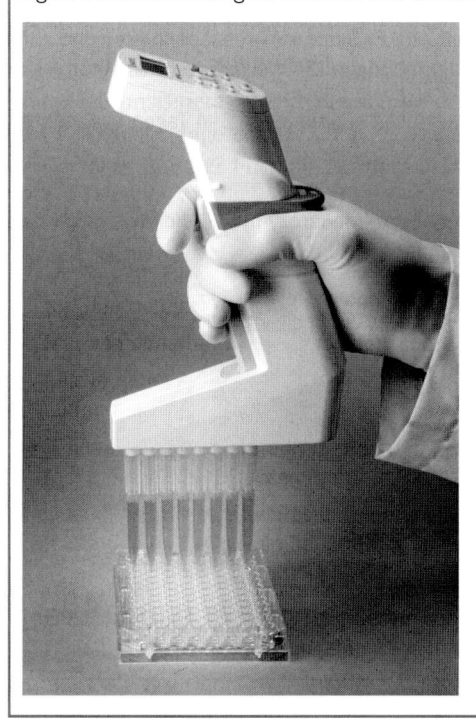

Abb. 22-6 Automatische Pipette zum Befüllen von Multischalen (Fa. INTEGRA Biosciences GmbH).

- Jede Vertiefung mit 100 µl Antigen (2–10 mg/ml) über Nacht bei RT beschichten.
- Ungebundenes Antigen dekantieren.
- Jede Vertiefung mit 200 µl 1% BSA und 0,9%iger NaCl-Lösung für 15 min bei RT nachbeschichten, dann dekantieren.
- Zweimal mit 0,9%iger NaCl-Lösung waschen, dekantieren und auf Wischtuch ausklopfen.
- Ohne die Vertiefung austrocknen zu lassen, jeweils 100 µl steril entnommenen Zellkulturüberstand je Vertiefung zugeben.
- 1 h bei 37 °C inkubieren.
- Je 1 Reihe für Leerwert und Positivkontrolle vorsehen.
- Zweimal mit 0,9%iger NaCl-Lösung waschen, dekantieren und auf Wischtuch ausklopfen.
- Zu jeder Vertiefung 100 ml POD-Konjugat zugeben und 1 h bei 37 °C inkubieren, danach dekantieren.
- Zweimal waschen mit 0,9%iger NaCl-Lösung, gut ausklopfen.
- Je Vertiefung 100 µl Substrat ABTS zugeben, 10 min später mit automatischem Photometer oder visuell auf Farbentwicklung prüfen.

22.4 Zellsynchronisation

Wachstum und Proliferation von Zellen in Kultur (Kapitel 14.2) kann in vier Phasen unterteilt und in Form einer **Wachstumskurve** grafisch dargestellt werden (s. Kap. 35.2.8 im Anhang). In der exponentiellen Phase (log-Phase) befindet sich die Zellpopulation im teilungsaktivsten Stadium, die einzelnen Zellen durchlaufen jedoch unterschiedliche Stationen des Zellzyklus (Abb. 35-3), sind also **asynchron** (Ashihara and Baserga, 1979).

Wird nun eine Zellpopulation in einem bestimmten Abschnitt des Zellzyklus benötigt, können zur Synchronisation einer Kultur grundsätzlich 2 Wege eingeschlagen werden:
- Durch chemische und physiologische Methoden können Zellen in einem bestimmten Abschnitt des Zellzyklus arretiert und angesammelt werden. Hierbei wird in den Stoffwechsel der Zellen eingegriffen, was die Zellen u. U. verändern könnte.
- Durch Isolierung von Zellen, die sich bereits in bestimmten Abschnitten des Zellzyklus befinden. Dies kann z. B. durch Sammeln mitotischer Zellen oder durch Sortieren nach der Größe geschehen.

Welche Methode gewählt wird, hängt von den Anforderungen und experimentellen Fragestellungen ab (Davis et al., 2001). Nachfolgend werden einige einfache, grundlegende Techniken geschildert.

22.4.1 Zellsynchronisation durch Abkühlen

Man kühlt eine Kultur in der log-Phase für 30–60 min auf 4 °C ab und erwärmt sie dann wieder auf 37 °C. Die Zellen teilen sich dann weitgehend synchron.

22.4.2 Zellsynchronisation durch Abschütteln mitotischer Zellen

Viele Zellarten neigen dazu, sich während der Mitose abzukugeln. Sie haften dann nur schwach und können durch Schütteln der Kulturflasche (Abklopfen) selektiv abgelöst werden (*mitotic shake-off*).

> **Zellsynchronisation durch Schütteln und Abkühlen**
>
> - CHO-Zellen aus der exponentiellen Wachstumsphase in 100-mm-Kunststoffpetrischalen in einer Konzentration von $1{,}5 \times 10^6$ Zellen/Schalen aussäen.
> - Mikroskopieren, wann am meisten mitotische Zellen (abgerundet) vorhanden sind (ca. 18 h nach der Aussaat); zu diesem Zeitpunkt schüttelt man die Schalen nicht zu heftig.
> - Medium mit den abgelösten Zellen abpipettieren und auf Eis sammeln.
> - Frisches Medium hinzugeben und nach 15–45 min erneut durch Schütteln lose Zellen ablösen; der Vorgang kann mehrfach wiederholt werden.
> - Gesammelte Überstände 3 min bei $400 \times g$ abzentrifugieren.
> - Zellen in einer Konzentration von 10^5 Zellen pro 6-cm-Petrischale aussäen; sie heften sich innerhalb einer Stunde an und teilen sich synchron.

Die Ausbeute beträgt ungefähr 5–8 % der Gesamtzellzahl, hiervon befinden sich 90–99 % in der Mitose, die Lebensfähigkeit beträgt ca. 100 %.

Die Zellzahl der eingesäten Zellen muss vor der Einsaat bestimmt werden, da die meisten Zellen bereits 15 min nach der Aussaat ihre Mitose beendet haben, die Zellzahl sich also verdoppelt hat. Nach Durchlaufen der S-Phase sinkt der Grad der Synchronie wieder.

22.4.3 Zellsynchronisation durch Colcemid-Block

Sehr oft wird die Ausbeute an mitotischen Zellen durch Colcemid erhöht, das die Zellen in der Metaphase des Mitosezyklus in der Regel reversibel blockiert. Colcemid, ein Colchicin-Derivat, hemmt die Polymerisation von Mikrotubuli und verhindert die Ausbildung von Kernteilungsspindeln. Die Zellzyklusarretierung durch Colcemid wird auch verwendet, um Metaphasen-Chromosome zu spreiten (Kapitel 22.8).

> **Zellsynchronisation durch Colcemid-Block**
>
> - CHO-Zellen subkultivieren, 18 h später, die Zeit muss im Einzelfall individuell bestimmt werden, für 2 h 0,06 µg Colcemid/ml Medium zugeben.
> - Medium mit Colcemid entfernen, mit frischem, auf 37 °C vorgewärmtem Medium zweimal waschen.
> - Kulturen mit frischem Medium bebrüten, 2 Stunden später (22 h nach der Subkultivierung) leicht schütteln und Überstände mit mitotischen Zellen sammeln, die weitere Behandlung erfolgt wie oben angegeben.

22.4.4 Zellsynchronisation durch Serumentzug

Serum enthält eine Vielzahl mitogener Faktoren (Kapitel 7.1.3). Zugabe von serumhaltigem Medium zu ruhenden Zellen führt durch Aktivierung von MAP (*Mitogen-Activated Protein*) Kinasen mit nachfolgender Phosphorylierung des Transkriptionsfaktors Elk-1 und dem Anschalten des *Serum-Response Elements* zur Induktion von *Early Response Genes* (Chambard et al., 2007; Schramek, 2002). Das Anschalten dieser Gene (z. B. c-*fos*) ermöglicht Zellen, die in G_1 arretiert sind (G_0), den Eintritt in die S-Phase und die nachfolgende Zellteilung (s. Anhang, Kap. 35.2.9).

Werden subkonfluente Kulturen also serumdepletiert, laufen die Zellen in der G_1-Phase auf (G_0) (Davis et al., 2001). Neuerliche Zugabe von Serum bewirkt das Überschreiten des *Restriction Points* und den synchronen Eintritt in die S-Phase (G_1/S-Transition) (Meloche and Pouyssegur, 2007).

Zellsynchronisation durch Serumentzug

Material:
- BHK-Zellen
- MEM Glasgow mit 10% Tryptosephosphat, 0,1 mM *L*-Ornithin, 0,1 mM Hypoxanthin, 0,25% FKS (serumarmes Medium)
- 60-mm-Durchmesser-Petrischalen oder T-25-Flaschen
- FKS, auf 37 °C vorgewärmt

- 1×10^5 Zellen/ml in Petrischalen oder T-25-Flaschen mit 10 ml Medium (serumarm) aussäen, bei 37 °C 3 Tage lang bebrüten.
- Je Kultur 0,5 ml FKS zugeben, nach ca. 23 h mitotische Zellen durch Schütteln ernten.
- Die Zellen können mindestens 8 Tage bei reduziertem Serumgehalt „ruhen", ca. 9 h nach der Serumzugabe gehen die Zellen in die S-Phase über; die Zellen verharren durch Serumentzug in der G_1-Phase.

22.4.5 Zellsynchronisation durch Isoleucinmangel

Der Isoleucinentzug ist nicht einfach eine Aminosäure-Mangelerscheinung. Das Isoleucin scheint vielmehr eine spezifische Wirkung auf die G_1-Phase zu besitzen.

Ham F-10 Medium enthält nur 5–10% des Isoleucins anderer Medien. Man kann dem Ham F-10 Medium oder dem isoleucinfreien MEM Earle auf 4 mM steriles Isoleucin zusetzen, um die Mitosen einzuleiten.

Die Methode ist einfacher als die Schüttelmethode (mitotische Selektion) und kann mit großen Zellzahlen durchgeführt werden. Beinahe 100% der Population können synchron in die G_1-Phase gebracht werden. Die Methode eignet sich auch für Suspensionskulturen.

Zellsynchronisation durch Isoleucinmangel

Material:
- CHO-Zellen
- Ham F-10 Medium mit allen Zusätzen und 5% dialysiertes FKS (s. u.). Besser ist ein isoleucinfreies MEM Earle, dessen Eigenherstellung allerdings aufwändig ist. Dialyse des Serums: gegen 10 Volumen Earle-Puffer (Earles Salze, EBSS) 6 Tage lang bei 4 °C in Dialysebeutel dialysieren, alle 2 Tage den Puffer wechseln
- MEM Earle-Medium mit 10% FKS, unbehandelt
- 6-cm-Petrischalen

- Zellen aus der log-Phase ernten und dreimal in Ham F-10 oder isoleucinfreiem Medium waschen.
- Je Schale $7,5 \times 10^5$ Zellen in Ham F-10 oder MEM Earle ohne Isoleucin aussäen.
- Über Nacht bei 37 °C, 2 bzw. 5% CO_2 inkubieren; die Zellen bleiben bis ca. 60 h in der G_0/G_1-Phase ruhend lebensfähig.
- Medium absaugen und MEM Earle mit 10% FKS, unbehandelt, zugeben.
- 12 Stunden später beginnen die Mitosen (diese Zeit kann variieren).

> **Grundsätze für die Synchronisation**
>
> ! Wenn Zellen nach experimenteller Blockade wieder in den Zellzyklus eintreten, teilen sich diese nur im ersten Zyklusdurchlauf annähernd synchron. Durch unterschiedliche Zellzykluszeiten auch innerhalb einer Zellpopulation nimmt der Grad der Synchronie in den nachfolgenden Zyklen rasch ab.
> ! Die einfachste Methode ist das Abschütteln mitotischer Zellen. Nachteil ist die geringe Ausbeute und die Beschränkung auf adhärente Zellen.
> ! Um Zellen in der G_2- oder S-Phase zu erhalten, empfiehlt sich die Methode des Serumentzugs, die allerdings ebenfalls auf adhärente Zellen beschränkt ist.
> ! Für manche, auch in Suspension wachsende Zellen, eignet sich die Isoleucinmangel-Methode, um auf billige Weise große Mengen von Zellen in G_1 oder S zu erhalten.
> ! Andere Methoden geben nicht immer befriedigende Ergebnisse, bzw. erfordern hohen technischen Aufwand (z. B. Zellsortierer, s. u.).

22.4.6 ^{3}H-Thymidineinbau als Proliferationskontrolle

Für die kurzfristige Beobachtung der Stoffwechselaktivität von Zellen wird häufig der Einbau von niedermolekularen Vorläufersubstanzen in die Makromoleküle der Zelle verwendet („*Pulse Labeling*"). Üblicherweise wird dabei entweder eine radioaktive Aminosäure zum Einbau in Proteine oder eine Nucleotidbase zum Einbau in die DNA bzw. RNA verwendet. Dabei ist stets darauf zu achten, dass z. B. im Medium enthaltene Aminosäuren die Spezifität der radioaktiven Substanz heruntersetzen können. Dies ist auch wichtig, falls der Einbau von endogenen Substanzen verfolgt werden soll. Hier ist stets darauf zu achten, dass sowohl im Medium als auch im fetalen Kälberserum diese Substanz enthalten sein könnte. Die weitaus häufigste Methode ist der Einbau von radioaktivem Thymidin in die DNA. Kurzfristige Inkubation mit dem radioaktiven Precursor gibt einen guten Hinweis auf unidirektionalen Flux, während eine längere Inkubationszeit einen Einbau in Polymere (DNA, RNA) erbringt. Das nachstehende Protokoll ist für adhärente Zellen geeignet, es kann aber auch mit geringen Modifikationen für Lymphocyten etc. verwendet werden.

> **Sicherheitshinweis**
>
> Es ist zu beachten, dass für den Umgang mit radioaktiven Substanzen die notwendige Umgangsgenehmigung vorliegen muss sowie die notwendigen Sicherheitsvorschriften unbedingt eingehalten werden müssen. Ferner sei daran erinnert, dass sich radioaktive Aerosole bilden können, sodass sich auch bei kurzfristigen Markierungen das Arbeiten unter der sterilen Werkbank empfiehlt.

> **^{3}H-Thymidineinbau**
>
> Material:
> - Adhärent wachsende Zelllinie (für Vorversuche sind die Mauszelllinien L-929 oder 3T3 bestens geeignet)
> - Multischalen für die Zellkultur (96er-, 48er-, oder 24er-Multischalen)
> - Eppendorf-Multipipettor oder eine andere Mikroliterpipette mit Repetiereinrichtung
> - sterile Pipettenspitzen
> - DMEMhg-(High Glucose) mit 10% fetalem Kälberserum
> - ^{3}H-Methyl-Thymidin spezifische Aktivität: 1 mCi/ml
> - Flüssigszintillatorcocktail
> - Szintillationszählgerät
> - Glaswanne
> - Methanol

- 0,3 N Trichloressigsäure
- phosphatgepufferte Salzlösung (PBS)
- Gefäße für radioaktiven Abfall

- Die Zellen mindestens 48 h vor dem Versuch in die Multischalen (nicht zu dicht) einsäen; beim Test selbst sollten sie sich gerade in der logarithmischen Wachstumsphase befinden, da die Markierungszeit zwischen 3 und 24 h dauern sollte; für längere Inkubationszeiten empfiehlt sich der Gebrauch von ^{14}C-markierten Verbindungen, da Tritium (^{3}H)-markiertes Thymidin nach längeren Inkubationszeiten Radiolyse im Zellkern verursachen kann.
- Das radioaktive Tritium-Methylthymidin kurz vor dem Test mit PBS auf eine Konzentration von 100 µCi/ml (1:10-Verdünnung) bringen.
- Das Medium absaugen und frisches DMEM-Medium zugeben; je nach Vertiefungsgröße bzw. Wachstumsfläche kann dies 100 bis 250 µl (bei 96er-Multischalen) bis zu 2,5 ml (bei 24er-Multischalen) betragen.
- Das radioaktive Methylthymidin in einer Verdünnung von 1:10 bis 1:20 zugeben, die Endkonzentration kann deshalb von 5–10 µCi/ml schwanken; Zellen in den Brutschrank zurückstellen und für die angegebene Zeit bei 37 °C und 10% CO_2 bebrüten.
- Das Medium nach Beendigung der Inkubationszeit am besten mit einem geeigneten Waschgerät (z. B. Nunc ELISA-Washer) direkt in den radioaktiven Abfall absaugen und zweimal mit PBS mit Calcium vorsichtig waschen, wobei auch diese Waschlösung direkt in den radioaktiven Abfall gelangt.
- Die Schale mit den Zellen in eine Glaswanne überführen und die Zellen mit jeweils 100 bis 1000 µl Methanol (je nach Größe der Vertiefungen) fixieren; das Methanol nach 5 min abschütten und den Vorgang nochmals wiederholen.
- Es folgt ein weiterer Waschschritt mit dem gleichen Volumen an Wasser, danach mit Trichloressigsäure waschen und dreimal mit Wasser nachspülen.
- Ohne die Zellen austrocknen zu lassen jeweils 150 µl (bei 96er-Platten) 0,3 N NaOH zugeben und das Lysat nach mind. 15 min in Szintillationsröhrchen überführen, den Szintillationscocktail zugeben, nach einer Stunde messen, um die Chemolumineszenz abklingen zu lassen. Evtl. kann man auch Trichloressigsäure schon in dem Cocktail vorlegen, um die im Lysat enthaltene NaOH zu neutralisieren. Hierzu sind von Fall zu Fall Vorversuche notwendig. Es kann entweder als cpm DNA/mg Protein oder als cpm DNA/Zelle ausgewertet werden.

Es sei darauf hingewiesen, dass die DNA-Synthese als Zellproliferationsnachweis auch ohne radioaktive Substanzen nachgewiesen werden kann (siehe BrdU-Einbau im folgenden Kapitel 22.5). Jedoch auch ohne Durchflusscytometer ist dies möglich, es sei auf die verschiedenen Zellkits der Fa. Roche hingewiesen, die sowohl photometrisch als auch via Chemilumineszenz einen sehr empfindlichen Nachweis bieten (www.roche-applied-science.com/cellproliferation).

22.5 Cytometrie/Cell Sorting

Die Durchflusscytometrie (engl. *Flow Cytometry*) ist eine Methode, verschiedene physikalische und chemische Charakteristika von Einzelzellen in Suspension zu messen und zu erfassen (Böck, 2001; Böck et al., 1997). Keine andere Methode hat den Erkenntnisstand der modernen Zellbiologie so nachhaltig beeinflusst und revolutioniert. Die Durchflusscytometrie stellt ein universelles Messprinzip dar, das sich bei nahezu allen Fragen der Zellbiologie bewährt hat und sich auch quantitativ in allen Bereichen der biomedizinischen Forschung einsetzen lässt. Doch nicht nur in der Grundlagenforschung, sondern auch in der klinischen Routinediagnostik hat sich die Cytometrie durch die Verwendung monoklonaler Antikörper z. B. in der Diagnostik peripherer Blutzellen oder in der Tumordiagnostik durchgesetzt. Gerade die quantitative Beurteilung der verschiedensten Zellparameter (vor allem der wichtigen Oberflächenmarker) verbunden mit einer hohen Durchflussrate (bis zu mehreren Tausend Zellen pro Sekunde) machen die zugehörigen Geräte zu willkommenen Werkzeugen. Dies nicht zuletzt durch die Tatsache, dass sich der Preis dieser Geräte in den letzten Jahren deutlich nach unten bewegt hat, und dass sich die komplizierte Bedienung früherer Geräte durch vereinfachte und bessere Konstruktionen mittlerweile drastisch vereinfacht hat. Jedoch können auch gebrauchte Geräte, die erheblich billiger auf dem Markt angeboten werden, mit Sicherheit die hohen Investitionskosten drastisch senken. Gerade in der Durchflusscytometrie sind noch Geräte im Einsatz, die mehr als 15 Jahre alt sind, da die Basistechnologie sich keineswegs groß verändert hat. Die Vorteile von Geräten der neueren Generation liegen darin, dass die Probenapplikation automatisiert ist und durch eine komplexere Optik nicht nur Doppel- oder Dreifachfärbungen, sondern ein „Multiplexing" möglich sind.

Im Gegensatz zu allen anderen Ansätzen erlaubt diese Methode die quantitative und statistische Behandlung, wobei jeder einzelnen Zelle mehrere Parameter zugeordnet werden können. Auch können durchflusscytometrische Bestimmungen als Ersatz für radioimmunologische bzw. radiochemische Untersuchungen durchgeführt werden. Die fluoreszenzaktivierte Durchflusscytometrie ermöglicht weiterhin, fluoreszenzmarkierte Zellen anhand bestimmter, hochspezifischer Kriterien zu sortieren und spezifisch anzureichern (FACS, Fluorescence Activated Cell Sorting).

Das Prinzip der Durchflusscytometrie geht auf Untersuchungen der sechziger Jahre zurück, wo mehrere Gruppen unabhängig voneinander verschiedene Prototypen entwickelten. Im Prinzip sind die Geräte folgendermaßen konstruiert (Abb. 22-7): Zellen in einer Suspension werden über ein Schlauchsystem durch einen Messkopf gepresst, der entweder eine oder zwei enge Öffnungen (zwischen 50 und 100 µm) besitzt. Die Zellen werden in dem laminaren Flüssigkeitsstrom so geführt, dass nur jeweils eine Zelle die Öffnungen passieren kann. Etwa in der Mitte dieses Flusskanals wird in der Regel ein Laserstrahl fokussiert. Meist wird ein Argon-Laser verwendet, der Licht mit einer Wellenlänge von 488 nm emittiert. Manche Instrumente benutzen auch Quecksilberdampflampen o. Ä., doch ist hier die Optik etwas komplizierter als bei den Laserinstrumenten. Es können entweder ein oder zwei Laser in das Gerät eingebaut werden (z. B. ein Argon- und ein Helium-Neon-Laser). Der Laserstrahl trifft nun auf die vorbeifließenden Zellen und wird durch die Zellen entweder kleinwinkelig oder großwinkelig abgelenkt (forward scatter signal [FSC signal] und side scatter signal [SSC signal]), wobei er gleichzeitig Fluoreszenz- oder Lumineszenzerscheinungen aktiviert (Cram, 2002). Ein nachgeschalteter Digital-Analogwandler zusammen mit einem schnellen Computer und einer guten Software machen heutzutage solche Instrumente zu regelrechten „Alleskönnern" auf dem Gebiet der Zellbiologie. So können gemessen werden:

- Größe, Volumen und Struktur von Zellen
- Oberflächenbindungen
- Rezeptorbindung
- Membrantransport (intrazelluläre Aufnahme)
- Enzymkinetiken
- Quantitative Protein- und DNA-Messungen der lebenden Zelle
- Stadien der Proliferation (wichtig bei Krebsdiagnosen und bei immunologischen Untersuchungen)
- Kinetik des Zellzyklus
- Messung des Membranpotenzials, interne pH-Messung
- mitochondriale Aktivitäten
- Calciumeinstrom und Calciumausstrom
- Messung und Sortierung von Chromosomen
- Klonierung von Zellen (Kapitel 22.2)
- Quantitative Vermessung von Zellorganellen, von Bakterien und anderen Partikeln.

Die Daten können im Computer aufgearbeitet und auf dem Bildschirm zu unterschiedlichen Darstellungen gebracht werden. Meist werden die Daten als sogenannte Histogramme gespeichert. Hier-

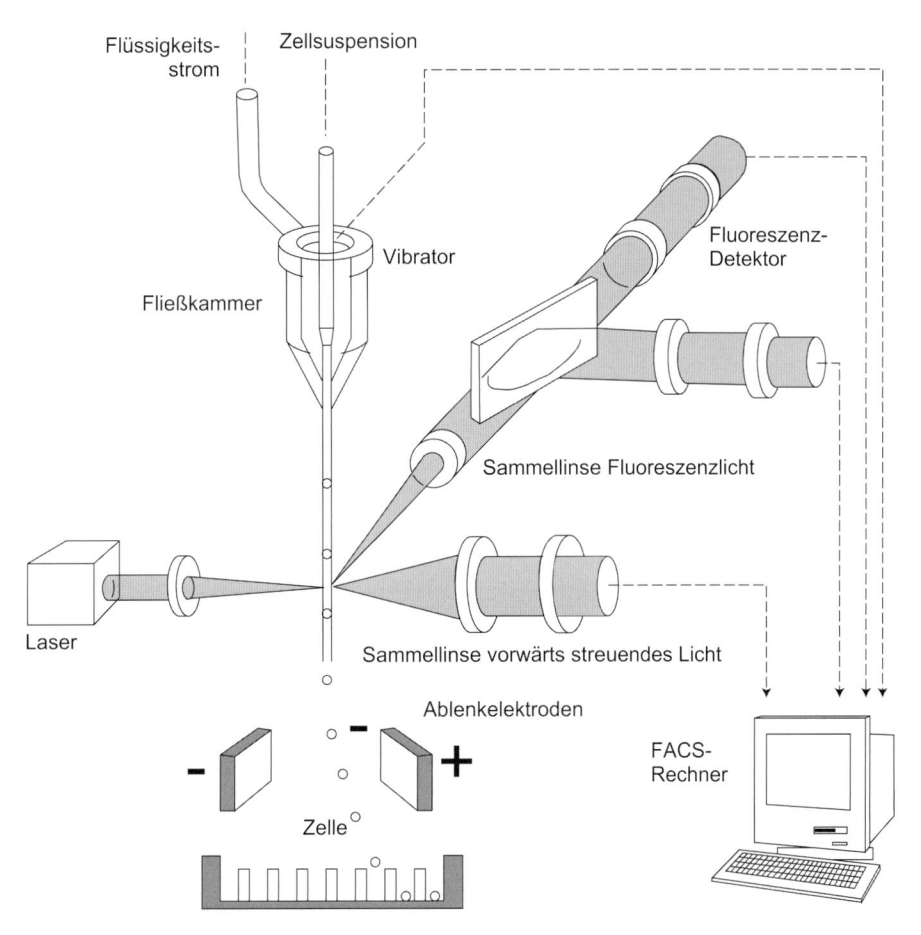

Abb. 22-7 Schematische Dartellung eines Durchflusscytometers mit Zellsortierung.

bei wird der quantitative Anteil an einem Parameter in Relation zur Stärke des Signals dargestellt. Weiter können diese Histogramme untereinander zu sogenannten Cytogrammen kombiniert werden, wobei die verschiedensten Parameter miteinander kombiniert werden können. Viele Geräte haben für die Darstellung solcher Cytogramme spezielle dreidimensionale Darstellungen, sodass auch dynamische Messungen möglich sind. Ferner können die Daten in der zeitlichen Reihenfolge („list mode") gespeichert und wieder abgerufen werden, sodass ein bestimmtes Experiment anschließend in Ruhe ausgewertet und die einzelnen Zellparameter verschieden kombiniert werden können.

Zu den häufigsten und einfachsten FACS-Anwendungen gehört die Analyse von Oberflächenstrukturen und Oberflächenmarkern auf Einzelzellen. Man kann jedoch auch intrazelluläre Moleküle, wie DNA oder RNA, nachweisen. Charakteristische Merkmale oder Veränderungen dieser Moleküle im Vergleich mit Kontrollzellen lassen sich dann für Zellzyklusanalysen (s. u.) und Apoptoseassays (Kapitel 19.2) nutzen. In ähnlicher Weise kann mit Fluoreszenzfarbstoffen die Transfektionseffizienz kontrolliert werden (Kapitel 22.1). So kann man beispielsweise mit **Green Fluorescent Protein (GFP)**, einem autofluoreszierenden Protein aus einer Tiefseequalle, transfizierte Zellen von nichttransfizierten unterscheiden und voneinander trennen.

Im Folgenden sind Routineanwendungen beschrieben, die als Einstieg in die Cytofluorometrie geeignet sind und die einige Prinzipien dieser Methode zeigen können. Weitere Rezepturen finden sich in einschlägigen Methodensammlungen (Shapiro, 2003) und Internetseiten (s. Anhang, Kap. 35.5).

22.5.1 Klonierung von Zellen mittels eines FACS

Im FACS (Fluorescence Activated Cell Sorter) können Suspensionszellen, z. B. Hybridomzellen, die Antikörper produzieren, leicht und einfach kloniert werden (Abb. 22-7).

Dazu werden die Zellen in einer Konzentration zwischen 10^4 und 10^5 Zellen pro ml gut suspendiert und in die Probenkammer des FACS gegeben. In der Durchflusskammer werden die Zellen nun so geführt, dass sie einzeln den Laser passieren müssen. Dabei wird ein Lichtsignal erzeugt (entweder Veränderung des Laserstrahls oder eine Fluoreszenzinduktion). Durch die Vibration des Durchflusskopfes wird der Flüssigkeitsstrom so zerlegt, dass jeweils ein Tropfen eine Zelle enthält.

Das Lichtsignal induziert nun eine Aufladung der einzelnen Tropfen und dadurch können die aufgeladenen Tropfen mit der Zelle so abgelenkt werden, dass je eine Zelle in eine Vertiefung der Mikrotiterplatte abgelegt wird. Nach jeder Ablage einer Zelle wird die Mikrotiterplatte automatisch in die nächste Position gebracht, sodass eine Einzelzellablage gewährleistet werden kann.

Man sollte auf jeden Fall das Wachstum der so klonierten Zelle effektiv unterstützen, wobei sich die verschiedenen Wachstumszusätze bzw. konditionierte Medien sehr gut bewährt haben. Auch die Geometrie der Vertiefungen spielt dabei eine Rolle, eine v-förmige Geometrie ist zu bevorzugen.

> ### Bestimmung des DNA-Gehalts von proliferierenden Zellen
>
> Während der Proliferation von Zellen in Kultur durchlaufen diese eine zyklische Abfolge von bestimmten Ereignissen, die streng reguliert und kontrolliert werden. Das Gesamtgeschehen fasst man als Zellzyklus zusammen (Kapitel 22.5.2 und Anhang, Kap. 35.2.9). Mithilfe der Durchflusscytometrie ist es möglich, quantitative Aussagen bezüglich des DNA-Gehalts der proliferierenden Zellen zu machen und dabei indirekt auf die Zahl der Zellen in einer bestimmten Phase des Zellzyklus zu schließen.
>
> Material:
> - Beliebige Zellkulturen in Suspension in der Proliferation befindlich (ca. $2–4 \times 10^6$ Zellen) (Achtung: Zellkulturen, die sich in der Konfluenz befinden bzw. die die maximale Zelldichte erreicht bzw. überschritten haben, sind hierzu untauglich!)
> - Durchflusscytometer mit Rotfluoreszenz (Argon-Laser)
> - Zentrifuge mit 50-ml-Zentrifugenröhrchen
> - Gazefilter o. Ä. mit <100 µm Porendurchmesser
> - Citratlösung mit Detergens: 0,5 ml Triton X-100 bzw. 0,5 ml NP-40 plus 2,1 g Zitronensäuremonohydrat auf 100 ml mit Aqua dest. auffüllen (pH <6)
> - Propidiumiodidlösung: 1 mg Propidiumiodid plus 7,1 g Na_2HPO_4 auf 100 ml mit Aqua dest. auffüllen
> - 70%ige wässrige Ethanol- oder Isopropanollösung
>
> - Inhalt von wenigstens einer T-75-Kulturflasche, falls notwendig, trypsinieren, vorsichtig suspendieren und nach Zentrifugation bei ca. $300 \times g$ in 2,5 ml (Citratlösung suspendieren; ca. 1 min mit einer Pipette die Suspension gut durchmischen, damit ausschließlich Einzelzellen in der Suspension enthalten sind (Zellaggregate blockieren die Durchflusszelle bei der Analyse).
> - 5 ml der Ethanollösung zutropfen, um die Zellen zu fixieren und für die Propidiumiodidlösung durchlässig zu machen.
> - Gut mit der Pipette durchmischen, ca. 1 min stehen lassen und danach bei ca. $300 \times g$ abzentrifugieren.
> - Das Pellet erneut in 2,5 ml Citratlösung resuspendieren, danach in ein neues Zentrifugenröhrchen 12 ml Propidiumiodidlösung vorlegen und mit 2 ml der Zellsuspension mischen; der pH-Wert der Mischung sollte zwischen 7,6 und 8 liegen.
> - Die Zellsuspension durch den Filter passieren und mit einem Argon-Laser bei 488 nm Anregung und die Emission im roten Spektralbereich im Durchflusscytometer analysieren.
> - Das Histogramm als Zellzahl (Ordinate) vs. Fluoreszenzintensität (Abszisse) aufnehmen (Abb. 22-8).

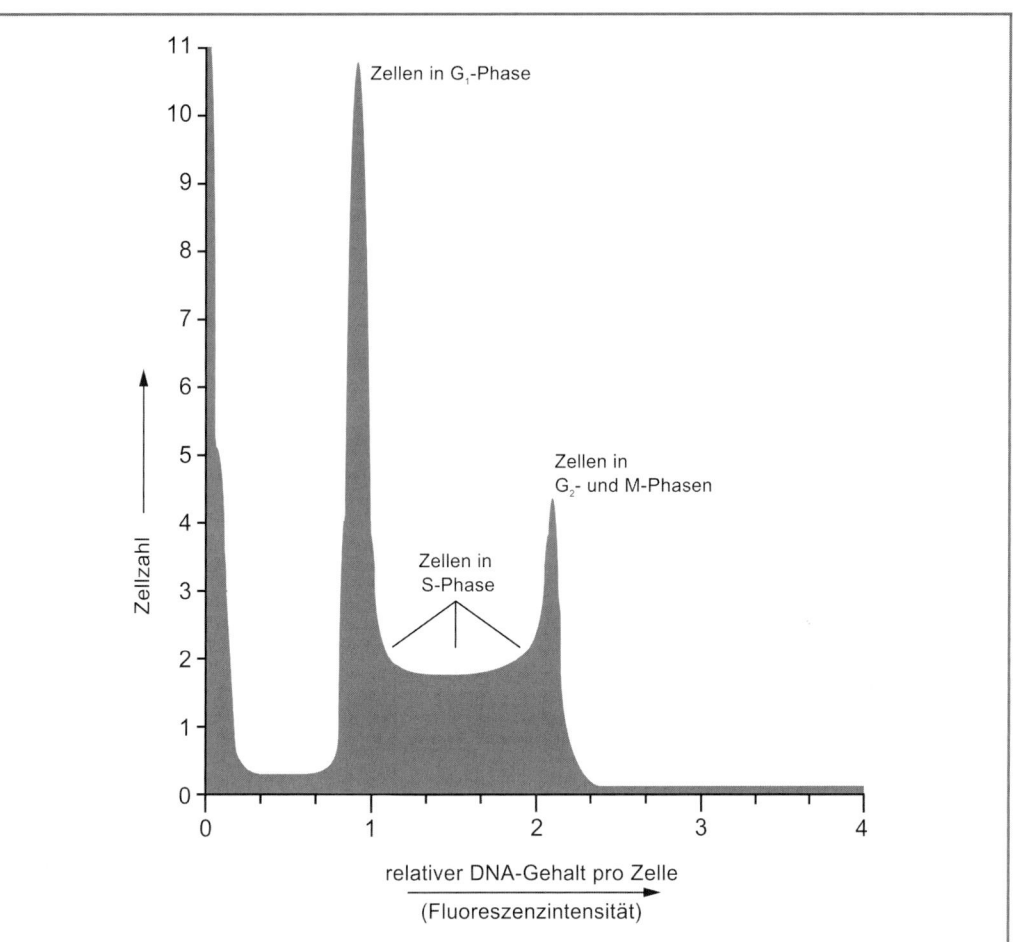

22 Spezielle zellbiologische Methoden in der Zellkultur

Abb. 22-8 Analyse des DNA-Gehalts proliferierender Zellen (hier: Maus-Myelomzellen Ag-8) mittels Durchflusscytometrie.

Färbeprinzip: Das Propidiumiodid ist stark basisch und kann gut in den sauren Zellkern eindringen. Der Farbstoff lagert sich in die helikale Struktur der DNA ein (Interkalation) und kann, durch den Laserstrahl des Cytometers angeregt, zur Fluoreszenz gebracht werden.

Die Verteilung der DNA ist abhängig vom Ploidiegehalt der Zelle: Aneuploide Zellen (transformierte und Tumorzelllinien) können einen breiteren G_2/M-Peak besitzen, während bei diploiden Zellen (Somazellen und Zelllinien mit begrenzter Lebensdauer) der Peak relativ scharf begrenzt ist.

Die Grafik zeigt ein typisches Resultat einer proliferierenden Zellpopulation, wobei die Fluoreszenzintensität direkt proportional zum DNA-Gehalt jeder Einzelzelle ist.

Die Zellen können dabei leicht in drei Kategorien unterschieden werden:

Nach dem Zelldebris (Peak ganz links, enthält auch apoptotische Zellen, je nach Protokoll) kommt ein schmaler hoher Peak, der die Zellen in der G_0 + G_1-Phase repräsentiert (DNA-Gehalt: diploid (2 n) einfache Intensität = 1).

Danach folgt eine breite Zone (1–2) der Intensität (S-Phase: DNA-Replikation).

Der Peak unter 2 repräsentiert Zellen in der G_2- bzw. in der Mitosephase (verdoppelter Chromosomensatz 4 n).

Anhand dieser Abbildung kann man leicht die prozentuale Verteilung der Zellen im Zellzyklus bestimmen: Hier sind mehr Zellen in der G_1-Phase als in der G_2/M-Phase, was darauf schließen lässt, dass die G_1-Phase länger als die G_2/M-Phase dauert.

22.5.2 Bestimmung der Zellzykluszeit einer proliferierenden Population mittels Bromdesoxyuridineinbaus

Bromdesoxyuridin (BrdU) kann als Thymidinanalogon verwendet werden, um DNA-Syntheseraten zu studieren (Schorl and Sedivy, 2007). Ein weiteres halogeniertes Basenanalogon, 5-Fluoro-2'Desoxyuridin (FdU), kann diese Kompetition von 5-BrdU mit Thymidin wieder stoppen. Durch eine kombinierte Messung der Gesamt-DNA mit Ethidiumbromid (EB) kann diese Zweiparametertechnik durchflusscytometrische Studien in Subkompartimenten der S-Phase schon nach kurzer Inkubationszeit mit BrdU erlauben. Weiterhin kann durch die Anwendung eines monoklonalen Antikörpers gegen BrdU die aktuelle DNA-Syntheserate ermittelt werden. Es muss dabei sichergestellt werden, dass BrdU das endogene und exogene Thymidin vollständig ersetzt. Dies kann durch Vorinkubation der Zellen mit FdU erreicht werden. Für kurzfristiges *Pulse Labeling* (z. B. 1-h-Inkubation mit BrdU zur Bestimmung von Zellen in der S-Phase) kann das FdU auch weggelassen werden.
Vorsicht: Bromdesoxyuridin ist ein starkes Karzinogen!

Weiterhin kann, sofern man ein Gerät mit UV-Anregung besitzt, daneben noch die nicht durch BrdU ersetzte Thymidinmenge durch den Hoechstfarbstoff H 33258 (Bisbenzimid) gemessen werden.

DNA-Syntheserate mit dem BrdU-Antikörper

Material: Neben einem Gerät in Grundausrüstung sind notwendig:
- gut proliferierende Zellen
- BrdU-Stammlösung (100×): 1 mg/ml in Aqua dest. plus 0,8 mg/ml 2'Desoxycytidin (dCd) (sterilfiltrieren und in 1-ml-Portionen bei –18 °C im Dunkeln aufbewahren)
- FdU-Stammlösung (100×): FdU in einer Konzentration von 0,8 mg/ml in Aqua dest. auflösen und nach Sterilfiltration bei –18 °C im Dunkeln aufbewahren.
- Anti-BrdU-Antikörper (monoklonal, von der Maus) (konz.)
- Ziege-anti-Maus-Antikörper (FITC-markiert)
- Propidium-Iodid-Lösung (5 µg/ml) in Aqua dest. (frisch)
- PBS
- PBS mit 1% Ziegenserum plus 0,5% Tween 20
- evtl. Fixierlösung: 0,85% NaCl mit 1,5% Paraformaldehyd plus 0,05% Natriumazid (Sicherheitsvorschriften beachten!)

in das Durchflusscytometer folgende Filter einsetzen:
- Anregung: 488 nm (Argonlaserlinie)
- Emission: für FITC (1. Kanal) Grünfilter bei 518–550 nm, für Propidiumiodid: (2. Kanal) rot bei 620 nm

Sämtliche Arbeiten nur bei gedämpftem roten Licht durchführen, da die angegebenen halogenierten Basenanaloga sich bei grellem Licht leicht zersetzen! **Vorsicht:** Bromdesoxyuridin wirkt cancerogen!

Da endogene Substanzen den Einbau von BrdU hemmen können, sollte nur vorgetestetes Serum zum Kulturmedium verwendet werden. Weiterhin ist im Voraus zu gewährleisten, dass die Zelldichte während der Inkubationszeit von ca. 30 Stunden bei 5×10^6 Zellen pro ml liegt.

Die frisch aufgetaute FdU-Stammlösung im Verhältnis 1:100 zu den Zellen geben und die Zellen sofort wieder in den Inkubationsschrank zurückstellen, da schon geringe Temperaturschwankungen die DNA-Synthese stören können.

6 Stunden nach FdU-Zugabe BrdU-Stammlösung ebenfalls in einer Verdünnung von 1:100 zusetzen; die Konzentrationen der Basenanaloga sollten im Kulturmedium 30 µM betragen.

- Die Kulturen 20 Stunden unter leichtem Schütteln oder Rühren bei exakt 37 °C im Dunkeln inkubieren.
- Mit PBS (ohne Ca^{2+}/Mg^{2+}) zweimal waschen und anschließend mit PBS, das je 0,5% Tween und Rinderserumalbumin enthält, nochmals waschen.

- Leicht abzentrifugieren und das lockere Pellet mit 10 μl konzentriertem BrdU-Antikörper 1 Stunde bei Raumtemperatur inkubieren.
- In PBS, und dann erneut in PBS mit Tween und Ziegenserum waschen.
- Mit 20 μl des FITC-markierten Anti-Maus-Ziegenantikörpers 30 min bei Raumtemperatur inkubieren, danach die Zellen zweimal mit PBS waschen; die Zellen können aber auch mit eiskalter Fixierlösung fixiert und wochenlang bei 4 °C im dunklen Kühlschrank aufbewahrt werden.
- Unfixierte oder fixierte Zellen zweimal mit PBS waschen und dann in 1 ml Propidiumlösung aufnehmen, 1 h bei RT inkubieren.
- Am Gerät die optimale Einstellung vorher mit FITC-markierten Latexbeads (Fa. Polyscience, 2,2 μm Durchmesser) justieren, die Rotfluoreszenz bei einem konstanten Kanal einstellen.

Trägt man beim Cytogramm die Grünfluoreszenz als Ordinate und die Rotfluoreszenz als Abszisse auf, so wird der Hauptanteil der Zellen dabei in der G_0/G_1-Phase bzw. in der G_2/M-Phase liegen. Liegen die Zellen abweichend von der Geraden durch G_0/G_1 und G_2/M, so ist dies die relative DNA-Syntheserate in der S-Phase und kann so direkt und quantitativ ausgewertet werden.

Die vorliegende Anleitung ist für Suspensionskulturen gut geeignet (Lymphocyten etc.), für adhärent wachsende Zellen muss sie modifiziert werden (Näheres siehe angegebene Literatur und Roche Diagnostics: *In Situ* Cell Proliferation Kit, FLUOS, Cat. No. 11 810 740 001).

Neueste cytometrische Zellzyklusanalysen ergaben u. a., dass auch in strikt konfluenten Kulturen von $LLC-PK_1$-Nierenepithelzellen ein Anteil von rund 5% teilungsaktiver Zellen zu finden ist (Lechner et al., 2007). Dies ist jener Anteil von Zellen, durch den ein kultiviertes Epithel zur Aufrechterhaltung seiner Integrität sich ständig erneuern muss (Kapitel 21.1.2).

Die spezifische Anfärbung und cytometrische Erfassung von zellulärer DNA wird neuerdings auch zur Quantifizierung apoptotischer Zellen eingesetzt (Dive et al., 1992; Migliorati et al., 1993; Nicoletti et al., 1991).

22.5.3 Bestimmung von verschiedenen Subpopulationen aus peripheren Humanleukocyten

Mit einer Kombination verschiedener monoklonaler Antikörper gegen bestimmte Oberflächenantigene lassen sich Untergruppen der Leukocyten einfach und sicher typisieren. Sie werden durch die speziellen Antigene oder Oberflächenproteine der Zellen bestimmt. In drei aufeinander folgenden Workshops ist ein allgemein gültiges System gefunden worden, das „CD-System" (CD = „cluster of differentiation"), mit dessen Hilfe man die einzelnen Untergruppen der Leukocyten gut und sicher unterscheiden kann (Janeway et al., 2002). Allerdings muss darauf hingewiesen werden, dass dieses System bei manchen Antigenen noch nicht endgültig festgelegt ist, sodass der letzte Stand in der aktuellen Literatur nachgelesen bzw. bei den verschiedenen Herstellern dieser Klasse von monoklonalen Antikörpern erfragt werden muss.

Im folgenden Experiment wird ein „Kit" vorgestellt, der eine schnelle und sichere Quantifizierung der wichtigsten Subklassen der Leukocyten mittels Durchflusscytometrie erlaubt (aktivierte T-, T-Helfer-, T-Suppressor- und B-Lymphocyten, Monocyten und Killerzellen, sogenannte NK-Zellen). Die Zellen werden mit Fluoreszenzfarbstoff-konjugierten spezifischen monoklonalen Antikörpern gefärbt (direkte Färbung) und in insgesamt 4 Messungen im Durchflusscytometer gemessen. Die Anwendungsgebiete sind die Verfolgung bestimmter viraler Infektionen nach Transplantationen und bei unspezifischen Immunerkrankungen. Für die Anzüchtung in Zellkulturen können die Zellen sortiert und steril in Zell-Mikrotiterplatten abgelegt werden.

Bestimmung von Leukocyten-Subpopulationen

Material:
- Blutentnahmeröhrchen
- Zellseparationsröhrchen oder Ficollgradientenröhrchen oder Leukopreröhrchen
- Mikroliterpipetten (1000, 250 und 20 µl)
- HEPES-gepufferte Salzlösung (HBSS) pH 7,35 (0,15 M NaCl mit 10 mM HEPES)
- HBSS mit 0,1% Natriumazid (Sicherheitsvorschriften beachten!)
- Reagenzröhrchen (15 ml und 3 ml)
- Kühlzentrifuge
- „Immunmonitoring Kit" (Fa. Becton Dickinson)
- Durchflusscytometer mit Lichtfilterkombination für Grün- und Rotfluoreszenz
- Software zur direkten Auswertung

- Die Leukopreröhrchen bei 1400 × g 10 min zentrifugieren und senkrecht bei RT bis zum Gebrauch lichtgeschützt aufbewahren.
- Das EDTA-Blut (von Arzt entnehmen lassen) vorsichtig in die Leukopreröhrchen (je 3 ml) einpipettieren und anschließend 10 min bei 900 × g und RT abzentrifugieren.
- Den Leukocytenring (0,5 ml) vom Dichtegradienten mittels einer Kolbenhubpipette (1 ml) aus allen drei Röhrchen abnehmen und zweimal mit je 13 ml HBSS-Puffer waschen; beim letzten Waschschritt die überstehende Flüssigkeit nach der Zentrifugation vorsichtig abnehmen und mit 10 ml HBSS vorsichtig aufnehmen.
- Nochmals bei RT 10 min bei 900 × g zentrifugieren.
- Flüssigkeit bis auf 0,2 ml absaugen und 1 ml HBSS zugeben; die Zellkonzentration sollte bei der Analyse ca. 2×10^7 Zellen pro ml betragen.
- Vier 3-ml-Röhrchen beschriften (A–D), und in jedes der Röhrchen 25 µl der Zellsuspension geben, anschließend in jedes Zellröhrchen 20 µl der entsprechenden Antikörpermischung des „Kits" geben (a in A usw.).
- Zellen vorsichtig resuspendieren und bei 4 °C 30 min inkubieren.
- Je 3 ml HBSS-Azidlösung zugeben, vorsichtig mischen und abzentrifugieren (5 min bei 300 × g).
- Überstehende Flüssigkeit bis auf 50 µl absaugen, 500 µl der Trägerflüssigkeit (PBS) zugeben, mit dem Durchflusscytometer messen und quantitativ mittels Software auswerten:

Hierbei werden zunächst Granulocyten und Zelltrümmer durch die Bestimmung von Kleinwinkelstreuung (FSC) und Großwinkelstreuung (SSC) quantitativ erfasst und von der Bestimmung ausgesondert. Für die weitere Analyse verbleiben noch die Monocyten und die Leukocyten.

Im zweiten Röhrchen reagieren nur die Monocyten mit dem Anti-Leu-M3-Antikörper (gegen reife Monocyten gerichtet, ohne CD-Nr.), sodass die unmarkierten Lymphocyten und die markierten Monocyten durch ein Cytogramm (Rot- gegen Grünfluoreszenz) leicht unterschieden werden können.

Das dritte Reagenz (C) enthält einen PAN-T-Zellmarker – einen Antikörper gegen HLA-DR, erkennt B-Zellen, Monocyten und aktivierte T-Zellen – sowie Anti-Leu-M3 als Monocytenmarker. Durch die Zweifarbenanalyse können die entsprechenden Anteile der Zellen, die in den gleichen Quadranten des Cytogramms fallen, abgezogen werden.

Beim vierten Reagenz, das die verschiedenen Subsets der T-Zellpopulationen erkennt, wird in ähnlicher Weise wie bei Reagenz C verfahren, wobei noch zusätzlich der Anteil an Killerzellen bestimmt wird. Ferner wird das Verhältnis von T-Helfer (CD4) zu T-Suppressorzellen (CD8) ermittelt, ein wertvolles Indiz bei HIV-Erkrankungen.

Nähere Informationen können von den Herstellern angefordert werden.

22.6 Versuche zur *In-vitro*-Toxizität

Die Problematik der Toxizität von Substanzen auf Zellen und isolierte Gewebe (Cytotoxizität) hat in den letzten Jahren zunehmend an Gewicht gewonnen, wobei besonders in der industriellen Forschung mit *In-vitro*-Methoden eine Vorauswahl bei der Entwicklung neuer chemischer Substanzen getroffen und andererseits die Wirkungsmechanismen der toxischen Substanzen aufgeklärt werden.

Weiterhin hat es sich gezeigt, dass auch *In-vitro*-Methoden, speziell Zell- und Gewebekulturen, geeignet sind, Tierversuche, die durch Gesetze, Verordnungen und bestimmte Normen (z. B. Arzneibuchvorschriften oder ISO-Normen, REACH-Verordnung der EU-Kommission) reglementiert sind, zu ersetzen. In der EU-Richtlinie 86/609/EWG zum Schutz der für Versuche und andere wissenschaftliche Zwecke verwendeten Tiere, wie auch im österreichischen Tierversuchsgesetz (BGBl. Nr. 501/1989) ist die Förderung der Entwicklung von Ersatzmethoden zu Tierversuchen explizit festgeschrieben.

Es gibt hierbei schon eine Reihe etablierter Methoden, die geeignet sind, die toxischen Einflüsse von Substanzen aller Art auf Zellkulturen zu untersuchen. Da allerdings die jeweiligen Methoden auf den Wirkmechanismus der jeweils zu prüfenden Substanzen zugeschnitten sein sollen, gibt es nicht die eine Methode zur Prüfung der Cytotoxizität, sondern je nach Problemstellungen verschiedene, von denen einige ausgewählte praktisch beschrieben werden.

Hier muss strikt unterschieden werden, dass es auch natürlicherweise Mechanismen gibt, die einen Zelltod herbeiführen können. Deshalb wird streng zwischen dem biologischen Tod einer Zelle unter „normalen" *In-vitro*-Bedingungen und dem chemisch oder physikalisch-chemisch induzierten Tod *in vitro* einer Zellkultur unterschieden: In ersteren Falle spricht man von **Apoptose** (= programmierter Zelltod, Kapitel 19.3) und im „künstlich" induzierten Falle von **Nekrose**. Beide Begriffe können nicht synonym gehandhabt werden, da auch die Mechanismen der Apoptose grundsätzlich unterschiedlich von der Nekrose ablaufen. Während es für die Apoptose einen geordneten und mittlerweile *in vitro* gut untersuchten Ablauf gibt, ist der durch Nekrose verursachte Zelltod meist durch die chemische oder physikalisch-chemische Einwirkung bestimmt. Doch grundsätzlich ist als zellbiologisches Merkmal für die Apoptose ein Schrumpfen der Zelle mit einer Fragmentierung des Zellkerns auffällig, während die Zelle sich durch die Nekrose eher zunächst aufbläht und letztlich zur vollständigen Lyse führt (Golstein and Kroemer, 2006).

Doch auch in der Erprobung von Chemotherapeutika haben sich inzwischen die Zelltestsysteme gegenüber dem herkömmlichen Tierversuch durchgesetzt. Wissenschaftliche Validierungen haben darüber hinaus gezeigt, dass sie den bisherigen Routinemethoden in der Toxikologie ebenbürtig sind. Eine Vielzahl von Prävalidierungs- und Validierungsstudien wurden unter der Leitung von ECVAM, dem *European Centre for the Validation of Alternative Methods*, durchgeführt (Balls et al., 1995, 1999; Coecke et al., 1999; Combes et al., 1999; Curren et al., 1995; Gennari et al., 2004; Hawksworth et al., 1995; Morin et al., 1997; Pfaller et al., 2001; Prieto et al., 2006; weitere ECVAM Task Force und ECVAM Workshop Reports finden sich unter http://ecvam.jrc.it/).

Die Voraussetzungen für eine Prüfung auf chemotherapeutische Einsatzmöglichkeiten sind grundsätzlich die gleichen wie für die Sicherheitsprüfung beliebiger chemischer Substanzen. In beiden Fällen müssen die Testsysteme eine reproduzierbare Dosis-Wirkung-Beziehung mit geringer Variabilität aufweisen und in einem Konzentrationsbereich liegen, der auch *in vivo* relevant ist. Die jeweils ausgesuchten Cytotoxizitätsmerkmale sollen möglichst eine lineare Beziehung zwischen dem Ereignis und der Zellzahl besitzen und die gewonnenen Informationen eine Aussage über die voraussichtlichen *In-vivo*-Wirkungen erlauben.

Experimente mit Gewebeschnitten (z. B. Hirnschnitte oder Leberschnitte, Kapitel 20.5 und 23.3) zeigen, dass es sehr gut möglich ist, diese komplexen Gewebe für Routinetests in der Toxikologie einzusetzen.

Von der Zellkultur ausgehend, ist die histio- bzw. organotypische Zellkultur (Sphäroidkultur, Kapitel 23) ein weiterer guter Ansatz, *In-vitro*-Toxizitäten von Chemikalien, Materialien etc. zu testen.

Die Methode eignet sich besonders für die Prüfung von Pharmakaeffekten (Cytostatika) auf dreidimensionales Krebswachstum.

Die Dreidimensionalität kann auch dadurch erreicht werden, dass die Zellen auf bestimmten Substraten besser differenzieren können (z. B. Filtereinsätze, mit oder ohne Beschichtung durch Komponenten der ECM, Kapitel 21.1.3) und so durchaus ein Wachstumsverhalten zeigen, das sich vom Monolayerwachstum unterscheidet. Beurteilt werden die Effekte der applizierten Substanzen anhand von Barrieren im nichtvaskulären Bereich, aufgrund von metabolischen Gradienten wie Sauerstoff- oder Kohlendioxidversorgung sowie anhand von Proliferationsgradienten.

Ein Messparameter, der in jüngster Zeit in *In-vitro*-Nephrotoxizitätstests zur Bestimmung der Barrierefunktion kultivierter Nierenepithelien auf permeablen Unterlagen vermehrt Eingang gefunden hat, ist die Messung des transepithelialen elektrischen Widerstandes (TEER) (Pfaller and Troppmair, 2000). Der Widerstand eines Epithels setzt sich aus einer Vielzahl von Einzelkomponenten zusammen (u. a. der Leitfähigkeit des Epithels über transzellulären und/oder parazellulären Transport) und ist somit ein Maß für die epitheliale Integrität und Transportleistung. Elektrophysioloische Parameter reagieren am sensitivsten auf jegliche Beeinträchtigung der epithelialen Barrierefunktion (Gstraunthaler et al., 1990; Steinmassl et al., 1995). Der Vorteil dieser Messmethoden liegt auch darin, dass diese nicht invasiv sind und steril durchgeführt werden können, was wiederholte Messungen an denselben Präparaten auch über längere Versuchszeiträume erlaubt.

Für eine Sphäroidkultur können sowohl Primärkulturen als auch Zelllinien verwendet werden. Ein routinemäßiger Einsatz von Sphäroidkulturen ist aufgrund der langen Kulturzeiten von mehr als zwei Wochen noch nicht absehbar, doch neuere Entwicklungen deuten darauf hin, dass die bestehenden Methoden noch weiter verbessert und die dreidimensionale Zellkultur als histiotypischer oder sogar als organotypischer Ansatz breiter eingesetzt werden kann.

Auch die oben erwähnte Chorionallantoismembran kann als Substrat für die Erreichung von dreidimensionalen Strukturen bei Zellkulturen herangezogen werden.

Bei Suspensionskulturen dagegen befinden sich die einzelnen Zellen schwebend in einem Nährmedium (Kapitel 12.2). Die Suspensionskultur findet derzeit vor allem Anwendung in der Prüfung einiger weniger Chemotherapeutikagruppen wie beispielsweise Adriamycin und verwandte Substanzen. An Langzeitsuspensionskulturen werden vor allem Chemotherapeutika zur Behandlung der Erkrankungen der Blutzellen (z. B. Leukämien) überprüft.

Die Technik, adhärent wachsende Zellen als Testsysteme für Toxizitätsprüfungen zu verwenden, hat Tradition (s. u.). Da man solche Zellkulturen über einen längeren Zeitraum (bis maximal drei Wochen) beliebig oft beobachten kann, bietet die Monolayertechnik die größte Flexibilität. Unterschiede liegen nur in der Natur der verwendeten Zellen bzw. Zelllinien. Die Quantifizierung der verschiedensten Zellschäden ist mit einer Einschränkung möglich: Resistenzbildung und Reparaturmechanismen wollen bei der Interpretation der Resultate berücksichtigt sein, die aber derzeit nur mit größerem Aufwand zu messen sind.

Obwohl Tumorzellen und andere transformierte Zellen durchaus als Einzelzellen auf solider Unterlage wachsen können, wird für die Chemosensitivitätstestung von Tumorzellen eine Weichagarschicht bevorzugt. Agar als Substrat verwehrt z. B. „normalen" Bindegewebszellen das Wachstum. So ist man stets sicher, dass nur die gewünschten Tumorzellen dem Test unterworfen werden.

22.6.1.2 Konzentration der applizierten Substanz *in vitro* und zeitlicher Verlauf der Applikation

Vor Beantwortung der Frage, wie lange die Kultur der zu prüfenden Substanz ausgesetzt wird, muss über die einzusetzende Konzentration befunden werden. Wichtige Hinweise sind hierzu pharmakokinetischen *In-vivo*-Studien zu entnehmen. Sofern solche nicht vorliegen, gilt als Faustregel eine obere Grenze von 100 mg/ml bzw. im millimolaren Bereich. Sofern Lösungsvermittler bei der Einsetzung von hydrophoben Substanzen ins wässrige Kulturmedium unerlässlich sind, sollten sie nicht toxisch sein und stets als Kontrolle in den Test einbezogen werden. Hier werden Aceton, Dimethylsulfoxid, niedere Alkohole und in den letzten Jahren bevorzugt Cyclodextrine eingesetzt.

Bei der Entscheidung, wie lange die zu prüfende Substanz auf die Zellen einwirken soll, müssen mehrere Aspekte berücksichtigt werden. Sie sollte nicht appliziert werden, solange die Zellen noch nicht auf ihrer Unterlage haften, d. h. frühestens 12, besser jedoch erst 24 Stunden nach der Einsaat. Mit dieser Wartezeit schaltet man jene Effekte aus, die mit eben dieser Anheftung („Attachment") zu tun haben wie beispielsweise Effekte von Ölen oder Emulsionen, die *per se* nicht toxisch sein müssen. Sie können aber die Oberflächenladung des Kultursubstrates modifizieren und so die Anheftung der Zellen wesentlich beeinflussen.

Die Wahl der eigentlichen Expositionsdauer ist bei der Testung auf Chemosensitivität insofern wichtig, als gerade die Wirkung der einzelnen Chemotherapeutika auf verschiedenen Mechanismen beruht. So muss die Wirkung einer genotoxischen Substanz relativ niedrig und die Einwirkdauer relativ kurz gehalten werden, um den Zellen das „Überleben" zu sichern, um z. B. eine mutagene Wirkung nachweisen zu können (s. u.). Des Weiteren spielt die Stabilität der zu prüfenden Substanz bei 37 °C eine Rolle. Bei einfacheren Cytotoxizitätsexperimenten verbleibt die zu prüfende Substanz während der gesamten Expositionsdauer im Nährmedium, gleichgültig, wie Stabilität und andere Parameter sich *in vitro* oder auch *in vivo* auswirken könnten.

22.6.1.3 Erholungsperiode

Entschließt man sich, die Prüfsubstanz nur für eine bestimmte Dauer einwirken zu lassen, so ist diese Erholungsperiode, d. h. die Zeit nach Entzug der Prüfsubstanz, für die Zellen von Bedeutung und von Aussagekraft. Wenn die Droge beispielsweise nur den Metabolismus der Zellen inhibiert und diese Inhibition als Index gewertet wird, kann man unabhängig vom Zelltod den Wirkmechanismus derartiger Effekte feststellen. So können subletale Effekte von den Zellen wieder repariert und eine verzögerte Cytotoxizität von möglichen Metaboliten kann ebenfalls konstatiert werden. Für Chemotherapeutika kann eine mögliche Resistenzbildung ermittelt und interpretiert werden. Handelt es sich um eine Monolayerkultur, muss bei der Interpretation der beobachteten Zellschäden zusätzlich berücksichtigt werden, dass sich die Zellen in einer aktiven Wachstumsphase befinden. Ihnen muss ausreichend Platz zur Ausbreitung zur Verfügung stehen, damit nicht durch eine zu hohe Zelldichte hervorgerufene biologische Effekte wie z. B. die Apoptose (s. o.) die Erholungsphase überlagern.

22.6.1.4 Endpunkte

Je nach Wirkmechanismus der zu prüfenden Substanz und in Abhängigkeit von definierten Bedürfnissen und Anforderungen an die Substanzprüfung muss ein Endpunkt des Tests ausgewählt und eingehalten werden. In der Zellkulturtechnik sind einige prinzipiell unterschiedliche Methodenansätze zur einfachen Vitalitätsmessung seit Langem weit verbreitet (Lindl et al., 2005). Sie werden nur auszugsweise beschrieben, es ist jedoch nicht Aufgabe dieses Buches, sie in ihrer Gesamtheit darzustellen. Hier sind nur die gängigsten Methoden aufgeführt (siehe auch Kapitel 14), für weitere Methoden wird auf Literaturzitate verwiesen.

Die Ausschluss- oder **Exklusionsmethode** basiert auf der Tatsache, dass lebende Zellen einen geladenen Farbstoff (in der Regel **Trypanblau** oder **Erythrosin B**, Kapitel 14.4) ab einem bestimmten Molekularradius nicht mehr aufnehmen, es sei denn, die Zellmembran ist geschädigt bzw. schon zerstört. Dieser Test ist vor allem für Suspensionskulturen geeignet. Dieser Ausschlusstest ist von der Aussagekraft her beschränkt, er gibt sozusagen nur eine Momentaufnahme der Vitalität der Zellen wider, ohne exakte Vorhersagekraft für längere Zeiten (s. Tab. 14-1).

Bei Monolayerkulturen stört die Tatsache, dass sich tote Zellen von ihrer Unterlage abheben und nicht mehr mitgezählt werden können. Außerdem gestaltet sich die quantitative Auswertung schwierig. Von den verschiedenen anderen zur Verfügung stehenden Farbstoffen (Eosin, Nigrosin u. a.) hat sich in den letzten Jahren das kleinere Molekül Neutralrot durchgesetzt. Dieser bei pH 7,4 ungeladene Vitalfarbstoff wird von lebenden Zellen aufgenommen und in die intakten Lysosomen und z. T. auch in die proliferierende DNA eingelagert. Aufgrund des starken pH-Gradienten (pH von 7,3 im Cytoplasma und pH von <5 in den Lysosomen) wird das zunächst ungeladene Molekül ionisiert und färbt sich zugleich deutlich rot an. Es kann dann das Lysosom aufgrund seiner Ladung nicht mehr verlassen („Ionenfalle") und der Zellrasen erscheint selbst schon mit bloßem Auge rot. Tote Zellen werden nicht angefärbt, da sie weder intakte Lysosomen aufweisen noch proliferierende DNA besitzen.

Die Neutralrotmethode findet vor allem in der Testung fester Stoffe als **„Agar-Overlay-Test"** Verwendung (s. u.). Hierbei nutzt man die Tatsache aus, dass in einem Biowerkstoff mögliche vorhandene toxische Substanzen herausdiffundieren und die Zellen unter der dünnen Agarschicht schädigen. Die Größe der entfärbten Zellfläche ist proportional zur Toxizität des Werkstoffes. Der Bewertungsindex der Entfärbung bewegt sich zwischen 0 („keinerlei Effekt") und 5 („stark cytotoxisch"). Die Quantifizierung kann auch photometrisch erfolgen.

Weitere Endpunkte, die sich mit pH-Änderungen des äußeren Milieus der Zellkulturen beschäftigen, sind die Farbänderungen des Phenolrots im Medium.

Technisch einfach lässt sich die Bestimmung des **Farbumschlags** von Phenolrot im Nährmedium durchführen. Schnell proliferierende Zellen geben ihre sauren Metabolite, bevorzugt Lactat, an das Nährmedium ab. Der ursprüngliche pH von 7,4 sinkt in den sauren Bereich ab und bewirkt bei ausreichender Zellzahl einen Farbumschlag von purpurrot (pH 7,4) über orangegelb (pH 7,0) bis gelb (pH unter 6,8). Dieser Farbumschlag kann photometrisch gemessen und mittels Standardfarbwerten verglichen und quantifiziert werden. Die Schwächen dieses einfachen Tests liegen in den Inkubationsbedingungen, welche durch das anfällige CO_2-Puffersystem des Nährmediums nicht sonderlich stabil sind und darin, dass einige Substanzen *per se* den pH-Wert verändern können. Ferner kann Phenolrot selbst durch bestimmte Zelllinien verstoffwechselt werden, was ebenfalls zu starkem Farbumschlag führt (Kapitel 9.4.3). Weiterhin sind auch meist Bedingungen notwendig, die hohe Zellkonzentrationen erfordern, sodass die Konfluenz zumindest bei den Kontrollzellen relativ früh erreicht sein muss, um aussagekräftige Ergebnisse beim Farbumschlag zu erhalten.

Eine weitere empfindliche Methode der **pH-Messung** bei Zellkulturen ist durch die Anwendung moderner Biosensoren möglich geworden. Hier werden die pH-Änderungen direkt an der Membran registriert und lassen Rückschlüsse auf die Stoffwechselaktivität der Zellen zu. Allerdings sind die Geräte noch relativ teuer; sie eignen sich jedoch gut für den kurzzeitigen Einsatz z. B. in der Prüfung auf Sensitivität von Tumorzellen gegenüber Cytostatika. Hier sind in den nächsten Jahren weitere Verbesserungen zu erwarten, die es auch erlauben, die Zellen als Monolayerkulturen simultan auch unter dem Mikroskop zu beobachten, was bisher nicht möglich war.

Eine weitere Möglichkeit der Vitalitätsbestimmung bietet der **kombinierte Fluoreszenztest**. Er nutzt die Tatsache aus, dass nur vitale, metabolisch aktive Zellen das nicht fluoreszierende und bei pH 7,2 ungeladene Fluoresceindiacetat (FDA) nach ihrer Aufnahme metabolisieren können. Die lebende Zelle hydrolysiert während der Membranpassage die Acetatgruppe und es entsteht im Inneren der Zelle das geladene und gelbgrün fluoreszierende Fluorescein. Gleichzeitig wird den Zellen

Ethidiumbromid bzw. Erythrosin B angeboten, welches wiederum nur in die toten Zellen eindringen kann. Lebende Zellen leuchten einheitlich hellgrün, tote Zellen zeigen eine Rotfluoreszenz des Zellkernes. Dieser kombinierte Test eignet sich sowohl für Suspensionskulturen als auch für Monolayerkulturen und für die Durchflusscytometrie (Kapitel 22.5). In der jüngsten Zeit hat man neue Derivate des Fluoresceindiacetat entwickelt, die weniger spontan freigesetzt werden als das ursprüngliche FDA, z. B. Calcein-AM oder BCECF-AM, das auch als Alternative zum unten angeführten Chromfreisetzungstest dient (Einzelheiten siehe Literaturliste und Tab. 14-1). Eine weitere Alternative zu FDA ist der Carboxyfluorescein-Succinimidylester (CSFE), der ebenso wie FDA zunächst passiv in die Zelle gelangt und dort irreversibel an bestimmte Membranproteine bindet. Intrazelluläre Esterasen hydrolysieren ähnlich wie FDA den Ester und dann beginnt das hydrolisierte Fluorescein zu fluoreszieren. In ruhenden vitalen Zellen hält die Fluoreszenz länger an, während proliferierende Zellen in der Intensität mit jeder Zellteilung abnehmen.

Messungen der Membranintegrität können ebenfalls zur Überprüfung der Zellvitalität herangezogen werden, so zum Beispiel beim **Chrom-Freisetzungstest**. Für diesen Test werden die Zellen mit radioaktivem ^{51}Chromsalz beladen. Das Chrom bindet an basische Aminosäuren der Proteine im Zellinnenraum. Wird nun die Zellmembran geschädigt, so werden auch diese Proteine freigesetzt, und die ins Medium übertretende Radioaktivität kann gemessen werden. Gegen diesen Test werden jedoch unabhängig vom Gebrauch radioaktiver Substanzen, den man aus Umweltgründen möglichst reduzieren sollte, erhebliche Einwände vorgebracht. Bereits ohne Substanzeinwirkung kommt es zu einem Spontanefflux des Chroms. Des Weiteren wird die Testdauer durch die schädigende Wirkung der radioaktiven Substanz auf vier Stunden begrenzt, eine zu kurze Zeit, um einigermaßen zuverlässig cytotoxische Wirkungen nachzuweisen.

Ähnliche Einwände gelten auch für **Enzymfreisetzungen** nach Schädigung der Zellen. Deren Aktivitäten können nach Exposition mit der Substanz im Medium, also extrazellulär und nach Aufschluss der Zellen intrazellulär, zur Bilanzierung der Gesamtaktivität nachgewiesen werden. Bevorzugt wird als Leitenzym die Lactatdehydrogenase eingesetzt.

Lumineszenzmessungen z. B. in Multischalen und anschließende Messungen in einem ELISA-Reader sind in den letzten Jahren sehr populär geworden. Dabei gibt es unterschiedliche Ansätze, die nicht nur austretendes ATP als Zeichen der Membranschädigung bei den Zellen erkennen, sondern auch Proliferation erkennen und zwischen Nekrose und Apoptose unterscheiden können (Kapitel 14.4).

Eine weitere physikalische Messmethode zur Integrität der Zellmembran kann ebenfalls gut zwischen lebenden und toten Zellen unterscheiden (Kapitel 14.2.2). Sie besteht darin, dass die elektronische Zellzählung gut einsetzbar ist, um den Durchmesser der zu zählenden Zellen festzustellen und aus den Abweichungen hiervon tote von lebenden Zellen zu unterscheiden. Dabei können gleichzeitig sowohl die Proliferationsrate (Zellzahl) als auch Durchmesser und Volumen bestimmt und die Daten miteinander kombiniert werden.

Ein weiterer Membrantest, der sogenannte **Ablösungs-** oder **Detachmentassay**, ist nur für adhärente Zellen geeignet. Als Endpunkt wird die Morphologie bzw. die Adhärenz der Zellen ausgewertet. Quantifiziert wird durch morphometrische Analyse der Zellen. Schon kleinere Effekte, z. B. Veränderungen am Zellgerüst oder Schädigungen der Beweglichkeit von Mikrotubuli, können festgestellt werden. Tote Zellen heben sich von ihrer Unterlage ab und sind abgerundet. Vitale Zellen dagegen haften auf der Unterlage und sind, wie beispielsweise Fibroblasten, spindelförmig ausgebreitet. Die Messungen erfordern große Sorgfalt, viel Erfahrung mit den betreffenden Zellen und ein ausgefeiltes Analysesystem, das jedoch heute durch eine gute digitale Erfassung auch der komplexen Morphologie adhärenter Zellen zunehmend einfacher wird.

Andere Ansätze verfolgen den **Einbau von Nucleotiden** in die DNA oder RNA, wobei man mit Tritium markiertes Thymidin als DNA-Vorläufer bzw. markiertes Uridin für RNA benutzt (Kapitel 22.4.6). Diese Methode eignet sich sowohl für Suspensionskulturen als auch für adhärent wachsende Kulturen. Auch eine nichtradioaktive Methode zur Proliferationsmessung wurde entwickelt.

Statt eines radioaktiven Vorläufermoleküls nimmt man Bromdesoxyuridin, welches in die DNA eingebaut wird. Der Nachweis des eingebauten Bromdesoxyuridins erfolgt immunologisch mithilfe eines markierten monoklonalen Antikörpers (Kapitel 22.5.2).

Es kann aber auch eine spezielle Kombination mit einem DNA-spezifischen Fluorochrom (Hoechstfarbstoff Nr. 33258 od. 33342) und Bromdesoxyuridin in der Durchflusscytometrie eingesetzt werden, um mit dieser Methode Zellzyklusstudien zu betreiben.

Immunologische Proliferationsnachweise setzen sich in letzter Zeit im Bereich der Chemotherapeutikatestung zunehmend durch. Spezielle monoklonale Antikörper gegen bestimmte Kernantigene, (Cycline, Ki-67 und andere) erkennen ausschließlich proliferierende Zellen. Sie binden im Kern diese sehr labilen Proteine, die grundsätzlich während des Zellzyklus in bestimmten Phasen vermehrt auftreten. Bei diesen Methoden konnte eine gute Korrelation mit dem Thymidineinbau festgestellt werden.

In den letzten Jahren wurden zunehmend weitere Testsysteme auf der Basis von **zellspezifischen Proteinen** entwickelt, die z. B. den programmierten Zelltod, die Apoptose, von der durch eine Substanz verursachten Zelltod, der Nekrose, zu unterscheiden vermögen (s. o.).

Am weitesten verbreitet ist jedoch die einfache **Zellzahlbestimmung** bzw. die Bestimmung der Zunahme des Proteingehalts während der Proliferation und anderer basaler Stoffwechselparameter (Kapitel 14.3). Hier ist die Lowry-Methode, die speziell für adhärente Zellen geeignet ist, und auch die Methode nach Bradford gut etabliert (Kapitel 14.2.5). Normalerweise korrelieren Zellprotein und Zellzahl sehr gut miteinander, sofern keine Substanzen im Testsystem die Zellteilung verhindern ohne dabei in die Proteinsynthese einzugreifen. Deshalb wird dieser Test korrekterweise auch als Proteinsynthese-Inhibitionstest bezeichnet.

Eine weitere häufig eingesetzte Methode ist der „**Plating Efficiency Test**" (Kapitel 14.4.4). Bei diesem Test nutzt man die Koloniebildungsfähigkeit aus, um die Giftigkeit einer Substanz oder die wachstumsfördernden Eigenschaften z. B. von Seren zu prüfen. Bei Suspensionszellen kann man die Klonierungsfähigkeit in analoger Weise zur Beurteilung der Cytotoxizität einsetzen.

Neben den aufgeführten Tests, welche auf den Wechselwirkungen von DNA, RNA und Proteinen beruhen oder die Membranintegrität als Endpunkt definieren, befasst sich der gut eingeführte **MTT-Test** mit der Integrität der Mitochondrien (Kapitel 14.4.2). Das MTT gehört zu einer Klasse von Tetrazoliumsalzen und kann als Elektronenakzeptor fungieren. Es wird innerhalb der Mitochondrien und auch in anderen Organellen (Peroxisomen) und im Cytosol von speziellen Oxidoreduktasen in ein unlösliches blaues Produkt umgesetzt. Dieses kann extrahiert, photometrisch bestimmt und quantifiziert werden.

Mittlerweile gibt es eine Reihe löslicher Substrate, bei denen eine Extraktion des Produkts nicht mehr notwendig ist. Es gibt von diesem Testtypus auch eine Reihe von gut reproduzierbaren Testkits (XTT, WST-1, WST-8; s. Kap. 14.4.2).

Neben der Messung der Aktivität solcher Oxidoreduktasen gibt es noch eine Reihe ähnlicher Enzymsysteme, die ebenfalls zur Messung der Aktivitäten innerhalb der Zellen mittels gefärbter Produkte herangezogen werden können. Dies sind vor allem intrazelluläre Hydrolasen und Oxygenasen, deren Aktivitäten dann photometrisch messbar sind.

Intrazelluläre Vorgänge lassen sich auch durch andere als photometrische Verfahren verfolgen. So erlaubt die verbesserte Lichtmikroskopiertechnik, durch digitale Kontrastverbesserung und Anwendung des Differenzial-Interferenz-Kontrastverfahrens (DIC) die Erkennung von Zellstrukturen und Organellen, die unterhalb der optischen Auflösungsgrenze von ca. 200 nm liegen. Unter günstigen Bedingungen können so in der lebenden Zelle (Vitalpräparate) viele dynamische Vorgänge auf dieser Ebene verfolgt, digitalisiert und ausgewertet werden.

Die Qualitätsverbesserungen auch aufseiten der Videokameras machen hier weitere Messungen im Restlichtbereich, bei der Eigenfluoreszenz von Zellen und von induzierten Fluoreszenzen mittels nichttoxischer Fluoreszenzfarbstoffe möglich. So können mit solchen Methoden intrazelluläre Calciumkonzentrationsfluktuationen, pH-Änderungen innerhalb der Zelle und Phagocytosevorgänge

22.6.2 Methoden zur *In-vitro*-Toxizitätsprüfung

22.6.2.1 Prüfung auf wachstumshemmende Eigenschaften einer Substanz

beobachtet werden. Hochauflösende Digitalkameras können mittlerweile bei der Dokumentation von cytotoxischen Effekten gute Dienste z. B. auch am Umkehrmikroskop leisten.

> **Prüfung auf wachstumshemmende Eigenschaften einer Substanz mithilfe von Mausfibroblasten (L 929) bzw. Humanfibroblasten (MRC 5)**
>
> Hier wird als Proliferationsparameter das Zellprotein gemessen und zwar in speziell für solche Zwecke entworfenen Röhrchen, deren Boden abgeschrägt ist, um die Zellen auch im Umkehrmikroskop beobachten zu können. Mittlerweile gibt es auch Proteinnachweise (z. B. nach Bradford), die direkt in 96er Mikrotiterplatten durchgeführt werden.
>
> Material:
> - Kulturröhrchen (Fa. Nunc bzw. Fa TPP)
> - Maus-L-929-Fibroblasten oder Humanfibroblasten (MRC 5 od. WI 38 o. ä. Zellen)
> - Medium Ham F-12 mit 10 mM HEPES, 500 mg $NaHCO_3$/Liter Medium u. 10% FKS-Zusatz; je nach Bedarf Antibiotika zugeben
> - Prüfsubstanz
> - 4%ige Na_2CO_3-Lösung
> - 4%ige Natrium-Kaliumtartratlösung
> - 2%ige Kupfersulfatlösung
> - 10%ige Natriumdodecylsulfatlösung (SDS)
> - Folin-Ciocalteu-Lösung (Fertiglösung Fa. Merck)
> - Rinderserumalbuminlösung (1 mg/ml)
> - Triton X-100
>
> - Die zu prüfende Substanz entweder in der gewünschten Konzentration direkt im Medium auflösen (Sterilität beachten) oder als konzentrierte Stammlösung dem Medium steril zugeben; soll ein Extrakt auf seine wachstumsinhibierenden Eigenschaften geprüft werden, empfiehlt es sich, ein doppelt konzentriertes Medium herzustellen und den wässrigen Extrakt in absteigender Konzentration (50 Vol.-%, 20 Vol.-% usw.) dem Medium zuzugeben.
> - Zellsuspension mittels Zählkammer auf 10^6 Zellen/ml einstellen, 0,2 ml dieser Suspension (entspricht 2×10^5 Zellen) in jedes Röhrchen geben; Zelldichte: 5×10^4 Zellen/cm^2.
> - Jeweils mindestens 5 Replikate (Parallelbestimmungen) ansetzen.
> - Es werden folgende Kontrollen benötigt:
>   **Wachstumskontrolle ohne Zusatz:** hierbei normales Medium (2 ml) ohne Substanz bzw. Extrakt verwenden, diese Kulturen wie unten beschrieben weiterbehandeln.
>   **Zellzahlkontrolle:** mindestens 5 der Röhrchen mit je 2×10^5 Zellen/Röhrchen mit normalem Medium (ohne Zusätze) ansetzen und **sofort** abzentrifugieren (10 min bei ca. $500 \times g$), danach die Zellen mit phosphatgepufferter Salzlösung (PBS) zweimal waschen und die Röhrchen in den Kühlschrank stellen („Kühlschrankkontrolle"); sie dienen der Messung der Ausgangszellkonzentration.
> - Die Röhrchen mit den Zellen mit 2 ml Medium (mit und ohne Prüfsubstanz) beschicken und bei 37 °C (95% rel. Luftfeuchte und 2% CO_2) 72 h im Brutschrank inkubieren.
> - Nach 72 h die Röhrchen vom Medium befreien, mit kalter PBS-Lösung dreimal waschen und auf ein Kleenextuch zum Abtropfen stellen.
> - In jedes Röhrchen (einschließlich der Zellzahlkontrolle) 2 ml einer 0,2%igen Triton X-100-Lösung, die je ml noch zusätzlich 10 µl 1 N NaOH enthält, geben, die Röhrchen 15 min stehen lassen.

- Zwei Proben der zu untersuchenden Substanz sowie eine negative und eine positive Kontrolle auf den Agar legen, die Positionen mit einem Filzschreiber an der Unterseite der Petrischale markieren.
- Feste Prüfsubstanzen sollen mindestens ca. 1 cm^2 bedecken; bei flüssigen Substanzen oder Extrakten die vorher bestimmte Menge (zwischen 50 und 200 µl) auf die Filterscheibchen pipettieren, die dann anschließend auf den Agar gelegt werden; als negative Kontrolle stets die gleiche Menge Nährmedium auf die Filterscheiben pipettieren, die dann nach kurzer Wartezeit auf die Agarschicht gelegt werden.
- Die Platten 24 h bei 37 °C, 2% CO_2 (!) und 95% rel. Luftfeuchte inkubieren.

Auswertung

Die Platten zunächst auf einen intakten Zellrasen unter der negativen Kontrolle prüfen, dabei darauf achten, dass keine unregelmäßigen Bezirke der Färbung auftreten; die Zellen sollten gleichmäßig gut gefärbt sein und die Morphologie normal erscheinen. Eine generelle unregelmäßige Färbung nach 24 h Inkubation kann neben einer falschen CO_2-Konzentration im Inkubationsschrank auch die Folge von flüchtigen toxischen Anteilen in der Prüfsubstanz sein, darauf ist besonders zu achten. Evtl. auftretende Kondenswassertropfen auf dem Deckel der Petrischalen können diese flüchtigen Anteile ebenso absorbieren und zu unregelmäßigen Färbungen führen. Weiterhin können als Fehlerquellen Veränderungen der Prüfsubstanz während der 24-h-Inkubation auftreten (Verfärbungen des Agars durch die Substanz dürfen nicht als toxische Reaktion missinterpretiert werden). Ebenfalls ist darauf zu achten, dass die Platten nach der Anfärbung nicht zu lange in hellem Licht stehen, da durch zu starken Lichteinfall die Neutralrotlösung auf die Zellen toxisch wirken kann. Solche Platten sind für die Beurteilung von toxischen Reaktionen nicht geeignet.

Die Reaktion am besten unter dem umgekehrten Mikroskop bei 100- bis 200-facher Vergrößerung beobachten. Die positive Kontrolle sollte mindestens unter der Fläche der aufgelegten Probe entfärbt, die Zellen abgerundet bzw. zerstört sein. Es werden zwei Reaktionen gemessen: der Entfärbungsindex und der Zellzerstörungsindex.

Beide Reaktionen zusammen ergeben die Zellreaktion. Die Zellreaktion kann man auch als Quotienten: Entfärbungsindex/Zellzerstörungsindex angeben (Tab. 22-5 und 22-6).

Tab. 22-5 Entfärbungsindex.

Entfärbungsindex	Beschreibung
0	keinerlei Zone der Entfärbung erkennbar
1	Entfärbung nur unter der Prüfsubstanz
2	Zone nicht größer als 0,5 cm von der Prüfsubstanz
3	Zone nicht größer als 1,0 cm von der Prüfsubstanz
4	Zone größer als 1,0 cm von der Prüfsubstanz
5	die gesamte Kultur ist entfärbt

Tab. 22-6 Zellzerstörungsindex.

Zellzerstörungsindex	Beschreibung
0	keinerlei Zellzerstörung erkennbar
1	weniger als 20% der Zellen zerstört
2	weniger als 40% der Zellen zerstört
3	weniger als 60% der Zellen zerstört
4	weniger als 80% der Zellen zerstört
5	mehr als 80% der Zellen zerstört

Tab. 22-7 Interpretation der Zellreaktion.

Kennzahl	Interpretation	Bezeichnung der Zellreaktion
0	nicht toxisch	0/0 bis 0,5/0,5
1	mild toxisch	1/1 bis 1,5/1,5
2	mäßig toxisch	2/2 bis 3/3
3	stark toxisch	4/4 bis 5/5

Im Zweifelsfall wird dem Zellzerstörungsindex der größere Ausgangswert beigemessen.

Die Interpretation der Toxizität ist relativ einfach und gut reproduzierbar. Die Reaktionen der Zellen sind eine Funktion der Konzentration und Cytotoxizität der in der Prüfsubstanz befindlichen löslichen, diffusiblen Komponenten. Die Zellreaktion ist ein halbquantitativer Parameter und sehr gut für Vergleichsuntersuchungen geeignet. Eine positive Antwort (Zellreaktion 1/1, s. Tab. 22-7) ist ein guter Hinweis auf das Vorhandensein toxischer diffusibler Stoffe in der Prüfsubstanz.

Weitere Vitalitätstests, wie die „**Vitalfärbung zur Testung auf Lebensfähigkeit von Zellen**" und der „**MTT-Test zur Messung von Lebensfähigkeit und Wachstum**" sind in Kapitel 14.4 ausführlich beschrieben.

22.6.2.3 Nachweis mutagener Substanzen

Säugerzelllinien können zur Feststellung chemisch induzierter Genmutationen gut verwendet werden. Häufig verwendete Zelllinien sind: Maus-Lymphomzellen (L5178Y) sowie CHO- und V79-Zellen des chinesischen Hamsters. An diesen Zelllinien wird mittels der in den einzelnen Genregionen häufig vorkommenden Mutationen die genverändernde Potenz der betreffenden Substanz nachgewiesen. Es eignen sich vor allem die Loci für Thymidinkinase (TK), für die Hypoxanthinguaninphosphoribosyltransferase (HGPRT) und für Na/K-ATPase. Es lassen sich damit Basenpaarmutationen, Frameshiftmutationen (Raster) und kleinere Deletionen nachweisen.

Die betreffenden Vorwärtsmutationen können durch entsprechende Resistenzen gegenüber bestimmten Antimetaboliten (Bromdesoxyuridin oder Fluordesoxyuridin bei TK$^-$; 8-Azaguanin oder 6-Thioguanin bei HGPRT oder Ouabain bei Na/K-ATPase) nachgewiesen werden. Ferner muss vorher in einem separaten Versuch die Cytotoxizität der Substanz bestimmt werden. Hier wird am besten die Plating Efficiency der Kultur bzw. deren Veränderung bestimmt (Kapitel 14.4.4).

Die Mutationsrate wird dadurch bestimmt, dass man eine bekannte Anzahl von Zellen in einem Medium mit dem selektionierenden Agens zur Bestimmung der Mutantenzahl und einmal ohne selektionierendes Agens zur Bestimmung der überlebenden Zellzahl aussät.

Nachweis mutagener Substanzen

Material:
- Zellen (V-79) vom chinesischen Hamster (HGPRT$^+$)
- T-75- oder T-150-Flaschen
- 12er-Multischalen
- Petrischalen für die Zellkultur (10 und 6 cm Durchmesser)
- S-9-Mix (= metabolisierender Zusatz aus induzierter Rattenleber)
- Selektionsmedium (MEM mit 10% FKS und 10 µg/ml Thioguanin)
- MEM mit 10% FKS
- Giemsafarbstoff
- evtl. Kolonienzählgerät

22.7.1.1 Mechanismen der transendothelialen/transepithelialen Migration von Leukocyten

Die transendotheliale/transepitheliale Migration von Leukocyten durch eine Endothel-/Epitheloberfläche kann als komplexer Mehrstufenprozess betrachtet werden. Während dieses dynamischen Prozesses unterziehen sich transmigrierende Leukocyten einer dramatischen Veränderung der Zellmorphologie und Adhäsionsfähigkeit. Die einzelnen Schritte der Transmigration werden reguliert durch eine zeitlich und räumlich koordinierte Aktivierung von Adhäsionsmolekülen und Reorganisation von Cytoskelett-Komponenten seitens der involvierten Zellen (Worthylake and Burridge, 2001; Hoffman et al., 1996).

Der initiale Schritt der Leukocyten-Epithel-Interaktion ist die feste Adhäsion polymorphonucleärer Neutrophilen (PMN) an der basolateralen Seite der Epithelien und scheint ausschließlich durch das Leukocyten β_2-Integrin CD11b/CD18 mediiert zu sein.

Hier zeigt sich ein Unterschied zur PMN-transendothelialen Migration, bei der beide, CD11b/CD18 und ein weiteres β_2-Integrin, CD11a/CD18 (LFA-1), eine signifikante Rolle spielen. Unter Berücksichtigung der ausgeprägten Unterschiede im *Microenvironment* dieser beiden Zellbarrieren ist es nicht überraschend, dass deutliche Differenzen der adhäsiven Interaktionen während der transendothelialen und transepithelialen Migration zu finden sind.

Die Migration ist das Resultat einer Vielfalt von Veränderungen der Zellmorphologie und der Adhäsion von Neutrophilen. Membranausstülpungen und die Bildung von neuen adhäsiven Kontakten am Andockpunkt (*leading edge*) der migrierenden Zellen müssen koordiniert werden mit der Auflösung der Zelladhäsion und dem Nachziehen (Retraktion) des hinteren Endes der Zelle (Lauffenburger and Horwitz, 1996).

22.7.1.2 Präparation neutrophiler Granulocyten

Neutrophile Granulocyten werden aus dem peripheren Blut von gesunden, freiwilligen Probanden durch Punktion einer Unterarmvene gewonnen und nach Präparation innerhalb einer Stunde für die verschiedenen Versuche verwendet (s. auch Kapitel 20.4).

Präparation neutrophiler Granulocyten

Material:
- 50-ml-Falconröhrchen
- Lymphoprep™-Präparationsmedium (Fa. AXIS-SHIELD PoC AS, Norwegen)
- Dextran, MW 58 000 (SIGMA), 10%ige Lösung in Aqua bidest.
- 0,6 M KCl-Lösung
- Transmigrationsmedium (Hanks BSS + 0,5% BSA)
- Zentrifuge

- In einem 50-ml-Falconröhrchen werden 15 ml Lymphoprep™ vorsichtig mit EDTA-antikoaguliertem Vollblut überschichtet und anschließend für 20 min bei 1500 U/min zentrifugiert (Wiedermann et al., 1992).
- Nach der Zentrifugation bilden sich aufgrund unterschiedlicher physikochemischer Eigenschaften (v. a. Dichte, spezifisches Gewicht) vier Schichten (Abb. 22-10).
- Die Suspension, bestehend aus Erythrocyten und Granulocyten, wird mit 40 ml 0,9% NaCl und 5 ml 10% Dextran aufgefüllt, danach geschüttelt und 30 min bei Raumtemperatur stehengelassen.
- Das hier verwendete Dextran führt, ähnlich wie das als Volumenersatzlösung verwendete niedermolekulare Dextran, zu einer Auflagerung dieser Moleküle an die Oberfläche der Erythrocyten. Dies führt aufgrund des hohen Molekulargewichts zu einem Absinken der roten Blutkörperchen.
- Der Überstand, in dem sich die Granulocyten befinden, wird in ein neues Falconröhrchen pipettiert und bei 1800 U/min 10 min zentrifugiert.

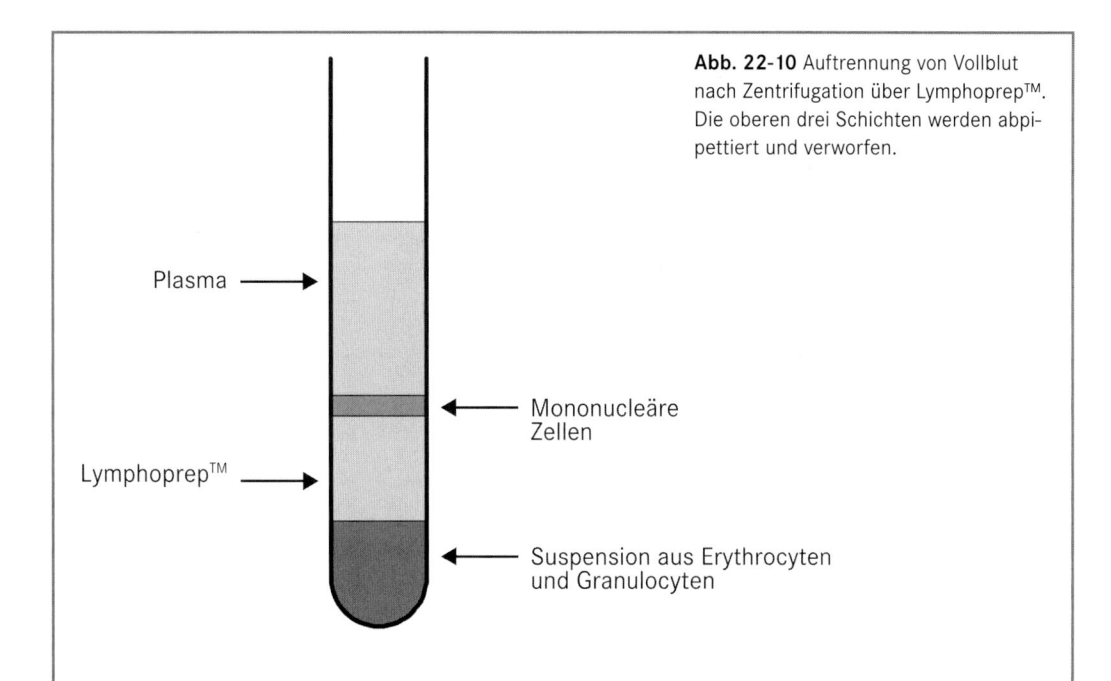

Abb. 22-10 Auftrennung von Vollblut nach Zentrifugation über Lymphoprep™. Die oberen drei Schichten werden abpipettiert und verworfen.

- Nach der Zentrifugation wird der Überstand vorsichtig abgegossen und die noch verbleibenden Erythrocyten nach dem Prinzip der hypoosmolaren Lyse eliminiert:
  - Zum Pellet werden 27 ml Aqua bidest. pipettiert, geschüttelt und nach 29 s 9 ml 0,6 M KCl-Lösung dazugegeben.
  - Die osmotische Resistenz der Erythrocyten ist geringer als die der Granulocyten. Sofort nach Zugabe der hypoosmolaren Lösung beginnen die Erythrocyten zu lysieren. Durch die Zugabe von KCl wird wieder ein isotones Milieu hergestellt und die später einsetzende Lyse der Granulocyten verhindert.
  - Um die lysierten Erythrocyten und die Granulocyten zu trennen, wird wieder 10 min bei 1800 U/min zentrifugiert.
- Das Pellet besteht nun fast gänzlich aus Granulocyten (ca. 98%) und wird mit 5 ml Transmigrationsmedium (Hanks BSS + 0,5% BSA) resuspendiert.

Färbung und Zählung

- Die Granulocyten werden für die nachfolgende Zählung mit Turk-Lösung gefärbt.
- Herstellung der Turk-Lösung:
  0,15 g Gentianaviolett (Crystal Violett, MERCK Nr.1042) wird in etwas H_2O gelöst, mit 15 ml Essigsäure versetzt, mit Aqua bidest. auf 1000 ml aufgefüllt und mit dem Magnetrührer vermischt.
- Zum Färben werden 10 µl Granulocyten und 190 µl Turk-Lösung vermischt. Von dieser Suspension werden 10 µl in ein Hämocytmeter (Neubauer improved) pipettiert und unter dem Mikroskop ausgezählt (s. Kapitel 14.2.1)

22.7.1.3 Kultivierung der Zellen auf Filtermembranen

Die Zellen werden auf Transwell™-Inserts (Transwell-Clear, Tissue Culture Treated Polyester Membrane) der Firma Corning/Costar kultiviert. Für die Transmigrationsversuche werden Filter mit einem Durchmesser von 6,5 mm und einer Porengrösse von 3 μm verwendet (s. Tab. 21-2). Für die Optimierung der Adhäsion und des Wachstums der Zellen werden die Transwell™-Membranen mit Kollagen Typ IV vorbehandelt. Der Vorteil der Transwell-Clear™ besteht darin, dass das Wachstum und die Konfluenz der Zellen optisch mit einem Phasenkontrastmikroskop überprüft werden kann. Als Träger für die Filter dienen 24-Well-Platten wobei die Filtermembran von beiden Seiten mit Medium umspült wird.

A. Kultivierung der Zellen auf der Filteroberseite

Material:
- Transwell-Clear Filtereinsätze (Corning/Costar), 6,5 mm Durchmesser, 3 μm Porengröße (s. Tab. 21-2)
- 24-Well-Platten (Fa.Corning/Costar)
- Kollagen Typ IV (Collagen IV from Human Placenta, Fluka)
- konfluente Kulturen von HK-2 Zellen (Human Kidney) (Kap. 21.1.2) in DMEM/Ham F-12 Medium mit 10% FKS
- HDEMEC (Human Dermal Microvascular Endothelial Cells) Kulturen in MCDB-131 Medium, 10% FKS, 1 μg/ml Hydrocortison, 1 ng/ml EGF

Die Kultivierung von HK-2-Zellen auf der Filteroberseite stellt ein Modell dar, bei dem die Transmigration von apikal nach basolateral simuliert werden kann. Das obere Kompartiment repräsentiert die apikale, das untere die basolaterale Seite (s. auch Abb. 21-3).

- Vorbereitung der Filtereinsätze: Die Kollagen-Beschichtung der 6,5 mm-Durchmesser-Transwells erfolgt durch Zugabe von 40 μl Kollagen Typ IV in einer wässrigen Lösung von 2,5 μg/cm^2 (s. Kapitel 6.6).
- Für die Kultivierung der Zellen im oberen Kompartiment wird eine homogene Zellsuspension (0,5 × 10^6/ml) hergestellt und 100 μl (entspricht 50 000 Zellen) auf die Oberseite der Filtermembran dazugegeben (vergl. auch Kapitel 21.1.3). Anschließend wird in das untere Kompartiment 0,6 ml Medium mit 10% FKS pipettiert.
- Das Nährmedium muss am nächsten Tag und in der Folge alle 2 Tage gewechselt werden.

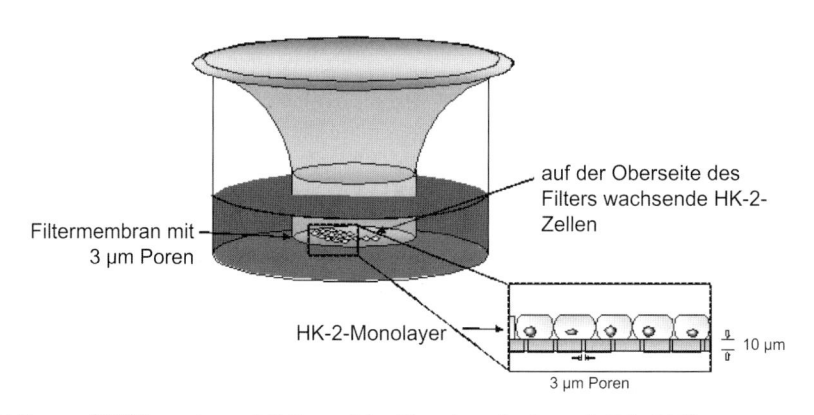

Abb. 22-11 Transwell™-Filtersystem mit Zellen auf der Filteroberseite (s. auch Abb. 21-3).

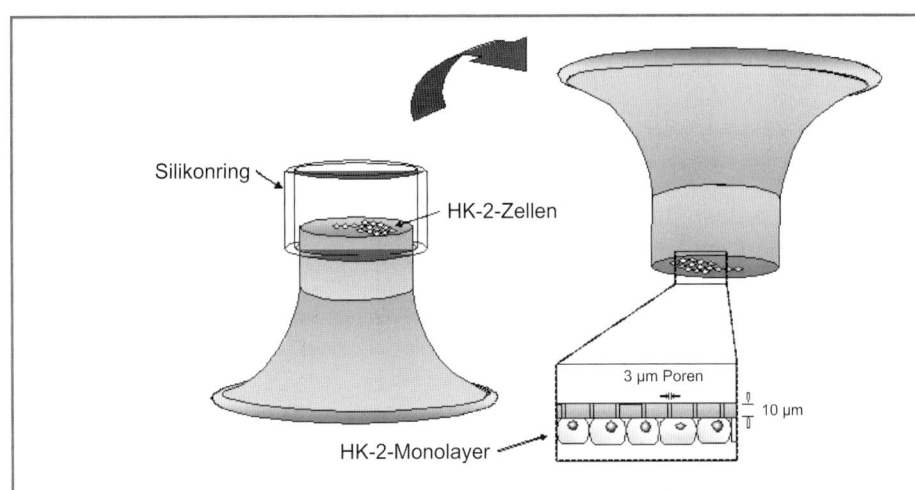

Abb. 22-12 Transwell™-Filtersystem mit Zellen auf der Membranunterseite.

B. Kultivierung auf der Filterunterseite

Die Kultivierung der HK-2-Zellen auf der Filterunterseite dient der Erstellung eines experimentellen Aufbaus, der es ermöglicht, Transmigrationsprozesse in basolateral-apikaler Richtung zu untersuchen. Ein steriler Silikonring (8 mm Durchmesser, Höhe 0,7 cm) wird um den äußeren Durchmesser der Transwell™-Inserts montiert (Abb. 22-12). Anschließend werden die Filter mit der Unterseite nach oben in eine mit Nährmedium gefüllte 12-Well-Platte gestellt. Dadurch wird sichergestellt, dass die Membran mit Flüssigkeit umspült ist und ein Eintrocknen der Zellen verhindert wird.

Danach werden 150 µl (ca. 75 000 Zellen) von der vorher vorbereiteten homogenen Zellsuspension auf den durch den Silikonring begrenzten Teil des Filters zugegeben und für 24 h bei 37 °C in 5% CO_2 und 95% rel. Luftfeuchte inkubiert. In dieser Zeitspanne kommt es zur festen Adhärenz der Zellen und beginnenden Bildung eines Monolayers. Nach der Inkubation wird das Medium abgesaugt, die Silikonringe vorsichtig entfernt und die Transwell™-Inserts wieder in aufrechter Position in eine 24-Well-Platte überführt. In das äußere Kompartiment wird 0,6 ml Nährmedium eingefüllt, in das innere Kompartiment 0,1 ml. Der Wechsel des Mediums erfolgt alle 2 Tage.

C. Ko-Kultivierung von 2 Zelltypen (HK-2 Zellen und HDMEC)

Um weitere Einblicke in die Mechanismen der Transmigration zu gewinnen, wurde ein Bilayer-System durch Ko-Kultivierung von HDMEC (Human Dermal Microvascular Endothelial Cells) und HK-2 (Human Kidney) Zellen entwickelt.

Hierfür werden Endothel- und Epithelzellen simultan an gegenüberliegenden Seiten von Transwell™-Inserts kultiviert. Da diese beiden Zelltypen nur durch eine poröse Membran getrennt sind, wird die Zell-Zell-Kommunikation durch lösliche Faktoren ermöglicht und potenzielle Interaktionen zwischen Endothel und Tubulusepithel können auf einem *In-vitro*-Level untersucht werden.

- Verwendet werden hierfür ebenfalls Transwell™-Inserts (6,5 mm Durchmesser, Porengröße 3 µm).
- Als erstes werden HK-2 Zellen (75 000/Filter) auf der Filterunterseite ausgesät (s. o.). Nach 2 Tagen werden die HDMEC (33 000/Filter) auf die Oberfläche der Transwell™-Filter platziert und wachsen nun simultan mit dem auf der Unterseite adhärierenden HK-2-Zellen zu einem konfluenten Bilayer.
- Während der Ko-Kultivierung der Zellen wird in beiden Kompartimenten MCDB-131-Medium mit 2 g/l $NaHCO_3$ und 5% FKS verwendet. Das Medium wird zusätzlich mit Supplement Pack/Endothelial Cell Growth Medium MV (PromoCell) ergänzt.

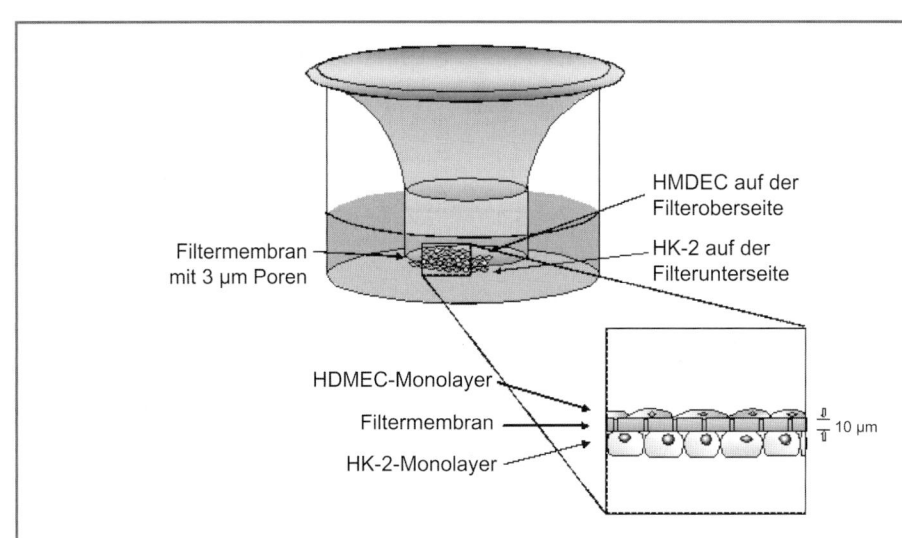

Abb. 22-13 Schema des experimentellen Aufbaus der Ko-Kultur.

In Voruntersuchungen müssen die für die Etablierung des Bilayer-Systems optimale Zellzahl und Vorgehensweise ermittelt werden, die garantiert, dass beide Zelltypen gemeinsam jeweils konfluent den Filter bedecken.

Den kritischen Faktor stellen die verkehrt wachsenden HK-2-Zellen dar. Deshalb werden sie zuerst alleine kultiviert bis eine stabile Proliferationstätigkeit erreicht wird. Die HDMEC werden bei der hier verwendeten Zelldichte innerhalb kurzer Zeit konfluent, sodass abhängig von der Dichtigkeit der Epithelzellen der Bilayer für die Versuche nach 3 bis 4 Tagen verwendet werden kann.

22.7.1.4 Transmigrationsversuche

Die Bestätigung der funktionellen Integrität und Konfluenz der Monokulturen bzw. Ko-Kulturen erfolgt durch Bestimmung von morphologischen Merkmalen mittels Phasenkontrastmikroskopie und elektrischen Widerstandsmessungen (Kapitel 21.1.3) (Bijuklic et al., 2006, 2007; Joannidis et. al., 2004).

Ablauf der Transmigration

Material:
- einfach bewachsene oder ko-kultivierte Filtereinsätze (s. o.)
- Transmigrationsmedium (Hanks BSS + 0,5% BSA)
- fMLP (*N*-formyl-Met-Leu-Phe) (SIGMA), 10^{-6} M Lösung in Transmigrationsmedium

- Zuerst wird das Medium abgesaugt und die Filter zweimal mit PBS gewaschen. Anschließend können die Zellen für die jeweilige Fragestellung mit im Medium gelösten Substanzen bei 37 °C stimuliert werden. Zur Messung der Spontanmigration wird als Negativkontrolle unbehandeltes Medium verwendet. Während der Inkubationsphase werden die neutrophilen Granulocyten präpariert und auf eine Konzentration von 2×10^6/ml eingestellt.

- Nach Beendigung der Inkubationsphase werden die stimulierenden Substanzen durch zweimaliges Waschen der oberen und unteren Oberfläche der Transwell™-Filter entfernt und diese in neue Multiwell-Platten transferiert.

- In das obere Kompartiment werden 0,1 ml der Neutrophilensuspension (2×10^6/ml) zugegeben und ins äußere Kompartiment 0,6 ml Transmigrationsmedium (Hanks BSS mit 0,5% BSA) eingefüllt.

Die Neutrophilen lässt man über eine Zeitdauer von 5 h im Inkubator bei 37 °C transmigrieren. Als Positivkontrolle dient ein chemotaktischer Gradient von fMLP (N-formyl-Met-Leu-Phe, 10^{-6} M in Transmigrationsmedium), welches zu Beginn der Transmigrationsphase in das untere Kompartiment zugegeben wird.

- Jede einzelne Bedingung wird in unabhängigen Experimenten in doppelter Ausführung bestimmt. Aufgrund der Variationen zwischen den einzelnen individuellen Experimenten sind die Ergebnisse als „Transmigration-Index" (TMI) anzugeben, der das Verhältnis von Neutrophilen-Transmigration durch stimulierte Monolayer dividiert durch die Anzahl von migrierten Neutrophilen durch unstimulierte Monolayer repräsentiert.

Myeloperoxidase-Detection-Assay

Für die Quantifizierung der transmigrierten und filterassoziierten Neutrophilen wird eine Methode angewendet, die mit hoher Sensitivität und Spezifität auch eine geringe Anzahl von Neutrophilen nachweisen kann. Nach mehreren Voruntersuchungen konnte der Myeloperoxidase-Assay (modifiziert nach Parkos et al., 1991) für die Transmigrationsexperimente adaptiert werden. Die Anzahl der Neutrophilen wird durch Messung der Myeloperoxidase bestimmt, ein Marker der azurophilen Granula.

- Nach der 5 h dauernden Transmigrationsphase werden die Filter innen viermal mit HBSS + 0,5% BSA gewaschen, um nicht migrierte Neutrophile zu entfernen. Die Myeloperoxidasefreisetzung wird durch Auflösen der Zellen in HBSS mit 0,5% Triton X-100 erreicht. Die Einstellung des pH-Wertes auf 4,2 erfolgt mit 1 M Citrat-Puffer bei 20 °C.
- Die Transwell™-Inserts werden dafür in 24-Well-Platten transferiert, in die das Lyse-Medium bereits pipettiert wurde.
  Lyse-Medium:
  - 30 µl 10% Triton X-100 (verdünnt mit Aqua bidest.)
  - 60 µl 1 M Citrat-Puffer pH 4,2, 20 °C
  - 0,6 ml HBSS + 0,5% BSA
- Triton X-100, als nicht ionisches Detergens, lagert sich in die Lipiddoppelschicht der Membranen ein, erhöht deren Permeabilität und führt zu einer Schädigung der Zellen, allerdings ohne einen denaturierenden Effekt auf Proteine auszuüben. Nach 20 min Einwirkdauer sind sämtliche Zellen lysiert, erkennbar am Aufsteigen der Flüssigkeit durch die Membranporen des Transwells™. Die Lyse der migrierten Neutrophilen außerhalb des Filterinserts im 24-Well erfolgt analog, die Einwirkzeit beträgt hier 15 min.

Messung der Myeloperoxidase

Färbelösung:
- 100 mM Citrat-Puffer, pH 4,2, mit
  - 1 mM 2,2'-Azino-bis-(3-ethyl)-benzothiazoline Sulfonic Acid (ABTS, SIGMA), und
  - 10 mM H_2O_2

- 100 µl der Probe wurde nun in eine 96-Multiwellplatte pipettiert und mit 100 µl Färbelösung (1 mM 2,2'-Azino-bis-(3-ethyl)-benzothiazoline Sulfonic Acid (ABTS) und 10 mM H_2O_2 in 100 mM Citrat-Puffer pH 4,2) gemischt. Nach Farbentwicklung durch die Oxidation von ABTS wird die Reaktion durch Zugabe von 20 µl einer 5% SDS-Lösung (Endkonzentration 0,5%) nach 10 min terminiert.
- Die Absorption wird in einem Mikroplattenleser bei 405 nm bestimmt.
- Alle Proben und Standards (0–100 000 Zellen) werden in doppelter Ausführung gemessen.
- Die Zahl der migrierten Neutrophilen errechnet sich mittels einer Standardkurve, die für jedes individuelle Experiment erstellt werden muss. Es sollte sich eine direkte Korrelation zwischen Neutrophilen-Zahl und Absorption ergeben.

22.8 Chromosomenpräparation

Zur Charakterisierung und Identifizierung (Authentizität) einer Zellkultur (Kapitel 16) gibt es keinen besseren Anhaltspunkt als das Wissen über Anzahl, Morphologie und andere Eigenschaften der Chromosomen (Worton and Duff, 1979). Mit deren Hilfe ist meist auch eine Zuordnung zu den einzelnen Spezies bei Säugerzellen gut durchführbar (Kreuzkontamination, Kapitel 2.8).

Eine Chromosomenanalyse kann ferner unterscheiden zwischen normalen und malignen Zellen, da bis auf wenige Ausnahmen normale somatische Zellen einen sehr stabilen Chromosomensatz (diploid) besitzen, während maligne Zellen in der Regel aneuploid sind und sogar unterschiedliche Chromosomenzahlen besitzen, auch wenn diese aus einem Klon stammen. Mittels Durchflusscytometrie kann man heute nicht nur quantitative Messungen an zellulärer DNA durchführen, sondern sogar die Chromosomen eines Karyotyps quantitativ sortieren. Untersuchungen an gezüchteten Fruchtwasserzellen über Chromosomenzahl und mögliche Aberrationen gehören heute zur Routine eines gut ausgerüsteten medizinischen Labors. Auch immunhistochemische Methoden auf der DNA-Ebene und *In-situ*-Hybridisierungsmethoden können zur näheren Charakterisierung von Zellen und deren Leistungen beitragen.

Chromosomenpräparation

Material:
- T-25-Kulturflasche
- Zentrifugenröhrchen 10 ml
- Objektträger
- Colcemid-Stammlösung: 10 µg/ml
- Ethidiumbromid-Stammlösung: 10 mg/ml
- hypotones Medium: 50% 0,013 M NaCl-Lösung und 50% 0,067 M KCl-Lösung auf 37 °C vorwärmen
- Fixativ: Methanol/Eisessig im Verhältnis 3:1, eiskalt
- 1 N HCl
- Giemsa-Lösung
- 0,25% Trypsinlösung in PBS
- Phosphat-Puffer pH 7,0 nach Sörensen, 0,01 M

- Die Objektträger mit Methanol und einigen Tropfen 1 N HCl säubern und in kaltem Aqua dest. bis zur Verwendung lagern.
- Die Zellen einen Tag vor der Präparation mit frischem Medium füttern.
- 2 h vor der Aufarbeitung 50 ng/ml Colcemid (Stammlösung mit Medium verdünnen) und evtl. Ethidiumbromid (10 µg/ml, Stammlösung mit Medium verdünnen) zugeben.
- Die Zellen nach 2 h Inkubation trypsinieren, zweimal mit frischem Medium waschen, zum Schluss das Medium bis auf ca. 0,5 ml absaugen; die Zellen in dem verbliebenen Medium gut resuspendieren.
- Das hypotone Medium (9,5 ml) zu den resuspendierten Zellen vorsichtig dazugeben und 30 min bei 37 °C inkubieren.
- Die Zellen kurz abzentrifugieren und das hypotone Medium bis auf einen kleinen Rest vorsichtig absaugen, die Zellen darin vorsichtig resuspendieren.
- Langsam die eiskalte Fixierlösung (5 ml) unter dauerndem Schütteln zu den Zellen tropfen und 30 min bei RT inkubieren.
- Die Zellen nach erneutem Zentrifugieren zweimal mit eiskalter Fixierlösung waschen.
- Den Überstand nach dem letzten Waschschritt bis auf ca. 1 ml absaugen, die Zellen vorsichtig resuspendieren und ca. 3–5 Tropfen auf den eiskalten und nassen Objektträger auftropfen.
- Die Objektträger durch Schrägstellen trocknen und mit dem Phasenkontrastmikroskop (40×) kontrollieren.

- Zur Färbung die Zellen mit einer 0,25%igen Trypsinlösung überschichten und ca. 30 s bis zu 1 min (dies muss erprobt werden!) bei RT inkubieren.
- Die Objektträger zweimal mit PBS waschen und anschließend 10 min mit einer 4%igen Giemsa-Lösung (immer frisch zubereiten, hält sich nur ca. 1 h) bei RT inkubieren.
- Nach der Färbung die Objektträger mit Aqua dest. oder unter laufendem Leitungswasser spülen, trocknen, einbetten und gut aufbewahren.
- Bei der mikroskopischen Beobachtung die Präparate zunächst mit schwacher Vergrößerung (10×) im Hellfeld nach entsprechenden Stellen durchsuchen und durch ein stärkeres Objektiv (100× in Ölimmersion) analysieren und anschließend fotografisch dokumentieren.

22.9 Literatur

Amacher D.E. et al. Point mutations at the thymidine kinase locus in L5178Y mouse lymphoma cells. I. Applications to genetic toxicology testing. Mut. Res. 64: 391-406, 1979.

Amacher D.E. et al. Point mutations at the thymidine kinase locus in L5178Y mouse lymphoma cells. II. Test validation and interpretation. Mut. Res. 72: 447-474, 1980.

Amalfitano A. Utilization of adenovirus vectors for multiple gene transfer applications. Methods 33: 173-178, 2004.

Ashihara T. and Baserga R. Cell synchronization. Methods Enzymol. 58: 248-262, 1979.

Atterwil C.K. and Steele C.E. (Eds.). In vitro methods in toxicology. Cambridge University Press, 1987.

Auerbach R., Lewis R., Shinners B., Kubai L. and Akhtar N. Angiogenesis assays: A critical overview. Clin. Chem. 49: 32-40, 2004.

Axel D., Betz E.L., Brehm B.R., Karsh K.R., Köveker G. and Wolburg-Buchholz K. Induction of cell rich and lipid rich plaques in a transfilter coculture system with human vascular cells. J. Vasc. Res. 33: 327-339, 1996.

Balls M., Berg N., Bruner L.H. et al. Eye irritation testing: the way forward. ATLA 27: 53-77, 1999.

Balls M., Blaauboer B.J., Fentem J.H. et al. Practical aspects of the validation of toxicity test procedures. ATLA 23: 129-147, 1995.

Balls M., Goldberg A.M., Fentem J.H. et al. The three Rs: the way forward. ATLA 23: 838-866, 1995.

Benihoud K., Yeh P. and Perricaudet M. Adenovirus vectors for gene delivery. Curr. Opin. Biotechnol. 10: 440-447, 1999.

Beuvery E.C., Griffiths J. B. and Zeijlmaker, W.P. Animal cell technology: developments towards the 21st century. Kluwer Acad. Publ., 1995.

Bicknell R. (Ed.). Endothelial cell culture. Cambridge Univ. Press, 1996.

Bijuklic K., Sturn D.H., Jennings P. et al. Mechanisms of neutrophil transmigration across renal proximal tubular HK-2 cells. Cell. Physiol. Biochem. 17: 233-244, 2006.

Bijuklic K., Jennings P., Kountchev J. et al. Migration of leukocytes across an endothelium-epithelium bilayer as a model of renal interstitial inflammation. Am. J. Physiol. Cell Physiol. 293: C486-C492, 2007.

Bjerkrig R., Steinsvag S.K. and Laerum O.D. Reaggregation of fetal brain cells in a stationary culture system. In Vitro 22: 180-192, 1986.

Blesch A. Lentiviral and mlV based retroviral vectors for ex vivo and in vivo gene transfer. Methods 33: 164-172, 2004.

Böck G. Current status of flow cytometry in cell and molecular biology. Int. Rev. Cytol. 204: 239-298, 2001.

Böck G., Steinlein P. and Huber L.A. Cell biologists sort things out: analysis and purification of intracellular organelles by flow cytometry. Trends Cell Biol. 7: 499-503, 1997.

Bottenstein J.E. and Sato G. Cell cultures in the neurosciences. Plenum Press, 1985.

Bradley M.O. et al. Mutagenesis by chemical agents in Chinese hamster cells: a review and analysis of the literature: A Report of Gene-Tox Program. Mut. Res. 87: 81-142, 1981.

Buttin G. et al. In: Melchers F. et al. (Eds.) Curr. Top. Microbiol. Immunol. Vol. 81, Springer Verlag, Heidelberg, 1978.

Chambard J.-C., Lefloch R., Pouyssegur J. and Lenormand P. ERK implication in cell cycle regulation. Biochim. Biophy. Acta 1773: 1299-1310, 2007

Chang D.C. et al. (Eds.). Guide to electroporation and electrofusion. Academic Press, New York, 1990.

Capecchi M. High efficiency transformation by direct microinjection of DNA into cultured mammalian cells. Cell 22: 479-488, 1980.

Chen C.A. and Okayama H. Calcium phosphate-mediated gene transfer: A highly efficient transfection system for stably transforming cells with plasmid DNA. BioTechniques 6: 632-638, 1988.

Coecke S., Rogiers V., Bayliss M. et al. The use of long-term hepatocyte cultures for detecting induction of drug metabolising enzymes: the current status. ATLA 27: 579-638, 1999.

Colbere-Garapin F., Horodniceanu F., Khourilsky P. and Garapin A.C. A new dominant hybrid selective marker for higher eukaryotic cells. J. Mol. Biol. 150: 1-14, 1981.

Colosimo A., Goncz K.K., Holmes A.R., Kunzelmann K., Novelli G., Malone R.W., Bennett M.J. and Gruenert D.C. Transfer and expression of foreign genes in mammalian cells. BioTechniques 29: 314-331, 2000.

Combes R., Balls M., Curren R. et al. Cell transformation assays as predictors of human carcinogenicity. ATLA 27: 745-767, 1999.

Cram L.S. Flow cytometry, an overview. Methods Cell Sci. 24: 1-9, 2002.

Curren R.D., Southee J.A., Spielmann H. et al. The role of prevalidation in the development, validation and acceptance of alternatives methods. ATLA 23: 211-217, 1995.

Dalby B., Cates S., Harris A., Ohki E,C., Tilkins M.L., Price P.J. and Ciccarone V.C. Advanced transfection with Lipofectamine 2000 reagent: primary neurons, siRNA, and high-throughput applications. Methods 33: 95-103, 2004.

Dangels V. et al. Two and three-dimensional cell structures govern epidermal growth factor survival function in human bladder carcinoma cell lines. Cancer Res. 57: 3360-3364, 1997.

Davis P.K., Ho A. and Dowdy S.F. Biological methods for cell-cycle synchronization of mammalian cells. BioTechniques 30: 1322-1331, 2001.

Dive C., Gregory C.D., Phipps D.J., Evans D.L., Milner A.E. and Wyllie A.W. Analysis and discrimination of necrosis and apoptosis (programmed cell death) by multiparameter flow cytometry. Biochim. Biophys. Acta 1133: 275-285, 1992.

Eder C., Falkner E., Nehrer S., Losert U.M. and Schöffl H. Introducing the concept of the 3Rs into tissue engineering research. ALTEX 23: 17-23, 2006.

Federico M. Lentiviruses as gene delivery vectors. Curr. Opin. Biotechnol. 10: 448-453, 1999.

Fedoroff S. and Richardson A. Protocols for neural cell culture. Humana Press, Towa, NY, 1992.

Felgner P.L., Gadek T.R., Holm M., Roman R., Chan H.W., Wenz M., Northrop J.P., Ringold G.M. and Danielsen M. Lipofection: A highly efficient, lipid-mediated DNA-transfection procedure. Proc. Natl. Acad. Sci. USA 84: 7413-7417, 1987.

Foung S.K.H. et al. Production of functional human T-T hybridomas in selection medium lacking aminopterin and thymidin. Proc. Natl. Acad. Sci. USA 79: 7484-7488, 1982.

Freshney R.I. (Ed.). Culture of Epithelial Cells. Wiley Liss, New York, 1992.

Geisler B., Weiss D.G. and Lindl T. Videomicroscopic analysis of the cytotoxic effects of 2-hydroxyethyl-metacrylate on diploid human fibroblasts. In Vitro Toxicol. 8: 369-375, 1995.

Gennari A., van den Berghe C., Casati S. et al. Strategies to replace in vivo acute systemic toxicity testing. ATLA 32: 437-459, 2004.

Glauner B. and Lindl T. In vitro Toxizitätsassay mit CASY 1. Bioforum 16: 370-372, 1993.

Golzio M.,Rols M.P. and Teissie J. In vitro and in vivo electric field-mediated permeabilization, gene transfer, and expression. Methods 33: 126-135, 2004.

Grimm S. The art and design of genetic screens: mammalian culture cells. Nature Rev. Genet. 5: 179-189, 2004.

Gstraunthaler G., Steinmassl D. and Pfaller W. Renal cell cultures: a tool for studying tubular function and nephrotoxicity. Toxicol. Lett. 53: 1-7, 1990.

Harris A. (Ed.). Epithelial Cell Culture. Cambridge Univ. Press, Cambridge, 1996.

Harris R.A. and Cornell N.W. (Eds.). Isolation, characterization and use of hepatocytes. Elsevier, New York, 1983.

Hawksworth G.M., Bach P.H., Nagelkerke J.F. et al. Nephrotoxicity testing in vitro. ATLA 23: 713-727, 1995.

Herbert W.J. and Kristensen F. Laboratory animal technique for immunology. In: Handbook of experimental immunology: Applications of immunological methods in biomedical sciences. Blackwell Scientific Publications, Oxford, 1986.

Hewett P.W. and Murray J.C. Human microvessel endothelial cells: isolation, culture and characterization. In Vitro Cell Dev. Biol. 29: 823-830, 1993.

Hoffmann P., D'Andrea L., Carnes D., Colgan S.P and Madara J.L. Intestinal epithelial cytoskeleton selectivity constrains lumen-to-tissue migration of neutrophils. Am. J. Physiol. 271: C312-C320, 1996.

Jacobsen L.B., Calvin S.A., Colvin K.E. and Wright M. FuGENE 6 transfection reagent: the gentle power. Methods 33: 104-112, 2004.

Jaffe E.A. Biology of the endothelial cells. Nijhoff, Den Haag, 1982.

Janeway C.A., Travers P., Walport M. and Shlomshik M. Immunologie, 5. Aufl., Spektrum Verlag, Heidelberg, 2002.

Joannidis M., Truesbach S., Bijuklic K. et al. Neutrophil transmigration in renal proximal tubular LLC-PK1 cells. Cell. Physiol. Biochem. 14: 101-112, 2004.

Jordan M. and Wurm F. Transfection of adherent and suspended cells by calcium phosphate. Methods 33: 136-143, 2004.

Kennett R.H. et al. (Eds.). Monoclonal antibodies. Plenum Press, New York, 1980.

Kilby B.J. et al. (eds.). Handbook of mutagenicity test procedures. 2nd Edition, Elsevier, Amsterdam. 1984.

Klueh U., Dorsky D.I., Moussy F. and Kreutzer D.L. *Ex ova* chick chorioallantoic membrane as a novel model for evaluation of tissue responses to biomaterials and implants. J. Biomed. Mater. Res. 67A: 838-843, 2003.

Kirsop B.E. et al. (eds.). Guide to electroporation and electrofusion. Academic Press, New York. 1992.

Koebe G. et al. Collagen immobilization provides a suitable cell matrix for long term human hepatocyte cultures in hybrid reactors. Intern. J. Art. Organs 17: 95-108, 1994.

Köhler G. and Milstein C. Continuous cultures of fused cells secreting antibody of predefined specificity. Nature 256: 495-497, 1975.

Kunz-Schughard L.A. Multicellular tumor spheroids: intermediates between monolayer culture and in vivo tumor. Cell Biol. Intern. 23: 157-161, 1999.

Lauffenburger D.A. and Horwitz A.F. Cell migration: a physically integrated molecular process. Cell 84: 359-369, 1996.

Laurin T., Schmitz U., Riediger D., Frank H.G. und Stoll C. Die Chorioallantoismembran befruchteter Vogeleier als Substrat zur Testung der Invasivität von Karzinomen. Mund Kiefer GesichtsChir. 4: 223-228, 2004.

Lechner J., Malloth N., Jennings P., Hekl D., Pfaller W. and Seppi T. Oppsoing roles of EGF in IFNα-induced epithelial barrier destabilization and tissue repair. Am. J. Physiol. Cell Physiol. 293: C1843-C1850, 2007.

Lentz P.E. and Di Luzio N.R. Isolation of adult rat liver macrophages and Kupffer cells. Methods Enzymol. 32: 647-653, 1974.

Lever A.M.L., Strappe P.M. and Zhao J. Lentiviral vectors. J. Biomed. Sci. 11: 439-449, 2004.

Li F.K., Davenport A., Robson R.L. et al. Leukocyte migration across human peritoneal mesothelial cells is dependent on directed chemokine secretion and ICAM-1 expression. Kidney Int. 54: 2170-2183, 1998.

Lindl T. Erfahrungen bei der Suche nach Alternativen am Beispiel der Prüfung auf Cytotoxizität von Biomaterialien. In: Schuppan D., Hardegg W. (Hrsg.): Tierschutz durch Alternativen. G. Fischer, Stuttgart, pp. 87-98, 1988.

Lindl T. Zell- und Gewebekulturen als Testsysteme für Toxizitäts- und Chemotherapeutikatests. BL-Journal 2: 99-105, 1992.

Lindl T. Zelltestsysteme auf dem Vormarsch. Chemie in Labor und Biotechnik (CLB) 45, Pt. 1: 258-261, 1994.

Lindl T. Zelltestsysteme auf dem Vormarsch. Chemie in Labor und Biotechnik (CLB) 45, Pt. 2: 318-320, 1994.

Lindl T. und Jacob R. Cytotoxizitätsuntersuchungen von Kontaktlinsen. Ein neuer Test zur gleichzeitigen Erkennung der Cytotoxizität und der Oberflächeneigenschaften von Linsenmaterial mittels zweier Zelllinien. Contactologia 6 D: 97-105, 1984.

Lindl T., Lewandowski B., Schreyögg S. and Städte A. An evaluation of the *in vitro* cytotoxicities of 50 chemicals by using an electrical current exclusion method versus the neutral red uptake and MTT assays. ATLA 33: 1-11, 2005.

Lüring C., Kalteis T., Wild K., Perlick L. und Grifka J. Gewebetoxizität lokaler Anästhetika im HET-CAM-Test. Schmerz 17: 185-190, 2003.

Mannino R.J. and Gould-Fogerite S. Liposome mediated gene transfer. BioTechniques 6: 682-690, 1988.

McFarland D.C. Preparation of pure cell cultures by cloning. Methods Cell Sci. 22: 63-66, 2000.

Meloche S. and Pouyssegur J. The ERK1/2 mitogen-activated protein kinase pathway as a master regulator of the G1- to S-phase transition. Oncogene 26: 3227-3239, 2007.

Migliorati G., Nicoletti I., Pagliacci M.C., D'Adamio L. and Riccardi C. Interleukin-4 protects double-negative and CD4 single-positive thymocytes from dexamethasone-induced apoptosis. Blood 81: 1352-1358, 1993.

Morin J.-P., De Broe M.E., Pfaller W. and Schmuck G. Nephrotoxicity testing *in vitro*: the current situation. ATLA 25: 497-503, 1997.

Mosmann T. Rapid colorimetric assay for cellular growth and survival: application to proliferation and cytotoxicity assays. J. Immunol. Methods 65: 55-63, 1983.

Mueller-Klieser W.: Tumor biology and experimental therapeutics. Critical Reviews Oncol. Hematol. 36: 123-139, 2000.

Nicoletti I., Migliorati G., Pagliacci M.C., Grignani F. and Riccardi C. A rapid and simple method for measuring thymocyte apoptosis by propidium iodide staining and flow cytometry. J. Immunol. Methods 139: 271-279, 1991.

Oi V.T. and Herzenberg C.A. In: Selected methods in cellular immunology (Mishell B.B. et al., Eds.), Freemann, San Francisco, 1980, pp. 351-372.

Page D.T. et al. Isolation and characterisation of hepatocytes and Kupffer cells. J. Immunol. Meth. 27: 159-173, 1979.

Parkos C.A., Colgan S.P. and Madara J.L. Interaction of neutrophils with epithelial cells: lessons from the intestine. J. Am. Soc. Nephrol. 5: 138-152, 1994.

Parkos C.A., Delp C., Arnaout M.A. and Madara J.L. Neutrophil migration across a cultured intestinal epithelium. Dependence on a CD11b/CD18-mediated event and enhanced efficiency in physiological direction. J. Clin. Invest. 88: 1605-1612, 1991.

Peters J.H. und Baumgarten H. (Hrsg.). Monoklonale Antikörper. Herstellung und Charakterisierung. 2. Aufl., Springer Verlag, Berlin, 1990.

Pfaller W. and Troppmair E. Renal transepithelial resistance (TER) and paracellular permeability (PCP) are reliable endpoints to screen for nephrotoxicity. In: *Progress in the Reduction, Refinement and Replacement of Animal Experimentation* (Balls, Zeller, Halder, Eds.), pp. 291-304, Elesevier Science, 2000.

Pfaller W., Balls M., Clothier R. et al. Novel advanced in vitro methods for long-term toxicity testing. ATLA 29: 393-426, 2001.

Potter H. Electroporation in biology: methods, applications and instrumentation. Anal. Biochem. 174: 361-377, 1988.

Tab. 23-1 Zusammensetzung verschiedener Nährlösungen.

Nährlösung		NaCl	KCl	CaCl$_2$	MgCl$_2$	MgSO$_4$	Salze (ohne Kristallwasser) NaHCO$_3$	NaH$_2$PO$_4$	KH$_2$PO$_4$	Glucose	Na-Pyruvat	Gasgemisch zur Durchperlung**	pH-Wert
Tyrode-Lösung (übliches Rezept)	[g/l]	8,0	0,2	0,2	0,1	–	1,00	0,05	–	1,0	–	100 Vol.-% O$_2$	7,9
	[mmol/l]	136,9	2,68	1,80	1,05	–	11,90	0,42	–	5,55	–	5 Vol.-% CO$_2$	7,4
												5 Vol.-% CO$_2$	6,8
Tyrode-Lösung (Ca^{2+}-arm)	[g/l]	8,0	0,2	0,1	0,1	–	1,00	0,05	–	1,0	–	Carbogen	7,2
	[mmol/l]	136,9	2,68	0,9	1,05	–	11,90	0,42	–	5,55	–		
Tyrode-Lösung (Mg^{2+}-reich)	[g/l]	8,0	0,2	0,1	0,2	–	1,00	0,05	–	1,0	–	Carbogen	7,2
	[mmol/l]	136,9	2,68	0,9	2,10	–	11,90	0,42	–	5,55	–		
Tyrode-Lösung (K$^+$-reich Mg^{2+}-frei)	[g/l]	9,0	0,42	0,06	–	–	0,50	–	–	0,5	–	Carbogen	7,0
	[mmol/l]	154,0	5,63	0,54	–	–	5,95	–	–	2,78	–		
Tyrode-Lösung nach Langendorff (K$^+$-arm, Ca^{2+}-arm)	[g/l]	8,0	0,075	0,1	–	–	0,05	–	–	1,0	–		
	[mmol/l]	136,9	1,01	0,9	–	–	0,6	–	–	5,55	–		
Locke-Lösung	[g/l]	9,2	0,42	0,23	–	–	0,15	–	–	1,09	–	100 Vol.-% O$_2$	8,5
	[mmol/l]	157,4	5,63	2,09	–	–	1,78	–	–	5,55	–	1 Vol.-% CO$_2$	6,8
												5 Vol.-% CO$_2$	6,4
Locke-Lösung (variiert)	[g/l]	9,2	0,42	0,23	–	–	Phosphat-Puffer*			–	–	100 Vol.-% O$_2$	7,4
	[mmol/l]	157,4	5,63	2,09	–	–				5,55	–		

* Stammlösungen für Phosphat-Puffer: Lösung I: 1,432 g Na$_2$HPO$_4$ × 12 H$_2$O / 100 ml H$_2$O → 10 ml ⎫ pro 1 l Ringer- oder Locke-Lösung
Lösung II: 1,560 g NaH$_2$PO$_4$ × 2 H$_2$O / 100 ml H$_2$O → 1 ml ⎭

** Bei Angabe von Vol.-% CO$_2$ zur Durchperlung besteht der Rest der Gasmischung jeweils aus reinem O$_2$.

23 Organkulturen

Tab. 23-1 Zusammensetzung verschiedener Nährlösungen (Fortsetzung).

Nährlösung		NaCl	KCl	CaCl$_2$	MgCl$_2$	MgSO$_4$	NaHCO$_3$	NaH$_2$PO$_4$	KH$_2$PO$_4$	Glucose	Na-Pyruvat	Gasgemisch zur Durchperlung**	pH-Wert
Krebs-Henseleit-Lösung	[g/l]	6,9	0,35	0,28	–	0,14	2,09	–	0,16	1,09	0,22	5 Vol.-% CO$_2$	7,4
	[mmol/l]	118,0	4,70	2,52	–	1,64	24,88	–	1,18	5,55	2,0		
Ringer-Lösung	[g/l]	9,0	0,2	0,2	–	–	0,10	–	–	–	–	100 Vol.-% O$_2$	8,4
	[mmol/l]	153,9	2,68	1,80	–	–	1,19	–	–	–	–	1 Vol.-% CO$_2$	6,7
												5 Vol.-% CO$_2$	6,1
Ringer-Lösung (variiert)	[g/l]	9,0	0,2	0,2	–	–	–	Phosphat-Puffer*		–	–	100 Vol.-% O$_2$	7,4
	[mmol/l]	153,9	2,68	1,80	–	–	–			–	–		
De-Jalon-Lösung	[g/l]	9,0	0,42	0,06	–	–	0,5	–	–	0,5	–	Carbogen	
	[mmol/l]	154,0	5,63	0,54	–	–	5,95	–	–	2,78	–		
Sund-Lösung	[g/l]	9,0	0,42	0,06	0,09	–	0,5	–	–	0,5	–	Carbogen	
	[mmol/l]	154,0	5,63	0,54	0,95	–	5,95	–	–	2,78	–		
Ringer-Lösung (Kaltblüter)	[g/l]	6,0	0,075	0,10	–	–	0,10	–	–	–	–	100 Vol.-% O$_2$	8,4
	[mmol/l]	102,6	1,01	0,91	–	–	1,19	–	–	–	–		
Ringer-Lösung (Kaltblüter) (variiert)	[g/l]	6,0	0,075	0,10	–	–	–	Phosphat-Puffer*		–	–	100 Vol.-% O$_2$	7,4
	[mmol/l]	102,6	1,01	0,91	–	–	–			–	–		

*Stammlösungen für Phosphat-Puffer: Lösung I: 1,432 g Na$_2$HPO$_4$ × 12 H$_2$O / 100 ml H$_2$O → 10 ml
Lösung II: 1,560 g NaH$_2$PO$_4$ × 2 H$_2$O / 100 ml H$_2$O → 1 ml } pro 1 l Ringer- oder Locke-Lösung

** Bei Angabe von Vol.-% CO$_2$ zur Durchperlung besteht der Rest der Gasmischung jeweils aus reinem O$_2$.

23.1 Präparation eines Säugerdünndarms als Beispiel für eine Organpräparation in der Pharmakologie

Das isolierte Meerschweinchenileum (unterer Abschnitt des Dünndarms) ist wohl das meist verwendete glattmuskuläre Organpräparat in der Pharmakologie. Es wird vor allem zur routinemäßigen Überprüfung von Pharmaka („Screening") verwendet und dient auch als Versuchsobjekt für die Demonstration der Arbeitsweise glattmuskulärer Organe in der Lehre.

Präparation eines Meerschweinchenileum

Material:
- Meerschweinchen (Gewicht 200–350 g)
- 1 größere Schere (14 cm) und eine kleinere Schere (ca. 9 cm)
- 1 Pinzette
- Organbad mit elektromechanischem Transducer, Verstärker und Schreiber
- Tyrode-Lösung (modifiziert (Ca^{2+}-arm) f. Ileum-Präparation): Für einen Tagesbedarf werden ca. 10 l Lösung empfohlen:

NaCl	8 g/l
$NaHCO_3$	1 g/l
Glucose × $1H_2O$	1,1 g/l
KCl	0,2 g/l
$CaCl_2$ × $2H_2O$	0,1 g/l
$MgCl_2$ × $6H_2O$	0,1 g/l
NaH_2PO_4 × H_2O	0,5 g/l

Begasung mit „Carbogengas" (95% O_2 / 5% CO_2), pH ca. 7,3

Da diese Lösung zu Ausfällungen und Trübungen neigt, ist es empfehlenswert, sich Stammlösungen von KCl (10×), $CaCl_2$ (10×), $MgCl_2$ (10×) und NaH_2PO_4 (5×) zu bereiten und dann folgendermaßen vorzugehen: In der Polyethylenflasche (10 l) ca. 8 l Aqua dest. (10-l-Markierung vorher an der Flasche anbringen) vorlegen. Die Mengen für 10 l Lösung von NaCl, $NaHCO_3$ und Glucose in einem separaten Messzylinder (1000 ml) in beliebiger Reihenfolge in 1 l Aqua dest. lösen und zu dem vorgelegten Aqua dest. geben. Danach die erwähnten Stammlösungen in der folgenden, streng einzuhaltenden Reihenfolge hinzupipettieren:

1) KCl (10x) 20 ml
2) $CaCl_2$ (10x) 10 ml
3) $MgCl_2$ (10x) 10 ml
4) Na_2PO_4 (5x) 10 ml

Anschließend bis zum Eichstrich (10 l) mit Aqua dest. auffüllen und 10 min lang gründlich mit Carbogengas (95% O_2 /5% CO_2) durchspülen (mit einem Glasrohr, verbunden mit einer Fritte).
Danach den pH-Wert überprüfen (zwischen 7,35 und 7,45) und evtl. mit NaOH einstellen. Tyrode- oder andere Nährlösungen für die Organkulturen sind stets täglich frisch herzustellen! Niemals trübe und ausgefallene Lösungen verwenden!

- Das Meerschweinchen durch einen Nackenschlag töten.
- Den Bauchsitus durch einen Schnitt in der Medianlinie vom Sternum bis zur Symphyse eröffnen.
- Den gesamten Darmtrakt vorsichtig entfernen und das Ileum in einer Länge von ca. 40 cm herauspräparieren (Abb. 23-1); **Vorsicht**, nur am unteren Ende des Ileums mit der Pinzette anfassen, Zerren und Quetschen des Darmes vermeiden!
- Das herausgelöste Ileum sofort in eine Petrischale mit temperierter (37 °C) Tyrode-Lösung geben und ca. 10 cm vom unteren Teil abschneiden, da dieser Teil weniger geeignet ist und zudem mechanisch von der Pinzette gequetscht worden ist.
- Den Rest des Ileums in etwa 4 gleich große Stücke zerschneiden und mit Tyrode-Lösung schonend durchspülen (am besten mittels einer 10-ml-Einmalspritze) und so von etwaigen Inhaltsresten befreien.

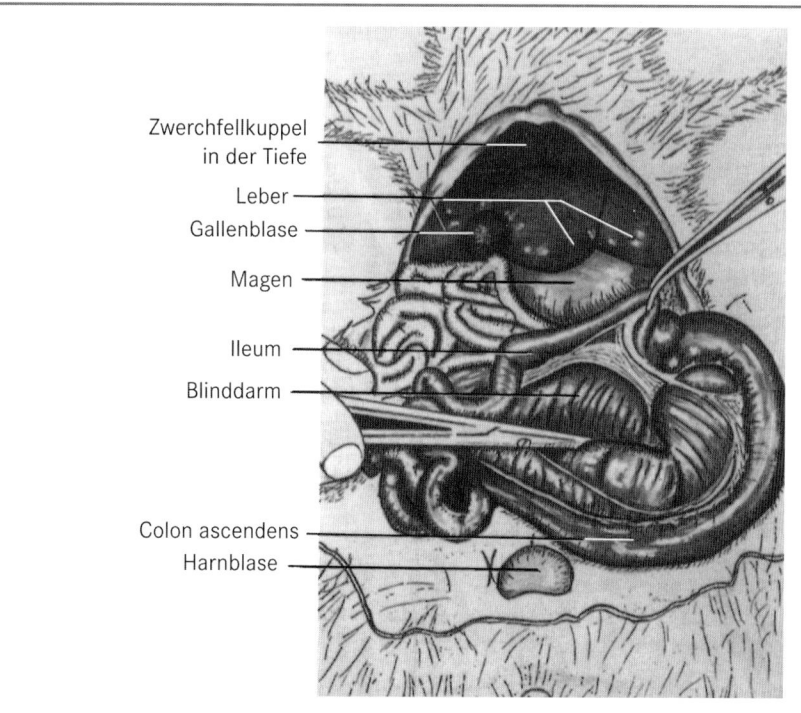

Abb. 23-1 Bauchhöhlensitus des Meerschweinchens mit ausgeklapptem Colon.

- Die Darmstückchen in frische Tyrode-Lösung geben und in für das Organbad passende gleich große Stücke schneiden: ca. 10 mm bei elektrischen Transducern, ca. 20 mm bei mechanischen Aufnehmern (Kymographen).
- Die nicht benötigten Darmstücke in Tyrode-Lösung in den Kühlschrank (4 °C) legen; diese Präparate sind nach Aufwärmung noch nach Stunden durchaus brauchbar.
- Zur Befestigung der Präparate im Organbad sind entweder feine Häkchen oder dünne Fäden brauchbar; die Fixierung hat so zu erfolgen, dass stets beide Enden des Darmrohres offen sind, damit keine Spontankontraktion während des Versuches entsteht; diese Spontankontraktion, die bei frischen Präparaten durchaus auftritt, kann durch eine Abkühlung im Kühlschrank in Tyrode-Lösung (2 bis 4 h) und nachfolgende langsame (ca. zehnminütige) Erwärmung bei Raumtemperatur vermieden werden.

Zur weiteren Versuchsdurchführung siehe Literatur.

23.2 Präparation eines peripheren Nerven (oberes Halsganglion) zur Messung der neuronalen Übertragung (Neurotransmission)

Die Übertragung eines Signals wird in der Regel von Nervenzellen mittels chemischer Überträgersubstanzen (Neurotransmitter) vorgenommen. Es ist prinzipiell möglich, diesen Vorgang in der Zellkultur zu beobachten. Dabei sind allerdings Bedingungen und experimenteller Aufwand enorm, sodass sich diese Versuchsanordnung bisher nur in der Grundlagenforschung durchgesetzt hat. Für einfachere und routinemäßig durchgeführte Untersuchungen bietet sich hier die Organkultur von peripheren Nerven an, die relativ leicht und einfach zu gewinnen und zu halten sind. Diese Präparate sind als Organkulturen bis zu 7 Tage kultivierbar und grundlegende Aussagen über Effekte von

Drogen sind mittels solcher Organpräparationen durchaus zu gewinnen. Während bei Kurzzeitpräparaten keineswegs streng steril gearbeitet werden muss, ist bei Ganglienkulturen, die über 24 h hinaus in Kultur gehalten werden, aseptisches Arbeiten selbstverständlich.

Präparation eines peripheren Nerven (oberes Halsganglion) zur Messung der neuronalen Übertragung (Neurotransmission)

Material:
- 10 Ratten, Gewicht ca. 250 g
- 1 Präparierwanne mit Präpariernadel
- 1 große Schere
- 2 kleine gebogene spitze Scheren
- 4 Dumontpinzetten
- 1 Stereomikroskop mit Lichtquelle (Niedervoltleuchte)
- warme, mit Carbogen vorbegaste Krebs-Ringer-Lösung
- Ham F-12 Medium mit 10% FKS
- 90-mm-Durchmesser-Petrischalen
- Antibiotikalösung (Penicillin/Streptomycin)
- Krebs-Henseleit-Lösung, Urethan

- Die Ratten entweder durch eine intraperitoneale Injektion von 50%igem Urethan (0,3 ml/100 g Körpergewicht) betäuben und danach durch Durchtrennung der Wirbelsäule töten oder durch einen Nackenschlag sofort töten.
- Die Ratten auf dem Rücken liegend mit Präpariernadeln in der Wanne befestigen, die obere Halsregion mit 70%igem Ethanol desinfizieren; danach folgt ein Schnitt quer zum Hals und noch ein Längsschnitt median.
- Das Fell und die oberen Hautschichten wegpräparieren, bis links und rechts die Halslymphknoten sichtbar werden.
- Das caudalwärts sichtbare Muskelgewebe vorsichtig abpräparieren, bis darunter die Halsschlagader der Ratte (Carotisarterie) sichtbar wird.
- Der Halsschlagader unter Freipräparieren nach oben folgen, bis eine Verzweigung der Carotis (Arteria carotis interna und A. carotis externa) sichtbar wird; darunter liegt weißlich schimmernd das obere Halsganglion; dieses mittels einer feinen Schere möglichst weit oben von den Nerven abtrennen (2 Hauptnerven: N. carotis externa und N. carotis interna); darunter ist jetzt der eigentliche Ganglienkörper sichtbar.
- Das Ganglion nach Durchtrennung des caudalwärts laufenden Nervenstranges in Ringer-Lösung legen (möglichst nicht mehr als 10 Tiere pro Versuchsserie präparieren); diese Ringer-Lösung sollte am besten in einem Eisbad stehen, bis das letzte Ganglion präpariert ist.
- Die Ganglien in der kalten Ringer-Lösung in die Sterilbank überführen und ca. 15 min in einer Antibiotikalösung gut schwenken.
- Die Ganglien mit Krebs-Henseleit-Lösung (steril) zweimal waschen und mittels zweier steriler Dumontpinzetten vom Bindegewebe befreien; dies kann leicht bei einiger Übung in einem Zug durchgeführt werden, indem man mit einer Pinzette vorsichtig ein kleines Fenster in den Bindegewebssack, der das ganze Ganglion umhüllt, präpariert.
- Danach lässt sich das Fenster mit der zweiten Pinzette leicht erweitern; das Ganglion samt den prä- und postganglionären Nerven aus der Hülle entfernen; **extreme Vorsicht** ist dabei geboten, dass vor allem die Nervenstränge nicht gequetscht werden.

Diese Ganglien können nun einerseits als Organpräparat zur Messung der Neurotransmission in eine konventionelle elektrophysiologische Vorrichtung eingebaut werden, um extra- und/oder intrazelluläre Ableitungen vorzunehmen, oder sie können in Ham F-12 Nährmedium mit Zusatz von fetalem Kälberserum für längere Zeit in Kultur gehalten werden.

> Während allerdings die Verwendungsdauer zur Messung der elektrophysiologischen Eigenschaften begrenzt ist (bis zu 48 h), können ganze Ganglien *in vitro* unter optimalen Nährbedingungen bis zu 2 Wochen gehalten werden. Solche Ganglienpräparate eigenen sich für biochemische und zellbiologische Untersuchungen sehr gut. Näheres darüber in der angegebenen Literatur.

23.3 Leberschnitte *in vitro*

23.3.1 Testung der Leberschnitte auf Fibrinogen

In der Leber findet *in vivo* der größte Teil der Fremdstoffmetabolisierung statt. Aus diesem Grund sind auch In-vitro-Systeme zur Züchtung von Hepatocyten-Primärkulturen und -Zelllinien enorm wichtig geworden (Kapitel 20.6).

Neben der Prüfung auf Metabolisierung *in vitro* (Biotransformation) ist die Prüfung von toxischen Substanzen auf die Leber eines der großen Anliegen in der Toxikologie und Pharmakologie. In-vitro-Systeme sind bisher nicht sehr erfolgreich gewesen, da sie meist die Komplexizität der In-vivo-Situation nicht gut genug abgebildet haben. In den letzten Jahren ist hier sowohl bezogen auf die Hepatocyten-Zell- als auch auf die -Gewebekultur ein entscheidender Wandel eingetreten. Hepatocyten können heute schon *in vitro* nicht nur als Monolayerkulturen sehr gut in solchen Tests eingesetzt werden, sondern man ist dabei, Hepatocyten als histio- oder organotypische dreidimensionale Zellkultur im Labor und auch klinisch einzusetzen.

Demgegenüber ist die Technik der Vitalfeinschnitte relativ alt. Schon in den sechziger Jahren wurde sie von MacIlwain und anderen entwickelt, um z. B. Gewebeschnitte aus Gehirn für biochemische und pharmakologische Untersuchungen heranzuziehen.

Doch nun gibt es verfeinerte Ansätze, z. B. frisches Leberorganmaterial *ex vivo* über längere Zeit (wenigstens 48 h) in Kultur zu halten, ohne dass die Vitalkapazität, z. B. die Biosynthese von wichtigen leberspezifischen Substanzen, den sogenannten Akutephaseproteinen wie Fibrinogen, Albumin u. a. entscheidend zurückgeht.

Dieses System kann gut zum Screening nicht nur auf toxische Substanzen, sondern auch für molekularbiologische Studien (z. B. mRNA-Synthese bestimmter leberzellrelevanter Proteine) eingesetzt werden.

Als Beispiel für die vielfältigen Anwendungsmöglichkeiten wurde die Reaktion der Leberzellen auf mögliche toxische Einflüsse ausgewählt. Als Folge einer Infektion oder einer Verletzung von Zellen oder Geweben wird die „Akutphasereaktion" ausgelöst. Diese Reaktion tritt lokal und systemisch auf.

Durch die Akutphasereaktion werden die in den Körper eingedrungenen Infektionserreger abgetötet, immunologische Reaktionen in Gang gesetzt und Reparaturvorgänge induziert. Die in der Leber synthetisierten Akutphaseproteine sind vor allem Gerinnungsproteine (z. B. das Fibrinogen), Komplementproteine sowie weitere unterschiedliche Inhibitoren. Die Regulierung der Synthese und des Exports vermittelt ein Lymphokin, das Interleukin-6. Weiterhin sind an diesen Synthesen Interleukin-1 und der Tumornekrosefaktor TNF-alpha beteiligt.

Im nachfolgenden Abschnitt wird ein Beispiel für derartige Leberschnitte angeführt, die Schnittdicke ist auf 250 µm eingestellt.

Herstellung der Leberschnitte

Material:
- Ratten (Sprague Dawley o. Ä.)
- Krumdieck Tissue Slicer (Fa. Alabama Res., USA)
- Bohrvorrichtung (Korkbohrer oder scharfes Metallrohr, ca. 8 mm Durchmesser)
- sterile Werkbank; Schüttler oder Schüttelinkubator; 6er- bzw. 12er-Multischalen
- Feinhaarpinsel
- Krebs-Henseleit-Lösung (mit Antibiotika)
- Waymouth Medium (mit Antibiotika) mit 10% FKS

Für derartige Versuche eignen sich am besten männliche Ratten mit einem Lebendgewicht von 250–300 g. Auf die Tierschutzsituation sei hier nochmals eindringlich hingewiesen: Es empfiehlt sich, die Tiere nicht nur für eine einzige Organentnahme zu töten, sondern Sorge dafür zu tragen, dass auch andere Organe bzw. Gewebe Verwendung finden. Allerdings sollten die Ratten keiner medikamentösen oder chirurgischen Behandlung unterworfen sein, da diese möglicherweise die Resultate beeinflussen könnte.

- Die aus den getöteten Ratten entnommene Leber sofort in eine auf 4 °C gekühlte Krebs-Henseleit-Lösung legen, die mit Carbogen (95% O_2/5% CO_2) begast ist.
- Das entnommene Organ zunächst unter der sterilen Werkbank in die beiden Leberlappen teilen.
- Die Leberlappen in eine größere Kristallisationsschale, die vollständig mit Krebs-Henseleit-Lösung bedeckt ist, legen; um ein Abrutschen beim Bohrvorgang zu verhindern, die Schale vorher mit einem rutschfesten Schaumgummi auslegen.
- Aus den einzelnen Leberlappen mithilfe der Bohrvorrichtung Stifte von ca. 8 mm Durchmesser herausstanzen.
- Die herausgebohrten Stifte sofort in den mit Krebs-Henseleit-Lösung gefüllten Mikrotombereich des Gewebeschneiders legen; dabei wird das Gewebe über ein rotierendes Messer geführt, wobei es unter leichtem Druck gleichmäßig auf das Messer gepresst wird; die frischen Schnitte gleiten in das Puffergefäß und werden danach in ein spezielles Auffanggefäß überführt (nähere Einzelheiten bitte der Gebrauchsanleitung des Gewebeschneiders entnehmen).
- Die frischen Schnitte unter der sterilen Werkbank in eine mit vorbegastem Krebs-Henseleit-Puffer gefüllte Petrischale überführen.
- Die Schnitte einige Sekunden absetzen lassen, dann mehrmals mit kaltem vorbegasten Krebs-Henseleit-Puffer waschen.
- Die Schnitte mit dem Feinpinsel steril in Filtereinsätze, die z. B. in 6er-Multischalen passen, überführen und mit 2–5 ml Waymouth Medium plus 10% FKS im Brutschrank oder im Schüttelinkubator bei 95% Luft/5% CO_2 inkubieren; dabei ist es günstig, die Schnitte noch zusätzlich leicht zu schütteln (ca. 50–90 rpm).

Die Schnitte sollen gerade noch in das Inkubationsmedium eintauchen, sodass eine „Grenzschicht" zwischen Filter, auf dem die Schnitte ruhen, und Medium entstehen kann. Die Schnitte können jedoch auch einfach in die Schalen gelegt werden oder es kann das Substrat z. B. mit Kollagen o. Ä. vorbeschichtet sein.
   Feinschnitte können ihre Vitalkapazität gut länger als 48 h aufrecht erhalten.

ELISA-Test auf Fibrinogenproduktion

Das ELISA-Prinzip (Enzyme Linked Immuno Sorbent Assay) beruht auf der Möglichkeit, Antikörper gegen ein gesuchtes Protein o. Ä. (Antigen) an eine Festphase (hier Polystyrol) fest zu verankern.
   Die Probe mit dem Antigen wird auf die mit dem Antikörper beschichtete Oberfläche aufgetragen, der immobilisierte Antikörper kann nun das Antigen binden und ebenfalls immobilisieren. Dieser Anti-

gen-Antikörper-Komplex wird mit einem zweiten antigenspezifischen Antikörper inkubiert, der mit einem Enzym, dessen Aktivität leicht nachweisbar ist, kovalent gekoppelt ist. Das Enzym, das nun als Antikörper-Antigen-Antikörper-Komplex fixiert ist, setzt ein zugegebenes Substrat in ein farbiges Produkt um, das im Photometer mittels Extinktionsmessung quantifizierbar ist. Dabei kann auf die Menge an Antigen (in unserem Falle Fibrinogen) rückgeschlossen werden.

Material:
- ELISA-Platten (96er Fa. Nunc Immunoplates Maxi-Sorb)
- 1. Antikörper: Ziege-anti-human-Fibrinogen (Fa. Paesel)
- 2. Antikörper: Ziege-anti-human-Fibrinogen mit Peroxidase gekoppelt (Fa. Cappel)
- Fibrinogen aus Rattenplasma (Fa. Sigma)
- PBS; PBS mit 0,05 % Tween 20
- Verdünnungslösung: PBS mit 0,1 % Rinderserumalbumin (BSA) und 0,2 % Tween 20
- PBS mit 1 % BSA
- 0,05 M $NaHCO_3$-Lösung (in Aqua bidest.)
- Peroxidase-Substrat: TMB (Tetramethylbenzidin) 42 mM (in Aqua bidest.)
- 3 %iger H_2O_2-Substratpuffer: 0,1 M Acetat pH 4,9
- Stoppreagenz: 3 % H_2SO_4
- ELISA-Reader (Wellenlänge bei 450 nm)

- Die Immuno-Plates pro Vertiefung mit 100 µl des 1. Antikörpers (Ziege-anti-human-Fibrinogen, 1:1000 mit 0,05 M $NaHCO_3$-Lösung verdünnt) füllen und bei 4 °C über Nacht inkubieren.
- Dreimal waschen mit PBS + 0,05 % Tween 20.
- Vertiefungen mit jeweils 300 µl PBS, das 1 % BSA enthält, absättigen.
- 30 min bei Raumtemperatur inkubieren.
- Dreimal waschen mit PBS + 0,05 % Tween 20.
- Den aus den Gewebeschnitten erhaltenen Überstand nach Inkubation mit der jeweiligen Substanz steril aus den Multischalen entnehmen und jeweils 200 µl davon in die Vertiefungen pipettieren.

Zur quantitativen Auswertung ist es notwendig, entweder eine eigene Platte mit bekannter Fibrinogenkonzentration, oder eine Verdünnungsreihe der bekannten Fibrinogenkonzentration (die Endkonzentration sollte zwischen 0,1 und 5 mg pro ml liegen) anzusetzen. Die Verdünnung sowohl der Standardkonzentrationen als auch der Proben (falls notwendig) sollte mit der Verdünnungslösung durchgeführt werden, und zwar zweckmäßigerweise in Verdünnungsschritten mit 1:2-Verdünnungen nach rechts.

- Die Proben und die Standards 3 h bei Raumtemperatur inkubieren.
- Dreimal waschen mit PBS + 0,05 % Tween 20.
- Den 2. Antikörper (Anti-Human-Fibrinogen, Peroxidase-gekoppelt) auftragen (jeweils 100 µl pro Vertiefung; 1:5000 in Verdünnunglösung).
- 3 h bei Raumtemperatur inkubieren.
- Dreimal waschen mit PBS + 0,05 % Tween 20.
- Substratlösung (100 µl TMB und 15 ml H_2O_2 in 10 ml H_2O) zugeben, davon jeweils 100 µl pro Vertiefung.
- Ins Dunkle stellen, wobei sich die Inkubationszeit am sogenannten Leerwert orientieren sollte: Die Probe, die nur PBS enthält, entwickelt je nach Raumtemperatur und Substratlösung nach ca. 30 min bis 1 h ebenfalls eine leichte Blaufärbung.
- Reaktion mit 100 µl 3 %iger H_2SO_4 abstoppen (Gelbfärbung) und Extinktionen bei 450 nm messen.
- Die maximale Fibrinogenstimulation in diesen Leberschnitten kann mit Il-6 bei einer Endkonzentration von 1000 U/ml erreicht werden.

> **Hinweis:**
> Jede Organentnahme aus einem Tier ist mit dessen Tod verbunden und sollte daher gewissenhaft auf ihre Notwendigkeit geprüft werden.
> Dringend möchten die Autoren darauf hinweisen, dass die Vorschriften des Tierschutzgesetzes hier strengstens beachtet werden müssen.
> Auf evtl. kommende Gesetzesänderungen, die eine Verschärfung der Verwendung von Tieren auch für die Organentnahme bringen wird, möchten die Autoren noch vorsorglich verweisen.

23.4 Literatur

Auclair M.C. and Freyss-Beguin M. (Eds). Heart cells in culture: methods and applications. Biol. Cell. 37: 95-208, 1980.
Balls M. and Monnickendam M.A. (Eds). Organ culture in biomedical research. Cambridge Univ. Press, Cambridge, 1976.
Blattner R. et al. Experimente in isolierten glattmuskulären Organen. HSE Biomesstechnik III/78, Hugo Sachs Electronik Eigenverlag, Hugstetten, 1978.
Gruber F.P. und Spielmann H. (Eds.). Alternativen zu Tierexperimenten. Spektrum Verlag, Heidelberg, 1996.
Harvey A.L. The pharmacology of nerve and muscle in tissue culture. Croom Helm, Ltd., Beckenham, 1983.
Schaeffer W.I. Terminology associated with cell, tissue and organ culture, molecular biology and molecular genetics. In Vitro Cell. Dev. Biol. 26: 97-101, 1990.
Skok V. Physiology of the autonomic ganglia. Igaku Shoin Ltd., Tokyo, 1973.
Storch V. und Welsch U. Kükenthal Zoologisches Praktikum. Spektrum Akademischer Verlag, Heidelberg, 2005.
Tierschutzgesetz. Bundesgesetzblatt 1093, Teil I Nr. 30, g 5702, 1105–1120, 1998.

24 Stammzellen und Tissue Engineering

Stammzellen sind mehr oder minder undifferenzierte Zellen, die im Organismus die Potenz (Fähigkeit) (s. u.) besitzen, in alle rund 200 Zelltypen des Körpers zu differenzieren. Man unterscheidet embryonale und adulte Stammzellen (für Übersichtsarbeiten siehe Czyz et al., 2003; Weissmann, 2000; Wobus and Boheler, 2005). Während embryonale Stammzellen in einer kurzen Phase der Embryonalentwicklung (Morulastadium) noch tatsächlich zu allen denkbaren Zellen und sogar *in vivo* zu einem ganzen Organismus ausdifferenzieren können (totipotent), sind Stammzellen aus dem fertigen Organismus dazu nach dem derzeitigen Stand der Wissenschaften nicht mehr in der Lage (pluripotent). Jedoch können solche Stammzellen, die mittlerweile in nahezu allen Geweben gefunden wurden, vielerlei regenerative Aufgaben im Körper erfüllen, indem sie bei Bedarf in die benötigte Differenzierung einmünden. Darüber hinaus wurde entdeckt, dass adulte Stammzellen in einem ausgewachsenen Organismus selbst noch eine hohe Plastizität aufweisen. Darunter versteht man die Fähigkeit einer Zelle, die Gewebsgrenzen zu überschreiten und sich in Zellen eines anderen Gewebetyps zu entwickeln (Herzog et al., 2003; Lakshimpathy and Verfaille, 2005; Wagers and Weissman, 2004).

> **Der Begriff der Potenz in der Entwicklungsbiologie (Schöler, 2004):**
> Mit „Potenz" bezeichnet man in der Entwicklungsbiologie die Fähigkeit bestimmter Zellen und Gewebe, sich zu differenzieren. Die Fähigkeit zur Differenzierung nimmt in der Reihenfolge totipotent (= omnipotent) → pluripotent → multipotent und → oligopotent ab, doch ist diese Abgrenzung nicht immer scharf zu ziehen und hängt von vielen Außenfaktoren (z. B. Kulturbedingungen, Vorbehandlung, u. a.) ab.

24 Stammzellen und Tissue Engineering

Blastocyste

embryonale Stammzellkultur

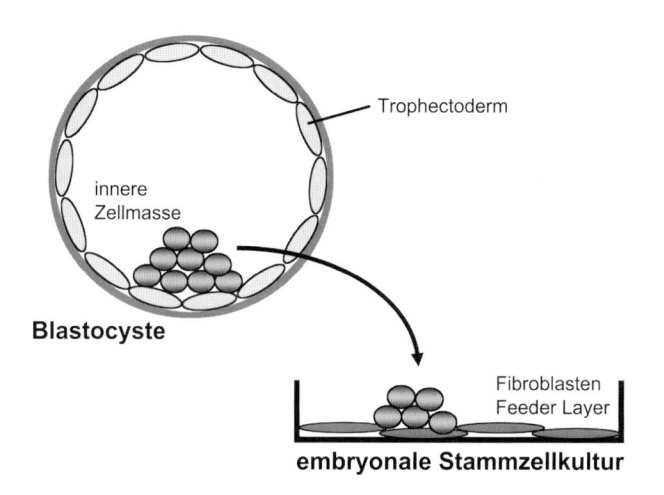

Abb. 24-1 Isolierung von Zellen aus der inneren Zellmasse einer Mausblastocyste und Transfer auf Fibroblasten Feeder Layer zur Initiierung einer embryonalen Stammzellkultur.

> **Totipotenz (Omnipotenz):** Fähigkeit einer einzigen Zelle, einen kompletten, lebensfähigen Organismus aufzubauen. Beispiel: befruchtete Eizelle (Zygote).
> **Pluripotenz:** Fähigkeit einer Zelle, sich in nahezu alle Zellen eines Organismus differenzieren zu können. Beispiel: embryonale Stammzellen.
> **Multipotenz:** Fähigkeit einer Zelle, sich in eine Vielzahl von Abkömmlingen zu differenzieren. Beispiel: hämatopoetische Stammzellen.
> **Oligopotenz:** Fähigkeit einer Zelle, sich in einige wenige Abkömmlinge zu differenzieren. Beispiel: lymphoide oder myeloide Stammzellen.

Man spricht von omnipotenten (totipotenten) Stammzellen (nur Blastocyst), von pluripotenten Stammzellen (z. B. embryonale Stammzellen) oder von multi- und oligopotenten adulten Stammzellen, die sich innerhalb des Gewebes in sogenannten Stammzellnischen befinden (Fuchs et al., 2004; Jones and Wagers, 2008; Li and Xie, 2005; Moore and Lemischka, 2006; Scadden, 2006; Watt and Hogan, 2000; Wilson and Trumpp, 2006).

Embryonale Stammzellen (z. B. von Mäusen) sind pluripotente Zellen. Anfang der 1980er-Jahre wurden von Martin (1981) und Evans and Kaufmann (1981) embryonale Stammzellen aus der *inneren Zellmasse* von Mausblastocysten isoliert (Abb. 24-1). Erstmals konnten diese Zellen auch in Kultur gehalten werden. Da die Zellen pluripotent sind, können sie sich unter entsprechenden Bedingungen (z. B. in Maus-Chimären) zu allen Geweben entwickeln. Hält man die für die Kultivierung von embryonalen Stammzellen nötigen strengen Bedingungen ein, dass die Zellen in einem undifferenzierten Phänotyp verbleiben, so können die Zellen ihr embryologisches Entwicklungspotenzial über viele Passagen in Kultur erhalten (Guan et al., 1999; Nishikawa et al., 2007; Rohwedel et al., 2001).

Kultivierung embryonaler Stammzellen der Maus:

Embryonale Stammzellen werden meist in Dulbeccos Modified Eagles Medium (DMEM, Kapitel 7.2) mit hohem Anteil von Glucose und Glutamin gezüchtet. Zudem sind nichtessentielle Aminosäuren, Na-Pyruvat, β-Mercaptoethanol, 15% fetales Kälberserum (FKS) sowie Penicillin und Streptomycin als Antibiotika erforderlich. Wie bei allen Zellkulturen ist die Qualität des FKS sehr wichtig (Testung von Serumchargen). Um eine Differenzierung der embryonalen Stammzellen zu **verhindern**, muss dem Medium *Myeloid Leukemia Inhibitory Factor* (LIF) zugegeben werden (Kapitel 24.2). Die Kultivierung erfolgt auf Gelatine-vorbehandelten Petrischalen, die mitotisch inaktivierte Mausfibroblasten als Feeder-Zellschicht (*Feeder Layer*) enthalten (Abb. 24-1). Im Allgemeinen verwendet man primäre embryonale Fibroblasten der Maus oder die Fibroblastenlinie STO (ATCC CRL-1503) in Gegenwart von LIF.

24.1 Adulte Stammzellen

Adulte Stammzellen sind sehr selten (ca. 1 pro 10^6 Gewebszellen), schwer zu identifizieren und noch schwerer von anderen Zellen der jeweiligen Organe zu isolieren. Daher kann zum gegenwärtigen Zeitpunkt nicht ausgeschlossen werden, dass sich in einem bestimmten Gewebe mehrere Stammzelltypen befinden (Schöler, 2004). Adulte Stammzellen können im Körper ein Leben lang identische Tochterzellen bilden („self renewal"). Sie können jedoch im Gewebe je nach Bedarf wieder zu differenzierten Zellen des betreffenden Gewebes werden. Diese Eigenschaft der „Selbsterneuerung" schließen Knochenmark, Blut, Gehirn, Skelettmuskulatur, Leber, Prankreaszellen und weitere Gewebe mit ein. Prinzipiell gilt derzeit die Meinung, dass embryonale Stammzellen nur im Organismus in der Lage sind, in einem sehr frühen Stadium wieder zu einem Gesamtorganismus sich zu entwickeln, während alle Stammzellen gleich welcher Herkunft *in vitro* sich nur mehr zu Geweben differenzieren können. Bis heute gibt es keine isolierte Stammzellpopulation, aus der sich alle Gewebe *in vitro* differenzieren lassen. Darüber hinaus können adulte Stammzellen sich nicht in Kultur unbegrenzt teilen.

Nachstehend zwei Beispiele der Kultur von Stammzellen, wobei die hämatopoetischen Zellen relativ einfach zu isolieren sind, während die embryonalen Stammzellen der Maus (Kapitel 24.2) als Zelllinien vorliegen.

24.1.1 Gewinnung und Kultur hämatopoetischer Stammzellen

Die hämatopoetischen (Blut bildenden) Stammzellen des Knochenmarks sind die am besten charakterisierten Stammzellen. Man findet sie nicht nur im Knochenmark, sondern auch in der fetalen Leber und Milz sowie im Blut der Plazenta und in der Nabelschnur (Bonnet, 2002; Bryder et al., 2006; Clark et al., 2003; Nakano, 2003; Orkin, 2000; Szilvassy, 2003).

Die Hämatopoese, d.h. die Bildung funktionell aktiver Blutzellen, findet beim erwachsenen Menschen vornehmlich im roten Knochenmark statt. Ursprung aller Blutzellen sind die pluripotenten hämatopoetischen Stammzellen, die in alle Richtungen des hämatopoetischen Systems differenzieren können und aufgrund ihrer proliferativen Kapazität eine Langzeit-Rekonstitution der Hämatopoese nach Transplantationen ermöglichen. Weiter differenziert sind die sogenannten Vorläuferzellen, die zu einem großen Teil schon auf eine spezifische Differenzierungslinie festgelegt sind. Die Frequenz dieser Zellen im gesunden Organismus ist unter normalen Bedingungen sehr gering. Mononucleäre Knochenmarkszellen enthalten 1–3% Stamm- und Vorläuferzellen. Im Blut liegt die Konzentration sogar unter 0,5%.

Mit der Entdeckung des CD34-Antigens (Janeway et al., 2002), das nur auf hämatopoetischen Stamm- und Vorläuferzellen, nicht aber auf reifen Blutzellen exprimiert ist, wurde eine Isolierung, Aufreinigung und damit eine umfangreiche Charakterisierung dieser seltenen Zellen möglich.

Mithilfe von spezifischen monoklonalen Antikörpern wurden dafür zunächst durchflusscytometrische Verfahren entwickelt (Kapitel 22.5). Der zeitliche und apparative Aufwand dieser Methode der Zellsortierung ist jedoch nicht unerheblich.

Mithilfe der oben erwähnten monoklonalen Antikörper, die an einer Matrix fixiert sind, entwickelten sich in den letzten Jahren eine ganze Reihe verschiedener alternativer Ansätze zur Durchflusscytometrie, die geeignet sind, routinemäßig hämatopoetische Stamm- und Vorläuferzellen zu isolieren und sogar für Transplantationen in der Klinik einzusetzen.

Die Techniken unterscheiden sich im Prinzip wenig voneinander. Am besten geeignet sind zurzeit beschichtete Partikel, die in ihrem Inneren einen paramagnetischen Kern besitzen und an ihrer Oberfläche, die aus Polystyrol, Dextran oder ähnlichem Material besteht, mit einem monoklonalen Antikörper (MAK) gegen das CD34-Antigen beschichtet sind. Dabei werden von den Firmen, die

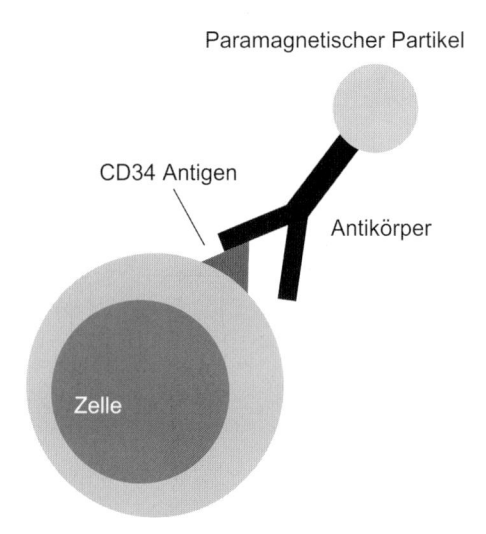

Abb. 24-2 Magnetische Markierung der Zellen (Miltenyi Biotec GmbH).

solche Systeme anbieten, verschiedene Strategien hinsichtlich der Größe der Partikel sowie deren Beschichtung benutzt, um die Separation erfolgreich zu gestalten.

Das im folgenden Versuch eingesetzte System von Miltenyi Biotec GmbH (www.miltenyibiotec.com) benutzt sehr kleine paramagnetische Partikel (ca. 50 nm), um die Zellen zu markieren (Abb. 24-2, 24-3, 24-4). Dabei werden die Zellen durch den MAK markiert und somit, da die Partikel nun an der Oberfläche angeheftet sind, paramagnetisch. Nach der Markierungsreaktion wird die gesamte Zellsuspension auf eine Trennsäule aufgetragen, die in einen Permanentmagneten eingesetzt ist. Die magnetisch markierten Zellen werden nun im Hochgradienten-Magnetfeld auf der Säule, die im Inneren mit beschichteten Stahlkugeln ausgekleidet ist, zurückgehalten, während die unmarkierten Zellen die Säule passieren. Nach einem Waschschritt mit einem bestimmten Volumen an Puffer wird die Säule aus dem Magnetfeld genommen. Die mit den magnetischen Partikeln markierten Zellen werden nun einfach durch Zugabe von Puffer unter Verwendung eines mitgelieferten Spritzenstempels in ein passendes Zentrifugenglas o. Ä. gespült. Die so gewonnenen Zellen können anschließend sofort z. B. in Kultur genommen oder in nachfolgende Experimente eingesetzt werden. Seit Kurzem ist außerdem der automatische Zellseparator „CliniMACS" verfügbar. Mit diesem für klinischen Einsatz zugelassenen Gerät werden angereicherte hämatopoetische Stammzellen therapeutisch für Transplantationen in der Klinik eingesetzt.

Anreicherung von hämatopoetischen Stammzellen aus Vollblut und aus der Nabelschnur von Neugeborenen

Material:
- Miltenyi MACS® Separator mit positiver Selektionssäule (Typ MS+)
- CD-34 Isolierungskit: Reagenz A1 (enthält Human-IgG)
- Reagenz A2 (enthält CD-34 monoklonalen Antikörper, der mit einem speziellen Hapten konjugiert ist [Klon: QBEND/10; Isotyp: Maus-IgG1])
- Reagenz B: kolloidale super-paramagnetische MACS® Microbeads, die den Hapten-konjugierten MAK a-CD-34 erkennen
- Puffer: sterile phosphatgepufferte Salzlösung (Dulbeccos PBS ohne Ca^{2+}/Mg^{2+}) komplettiert mit 0,5% Rinderserumalbumin (steril) und 2 mM EDTA pH 7,2
- Anstelle von EDTA, das für manche Zellen schädlich sein kann, kann alternativ auch folgende antikoagulierende Lösung genommen werden:
- ACD-A-Lösung: 22,3 g Glucose, 22 g Na-Citrat sowie 8 g Zitronensäure in 1 l Aqua bidest. (steril) lösen; diese Lösung kann in einer Konzentration von 0,6% anstelle von 2 mM EDTA der PBS-Lösung zugesetzt werden

Die Zielzellen werden mit MACS MicroBeads magnetisch markiert.

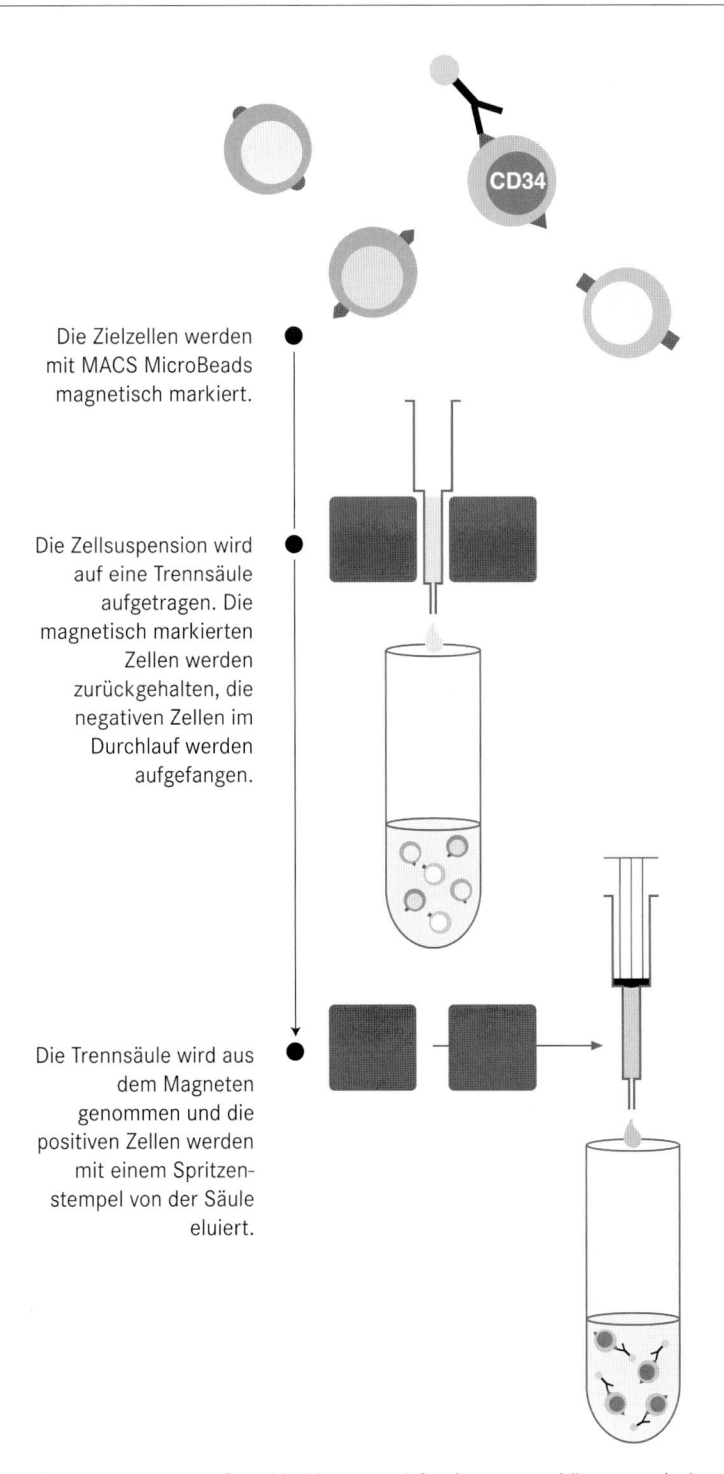

Die Zellsuspension wird auf eine Trennsäule aufgetragen. Die magnetisch markierten Zellen werden zurückgehalten, die negativen Zellen im Durchlauf werden aufgefangen.

Die Trennsäule wird aus dem Magneten genommen und die positiven Zellen werden mit einem Spritzenstempel von der Säule eluiert.

Abb. 24-3 Schematischer Ablauf der Markierung und Gewinnung von hämatopoetischen Stammzellen (Miltenyi Biotec GmbH).

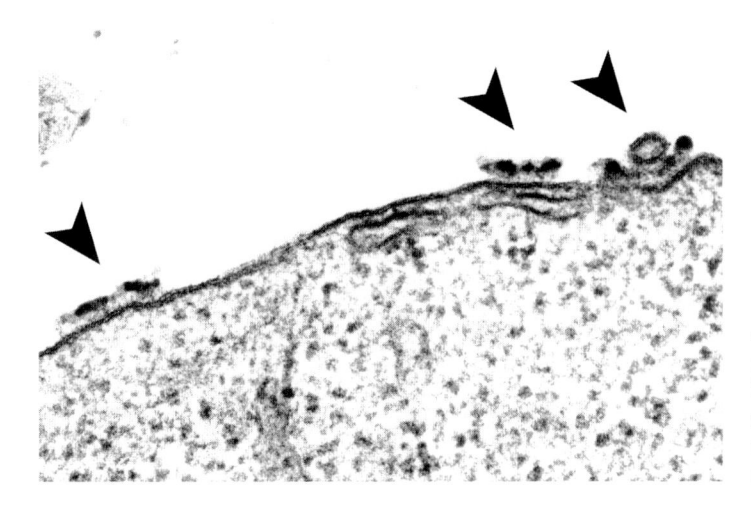

Abb. 24-4 Transmissionselektronenmikroskopisches Bild einer Zelle mit MACS MicroBeads (Pfeil) auf der Oberfläche (Miltenyi Biotec GmbH, mit freundlicher Genehmigung v. Prof. Groscurth, Zürich.)

- Die PBS-Lösung stets kurz vor Gebrauch im Vakuum oder Ultraschallbad entgasen, da sich in der Säule Luftblasen bilden und die Separation negativ beeinflussen könnten
- Optional: Fluorescein-konjugierter CD-34-Antikörper (z. B. Fa. Becton-Dickinson HPCA-2-PE, oder Miltenyi Biotec AC 136-PE)
- Nylon-Zentrifugenfilter: Fa. Becton-Dickinson Nr. 2235 für 35 mm bzw. Nr. 2340 für 40 mm Durchmesser
- Zentrifugenröhrchen 50 ml Typ Falcon (Fa. Becton-Dickinson)

Die Isolierung der mononucleären Zellen aus peripherem Blut (PBMC) mittels Dichtegradientenzentrifugation ist in Kapitel 20.4 beschrieben. Um Klumpen zu vermeiden ist zu empfehlen, die Zellen vor der Separation durch den Zentrifugenfilter zu schicken, da sonst zu hohe Zellverluste entstehen.

Gewinnung von Leukocyten zur Stammzellseparation aus Nabelschnur von Neugeborenen

Aufreinigung von Nabelschnurblut von Neugeborenen

- Nabelschnurblut von gesunden, vollentwickelten Neugeborenen mit 20 U/ml konservierungsmittelfreiem Heparin, 1 mM Adenosin und 2 mM Theophyllin versetzen.
- Das heparinisierte Nabelschnurblut 1:3 mit PBS* (ohne Ca^{2+}/Mg^{2+}) + 1 mM Adenosin + 2 mM Theophyllin (verhindert Thrombocytenaggregation und -adhäsion), pH 7,4 verdünnen (z. B. 30 ml Nabelschnurblut + 60 ml PBS* ohne Ca^{2+}/Mg^{2+}).
- In 50-ml-Falconröhrchen jeweils 20 ml Ficoll (Ficoll Separation Solution der Firma Biochrom KG) vorlegen.
- Darauf vorsichtig das verdünnte Nabelschnurblut überschichten (max. 30 ml verdünntes Nabelschnurblut auf 20 ml Ficoll); **Achtung:** Falconröhrchen schräg halten und sehr vorsichtig beginnen, um eine Vermischung mit Ficoll zu vermeiden.
- Falconröhrchen bei 400 × g 30 min bei 20 °C (Raumtemperatur) ohne Bremse zentrifugieren.
- Obere Serumphase bis zum Buffycoat abpipettieren und verwerfen.
- Mit einer 5-ml-Pipette vorsichtig den Buffycoat abziehen, möglichst wenig Ficoll-Medium dabei mitaufnehmen und das Erythrocytenpellet am Boden des Falcons nicht aufwirbeln.
- Jeweils 2 Buffycoats in ein neues 50-ml-Falcon **(A)** überführen und mit 30 ml PBS* (max. auf 50 ml auffüllen) waschen.
- Falconröhrchen bei 400 × g 15 min bei 20 °C ohne Bremse abzentrifugieren.

- Überstand in ein neues Falcon **(B)** überführen und Falcon **(A)** erneut mit 30 ml PBS* waschen.
- Beide Falconröhrchen (**A** und **B**) erneut bei 400 × g 15 min bei 20 °C ohne Bremse abzentrifugieren (Überstand aus **(A)** nochmals abzentrifugieren, um Zellverluste zu begrenzen).
- Jeweils 2 Pellets in 1 ml PBS* aufnehmen.
- In 15-ml-Falconröhrchen je 2 ml PBS/10% BSA-Lösung (=BSA-Kissen) vorlegen.
- Vorsichtig 1 ml Zellsuspension darüberschichten.
- Falconröhrchen bei 200 × g 10 min bei 20 °C zentrifugieren.
- Pellet erneut in 1 ml PBS* aufnehmen und wiederum vorsichtig auf ein BSA-Kissen aufgeben.
- Falconröhrchen bei 200 × g 10 min bei 20 °C zentrifugieren.
- Pellets anschließend in genau 1 ml MACS-Puffer (= PBS ohne Ca^{2+}/Mg^{2+} mit 2 mM EDTA und 0,5% BSA) aufnehmen und die Zellzahl bestimmen; Zellen bei 200 × g 5 min bei 20 °C abzentrifugieren.

Separation der Stammzellen (gemäß MACS-Anleitung der Firma Miltenyi Biotec GmbH)

- Die durch die Zentrifugation gewonnene Interphase in Dulbeccos PBS, das 0,6% ADC-A bzw. 2 mM EDTA enthält, aufnehmen, gut durchmischen und bei 300 × g 10 min zentrifugieren.
- Das Pellet erneut im gleichen Puffer aufnehmen, resuspendieren und bei 200 × g 10–15 min zentrifugieren.
- Das Pellet (ca. 10^8 Zellen Gesamtzellausbeute aus 100 ml Vollblut) in 300 µl aufnehmen (Mindestvolumen auf jeden Fall: 300 µl).
- Die Zellen mit je 100 µl Reagenz A1 und A2 mischen und 15 min bei 6–12 °C inkubieren (Gesamtvolumen: 500 µl).
- Mit der zehn- bis zwanzigfachen Menge an Puffer verdünnen, bei 300 × g 10 min zentrifugieren und den Überstand komplett absaugen.
- In 400 µl Endvolumen Puffer aufnehmen und 100 µl Reagenz B zugeben (Konz. 500 µl auf 10^8 Zellen).
- 15 min bei 6–12 °C inkubieren.
- Das Pellet in 500 µl Puffer resuspendieren.
- Je nach Zellzahl die entsprechende Säulengröße wählen (<2 × 10^9 Gesamtzellen: LS^+; <2 × 10^8 Gesamtzellen: MS^+) und die Säule in das Magnetfeld einsetzen.

Die folgenden Schritte unter der sterilen Werkbank durchführen:
- Die Säule mit 500 µl (MS^+) bzw. mit 3 ml (LS^+) Puffer vorwaschen.
- Die Zellen auf die Säule pipettieren, oben den sterilen angefeuchteten Nylonfilter anbringen, um Zellklumpen zu vermeiden.
- Die beladene Säule dreimal vorsichtig mit jeweils 500 µl bzw. 3 ml Puffer waschen.
- Die Säule vom Magneten entfernen, unter der Säule ein passendes Zentrifugenröhrchen anbringen.
- 1 bzw. 5 ml Puffer auf die Säule geben.
- Mit dem zur Säule passenden Stempel die Zellen in das Zentrifugenröhrchen eluieren.
- Durch einen zweiten Säulenlauf kann die Reinheit – falls nötig – noch erhöht werden.
- Die Suspension kann jetzt direkt mit einem Fluoreszenzmarker zur Charakterisierung markiert oder in Kultur genommen werden.

Eine direkte Verwendung der Zellen zur Transplantation ist nur zulässig bei Separation im CliniMACS.

Depletion cytotoxischer und adhärenter Zellen mittels Leu-Leu-O-Meth-Behandlung

Lysosomenreiche Zellen wie Makrophagen, Natural-Killer(NK)-Zellen und cytotoxische T-Zellen wurden durch Behandlung mit Leu-Leu-O-Meth (Leucyl-Leucin-Methylester-Hydrobromid) zerstört. Leu-Leu-O-Meth ist primär hydrophob und diffundiert in die Lysosomen. Dort wird es durch die lysosomalen Enzyme hydrolysiert, wodurch es hydrophil wird. Es kann dann nicht mehr durch die Lysosomenmembran nach außen gelangen, was zum osmotischen Schock der Lysosomen führt. Ihre Enzyme entleeren sich in das Cytoplasma der Zelle und zerstören diese.

- Zellsuspension auf ca 1 × 10^6 Zellen pro ml im Basismedium einstellen.
- 15 min bei Raumtemperatur mit 250 µmol Leu-Leu-O-Meth inkubieren.
- 10 min bei 250 × g und Raumtemperatur zentrifugieren.
- Überstand dekantieren.
- Zellsuspension einmal mit Basismedium (250 × g, 10 min) waschen.
- Zellzählung (Kapitel 14.2).

Einsatz von ECM-Gel zum Entfernen von adhärenten Zellen

Bei der Milzzellpräparation (Kapitel 22.3) werden außer Lymphocyten immer auch adhärente Zellen wie Makrophagen oder Fibroblasten isoliert. Die Hybridome können nach einiger Zeit von diesen Zellen überwuchert werden. Um dies zu verhindern, können die Zellen schon vor der Fusion durch „Panning" entfernt werden. Dazu werden Zellkulturflaschen mit extrazellulärer Matrix (ECM) beschichtet. Die ECM enthält spezielle Anheftungsfaktoren wie Laminin, Kollagen Typ IV und Entactin. Die Makrophagen und Fibroblasten können an dieser Oberfläche besonders schnell und effektiv adhärieren und somit aus der Zellsuspension entfernt werden.

- ECM-Gel (Fa. Boehringer Ingelheim) über Nacht im Kühlschrank auftauen lassen.
- 5 ml ECM-Gel durch leichtes Schwenken auf dem Boden einer T-75-Zellkulturflasche verteilen.
- Flasche waagerecht hinlegen.
- Nach ca. 5 min erstarrt die Flüssigkeit zu einem Gel.
- Zugabe der Zellsuspension.
- Über Nacht kultivieren.
- Zellsuspension vorsichtig abgießen, alle adhärenten Zellen haben sich angeheftet.

Es wird empfohlen, eine Charakterisierung der Lymphocyten durchzuführen, um die Reinheit der Population zu verifizieren.

24.2 Embryonaler-Stammzell-Test (EST) (Spezies: Maus)

Andrea Seiler, ZEBET, Berlin

Der Embryonale-Stammzell-Test (EST) ist ein *In-vitro*-Test, der zur Abschätzung teratogener und embryotoxischer Eigenschaften chemischer Substanzen entwickelt wurde. Das Prinzip des EST beruht auf dem Vermögen embryonaler Stammzellen (ES-Zellen) der Zelllinie D3 kontrahierende Herzmuskelzellen auszubilden. Die Beurteilung einer Testsubstanz erfolgt über die Analyse der hemmenden Wirkung eines Stoffes auf die Entwicklung schlagender Herzmuskelzellen, die lichtmikroskopisch beobachtet werden kann (Buesen et al., 2004).

Die nachfolgende Beschreibung des Tests ist ein Auszug aus einem sogenannten Standardprotokoll („Standard Operating Procedure", SOP; INVITTOX Protocol No. 113 (1996) und Seiler et al., 2006a), wie es in einem zertifizierten Labor angewandt wird. Solche SOPs führen explizit alles auf, was zur standardisierten Durchführung der Tests notwendig ist.

Die Untersuchung der Embryotoxizität wird üblicherweise *in vivo* an trächtigen Tieren vorgenommen oder *in vitro* an kultivierten Embryonen oder embryonalem Gewebe und Zellen von trächtigen Tieren (Doetschmann et al., 1985). Sowohl für die *In-vivo*- als auch für die *In-vitro*-Untersuchung werden trächtige Tiere getötet, um Embryonen oder embryonales Gewebe zu gewinnen.

Durch Ausnutzen des vorteilhaften Potenzials embryonaler Stammzellen (ES), sich in Kultur zu differenzieren, wurde ein neuer *In-vitro*-Embryotoxizitätstest mit permanenten Zelllinien der Maus eingeführt, der Embryonale-Stammzell-Test (EST), (Spielmann et al., 1995, 1997), der ganz ohne Einsatz trächtiger Tiere auskommt.

Beim EST werden zwei permanente Zelllinien der Maus benutzt. Die pluripotente embryonale Stammzelllinie (ES-Zellen), isoliert aus der inneren Zellmasse der Blastocyste der Maus (Doetschmann et al., 1985) repräsentiert das embryonale Gewebe (Abb. 24-1), die Fibroblastenlinie (3T3-Zellen) ist stellvertretend für das erwachsene Gewebe. Der Test konnte erst entwickelt werden, nachdem man entdeckt hatte, dass die ES-Zellen in Anwesenheit des Cytokins „leukemia inhibitory factor" (LIF) in einem undifferenzierten Stadium „ohne Feeder-Zellen" gehalten werden können (Williams et al., 1988). Wenn die ES-Zellen das undifferenzierte Stadium verlassen, können sie in Zellen der drei Keimblätter Endoderm, Ectoderm und Mesoderm differenzieren, und zwar in vielerlei Hinsicht ganz analog zur frühen Embryonalentwicklung *in vivo*. So differenziert ein nicht geringer Teil der Stammzellen *in vitro* spontan zu kontrahierenden Herzmuskelzellen, die mikroskopisch detektiert werden können. Cytotoxische Untersuchungen und Daten aus der Differenzierung zeigten, dass ES-Zellen empfindlicher auf toxische Stoffe reagieren als erwachsene Zellen (Laschinski et al., 1991, Spielmann et al., 1997).

Der EST nutzt diese Fähigkeit zur Vorhersage des embryotoxischen Potenzials einer Prüfsubstanz. Mit dem EST wird der Einfluss von teratogenen und embryotoxischen Testchemikalien auf die Differenzierung von embryonalen Stammzellen am Tag 10 der Kultivierung in kontrahierende Herzmuskelzellen untersucht. Diese Ergebnisse werden in Relation zum cytotoxischen Effekt der Substanzen auf ES-Zellen und auf differenzierte Zellen (3T3 Mausfibroblasten) bewertet. Anhand von Konzentrationswirkungskurven werden Halbhemmkonzentrationen (ID_{50}, IC_{50}) bestimmt, die die Klassifizierung der Testsubstanzen in die drei Embryotoxizitätsklassen „*nicht, schwach* oder *stark*" embryotoxisch gestatten. Die Klassifizierung erfolgt mit einem etablierten und validierten biostatistischen Prädiktionsmodell (Scholz et al., 1999; Genschow et al., 2000, 2002, 2004).

Der EST wurde zusammen mit dem *Whole Embryo Culture Test* und dem *Micromass Test* im Rahmen einer internationalen ECVAM (European Centre for the Validation of Alternative Methods) Studie erfolgreich validiert. Dabei konnte gezeigt werden, dass der *EST* im Vergleich zu den beiden anderen *In-vitro*-Säugetiermodellen keinesfalls eine geringere Voraussagekraft für den Menschen besitzt. Im Gegenteil, der *EST* erzielte im Vergleich zum *Micromass Test* und *Whole Embryo Culture Test* sogar noch bessere Resultate in Hinblick auf das Klassifizierungsergebnis. Mit dem EST wurden für 78% der Experimente das richtige embryotoxische Potenzial vorhergesagt, während der *Micromass Test* 70% richtige Klassifizierungen erreichte und der *Whole Embryo Culture Test* 68% bzw. 80%, diese aber nur, wenn Cytotoxizitätsdaten aus dem EST mit in die Analyse einbezogen wurden. Bemerkenswerterweise zeigen alle 3 Tests eine Prädiktivität von 100% für stark embryotoxische Stoffe (Genschow et al., 2002, 2004; Piersma et al., 2004; Spielmann et al., 2004).

Der EST eignet sich als Screening-Verfahren und beruht sowohl auf den wichtigsten Mechanismen der Embryotoxizität, der Cytotoxizität und der Differenzierung als auch auf den Unterschieden zwischen adulten und embryonalen Geweben.

In den letzten Jahren wurde der EST um molekulare Differenzierungsendpunkte erweitert (Seiler et al., 2004, 2006a, 2006b). Es konnte gezeigt werden, dass Veränderungen der Expression des sarcomerischen *α-Actinin*-Gens und des sarcomerischen *myosin-heavy-chain*-Gens unter Testsubstanzeinfluss ebenso zuverlässig ein embryotoxisches Potenzial anzeigen können, wie der validierte Endpunkt (Seiler et al., 2004, 2006b). Darüber hinaus wird derzeit an der Erweiterung des EST gearbeitet. Hierbei werden die Stammzellen nicht nur in schlagende Herzmuskelzellen differenziert, sondern auch in andere Zelltypen wie z. B. Nerven-, Knorpel- und Knochenzellen, um weitere Organspezifitäten erfassen zu können. Ein weiterer Schwerpunkt ist die Ausstattung des EST mit einem Metabolisierungssystem, sodass künftig auch pro-teratogene Substanzen im EST zuverlässig erkannt werden können, und somit die Aufnahme in regulatorische Prüfrichtlinien entscheidend verbessert wird.

Des Weiteren ist der EST kürzlich mit einem „Physiologisch basierten Pharmakokinetikmodell" (PBPK) kombiniert worden, sodass nun erstmalig mit *In-vitro*-Daten aus dem EST in Kombination mit dem pharmakokinetischen Modell Expositionswerte vorhergesagt werden konnten, wie sie im Tier vorliegen (Verwei et al., 2006).

24.2.1 Grundlegende Verfahren

24.2.1.1 Differenzierung der embryonalen Stammzellen

Die Maus-Zelllinie D3 wird in Anwesenheit von LIF dauerhaft kultiviert, wodurch jede Differenzierung gehemmt wird. In Abwesenheit von LIF beginnen sich ES-Zellen spontan zu differenzieren. Verschiedene Konzentrationen der Testchemikalien werden der Stammzellsuspension hinzugefügt. Tropfen der ES-Zellsuspension in supplementiertem DMEM werden am Deckel einer 10-cm-Petrischale angebracht („hanging drop" Kultur nach Rudnicki and McBurney, 1987 sowie Wobus et al. 1991). Nach 3 Tagen der Kultivierung bilden die ES-Zellen „embryoid bodies" (EB) aus, die anschließend in bakteriologische (nicht für die Gewebekultur behandelte) Petrischalen überführt werden. 2 Tage später werden die EB in eine 24-Well-Platte (für die Gewebekultur behandelt) eingesetzt, wo die weitere Entwicklung der EB in Herzmuskelzellen fortschreitet (Sachinidis et al., 2003; Boheler et al., 2002). Die Differenzierung in schlagende Herzmuskelzellen wird mit dem Lichtmikroskop nach weiteren 5 Tagen in Kultur bestimmt.

24.2.1.2 Messung der Cytotoxizität mittels ES-Zellen und 3T3-Zellen mit dem MTT-Test

Exponentiell wachsende 3T3-Zellen und ES-Zellen werden in Abwesenheit von LIF in 96-Well-Mikrotiterplatten eingebracht. 2 h nach der Einsaat werden 8 Konzentrationen der Testchemikalie, gelöst in Kulturmedium oder einem geeigneten Lösungsmittel, zu jedem Well hinzugefügt. Nach 10 Tagen der Kultur wird der MTT-Test (Mosmann, 1983) durchgeführt (Kapitel 14.4.2).

Messung der Cytotoxizität mittels ES-Zellen und 3T3-Zellen mit dem MTT-Test

Material:
- Zelllinien:
  - Balb/c 3T3-Zellen, clone A31, American Type Culture Collection (ATCC CCL 163) oder ICN-Flow, Eschwege, Deutschland (Cat. No. 03–465–83).
  - Embryonale Stammzellen, D3, American Type Culture Collection (ATCC CRL 1934)
- Inkubator (37 °C), befeuchtet, CO_2-Begasung 5% (s. u.)
- Reinraumwerkbank (Sicherheitsklasse 2)

- Wasserbad (37 °C)
- Tischzentrifuge
- Kühlschrank (4 °C)
- Gefrierschrank (−20 °C)
- Stickstofftank
- Bunsenbrenner
- Laborwaage
- Phasenkontrastmikroskop
- 96-Well-Platten
- Photometer
- Zellzähler oder Hämocytometer
- Lagerungsbox für 96 Röhrchen
- PP-Röhrchen 1,5 ml
- Safe-lock-Röhrchen
- Plastikpipetten (2, 5 und 10 ml)
- Pipettierhilfe (2, 10, 100, 200 und 1000 µl)
- Pipetten, 8-Kanal-Pipetten
- Verdünnungsblock
- Kryoröhrchen (1,8 ml)
- Zellkulturgefäße:
    - 25-cm^2-Flasche (T-25)
    - 75-cm^2-Flasche (T-75)
    - Petrischalen 60 mm Durchmesser
    - Petrischalen 100 mm Durchmesser
    - Petrischalen für die Mikrobiologie 60 mm Durchmesser
    - 96-Well-Mikrotiterplatte für die Zellkultur, flacher Boden
    - 24-Well-Gewebekulturplatten
- Plattenversiegelung
- Dulbeccos Modified Eagles Medium (DMEM)[1] mit 4500 mg/l D-Glucose, mit L-Glutamin, ohne Natriumpyruvat
- L-Glutamin
- Fetales Kälberserum (FKS)
- Trypsin-EDTA-Lösung
- DMSO
- Nichtessentielle Aminosäuren (NEAA)
- β-Mercaptoethanol (β-ME), zellkulturgetestet
- m LIF
- MTT-Testreagenzien
- 2-Propanol (analytische Qualität)
- SDS
- Phosphatgepufferte Salzlösung (PBS) ohne Ca^{2+}/Mg^{2+}
- 5-Fluorouracil (5-FU)
- Rinderserumalbumin (BSA), zellkulturgetestet
- Penicillin G
- Penicillin/Streptomycin-Lösung (10 000 U/ml Penicillin, 10 000 µg/ml Streptomycin, zellkulturgetestet)
- Trypanblau
- Gelatine, zellkulturgetestet
- Ethanol (analytische Qualität)
- Aqua bidest.

m LIF wird als Lösung vom Hersteller angeboten und wird direkt der Kultur während der Routinepassagierung der ES-Zellen zugesetzt. Die LIF-Lösung wird in einer Konzentration von 10^6 U/ml in Aliquots bei −20 °C aufbewahrt. Einmal aufgetaut, werden die Aliquots bei 4 °C aufbewahrt und sind für ein Jahr stabil. Falls LIF in einer Konzentration von 10^7 U/ml benutzt wird, wird eine 1:10-Verdünnung mit PBS (mit 1% BSA als Carrier) oder mit Zellkulturmedium hergestellt und entsprechend der Herstellerangaben aufbewahrt. Dabei sollte zellkulturgetestetes BSA verwendet werden.

---

[1] Die Originalformulierung von DMEM erfordert 10% CO_2-Begasung im Brutschrank (Kapitel 7.2, Tab. 7-8)

Fetales Kälberserum wird nach dem Auftauen 30 min bei 56 °C hitzeinaktiviert.

Eine 10 mM-Lösung von β-**Mercaptoethanol** (β-ME) wird mit PBS hergestellt und kann bis zu einer Woche benutzt werden (Aufbewahrung bei 4 °C).

Komplette **Medien** (Routinekultur oder Testmedium) werden ohne LIF hergestellt und nicht länger als eine Woche benutzt (Aufbewahrung bei 4 °C). Alle Zusätze für die Medien werden als Lösung vorbereitet. Sie werden als Aliquots bei 4 °C oder -20 °C entsprechend der Herstellerangaben aufbewahrt. Komplette Medien enthalten folgende Zusätze in DMEM (die Endkonzentrationen sind angegeben):

3T3-Zellen	ES-Zellen
(A I) für die Routinekultur (Routinekulturmedium)	(A II) für die Routinekultur (Routinekulturmedium)
10% FKS 4 mM Glutamin 50 U/ml Penicillin, 50 µg/ml Streptomycin	20% FKS 2 mM Glutamin 50 U/ml Penicillin, 50 µg/ml Streptomycin 1% NEAA 0,1 mM β-ME 1000 U/ml m LIF (direkt den Platten zufügen)
(B I) für den Test (Testmedium)	(B II) für den Test (Testmedium)
wie (A I)	20% FKS 2 mM Glutamin 50 U/ml Penicillin, 50 µg/ml Streptomycin 1% NEAA 0,1 mM β-ME
3T3-Zellen	ES-Zellen
(C I) zum Einfrieren	(C I) zum Einfrieren
20% FKS	40% FKS
4 mM Glutamin	2 mM Glutamin
50 U/ml Penicillin, 50 µg/ml Streptomycin	50 U/ml Penicillin, 50 µg/ml Streptomycin 1% NEAA 0,1 mM β-ME
10% DMSO	10% DMSO

MTT-Lösung: 5 mg MTT/ml PBS. Die Vorratslösung wird vorbereitet, filtriert (0,2 µm) und die Aliquots bei -20 °C aufbewahrt.

MTT-Lösungsmittel:

```
        3,5 ml    20% SDS Vorratslösung (Endkonzentration = 0,7%)
                  (20 g SDS aufgelöst in 100 ml Aqua bidest., aufbewahren bei RT)
      + 96,5 ml   2-Propanol
        100,0 ml
```

Vor Gebrauch frisch zubereiten (auf 37 °C erwärmen, falls Präzipitationen auftreten).

24.2.1.3 Untersuchung der Differenzierung der ES-Zellen

Konzentration der Testchemikalien

- Testchemikalien in DMEM (ohne Zusätze) oder in einem geeigneten Lösungsmittel lösen. Die empfohlene maximale Endkonzentration an Lösungsmittel ist unten aufgeführt, die maximale Testkonzentration von jeder Chemikalie ist 1000 µg/ml.

Lösungsmittel	maximale Konzentration
DMEM (nicht supplementiert)	1%
PBS	
Aqua bidest.	
DMSO	0,25%
Ethanol	0,5%

- Für die Herstellung der Stammlösung kein komplettes Medium verwenden, da Serumproteine, Testchemikalien oder andere Bestandteile nach wiederholtem Einfrieren und Auftauen präzipitieren können.
- Die Testsubstanzen vor jedem Versuch abwiegen und lösen, einschließlich 5-FU für die Positivkontrolle. Für den Gebrauch an den Tagen 3 und 5 (Mediumwechsel) kann die Stammlösung, die vor Beginn des Tests angesetzt worden ist, benutzt werden, falls sie in Aliquots bei $-20\,°C$ aufbewahrt wurde.
- Alle Lösungsmittelendkonzentrationen sollten konstant gehalten werden, sollten nicht cytotoxisch sein und keine anderen Wirkungen auf die Zelldifferenzierung bei dieser Konzentration haben. Ein Test zur Bereichsbestimmung ist für die oben beschriebenen Lösungsmittel im Differenzierungsassay nicht nötig. Eine Strategie zur Vortestung der Löslichkeit der Testchemikalien ist im Kapitel 24.2.3 beschrieben.
- Da starke Säuren und Basen die Pufferkapazität des Mediums beeinflussen können, den pH des Mediums durch optische Betrachtung prüfen, nachdem die höchste Konzentration einer zu testenden Substanz zugegeben worden ist. Falls das Medium nach violett oder hellgelb umschlägt (pH >8 oder <6,5), die Vorratslösung der zu testenden Substanz mit 0,1 N NaOH oder 0,1 N HCl neutralisieren.

Die höchste Konzentration der Substanz in etwa 80% des Lösungsmittels herstellen, den pH messen, neutralisieren und dann das restliche Volumen zufügen.

- Wenn die Testchemikalien lichtempfindlich sind, eine längere Exposition durch Licht (z. B. unter dem Mikroskop) vermeiden. Die Zellen unter dem Mikroskop überprüfen, bevor das Medium gewechselt wird. Lichtundurchlässige oder in Alufolie eingepackte Röhrchen zur Aufbewahrung dieser Substanzen verwenden.
- Hauptexperiment: 6–8 Verdünnungen der Testsubstanz mit einem eineinhalb bis dreifachen Verdünnungsfaktor herstellen, die den relevanten Bereich der „dose response", entsprechend der Austestung bei der cytotoxischen Bereichsfindung, abdecken.

Verfahrensweise bei der Untersuchung

Tag 0:
- Man bereite eine ES-Zellsuspension ($3,75 \times 10^4$ Zellen/ml) vor mit:

  a) einem Konzentrationsbereich (6–8 Verdünnungen mit einem eineinhalb bis dreifachen Verdünnungsfaktor) der zu testenden Substanz in D3-Testmedium (= Testlösungen)

  b) Lösungsmittel in D3-Testmedium (= Lösungsmittelkontrolle)

c) D3-Testmedium (= unbehandelte Kontrolle)

- Die ES-Zellen trypsinieren und als letztes zugeben, nach der Vorbereitung der Testchemikalien im Medium, um einen verlängerten Aufenthalt außerhalb des Brutschrankes zu vermeiden. Die ES-Zellsuspension in 60 mm bakteriologischen Petrischalen vorbereiten, um einer Anheftung der ES-Zellen vorzubeugen.
- Während der folgenden Schritte die Zellen durch häufige leichte Bewegung stets in Suspension halten und bei RT nur die kürzest nötige Zeit liegen lassen (die Vitalität der Zellen wird durch Anfärben eines Aliquots der Zellsuspension mit Trypanblau überprüft. Eine Vitalität von ≥90% ist akzeptabel).
- Nicht die höchste Lösungsmittelkonzentration überschreiten und diese bei jeder Konzentration der Testchemikalien konstant halten.
- Mit einer Pipette 20 µl der Zellsuspension (= 750 Zellen), die die jeweilige Testsubstanz enthält, auf der Innenseite des Deckels einer 100-mm-Zellkulturpetrischale verteilen. 50–80 Tropfen pro Deckel pipettieren. Eine Petrischale pro Konzentration der Testchemikalie, eine für die unbehandelte Kontrolle (Testmedium) und eine für die Lösungsmittelkontrolle ansetzen.
- Den Deckel vorsichtig in seine normale Position auf der Petrischale, die mit 5 ml PBS gefüllt ist, bringen. – Die „hängenden Tropfen" für 3 Tage in feuchter Atmosphäre mit 5% CO_2 bei 37 °C inkubieren.

Schritt 1 Ein Konzentrationsbereich der Testsubstanz wird mit D3-Testmedium hergestellt (= Testlösung mit ES-Zellen, $3{,}75 \times 10^4$ Zellen/ml)

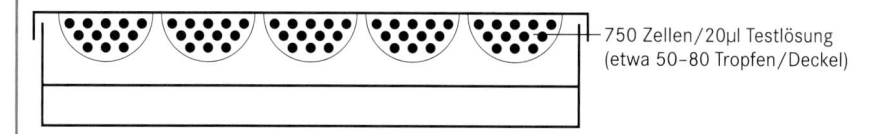

750 Zellen/20µl Testlösung
(etwa 50–80 Tropfen/Deckel)

Zellkultur in „hängenden Tropfen"
a) eine Petrischale pro Konzentration der Testsubstanz,
b) Lösungsmittelkontrolle und
c) unbehandelte Kontrolle (= Testmedium)
Inkubation (37 °C, 5% CO_2, 3 Tage)
Induktion der ES-Zellaggregate

Schritt 2 Dieselbe Testlösung wie in Schritt 1 wird hergestellt

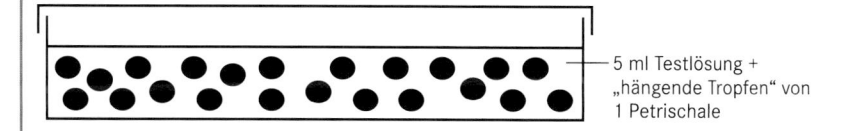

5 ml Testlösung +
„hängende Tropfen" von
1 Petrischale

Kultivierung in Suspensionskultur
a) eine Petrischale pro Konzentration der Testsubstanz,
b) Lösungsmittelkontrolle und
c) unbehandelte Kontrolle (= Testmedium)
Inkubation (37 °C, 5% CO_2, 2 Tage)
Differenzierung in „embryoid bodies" (EB)

- Die maximale Testkonzentration für jede Substanz ist 1000 µg/ml.
- Da flüchtige Substanzen unter den Testkonditionen dazu tendieren, zu verdampfen, die Platten mit einem CO_2-permeablen Plastikfilm (Dynatech, Cat. No. M 30) versiegeln, der für flüchtige Substanzen undurchlässig ist, um die Verdampfung zu vermindern.
- Bevor der Versuch mit einer unbekannten Substanz begonnen wird, eine chemische Reaktion zwischen MTT, der Testsubstanz und dem Medium ausschließen durch Messung des OD-Wertes bei 550–570 nm (20 µl MTT werden in 200 µl Medium, das die höchste Testkonzentration der Substanz enthält, hinzugefügt). Nach einer Inkubation von 2 h bei 37 °C sollte der OD-Wert ≤0,05 sein. Falls die OD diesen Wert überschreitet und falls die jeweilige Konzentration innerhalb des Bereiches der zu erwartenden IC_{50} ist, das Medium in allen Vertiefungen der Platte (außer den Leerwerten) durch Testmedium (ohne Testsubstanz) ersetzen (vor der Zugabe von MTT am Tag 10 des Versuchs).

Einsaat der Monolayer und Test-Verfahren

Tag 0:
- Eine Zellsuspension mit 1×10^4 Zellen/ml wird in normalem 3T3-Routinekulturmedium hergestellt. Mithilfe einer Mehrkanalpipette 50 µl Medium (ohne Zellen) in die peripheren Vertiefungen einer 96-Well-Gewebekultur-Mikrotiterplatte verteilen (Leerwert = Blank). In die übrigen Vertiefungen 50 µl der Zellsuspension mit der Konzentration 1×10^4 Zellen/ml (= 500 Zellen/Vertiefung) verteilen. Die Vitalität der Zellen durch Anfärben eines Aliquots der Zellsuspension mit Trypanblau überprüfen. Eine Vitalität von >90% ist akzeptabel.
- Die Zellen für 2 h in feuchter Atmosphäre mit 5% CO_2 bei 37 °C inkubieren. Diese Inkubationszeit erlaubt es den Zellen sich anzuheften.
- Nach 2 h Inkubation 150 µl des Testmediums, das die geeignete Konzentration der Testsubstanz enthält, hinzufügen (man muss beachten, dass in dem Volumen von 150 µl die Endkonzentration der Substanz 1,333-fach enthalten sein muss).
- In die äußeren Vertiefungen (Blanks) 150 µl des Testmediums ohne Chemikalien pipettieren.
- Die Zellkulturen bei 5% CO_2 und 37 °C für 3 Tage inkubieren.

Tag 3:
- Die Testlösung mit einer an eine Pumpe angeschlossenen Pasteurpipette oder einer Mehrkanalpipette absaugen (bis auf die äußeren Vertiefungen). Darauf achten, nicht den Zellrasen am Boden der Vertiefungen zu zerstören. 200 µl der frisch hergestellten Testlösung (Endkonzentrationen/Vertiefung wie am Tag 0) hinzufügen.
- Die Zellkulturen bei 5% CO_2 und 37 °C für 2 Tage inkubieren.

Tag 5:
- Die Testlösung anschließend absaugen und wieder 200 µl der frisch hergestellten Testlösung (Endkonzentrationen/Vertiefung wie am Tag 0) hinzufügen.
- Die Zellkulturen bei 5% CO_2 und 37 °C für 5 Tage inkubieren.
- Die Bestimmung der Hemmung des Zellwachstums wird am Tag 10 der Untersuchung durchgeführt.

Mikroskopische Bewertung

- Die Zellen unter dem Phasenkontrastmikroskop überprüfen.
- Veränderungen in der Morphologie aufgrund der cytotoxischen Wirkung der Testsubstanz aufzeichnen. Dies wird durchgeführt, um experimentelle Irrtümer auszuschließen. Die mikroskopische Analyse der Cytotoxizität wird nicht als Endpunkt des Tests genutzt.

Messung der Reduktion von MTT (Seiler et al., 2006a)

- In alle Vertiefungen der Platte 20 µl MTT (5 mg/ml) hinzufügen und für 2 h in feuchter Atmosphäre mit 5% CO_2 bei 37 °C inkubieren.
- Nach 2 h Inkubation die MTT-Lösung mit einer Pasteurpipette, die an einer Pumpe angeschlossen ist, absaugen. Die Platte für 1 min umgedreht auf ein dickes Filterpapier (Blottingpapier) legen.
- In jede Vertiefung genau 130 µl MTT-Lösungsmittel (vorgewärmt auf 37 °C) geben.
- Die Mikrotiterplatte auf einem Schüttler vorsichtig für 15 min schütteln, um das blaue Formazan zu lösen bis die Lösung klar ist und keine Klumpen mehr zu sehen sind. Falls nach dieser Inkubation noch Aggregate vorhanden sind, diese durch Auf- und Abpipettieren mit einer Multikanalpipette resuspendieren, bevor die Absorption gemessen wird (siehe auch MTT-Test Kapitel 14.4.2).
- Die Absorption der Farblösung bei 550–570 nm in einem ELISA-Reader mit einer Referenzwellenlänge von 630 nm messen.
- Die Referenzfilter dürfen eine Toleranz von ± 5 % haben, sodass die Referenzmessung noch in der Absorptionskurve des blauen Formazans (s. Absorptionsspektrum) bleibt. Dies kann das Signal signifikant reduzieren. In diesem Fall die Messungen ohne Referenzfilter durchführen.

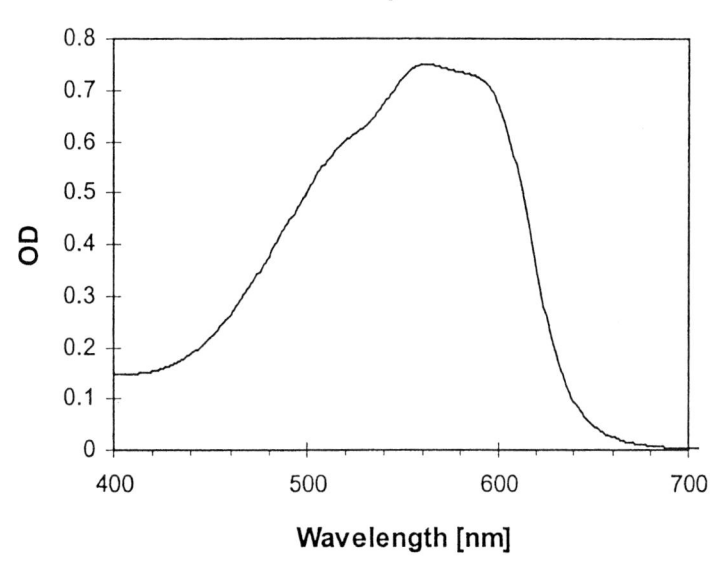

MTT spectrum

Doppelbestimmungen

- Die Untersuchungen mindestens einmal wiederholen (2 gültige Untersuchungen).
- Medium und Testlösungen erst kurz vor Gebrauch herstellen.

Die eingesetzten Zellkulturen sollen voneinander unabhängig sein.

Qualitätskontrolle der Zellen

Normales Wachstum der Zellen ist eine Grundvoraussetzung bei allen Cytotoxizitätstests, die auf der Hemmung des Wachstums basieren. Deshalb muss am Tag 10, nachdem der MTT-Test durchgeführt worden ist, die absolute optische Dichte (OD bei 550–570 nm) der Kontrollvertiefungen für das Lösungsmittel (Reihe 2 und 11 der 96-Well-Platte) überprüft werden. Entsprechend früherer Daten müssen die folgenden Vertrauensbereiche getroffen werden:

24.2.2 Dezimale geometrische Konzentrationsreihen

Normalerweise sind Dosis-Wirkungsbeziehungen nicht linear, aber sie können bis zu einem gewissen Ausmaß durch logarithmische Transformation der x-Achse linearisiert werden. Das muss normalerweise gemacht werden, wenn die IC_{50}-Werte entweder durch Regressionsanalyse oder durch grafische Schätzung berechnet werden.

Wenn Konzentrationsreihen mit arithmetischen Schritten gemacht werden, wird die Transformation der x-Achse eine ungleiche Verteilung der Messpunkte ergeben. Deshalb sind geometrische Konzentrationsreihen (= konstanter Verdünnungsfaktor) erforderlich. Die einfachsten geometrischen Reihen sind duale geometrische, wie z. B. Faktor 2. Diese Reihen haben den Nachteil der permanenten Veränderungsketten innerhalb der Reihen (2, 4, 8, 16, 32, 64, 128 …).

Die dezimalen geometrischen Reihen in toxikologischen und pharmakologischen Studien haben den Vorteil, dass unabhängige Untersuchungen mit weiten und engen Dosisfaktoren leicht verglichen werden können und außerdem können sie miteinander berechnet werden:

Beispiel:

10					31,6					100
10			21,5				46,6			100
10		14,7		21,5		31,6		46,6		68,1		100
10	12,1	14,7	17,8	21,5	26,1	31,6	38,2	46,6	56,1	68,1	82,2	100

Der Dosisfaktor von 3,16 (=2√10) teilt eine Dekade in 2 gleiche Ketten, der Dosisfaktor von 2,15 (=3√10) teilt eine Dekade in 3 gleiche Ketten, der Dosisfaktor von 1,47 (=6√10) teilt eine Dekade in 6 gleiche Ketten und der Dosisfaktor von 1,21 (=12√10) teilt eine Dekade in 12 gleiche Ketten.
Deshalb ist es aus Gründen einer leichteren biometrischen Bewertung der Daten eher erforderlich, dezimale geometrische Konzentrationsreihen zu benutzen als duale geometrische Reihen.
Die Herstellung von dezimalen geometrischen Konzentrationsreihen ist sehr leicht, z. B. Faktor 1,47:1 Volumen der höchsten Dosierung wird verdünnt durch 0,47 Volumen des Verdünnungsmittels. Dann wird 1 Volumen dieser Lösung verdünnt mit 0,47 Volumen des Verdünnungsmittels (usw.).
Aufgrund der begrenzten Anzahl der Konzentrationen kann es nützlich sein, dass man in die Konzentrationsreihen am Ende der Skala größere Verdünnungsschritte einbaut (z. B. 3,16 oder 2,15) und engere Schritte nahe der erwarteten IC_{50} (z. B. 1,47 oder 1,21).

24.2.3 Löslichkeit der Testchemikalien

Viele der aufgeführten Testchemikalien lösen sich als hydrophobe organische Substanzen nicht im Zellkulturmedium. Deshalb ist es notwendig, eine Strategie zu entwickeln, dass sich die einzusetzenden Substanzen im Medium vollständig lösen, nach Zugabe wieder ausfallen bzw. dass sie ohne z. B. den pH-Wert oder die Osmolalität zu verändern, stabil über den gesamten Versuchszeitraum in Lösung verbleiben.

Dies setzt Vorversuche voraus, in denen die Löslichkeit der Substanzen im Medium erprobt werden muss.

Üblicherweise nimmt man dazu sogenannte Löslichkeitsvermittler, die als organische Flüssigkeiten sowohl die hydrophoben Substanzen in Lösung bringen können als auch selbst im wässrigen

Milieu löslich sind. Am besten haben sich hier niedere Alkohole, wie Methyl- und Ethylalkohol, sowie Aceton, Dimethylsulfoxid (DMSO) und Dimethylformamid bewährt. Jedoch ist zu bedenken, dass diese Löslichkeitsvermittler meist in den eingesetzten Konzentrationen (0,5–1,5 Vol.-% im Medium) selbst toxisch sein können. Deshalb ist es unabdingbar, eine sogenannte Lösungsmittelkontrolle als zweite Kontrolle mit einzubeziehen, um den Einfluss des Lösungsmittels *per se* zu testen. In den letzten Jahren hat sich eine weitere Substanzklasse in der Zellkultur als Lösungsvermittler bewährt, die sogenannten Cyclodextrine. Hier handelt es sich um Substanzen, die sich als ringförmige Sechser- bzw. Siebenerzucker mit chemischer Modifizierung hervorragend in Zellkulturmedien (bis zu 20 Gewichtsprozent) lösen, ohne selbst toxisch zu sein. In einem derartigen Medium können sich nun hydrophobe Substanzen durch die speziellen stereochemischen Voraussetzungen der Cyclodextrine sehr gut lösen, jedoch sollte darauf geachtet werden, dass die ursprüngliche Osmolalität erhalten bleibt. Dies kann durch eine evtl. Verdünnung aus einer Stammlösung am besten erfolgen.

24.3 Tissue Engineering und dreidimensionale Zellkultur

24.3.1 Dreidimensionale Zellkultur

Multizelluläre Aggregate (Sphäroide) von Zellkulturen und andere dreidimensionale Ansätze aus Zellkulturen mithilfe spezieller Adhäsionsmoleküle sind geeignet, die Monolayertechnik zu ergänzen und neue Ansätze, was die Anwendbarkeit von Zellkulturen in bestimmten Bereichen betrifft, hinzu zu gewinnen. Dabei gibt es verschiedene Ansätze, um das Ziel, dreidimensionale Gewebe aus vereinzelten Zellen zu gewinnen, zu erreichen. Man spricht dabei von der histiotypischen oder gar von der organotypischen Zellkultur, um auszudrücken, dass man mit diesem methodischen Ansatz dem natürlichen Vorbild, dem differenzierten Gewebe oder sogar dem natürlichen Organ, nahe kommen will.

Dabei geht es in der Grundlagenforschung vor allem um die Differenzierung *in vitro*, um Stoffwechselvorgänge und um Wechselwirkungen zwischen einzelnen Zelltypen. Für die Anwendung bieten sich solche Systeme vor allem in der Cytotoxizitätstestung (Kapitel 22.6), in medizinischen Anwendungen (Stichwort: *Tissue Engineering*) sowie in der Züchtung von einfachen und auch komplexen Geweben für Transplantationszwecke an.

Aus noch weitgehend undifferenzierten Zellen bzw. embryonalen Geweben lassen sich meist ohne größere Schwierigkeiten dreidimensionale Kulturen, sogenannte Multizellsphäroide gewinnen (Abb. 24-5). Dies trifft sowohl für primäres embryonales Gewebe, für Tumorgewebe und auch für bestimmte Monolayerkulturen zu. Dabei ist es wichtig, die Zellen möglichst in einer definierten Bewegung zu halten und ihnen keine Gelegenheit zu geben, sich an der Unterlage festzuhaften. Dies kann entweder dadurch erreicht werden, dass man Petrischalen für mikrobiologische Zwecke verwendet oder man beschichtet die Schalen mit Agar oder man nimmt silikonisierte Glasgefäße (z. B. sterile Erlenmeyerkolben). Andere experimentelle Ansätze (s. u.) nutzen die Tatsache aus, dass Zellen z. B. auf der Unterlage von Kollagen nicht nur in einer Schicht wachsen, sondern dass man, geeignete Bedingungen vorausgesetzt, auch mehrere Schichten von Zellen wie ein Sandwich aufbauen kann. Unterstützung hierbei ist vor allem in den Hohlfasermodulen gegeben, die eine optimale Versorgung der Zellen mit dem Nährmedium gewährleisten (Kapitel 25). Weitere Ansätze verwenden Filtereinsätze, die in kleine Petrischalen oder in die Multischalen direkt eingesetzt werden können. Solche Filter bestehen aus Polycarbonaten, Nitrocellulose, Keramik oder aus Kollagen und weisen eine Porengröße von ca. 0,45 bis 8 μm auf. Es gibt sogar Filtereinsätze, die z. B. mit Laminin, Fibronectin oder Kollagenen vorbeschichtet sind. Man kann mithilfe solcher Filterzellkulturen heute schon histiotypische Ansätze verwirklichen, die den *In-vivo*-Verhältnissen sehr nahe kom-

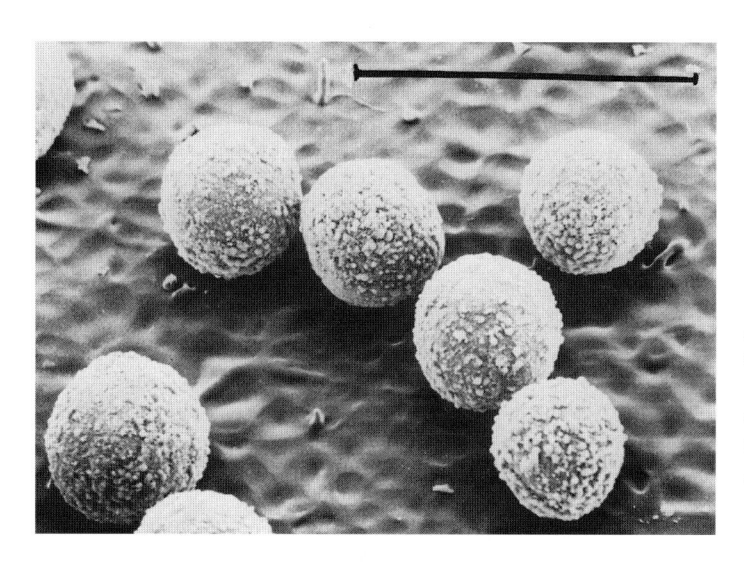

Abb. 24-5 Zellaggregate (Nervenzellsphäroide) aus embryonalen Hirnzellen aus einem acht Tage alten Hühnerembryo in einer rasterelektronenmikroskopischen Aufnahme (Foto: Reinhardt C.A. & Bruinink A. 1987) Schwarzer Balken: 500 µm.

men, wie transportierende Epithelien in *In-vitro*-Nephrotoxizitätstests (Kapitel 21.1.3 und 22.6). So kann man z. B. mit diesem Ansatz auch menschliche Haut mithilfe von Mischkulturen aus Keratinocyten und Fibroblasten verblüffend gut nachbilden und dieser histiotypische Ansatz wird schon kommerziell in verschiedenen Ausführungen zu Testzwecken herangezogen.

Durch die Manipulation der Inkubationsbedingungen kann bei bestimmten transformierten Epithelzelllinien relativ einfach eine Mehrfachschichtung erreicht werden (Wechsel von der sogenannten „Submers-Kultur" in eine Kultur, wo die obere Schicht der Epithelzellen aus dem Medium herausragen: „Air-Liquid-Interface").

Darüber hinaus gibt es schon seit längerer Zeit Ansätze, dreidimensionale Gerüste oder schwammartige Gele, vor allem aus Kollagenen und Fibronectin, als Matrix für adhärente Zellen jedoch auch für Tumorzellen *in vitro* bereit zu halten, um das dreidimensionale Wachstum auf diese Weise zu ermöglichen. Epithelzellen entwickeln so auf dieser Basis primitive gefässartige Strukturen, ein Hinweis auf die bessere Differenzierung der Zellen unter dreidimensionalen Kulturbedingungen, die den Verhältnissen *in vivo* in mancher Hinsicht schon sehr nahe kommen.

Es können z. B. primäre Hepatocyten (Kapitel 20.6) in einem Hohlfasermodul eingesetzt werden, um als „künstliche" Leber metabolische Ersatzfunktionen auszuführen. Weiterhin werden zunehmend biologisch abbaubare Gerüste z. B. zur Kultivierung von Knorpelzellen verwendet, um diese nach erfolgreichem Anwachsen auch *in vivo* rückimplantieren zu können.

Die nachfolgend aufgeführte Methode ist sehr gut geeignet, Hirnzellsphäroide über eine längere Zeit in einem definierten Medium ohne Serumzusatz zu züchten. Sie kann für Rattenhirngewebe (aus 15 Tage alten Embryonen), aber auch für vorbebrütete Hühnereier (8–10 Tage) angewandt werden.

Als Beispiel ist die Herstellung von Hirnzellaggregaten aus embryonalem Rattenhirn beschrieben.

Kultur von Sphäroiden

Material:
- Rundschüttelmaschine mit sterilen, silikonisierten, 25-ml-Erlenmeyerkolben mit Wattestopfen oder luftdurchlässigem Silikonverschluss
- Nylongazenetze mit 200 und 115 µm Porenweite
- sterile Puck-G-Lösung (g/l): $CaCl_2 \times H_2O$: 0,016; KCl: 0,40; KH_2PO_4: 0,150; $MgSO_4 \times 7\ H_2O$: 0,154; NaCl: 8,0; $Na_2HPO_4 \times 7\ H_2O$: 0,29; Glucose: 1,10; Phenolrot: 0,0012

- sterilies, serumfreies Medium (50% MDCB 201 und 50% MEM-hg (4,5 g Glucose/l) mit folgenden Zusätzen: Insulin (5 µg/ml), Transferrin (10 µg/ml), Hydrocortison ($1,4 \times 10^{-6}$ M) und Selen (2×10^{-6} M)
- steriles Medium mit Serum und verschiedenen Zusätzen (Natriumpyruvat 1 mM, nichtessentielle Aminosäuren (1 Vol.-%), L-Glutamin (1 mM) und 15% FKS)
- Trypanblaulösung für die Vitalfärbung (Kapitel 14.4.1)
- Zentrifuge, Hämocytometer, Stereomikroskop
- sterile Pipetten, sterile Pinzetten und kleine Scheren
- Sektionsbesteck
- 10 trächtige weibliche Ratten (ca. 14–15 Tage nach Empfängnis)

- Die Embryonen aus dem getöteten Tier entnehmen, die Sektion des Gehirns unter dem Stereomikroskop durchführen, wobei die Hirnhaut mit einer feinen, gebogenen Pinzette vorsichtig abgelöst wird.
- Das Gewebe in eiskalte Puck-Lösung legen und anschließend mit zwei Skalpellen in kleine Fragmente zerschneiden.
- Die Hirnteile mit einem abgerundeten sterilen Glasstab oder mit einer sterilen Pipette vorsichtig nacheinander durch die 200 und 115 µm weiten Gazenetze filtrieren.
- Im Hämocytometer Zellzahl und Vitalität bestimmen, dann die Zellen ohne Verzögerung abzentrifugieren und in neuem, eiskaltem Medium (serumfrei) aufnehmen.
- $15-30 \times 10^6$ Zellen nun in einen kleinen Erlenmeyerkolben geben (insgesamt 3,5 ml) und anschließend bei 37 °C, 8% CO_2 und 95% rel. Luftfeuchte im Brutschrank auf einem Schüttler (70–80 U/min) inkubieren.

Bei diesen Rotationsgeschwindigkeiten aggregieren die Zellen innerhalb von 1–2 Tagen zu kleinen Sphäroiden (100–200 µm Durchmesser), welche in den folgenden Tagen (3–5 Tage) auf ca. 300–500 µm Größe heranwachsen können. Zur Fütterung der Aggregate sollte niemals das ganze Medium ausgetauscht werden, sondern immer nur jeweils die Hälfte (alle drei Tage). Dies ist je nach Mediumverbrauch und Wachstumsaktivität anzupassen.

Weiterhin ist zu beachten, dass sich die Zellen während der Entnahme in einer aktiven Phase des Anwachsens befinden. Aggregate aus verschiedenen Hirnteilen zu verschiedenen Zeiten des embryonalen Stadiums lassen sich deshalb nicht immer gleich gut herstellen. So bilden glia- oder neuronenangereicherte Kulturen bzw. Aggregate aus Telencephalon und Rhombencephalon eine bessere Ausgangsbasis als Zellen aus Cerebellum, aus der Großhirnrinde oder aus der Retina.

Für die weitere Charakterisierung sind besonders immunhistochemische Methoden zu empfehlen. Weiterhin sind Neurotransmitterbestimmungen sowie Enzymmessungen von bestimmten Schlüsselenzymen, wie z. B. Tyrosinhydroxylase, gut möglich.

Kultivierung primärer Hepatocyten auf Kollagensandwich

Material:
- sterile Petrischalen (35 mm Durchmesser)
- Kollagen (Typ IV)
- Aqua dest. (steril)
- PBS (10×) steril
- 0,1 N NaOH
- DMEM kompl. (4,5 g/l Glucose) mit 10 mM HEPES, 1 mM Na-Pyruvat, 2 mM Glutamin, 1% nichtessentielle Aminosäuren, 5 mM Ornithin, 50 µg/ml Gentamycin; 0,1 mM Mercaptoethanol sowie 10% FKS
- Primäre Leberzellen (s. o.)
- Bereitung der Kollagenschicht: Am Tag der Zellgewinnung werden die auf 4 °C gekühlten Petrischalen mit der Kollagen IV-Schicht beschichtet:
  - 4,05 ml Aqua dest. steril
  - 2,55 ml 0,1 N NaOH
  - 3 ml PBS (10×)
  - 20,4 ml Kollagenlösung Typ IV (Konz.: 3 mg/ml)

- Den pH-Wert der Kollagenlösung mit steriler 2 N bzw. 0,4 N NaOH auf ca. 7,4 einstellen (zur Messung: sterile Tropfen auf pH-Papier). Auf jede Petrischale ca. 1 ml der Kollagenlösung pipettieren und gleichmäßig durch leichtes Schwenken und Schütteln der Schalen auf der Arbeitsfläche verteilen. Die Petrischalen für mind. 1 h bei 37 °C im Brutschrank inkubieren. Dann können die Schalen für die Einsaat der Leberzellen verwendet werden.
- Zellaussaat in 2 ml Medium in einer Konzentration von mind. 3×10^6 Zellen. Die Zellen durch leichtes Schwenken der Schalen sofort gleichmäßig verteilen. Nach der Aussaat die Zellen bei 37 °C für mind. 2 h und höchstens 12 h (über Nacht) inkubieren.
- Danach die Schalen unter der Sterilbank leicht seitlich mit dem Finger klopfen, um tote Zellen und anhaftende Aggregate zu lösen. Den Zellkulturüberstand vorsichtig absaugen, die Zellen mit vorgewärmten (!) Medium einmal waschen und weiter inkubieren. Vor Aufbringen der zweiten Schicht (nicht vor 24 h Gesamtinkubationsdauer) den Zellkulturüberstand vorsichtig entfernen, eine zweite identische Lösung der Kollagen-IV-Beschichtungslösung auf die Zellen geben und für ca. 1 h bei 37 °C inkubieren. Anschließend auf jede Schale 2 ml Medium pipettieren.

Die Petrischalen mit den Zellen im Kollagensandwich können nun für mindestens 2 Wochen inkubiert werden, wobei als Vitalitätstests entweder die LDH-Freisetzung (enzymatisch) oder die Albuminsynthese (z. B. als ELISA) herangezogen werden kann. Ferner kann die Produktion von Albumin durch Zugabe von Hormonen noch zusätzlich stimuliert werden, z. B. durch einer Kombination von Prednisolon, Glucagon und Insulin (76,2 µg/l; 169 IE/l und 133 µg/l) im Medium.

Ein derartiger Kollagensandwich mit den unterschiedlichsten Zellen kann auch auf Filterkultureinsätzen (s. Abb. 6-5, 21-2, 21-3) angesetzt werden. Dabei ist es möglich, die Medienversorgung der Zellen im Sandwich von unten und von oben zu variieren und dabei z. B. Differenzierungsvorgänge einzuleiten und zu beobachten. Ferner kann durch diese Anordnung die Lebensfähigkeit der Zellen gesteigert werden. Solche Ansätze sind durch spezielle apparartive Anordnungen weiter ausbaubar, jedoch muss z. B. bei der Perfusion, die mit solchen Apparaten durchaus möglich ist, darauf geachtet werden, dass die empfindliche Kollagenschicht nicht durch den Perfusionsstrom zerstört wird.

24.4 Literatur

Atala A. and Lanza R.P. (Eds.). Methods of Tissue Engineering. Academic Press, 2002.
Boheler K.R., Czyz J., Tweedie D., Yang H. T., Anisimov S.V. and Wobus A.M. Differentiation of pluripotent embryonic stem cells into cardiomyocytes. Circ. Res. 91: 189-201, 2002.
Bonnet D. Haematopoietic stem cells. J. Pathol. 197: 430-440, 2002.
Bryder D., Rossi D.J. and Weissman I.L. Hematopoetic stem cells. The paradigmatic tissue-specific stem cell. Am. J. Pathol. 169: 338-346, 2006.
Buesen R., Visan A., Genschow E., Slawik B., Spielmann H. and Seiler A. Trends in improving the embryonic stem cell test (EST): an overview. ALTEX 21: 15-22, 2004.
Clark A.D., Jorgensen H.G., Mountford J. and Holyoake T.L. Isolation and therapeutic potential of human haematopoietic stem cells. Cytotechnology 41: 111-131, 2003.
Czyz J., Wiese C., Rolletschek A., Blyszczuk P., Cross M. and Wobus A.M. Potential of embryonic and adult stem cells *in vitro*. Biol. Chem. 384: 1391-1409, 2003.
Debnath J. and Brugge J.S. Modelling glandular epithelial cancers in three-dimensional cultures. Nature Rev. Cancer 5: 675-688, 2005.
Doetschmann T.C., Eistetter H.R., Katz M., Schmidt W. and Kemler R. The in vitro development of blastocyst-derived embryonic stem cell lines: Formation of visceral yolk sac, blood islands and myocardium. J. Embryol. Exp. Morphol. 87, 27-45, 1985.
Evans M.J. and Kaufmann M.H. Establishment in culture of pluripotential cells from mouse embryos. Nature 292: 154-156, 1981.
Finney D.G. Probit Analysis. (3rd Ed.). Cambridge Universitiy Press, London, 1971.
Firmenschrift d. Fa. Miltenyi Biotec GmbH, D-51429 Bergisch-Gladbach, www.miltenyibiotec.com

Fuchs E., Tumbar T. and Guasch G. Socializing with the neighbours: stem cells and their niche. Cell 116: 769-778, 2004.
Genschow E. et al. Development of prediction models for three in vitro embryotoxicity tests in an ECVAM validation study. In Vitro Molec. Toxicol. 13: 51-65, 2000.
Genschow E., Spielmann H., Scholz G., Seiler A. et al. The ECVAM international validation study on in vitro embryotoxicity tests. Results of the definitive phase and evaluation of prediction models. ATLA 30: 151-176, 2002.
Genschow E., Spielmann H., Scholz G., Pohl I., Seiler A., Clemann N., Bremer S. and Becker K. Validation of the embryonic stem cell test (EST) in the international ECVAM validation study of three in vitro embryotoxicity tests. ATLA 32: 209-244, 2004.
Guan K., Schmidt M.M., Ding Q., Chang H. and Wobus A.M. Embryonic stem cells *in vitro* - prospects for cell and developmental biology, embryotoxicology and cell therapy. ALTEX 16: 135-141, 1999.
Herzog E.L., Chai L. and Krause D.S. Plasticity of marrow-derived stem cells. Blood 102: 3483-3493, 2003.
Holzhütter H.G. and Quedenau J. Mathematical modelling of cellular response to external signals. J. Biol. Syst. 3: 127-138, 1995.
INVITTOX Protocol No. 113. Embryonic Stem Cell Test (EST). The ERGATT/FRAME Data Bank of In Vitro Techniques in Toxicology, 1996.
Janeway C.A., Travers P., Walport M. and Shlomshik M. Immunologie, 5. Aufl., Spektrum Verlag, Heidelberg, 2002.
Jones D.L. and Wagers A.J. No place like home: anatomy and function of the stem cell niche. Nature Rev. Molec. Cell Biol. 9: 11-21, 2008.
Kleinman H.K., Philp D. and Hoffman M.P. Role of extracellular matrix in morphogenesis. Curr. Opin. Biotechnol. 14: 526-532, 2003.
Lakshimpathy U. and Verfaille C. Stem cell plasticitiy. Blood Rev. 19: 29-38, 2005.
Lanza R.P., Langer R. and Vacanti J (Eds.). Principles of Tissue Engineering, 2nd Ed. Academic Press, 2000.
Laschinski G., Vogel R. and Spielmann H. Cytotoxicity test using blastocyst-derived euploid embryonal stem cells: a new approach to in vitro teratogenesis screening. Reproduc. Toxicol. 5: 57-64, 1991.
Li L. and Xie T. Stem cell niche: Structure and function. Annu. Rev. Cell Dev. Biol. 21: 605-631, 2005.
Litchfield J.T. and Wilcoxon F. A simplified method for evaluating dose-effect experiments. J. Pharmacol. Exp. Ther. 96: 99-113, 1949.
Lutolf M.P. and Hubbell J.A. Synthetic biomaterials as instructive extracellular microenvironments for morphogenesis in tissue engineering. Nature Biotechnol. 23: 47-55, 2005.
MacNeil S. Progress and opportunities for tissue-engineered skin. Nature 445: 874-880, 2007.
Martin G.R. Isolation of a pluripotent cell line from early mouse embryos cultured in medium conditioned by teratocarcinoma stem cells. Proc. Natl. Acad. Sci. USA 78: 7634-7638, 1981.
Moore K.A. and Lemischka I.R. Stem cells and their niches. Science 311: 1880-1885, 2006.
Mosmann T. Rapid colorimetric assay for cellular growth and survival: application to proliferation and cytotoxicity assays. J. Immunol. Methods 65: 55-63, 1983.
Nakano T. Haematopoietic stem cells: generation and manipulation. Trends Immunol. 24: 589-594, 2003.
Nishikawa S.-I., Jakt L.M. and Era T. Embryonic stem-cell culture as a tool for developmental biology. Nature Rev. Molec. Cell Biol. 8: 502-507, 2007.
Orkin S.H. Diversification of haematopoietic stem cells to specific lineages. Nature Rev. Genet. 1: 57-64, 2000.
Pampaloni F., Reynaud E.G. and Stelzer E.H.K. The third dimension bridges the gap between cell culture and live tissue. Nature Rev. Molec. Cell Biol. 8: 839-845, 2007.
Piersma A.H., Genschow E., Verhoef A., Spanjersberg M.Q.I., Brown N.A., Brady M., Burns A., Clemann N., Seiler A. and Spielmann H. Validation of the rat postimplantation whole embryo culture test (WEC) in the international ECVAM validation study of three in vitro embryotoxicity tests. ATLA 32: 275-307, 2004.
Risbud M.V. and Sittinger M. Tissue engineering: advances in *in vitro* cartilage generation. Trends Biotechnol. 20: 351-356, 2002.
Rohwedel J., Guan K., Hegert C. and Wobus A.M. Embryonic stem cells as an in vitro model for mutagenicity, cytotoxicity and embryotoxicity studies: present state and future prospects. Toxicol. In Vitro 15: 741-753, 2001.
Rudnicki M.A. and Mc Burney M.W. Cell culture methods and induction of differentiation of embryonal carcinoma cell lines. In: Robertson E. J. (Ed). Teratocarcinoma and Embryonic Stem Cells: A Practical Approach. IRL Press, Washington. D.C., pp. 19-49, 1987.
Sachinidis A., Fleischmann B.K., Kolossov E., Wartenberg M., Sauer H. and Hescheler J. Cardiac specific differentiation of mouse embryonic stem cells. Cardiovasc Res. 58: 278-291, 2003.
Scadden D.T. The stem-cell niche as an entity of action. Nature 441: 1075-1079, 2006.
Schmeichel K.L. and Bissell M.J. Modeling tissue-specific signaling and organ function in three dimensions. J. Cell Sci. 116: 2377-2388, 2003.
Schöler H.R. Das Potenzial von Stammzellen. Bundesgesundheitsbl -Gesundheitsforsch - Gesundheitsschutz 47: 565-577, 2004.
Scholz G., Genschow E., Pohl I., Bremer S., Paparella M., Raabe H., Southee J. and Spielmann H. Prevalidation of the Embryonic Stem Cell Test (EST) – a new in vitro embryotoxicity test. Toxicol. In Vitro 13: 675-681, 1999.

Seiler A., Visan A., Buesen R., Slawik B., Genschow E. and Spielmann, H. Improvement of an *in vitro* stem cell assay (EST) for developmental toxicity by establishing molecular endpoints of tissue-specific development. Reproduc. Toxicol. 18: 231-240, 2004.

Seiler A., Buesen R., Visan A. and Spielmann, H. Use of Murine Embryonic Stem Cells in Embryotoxicity Assays: The Embryonic Stem Cell Test. Methods Mol. Biol. 329: 371-395, 2006a.

Seiler A. Buesen R., Hayess K., Schlechter K., Visan A., Genschow E., Slawik B. and Spielmann, H. Current status of the embryonic stem cell test. The use of recent advances in the field of stem cell technology and gene expression analysis. ALTEX 23 (Special Issue): 393-399, 2006b.

Spielmann H., Pohl I., Döring B. and Moldenhauer F. In vitro embryotoxicity assay using two permanent cell lines: mouse embryonic stem cells and 3T3 fibroblasts. Abstracts of the 23. ETS conference 1995, Dublin. Teratology 51: 31A-32A, 1995.

Spielmann H., Pohl I., Döring B., Liebsch M. and Moldenhauer F. The embryonic stem cell test (EST), an in vitro embryotoxicity test using two permanent mouse cell lines: 3T3 fibroblasts and embryonic stem cells. In Vitro Toxicol. 10: 119-127, 1997.

Spielmann H., Genschow E., Brown N.A., Piersma A.H., Verhoef A., Spanjersberg M.Q.I., Huuskonen H., Paillard F. and Seiler A. Validation of the postimplantation rat limb bud micromass (MM) test in the international ECVAM validation study of three in vitro embryotoxicity tests. ATLA 32: 245-274, 2004.

Stock U.A. and Vacanti J.P. Tissue engineering: Current state and prospects. Annu. Rev. Med. 52: 443-451, 2001.

Szilvassy S.J. The biology of heatopoietic stem cells. Arch. Med. Res. 34: 446-460, 2003.

Verwei M., van Burgsteden J.A., Krul C.A., van de Sandt J.J. and Freidig A.P. Prediction of in vivo embryotoxic effect levels with a combination of in vitro studies and PBPK modelling. Toxicol. Lett. 165: 79-87, 2006.

Wagers A.J. and Weissman I.L. Plasticity of adult stem cells. Cell 116: 639-648, 2004.

Watt F.M. and Hogan B.L.M. Out of eden: Stem cells and their niches. Science 287: 1427-1430, 2000.

Weissman I.L. Stem cells: Units of development, units of regeneration, and units in evolution. Cell 100: 157-168, 2000.

Williams R.L., Hilton D.J., Pease S., Willson T.A., Stewart C.L., Gearing D.P., Wagner E.F., Metcalf D., Nicola N A. and Gough N.M. Myeloid leucemia inhibitory factor maintains the developmental potential of embryonic stem cells. Nature 336: 684-687, 1988.

Wilson A. and Trumpp A. Bone-marrow haematopoietic-stem-cell niches. Nature Rev. Immunol. 6: 93-106, 2006.

Wobus A.M. and Boheler K.R. Embryonic stem cells: Prospects for developmental biology and cell therapy. Physiol. Rev. 85: 635-678, 2005.

Wobus A.M., Wallukat G. and Hescheler J. Pluripotent mouse embryonic stem cells are able to differentiate into cardiomyocytes expressing chronotropic responses to adrenergic and cholinergic agents and Ca^{2+} channel blockers. Differentiation 48: 173-182, 1991.

Yamada K.M. and Cukierman E. Modeling tissue morphogenesis and cancer in 3D. Cell 130: 601-610, 2007.

25 Massenzellkultur

Auch im Labor ist es hin und wieder nötig, entweder größere Mengen von Zellen (Biomasse) oder Produkte dieser Zellen (z. B. monoklonale Antikörper, Kapitel 22.3; rekombinante Proteine, Kapitel 21.4) zu gewinnen. Es gibt sehr verschiedene Methoden, größere Zellmengen zu züchten, je nachdem, ob es sich um adhärente Zellen (Monolayer) oder in Suspension wachsende Zellen (z. B. lymphoblastoide Zellen, bestimmte Hybridomakulturen, adaptierte CHO-Zellen, Sf9-Kulturen) handelt (Abb. 25-1).

25.1 Monolayerkulturen für große Zellmengen

Die Aufgabe, adhärente Zellen in großer Zahl zu züchten und zu vermehren besteht darin, eine möglichst große Oberfläche für die Anheftung der Zellen zu schaffen, ohne den Arbeitsaufwand und den Medienbedarf in gleicher Weise ansteigen zu lassen.

Stammkultur aus fl. N_2

Zellzahl: ca. $1-5 \times 10^6$ Z/ml

Zellkulturflasche (T 25–T 175)

Zellzahl: ca. 10^5 Z/cm^2

Rollerflasche (bis zu ca. 1600 cm^2)

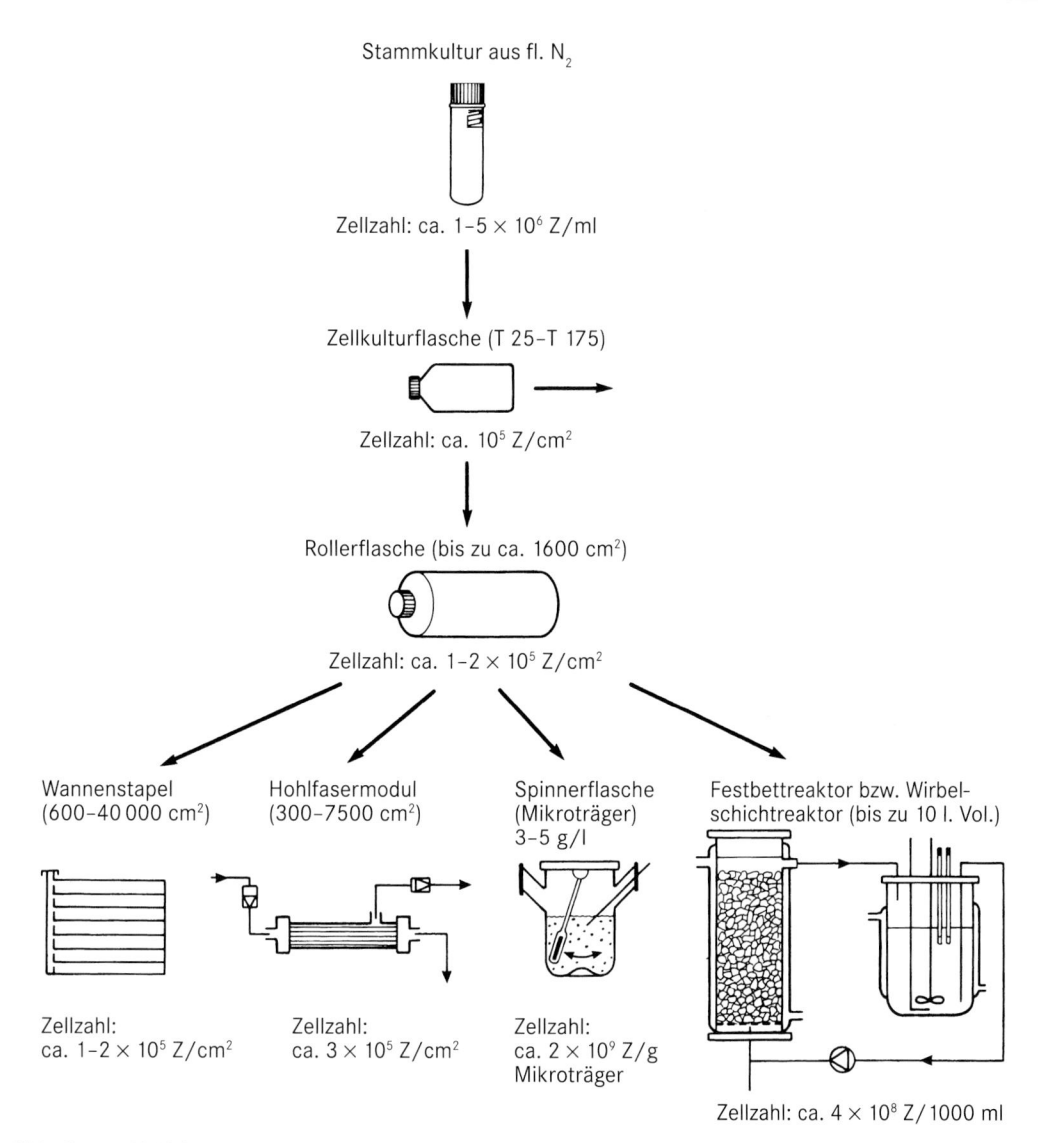

Zellzahl: ca. $1-2 \times 10^5$ Z/cm^2

Wannenstapel (600–40 000 cm^2)

Hohlfasermodul (300–7500 cm^2)

Spinnerflasche (Mikroträger) 3–5 g/l

Festbettreaktor bzw. Wirbelschichtreaktor (bis zu 10 l. Vol.)

Zellzahl: ca. $1-2 \times 10^5$ Z/cm^2

Zellzahl: ca. 3×10^5 Z/cm^2

Zellzahl: ca. 2×10^9 Z/g Mikroträger

Zellzahl: ca. 4×10^8 Z/1000 ml

Abb. 25-1a Kultivierungssysteme zur Züchtung größerer Mengen adhärenter Zellen.

25.1.1 Rollerkultur

Hier wird eine Flasche (innere Oberfläche bis 2000 cm^2) mit Zellen in relativ wenig Medium beschickt und liegend um ihre Längsachse gedreht. Die Zellen heften sich an der inneren Oberfläche an und tauchen bei jeder Umdrehung in das unten stehende Medium ein. Der Gas- und Nährstoffaustausch ist im Vergleich zu einer stationären Kultur sehr intensiv. Die Flaschen werden von einer Maschine bewegt, die in einem Brutraum oder Brutschrank steht (Abb. 25-2a).

Stammkultur aus fl. N_2

Zellzahl: ca. $1-5 \times 10^6$ Z/ml

Zellkulturflasche (T 25–T 175)

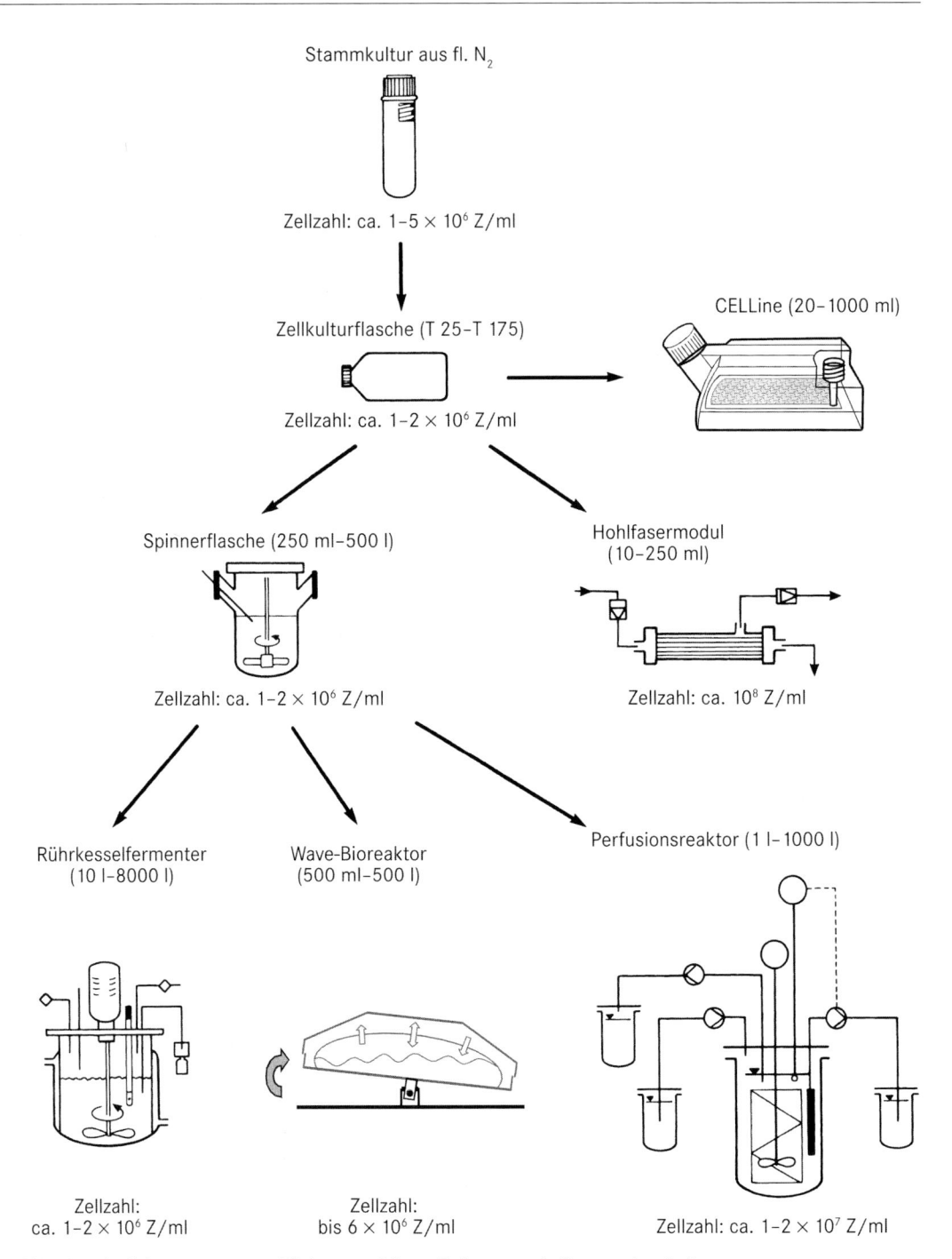

Zellzahl: ca. $1-2 \times 10^6$ Z/ml

CELLine (20–1000 ml)

Spinnerflasche (250 ml–500 l)

Zellzahl: ca. $1-2 \times 10^6$ Z/ml

Hohlfasermodul (10–250 ml)

Zellzahl: ca. 10^8 Z/ml

Rührkesselfermenter (10 l–8000 l)

Wave-Bioreaktor (500 ml–500 l)

Perfusionsreaktor (1 l–1000 l)

Zellzahl: ca. $1-2 \times 10^6$ Z/ml

Zellzahl: bis 6×10^6 Z/ml

Zellzahl: ca. $1-2 \times 10^7$ Z/ml

Abb. 25-1b Kultursysteme zur Züchtung größerer Zellmengen in Suspensionskultur.

> **Rollerkultur**
>
> Material: • Rollerapparatur, in Brutraum (ohne CO_2-Begasung!)
> • Rollerflaschen (Polystyrol)
> • Einsaatkultur
>
> - Die Rollerflaschen (mehrere kleinere sind besser als wenige größere; sehr unhandlich sind Glasflaschen, die so lang sind wie die Drehwalzen, 87 cm!) in der Reinraumwerkbank mit der Zellsuspension in üblicher Konzentration füllen.
> - Das Medium, das bei langsam wachsenden Zellen leicht mit CO_2 begast werden kann, darf nicht im Hals der Flasche stehen.
> - Flaschen fest verschließen und mit anfangs 0,25 bis 0,5 U/min drehen, nach Anheftung der Zellen kann die Drehgeschwindigkeit auf 1 U/min erhöht werden.
> - Erforderlichen Mediumwechsel oder -ernte wie üblich durch Absaugen (lange, sterile, ungestopfte Pipette), Mediumzugabe mit Schlauchpumpe aus Vorratsgefäß durchführen.
> - Ablösen der Zellen: Medium abgießen, einmal mit PBS waschen, je nach Flaschengröße bis zu 100 ml Trypsin zugeben und durch Drehen gesamte innere Oberfläche ausreichend benetzen.
> - Trypsin absaugen, Flasche bis zum Ablösen der Zellen bei 37 °C auf Apparatur drehen.
> - Medium oder Puffer zugeben, Zellen abwaschen und absaugen.

Die Rollerkultur ist zwar recht sicher in der Handhabung, man benötigt dazu allerdings eine entsprechende Apparatur in einem Brutraum oder -schrank.

25.1.2 Wannenstapel (multi-tray, cell factory)

Dieses sehr einfache System besteht in einer von mehreren Ausführungen aus 10 miteinander verschweißten Schalen, die an einer Schmalseite durch Öffnungen verbunden sind und zusammen 6000 cm^2 Wachstumsfläche besitzen (Abb. 25-2b). Diese Systeme gibt es in größeren Ausführungen bis zu 40 000 cm^2 und werden z. B. in der Interferonproduktion mittels humaner Fibroblasten eingesetzt. Die Beschickung mit Zellen und Medium geht relativ einfach vor sich: Unter sterilen Bedingungen werden die Zellen in die verschließbaren Einführöffnungen zusammen mit dem Medium eingeführt und nach Verschluss wird der ganze Kubus einmal um seine eigene Achse gedreht. Dadurch werden die Zellen zusammen mit dem Medium automatisch gleichmäßig auf die verschiedenen Etagen verteilt und können sich anschließend anheften. Der Mediumwechsel geht ähnlich vor sich, durch entgegengesetzte Drehung kann das Medium abgenommen und frisches Medium zugeführt werden.

Die zu erntenden Zellen, ca. 10^9 und mehr, können durch Trypsinieren gewonnen werden.

Vorteilhaft ist der geringe Platzbedarf bei relativ großer Zellausbeute. Im Gegensatz zur Rollerkultur benötigt man für kleine Wannenstapel keine Maschine.

25.1.3 Kapillar-Perfusion (Kapillarreaktor, Dialysator)

Mit zunehmender Zelldichte werden Nährstoffe und Gasaustausch zu limitierenden Faktoren. Um dies zu vermeiden, entwickelten Knazek und Mitarbeiter (1972) eine Kammer, in der Hohlfasern vom Medium durchströmt werden (Hohlfasermodul, Abb. 25-1). Aus diesen Hohlfasern können die niedermolekularen Bestandteile des Mediums durch definierte Poren in den Extrakapillarraum strömen, in dem sich die Zellen mit Medium befinden. Der Perfusionsdruck presst das verbrauchte Medium wieder durch die Poren in den Strom zurück, sodass sich das Medium immer wieder aus-

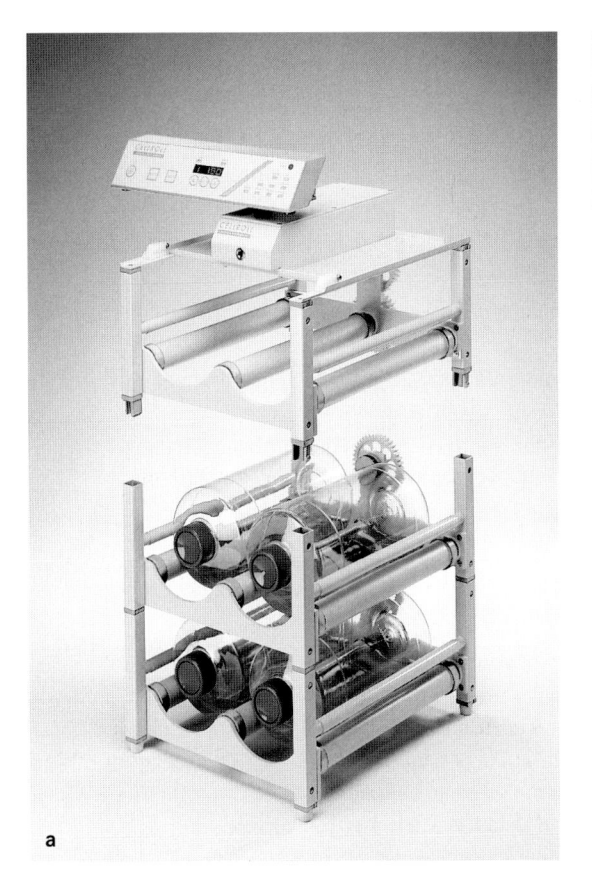

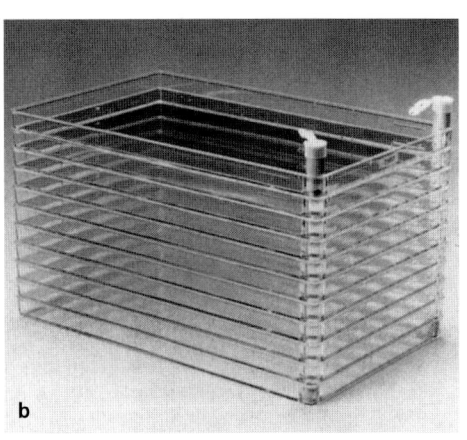

Abb. 25-2 a *CELLROLL*, Apparatur für Rollerkulturen (Fa. INTEGRA Biosciences GmbH).
b Wannenstapelkulturen (Nunc).

tauscht wie bei einer Dialyse. So vermehren sich die Zellen im extrakapillären Raum, sowohl adhärente als auch in Suspension wachsende, wobei ihnen Nährstoffe durch Diffusion durch die Faserwandporen (intrakapillär) zugeführt werden, gleichzeitig werden Metabolite abgeführt. Eine vollständige Einheit zeigt die Abb. 25-3.

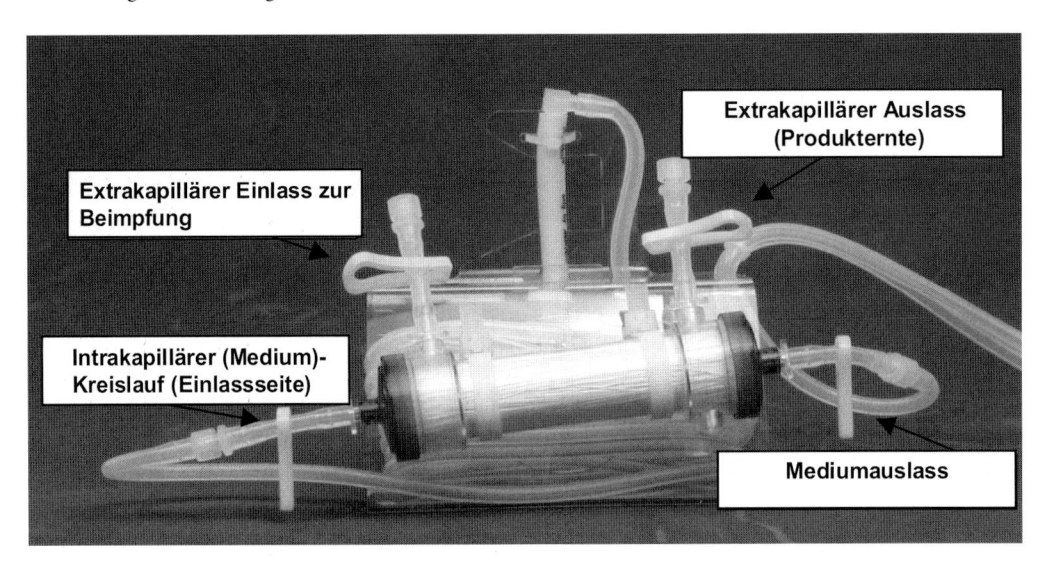

Abb. 25-3 Hohlfasermodul (engl. *hollow fiber bioreactor*).

Die steril gelieferte Einheit mit z. B. 25 ml Inhalt im extrakapillaren Raum wird auf der einen Seite mit der Vorratsflasche verbunden, auf der anderen mit der Schlauchpumpe. Die Zellen werden durch eine spezielle Öffnung in einer Konzentration von z. B. $1,65 \times 10^6$ Zellen/ml, in 2 ml suspendiert, eingebracht. Die ganze Einheit wird in einem CO_2-Inkubator bei 37 °C und 5% CO_2 in Luft inkubiert. Der Gasaustausch erfolgt durch die Silikonschläuche. Die Schlauchpumpe wird z. B. auf 5 ml/min eingestellt. Das Zellwachstum kann am Glucoseverbrauch gemessen werden (Kapitel 14.3.1) oder auch an den im extrakapillären Raum angehäuften monoklonalen Antikörpern. Die Kultur kann 4 Wochen und länger gehalten werden. Die von verschiedenen Firmen (s. Anhang, Kapitel 36) angebotenen Kapillargeräte unterscheiden sich z. B. in der Größe der Poren in den Hohlfasern, also in der Durchlässigkeit für Makromoleküle.

25.1.4 Microcarrier-Kultur (Mikroträger)

Bei dieser Kulturart heften sich adhärente Zellen an Kunststoffkügelchen von 40–300 μm Durchmesser an (Abb. 25-4) und werden von einem Rührer in Suspension gehalten. Durch Microcarrier wird die verfügbare Wachstumsfläche enorm vergrößert. Auf diese Weise können mehr Zellen je Volumeneinheit Medium als bei stationärer Monolayerkultur gezüchtet werden. Cytodex Microcarrier bieten eine Oberfläche von ca. 4500 cm^2/g, was in etwa der Fläche von 6 Standard-Rollflaschen oder 60 T-75-Kulturflaschen entspricht. In geeigneten Spinner-Kulturen können bis zu 5 g Cytodex/l Kulturmedium eingesetzt werden (s. u.).

Die Mikroträger werden sowohl in gequollener steriler, als auch in trockener und unsteriler Form geliefert. Sie können aus verschiedenen Grundmaterialien bestehen (Tab. 25-1) und die je ml einzubringenden Mengen an Mikroträgern variieren ebenfalls stark (bis 5 g/l Cytodex), was sich auf die Kosten auswirken kann.

Die Microcarrier-Kulturen können sehr stark wachsen, z. B. von 3×10^7 auf $4,5 \times 10^8$ in 5 Tagen in 100 ml, sodass der Pufferung und der Nährstoffzufuhr großes Augenmerk geschenkt werden muss. Hohe $NaHCO_3$-Konzentrationen, eventuell kombiniert mit HEPES, sind empfehlenswert.

Cytodex™ (Fa. Amersham Biosciences/GE Healthcare) sind mikroporöse Dextrankugeln mit einem mittleren Durchmesser von rund 200 μm. Cytodex 1 ist ein universeller Mikroträger, bestehend aus quervernetztem Dextran mit N,N-Diethylaminoethyl-Seitenketten, welche der gesamten Matrix eine positive Nettoladung verleihen. Cytodex 3 sind kollagenbeschichtete Dextranträger, die sich besonders für schlecht haftende Zellen eignen (Abb. 25-5).

Makroporöse Carrier (Cytopore™, Cytoline™, Fa. Amersham Biosciences/GE Healthcare) eignen sich gut für hochdichtes Wachstum, doch ist es schwierig, die Zellen zu beobachten, da diese in

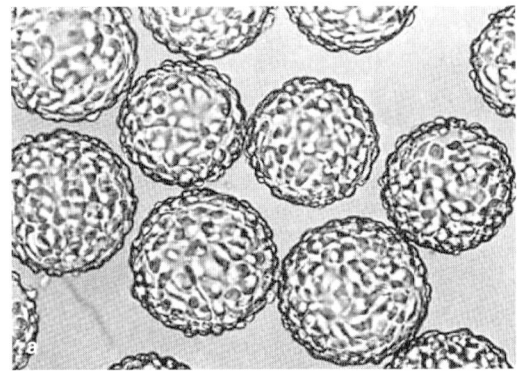

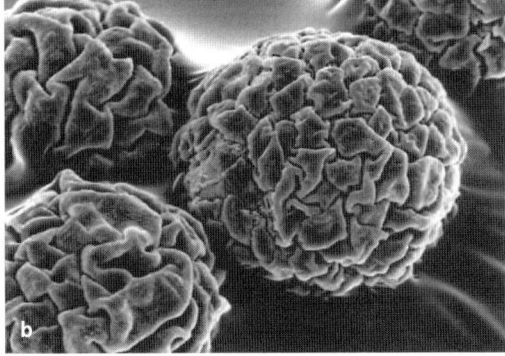

Abb. 25-4 Zellen auf Cytodex™-Mikroträgern; **a** phasenkontrastmikroskopische Aufnahme, **b** Rasterelektronenmikroskopie dichtgewachsener Dextrankügelchen (Fa. Amersham Biosciences/GE Healthcare).

Tab. 25-1 Kommerziell erhältliche Microcarrier.

Handelsname	Hersteller*	Material	Durchmesser [µm]	[cm²/g]	Porös	Transparent	Autoklavierbar
Glass Beads	Sigma	Glas	150–212 / 212–300 / 425–600		–	+/–	+
MicroHex	Nunc/Thermo Fisher	Polystyrol	hexagonal, 125 µm Seitenlänge,	760	–	+/–	–
Cytodex 1	Amersham Biosciences/ GE Healthcare	Dextran, quervernetzt	~190 (147–248)	4400	+	+	+
Cytodex 3	Amersham Biosciences/ GE Healthcare	Dextran, quervernetzt, Kollagenbeschichtet	~175 (141–211)	2700	+	+	+
Cytoline 1,2	Amersham Biosciences/ GE Healthcare	Polyethylen, Silicagel	500–1000	1000–3000	+	–	+
Cytopore 1,2	Amersham Biosciences/ GE Healthcare	Baumwoll-Cellulose, quervernetzt	~230	10 000–18 000	+	+	+
Dormacell	Pfeiffer & Langen	Dextran	140–240	7000	+	+	+
Siran**	Schott	Glas	250–500		+	–	+
Cultispher	Sigma	vernetzte Gelatine	130–380		+	+	+

* s. Kap. 36; ** nur für stationäre Kultur geeignet, da spezif. Gew. für Suspensionskultur zu hoch; diese Carrier werden nicht mehr hergestellt, sind jedoch noch verfügbar.

den Poren verborgen sind. Ebenfalls schwierig gestaltet sich die Zellernte und eine nachträgliche Charakterisierung, da eine Trypsinierung der Zellen schwierig ist und die Ausbeute dabei ist sehr gering (Landauer et al., 2002). Makroporöse Carrier eignen sich jedoch durchaus auch für Suspensionszellen, falls diese, was in vielen Fällen sehr gut möglich ist, doch leicht an der Oberfläche adhärieren können.

Alle Glaswaren für die Kultur müssen silikonisiert sein (Kapitel 6.5). Für einfache Kulturen verwendet man ein Spinnergefäß (engl. *spin* = schnell drehen; Abb. 25-6) auf einem Magnetrührer in

Cytodex 1: pos. Nettoladungen durch die gesamte Matrix

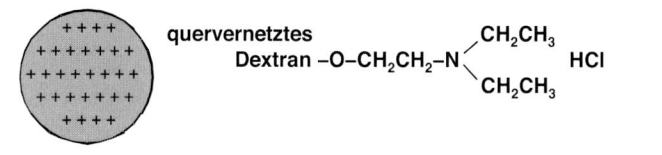

quervernetztes
Dextran $-O-CH_2CH_2-N\begin{subarray}{l}CH_2CH_3\\CH_2CH_3\end{subarray}$ HCl

Cytodex 3: Kollagenschicht an der Dextran-Oberfläche

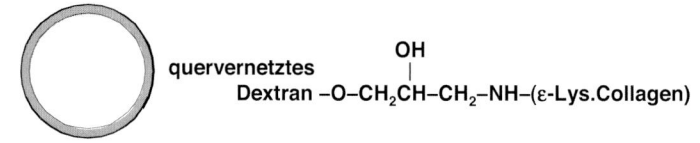

quervernetztes
Dextran $-O-CH_2CH-CH_2-NH-(\varepsilon\text{-Lys.Collagen})$
                    $\quad\quad\quad\;\;|$
                    $\quad\quad\quad\;OH$

Abb. 25-5 Oberflächen von Dextran-Microcarriern (Cytodex 1 und 3). Cytodex 1 ist ein auf der Basis von quervernetztem Dextran entwickelter Mikroträger. Die gleichmäßig verteilte positive Ladung wird durch Diethylaminoethyl-Seitengruppen (DEAE) erzielt. Cytodex 3 sind mit einer denaturierten, kovalent gebundenen Kollagenschicht überzogen. Beide Microcarrier sind durchsichtig und autoklavierbar (Fa. Amersham Biosciences/GE Healthcare).

Abb. 25-6 a Spinnerkulturgefäß mit einem Magnetrührstab (Fa. Techne); **b** Spinnerkulturgefäß mit zwei Rührstäben; **c** Rührstabdetail (*CELLSPIN*, Fa. INTEGRA Biosciences GmbH).

einem Brutraum oder Brutschrank. Die Rührgeschwindigkeit hängt von der Dichte der Mikroträger, die gerade eben am Sedimentieren gehindert werden sollen, ab und beträgt zwischen 30 und 150 U/min. Das Wachstum kann mikroskopisch kontrolliert werden, wenn man eine Probe auf einen Objektträger bringt (s. Abb. 25-4). Zur Ablösung der Zellen lässt man die Microcarrier sedimentieren, entfernt das Medium und behandelt das Sediment mit Trypsin. Man rührt anschließend bei 37 °C langsam, bis sich die Zellen ablösen. Die Zellen lassen sich von den Mikroträgern durch ein 100-μm-Filter abtrennen (Cytodex 1).

Schließlich sei noch erwähnt, dass man Microcarrier zu einer langsam drehenden Rollerkultur geben kann. Zellen und Mikroträger heften sich zusammen an die Gefäßwand und vergrößern deren Oberfläche wesentlich.

Grundsätze für die Mikroträgerkultur

! Starterkultur
Sie soll aus der log-Phase der Kultur stammen und nicht nur auf die Abwesenheit von Bakterien und Pilzen sondern auch auf Freisein von Mycoplasmen geprüft sein.

! Einsaatmenge
Zellen, die normalerweise eine „Plating Efficiency" von weniger als 10 % zeigen, werden in einer Konzentration von 10 Zellen/Mikroträger in 20 % des Medium-Endvolumens eingesät und zur Anheftung an die Mikroträger nicht umgerührt. Zellen mit einer höheren Plating Efficiency als 10 % werden mit 5 Zellen/Mikroträger Endvolumen eingesät und sofort mit entsprechender Drehzahl gerührt.

> **!** **Medium**
> Das Medium soll nährstoffreich und gut gepuffert sein, am 3. Kulturtag werden in der Regel 50 % des Mediums ersetzt.
>
> **!** **pH-Wert**
> Optimal sind meist Werte zwischen 7,2 und 7,6, eine günstige Pufferung erhält man mit 20 mmol HEPES.
>
> **!** **Begasung von Spinnerkulturen**
> Spinnerflasche nur halb voll mit Medium füllen, Restvolumen mit 5 % CO_2 in 95 % Luft steril begasen, Öffnungen dicht verschließen (bei HEPES-gepufferten Medien, die stets noch $NaHCO_3$ enthalten, s. Kapitel 9.4). $NaHCO_3$-gepufferte Kulturen werden zweckmäßigerweise bei leicht geöffneten Seitenarmen in einem Brutschrank mit Rühreinrichtung bei 5 % CO_2, in Ausnahmefällen, z. B. bei Verwendung von MEM-Dulbecco-Medien, mit 8 % CO_2 in Luft kultiviert.

Wegen der unterschiedlichen chemischen und physikalischen Eigenschaften der käuflichen Mikroträger müssen für Details die Angaben der Hersteller beachtet werden. Es gibt bei diesen Firmen mittlerweile eine umfangreiche anwendungsbezogene Literatur.

25.2 Suspensionskultur für große Zellmengen

In Suspensionskulturen können die meisten lymphoiden und manche transformierten Zellen vermehrt werden. Durch langsames Rühren muss verhindert werden, dass sich die Zellen absetzen. Dazu eignen sich am besten Spinnerflaschen, wie sie die Abb. 25-6a und b zeigen. Die Flaschen gibt es von 25 ml bis 50 l Inhalt. Sie bestehen aus Borosilikatglas und besitzen ein oder zwei PTFE-beschichtete Magnetrührstäbchen, die sich in einigem Abstand vom Boden drehen lassen. Dadurch wird vermieden, dass Zellen am Boden zerrieben werden. Seitlich sind meist zwei verschließbare Seitenarme angebracht, durch die Proben gezogen werden können, auch Beimpfung und Mediumwechsel erfolgen durch die Seitenarme. Der Deckel, der den Rührer hält, soll während der Kulturdauer nicht abgenommen werden. Die Rührer haben mittlerweile sich vom einfachen Magnetrührer bis zum aufwändigen Rührpaddel mit individueller Geometie entwickelt (Abb. 25-7). Es gibt mittlerweile auch Einmalspinnergefäße bis zu einem Maßstab von 2000 l Inhalt. Dabei spielt vor allem die Geometrie und die Technologie des Antriebs und des Rührpaddels eine große Rolle. Die Durchmischung erfolgt z. B. mit einem taumelnden Paddel (Fa. Artelis, Belgien) oder mit magnetgekoppelten Rührantrieben, in denen ein intern montiertes Einwegrührsystem die schonende Durchmischung der Zellen und des Mediums in den Einweggefäßen ermöglichen. Wie bei der klassischen Einwegkulturflasche entfällt bei den genannten Einwegsystemen der Aufwand für die Reinigung und das Autoklavieren der Gefäße bei gleichzeitig erhöhter Prozesssicherheit. Jedoch sind diese Einwegsysteme sehr teuer und nicht umweltschonend, sodass die Anwendung von Einmalspinnergefäßen oder sogar Einmalfermentern sehr von der Kostenkalkulation des betreffenden Anwenders abhängig ist.

Die Kultur wird auf einem Magnetrührer in einem Brutraum oder einem CO_2-Inkubator bebrütet. Es gibt CO_2-Inkubatoren, die mit eingebautem Motor 4 Spinnerflaschen gleichzeitig antreiben können. Wichtig ist, dass durch den Magnetrührer keine zusätzliche Wärme auf die Flasche übertragen wird. Zumindest muss unter die Flasche, die auch gegen Herunterfallen gesichert werden muss, eine Styroporplatte als Wärmeisolierung gelegt werden. Es gibt jedoch spezielle Rührer, die keine Wärme mehr übertragen.

Der Gasaustausch erfolgt bei niedrigen Flüssigkeitsspiegeln durch die nur mit einem Filter oder einer Folie verschlossenen Seitenarme.

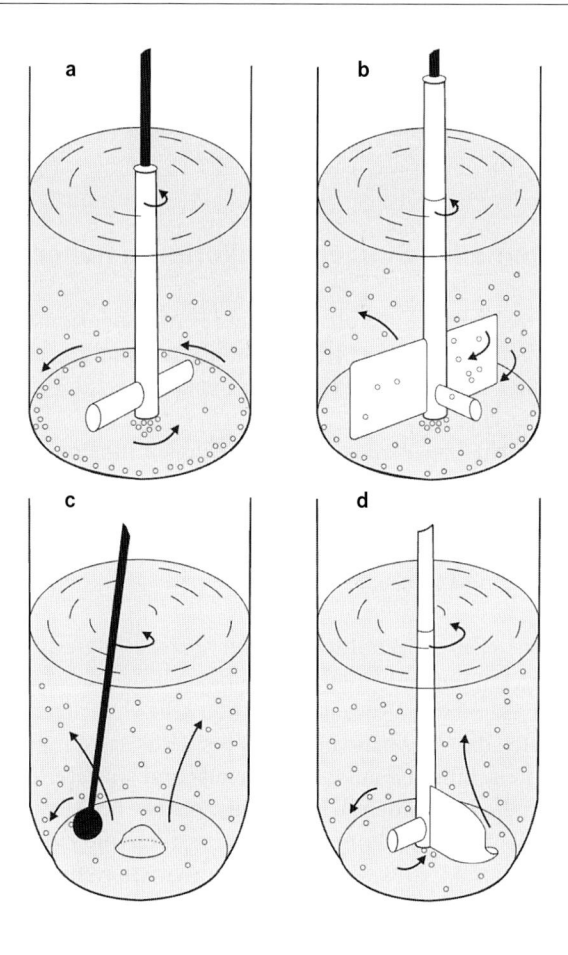

Abb. 25-7 Rührsysteme für Suspensionskulturen im Labormaßstab. **a** Traditionelles Rührwerk in einer Spinnerflasche; **b** Spinnergefäß, für Microcarrierkulturen modifizert; **c** magnetbetriebender Rührstempel; **d** propellerartiges Rührsystem in einem Rundgefäß (Fa. Amersham Biosciences/ GE Healthcare).

Anlegen einer Suspensionsmassenkultur

Material:
- Spinnerflasche, steril, für 1 l Medium
- Starterkultur aus stationärer Flaschenkultur (10^7 Zellen)
- Magnetrührer in Inkubator oder Brutraum
- Medium (z. B. 900 ml RPMI 1640 + 100 ml FKS + 50 mg Gentamycin)

- Zählen und Einstellen der Starterkultur auf 5×10^4 Zellen/ml in 20 ml (Zellkonzentrat).
- Medium mit Schlauchpumpe durch einen Seitenarm in Spinnerflasche einfüllen, Schaumbildung vermeiden, zweiten Seitenarm währenddessen geöffnet lassen.
- 20 ml Starkerkultur mit Pipette durch Seitenarm einfüllen.
- Beide Seitenarme im CO_2-Inkubator mit Aluminiumfolie, ansonsten fest verschließen.
- Kultur auf Magnetrührer in Brutschrank oder Brutraum stellen.
- Rührgeschwindigkeit auf ca. 50–60 U/min einstellen.
- Tägliche Zellzählung: Die Lebensfähigkeit sollte bei 90 % liegen, sollte sie auf 20% abfallen, kann die Kultur in aller Regel jedoch noch gerettet werden; die Verdopplungszeit der Population beträgt in der Regel ca. 24 h, die Ernte der Kultur („batch"-Verfahren) sollte bei einer Zellkonzentration von $1-1,5 \times 10^6$/ml erfolgen, was nach 3–4 Tagen der Fall ist.
- Zur Ernte die Kultur aus der Spinnerflasche in der Reinraumwerkbank durch Seitenarme mittels Schlauchpumpe in Zentrifugenbecher absaugen und bei ca. $100 \times g$ abzentrifugieren.

Das Kulturvolumen kann jederzeit leicht vergrößert werden, allerdings muss ab einer bestimmten Größe, die von der Zellart und dem Medium abhängt, in der Regel ab 1 l, mit CO_2 angereicherte Luft durch das Medium perlen. Zu Kulturen, die zu langsam wachsen, kann man bis zu 20% FKS zugeben.

25.2.1 Weitere Einwegsysteme für Suspensionskulturen hoher Dichte

In den letzten Jahren haben sich weitere Systeme für die Züchtung von Suspensionskulturen entwickelt, die vor allem Einwegsysteme betreffen, die die Sicherheit und das Handling solcher Ansätze erleichtern. Die Größenordnung solcher Einweggefäße reicht vom Labormaßstab (40–100 ml) bis zum Produktionsmaßstab von mehr als 2000 l.

Für Screeningexperimente werden heute zur Austestung von Zelllinien für Produktionszwecke auch in der Zellkultur Schüttelkolben (Gesamtvolumen bis zu 250 ml) verwendet oder Zentrifugenröhrchen (50 ml) mit gasdurchlässigem Verschluss („Tubespin", Fa. TPP, Schweiz).

Entsprechende Brutschränke mit CO_2-Begasung gibt es für solche Systeme schon, wobei die Ausstattung je nach Bedürfnis variiert werden kann (Fa. Kuhner, Schweiz bzw. Fa. Ramos, HiTecZang, Deutschland).

Für größere Ansätze bei Suspensionszellen steht mittlerweile ein relativ erfolgreiches System zur Verfügung, das seinen Ursprung schon seit über 20 Jahren hat. Es handelt sich dabei um ein modifiziertes „Blutbeutelsystem", das in der klinischen Anwendung schon sehr viel länger seinen angestammten Platz hat. Diese Plastikbeutel, die Volumen von bis zu 500 l Kulturmedium fassen können, sind gasdurchlässig, nur zur Hälfte gefüllt und auf einer sich auf- und abwiegenden Plattform (Wippe) befestigt (Abb. 25-8). Durch die stattfindende Bewegung entsteht im Medium eine hin- und herlaufende Welle, die einen effizienten und schonenden Gasaustausch und eine gute Zellsuspendierung ermöglicht („Wave Bioreactor®"; www.wavebiotech.net; www.wavebiotech.com). Die Kultur wird als sogenannte Batchkultur betrieben, d. h. Zellen und Medium werden am Anfang eingegeben, Medium wird nicht ausgetauscht oder erneuert, und am Ende der Kulturperiode werden Produkt und Zellen aus dem Beutel entnommen und das gewünschte Protein anschließend gereinigt („Downstream-Processing"). Es empfielt sich gerade für die Gewinnung von Pharmaproteinen möglichst serumfreie Kulturen einzusetzen, da bei diesen Ansätzen diese Reinigung erheblich leichter ist als in Gegenwart von Serum.

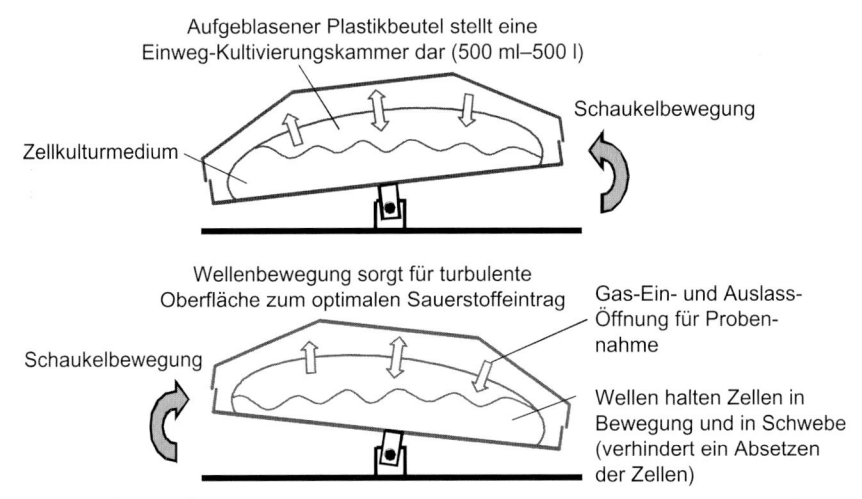

Abb. 25-8 Wave Bioreactor® (Fa. Wave Biotech AG, www.wavebiotech.net; WAVE Products/GE Healthcare, www.wavebiotech.com).

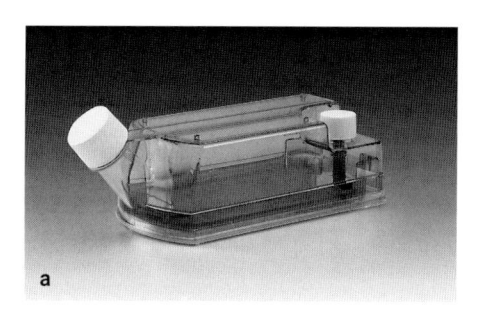

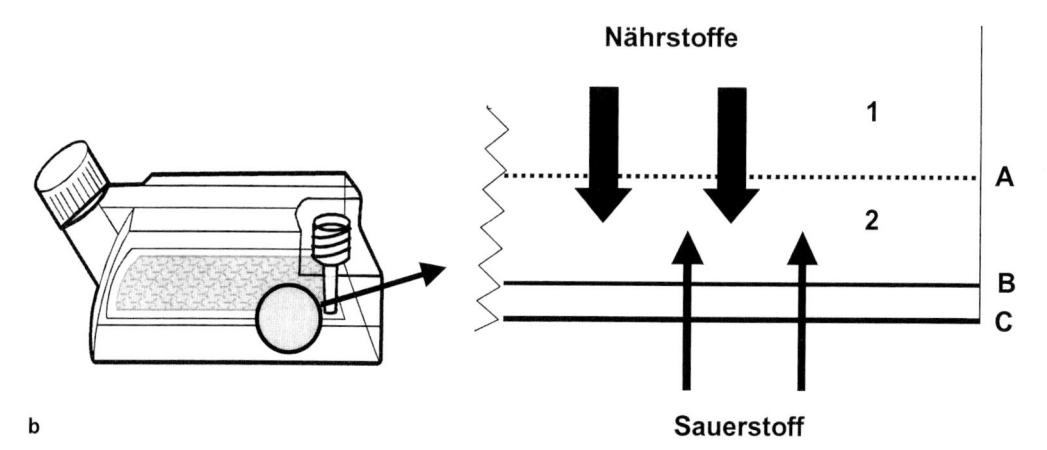

Abb. 25-9 a CELLine-Einweg-Bioreaktor mit Membrantechnologie für die Langzeitkultivierung von Zellen und hohen Produktausbeuten (Fa. INTEGRA Biosciences GmbH). **b** Funktionsprinzip des CELLine-Reaktors. Die sich im Zellkompartiment (2) befindenden Zellen werden ausreichend mit Sauerstoff versorgt. Dieser gelangt passiv durch die Öffnungen im CELLine Boden (C) durch die Silikonmembran (B) zu den Zellen. Die zur Proliferation notwendigen Nährstoffe gelangen von oben her durch eine dünne Dialysemembran (A) zu den Zellen. Diese Membran lässt Moleküle kleiner 10 kDa passieren, während größere auf beiden Seiten zurückgehalten werden. Durch diese Membrantechnologie können sehr hohe Zelldichten und hohe Ausbeuten erreicht werden. Das bedingt aber eine erhöhte Gabe an Glucose und Glutamin in beiden Kompartimenten, sowie die für CELLine typische Arbeitsweise eines 2–5tägigen Medium- und Zellaustausches.

Ein weiteres Einwegsystem ist der *CELLine*-2-Kammer-Bioreaktor (Fa. INTEGRA Biosciences GmbH) (Abb. 25-9a). Der kompartimentierte Reaktor ist in ein Medium- und in ein Zellkompartiment aufgeteilt, die durch eine semipermeable Celluloseacetat-Membran mit einer Ausschlussgröße von 10 kDa voneinander getrennt werden. Diese Membran ermöglicht eine kontinuierliche Diffusion von Nährstoffen in das Zellkompartiment bei gleichzeitiger Entfernung störender Stoffwechselendprodukte. Der separate Zugang zu jedem Kompartiment erlaubt die Zellen entsprechend ihren Bedürfnissen mit frischem Medium zu versorgen, ohne sie dabei in ihrer Umgebung auf irgendeiner Art und Weise zu stören. Ein hoher Gasaustausch wird durch eine Silikonmembran am Boden des CELLine-Reaktors gewährleistet. Diese Membran sorgt für eine optimale O_2-Versorgung und kontrolliert gleichzeitig die CO_2-Konzentration durch kurze Diffusionswege innerhalb des Zellkompartiments (Abb. 25-9b). Das Design des Reaktors macht das Arbeiten genauso einfach wie mit einer normalen Zellkulturflasche. Die Reaktoren sind stapelbar und benötigen nur minimalen Platzbedarf in jedem Standard-CO_2-Inkubator.

25.3 Literatur

Barnes L.M. and Dickson A.J. Mammalian cell factories for efficient and stable protein expression. Curr. Opin. Biotechnol. 17: 381-386, 2006.

Barnes L.M., Bentley C.M. and Dickson A.J. Stability of protein production from recombinant mammalian cells. Biotechnol. Bioeng. 81: 631-639, 2003.

Baron D. Industrielle Produktion monoklonaler Antikörper. Naturwissenschaften 77: 465-471, 1990.

Bundesministerium für Bildung und Forschung (BMBF). Biotechnologie, Basis für Innovationen, Bonn, 2000.

Butler M. Mammalian Cell Biotechnology. A Practical Approach. Oxford University Press, 1991.

Butler M. Animal cell cultures: recent achievments and perspectives in the production of biopharmaceuticals. Appl. Microbiol. Biotechnol. 68: 283-291, 2005.

Crespi C.L. and Thilly W.G. Continuous cell propagation using low-charge microcarriers. Biotechnol. Bioeng. 23: 983-993, 1981.

Croughan M.S. and Hu W.-S. From microcarriers to hydrodynamics: Introducing engineering science into animal cell culture. Biotechnol. Bioeng. 95: 220-225, 2006.

Eibl D. und Eibl R. Einwegkultivierungstechnologie für biotechnische Pharmaproduktionen. Bio-World 3, Suppl. 1-2, 2005.

Feder J. and Tolbert W.R. The large-scale cultivation of mammalian cells. Scientific American 248: 24-31, 1983.

Gardner T.A., Ko S.C., Yang L., Cadwell J.J.S., Chung L.W.K. and Kao C. Serum-free recombinant production of adenovirus using a hollow fiber capillary system. BioTechniques 30: 422-428, 2001.

GE Healthcare Amersham Biosciences: Microcarrier Cell Culture, Principles and Methods. Uppsala, 2005.

Genzel Y., Behrendt I., König S., Sann H. and Reichl U. Metabolism of MDCK cells during cell growth and influenza virus production in large-scale microcarrier culture. Vacine 22: 2202-2208, 2004.

Hu W.-S. and Aunins J.G. Large-scale mammalian cell culture. Curr. Opin. Biotechnol. 8: 148-153, 1997.

Hundt B., Best C., Schlawin N., Kaßner H., Genzel Y. and Reichl U. Establishment of a mink enteritis vaccine production process in stirred-tank reactor and Wave Bioreactor microcarrier culture in 1-10 l scale. Vaccine 25: 3987-3995, 2007.

Ikonomou L., Schneider Y.-J. and Agathos S.N. Insect cell culture for industrial production of recombinant proteins. Appl. Microbiol. Biotechnol. 62: 1-20, 2003.

Knazek R.A., Gullino P.M., Kohler P.O. and Dedrick R.L. Cell culture on artifical capillaries: an approach to tissue growth in vitro. Science 178:65-67, 1972.

Kretzmer G. Industrial processes with animal cells. Appl. Microbiol. Biotechnol. 59: 135-142, 2002.

Landauer K., Dürrschmid M., Klug H. et al. Detachment factors for enhanced carrier to carrier transfer of CHO cell lines on macroporous microcarriers. Cytotechnol. 39: 37-45, 2002.

Lubiniecki A.S. Large-scale mammalian cell culture technology. Marcel Dekker Inc., New York, 1991.

Marks D.M. Equipment design considerations for large scale cell culture. Cytotechnology 42: 21-33, 2003.

Martin Y. and Vermette P. Bioreactors for tissue mass culture: Design, characterization, and recent advances. Biomaterials 26: 7481-7503, 2005.

McLimans W.F. Mass culture of mammalian cells. Methods Enzymol. 58: 194-211, 1979.

Mered B., Albrecht P. and Hopps H.E. Cell growth optimization in microcarrier culture. In Vitro 16: 859-865, 1980.

Nienow A.W. Reactor engineering in large scale animal cell culture. Cytotechnology 50: 9-33, 2006.

Nilsson K., Buzsaky F. and Mosbach K. Growth of anchorage dependent cells on macroporous microcarrier. Biotechnology 4: 989-990, 1986.

Pollard J.W. and Walker J.M. Animal cell culture. Methodws in Molecular Biology, Vol. 5, Humana Press, Clifton, NJ, 1990.

Pörtner R. (ed). Animal Cell Technology, Methods and Protocols. Second Ed. Human Press, Totowa, NJ, 2007.

Prokop A. and Rosenberg M.Z. Bioreactor for mammalian cell culture. Adv. Biochem. Eng. 39: 29-71, 1989.

Schmid R.D. Taschenatlas der Biotechnologie und Gentechnik. 2. Aufl., WILEY-VCH Verlag, Weinheim, 2006.

Schulz R., Krafft H. and Lehmann J. Experiences with a new type of microcarrier. Biotechnol. Lett. 8: 557-560, 1986.

Slivac I., Gaurina Srcek V., Radosevic K., Kmetic I. and Kniewald Z. Aujezsky´s disease virus production in disposable bioreactor. J. Biosci. 31: 363-368, 2006.

Smit N.P., Westerhof W., Asghar S.S. et al. Large-scale cultivation of human melanocytes using collagen-coated Sephadex beads (Cytodex 3). J. Invest. Dermatol. 92: 18-21, 1989.

Weber W., Weber E., Geisse S. and Memmert K. Optimisation of protein expression and establishment of the Wave bioreactor for Baculovirus/insect cell culture. Cytotechnology 38: 77-85, 2002.

Wurm F.M. Production of recombinant protein therapeutics in cultivated mammalian cells. Nature Biotechnol. 22: 1393-1398, 2004.

Young M.W. and Dean R.C. Optimization of mammalian-cell bioreactors. Biotechnology 5: 835-837, 1987.

V Pflanzenzellkultur

26 Herstellung von Kulturmedien

27 Kalluskulturen

28 Suspensionskulturen

29 Isolierung von Protoplasten aus Pflanzenzellkulturen

30 Antherenkultur

31 Embryonenkultur

32 Einfrieren und Lagerung von Pflanzenzellkulturen

33 Literatur

Pflanzliche Zell- und Gewebekulturen sind zu einem wichtigen Hilfsmittel der Grundlagenforschung und der praktischen Pflanzenzüchtung geworden, da ihre Relevanz für die Biotechnologie und die Agrarwirtschaft erkannt worden ist (Abb. 26-1a, Abb. 26-1b).

Die pflanzliche Zelle unterscheidet sich physiologisch nicht zuletzt durch ihre Totipotenz von der tierischen Zelle. Sie hat die Fähigkeit, sich in Kultur wieder zu der gesamten Pflanze mit allen Geweben zu entwickeln. Diese Kulturtechnik ist bereits eingeführt und trifft auch für haploide Pflanzenzellen zu (s. Antherenkultur, Kapitel 30), aus denen haploide Zellen hervorgehen, was den Züchtungsgang wesentlich beschleunigt und vereinfacht. Ferner können spezielle pflanzliche Zellsysteme als Bioindikatoren für Umwelteinflüsse herangezogen werden.

Natürlich können aus pflanzlichen Zellkulturen auch wertvolle Naturstoffe gewonnen werden (Sekundärmetabolite), die in der Medizin, der Nahrungsmittelindustrie und der Agrochemie mannigfaltige Verwendung finden.

26 Herstellung von Kulturmedien

Für die Bereitung der Nährmedien gelten im Prinzip die gleichen Vorsichtsmaßnahmen wie für die Medien zur Kultivierung tierischer Zellen. Für die Kultur von Kalli sowie für die Suspensionskultu-

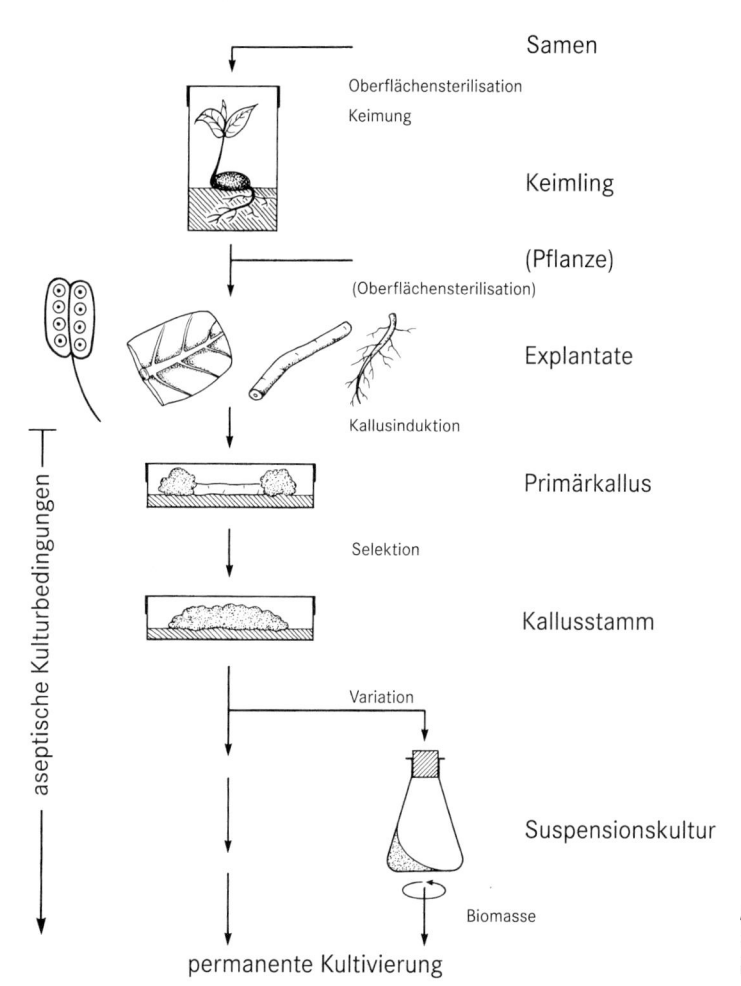

Abb. 26-1a Schematische Darstellung zum Anlegen von Pflanzenzellkulturen.

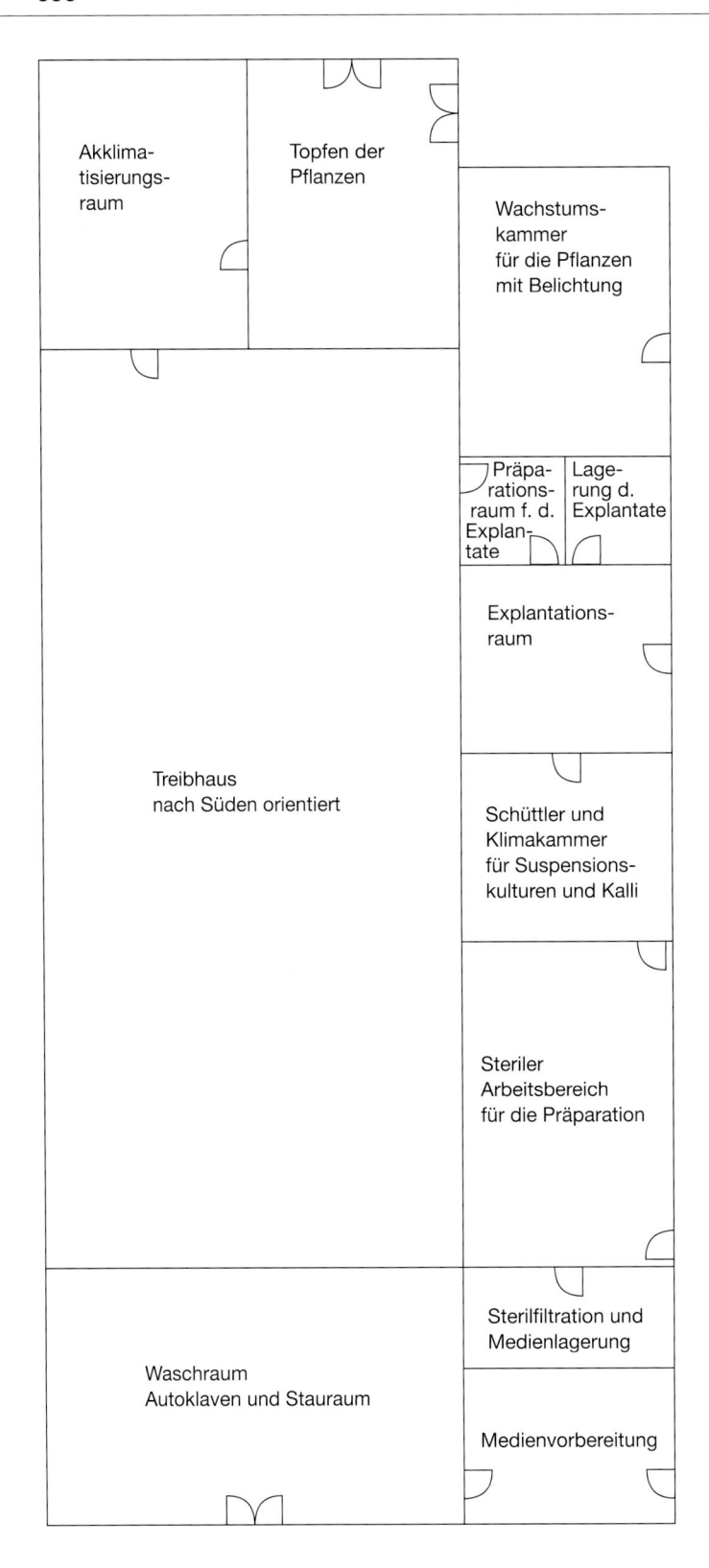

Abb. 26-1b Idealisierte Anlage eines Pflanzengewebelabors mit angeschlossenem Treibhaus.

Räume im Plan:
- Akklimatisierungsraum
- Topfen der Pflanzen
- Wachstumskammer für die Pflanzen mit Belichtung
- Präparationsraum f. d. Explantate
- Lagerung d. Explantate
- Explantationsraum
- Treibhaus nach Süden orientiert
- Schüttler und Klimakammer für Suspensionskulturen und Kalli
- Steriler Arbeitsbereich für die Präparation
- Sterilfiltration und Medienlagerung
- Waschraum Autoklaven und Stauraum
- Medienvorbereitung

ren gibt es heute käufliche Kulturmedien, die einen hohen und gleichmäßigen Qualitätsstandard für die Pflanzenzellkultur versprechen (Tab. 26-1). Sie sind nach einer gewissen Erprobungs- und Anpassungsphase billiger und leichter zu handhaben als selbst zubereitete Formulierungen. Allerdings gibt es gerade in der Pflanzenzellkultur immer wieder spezielle Fragestellungen, die es erforderlich machen, die eine oder andere Substanz zu variieren, wegzulassen, einzufügen oder die Konzentration gegenüber der käuflichen Substanz zu verändern. Es hat sich bewährt, einzelne Substanzgruppen als Stammlösung in 10- oder 100-facher Konzentration herzustellen. Einige Salze dieser hochkonzentrierten Stammlösungen dürfen nicht zusammengebracht werden, da es sonst zu nicht löslichen, ausgefallenen Komplexen kommen kann. Die Stammlösungen können über einen längeren Zeitraum von bis zu einem Jahr und länger eingefroren werden, ohne Schaden zu nehmen. Bereitet man die Medien selbst zu, trennt man die Salze am besten nach ihrer Konzentration, z. B. >1 g/l oder <1 g/l, um sie dann nacheinander in Wasser in Lösung zu bringen. Diese Lösungen lassen sich problemlos einfrieren. Auxin und andere Pflanzenhormone können ebenfalls getrennt als Lösungen eingefroren werden, desgleichen weitere organische Bestandteile. Substanzen wie z. B. Agar, die in gefrorenem Zustand nicht stabil sind, müssen frisch hinzugefügt werden.

Einige der Medien, z. B. reine Salzlösungen, können durch Autoklavieren sterilisiert werden. Hingegen werden Medien, die organische Bestandteile oder hitzelabile Pflanzenhormone enthalten, durch Membranfiltration bei einer Porengröße von bis zu 0,2 µm sterilisiert. Salzlösungen mit Mannitol können autoklaviert werden.

Für den Sterilisationsprozess gelten die gleichen Regeln, wie sie bei der tierischen Zellkultur angegeben sind (Kapitel 2.5).

Das chemisch definierte Linsmaier-Bednar-Skoog-Medium ist eine Weiterentwicklung des Pflanzenzellkulturmediums von White aus dem Jahre 1943 (Tab. 26-2). Durch seinen großen Anteil an anorganischen Salzen und seinen optimal geringen Gehalt an organischen Komponenten bewirkt dieses L+S-Medium ein ausgezeichnetes Wachstum von Kallus, Einzelzellen und Geweben. Das Medium stellt ein Minimalmedium dar und eignet sich zur Zellvermehrung in Suspensionskulturen, zur Kultur von Kallusgewebe, für die Bildung von Wurzeln, Stängeln oder Blättern, also zur Regeneration ganzer Pflanzen aus den entsprechenden Teilen.

Kinetin, IES und Saccharose sind in den käuflichen Pulvermedien nicht enthalten und werden je nach Bedarf der verschiedenen Pflanzenarten zugegeben (Tab. 26-3). Das fertige Medium wird im Dunklen aufbewahrt, weil FeNaEDTA von Licht im UV- und Blaubereich zersetzt wird; durch die Entstehung von Formaldehyd können Wachstumsfaktoren und Hormone zerstört werden.

Herstellung von Pflanzenkulturmedien aus käuflichem, vorgemischten Pulvermedium

Material:
- vorgemischtes Pulvermedium
- größere Glasgefäße mit Schraubverschluss (autoklavierbar)
- Aqua dest. für die Zellkultur
- Reagenzien zur pH-Einstellung
- pH-Meter
- Autoklav

- Ein genügend großes Glasgefäß mit ca. 75% des Endvolumens mit Aqua dest. füllen.
- Erforderliche Menge an Pulvermedium abwiegen und zugeben.

Achtung: Hitzelabile Substanzen erst nach dem Autoklavieren unter sterilen Bedingungen zugeben.

- Bis zur Auflösung des Pulvers rühren, ggf. vorsichtig erwärmen.
- Auffüllen auf ca. 90% des Endvolumens mit Aqua dest.; den pH-Wert auf den gewünschten Wert einstellen.

Tab. 26-1 Pflanzenzellkulturmedien.

Bestandteile	Begonien Multiplikation n. Murashige	Boston Farn Multiplikation n. Murashige	Gamborgs B5	Gerbera Multiplikation	Gerbera Vortransplant.	Lilien Multiplikation n. Murashige	Murashige und Skoog
$CaCl_2 \times 2H_2O$	439,80	439,80	150,0	439,80	439,80	439,80	440,0
$CoCl_2 \times 6H_2O$	0,025	0,025	0,025	0,025	0,025	0,025	0,025
$CuSO_4 \times 5H_2O$	0,025	0,025	0,025	0,025	0,025	0,025	0,025
FeNa EDTA	36,70	36,70	40,00	36,70	36,70	36,70	36,70
H_3BO_3	6,20	6,20	3,00	6,20	6,20	6,20	6,20
KH_2PO_4	170,0	170,0		170,0	170,0	170,0	170,0
KJ	0,83	0,83	0,75	0,83	0,83	0,83	0,83
KNO_3	1900	1900	3000	1900	1900	1900	1900
$MgSO_4 \times 7H_2O$	370,60	370,60	250,00	370,60	370,60	370,60	370,0
$MnSO_4 \times 4H_2O$	22,30	22,30	13,20	22,30	22,30	22,30	22,30
$NaH_2PO_4 \times 2H_2O$		288,0	169,60	96,00	96,00	192,0	
$Na_2MoO_4 \times 2H_2O$	0,25	0,25	0,25	0,25	0,25	0,25	0,25
NH_4NO_3	1650	1650		1650	1650	1650	1650
$(NH_4)_2SO_4$			134,0				
$ZnSO_4 \times 7H_2O$	8,60	8,60	2,00	8,60	8,60	8,60	8,60
Saccharose	30 000	30 000		45 000	45 000	45 000	
Inositol	100,0	100,0	100,0	100,0	100,0	100,0	100,0
Folsäure							
Nikotinsäure			1,00	10,00	10,00		0,50
Thiamin HCl	0,40	0,40	10,00	30,00	30,00	0,40	0,10
Pyridoxin HCl			1,00	10,00	10,00		0,50
Glycin							2,00
Adenin-$SO_4 \times H_2O$	26,84			71,59		71,59	
Indol-Essigsäure	1,00			0,50	10,00		
Naphthalen-Essigsäure		0,10				0,30	
Kinetin		2,00		10,00			
L-Tyrosin-Dinatriumsalz				124,30	124,30		
N^6-Isopentyladenin	10,00					3,00	
Agar	(8000)	(8000)		(10 000)	(10 000)	(8000)	(10 000)

Tab. 26-1 Pflanzenzellkulturmedien (Fortsetzung).

Bestandteile	Konzentration [mg/l]						
	Minimal Organ n. Murashige	Murashige und Skoog Pflanzensalzmixtur	Nitschs H	Sprössling Multiplikation A n. Murashige	Sprössling Multiplikation B n. Murashige	Sprössling Wurzelspitzen n. Murashige	Whites (modifiziert)
$CaCl_2 \times 2H_2O$	439,80	439,80	166,0	439,80	439,80	439,80	
$Ca(NO_3)_2$							208,50
$CoCl_2 \times 6H_2O$	0,025	0,025		0,025	0,025	0,025	
$CuSO_4 \times 5H_2O$	0,025	0,025	0,025	0,025	0,025	0,025	0,001
FeNa EDTA	36,70	36,70	36,70	36,70	36,70	36,70	4,59
H_3BO_3	6,20	6,20	10,00	6,20	6,20	6,20	1,50
KCl							65,00
KH_2PO_4	170,0	170,0	68,00	170,0	170,0	170,0	
KJ	0,83	0,83		0,83	0,83	0,83	0,75
KNO_3	1900	1900	950,0	1900	1900	1900	80,00
$MgSO_4 \times 7H_2O$	370,60	370,60	185,0	370,60	370,60	370,60	720,00
$MnSO_4 \times 4H_2O$	22,30	22,30	25,00	22,30	22,30	22,30	7,00
MoO_3							0,0001
Na_2SO_4							200,0
$NaH_2PO_4 \times 2H_2O$				192,0	192,0		18,70
$Na_2MoO_4 \times 2H_2O$	0,25	0,25	0,25	0,25	0,25	0,25	
NH_4NO_3	1650	1650	720,0	1650	1650	1650	
$(NH_4)_2SO_4$							
$ZnSO_4 \times 7H_2O$	8,60	8,60	10,00	8,60	8,60	8,60	3,00
Sucrose	30 000			30 000	30 000	30 000	
Inositol	100,0		100,0	100,0	100,0	100,0	
Folsäure			0,50				
Nikotinsäure			5,00				0,50
Thiamin HCl	0,40		0,50	0,40	0,40	0,40	0,10
Pyridoxin HCl			0,50				0,10
Glycin			2,00				3,00
Biotin			0,05				
$Adenin-SO_4 \times H_2O$				71,59		71,59	
Indol-Essigsäure				0,30	2,00	0,30	
Kinetin					2,00	1,00	
N^6-Isopentyladenin				30,00			
Agar	(8000)	(8000)		(8000)	(8000)	(8000)	

Tab. 27-1 Substanzen für Pflanzenmedien.

Substanz	Konzentration [mg/l] für	
	Kallus- und Suspensionskulturen	Protoplastenkulturen
Makroelemente		
$Ca(H_2PO_4)_2 \times H_2O$	–	100,0
$FeSO_4 \times 7H_2O$	27,8	–
KH_2PO_4	170,0	–
KNO_3	1900,0	2500,0
$MgSO_4 \times 7H_2O$	370,0	250,0
Na_2 EDTA	37,3	–
$NaH_2PO_4 \times 2H_2O$	–	170,0
NH_4NO_3	1650,0	–
$(NH_4)_2SO_4$	–	134,0
Mikroelemente		
$CoCl_2 \times 6H_2O$	0,025	0,025
$CuSO_4 \times 5H_2O$	0,025	0,025
H_3BO_3	6,2	3,0
KJ	0,83	0,76
$MnSO_4 \times 4H_2O$	22,3	13,2
$Na_2MoO_4 \times 2H_2O$	0,25	0,25
$ZnSO_4 \times 7H_2O$	8,6	2,0
Sonstige Zusätze		
Sequestren 330	–	28,0
Saccharose	2%	1%
Glucose	–	18 000,0
Mannitol	–	100 000,0
Inositol	–	100,0
Nicotin-Säure	0,50	1,0
Pyridoxin	0,1	1,0
Thiamin HCl	0,1	10,0
Glycin	3,0	–
2,4-Diphenoxyessigsäure	–	0,1
1-Naphthylessigsäure	–	1,0
6-Benzylaminopurin	–	1,0
Kinetin	s. Tab. 26-3	–
Agar	(0,8%)	–
pH	5,8	5,8

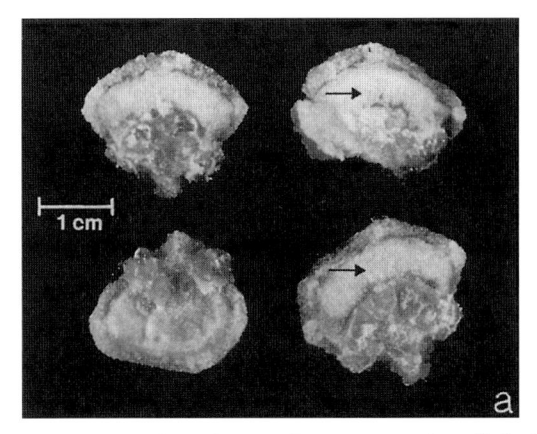

Abb. 27-1 Kalluskultur aus *Daucus carota* L.; **a** Kallusbildung auf Wurzelexplantaten (8 Tage alt); **b** Regeneration von Karottenpflänzchen aus Kallus (8 Wochen alt) (Seitz et al., 1985).

- 1 Nagelbürste
- Natriumhypochloritlösung (20 %) oder Domestos (1:5 mit Aqua dest. verd.)
- Nährmedium mit Agarzusatz in den Erlenmeyerkolben
- Karotten oder andere Pflanzen

- Von der Pflanze alle Teile entfernen, die krank, beschädigt, alt oder schlecht aussehen, einschließlich der Blätter.
- Die Karottenwurzel unter fließendem Wasser mit der Nagelbürste gut reinigen, um alle oberflächlichen Verschmutzungen abzuwaschen.

Die weiteren Schritte sollten alle unter der sterilen Werkbank durchgeführt werden!

- Die Wurzel auf ca. 10 cm trimmen und für ca. 30 min in die Natriumhypochloritlösung legen, sodass die gesamte Fläche der zu reinigenden Pflanzenteile bedeckt ist; anschließend die Karottenwurzel dreimal mit sterilem Aqua dem. gründlich von der Hypochloritlösung befreien und mit den sterilen Papiertüchern trocknen.
- Von beiden Enden der Wurzel ca. 2 bis 3 cm entfernen und dann mittels eines scharfen sterilen Skalpells ca. 1 mm dicke Scheibchen ausschneiden; die Scheibchen können am besten in den Uhrgläschen geschnitten werden.
- Jede Scheibe in eine separate Petrischale legen und dann aus der runden Scheibe von innen her ca. 5 mm große Würfelchen ausschneiden; es sollte darauf geachtet werden, dass die Stückchen einigermaßen gleich sind und nur solche Teile genommen werden, die eine Wachstumsschicht enthalten, also die inneren Schichten mit dem Kambium.
- Die Stückchen unter sterilen Bedingungen in die Erlenmeyerkölbchen mit der Agar-Medium-Mischung legen, wobei darauf zu achten ist, dass die Region, die die Seite zum Wurzelpol markiert, auf dem Agar zu liegen kommt.
- Die Erlenmeyerkolben verschlossen in dunklem Brutschrank bei ca. 20 °C inkubieren.

In ca. 3 bis 6 Wochen hat sich genügend Kallusmaterial gebildet, um die Kalli subkultivieren zu können.

29 Isolierung von Protoplasten aus Pflanzenzellkulturen

Einzelne isolierte Zellen sind Grundlage für eine Reihe von Experimenten, z. B. Wachstumskurven unter speziellen Bedingungen, genetische Experimente, Interaktionen zwischen pathogenen Einflüssen und den isolierten Zellen und auch Zell-Zell-Wechselwirkungen. **Protoplasten**, also Pflanzenzellen ohne Zellwand, lassen sich als solche in Suspensionskultur über eine gewisse Zeit halten, ohne dass sie sich teilen und eine neue Zellwand bilden. Dies geschieht meist erst innerhalb von 1 bis 3 Tagen.

Pflanzenzellen werden enzymatisch von ihrer Zellwand befreit. Dies geschieht mithilfe von speziellen Cellulasen in einer Konzentration von 0,5 bis 1,0% im Aufarbeitungsmedium (Abb. 29-1). Eine weitere Quelle zur Gewinnung von Protoplasten sind junge Blätter, am geeignetsten ist das Mesophyllgewebe (mittlere Blattschicht). Protoplasten können mit anderen Protoplasten zur Fusion gebracht werden und solche Zellhybride können dort eingesetzt werden, wo sexuelle Verfahren nicht möglich sind. Die Fusion wird entweder chemisch, durch Sendai-Virus oder durch Wechselstrom induziert (s. u.).

Das Wachstum der einzelnen Zellen zu Kolonien kann innerhalb von ca. 10 Tagen sichtbar werden. Es gibt mehrere Methoden, das Wachstum der Einzelzellen zu lokalisieren. Am besten ist dies mit einem Umkehrmikroskop mit Phasenkontrasteinrichtung zu bewerkstelligen, wobei man die Vergrößerung zunächst niedrig halten sollte, um die Einzelkolonien und deren Lage zu registrieren.

Es empfiehlt sich hierbei, mit einem speziellen Halterungssystem für die Multischalen zu arbeiten, um die einzelnen Kolonien durch ein Koordinatensystem exakt lokalisieren zu können. Man sollte allerdings grundsätzlich den gleichen Verdünnungs- und Aussaatschritt mit der nächsthöheren Zellkonzentration parallel mitlaufen lassen, da erfahrensgemäß ein bestimmter Prozentsatz der Zellen vor der Teilung abstirbt.

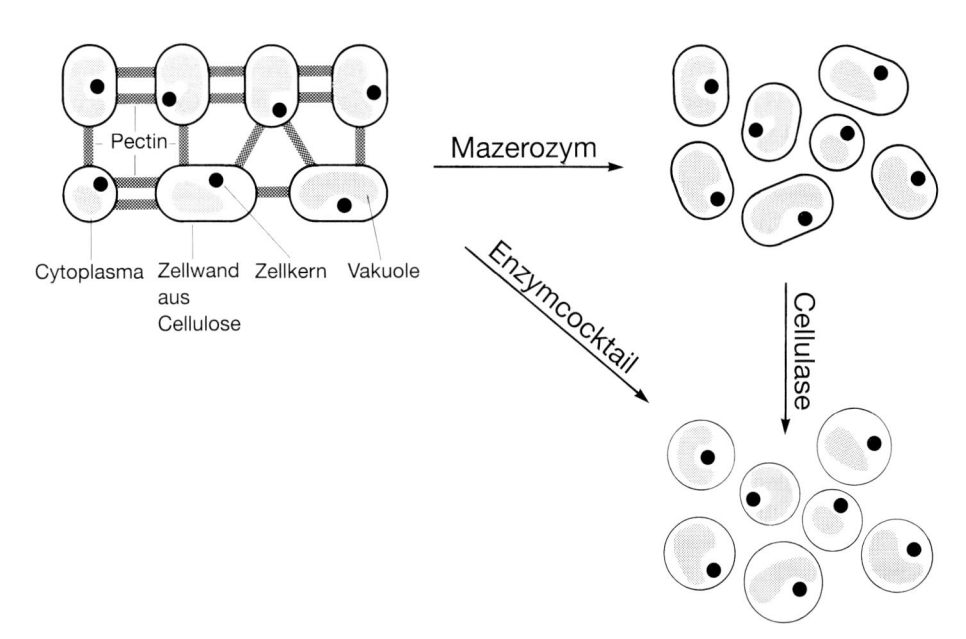

Abb. 29-1 Schematische Darstellung der Gewinnung von Zellen und Protoplasten aus pflanzlichem Gewebe.

Isolierung einzelner Pflanzenzellen und Beobachtung des Wachstums während der Kultivierung

Material:
- Erlenmeyerkolben mit Zellsuspension
- Petrischalen mit „konditioniertem Medium" (Kapitel 22.3.6), Konditionierung mit 1 % Agarzusatz
- Erlenmeyerkolben mit neuem Medium (steril)
- sterile Multischalen mit 24 Vertiefungen
- sterile Pipetten
- sterile Zentrifugengläser

- Den Kallus aus einer mindestens 10 Tage alten Kalluskultur entfernen, das konditionierte Agarmedium im Wasserbad zum Schmelzen bringen und in die Vertiefungen der Multischale je 1 ml des flüssigen Mediums gießen.
- Diese Prozedur mit neuem Kalluskulturmedium in einer separaten 24er-Multischale wiederholen (ebenfalls je 1 ml).
- Verdünnen der Zellsuspension.
- 10 sterile 15-ml-Zentrifugengläser mit jeweils 9 ml Suspensionskulturmedium mittels einer sterilen Pipette füllen.
- Zentrifugengläser beschriften.
- Zellsuspension auf ca. 10^5 Zellen/ml einstellen und exakt 1 ml in das erste Zentrifugenglas geben; dies entspricht jetzt einer Zellkonzentration von ca. 10^4 Zellen/ml.
- Das Glas vorsichtig durchmischen und wieder 1 ml der Zellsuspension in das zweite Glas pipettieren; diesen Verdünnungsprozess so lange durchführen, bis im fünften Glas eine Verdünnung hergestellt worden ist, in der theoretisch weniger als 10 Zellen pro Glas enthalten sind; von dieser Verdünnung nun jeweils 1 ml in die Vertiefungen der Multischalen mit konditioniertem und mit frischem Medium pipettieren.

Die Zellkonzentration ist auch hier ausschlaggebend für die Kolonienbildung und daher ist neben dem Effekt des konditionierten Mediums (s. Kapitel 22.3.6, Konditionierung) auch die relative Nähe der Einzelzellen zueinander von Bedeutung.

Prinzipiell können viele Pflanzengewebe auf diese Art behandelt werden, jedoch sind die Enzym- und die Saccharosekonzentrationen anzupassen, um eine gute Protoplastenpopulation zu gewinnen und um die Abtrennung von toten Zellen und Zelltrümmern möglichst effektiv zu gestalten. Hier liegen die Hauptvariationsmöglichkeiten bei der Protoplastengewinnung aus Pflanzengewebe.

29.1 Elektrofusion von Pflanzenprotoplasten

Das Verfahren zur Fusionierung von Zellen mithilfe elektrischer Felder wurde zur Fusion von Pflanzenprotoplasten entwickelt. Allerdings hat es sich auch sehr gut zur Fusion tierischer Zellen bewährt und kann bei der Herstellung von Hybridomzellen als die Methode der Wahl bezeichnet werden.

Diese apparativ und somit finanziell recht aufwändige Methode wird im Abschnitt „Elektrofusion von Zellen" (Kapitel 22.3.7) auch für ihre Anwendung bei Pflanzenprotoplasten dargestellt.

29.2 Fusion von Protoplasten mittels Polyethylenglykol

Fusion von Protoplasten mittels Polyethylenglykol

Material:
- 4–6 ml frische Protoplastenlösung, die wie oben beschrieben gewonnen wurde (ca. 5×10^5 Zellen/ml)
- 50 sterile Pasteurpipetten
- 10 sterile Deckgläser
- 12 Plastikpetrischalen
- 1 Erlenmeyerkolben mit 10 ml Polyethylenglykollösung (PEG), bestehend aus:
  - 4,5 g Polyethylenglykol 1500
  - 15,5 mg $CaCl_2$
  - 0,9 mg KH_2PO_4, pH 6,2
- 1 Erlenmeyerkolben mit 100 ml 10%iger Mannitol-Salz-Lösung
- 1 Erlenmeyerkolben mit flüssigem Medium
- 5 ml Silikonöl, sterilfiltriert

- In die Mitte der Petrischale jeweils 1 Tropfen Silikonöl mittels einer Pasteurpipette platzieren (zur Fixierung des Deckglases in der Petrischale).
- Ein Deckglas auf diesen Silikontropfen legen.
- 200 ml der Protoplastenlösung auf das Deckglas pipettieren und ca. 5 min dort belassen.
- 500 ml der Polyethylenglykollösung tropfenweise der Protoplastensuspension zufügen; dies geschieht so, dass zunächst die PEG-Lösung an den Rand der Protoplastensuspension platziert und erst der letzte Tropfen direkt in die Suspension pipettiert wird; so wird sichergestellt, dass die PEG-Lösung und die Protoplastensuspension sich gut durchmischen, ohne zu sehr aufgewirbelt zu werden.
- Die Petrischale bei Raumtemperatur ca. 30 bis 40 min stehen lassen und an den Rand tropfenweise 500 ml der Mannitol-Salz-Lösung hinzufügen.
- Nach 10 min diesen Schritt wiederholen und nach weiteren 10 min nochmals, sodass am Ende 1,5 ml der Mannitol-Salz-Lösung der Protoplastensuspension, die zusätzlich das PEG enthält, zugegeben wurden.
- Nach ca. 5 min die Protoplasten, die leicht an dem Deckglas kleben, von der Mannitollösung vorsichtig, durch Absaugen der Lösung vom Rand her mittels einer Pasteurpipette, befreien, bis nur mehr ein dünner Film von Medium die Protoplastensuspension bedeckt; die Protoplasten mit der Mannitol-Salz-Lösung noch dreimal waschen (der eigentliche Fusionsprozess beginnt erst jetzt!).
- Nach ca. 60 min von Beginn des Versuchs an kann mit der eigentlichen Kultivierung der fusionierten Protoplasten begonnen werden; dies geschieht durch vorsichtiges Abspülen der Protoplasten mit flüssigem Nährmedium (10 ml) in einen kleinen Erlenmeyerkolben oder in eine kleine Petrischale (35 mm Durchmesser), die 1 ml Wachstumsmedium enthält.
- Die Kultur zunächst ca. 24 h im Dunkeln bei leicht erhöhter Raumtemperatur halten und danach mit 100 Lux bestrahlen.

Isolierung und Kultivierung von Protoplasten höherer Pflanzen

Material: **Steril**
- Einmalfilter (0,45 µm) und Einmalspritzen (50 ml)
- 3 Erlenmeyerkolben mit 400 ml Aqua dest. (autoklaviert)
- 1 Erlenmeyerkolben mit 200 ml anorganischen Salzen und 10% Mannitol
- 1 Erlenmeyerkolben mit 200 ml anorganischen Salzen und 13% Mannitol
- 1 Erlenmeyerkolben mit 200 ml anorganischen Salzen und 20% Saccharose
- 2 feine, gebogene Pinzetten mit scharfer Spitze (Uhrmacherpinzetten)

- Petrischalen (35 und 90 mm) aus Glas oder Plastik
- 1 Erlenmeyerkolben mit Agarmedium (1,2%), das auf 45 °C erwärmt ist
- graduierte 5- und 10-ml-Pipetten
- weiches Papier
- Pasteurpipetten mit Gummisaugern
- Zentrifugengläser (Glas oder Polycarbonat)
- 1 Erlenmeyerkolben mit einer Mischung aus:
  - 0,5% Cellulase
  - 0,1% Mazerozym-R10
  - 13% Mannitol auf pH 5,8 einstellen + Salze
- 1 Erlenmeyerkolben mit flüssigem Nährmedium (Tab. 26-1)

Nicht steril
- Blätter von *Nicotiana tabacum* (ca. 50–60 Tage alt)
- 250 ml 20%ige Natriumhypochloritlösung oder
- Domestos (1:5 mit Wasser verdünnt) mit Zusatz von einigen Tropfen Tween 20 oder einem anderen Detergens
- 1 Becherglas (600 ml)
- Tischzentrifuge
- Wasserbad (45 °C)
- kleines Holzklötzchen

- Vom oberen Teil der Pflanze junge, voll entfaltete Blätter abnehmen und in eine große Petrischale (140 mm Durchmesser) legen, die ca. 150 ml 70 % Ethanol enthält.
- Nach 1 min den Alkohol abgießen und die Blätter zweimal mit sterilem Wasser spülen.
- Die Tween 20 enthaltende 20%ige Hypochloritlösung über die Blätter gießen.
- Nach 15-minütigem Bad in der Sterilisationslösung die Blätter noch dreimal mit sterilem Wasser waschen und mit sterilen weichen Papiertüchern trocknen.
- Die untere Epidermisschicht mit den beiden Pinzetten unter sterilen Bedingungen entfernen.
- Die Blätter mit der Unterseite in 20 ml der 13%igen Mannitollösung mit Salzen legen (diese Präplasmolyse dauert ca. 1 h).
- Nach 1 h die Mannitollösung mittels einer Pasteurpipette absaugen und die Enzym-Mannitollösung (20 ml) zugeben; das Blatt mindestens 16 h bei 20–22 °C im Dunkeln inkubieren, die Lösung öfters umschwenken; dann die Blätter mit der Pinzette in der Lösung schwenken, um die Freisetzung der Protoplasten zu ermöglichen.
- Die Petrischale nun auf einer Seite auf den Holzblock stellen, sodass ein Winkel von ca. 15° entsteht, um die Blätter von der Enzymlösung zu trennen.
- Nach ca. 60 min haben sich die freigesetzten Protoplasten am unteren Ende der Petrischale in der Lösung gesammelt.
- Die Protoplasten nun mit der Enzymlösung in ein Zentrifugenglas überführen und 10 min bei ca. $50 \times g$ zentrifugieren.
- Das Pellet in der Saccharose-Mannitollösung aufnehmen und nochmals bei $50 \times g$ 10 min rezentrifugieren; die lebenden Protoplasten bleiben an der Oberfläche, während tote Zellen und Zelltrümmer nach unten absinken.
- Die Protoplasten mit einer Pasteurpipette abnehmen, mit einer Salz-Mannitollösung (10%) verdünnen und bei ca. $50 \times g$ 10 min zentrifugieren; die Prozedur insgesamt dreimal wiederholen.
- Die Protoplasten in einer Konzentration von ca. 5×10^4 Zellen/ml in eine 35-mm-Petrischale aussäen (1 bis 2 ml) und die gleiche Menge an flüssigem Wachstumsmedium einpipettieren.
- Die Petrischalen mit Parafilm dicht verschließen und 1 Tag bei leicht erhöhter Temperatur (ca. 26–28 °C) im Dunkeln halten.
- Die Protoplasten zunächst 48 h mit ca. 500 Lux bestrahlen; dann für den Rest der Inkubationsdauer mit 2000 Lux; die Photoperiode sollte 16 h lang sein.

> Unter diesen Bedingungen sollten die Protoplasten nach ca. 5 Tagen wieder eine Zellwand bilden und sich auch teilen können.
> Die Zellen können auch in Agarmedium gezüchtet werden, wobei jedoch die Konzentration an Zellen verdoppelt werden sollte (Licht- und Temperaturbedingungen wie bei den Flüssigmediumkulturen).

30 Antherenkultur

Die Pflanzenregeneration aus Blütenpollen (**DH-Methode**) ist heute bereits ein praktikables Verfahren für Pflanzenzüchter. Die Doppelhaploiden (DH) besitzen nämlich jene Homozygotie, welche bei herkömmlicher Inzucht nur teilweise über viele Fortpflanzungszyklen erreicht wird (9 Jahre bei Wintergerste). Die besten Ergebnisse wurden bislang mit Solanaceen (z. B. *Nicotiana tabacum*) erzielt, weil sich diese *in vitro* von der Mikrospore zum Embryo und weiter zur kompletten Pflanze entwickeln lassen. Inzwischen ist es auch bei den Getreidearten (Gerste, Weizen, Roggen, *Triticale*) gelungen, Mikrosporen zur *In-vitro*-Embryogenese anzuregen. Der Einsatz der Antherenkultur bei Gemüsearten und Zierpflanzen ist prinzipiell ebenfalls möglich.

Antherenkultur bei der Gerste

Material:
- Saatgut
- temperiertes Gewächshaus mit Beleuchtung
- Klimakammer
- Saatschalen, Plastiktöpfe (12 cm)
- sterilisierte Petrischalen (60 mm)
- Skalpell, Pinzetten, Parafilm, Regenerationsbecher
- Einheitserde Typ T
- Dünger: Polycresal und Polyfertisal
- Pflanzenschutzmittel: Propiconazol und Primicarb
- Medien: s. u.
- Aqua dest.
- Karminessigsäure
- 70% Alkohol
- Parafilm

Anzucht der Antherenspenderpflanzen

- 8–14 Tage alte Keimpflanzen für 8 Wochen in der Klimakammer bei 5 °C und 10 h Licht/Tag (20 000 Lux) in Saatschalen vernalisieren (nur bei der Wintergerste), alle 3 Wochen mit Polycresal düngen.
- Die Pflänzchen mit Einheitserde in Plastiktöpfe umtopfen und 8 Wochen bei Tag-/Nachttemperaturen von 12/18 °C und 10 h Kurztag-Licht (20 000 Lux) bestocken, weiterhin mit Polycresal düngen.
- Die Pflanzen in ein Gewächshaus überführen und bei Tag-/Nachttemperaturen und 16 h Langtag-Licht (20 000 Lux) bis zum Erreichen des Einkernstadiums der Mikrosporen weiterwachsen lassen, alle 14 Tage mit Polyfertisal düngen.
- Nur wenn erforderlich, zum Schutz der Pflanzen nicht systemisch wirkende Mittel einsetzen: bei starkem Mehltau Propiconazol (Handelsname: Desmel WS), bei Läusebefall Pirimicarb (Handelsname: Piromor WS).

Antherenpräparation

- Um festzustellen, in welchem Entwicklungsstadium sich die Pollen befinden, 3–4 Antheren auf einen Objektträger legen, die Pollen mit Skalpell und Pinzette freilegen und mit Karminessigsäure anfärben (färbt die Kerne rot). Aus Lage und Größe der Kerne lässt sich das Entwicklungsstadium ersehen. Ein anderes Erkennungsmerkmal ist der Abstand zwischen dem Fahnenblatt und der nächsten Basis, der je nach Genotyp ca. 5–10 cm beträgt. Die abgeschnittenen Ähren (ca. 30 cm mit Stiel) können bis zu 10 Tagen in sterilem Aqua dest. aufbewahrt werden, ohne dass es zu weiteren Kernteilungen kommt.

- Zur Oberflächensterilisation Stängel abschneiden, die Ähren aus Blattscheiden und Grannen herauslösen. Jede Ähre 1 min in 70 %igen Alkohol eintauchen, abtropfen lassen in einer mit sterilisiertem Filterpapier ausgelegten Petrischale. Die drei oberen und unteren Blüten einer Ähre verwerfen, alle übrigen mit steriler Pinzette herauslösen und jeweils drei Antheren auf das Nährmedium auflegen. Petrischalen mit Parafilm verschließen, bei Dunkelheit in der Klimakammer bei 22 °C und 50 % rel. Luftfeuchtigkeit inkubieren.

Antherenkultur

Kulturmedium A herstellen:

A1: Massennährstoffe: (Stammlösung I)
- NH_4NO_3 — 1,65 g
- KNO_3 — 19,00 g
- $CaCl_2 \times 2H_2O$ — 4,40 g
- $MgSO_4 \times 7H_2O$ — 3,70 g
- KH_2PO_4 — 1,70 g

ad 100 ml Aqua dest.

A2: Spurennährstoffe: (Stammlösung II)
- $MnSO_4 \times H_2O$ — 1,69 g
- $ZnSO_4 \times 7H_2O$ — 0,86 g
- H_3BO_3 — 0,62 g

ad 10 ml Aqua dest.

A3: Spurennährstoffe: (Stammlösung III)
- KJ — 0,83 g
- $CuSO_4 \times H_2O$ — 0,025 g
- $Na_2MO_4 \times 2H_2O$ — 0,25 g

ad 1 ml Aqua dest.

A4: Thiamin (Thiaminchloridhydrochlorid): 40 mg

A5: Inosit (Hexahydroxycyclohexan, myo-Inosit): 10 mg

A6: NES (Naphthyl-(1)-Essigsäure): 100 mg

A7: BAP (Benzylaminopurin): 100 mg

A8: EDTA-Fe(III)-Na_2-Salz: 40 mg

A9: Maltose: 60 g

- 100 ml A1, 10 ml A2 und 1 ml A3 mit Aqua dest. auf 480 ml auffüllen.
- Zugabe der Substanzen A4–A9.
- pH-Wert mit Essigsäure oder Natronlauge auf 5,4 bis 5,6 einstellen.
- Mit Aqua dest. auf exakt 500 ml auffüllen.
- Mit einem 0,2-µm-Filter sterilfiltrieren.
- Das fertige Medium im Dunkeln bei 4 °C lagern.
- Grundlage-**Festnährboden B** zusammen mischen: Gelrite 3 g/500 ml Aqua dest.
- Festnährboden solange erhitzen, bis Gelrite homogen verteilt ist.
- Bei 121 °C 30 min autoklavieren, bei ca. 50 °C warm halten.
- Sterilisierte Petrischalen unter der Sterilbank auslegen, Lösungen A und B zusammengießen und sofort in 10-ml-Portionen je Petrischale ausgießen, auskühlen lassen und im Dunkeln lagern.

Kryokonservierung von Pflanzenzellsuspensionen

Material:
- Suspensionskulturen (hier *Petroselinum hortense*, Petersilie bzw. *Glycine max*, Sojabohne)
- N-6- oder Gamborg-Kulturmedium mit Vitamin-Mix (s. u.) und 2,4-Dichlorophenoxyessigsäure (2,4-D)
- Aqua dest.
- 1 N KOH
- DMSO (steril)
- Glycerin
- Glycin
- *L*-Prolin
- Saccharose
- Thiaminhydrochlorid (Vitamin B_1)
- Tank mit flüssigem Stickstoff mit Einsatzgefäßen und Halterungen
- Einfrierautomat (falls vorhanden)
- Bad mit Styropor-Halterungen und 96% Alkohol
- Einfrierröhrchen
- sterile Pipetten (2 und 10 ml)
- Pipettierhilfe
- Materialien zur Sterilfiltration (Kapitel 2.5.3)
- sterile Petrischalen

Vorbereitung der Stammlösungen

- 2,4-D: 500 mg in 40 ml 1 N KOH bei leichter Erwärmung auflösen, auf 500 ml mit Aqua dest. auffüllen; haltbar für ca. 1 Monat bei 4 °C im Dunkeln.
- Vitamin-Mix: 2 g Glycin, 0,5 g Nicotinsäure, 0,5 g Pyridoxal/HCl und 1 g Thiaminhydrochlorid in 1 l Aqua dest. lösen; haltbar für ca. 1 Monat bei 4 °C im Dunkeln.

Vorbereitung des Mediums

- 3,97 g N-6-Salze und 30 g Saccharose in ca. 400 ml Aqua dest. auflösen.
- 2 ml der 2,4-D-Stammlösung (1 mg/ml) und 1 ml des Vitamin-Mix zugeben.
- Für festes Medium 3 g Gelrite pro Liter zugeben.
- 20 min bei 121 °C autoklavieren.
- Flüssigmedium im Kühlschrank aufbewahren; Medium mit Gelrite sofort in Petrischalen gießen, erkalten lassen und ebenfalls im Kühlschrank aufbewahren.

Vorbereitung der Gefrierschutzlösung

- Für die Stammlösung 32,43 g Glycerin, 40,53 g *L*-Prolin in 250–300 ml Aqua dest. lösen und pH-Wert auf 5,8 einstellen.
- Auf exakt 302 ml mit Aqua dest. auffüllen.
- Genau 30,2 ml in 10 sterile Zentrifugenröhrchen (50 ml) einpipettieren und im Kühlschrank aufbewahren.
- Kurz vor dem Gebrauch in jedes Röhrchen exakt 5 ml DMSO zugeben und gut mischen; die fertige Gefrierschutzlösung ist jetzt doppelt konzentriert und besteht aus 1 Mol Glycerin, 1 Mol Prolin und 2 Mol DMSO; sie ist nur maximal eine Woche im Kühlschrank haltbar.

Einfrieren der Zellsuspension

- Die einzufrierenden Kulturen sollten steril sein und sich in der logarithmischen Wachstumsphase befinden. Gefäß mit Zellsuspension in einem Eisbad auf ca. 4 °C abkühlen. Die ebenfalls eisgekühlte Gefrierschutzlösung im Mengenverhältnis 1:1 hinzugeben. Die Zellkonzentration hat keinen wesentlichen Einfluss auf die Überlebensrate beim Einfrieren. Ca. 1 ml Zellen im Zentrifugationssediment von 10 ml Medium ist ein günstiger Richtwert.

- Je 1 ml der Zell-/Gefrierschutzlösung in die bereitgestellten und beschrifteten Kryoröhrchen pipettieren und 1 h oder länger auf Eis stehen lassen.
- Am besten gelingt das Einfrieren, wenn ein **Gefrierautomat** zur Verfügung steht (s. Abb. 15-1), weil das Überleben von Pflanzenzellen besonders gefährdet ist, wenn die nötige Abkühlgeschwindigkeit von 0,5 °C/min im Bereich zwischen 0 °C und −1 °C zu stark über- oder unterschritten wird. Folgende Programmierung des Automaten wird empfohlen: Kühlungsrate von 0,5 °C/min bis −12 °C. Danach Kühlungsrate von 2 °C/min bis −40 °C. Halten dieser Temperatur für ca. 2 min. Erwärmen mit einer Rate von 15 °C/min bis −14 °C. Erneutes Kühlen mit einer Rate von 0,5 °C/min bis −40 °C, halten dieser Temperatur für ca. 10 min. Letztlich Einbringen des Kryoröhrchens in Tank mit flüssigem Stickstoff.
- Falls kein Automat vorhanden ist, können die Zellsuspensionen auch im **Alkoholbad** eingefroren werden, wobei **VORSICHT** geboten ist, weil Alkohol giftig und leicht entzündlich ist. Also Alkoholbad von offenen Flammen und allen Zündquellen fern halten, für genügende Lüftung sorgen, Augen- und Hautkontakt meiden, Schutzhandschuhe tragen!
- Alkoholbad auf 0 °C abkühlen. Eisgekühlte Kryoröhrchen in Styroporhalterungen fixieren und in Bad eintauchen, sodass sie mit Alkohol überflutet sind, um 0,5 °C/min abzukühlen. Dabei Kühlungsrate dauernd mittels eines Thermometers überwachen. Wenn −42 °C erreicht sind, diese Temperatur für 10 min halten und Gefäße dann in flüssigem Stickstoff einlagern. Für jeden speziellen Einzelfall sollte zunächst ausprobiert werden, ob ein zwischenzeitliches Erwärmen wie beim Einfrieren mit dem Automaten bessere Überlebensraten erbringt.
- Die Lagertemperatur im flüssigen Stickstoff sollte niemals auf Werte oberhalb von −130 °C ansteigen (s. Kapitel 15).

Auftauen der Zellsuspension

- Kryoröhrchen aus Lagertank entnehmen und in ein Wasserbad (37 °C) geben, bis der letzte Eisklumpen verschwunden ist. Röhrchen unter der sterilen Werkbank öffnen und Suspension in Petrischalen gießen, die ein mit Gelrite (3 g/l) verfestigtes N-6-Medium enthalten sollten. Zellen solange nicht waschen, bis eine Kallusbildung sichtbar wird.
- Schalen bei 27 °C und 10 h Licht/Tag (600–1200 Lux) inkubieren. Die Zellvermehrung sollte binnen 2–4 Wochen eintreten.

33 Literatur

Abou-Mandour A.A. Zell- und Gewebekulturen – ihre Bedeutung für die Pflanzenforschung. BIUZ 26: 35-42, 1996.
Di Maio J.J. and Shillito R.R. Cryopreservation technology for plant cell cultures. J. Tissue Culture Methods 12: 163-169, 1989.
Dixon R. and Gonzales R.A. (Eds.). Plant cell culture: A practical approach. IRL-Press, Oxford, 1995.
Evans D., Kearns A. and Coleman J. Plant cell culture. Taylor & Francis, London, 2003.
Gamborg O.L. and Phillips G.C. (Eds.). Plant cell, tissue and organ cultures. Fundamental methods. Springer Verlag, Heidelberg, New York, 1995.
George E.F. et al. Plant culture media. Vol. 1, Formulations and Uses. Exegetics Ltd., Edington, England, 1987.
Hellwig S., Drossard J., Twyman R.M. and Fischer R. Plant cell cultures for the production of recombinant proteins. Nature Biotechnol. 22: 1415-1422, 2004.
Hirai D. and Sakai A. Cryopreservation of in-vitro grown meristems of potatoe (Sol. tub. L.) by encapsulation-vitrification. Potato Res. 42: 153-160, 1999.
Kirsop B.E. and Doyle A. Maintenance of microorganisms and culture cells. 2nd Ed., Academic Press, London, 1991.
Lindsey K. Plant tissue culture manual. Kluwer Acad. Publ., Dordrecht, 1991 (Loseblattsammlung plus Supplemente bis 1995).
Loyola-Vargas V. and Vasquez-Flota F. Plant cell culture protocols. 2nd Ed., Humana Press, 2006.
Mizrahi A. (Ed.). Biotechnology in agriculture; Alan R. Liss Inc., New York, 1988.

Oksman-Caldentey K.-M. and Inze D. Plant cell factories in the post-genomic era: new ways to produce designer secondary metabolites. Trends Plant Sci. 9: 433-440, 2004.
Pierik R.L.M. In vitro culture of higher plants. Marinus Nijhoff Publ., Dordrecht, 1987.
Reinert J. and Yeoman M.M. Plant cell and tissue culture. Springer Verlag, Berlin, 1982.
Seitz H. U., Seiz U. und Alfermann W. Pflanzliche Gewebekultur (Ein Praktikum). Gustav Fischer Verlag, Stuttgart - New York, 1985.
Thorpe T.A. (Ed.). Plant tissue culture-methods and application in agriculture. Academic Press, London, 1981.
Torres K. Tissue culture techniques for horticultural crops. Van Nostrand Reinhold Co., New York, 1988.
Twyman R.M., Stoger E., Schillberg S., Christou P. and Fischer R. Molecular farming in plants: host systems and expression technology. Trends Biotechnol. 21: 570-578, 2003.

VI Glossar und Anhang

34 Glossar, Kleines Zell- und Gewebekulturlexikon

35 Anhang

36 Lieferfirmen und Hersteller

Zeichnung: Johann Mayr

34 Glossar (Kleines Zell- und Gewebekulturlexikon)

Wer sich mit Zell- und Gewebekultur beschäftigt, muss sich zunächst klar darüber sein, dass er mit der kleinsten lebenden Struktureinheit des Organismus, **der Zelle** arbeitet. Obwohl sich die Zellen in ihrem Aufbau, ihrer Funktion und ihrer Größe und Gestalt voneinander unterscheiden, verfügen sie doch über bestimmte Grundbausteine und gemeinsame Merkmale, wobei sich die Pflanzenzelle in einigen grundlegenden Merkmalen unterscheidet. Es wird hier nur die Eukaryotenzelle behandelt, wobei die Hefen und Pilze ausgeschlossen sind.

Durch die Interdisziplinarität der modernen Zell- und Gewebekultur sind darüber hinaus verschiedene biologische und technische Begriffe gemeinsam gebräuchlich, die nachfolgend zusammen mit den wichtigsten zellbiologischen Grundbegriffen näher erläutert werden (Freshney, 2005).

Einige zellkulturspezifische Begriffe gründen sich auf einen Vorschlag des Komitee für Terminologie der Amerikanischen *Tissue Culture Association* (Schaeffer, 1990), der heutigen *Society for In Vitro Biology* (www.sivb.org). Für zell- und molekularbiologische Detailfragen empfehlen wir, auf einschlägige Standardwerke zurückzugreifen (Alberts et al., 2002; Lodish et al., 2004; Plattner und Hentschel, 2006; Lexikon der Biologie, Spektrum-Verlag; Lexikon der Biochemie, Spektrum-Verlag).

Adhärenz (Adhäsion): Anheftung von Zellen an eine geeignete, meist hydrophile und geladene Oberfläche. Viele Zellen wachsen und vermehren sich nur, wenn sie sich anheften können (engl. *anchorage-dependent*).

Amitose: Einfache Kernteilung ohne vorhergegangene Chromosomenausbildung durch Fragmentation des Zellkerns in mehrere erbungleiche Teilstücke, wobei weder Chromosomen noch Kernspindel sichtbar werden. Die Verteilung der DNA ist wahrscheinlich recht zufällig, wobei der genaue Mechanismus noch unbekannt ist. Eine Teilung der Zelle findet meist nicht statt.

Anheftungseffizienz („Plating Efficiency"): Prozentsatz derjenigen Zellen, die sich unter definierten Bedingungen innerhalb einer bestimmten Zeit nach dem Aussäen (Plattieren, Inokulieren) auf eine geeignete Unterlage anheften (s. a. strikt adhärente Zellen).

Antigene: Für den Organismus (Vertebraten) fremde Substanzen, die nach Eindringen im Blut und im Gewebe immunologische Abwehrmaßnahmen hervorrufen und mit den spezifischen, gegen sie gerichteten Antikörpern eine enge, aber reversible Bindung eingehen können. Das Ergebnis dieser Antigen-Antikörper-Reaktion ist ein „Immunkomplex", der bestimmte Reaktionen nach sich ziehen kann. Der Organismus hat nach dem „Bindungsvorgang" eine Reihe von Mechanismen, um auf die Erkennung und Bindung der Antigene auch deren Vernichtung folgen zu lassen. Als Antigene werden nur Substanzen bezeichnet, die auch tatsächlich eine Immunantwort auslösen (d. h. antigenisch aktiv sind).

Antikörper: Proteine, die von immunkompetenten Plasmazellen des tierischen Organismus als Abwehrmaßnahme gegen ein Antigen gebildet werden.

Man unterteilt die Antikörper, die auch als Immunglobuline bezeichnet werden, aufgrund ihrer elektrophoretischen Eigenschaften in fünf Klassen (IgG, IgM, IgA, IgD und IgE). Die Antikörper stellen in der Regel streng spezifische Reaktionsprodukte dar, die eine enge, aber stets reversible Bindung mit dem Antigen eingehen können („Schlüssel-Schloss-Prinzip"). Das Antigen reizt die Plasmazelle, die aufgrund des Kontakts mit dem Antigen einen Antikörper produziert, zur Proliferation. Dabei entstehen nach einer größeren Zahl von Zellteilungen Klone von Plasmazellen. Jeweils ein Klon produziert einen Antikörper, da die Information zur Antikörperbildung an die Zellen des gleichen Klons weitergegeben worden ist. Die Reaktion des Organismus ist die Bildung von vielen Klonen, von denen jeder einen verschieden spezifischen Antikörper gegen das Antigen produziert (*polyklonale Antikörper*).

Fusioniert man antikörperproduzierende Plasmazellen mit Myelomazellen, so kann man Hybridzellen gewinnen, die nach Selektion und Klonierung jeweils nur einen spezifischen Antikörper produzieren (*monoklonale Antikörper*).

Apoptose: Programmierter Zelltod *in vivo* und *in vitro* durch Aktivierung spezifischer Proteasen (Caspasen) und durch Abbau der DNA (Kernfragmentierung) durch Endonucleasen nach einem genetisch festgelegten Ablauf. Die Apoptose ist ein physiologischer Prozess, und ist nicht mit Nekrose oder mit Seneszenz zu verwechseln.

Asepsis: Keimfreiheit.

Aseptische Techniken: Alle Techniken, die geeignet sind, Kontaminationen von Zell-, Gewebe- oder Organkulturen durch Mikroorganismen (Bakterien, Pilze, Mycoplasmen) und Viren zu verhindern. Diese Techniken schließen auch die Vermeidung von ↗ Kreuzkontamination von Zellkulturen mit ein, nicht aber die beabsichtigte Einführung von infektiösem Material in Zellen.

Biomembran: Alle Zellen weisen semipermeable Membranen auf, die unter dem Oberbegriff Biomembranen zusammengefasst werden. Sie umschließen jede Zelle (Zellmembranen), trennen das Cytoplasma vom Außenmilieu ab und gliedern den Zellleib in zahlreiche Kompartimente (intrazelluläre oder Organellmembranen). Obwohl die Zusammensetzung der einzelnen Biomembranen durchaus variabel sein kann, so ist die molekulare Architektur der Biomembranen einheitlich („*unit membrane*"). Sie besteht aus einem Doppelfilm von Strukturlipiden, die jeweils aus einem unpolaren und lipophilen Teil (Kohlenwasserstoffanteil) und einem polaren bzw. hydrophilen Teil (Glycerin und Phosphatgruppen) bestehen. Sie hat eine Dicke von 7–10 nm und ist von Proteinen durchsetzt. In dieser Lipiddoppelschicht sind die hydrophilen „Köpfchen" nach außen zu beiden Seiten der Membran angeordnet, während die lipophilen „Schwänze" jeweils ins Innere der Membran orientiert sind. Die Proteine können integraler Bestandteil der Membran oder auch nur mehr oder weniger fest assoziiert sein. Unter den vielfältigen Eigenschaften der Biomembran ist wohl die selektive Permeabilität für bestimmte Stoffe die wichtigste. Für einzelne, insbesondere große Moleküle stellt die Membran eine Diffusionsbarriere dar, für andere ermöglicht sie einen ungehinderten Austausch zwischen dem Zellinneren und dem Extrazellularraum. Dabei spielen die integralen Proteine der Biomembran eine entscheidende Rolle. Veränderungen der Membranpermeabilität spielen bei der Erregungsbildung, -leitung und -übertragung eine wichtige Rolle.

Die Biomembran spielt ebenfalls eine Rolle bei der Erkennung fremder Zellen sowie als strukturelle Basis der Rezeptoren (Erkennungs- und Bindestellen) bestimmter Biomoleküle (Glykocalix).

Biotechnologie: Eine anwendungsorientierte Verfahrenstechnik, die sich biologische Prozesse zunutze macht – mit der lebenden Zelle als Produktionseinheit. Schon im Altertum wurden biotechnologische Prozesse angewandt, lange bevor die biologischen Grundlagen dazu auch nur annähernd bekannt waren. Dazu zählen die Herstellung von Brot, Bier, Wein und Essig, von Käse, Sauerkraut, oder das Gerben von Leder. In diesen Verfahren sind es vor allem Mikroorganismen (Bakterien, Hefen), welche die dafür notwendigen Gärungsprozesse bewerkstelligen.

Man unterscheidet heute zwischen der *roten, weißen* und *grünen* Biotechnologie, wobei auch verstärkt Zellkultursysteme zum Einsatz kommen. Die rote Biotechnologie umfasst vornehmlich medizinische Anwendungen, wie die großtechnische Produktion monoklonaler Antikörper oder die Herstellung rekombinanter Proteine. Zur weißen Biotechnologie zählt die Produktion von Antibiotika oder von Enzymen in der Waschmittelindustrie, die grüne Biotechnologie umfasst Anwendungen in der Landwirtschaft.

Centriolen: Kleine, rundliche oder stäbchenförmige Gebilde, die in Kernnähe gelegen sind. Jede Zelle weist ein Centriolenpaar auf, das eine ganz charakteristische Lage und Anordnung besitzt. Jedes Centriol besteht aus neun, im Querschnitt kreisförmig angeordneten Gruppen von je drei dicht gepackten Mikrotubuli. Die Mikrotubuli bestehen aus dem Protein Tubulin, einem dem Aktin verwandten Protein. Die Centriolen spielen eine wichtige Rolle bei der Kernteilung.

Chemisch definierte Medien: Nährlösungen für die Kultur von Zellen, in denen jede einzelne Komponente von bekannter chemischer Struktur ist. Obwohl auch reinste chemische Verbindungen Verunreinigungen enthalten können, sollten nur Chemikalien höchster Reinheit, möglichst mit Analysenzertifikat, benützt werden. Chemisch definierte Medien enthalten keine nicht definierten Zusätze, wie Serum oder Gewebeextrakte (*serumfreie Medien*).

Chloroplasten: Zellorganellen, die nur in der pflanzlichen Zelle vorkommen. Es sind ausdifferenzierte Plastiden, die als Photosyntheseorganellen dienen. Sie enthalten zahlreiche Thylakoide, die als Träger der Photosynthesepigmente (Chlorophylle) dienen. Die Chloroplasten sind von einer Doppelmembran umschlossen. Im Inneren der Chloroplasten sind die Thylakoide in einer komplexen Struktur mit Grana- und Stromabereichen enthalten.

Chromatin: Lockere fädige Struktur im Zellkern während der Interphase, die die Desoxyribonucleinsäure (DNS oder DNA) und bestimmte basische Proteine, die Histone, enthält. Man unterscheidet zwischen transkriptionsaktivem, locker gepackten *Euchromatin* und dicht gepacktem, inaktiven *Heterochromatin*.

Chromosomen: Wenn eine Zellteilung (Mitose) bevorsteht, werden aus dem strukturlosen Chromatin kondensierte, fest strukturierte Chromatinknäuel, die Chromosomen, gebildet. Diese Kernknäuel, die eigentlich nur eine bestimmte Erscheinungsform des Chromatins darstellen, werden nur während der Kernteilung (Metaphase) sichtbar.

Chromosomensatz: Die Gesamtheit der Chromosomen eines Kerns bzw. der Zellkerne eines Individuums oder einer ganzen Organismenart. In den Körperzellen (Somazellen) der Eukaryoten ist der Chromosomensatz doppelt vorhanden (diploider Chromosomensatz, 2 n).

Cloning Efficiency: s. Klonierungseffizienz.

Cybrid: Zelle, entstanden aus der Fusion eines Cytoplasten mit einer ganzen Zelle.

Cytopathischer Effekt (CPE): Zellzerstörender, also lytischer Effekt. Er ist vielfach zuerst an morphologischen Veränderungen einzelner Zellen der Kultur sichtbar. Diese degenerative Zellveränderung breitet sich dann allmählich oder rasend schnell über die ganze Kultur aus, die sich völlig auflösen kann. Ursache können z. B. cytopathogene Viren sein.

Cytoplasma: Der Teil der Zelle, der nicht vom Kern eingenommen wird. Das Cytoplasma beinhaltet in Wasser gelöste Stoffe aller Art und die Zellorganellen. Als **Cytosol** bezeichnet man den löslichen Teil des Cytoplasma, der alles außer den durch eine Membran umschlossenen Zellorganellen beinhaltet.

Es ist meist zähflüssig und besitzt die Eigenschaften eines Kolloids. Der Wassergehalt beträgt zwischen 60 und 90 %. Der Rest besteht aus Proteinen, Lipiden, Kohlenhydraten und Salzen. Die einzelnen Ionen, wie Na^+, K^+, Ca^{2+}, Mg^{2+} und andere stehen in einem fein abgestimmten Verhältnis zueinander. Im Cytoplasma vieler Zellen sind rückbildbare Einschlüsse und Ablagerungen, wie Glykogen oder Fetttropfen u. a. enthalten.

Cytoplast: Eine intakte Zelle, bei der der Zellkern entfernt wurde (Enucleation).

Cytoskelett: Netzwerk aus Proteinfilamenten, das der Zelle Gestalt und Form gibt. Die wichtigsten cytoskeletalen Strukturen sind die *Aktinfilamente*, auch Mikrofilamente genannt, und die *Mikrotubuli*. Beide Filamenttypen bestehen aus Untereinheiten globulärer Proteine, die sich innerhalb der Zelle sehr schnell umlagern und verändern können. Daneben gibt es noch einen dritten Typ von Filamenten, die sogenannten *Intermediärfilamente*, die in ihrem Durchmesser zwischen Aktinfilamenten und Mikrotubuli liegen. Die Filamente sind vor allem in solchen Zellen reich vorhanden, wo Bewegungen der Zellen notwendig sind sowie bei Zellen, denen eine bestimmte Stützfunktion zugeschrieben wird.

Cytotoxizität: siehe Toxizität.

Desinfektion: Größtmögliche Entkeimung von Oberflächen (z. B. Haut, Instrumente, Arbeitsplatten), um mögliche Infektketten zu unterbrechen. Im medizinischen Bereich bedeutet Desinfektion die Beseitigung von pathogenen Mikroorganismen.

Desmosomen: Kontaktstellen zwischen benachbarten Zellen, die sich durch eine besondere Membranstruktur auszeichnen. Sie dienen dem mechanischen Zusammenhalt zwischen bestimmten Zelltypen.

Dichteabhängige Wachstumsinhibition: Erscheinung, dass mit zunehmender Zelldichte die Mitoserate abnimmt (s. a. Kontaktinhibition).

Dictyosomen: Stapel tellerförmiger, membranumschlossener Zisternen, die an ihren Rändern kleine Membranbläschen absondern können. In den Dictyosomen wird die Sekretbildung durchgeführt sowie deren Ausschleusung (Exocytose) vorbereitet. Die Gesamtheit der Dictyosomen wird Golgi-Apparat genannt.

Differenzierte Zelle: Zelle, die *in vitro* größtmöglich dieselben Differenzierungsmerkmale exprimiert wie *in vivo*.

Differenzierung: Ausbildung bestimmter Merkmale *in vivo* oder *in vitro*, die die Zelle befähigen, spezifische Funktionen auszuüben.

DNS (DNA): Abkürzung für Desoxyribonucleinsäure (DNS) oder *deoxyribonucleic acid (DNA)*. Die DNA ist ein langes unverzweigtes Polymer, bestehend aus einer Abfolge von vier Nucleotiden, 4 möglichen Basen (Adenin, Guanin, Thymin, Cytosin), die mit mit je einem Zucker- (Desoxyribose) und Phosphorsäurerest verbunden sind. Sie besteht aus einer Doppelhelix, wobei die Basen die Sprossen, die Zucker- und die Phosphosäurereste die Längsstränge darstellen. Die gesamte genetische Information der Zelle ist in der Basenabfolge der DNA (DNA-Sequenz) enthalten. Die DNA ist zur identischen Reduplikation befähigt und ist Steuerzentrale der Zelle.

Embryonalentwicklung: Die Entwicklung der Gewebe beginnt mit einer befruchteten Eizelle, die sich in schneller Reihenfolge teilt. In einem noch frühen Entwicklungsstadium besteht der embryonale Bereich aus drei Keimblättern, dem äußeren Keimblatt oder Ektoderm, dem inneren Keimblatt oder Entoderm und dem mittleren Keimblatt, dem Mesoderm.

Aus dem Ektoderm gehen das Epithel der Haut samt Hautanhangsgebilden, Teile des Magen-Darm-Traktes, das gesamte Nervensystem, das Sinnesepithel von Nase, Ohr und Auge, die Hypophyse, die Milchdrüsen und der Zahnschmelz hervor.

Vom Mesoderm stammen Bindegewebe, Knorpel und Knochen, quergestreifte und glatte Muskulatur, Blut- und Lymphgefäße, Herz, Niere, Keimdrüsen, Milz, Blut- und Lymphzellen.

Aus dem Entoderm entstehen Teile des Darmrohrs sowie verschiedene Darmepithelien samt den zugehörigen Drüsen, die Mandeln und Epithelien von verschiedenen Organen.

Endocytose: Die Aufnahme von Makromolekülen und Partikeln in die Zelle über die Membran hinweg. Die aufzunehmenden Stoffe werden zunächst an die Zellmembran angelagert, dann werden sie von der Membran umschlossen und als geschlossene Bläschen (Vesikel) nach innen eingestülpt. Die Aufnahme fester Partikel nennt man Phagocytose, die Aufnahme von Flüssigkeit Pinocytose.

Endomitose: Bei der Endomitose wird die Mitose in der frühen Prophase abgebrochen, ohne dass die Kernmembran aufgelöst wird oder sich der Spindelapparat bildet. Die Tochterchromosomen verbleiben so im ursprünglichen Kern. Es entstehen polyploide Kerne. Durch weitere Endomitosen können noch höhere Ploidiegrade erreicht werden.

Endoplasmatisches Reticulum (ER): Das Cytoplasma nahezu aller Zellen enthält ein dreidimensionales

Schlauchsystem von Membranen, die miteinander in Verbindung stehen und über die ganze Zelle verteilt sind. Sie gehen von der Kernmembran bis zur äußeren Zellmembran und ergeben das Bild eines komplizierten Labyrinths innerhalb der Zelle. Man unterscheidet raues ER (rER) und glattes ER (sER).

Die Membranen des rauen ER sind an der Außenseite mit zahlreichen runden Partikeln, den Ribosomen, besetzt. Die raue Form des ER findet man häufig in Zellen mit erhöhter Proteinsynthese und in sekretorischen Zellen.

Das glatte ER ist vor allem in Zellen ausgebildet, wo erhöhter Lipid- bzw. Steroidbedarf vorhanden ist. Ferner sind am glatten ER die Enzyme der Biotransformation gekoppelt (meist Glykosyltransferasen). In quergestreifter Muskulatur bezeichnet man das glatte ER, das hier als Calciumspeicher dient, als sarkoplasmatisches Reticulum.

Das glatte ER, dessen Oberflächen keine Strukturen enthält, hat vor allem Transport- und Speicherfunktion.

Epithelartige Zellen: Zellen, die Epithelzellen gleichen oder deren charakteristische Form haben. Sie haben z. B. kubische Form, wachsen in dichten Zellrasen mit pflasterartigem Muster oder das Verhältnis von Kern zu Cytoplasma ist im Vergleich zu Fibroblasten relativ groß. Wenn man den histologischen Ursprung oder die Funktion dieser Zellen nicht genau kennt, bezeichnet man sie am besten als epithelartig (engl. *epithelial-like*), im Gegensatz zu ↗ fibroblastenartig.

Etablierte Zelllinie: Alte Bezeichnung für ↗ kontinuierliche Zelllinie (s. Zelllinie).

Exocytose: Ausschleusen von Substanzen oder Zellorganellen aus der Zelle. Dabei werden die zu exportierenden Substanzen zunächst in Vesikel verpackt, die dann mit der Plasmamembran fusionieren und ihren Inhalt nach außen abgeben. An diesem Prozess sind vornehmlich die Dictyosomen beteiligt, daneben auch Lysosomen und andere sekretorische Vesikel (z. B. zur Hormon- oder Neurotransmitterfreisetzung).

Explantat: Gewebe, das einem Organismus zum Zwecke der Kultivierung entnommen und *in vitro* übertragen wurde (Explantatkultur).

Feeder Layer: Nährschicht von (meist letal bestrahlten) Fibroblasten, auf der ansonsten schlecht wachsende Zellen ausgesät werden.

Fibroblasten: Zellen von meist spindelförmiger oder unregelmäßiger Form. Sie sind, wie der Name sagt, faserbildend. In Zellkulturen können funktionell verschiedene Zellen die Morphologie von Fibroblasten zeigen.

Fibroblastenartige Zellen: Zellen, die Fibroblasten gleichen oder deren charakteristische Form haben. So sind Fibroblasten oft lang gestreckt und das Verhältnis von Kern zu Cytoplasma ist im Vergleich zu Epithelzellen relativ klein. Da es sehr viele verschiedene Erscheinungsformen und Funktionen von Fibroblasten gibt, nennt man sie besser fibroblastenartig (engl. *fibroblast-like*), wenn man den histologischen Ursprung nicht genau kennt.

Gefrierkonservierung: s. Kryokonservierung.

Generationszahl: Gesamtzahl der ab Kulturbeginn möglichen Populationsverdopplungen einer Zelllinie bzw. eines Zellstamms. Berechnung s. Anhang, Kap. 35.2.6.

Generationszeit: Zeitspanne zwischen zwei aufeinander folgenden Teilungen einer Zelle (Zellzykluszeit). In der Mikrobiologie die Zeit der Verdopplung der Zellzahl in einer Kultur. Der Ausdruck ist nicht synonym mit ↗ „Verdopplungszeit einer Population".

Genetic Engineering: Alle Arten von künstlichem Eingriff in das Genmaterial der Zelle zum Erwerb neuer Eigenschaften (z. B. Resistenzen bei Pflanzen) oder zum Zweck der Neu- bzw. Überproduktion von zelleigenem bzw. zellfremdem Material (z. B. gentechnische Herstellung rekombinanter Proteine). S. auch Biotechnologie.

Genom: Gesamtheit der DNA im Zellkern von Eukaryoten, bei diploiden Zellen meistens bezogen auf den haploiden Chromosomensatz. Das Genom des Menschen z. B. hat eine Größe von ca. 3×10^9 Basenpaaren, auf 23 Chromosomen verteilt.

Genomics: Alle Arten der Forschung bezüglich der biologischen Möglichkeiten der DNA werden unter diesem Begriff zusammengefasst. Diese umfassen: 1. Untersuchungen der Genregulation in unterschiedlichen Zelltypen oder in einem Zelltyp unter verschiedenen Stoffwechselbedingungen (*functional genomics*), 2. die Isolierung und Sequenzierung von DNA-Abschnitten (Gene) und 3. die Erkennung und Erforschung von Genpolymorphismen.

Genommutation: Veränderung der DNA, oft auch mit Auswirkung auf die Chromosomenzahl (s. a. Ploidie).

Gewebe und Organe: Zellverbände, in denen annähernd gleichartig differenzierte Zellen zusammengeschlossen sind, nennt man Gewebe. Abgegrenzte Bereiche des Tier- bzw. Pflanzenkörpers von charakteristischer Lage, Form und Funktion, die im Allgemeinen aus mehreren Gewebetypen bestehen, nennt man Organe. Bei Tieren ist die Spezialisierung der Gewebe weiter gediehen als bei den Pflanzen.

Gewebe und Organe der höheren Pflanzen: Die vielzelligen Vegetationskörper der höheren Pflanzen (Farne und Samenpflanzen) lassen bei aller Mannigfaltigkeit der Erscheinungsformen doch einen einheitlichen Bauplan erkennen. Die Einheitlichkeit ist vor allem durch die Ausbildung von drei Grundorganen, der Sprossachse, dem Blatt und der Wurzel gegeben, welche in bestimmter

Weise miteinander verbunden sind. Die Grundorgane sind bereits am Embryo bzw. am Keimling zu erkennen, so bei den Samenpflanzen in Gestalt der Keimachse (Hypokotyl), eines oder mehrerer Keimblätter (Kotyledonen) und der Keimwurzel (Radicula). Zwischen den Kotyledonen sitzt die Endknospe, beim Keimling als Plumula bezeichnet. Sie umschließt den Vegetationspunkt, des aus Achsteilen und Blattorganen gebildeten Pflanzenabschnittes, den Spross. Ein solcher Vegetationspunkt stellt einen Komplex von Bildungsgewebe (Meristem) dar, deren Zellen durch lebhafte Teilungen die neuen Anlagen für Achsteile und Blätter hervorbringen und so das Wachstum des Sprosses bewirken.

Auch die Wurzel wächst mithilfe des Vegetationspunktes, dieser unterscheidet sich von dem des Sprosses durch das Fehlen der Blattorgane. Die Verzweigung der Wurzel ist sehr viel stärker als beim Spross.

Die mannigfachen Aufgaben, welche die Spross- und Wurzelsysteme bei den höheren Pflanzen erfüllen müssen, haben zur Ausbildung zahlreicher hoch spezialisierter Gewebe (ca. 80) geführt.

Sowohl die Meristeme (assimilierende und speichernde Gewebe) als auch die reproduktiven Gewebe tragen bei den Samenpflanzen weithin Züge starker Spezialisierung. Als weitere Gewebearten gibt es hier auch Abschlussgewebe einschließlich der wasseraufnehmenden Rhizodermis der Wurzel. Daneben finden sich Leitungs-, Festigungs- und Exkretionsgewebe. Gemäß ihren Aufgaben sind die Gewebearten in verschiedener Weise am Aufbau der Kormophytenorgane beteiligt.

Gewebe tierischen Ursprungs (Vertebraten): Nach morphologischen und funktionellen Gesichtspunkten werden vier große Gewebegruppen bei den Wirbeltieren unterschieden. Dazu kommt noch als Sonderform das Blut- und Lymphgewebe hinzu; es ist eine Kombination aus Epithel- und Bindegewebe:

Blut- und Lymphgewebe setzt sich aus Epithel- und Bindegewebszellen zusammen. Aufgrund seiner Besonderheit und seiner Vielfalt der Zellen in morphologischer und funktioneller Hinsicht wird es als eigenes Gewebe bezeichnet. Es umfasst sowohl die Erythrocyten, die ganze Klasse der Lymphocyten, die Granulocyten, die Monocyten und Histiocyten sowie die Thrombocyten, die allerdings nur mehr Zellteile darstellen, die von Bindegewebszellen entstehen.

Während die Mehrzahl der Blutzellen aus dem Knochenmark entstammt, werden die Lymphocyten in lymphatischen Organen gebildet und geprägt.

Epithelgewebe, die von allen drei Keimblättern gebildet werden können, bedecken innere und äußere Oberflächen des Körpers (Oberflächen- oder Deckepithelien). Sie können als Drüsen Stoffe abgeben und vermitteln als Sinnesepithelien Eindrücke von außen. Charakteristisch für Epithelgewebe ist das Fehlen von Blutgefäßen innerhalb des Gewebes, sie werden ausschließlich durch Diffusion von anderen Geweben ernährt. Morphologisch lassen sich die Epithelzellen nach ihrer Form deutlich von anderen Zelltypen unterscheiden. Sie sind durch eine gleichförmige, dachziegelartige Struktur gekennzeichnet, bilden wenig Interzellularsubstanz aus und sitzen als Gewebe meist auf einer Basallamina auf. Die Kultivierung verschiedener Epithelien *in vitro* ist in den vergangenen Jahren auch aus Primärgewebe erfolgreich durchgeführt worden.

Muskelgewebe: die auffälligste Erscheinung dieses Gewebes ist die Kontraktionsmöglichkeit. In den Muskelzellen sind bestimmte Strukturen vorhanden, die Myofibrillen, die diese Kontraktion ermöglichen.

Aufgrund ihrer Sonderstellung werden für einzelne Bestandteile der Muskelzellen besondere Bezeichnungen eingeführt: Das Cytoplasma wird als Sarkoplasma bezeichnet, das endoplasmatische Reticulum aufgrund seiner Gestalt und Ausbildung als sarkoplasmatisches Reticulum, die Mitochondrien als Sarkosomen und die Zellmembran der Muskelfasern als Sarkolemm.

Nach morphologischen Gesichtspunkten teilt man das Muskelgewebe in glatte und quergestreifte Muskulatur ein und als Sonderfall wird der Herzmuskel geführt.

Die glatte Muskulatur findet man im Bereich des Magen-Darm-Traktes, in den Luftwegen, in den Blut- und Lymphgefäßen, in einigen Organen des Urogenitaltraktes sowie im Auge und an den Haarbälgen.

Zur quergestreiften Muskulatur zählen die Muskeln des Bewegungsapparates, des Gesichtes, der Zunge, des Kehlkopfes und verschiedener anderer Organe. Die quer gestreifte Muskulatur ist meist willkürlich innerviert. Die Herzmuskulatur gehört ebenfalls zur quer gestreiften Muskulatur, ist allerdings vom vegetativen Nervensystem innerviert. Es unterscheidet sich von der Skelettmuskulatur vor allem im Feinbau, so enthält es z. B. besonders viele Mitochondrien.

Nervengewebe besteht aus Nervenzellen und daneben aus ektodermalem Stütz- und Bindegewebe, das aus Gliazellen besteht.

Nervenzellen sind besondere Zellen, die sich aus dem Ektoderm entwickelt haben, sie sind für die Übernahme, die Leitung und Übertragung von Reizen spezialisiert.

Typisch für die Nervenzellen sind verschiedene Ausläufer, die vom eigentlichen Zellkörper (Perikaryon, Soma) abgehen. Die meist kurzen und baumartig verzweigten Ausläufer nennt man Dendriten und die langen dünnen Ausläufer, die sich ebenfalls am Ende verzweigen können, werden als Neuriten bezeichnet. Nervenzellen können zu Sinneszellen umgewandelt werden, wobei man primäre und sekundäre Sinneszellen unterscheidet.

Die Gliazellen können in verschiedenen Formen auftreten und dienen vor allem zur Stoffversorgung der Nervenzellen sowie zum mechanischen Schutz der Nervenzellen sowie ihrer Ausläufer. Nur die Nervenzellen sind in der Lage, die Reize aufzunehmen, zu verarbeiten und weiterzuleiten.

Stütz- und Bindegewebe stammt ausschließlich aus dem Mesoderm, wobei ein Gehalt an Interzellularsubstanz typisch für die Bindegewebszellen ist. Die zellulären Bestandteile des Bindegewebes lassen sich in ortsfeste und frei bewegliche Bindegewebszellen unterscheiden. Die Funktion dieser Gewebe ist sehr vielfältig. Einerseits geben sie dem Organ und auch dem Tier (Knochengerüst) eine feste Form, andererseits spielen diese Gewebe-

Kreuzkontamination: Verunreinigung einer Zellkultur durch Zellen einer anderen Zelllinie. Weisen die verschleppten Zellen wesentlich höhere Proliferationsraten auf, kann die Ursprungskultur rasch überwuchert sein.

Kryokonservierung: Einfrieren und Lagerung kultivierter Zellen bzw. Zelllinien in flüssigem Stickstoff bei −196 °C.

Laminar Flow: Laminarer Luftstrom in einer Reinraumarbeitsbank. Er wird, von einem Gebläse erzeugt, durch ein Filtersystem gedrückt, das alle Partikel, die größer als 0,3 μm sind, zurückhält.

Die Wahl von Geräten (laminar flow box, Reinraumwerkbank oder clean work bench) mit horizontaler oder vertikaler Strömung hängt vom Verwendungszweck (Material- und/oder Personalschutz) ab. Um einen optimalen Luftstrom, der vor Kontaminationen schützt, zu erreichen, sollte die Windgeschwindigkeit > 0,40 m/s betragen.

Lysosomen: Zellorganellen, die mit einer Biomembran umgeben sind und Verdauungsenzyme enthalten. Sie vermögen bestimmte Makromoleküle durch Hydrolyse abzubauen. Im Inneren der Lysosomen herrscht ein saures Milieu (pH 4,5–5,0) vor. Werden diese Enzyme infolge Zerstörung der lysosomalen Membran freigesetzt, geht die Zelle zugrunde (Autolyse). Der intrazelluläre Abbau von Substanzen durch die Lysosomen kann Material endogenen und, nach Fusion mit endocytotischen Vesikel, exogenen Ursprungs betreffen.

Medium, Kulturmedium: Eine Nährlösung, die anorganische Salze, zur Aufrechterhaltung von Osmolarität und pH-Wert sowie Nährstoffe enthält. Man unterscheidet zwischen einem **Erhaltungsmedium**, welches das Überleben von Zellen über eine 24-h-Periode ermöglicht, und einem **Proliferationsmedium**, das all jene Nähr- und Wachstumsstoffe enthält, die für Wachstum und Proliferation *in vitro* notwendig sind.

Meiose (Reifeteilung): Besondere Form der Zellteilung, die nur bei Geschlechtszellen vorkommt. Hierbei wird der diploide Chromosomensatz der Zelle auf einen haploiden Satz reduziert. Deshalb wird die Meiose auch als *Reduktionsteilung* bezeichnet. Ohne diesen Vorgang würde sich bei jeder Befruchtung der Chromosomensatz innerhalb der Zellen verdoppeln. Die Reduktionsteilung umfasst zwei Teilungsschritte, die erste Reifeteilung, während der der diploide Chromosomensatz der Geschlechtszellen auf den haploiden Satz reduziert wird. Danach schließt sich sofort eine mitotische Teilung des haploiden Chromosomensatzes an. Während der ersten Reduktionsteilung findet eine Neukombination der genetischen Information durch überkreuzen (crossing over) von benachbarten Chromatidenstücken zwischen homologen Chromosomen vom väterlichen und mütterlichen Erbgut statt. Nach Abschluss der Meiose sind aus einem diploiden Kern vier haploide Kerne entstanden. Erst durch Verschmelzen von zwei Geschlechtszellen während der Befruchtung (Zygote) wird wieder der diploide Chromosomensatz erreicht.

Meristemkultur: Pflanzenzellkultur, die aus der Wachstumszone der Pflanze (Meristem) stammt.

Microcarrier (Mikroträger): Partikel, die eine elektrisch geladene Oberfläche besitzen und auf denen sich Zellen anheften und wachsen können. Die Kultivierung der Zellen erfolgt in sogenannten Spinnergefäßen oder Fermentern in Suspension unter ständigem Rühren.

Mikropropagation: Klonale *In-vitro*-Vermehrung von Pflanzen aus Spross-, Meristem- oder Blattknollengewebe mit einer beschleunigten Proliferation.

Mikrosomen (Microbodies): Gesamtzahl von Zellorganellen, die zur Entgiftung von Produkten des Intermediärstoffwechsels und von Fremdprodukten dienen.

Sie sind ebenfalls von einer Membran umgeben und enthalten oxidierende Enzymsysteme, vor allem Peroxidasen und Katalasen. Besonders reich an solchen Mikrosomen ist die Leberzelle. Die Mikrosomen (Blattperoxisomen) treten auch in bestimmen Pflanzenarten (C3-Pflanzen, Photorespiration) sehr häufig auf und auch in bestimmten Samen (Glyoxisomen). Hier dienen sie vor allem zum Abbau bzw. zur Umwandlung von Reservelipiden zu Kohlenhydraten.

Mitochondrien: Zellorganellen, die mit einer Doppelmembran umgeben sind. Sie fungieren als „Energielieferanten" der Zelle. Sie sind Ort der Kohlenhydrat-, Aminosäuren- und Lipidoxidation zu CO_2 und H_2O unter Sauerstoffverbrauch. Mit dieser Oxidation verbunden ist die Gewinnung von ATP als energiereiche Verbindung. Die Mitochondrien enthalten u. a. eine vollständige Enzymausstattung für den Fettsäureabbau, für den endgültigen Abbau von Kohlenhydraten (Citronensäurecyclus), für die Atmungskette und die oxidative Phosphorylierung.

Sie weisen meist die Form von Stäbchen oder Rotationselipsoiden auf und sind zwischen 0,5–6 μm lang und haben einen Durchmesser von 0,2–1 μm. Die innere Membran ist zur Oberflächenvergrößerung in Falten (Cristae) oder in Röhren (Tubuli) geformt.

Die Anzahl der Mitochondrien pro Zelle ist sehr unterschiedlich. Stoffwechselintensive Zellen (wie Herzmuskelzellen oder Leberzellen) weisen eine hohe Mitochondriendichte auf, während in Zellen mit geringer Aktivität nur einzelne Mitochondrien vorhanden sind.

Darüber hinaus haben Mitochondrien eigene DNA und RNA und sind teilweise zur Proteinbiosynthese fähig. Sie vermehren sich ausschließlich durch Teilung.

Mitose: Die häufigste Art der somatischen Zellteilung ist die Mitose, eine Kern- und Cytoplasmenteilung, wobei das Kernmaterial erbgleich an die Tochterzellen weitergegeben wird. Voraussetzung für die Mitose ist die identische Reduplikation der Erbsubstanz im Kern, der DNA (Desoxyribonucleinsäure). Sie findet schon vor der eigentlichen Mitose im sogenannten Interphasekern statt, wobei sich die DNA, die als Doppelspirale ausgebildet ist, unter Zuhilfenahme neuer DNA-Bausteine, der Nucleotide oder Nucleinsäurebausteine, verdoppelt. Es entstehen zwei völlig gleiche DNA-Doppelstränge am Ende der Interphase. Nachdem in der Interphase die DNA sich im Zellkern verdoppelt hat und genügend Energie in Form von Kohlenhydraten gespeichert ist, tritt die Zelle nach einer Volumenzunahme zunächst in die sogenannte *Prophase* ein. In dieser Phase werden die Chromosomen als knäuelförmig zusammengefügte Struktur sichtbar. Sie verkürzen und verdichten sich durch Spiralisierung zunehmend, bis sie eine charakteristische Form annehmen. Ein deutlicher Längsspalt trennt die beiden Hälften der Chromosomen, die Chromatiden, voneinander ab. Der Nucleolus, in dem vor allem Ribonucleinsäuren gebildet werden, löst sich auf; der Golgi-Apparat verschwindet ebenfalls. Die beiden Centriolen rücken auseinander und wandern zu den Zellpolen. Gleichzeitig werden die mikrotubulären Strukturen des Spindelapparates ausgebaut und sichtbar, der die Bewegungen der Chromosomen während der Zellteilung vermittelt. Die Prophase endet mit der Auflösung der Zellkernmembran.

Während der *Metaphase* ordnen sich die hakenförmigen Chromosomen in der Mittelebene (Äquatorialebene) der Zelle zwischen den beiden Spindelpolen an. Nach vollständiger Ausbildung der Teilungsspindel erscheinen durchgehende Zentralfasern, die die beiden Pole miteinander verbinden und Chromosomenfasern, die am Centromer der Chromosomen ansetzen.

In der *Anaphase* wird die Centromerregion der Chromosomen gespalten und die „Chromosomenhälften" (Schwesterchromatiden) werden zu den entgegengesetzten Polen transportiert.

In der *Telophase* gruppieren sich die Chromatiden um die beiden Pole. Sie entspiralisieren sich und verlieren dabei ihre Gestalt. Kernmembran und Nucleoli werden neu gebildet. Es entstehen dabei zwei neue Interphasenkerne. In Verbindung mit der Kernteilung setzte die eigentliche Zellteilung (Cytokinese) ein, die meist schon in der späten Anaphase beginnt. Hierbei schnürt sich die Zellmembran in der Regel von der Peripherie her ein, wobei die Verteilung des Zellmaterials meist zufällig geschieht. Die Teilung des Zellleibes wird in der Telophase abgeschlossen. Eine Zellteilung nach einer Kernteilung ist jedoch nicht immer obligatorisch, dabei können Riesenzellen mit mehreren Kernen entstehen, solche Zellen nennt man Plasmodien. Zellen mit mehreren Kernen, die durch einfache Zellmembranverschmelzung bzw. Membranfusionen gebildet worden sind, nennt man Syncytien.

Monolayer: Kontaktabhängige Zellen bilden in Kultur meist nur eine Einfachschicht aus.

Multilayer: Tumorzellen und andere transformierte Zellen bilden in Kultur mehrere Schichten übereinander bzw. wachsen durch fehlende ↗ Kontakthemmung unregelmäßig übereinander.

Mutagenität: Veränderung am Erbgut einer Zelle, die durch „mutagene" Stoffe ausgelöst wird. Die Chromosomenschäden führen zu Mutationen, die möglicherweise erst nach einigen Generationen erkennbar werden.

Mycoplasmen: Prokaryotische Organismen, die unter den Mikroorganismen eine eigene Klasse darstellen. Sie sind von einer dreilagigen Membran umgeben und bilden keine Zellwand aus. Die Zellen sind ultramikroskopisch klein (ca. 100–250 nm), sehr wechselnd in ihrer Morphologie und leicht verformbar. Sie sind gramnegativ, z. T. beweglich und verfügen über keine Dauerformen. Zellkulturen sind häufig damit kontaminiert. Wegen ihrer Kleinheit sind sie mit den üblichen lichtmikroskopischen Verfahren nur sehr schwer nachweisbar. Sie kommen als Pathogene oder harmlose Kommensale in Pflanzen und Tieren vor.

Methoden zur Erkennung von Mycoplasmen in der Zellkultur sind spezielle Fluoreszenzfärbetechniken mit bestimmten Kernfarbstoffen oder enzymatische Nachweismethoden spezieller Mykoplasmen-spezifischer Enzyme sowie mithilfe molekularbiologischer Methoden. Eine dauerhafte Beseitigung von Mycoplasmen in der Zellkultur ist auch heute noch sehr schwierig. Man nannte diese Organismen früher „pleuropneumonia-like-organisms" (PPLO).

Organkultur: Erhaltung oder Züchtung von Organanlagen, ganzen Organen und Teilen davon *in vitro*, sodass Differenzierung sowie Erhaltung von Struktur und/oder Funktion möglich ist.

Osmol: 1 Osmol ist die Masse von $6,023 \times 10^{23}$ osmotisch aktiver Partikel in wässriger Lösung. 1 mOsmol/kg H_2O verursacht eine Gefrierpunktserniedrigung von 0,001858 °C.

Osmolalität: bezieht sich auf die Masse des Lösungsmittels: mOsmol/kg H_2O.

Osmolarität: bezieht sich auf das Volumen des Lösungsmittels: mOsmol/Liter Lösungsmittel.

Osmose: Übergang von gelösten Teilchen zwischen zwei flüssigkeitsgefüllten Kompartimenten, die durch eine semipermeable Membran getrennt sind.

Passage: Das Transferieren von Zellen von einem Kulturgefäß in ein anderes, wobei meist eine Verdünnung der Zellen erfolgt. Dabei nimmt die Passagenzahl um +1 zu. Der Ausdruck Passage ist synonym mit Subkultur und sollte nicht verwechselt werden mit der Passage in der Virologie. Hier bedeutet Passage das Überimpfen von Viren von einer Kultur auf eine andere.

Passagenzahl: Anzahl der bisherigen Subkulturen.

PCR: Abk. f. *Polymerase Chain Reaction*, dt. Polymerase-Kettenreaktion. Mitte der 1980er-Jahre von *Kary Mullis* entwickelte Technik zur *In-vitro*-Amplifikation eines definierten DNA-Fragments. Dadurch können innerhalb von Stunden wenige Kopien einer vorhandenen DNA

Zellen ab einer bestimmten Anzahl von Populationsverdopplungen nicht mehr subkultivieren lassen und schließlich absterben. Pflanzen- und Invertebratenzellen zeigen diese Erscheinung nicht.

Sphäroblast: Zelle, bei der die Zellwand nur zum Teil experimentell entfernt wurde (s. a. Protoplast).

Stammzellen: Säugerzellen, die sich im Körper wieder zu bestimmten Zellen differenzieren können und als pluripotente Zellen auch im Erwachsenenorganismus sich anscheinend in allen Geweben befinden (adulte Stammzellen). In der frühen Embryonalphase (Blastulastadium) können embryonale Stammzellen sich zu allen möglichen Zellen differenzieren und sogar im frühen Stadium sich zu einem Gesamtorganismus entwickeln. Embryonale Stammzellen sind *in vivo* in diesem Stadium noch pluripotent (↗ Potenz). *In vitro* sind embryonale Stammzellen im undifferenzierten Zustand nahezu unbegrenzt kultivierbar.

Sterilität: Bedeutet in der Biomedizin die Freiheit von lebenden biologischen Agenzien (frei von vermehrungsfähigen Mikroorganismen – Bakterien, Viren, Phagen – und deren Dauerstadien – Sporen), in der Fortpflanzungsbiologie das Unvermögen eines Organismus, vermehrungsfähige Gameten auszubilden.

Sterilisation: Vorgang, um Sterilität herzustellen (zu erreichen). Abtötung oder Entfernung aller lebensfähigen Formen von Mikroorganismen. Die Sterilisation erfolgt meist durch Zerstörung der zellulären Integrität mit dem Ziel, jede weitere Vermehrung der Mikroorganismen zu verhindern. Die häufigste Methode ist die Sterilisation durch große Hitze (Autoklavieren oder Heißluftsterilisation). Die Entfernung von Mikroorganismen aus einer Lösung erfolgt durch Sterilfiltration.

Strikt adhärente Zellen bzw. Zellkulturen: Zellen oder von ihnen abgeleitete Zellkulturen, die überleben, wachsen oder ihre Funktion nur beibehalten, wenn sie sich auf einer geeigneten Unterlage (z. B. Glas, Plastik) ausbreiten können. Dabei kann es sich um normale diploide, um transformierte oder um aneuploide Zellen handeln.

Subkultur: Die Umsetzung von Zellen aus einem Kulturgefäß in ein anderes. Dieser Ausdruck ist synonym mit Passage. Oft wird auch der Ausdruck *Trypsinieren* verwendet, da adhärente Zellen mithilfe von ↗ Trypsin von der Kulturschale gelöst werden.

Subkulturintervall: Zeitintervall zwischen zwei aufeinander folgenden Subkulturen. Der Ausdruck ist von der Generationszeit zu unterscheiden.

Subkulturzahl: Anzahl der Umsetzungen von Zellen aus einem Zellkulturgefäß in ein anderes. Synonym mit ↗ Passagenzahl zu verwenden.

Suspensionskulturen: Zellen (tierische, menschliche und pflanzliche), die sich in einem flüssigen Medium ohne Anheften an das Kulturgefäß vermehren.

Synchronkulturen: Zellkulturen, die sich durch geeignete Manipulation streng synchron teilen. Normale Zellkulturen wachsen meist asynchron. Parasynchrone Kulturen teilen sich innerhalb von wenigstens zwei Stunden. Zur Bestimmung der Zellsynchronisation wird meist die sogenannte Pulsmarkierung mit radioaktivem Thymidin (^{3}H-Thymidin) herangezogen.

Teratogenität: Eigenschaft eines Stoffes, Schäden am Embryo während der Schwangerschaft (Embryonalentwicklung) herbeiführen zu können. Eine Unterscheidung in mutagene, cancerogene und teratogene Substanzen ist nicht eindeutig zu treffen, da viele Substanzen sowohl cancerogen wie mutagen bzw. teratogen wirken können.

Tissue Engineering: Methode der dreidimensionalen Zellkultur, um künstliches Gewebe als Ersatz für Transplantationszwecke zu züchten. Man unterscheidet zwischen *autologer* Transplantation (vom selben Patienten stammend), *allogener* Transplantation (von einem fremden Spendergewebe stammend) und *xenogener* Transplantation (von einem tierischen Organismus stammend, z. B. von einem ↗ transgenen Schwein).

Toxizität: Veränderung üblicher physiologischer Funktionen eines Organismus bzw. Zellen, die durch verschiedene äußere Einflüsse bedingt sein kann. Wenn in der Zellkultur der Ausdruck Toxizität oder Cytotoxizität gebraucht wird, muss deshalb der toxische Effekt des Agens genau beschrieben werden, so z. B. Änderungen der Morphologie, der Anheftungsbedingungen, des Wachstums und anderes mehr.

Transfektion: Überführung (Einschleusung) eines isolierten, oftmals fremden Gens (oder mehrere Gene) in eine Zelle in Kultur. In der Mikrobiologie wird dieser Prozess *Transformation* (s. u.) genannt.

Transformation: In der Zellbiologie und Medizin: Übergang von normalen, in ihrem Wachstum kontrollierten Zellen zu unkontrolliert wachsenden Tumorzellen.

Zellen wie die in Kapitel 20.8 beschriebenen humanen Tumorzellen bzw. die mit Epstein-Barr-Virus transformierten humanen B-Zellen (s. Kapitel 19.4.3) sind in der Regel Zelllinien mit unbegrenzter Lebensdauer. Dabei ändern sich bei diploiden gesunden Zelllinien mit begrenzter Lebensdauer viele Eigenschaften *in vitro*.

Hierunter sind vor allem die Proliferationseigenschaften, die Morphologie, die Differenzierungseigenschaften, Chromosomenzahl und Anheftfähigkeit bzw. die Möglichkeit, auch in Suspension zu wachsen, zu nennen (s. Tab. 19-3B). Diese Prozesse können sowohl *in vivo* als auch *in vitro* spontan ablaufen, doch *in vitro* ist es möglich, solche Transformationsprozesse gezielt herbeizuführen, um Zellen zu erhalten, die unbegrenzt passagiert werden können.

Der Transformationsprozess *in vivo* ist, soweit man heute diese Prozesse kennt, kein einzelnes Spontanereignis, sondern meist eine Serie von aufeinander folgenden Schritten, die in noch nicht verstandener Weise kooperieren, um einen Tumor zu erzeugen. Dabei ist es nicht möglich, die Verhältnisse *in vivo* mit denen *in vitro* zu vergleichen bzw. daraus Analogieschlüsse abzuleiten.

In vitro gibt es mehrere experimentelle Ansätze, um solche Zellen aus diploiden gesunden Zellen bzw. aus Zelllinien zu erhalten.

Spontanmutationen *in vitro* treten bei Säugerzellen mit einer Häufigkeit von ca. $10^{-5}-10^{-6}$ auf. Bei Humanzellen ist die Häufigkeit noch viel geringer, sie liegt ca. bei 10^{-12}. So ist es relativ einfach, bei einer Mausfibroblastenkultur diploiden Ursprungs solche Zellkulturen zu isolieren, bei Humanzellen ist es unmöglich. Mittlerweile sind allerdings viele Gene bzw. Genabschnitte bekannt, die eine effiziente Immortalisierung versprechen bzw. deren Mutation diesen Prozess herbeiführen kann.

Strategien zur effektiven Immortalisierung von diploiden Zellen umfassen heute die Virustransformation, das Einfügen sogenannter Onkogene in das Genom der Zellen, die Mutation von Regulatorgenen des Zellzyklus sowie die erfolgreiche Fusion solcher Zellen mit bereits transformierten Zellen (s. Kapitel 22.3, Hybridomtechnik). Ferner können solche Transformationen auch durch chemische Agenzien und Gammastrahlen induziert werden. Weiterhin ist die Transfektion (Kapitel 22.1) von diploiden Zelllinien mittels geeigneter Vektoren samt geeigneter Genabschnitte z. B. von Virus-DNA ebenfalls eine Methode zur Immortalisierung. Die verschiedenen Strategien können auch erfolgreich miteinander kombiniert werden.

Immortalisierte Zelllinien, seien sie aus Carcinomen *in vivo* oder aus *In-vitro*-Transformation gewonnen, können nicht nur aufgrund ihrer oben genannten Eigenschaften charakterisiert werden, sondern sie können noch eine weitere Besonderheit besitzen, nämlich die Tumorigenität. Hierunter versteht man die Eigenschaft, dass solche Zellen in einem syngenen Wirt oder in einem immunsupprimierten Versuchstier zu einem invasiven Tumor heranwachsen können. Solche Zelllinien bezeichnet man als tumorigen, während Zelllinien, die keinen Tumor verursachen, als nichttumorigen bezeichnet werden (Tab. 19-3).

Transgen: Gen, das mit gentechnischen Verfahren in das Erbgut eines Organismus eingebracht wurde. Vielfach wird der Begriff als Adjektiv für gentechnisch veränderte Pflanzen, Tiere oder Mikroorganismen gebraucht: Eine transgene Pflanze ist eine Pflanze, in die ein Gen einer anderen Spezies eingeführt worden ist. Dieses Gen wird mittels gentechnischer Methoden in Form eines geeigneten Genkonstrukts (↗ Vektor) übertragen (s. Transfektion). Anders als bei der natürlichen Fortpflanzung oder den klassischen Züchtungstechniken stellen dabei die Artgrenzen keine Barrieren dar.

Manchmal wird Transgen auch als Bezeichnung für einen gentechnisch veränderten Organismus (GVO) gebraucht.

Transkription: mRNA-Synthese, Umschreiben eines Gens (DNA) in mRNA.

Translation: ↗ Proteinbiosynthese.

Trypsin: eine alkalische Pankreasprotease mit einem pH-Optimum bei pH 7,6. Trypsin schneidet Peptidbindungen nach einem Arginin oder Lysin. Durch Trypsinbehandlung werden vor allem die Zell-Matrix-Verbindungen angedaut, wodurch sich die Zellen von der Kulturunterlage ablösen.

Tumorigene Zelllinie: Transformierte Zelllinien, die in einem entsprechenden Milieu *in vivo* zu einer Tumorbildung führen. Um die tumorbildende Fähigkeit einer Zelllinie zu testen, wird derzeit bevorzugt ein Mäusestamm verwendet, der keine normale Thymusdrüse bilden kann und haarlos ist (aus den Stämmen Balb/c und NMRI selektionierte Mutanten).

Unterstamm: Ein Unterstamm wird aus einem Zellstamm gezüchtet, indem Zellen mit Merkmalen selektioniert werden, die andere Zellen des ursprünglichen Zellstammes nicht besitzen.

Vakuolen: Flüssigkeitsgefüllte Räume in Zellen, die durch Membranen (Tonoplasten) vom Zellplasma abgegrenzt sind. In tierischen Zellen treten die Vakuolen meist nur in Form kleiner Vesikel auf. In ausdifferenzierten Pflanzenzellen hingegen nimmt der Zellsaftraum (Zentralvakuole) bis über 80 % des Zellvolumens ein. Sie dienen der Zelle als Reaktions-, Ablade- und Vorratskompartiment.

Varianz (in der Zellkultur): Genotypische und phänotypische Veränderungen während der Dauer der Kultivierung (von Passage zu Passage).

Vegetative Vermehrung: Nicht sexuelle *In-vivo-/In-vitro*-Reproduktion von Pflanzen durch Ausbildung z. B. von Adventivknospen oder durch die Kultivierung von Pflanzenteilen (z. B. Spross oder Blattgewebe).

Vektoren: Wirtsspezifische, replizierfähige DNA-Konstrukte, die Gene aufnehmen und diese auf andere Zellen übertragen (s. Plasmide).

Verdopplungszeit: In der Mikrobiologie Zeit der Verdopplung der Zellmasse (Biomasse) einer Kultur (ist nicht synonym mit der ↗ Generationszeit, der Verdopplung der Zellzahl). Siehe auch ↗ Populationsverdopplungszeit.

Viren: Infektiöse Partikel ohne eigenen Stoffwechsel, die auf künstlichen Nährboden allein nicht züchtbar sind und normale Bakterienfilter passieren können. Es gibt menschen-, tier- und pflanzenpathogene Viren. Viren können die meisten lebenden Organismen infizieren, sind dabei aber immer hoch wirtsspezifisch. Für die Züchtung *in vitro* werden Organ-, Gewebe- und Zellkulturen verwendet. Viren enthalten in der Regel ein- oder doppelsträngige DNA oder RNA, die von einer Proteinhülle umgeben ist. Die Vermehrung in der Wirtszelle geschieht durch die virale DNA oder RNA, die den zelleigenen Transkriptionsapparat zur Replikation ihrer viralen DNA oder RNA heranzieht. Sichtbar sind die Viren nur im Elektronenmikroskop. Für diagnostische Methoden werden radioimmunologische und fluoreszenzoptische Verfahren herangezogen, um eine Virusinfektion zu erkennen. Weiterhin wird ein cytopathogener Effekt in der Zellkultur zum Nachweis verschiedener Viren benutzt.

Vitalfärbung: Möglichkeit, durch Verwendung bestimmter Farbstoffe (z. B. Trypanblau) lebende Zellen von toten zu unterscheiden.

Vitalität (Lebensfähigkeit): Zellüberlebensfähigkeit nach bestimmten Verfahren, denen man eine Zellkultur unterzieht. Es gibt dabei verschiedene Testsysteme (Vitalitätstests), mit deren Hilfe diese Eigenschaft getestet werden kann.

Zellalterung: s. Seneszenz.

Zelle: Kleinste selbstständige Funktionseinheit des Organismus. Sie ist aufgrund ihres Stoffwechsels befähigt, ihre eigene Struktur aufrecht zu erhalten und Arbeit zu leisten. Weiterhin ist sie fähig, zu wachsen und sich zu vermehren. Größe und Form der Zellen sind sehr variabel und stehen in unmittelbarer Beziehung zu ihrer Funktion. Obwohl alle Zellen der Eukaryoten einen prinzipiell gemeinsamen Bauplan aufweisen, ist es wegen des hohen Grades der Zelldifferenzierung nicht möglich, eine „typische" Zelle zu beschreiben. Die zellulären Funktionseinheiten: Zellmembran, Cytoplasma, Zellorganellen und Zellkern sind jedoch allen Zellen gemeinsam.

Zellkern: Bildet bei den Eukaryoten mit dem Cytoplasma zusammen eine Funktionseinheit und ist das Steuerzentrum des Zellstoffwechsels sowie der Träger der genetischen Information, die in der DNA lokalisiert ist. Der Zellkern ist vom Cytoplasma durch eine zweifache Membran abgegrenzt, die von zahlreichen Kernporen durchsetzt ist. Die äußere Kernmembran ist mit dem endoplasmatischen Reticulum (ER) verbunden. Im Kerninnenraum finden sich ein oder mehrere Kernkörperchen (Nucleoli), die vor allem Proteine und RNA enthalten. Die Karyolymphe, die das Innere des Zellkerns ausfüllt, enthält im Wesentlichen Nucleotide, Enzyme und Stoffwechselprodukte. In der Karyolymphe sind die Chromosomen eingeschlossen.

Zellkompartiment: Viele zelluläre Reaktionen und Stoffwechselabläufe sind innerhalb der Zelle auf ganz bestimmte, abgegrenzte Areale (Kompartimente) beschränkt. Dies wird in der Zelle durch Trennung durch Membranen, die für bestimmte Stoffe nicht durchlässig sind, erreicht. Ferner wird eine Kompartimentierung durch Bindung von Molekülen an Strukturen erreicht, um damit die freie Diffusion zu unterbinden und getrennte Reaktionsräume zu schaffen.

Zellkrise: Zeitpunkt, zu dem in der Kultur (↗) Transformationen auftreten. Während der Zellkrise degenerieren die ursprünglichen Zellen, was sich u. a. in einem reduzierten Wachstum, abnormen Mitosen und der Bildung vielkerniger Zellen ausdrückt. Die Krise können eine kleine Anzahl von Zellen und daraus hervorgehender Kolonien unbeschadet überstehen, die dann zu unsterblichen Zellkulturen werden (s. Zellkultur).

Zellkultur: Vermehrung und Wachstum von Zellen *in vitro* einschließlich der Kultur von Einzelzellen. In Zellkulturen organisieren sich die Zellen nicht mehr in Gewebe. Eine kontinuierlich wachsende Kultur, die eine große Anzahl von Populationsverdopplungen hinter sich hat, wird auch als unsterbliche Zellkultur bezeichnet (früher etablierte oder permanente Z.). Sie kann, muss aber nicht Merkmale einer (↗) Transformation aufweisen.

Zelllinie: Mit der ersten Subkultur wird aus der Primärkultur eine Zelllinie. Eine Zelllinie besteht aus zahlreichen Unterlinien der Zellen, aus denen die Primärkultur ursprünglich bestand. Die Kennzeichnung „von begrenzter" oder „von unbegrenzter Lebensdauer" sollte, falls bekannt, immer beigefügt werden. Die Bezeichnung „kontinuierlich wachsende Zelllinie" sollte die alte Bezeichnung „etablierte Zelllinie" ersetzen. Bei einer publizierten Zelllinie sollten stets Herkunft und Charakterisierung angegeben werden. Die ursprüngliche Bezeichnung muss bei Weitergabe von Labor zu Labor erhalten bleiben; bei der Kultivierung muss jede Abweichung vom Original aufgezeichnet und bei einer Publikation vermerkt werden.

Zellorganellen: Spezifisch gebaute Strukturelemente der Zelle, die spezifische Funktionen erfüllen. Nach einer anderen Definition kann als Zellorganell jede Struktur der Zelle mit einem „endogenen" Energiestoffwechsel verstanden werden (siehe auch Kompartiment).

Zellstamm: Leitet sich entweder von einer Primärkultur oder von einer Zelllinie durch Selektion oder Klonierung von Zellen mit spezifischen Eigenschaften oder Merkmalen (markers) ab. Die Eigenschaften müssen in den nachfolgenden Passagen erhalten bleiben. Ein Zellstamm kann entweder aus einer Primärkultur oder aus einer Zelllinie durch Selektion oder Klonierung von Zellen mit spezifischen Eigenschaften oder Merkmalen entstehen.

Zellteilung bei den Eukaryoten: Durch Zellteilung werden:
- die männlichen und weiblichen Geschlechtszellen auf den Befruchtungsvorgang vorbereitet
- aus der befruchteten Eizelle Gewebe und Organe gebildet
- Gewebedefekte durch Regeneration beseitigt.

Man unterscheidet drei Formen der Zellteilung: Mitose, Meiose und Amitose/Endomitose.

Zellwand: Im Gegensatz zur tierischen Zelle, die außer der Plasmamembran und der Glykocalix meist keine weitere Verstärkung der Außenmembran enthält, ist die Pflanzenzelle stets von einer mehr oder minder festen Zellwand aus Cellulosefibrillen umgeben. In der embryonalen Pflanzenzelle ist die Zellwand noch dehnbar, aber schon reißfest. Die Anordnung der Mikrofibrillen und die Dicke der Zellwand ändern sich im Laufe der Differenzierung einer Pflanzenzelle drastisch. So entsteht im Laufe der Zeit ein regelrechtes Zellwandwachstum durch ständige Auflagerung neuer Fibrillen, wobei die Zellen nur mehr durch Plasmodesmen in Verbindung sind. Diese Plasmodesmen sind Membrankanäle von geringem Durchmesser (ca. 60 nm), durch die in den Pflanzenzellen ein Stoffaustausch ermöglicht wird. Sie treten meist in Gruppen auf (primäre Tüpfelfelder).

Zellzyklus: Setzt sich aus der Mitose und der Interphase (Zeit zwischen den einzelnen Teilungen der Zelle) zusammen. Die Interphase, also die Zeit zwischen den einzelnen Teilungen der Zelle, besteht ebenfalls aus einer Reihe von charakteristischen Schritten, die nicht umgekehrt werden können. Nach Abschluss der Karyo- und Cytokinese wird die Proteinbiosynthese, die während der Mitose stark reduziert war, sofort wieder aufgenommen. Unter anderem wird die DNA-Polymerase gebildet und der Tubulinpool wieder aufgefüllt, der in der Mitose stark in Anspruch genommen wurde. Auch die RNA-Produktion steigt bis zum Ende der Interphase an.

Dagegen findet in den meisten Fällen in dieser ersten Phase keine DNA-Replikation statt (G_1-Phase; engl.: *gap* = Lücke). Diese Phase entspricht der eigentlichen Wachstumsphase der Zelle.

Danach folgt die Replikationsphase (S-Phase), in der die DNA-Neusynthese stattfindet.

Zunächst wird in der S_1-Phase das Euchromatin gebildet und danach in einem fließenden Übergang (S_2-Phase) das Heterochromatin. In dieser Phase werden auch die Centriolen neu gebildet.

Nach Ende der S-Phase verstreicht noch meist einige Zeit (G_2-Phase) bis zur nächsten Prophase.

Die Mitose ist im Zellzyklus zwischen G_2- und G_1-Phase eingefügt.

Wenn Zellen ihre Teilungsaktivität einstellen und in Dauerzustände (differenzierte Zellen wie Muskel-, Nervenzellen und Samen) übergehen, verbleiben sie meist in einer unbegrenzt langen G_1-Phase („G_0-Phase"). Siehe auch Anhang, Kap. 35.2.9.

Zellzykluszeit: Zeit, die eine Zelle benötigt, um einen Zellzyklus vollständig zu durchlaufen, d. h. von einem genau bezeichneten Punkt des Zellzyklus zum gleichen Punkt des nächsten Zyklus zu gelangen.

Zyto-: siehe Cyto-.

34.1 Literatur

Alberts B. et al. Molecular Biology of the Cell. 4th Ed., Garland Science, 2002.
Freshney R.I. Culture of Animal Cells. A Manual of Basic Techniques. 5th Ed., Wiley, 2005.
Lodish, H. et al. Molecular Cell Biology. 5th Ed., W. H. Freeman, 2004.
Plattner H. und Hentschel J. Zellbiologie. 3. Aufl., Thieme Verlag 2006.
Schaeffer, W.I. Terminology associated with cell, tissue and organ culture, molecular biology and molecular genetics. In Vitro Cell. Dev. Biol. 26: 97-101, 1990.

35 Anhang

35.1 Was kann die Ursache von schlechtem Zellwachstum sein?

Vorbemerkung
Die Suche nach der Ursache für schlechtes Zellwachstum ist oftmals schwierig und relativ komplex. Aus diesem Grunde ist die unten angeführte Checkliste nur ein grober Anhaltspunkt; ausführliche Fehlerursachenforschung ist bei den entsprechenden Kapiteln und Rezepten angeführt und durch einen seitlichen Balken besonders gekennzeichnet.

Verfahren/Geräte
- Wurde das **Verfahren** geändert?
- Wurden andere **Geräte** als sonst benutzt?

Medium
- Wurde ein anderes Kulturmedium als sonst üblich verwendet?
- Wurde das Medium ordnungsgemäß zubereitet?
- Wurden alle Supplemente und Zusätze zugesetzt?
- Wurde eine Substanz vergessen?
- Waren die gelagerten Medien noch in Ordnung? Lagerungszeit, Stabilität von Glutamin und Antibiotika.
- Vergleich der Medien mit anderen Labors.
- War die Qualität des verwendeten Wassers in Ordnung?
- Überprüfung der Wasseraufbereitung: Leitfähigkeit, pH-Wert?
- Bakteriengehalt/Endotoxine, Rückstände in der Destillation?
- Wasservorrat: Algen, Pilze? Auslaugungen aus Kunststoffbehältern?
- Stimmt die $NaHCO_3$-Konzentration mit dem CO_2-Gehalt im Brutschrank überein? (s. Kapitel 35.1.1)
- Antibiotika: Art, Konzentration, Stabilität?
- Osmolalität des Mediums vor und während der Kultur?
- pH-Wert des Mediums (7,0–7,4) vor und während der Kultur?

Serum
- Neue Charge? Zertifikat des Lieferanten.
- Richtige Konzentration?
- Nachprüfung von Cytotoxizität, Wachstumsförderung und Plating Efficiency.

Glaswaren/Kunststoffartikel
- Wurde „zellkulturgeeignetes" Material verwendet („Tissue culture treated")?
- Neue Lieferung? Vergleich mit früheren Lieferungen.
- Zeigen auch andere Kulturen Störungen? Andere Labors?
- Sind die Glaswaren mit Spuren cytotoxischer Substanzen verunreinigt? Vergleich mit Kunststoffwaren.

Zellen
- Wachstum? Proliferation?
- Mikroskopisches Erscheinungsbild: Zellen vakuolisiert? Apoptotisch? Flottierend?
- Sind die Zellen in anderen Labors in Ordnung?

- Kontaminationen mit Bakterien und Pilzen – Anzucht ohne Antibiotika.
- Kontamination mit Mycoplasmen, Nachweis mit DAPI oder Bisbenzimid.
- Wächst die Kultur besser nach Zugabe von Arginin?
- Einsendung von Material an ein Speziallabor.
- Viruskontamination? Elektronenmikroskopie, Immunfluoreszenz.
- Kreuzkontamination? Einheitliches Erscheinungsbild? Homogene Kultur?
- Subkultivierung:
  - Wurde das Trypsinierungsprotokoll eingehalten? Zeit? Konzentration?
  - Wurden die Zellen zu stark ausverdünnt?
  - Wurde zu häufig subkultiviert?
  - Sind die Zellen gleichmäßig verteilt?

Brutschrank
- Temperatur und CO_2 in Ordnung? CO_2 mit Gasspürgerät überprüfen, nicht auf Inkubatoranzeige verlassen.
- Wasserstand im Innenraum (Luftfeuchtigkeit)?

35.1.1 Natriumhydrogencarbonat, CO_2 und pH-Wert

Die mathematische Beziehung zwischen den Konzentrationen von Bicarbonat und CO_2 in einer Lösung und dem daraus resultierenden pH-Wert ist in der **Henderson-Hasselbalch-Gleichung** festgeschrieben:

$$pH = pKa + \log \frac{[HCO_3^-]}{[CO_2]}$$

Bei einem pKa von 6,1 bei 37 °C errechnet sich für einen physiologischen pH-Wert von 7,4 ein Verhältnis $[HCO_3^-]/[CO_2]$ von 20:1 (log 20 = 1,3). Der pH-Wert des Kulturmediums wird demnach vom *Konzentrationsverhältnis* der Pufferpartner festgelegt und nicht von der absoluten Konzentration. Diese Bedingungen werden für Zellkulturen *in vitro* übernommen, indem man dem Medium ~2,2 g/l (26 mM) $NaHCO_3$ hinzufügt und über dem Medium eine Atmosphäre von 5 % CO_2 erzeugt (s. Abb. 9-2).

Durch Umformung der *Henderson-Hasselbalch-Gleichung* ergibt sich für die Berechnung des pH-Wertes in Bicarbonat-gepufferten Kulturmedien folgende Formel:

$$pH = 6,1 + \log(52 \frac{g/l \ NaHO_3}{\% \ CO_2} - 1)$$

35.2 Berechnungen in der Zellkultur

35.2.1 Konzentrationen

Allgemeine Formel zur Berechnung aller Konzentrations-/Volumen-Aufgaben:

$$\boxed{K \times V = K_1 \times V_1}$$

K = Konzentration der gewünschten Lösung
V = gewünschtes Volumen
K_1 = Konzentration der Ausgangslösung
V_1 = Volumen der Ausgangslösung

Aufgabe 1: Welches Volumen einer 200 mM Glutaminlösung wird benötigt, um 4 l einer 2 mM Glutaminlösung herzustellen?

Lösung:
$$K \times V = K_1 \times V_1$$
$$2 \times 4000 = 200 \times X$$
$$8000 = 200 \times X$$
$$X = 40 \text{ ml}$$

Man nimmt 40 ml einer 200 mM Lösung und füllt auf 4000 ml auf.

Nachprüfung: 40 ml $\times$ 200 µM/ml = 8000 µM

$$\frac{8000 \text{ µM}}{4000 \text{ ml}} = 2 \text{ µM/ml} = 2 \text{ mM}$$

Aufgabe 2: Von einem Zellkonzentrat mit $4,3 \times 10^5$ Zellen/ml sollen 400 ml mit 10^3 Zellen/ml hergestellt werden.

Lösung:
$$K \times V = K_1 \times V_1$$
$$400 \times 10^3 = (4,3 \times 10^5) \times X$$
$$4 \times 10^5 = (4,3 \times 10^5) \times X$$
$$X = \frac{4}{4,3} = 0,93 \text{ ml}$$

Man nimmt 0,93 ml des Zellkonzentrats und füllt auf 400 ml auf.

35.2.2 Herstellung einer Gebrauchslösung aus einer konzentrierten Lösung

Gewünschte Konzentration = Menge in ml, Konzentration des Konzentrats = Menge, auf die verdünnt wird

Aufgabe 1: Eine 6%ige Lösung aus einer 84%igen Lösung herstellen.

Lösung: Man nimmt 6 ml der 84%igen Lösung und verdünnt auf 84 ml.

Nachprüfung: (6:84) $\times$ 84 % = 6 %

Aufgabe 2: Eine 3-mM-Lösung aus einer 67-mM-Lösung herstellen.

Lösung: Man nimmt 3 ml der 67-mM-Lösung und verdünnt auf 67 ml.

Nachprüfung: (3:67) $\times$ 67 mM = 3 mM

35.2.3 Herstellung einer Gebrauchslösung aus 2 Vorratslösungen

Man bildet das sogenannte Mischungskreuz:

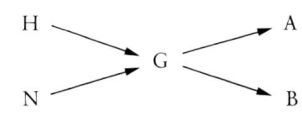

```
H ─────────────→ A
        ╲   ╱
          G
        ╱   ╲
N ─────────────→ B
```

H = Höhere Konzentration
N = Niedere Konzentration
G = Gebrauchslösung
A = Volumen, das man von H benötigt
B = Volumen, das man von N benötigt

und subtrahiert über Kreuz

$$H - G = B$$
$$G - N = A$$

Aufgabe: Eine 22%ige Lösung aus einer 85%igen und einer 10%igen herstellen.

Lösung:

```
85           12 (22 − 10)
      22
10           63 (85 − 22)
```

Man mische 12 ml der 85%igen Lösung und 63 ml der 10%igen Lösung, Gesamtvolumen = 75 ml.

Nachprüfung:
$$\frac{12 \text{ ml} \times 85 \text{ g}/100 \text{ ml} + 63 \text{ ml} \times 10 \text{ g}/100 \text{ ml}}{75 \text{ ml}}$$

$$= \frac{10{,}2 \text{ g} + 6{,}3 \text{ g}}{75 \text{ ml}} = \frac{16{,}5 \text{ g}}{75 \text{ ml}} = 22 \text{ g}/100 \text{ ml} = 22\%$$

35.2.4 Konzentration eines Stoffes

Ein Mol ist das Molekulargewicht (relative Molmasse) in Gramm. Eine 1-molare Lösung enthält 1 mol/l. Sie ist 1-molar unabhängig vom vorliegenden Volumen: 1 ml ist 1-molar ebenso wie 500 ml, obgleich 1000 ml 1 Mol enthält, 500 ml aber nur 0,5 Mol. Die wichtigsten Beziehungen lauten:
molar: Molekulargewicht in g/l oder mg/ml
millimolar: Molekulargewicht in mg/l oder µg/ml

Hieraus folgt: $M = \dfrac{X}{M_r}$

M = Molarität
X = Zahl der mg/ml
M_r = relative Molmasse in mg/ml

Aufgabe 1: Was ist die Molarität einer Glucoselösung (M_r = 180), die 360 mg in 20 ml enthält?

Lösung: $M = \dfrac{X}{M_r} = \dfrac{360:20}{180} = \dfrac{18}{180} = 0{,}1 \text{ M}$

Aufgabe 2: Die relative Molmasse einer Substanz ist 60, wieviel g sind in 54 ml einer 0,1 mM Lösung?

Lösung: Bei einer relativen Molmasse von 60 enthält eine 1 mM Lösung 60 mg/l, eine 0,1 mM Lösung enthält 6 mg/l oder 0,6 mg/100 ml.

$$\frac{54}{100} \times 0{,}6 = \frac{32{,}4}{100} = 0{,}324$$

Eine 0,1 mM Lösung enthält in 54 ml = 0,324 mg.

35.2.5 Normalität

Wenn chemische Substanzen reagieren, geschieht dies nach stöchiometrischen Mengen (in mol oder mmol) auf Atom- oder Molekülbasis, nicht aber auf Gewichtsbasis. Weil Atome und Moleküle in Gewicht und Größe differieren, gibt die Molarität (Stoffmenge) eine bessere Auskunft als das Gewicht (Masse) über die Aktivität einer Substanz. Weil verschiedene Atome verschiedene Wertigkeiten haben und Moleküle dissoziieren, muss die Wertigkeit berücksichtigt werden, um entsprechende Aktivitäten bestimmen zu können. Die Normalität ist nichts weiter als ein Ausdruck äquivalenter Aktivitäten, bezogen auf das Wasserstoff-Ion.

$HCl = H^+ + Cl^-$
1 Molar HCl = 1 Normal HCl
$Ca(OH)_2 = Ca^{2+} + 2(OH)^-$
Daher benötigt man 2 Mole HCl um 1 Mol $Ca(OH)_2$ zu neutralisieren.
1 M $Ca(OH)_2$ = 2 Normal $Ca(OH)_2$

35.2.6 Generationszahl

Die Vermehrung der Zellen entspricht einer geometrischen Progression $2^0 - 2^1 - 2^2 - 2^3 \ldots 2^n$, da sich die Zellen durch Zweiteilung vermehren (logarithmisches oder exponentielles Wachstum) (Abb. 35-1). Man bezeichnet n als Anzahl der Generationen (Generationszahl).

Die Zahl der Zellen N beträgt also nach n Zellteilungen:

$$N = N_0 \times 2^n$$

N_0 ist die Zahl der Zellen zum Zeitpunkt 0

Hieraus folgt durch Logarithmieren: $\log N = \log N + n \times \log 2$ und

$$n = \frac{\log N - \log N_0}{\log 2} \approx \frac{\log N - \log N_0}{0{,}3}$$

Aufgabe: Die Einsaat betrug $N_0 = 5 \times 10^4$ Zellen/ml, nach 3 Tagen (3d) wurden $N = 5{,}5 \times 10^5$ Zellen/ml gezählt, wie groß ist die Generationszahl?

Lösung: Generationszahl: n = 3,47

Nachprüfung: $n = \dfrac{5{,}74 - 4{,}7}{0{,}3} = 3{,}47$

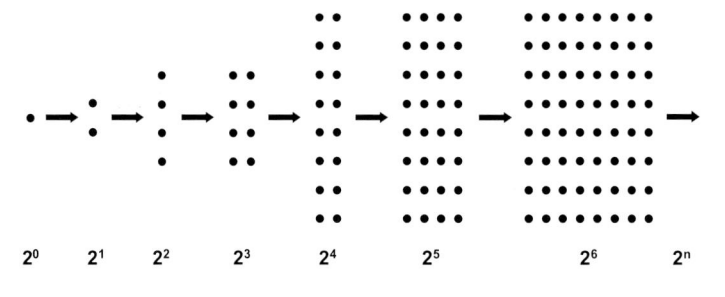

Abb. 35-1 Logarithmisches (exponentielles) Wachstum einer Kultur.

35.2.7 Generationszeit

Die für eine Verdopplung benötigte Zeit ist die Generationszeit

$$t_g = \frac{t}{n}$$

dabei ist t die Dauer der Kultur zum Ablesezeitpunkt in Stunden oder Tagen und n = (log N − log N_0)/0,3 ist die Generationszahl.

Daraus ergibt sich: $t_g = \dfrac{\log 2 \times t}{\log N - \log N_0}$

Aufgabe: Eine Kultur wächst in t = 96 h von $N_0 = 0,5 \times 10^5$ auf $N = 5,5 \times 10^5$ Zellen/ml heran. Wie lange benötigt die Kultur, um eine Generation hervorzubringen?

Lösung: Die Kultur benötigt $t_g = 27,7$ h

Nachprüfung: $t_g = \dfrac{0,3 \times 96}{5,74 - 4,7} = 27,7$

35.2.8 Wachstumskurve

Die Generationszeit kann auch mithilfe einer Wachstumskurve ermittelt werden. Zur Erstellung einer Wachstumskurve bevorzugt man eine *halblogarithmische* Darstellung, wobei auf der Ordinate der Logarithmus der Zellzahl und auf der Abszisse die Zeit (linear) aufgetragen werden. Bei dieser Darstellungsweise ergibt die Phase des exponentiellen Wachstums eine Gerade (sogenannte **logarithmische** oder **log-Phase**). Die **Steilheit** der Geraden entspricht der Teilungsrate bzw. der **Populationsverdopplungszeit** (Abb. 35-2, s. auch Abb. 14-11).

Werden Zellen in ein geschlossenes Gefäß eingesät und damit eine *statische Kultur* gestartet, können **4 Phasen des Wachstums** unterschieden werden:

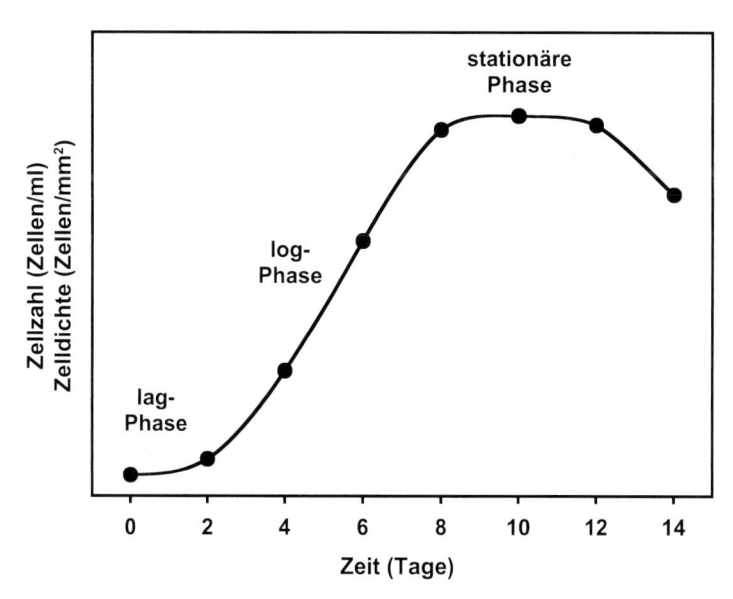

Abb. 35-2 Wachstumskurve einer Zellkultur (statische Kultur).

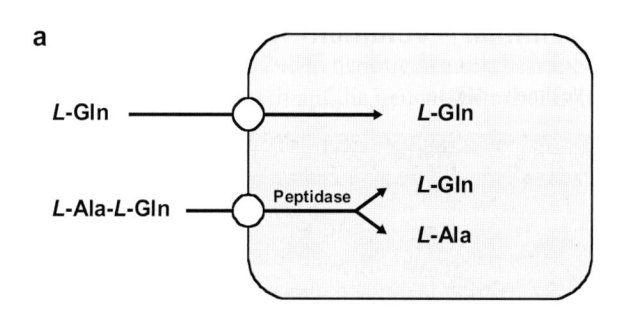

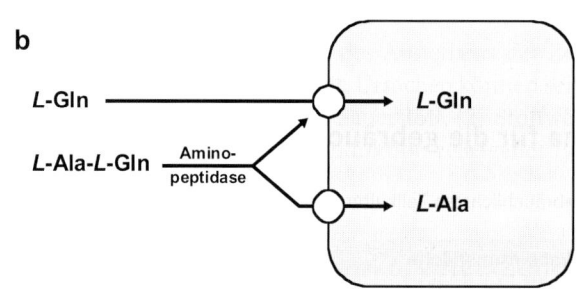

Abb. 35-4 GLUTAMAX™: Spaltung des Dipeptids und zelluläre Aufnahme. **a** Spaltung des Ala-Gln-Dipeptids durch eine intrazelluläre Aminopeptidase und direkte Freisetzung der Spaltprodukte. **b** Extrazelluläre Spaltung des Dipeptids und getrennte Aufnahme von Alanin bzw. Glutamin.

L-Glycyl-L-Glutamin (GLUTAMAX II) sind nicht nur in Lösung stabil, sondern auch hitzeresistent, wodurch die Medien sogar autoklaviert werden können. Die Dipeptide werden von den Zellen aufgenommen, durch intrazelluläre Aminopeptidasen gespalten und die Aminosäuren (Alanin bzw. Glycin und Glutamin) intrazellulär freigesetzt (Abb. 35-4a). Daneben kann GLUTAMAX bereits auch extrazellulär gespalten werden (Abb. 35-4b).

35.3 Nachschlagewerke und Handbücher der Zell- und Gewebekultur

Adams R.L.P. Cell culture for biochemists. Elsevier, Amsterdam, 1980.
American Type Culture Collection (ATCC): ATCC Media Handbook. Rockville, 1984.
American Type Culture Collection (ATCC): ATCC Quality Control Methods for Cell Lines. 2nd edition. Rockville, 1992.
American Type Culture Collection (ATCC): ATCC Cell Biology Catalogue, 2007
American Type Culture Collection (ATCC); www. atcc. org
Atala A. and Lanza R.P. Methods of Tissue Engineering. Academic Press, New York, 2002.
Barnes D. and Sato G. Methods for growth of cultured cells in serum-free medium. Anal. Biochem. 102: 255-270, 1980.
Barnes D. and Sato G. Serum-free cell culture: a unifying approach. Cell 22: 649-655, 1980.
Baserga R. (ed.). Cell growth and division. A practical approach. IRL Press, Oxford, 1992.
Baserga R. (ed.). Tissue growth factors. Handbook of experimental pharmacology. Vol. 57. Springer Verlag, Heidelberg, 1981.
Boxberger H.J. Leitfaden für die Zell- und Gewebekultur. Wiley-VCH, Weinheim, 2007.
Butler M. (ed.). Mammalian Cell Biotechnology. A Practical Approach. Oxford University Press, 1991.
Butler M. Animal Cell Culture & Technology. 2nd edition. BIOS Scientific Publishers, 2004.
Celis J.E. (ed.). Cell Biology. A Laboratory Handbook, Vol. 1-3; 3rd ed. Academic Press, New York, 2006.
Clarkson B., Marks P.A. and Till J.E. (eds.). Differentiation of normal and hematopoietic cells. Cold Spring Harbour Laboratory, 1978.
Clynes M. (ed.). Animal cell culture techniques. Springer, Heidelberg, 1998.
Constabl F. and Vasil K. (eds.). Cell culture and somatic genetics of plants. Vols. 1-6. Academic Press Inc., New York, 1987.
Davis J. Basic cell culture, 2nd ed., Oxford Univ. Press, 2002.
Deutsche Sammlung von Mikroorganismen und Zellkulturen GmbH, Braunschweig, (www.dsmz.de)
Doyle, A. & Griffiths, J. B.: Mammalian Cell Culture: Essential techniques. John Wiley & Sons. Ltd. New York, 1997.
Doyle A. and Griffiths J. B. Cell and Tissue Culture: Laboratory Procedures in Biotechnology. John Wiley & Sons, Ltd. New York, 1998.
Doyle A. and Griffiths J. B. Cell and Tissues Culture for Medical Research. John Wiley & Sons, Ltd. New York, 2000.
Dixon R.A. (ed.). Plant cell culture. A practical approach. IRL Press, Oxford, 1995.
Doyle A., Griffiths J. B. and Newell D.G. Cell & Tissue Culture: Laboratory Procedures. J. Wiley & Sons. Publ., Chichester, UK (3 Bände als Loseblattsammlung), 1993-1998.
European Collection of Cell Cultures (ECACC), Cell Line Catalogue, (www.ecacc. org. uk)
Evans D.A., Sharp W.R. and Amirato P.V. (eds.). Handbook of plant cell culture. Vols. 1-6. McMillan Publ., New York, 1984.
George E.F. Plant Propagation by Tissue Culture, 2 Vols., Exegetics Ltd. Edington, 1993 and 1996.
Fischer G. and Wieser R.J. (eds.). Hormonally defined media. Springer-Verlag, Heidelberg, 1983.
Fogh J. (ed.). Human tumor cells in vitro. Plenum Press, New York, 1975.
Freshney R.I. Tierische Zellkulturen. W. de Gruyter, Berlin, 1990
Freshney R.I. Animal cell culture. A practical approach. 2nd edition. IRL Press, Oxford, 1992.
Freshney R.I. Culture of Animal Cells. 5th edition. Wiley-Liss, New York, 2005.
Freshney R.I. and Freshney M.G. (eds.). Culture of Immortalized Cells. Wiley Liss, New York, 1996.
Freshney R.I. and Freshney M.G. (eds.). Culture of Epithelial Cells. 2nd edition. Wiley Liss, New York, 2002.

35.5 Internet-Informationen zur Cytometrie

Zum Thema **Cytometrie** (Kapitel 22.5) gibt es eine Reihe nützlicher Informationen im Internet:
http://www.metroflow.org/
http://www.drmr.com/compensation/
http://www.bio.umass.edu/mcbfacs/flowhome.html
http://jcsmr.anu.edu.au/facslab/facs.html#Mac
http://probes.invitrogen.com/

35.6 Institutionen und Firmen, die Zellkulturkurse anbieten

In der Bundesrepublik Deutschland:
Institut für Angewandte Zellkultur, Balanstr. 6, D-81669 München; www.I-A-Z-Zellkultur.de
IBA Akademie, Marie-Curie-Str. 7, D-37079 Göttingen; www.iba-akademie.de
Institut für Biologie und Medizin, Vogelsanger Str. 235, D-50825 Köln; www.rbz-koeln.de
PromoCell Academy, Sickingenstr. 63/65, D-69126 Heidelberg; www.promocell-academy.com
in vitro – Institut für Molekularbiologie, Kardinal-Wendel-Str. 20, D-66424 Homburg/Saar; www.invitro.de

In Großbritannien:
European Collection of Cell Cultures (ECACC), Centre for Applied Microbiology and Research, Porton Down, Salisbury, Wiltshire, SP4 0JG, UK (www.ecacc.org.uk)

Eine Liste aller europäischen Zellkulturkurse kann angefordert werden bei:
European Tissue Culture Society (ETCS), c/o Dr. R.I. Freshney, CRC Department of Medical Oncology, Alexander Stone Building, Garscube Estate, Switchback Road, Bearsden, Glasgow G61 IBD, England

In den U.S.A.:
American Type Culture Collection, 10801 Univ. Blvd. Manassas, VA 20110–2209, USA; www.ATCC.org
W. Alton Jones Cell Science Center, Old Barn Road, Lake Placid, NY 12946, USA

35.7 Wissenschaftliche Gesellschaften für Zellkultur

European Tissue Culture Society (www.etcs.info)
European Society for Animal Cell Technology (www.esact.org)
The Society for In Vitro Biology (www.sivb.org)

35.8 Übersichtswerke zur Beschaffung von Geräten, Labormaterial und Reagenzien

Einen breiten Überblick über Firmen und Bezugsquellen von Zellkulturmaterialien, von Biochemikalien, Kulturmedien und Reagenzien, sowie von Geräten und Laboreinrichtungen bieten einschlägige Messen und Industrieausstellungen, sowie Firmenpräsentationen auf wissenschaftlichen Tagungen und Kongressen. Veranstaltungen dieser Art geben auch die Möglichkeit, sich über neueste Entwicklungen und Innovationen auf dem Gebiet der Zell- und Gewebekultur zu informieren.

Industriemessen:
ANALYTICA, München, www.analytica.de
BIOTECHNICA, Hannover, www.biotechnica.de
MEDICA, Düsseldorf, www.medica.de

Jahrestagungen und Kongresse von Fachgesellschaften (Auswahl):
Deutsche Gesellschaft für Zellbiologie (DGZ), www.zellbiologie.de
Deutsche Physiologische Gesellschaft (DPG), www.physiologische-gesellschaft.de
Gesellschaft für Biochemie und Molekularbiologie (GBM), www.gbm-online.de
Österreichische Gesellschaft für Biochemie und Molekularbiologie (ÖGBM), www.ogbm.org
Union Schweizerischer Gesellschaften für Experimentelle Biologie (USGEB), www.usgeb.ch
Vereinigung für Allgemeine und Angewandte Mikrobiologie (VAAM), www.vaam.de

36 Lieferfirmen und Hersteller

Nachfolgend werden hauptsächlich die Adressen der deutschen Firmenniederlassungen genannt. Die Anschriften der Firmen in Österreich und der Schweiz können entweder dort erfragt oder im Internet recherchiert werden. Viele der angegebenen Firmen sind im Internet vertreten.

Das Adressenverzeichnis erhebt keinen Anspruch auf Vollständigkeit. In der schnelllebigen Zeit von Firmenübernahmen und -fusionen kann eine Firmenliste nur eine Momentaufnahme sein. Es wird deshalb auf Internetrecherchen über entsprechende Suchmaschinen (z. B. Google, Yahoo!) verwiesen, die nicht nur deutsche Hersteller, sondern auch andere Fabrikanten und Fabrikate finden können. Weiterhin wird auf die elektronischen Einkaufshelfer im Internet (z. B. Wer liefert was: www.wlw.de, Einkaufsführer der Chemie.de: www.chemie.de/firmen, oder der internationale Katalog der DECHEMA: www.woice.de) hingewiesen. Ferner sind die Kataloge verschiedener Messen (wie Analytica bzw. Medica) hilfreich sowie die Jahrbücher: BioTechnologie der Biocom AG, die jedes Jahr neu erscheinen, oder das periodisch erscheinende Laborjournal (www.laborjournal.de) mit seinem Produktführer.

Agar
- AppliChem GmbH, Ottoweg 4, D-64291 Darmstadt; www.applichem.com
- Difco Laboratories GmbH, c/o Becton Dickinson GmbH, Tulla-Str. 8–12, D-69126 Heidelberg; www.bd.com
- IBF, Av. Jean Jaurès 35, F-92390 Villeneuve La Garenne
- Merck KGaA, Frankfurter Str. 250, D-64293 Darmstadt; merck.de
- Otto Nordwald GmbH, Heinrichstr. 5, D-22769 Hamburg; www.ottonordwald.de

- Deutsche Metrohm GmbH, In den Birken 3, D-70794 Filderstadt; metrohm.de
- Mettler-Toledo GmbH, Ockerweg 3, D-35396 Gießen; mt.com
- Radiometer Deutschland GmbH, Linsellestr. 142–156, D-47877 Willich; radiometer.de
- Schott Instruments GmbH, Hattenbergstr. 10, D-55112 Mainz; schott-geraete.de, schott.com
- WTW GmbH, Dr.-Karl-Slevogt-Str. 1, D-82362 Weilheim; wtw.com

Filtereinrichtungen (Geräte und Filtermaterial)
- Amicon GmbH, Hauptstr. 87, D-65760 Eschborn; millipore.com/amicon
- Concept GmbH, Rischerstr. 8, D-69123 Heidelberg; concept-heidelberg.de
- INTEGRA Biosiences GmbH (IBS), Ruhberg 4, D-35463 Fernwald; integra-biosciences.de
- ICN Biomedicals GmbH, Thueringer Str. 15, D-37269 Eschwege; ICNBIOMED.com
- Millipore GmbH, D-65824 Schwalbach; www.millipore.com
- Nucleopore GmbH, Falkenweg 47, D-72076 Tübingen
- Pall Filtrationstechnik GmbH, Philipp Reis-Str. 6, D-63303 Dreieich; Pall.com
- Sartorius AG, Weender Landstr. 94–108, D-37075 Göttingen; sartorius.de
- Ultrafilter GmbH/Donaldson Filtration, Büssingstr. 1, D-42781 Haan
- Whatman GmbH, Hahnestr. 3, D-37586 Dassel; whatman.com

Gase
- Air Liquide GmbH, www. airliquide.de
- Linde AG, Seitnerstr. 70, D-82049 Höllriegels-Kreuth; Linde.de
- Messer Griesheim GmbH, Otto-Volger-Str. 3c, D-65843 Sulzbach; messergroup.com
- Westfalen AG, Industrieweg 43, D-48155 Münster; westfalen-ag.de

Gasmess- und Regelgeräte
- Drägerwerk AG, Moislingerallee 53, D-23542 Lübeck; draeger.com
- Emerson Process Management; emersonprocess.de

Glaswaren
- Bellco Glass: Dunn Labortechnik GmbH, Thelenberg 6, D-53567 Asbach; dunnlab.de
- BRAND GmbH & Co. KG, Postfach 1155, D-97861 Wertheim; Brand.de
- DURAN Group GmbH, Otto-Schott-Str. 21, D-97877 Wertheim; duran-group.com
- INTEGRA Biosciences GmbH (IBS), Ruhberg 4, D-35463 Fernwald; integra-biosciences.de
- Karl Hecht GmbH, Stettener Str. 22–24, D-97647 Sondheim v.d. Rhön; hecht-assistent.de
- Schott Instruments GmbH, Hattenbergstr. 10, D-55122 Mainz; Schott.com, schott-geraete.de
- Wheaton: siehe Zinsser
- Zinsser Analytik GmbH, Eschborner Landstr. 135, D-60489 Frankfurt; zinssner-analytic.com

Kunststoffartikel (Zellkulturgefäße, Einwegartikel u. ä.)
- Becton Dickinson GmbH, BD Biosciences, D-69126 Heidelberg; www.bd.com
- BRAND GmbH & Co. KG, Postfach 1155, D-97861 Wertheim; Brand.de
- Corning Costar Germany, D-55294 Bodenheim, www.scienceproducts.corning.com
- Dunn Labortechnik GmbH, Thelenberg 6, D-53567 Asbach; dunnlab.de
- Greiner Bio-One GmbH, D-72636 Frickenhausen; www.gbo.com
- A. Hartenstein GmbH, D-97078 Würzburg; www.laborversand.de
- ICN Biomedicals GmbH, Thueringer Str. 15, D-37269 Eschwege; ISNBIOMED.com
- INTEGRA Biosciences GmbH (IBS), Ruhberg 4, D-35463 Fernwald; integra-biosciences.de
- Nalgene, Fisher Scientific GmbH, D-58239 Schwerte, www.nalgenelabware.com. jetzt ein Teil von Thermo Fisher Scientific Inc.; www.de.fishersci.com
- neoLab Migge Laborbedarf, Rischerstr. 7–9, D-69123 Heidelberg; Neolab.de

- Nunc GmbH & Co. KG, D-65201 Wiesbaden, www.nuncbrand.com; jetzt ein Teil von Thermo Fisher Scientific Inc.
- Sarstedt GmbH, Rommeldorfer Str., D-51588 Nümbrecht; www.Sarstedt.com
- TPP – Techno Plastic Products AG, Zollstr. 155, CH-8219 Trasadingen, www.tpp.ch

Laboreinrichtungen
- ARGE Labor- und Objekt-Einrichtungen GmbH; www.arge-labor.de
- Hohenloher Spezialmöbelwerk Schaffitzel GmbH, Postfach 1360, D-74603 Öhringen; hohenloher.de
- Köttermann GmbH, Industriestr. 2–10, D-31311 Uetze; koettermann.com
- Laborbau Systeme Hemling GmbH, Siemensstr. 10, D-48683 Ahaus; www.laborbau-systeme.de
- Die Laborfabrik GmbH; www.die-laborfabrik.de
- Waldner Laboreinrichtungen GmbH, Postfach 1362, D-88229 Wangen im Allgäu; waldner.de
- Weidner Laboreinrichtungs GmbH, D37181 Hardegsen; www.weidner-laboreinrichtungen.de

Leitfähigkeitsmessgeräte
- Beckman Coulter GmbH, Europark Fichtenhain B13, D-47807 Krefeld; beckmancoulter.com
- Colora Messtechnik GmbH, Rudolf-Diesel-Str. 4, D-67227 Frankenthal
- Deutsche Metrohm GmbH, In den Birken 3, D-70794 Filderstadt; metrohm.de
- Knick Elektronische Messgeräte GmbH, Beuckestr. 22, D-14163 Berlin; knick.de
- WTW GmbH, Dr.-Karl-Slevogt-Str. 1, D-82362 Weilheim; wtw.com

Magnetrührer
- Heidolph Elektro GmbH, Starenstr. 23, D-93309 Kelheim/Do.; Heidolph.com
- Janke und Kunkel GmbH, (IKA Labortechnik), Janke und Kunkel Str. 10, D-79219 Staufen, Breisgau; ika.de
- Novodirect GmbH, Hafenstr. 3, D-77694 Kehl; Novodirect.de
- Thermo Scientific, Im Steingrund 4–6, D-63303 Dreieich; hp-lab.de

Medien, Seren und Zusätze
- Biochrom KG, Leonorenstr. 2-6, D-12247 Berlin: www.biochrom.de
- Biowest, Th. Geyer Gruppe; thgeyer.de
- Biozol Diagnostica Vertrieb GmbH, Obere Hauptstr. 10b, D-85386 Eching; biozol.com
- Clontech GmbH, Tulla Str. 4, D-69126 Heidelberg; clontech.de
- ICN Biomedicals GmbH, Thueringer Str. 15, D-37269 Eschwege; ICNBIOMED.com
- Invitrogen GmbH, D-76131 Karlsruhe; www.invitrogen.com
- Kraeber GmbH & Co. Waldhofstr. 14, D-25474 Ellerbeck; Kraeber.de
- LONZA Verviers s.p.r.l., Parc Industriel de Petit-Rechain, B-4800 Verviers, Belgien; lonza.com
- Otto Nordwald GmbH, Heinrichstr. 5, D-22769 Hamburg; Ottonordwald.de
- PAA Laboratories GmbH, Unterm Bornrain 2, D-35091 Cölbe; www.paa.com
- Paesel und Lorei GmbH, Im Freihafen 8, D-47138 Duisburg; paesel-lorei.de
- PromoCell GmbH, Sickingenstr. 63–65, D-69126 Heidelberg; promocell.com, promokine.de
- Roche Diagnostics GmbH, Sandhoferstr. 116, D-68305 Mannheim; roche-applied-science.com
- Serva Electrophoresis, Carl-Benz-Str. 7, D-69115 Heidelberg; Serva.de
- SIGMA-ALDRICH Chemie GmbH, D-82024 Taufkirchen, www.sigma-aldrich.com

Mikropipetten (Ein- und Mehrkanalpipetten) und Pipettierhilfen
- Abimed Analysen-Technik GmbH, Raiffeisenstr. 3, D-40764 Langenfeld; abimed.de
- BRAND GmbH & Co. KG, Postfach 1155, D-97861 Wertheim; Brand.de
- Costar: siehe INTEGRA Biosciences GmbH; Integra-biosciences.de

- Eppendorf AG, Barkhausenweg 1, D-22339 Hamburg; eppendorf.de
- Gilson, Th. Geyer Gruppe; thgeyer.de
- INTEGRA Biosciences GmbH (IBS), Ruhberg, 4, D-35463 Fernwald; integra-biosciences.de

Mikroskope und Zubehör
- Carl Zeiss AG, D-73446 Oberkochen; www.zeiss.de
- Helmut Hund GmbH, Wilhelm-Will-Str. 7, D-35580 Wetzlar; hund.de
- Keyence Deutschland, GmbH, Siemensstr. 1, D-63263 Neu-Isenburg; www.keyence.de
- Leica Microsystems GmbH, Ernst-Leitz-Str. 17–37, D-35578 Wetzlar; Leica-microsystems.com
- Nikon Instruments Europe B.V., D-40472 Düsseldorf; www.nikoninstruments.eu
- Olympus Deutschland GmbH, D-20097 Hamburg; www. olympus.de

Mikroträger (Microcarrier)
- Amersham Pharmacia Biotech Europe GmbH, Munzingerstr. 9, D-79111 Freiburg; apbiotech.de
- Dunn Labortechnik GmbH, Thelenberg 6, D-53567 Asbach; dunnlab.de
- Miltenyi Biotec GmbH, D-51429 Bergisch Gladbach; www.miltenyibiotec.com
- Nunc GmbH, Rheingaustr. 32, D-65201 Wiesbaden; Nunc.de
- Schott Instruments GmbH, Hattenbergstr. 10, D-55122 Mainz; schott.com, schott-geraete.de
- Sigma Aldrich Chemie GmbH; sigmaaldrich.com
- SoloHill Engineering Inc., 4370 Versity Drive, Suite B, Ann Arbor, Michigan 48108, USA
- Ventrex Laboratories Inc., 217 Reed Street, Portland Ma. 04103, U.S.A.

Osmometer
- Dr. H. Knauer GmbH, Hegauner Weg 38, D-14163 Berlin; Knauer.net
- Thermo Scientific; haake.de, themo.com
- Gonotec GmbH, Eisenacher Str. 56, D-10823 Berlin; gonotec.com
- W. Vogel GmbH, Marburgerstr. 81, D-35396 Gießen; vogel-giessen.de
- W. Werner GmbH, Maybachstr. 29, D-51381 Leverkusen; werner.gmbH.com

pH-Meter
- Deutsche Metrohm GmbH, In den Birken 3, D-70794 Filderstadt; methrom.de
- Knick Elektronische Messgeräte GmbH, Beuckestr. 22, D-14163 Berlin; KNICK.de
- Mettler-Toledo GmbH, Ockerweg 3, D-35396 Gießen; mt.com
- Schott Instruments GmbH, Hattenbergstr. 10, D-55112 Mainz; schott-geraete.de, schott.com
- WTW GmbH, Dr.-Karl-Slevogt-Str. 1, D-82362 Weilheim; wtw.com

Photometer
- Amersham Pharmacia Biotech Europe GmH, Munzingerstr., 9, D-79111 Freiburg; amersham.com; GE Healthcare; gehealthcare.com
- Beckman Coulter GmbH, Europark Fichtenhain B13, D-47807 Krefeld; beckmancoulter.com
- Bio-Rad Laboratories GmbH, Heidemannstr. 164, D-80939 München; bio-rad.com
- Carl Zeiss Jena, D-37081 Göttingen; Zeiss.de
- Colora Messtechnik GmbH, Rudolf-Diesel-Str. 4, D-67227 Frankenthal
- Eppendorf AG, Barkhausenweg 1, D-22339 Hamburg; eppendorf.de
- Hewlett Packard GmbH, Hewlett Packardstr. 1, D-61352 Bad Homburg
- IUL Instruments GmbH, Königswinterer Str. 409, 53639 Königswinter; IUL-instruments.de
- Kontron Instruments GmbH, Dieburger Str. 98, D-64846 Groß-Zimmern
- Labsystems GmbH, Bernerstr. 53, 60437 Frankfurt; Labsystems.fi
- Perkin Elmer GmbH, D-63110 Rodgau; perkinelmer.de

- Shimadzu Europa GmbH, Albert-Hahn-Str. 6–10, D-47269 Duisburg; Shimadzu.com
- Tecan Deutschland GmbH, Theodor-Storm-Str. 17, D-74564 Crailsheim; tecan.de
- Thermo Scientific; thermo.com
- Varian GmbH, Alsfelder Str. 6, D-64289 Darmstadt; varianinc.com

Pumpen (Schlauch-, Membran-, Vakuum- und Aquarienpumpen)
- Abimed Analysen-Technik GmbH, Postfach 1111, D-40736 Langenfeld; abimed.de
- Bio-Rad Laboratories GmbH, Heidemannstr. 164, D-80939 München; biorad.com
- GEA Diessel GmbH, D-31103 Hildesheim; diessel.com
- Heidolph Elektro GmbH, Starenstr. 23, D-93309 Kelheim/Do.; heidolph.com
- INTEGRA Biosciences GmbH (IBS), Ruhberg 4, D-35463 Fernwald; integra-biosciences.de
- Ismatec GmbH, Futtererstr. 16, D-97877 Wertheim-Mondfeld; ismatec.de
- Janke und Kunkel GmbH (IKA Labortechnik), Janke und Kunkel Str. 10, D-79219 Staufen, Breisgau; IKA.de
- KNF Neuberger GmbH, Alter Weg 3, D-79112 Freiburg; knf.de
- Oerlikon Leybold Vacuum GmbH, Bonner Str. 498, D-50968 Köln; leyboldvac.de, oerlikon.com
- Reichelt Chemietechnik GmbH, Englerstr. 18, D-69126 Heidelberg; rct. online.de
- Verder Deutschland GmbH, Rheinische Strasse 43; D-42781 Haan; www.verder.com
- Wilhelm Sauer GmbH (WISA), Hahnenberger Str., D-42349 Wuppertal

Radiochemikalien
- CIS Diagnostik GmbH, D-63303 Dreieich
- LGC Standards GmbH, Mercatorstr. 51, D-46485 Wesel; lgcstandards.com

Schüttelmaschinen und Thermostate
- Dunn Labortechnik GmbH, Thelenberg 6, D-53567 Asbach; dunnlab.de
- Edmund Bühler GmbH, Am Ettenbach 6, D-72379 Hechingen; otto-GmbH.de
- GEA Diessel GmbH, D-31103 Hildesheim; diessel.com
- GFL Ges. für Labortechnik mbH, Schulze-Delitzsch-Str. 4, D-30938 Burgwedel; www.GFL.de
- Infors AG, Dachauer Str. 6, D-85254 Einsbach; Infors.ch
- Janke und Kunkel GmbH (IKA Labortechnik), Janke und Kunkel Str. 10, D-79219 Staufen, Breisgau; IKA.de
- J. Otto GmbH, Am Ettenbach 6, D-72379 Hechingen; otto-GmbH.de
- Lauda GmbH & Co. KG. Postfach 1251, D-97922 Lauda-Königshofen; lauda.de
- New Brunswick Scientific GmbH, In der Au 14, D-72622 Nürtingen; nbsc.com

Silikonartikel (Öle, Schläuche, Stopfen u. ä.)
- Deutsch und Neumann GmbH, Richard-Wagner-Str. 48–50, D-10585 Berlin; deutsch-neumann.de
- INTEGRA Biosciences GmbH (IBS), Ruhberg 4, D-35463 Fernwald; integra-biosciences.de
- Kleinfeld Labortechnik GmbH, Elbingerodestr. 1, D-30989 Gehrden; kleinfeld-labor.com
- Reichelt Chemietechnik GmbH, Englerstr. 18, D-69126 Heidelberg; rct-online.de
- Serva Feinbiochemika, Carl-Benz-Str. 7, D-69115 Heidelberg; serva.de
- Th. Goldschmidt AG, Goldschmidtstr. 100, D-45127 Essen; chemie.de
- Wacker Chemie GmbH, Hans-Seidel-Platz 4, D-81737 München; www.wacker.de

Skalpelle, Scheren, Pinzetten u. ä.
- Aesculap AG, Am Aesculap-Platz, D-78532 Tuttlingen; aesculap.de
- Bayha GmbH, Dr. Karl Storz-Str. 14, D-78532 Tuttlingen; bht.medizin.li
- Gebr. Martin GmbH & Co. KG, Ludwigstaler Str. 132, D-78532 Tuttlingen; Martin-med.com

- H. Hauptner, Kuller Str. 38–44, D-42651 Solingen; www.hauptner.de

Spülmaschinen
- BHT Hygienetechnik GmbH, Messerschmittstr. 11, D-86368 Gersthofen; bht.de
- Miele GmbH, Carl-Miele-Str. 29, D-33332 Gütersloh; miele.de
- Netzsch Monopumpen GmbH, Geretsrieder Str. 1, D-84478 Waldkraiburg; netzsch-pumpen.de
- STERIS AG, Bielstr. 76, CH-2542 Pieterlen; Hamo.com

Spülmittel
- Dr. Weigert (Chemische Fabrik), Mühlenhagen 85, D-20539 Hamburg; Drweigert.de
- ICN Biomedicals GmbH, Thüringer Str. 15, D-37269 Eschwege; biochemie.de
- Merck KGaA, Frankfurter Str. 250, D-64271 Darmstadt; merck.de
- Netzsch Mohnopumpen GmbH, Geretsrieder Str. 1, D-84478 Waldkraiburg; netzsch-pumpen.de

Sterile Arbeitsplätze
- Baker: siehe Labotect
- BDK Luft- und Reinraumtechnik GmbH, Pfullingerstr. 57, D-72820 Sonnenbühl-Genkingen; bdk-online.de
- Bio Flow Technik, Flerzheimerstr. 3, D-53340 Meckenheim; bio-flow.de
- Concept GmbH, Rischerstr. 8, D-69123 Heidelberg; concept-heidelberg.de
- Fisher Scientific GmbH, Im Heiligen Feld 17, D-58239 Schwerte; www.de.fishersci.com
- INTEGRA Biosciences GmbH (IBS), Ruhberg 4, D-35463 Fernwald; integra-biosciences.de
- Karl Bleymehl GmbH, Industriestr. 7, D-52459 Inden bei Jülich; bleymehl.com
- Kendro GmbH; kendro.de, thermo.com
- Labotect GmbH, Willi-Eichler Str. 25, D-37079 Göttingen; labotect.com
- Nunc GmbH, Rheingaustr. 32, D-65201 Wiesbaden; nunc.de
- Prettl Reinraumtechnik GmbH, Sandwiesenstraße 2, D-72793 Pfullingen; prettl.com

Sterilisationsindikatoren
- Biologische Arbeitsgemeinschaft (BAG), Amtsgerichtsstr. 1–5, D-35423 Lich; bag-germany.com
- 3-M Deutschland GmbH, Carl-Schurz-Str. 1, D-41453 Neuss; www.3m.com
- Merck KGaA, Frankfurter Str. 250, D-64271 Darmstadt; Merck.de

UV-Leuchten
- INTEGRA Biosciences GmbH (IBS), Ruhberg 4, D-35463 Fernwald; integra-biosciences.de
- Kendro GmbH; kendro.de, thermo.com
- Osram GmbH, Hellabrunner Str. 1, D-81543 München; osram.de
- Stratagene GmbH; Stratagene.com

Waagen
- Mettler-Toledo GmbH, Ockerweg 3, D-35396 Gießen; mt.com
- Precisa Gravimetrics AG; precisa.ch
- Sartorius AG, Weender Landstr. 94–108, D-37075 Göttingen; sartorius.de
- Th. Geyer Gruppe, D-71272 Renningen; thgeyer.de

Zellbanken
- American Tissue Culture Collection (ATCC) LGC Promochem, 10801 University Boulevard, Manassas, VA 20110-2209, USA; www.ATCC.org
- Deutsche Sammlung von Mikroorganismen und Zellkulturen GmbH (DSMZ), Inhoffenstr. 7B, D-38124 Braunschweig; www.dsmz.de

- European Collection of Cell Cultures (ECACC), Center for Applied Microbiology and Research, Porton Down, Salisbury, Wiltshire SP4 0JG, UK; www.ECACC.org.uk
- I.A.Z. Institut für angewandte Zellkultur, Dr. Toni Lindl GmbH, Balanstr. 6, D-81669 München; www.I-A-Z-Zellkultur.de
- Interlab Cell Line Database, Genua, Italien; www.biotech.ist.unige.it/cldb/indexes.html

Zellfusion, Elektroporation, Transfektion
- Bio-Rad Laboratories GmbH, Heidemannstr. 164, D-80939 München; bio-rad.com
- Krüss GmbH, Alsterdorferstr. 220, D-22297 Hamburg; kruess.com

Zellzählgeräte (Durchflusscytometer)
- AL Systeme, Unterer Dammweg 12, D-76149 Karlsruhe
- Beckman Coulter GmbH, Europark Fichtenhain B13, D-47807 Krefeld; Beckmancoulter.com
- Becton Dickinson GmbH, BD Biosciences, Tullastr. 8–12, D-69126 Heidelberg; bd.com
- innovatis AG, CASY® Technology, Krämerstr. 22, D-72764 Reutlingen; casy-technology.com
- möLab GmbH, Dietrich-Bonhoeffer-Str. 9, D-40764 Langenfeld; moelab.de
- Partec GmbH, Otto-Hahn-Str. 32, D-48161 Münster; partec.com
- Polytech GmbH, Polytec-Platz 5, D-76337 Waldbronn; polytec.de

Zentrifugen
- Beckmann Coulter GmbH, Europark Fichtenhain B13, D-47807 Krefeld; Beckmancoulter.com
- Eppendorf AG, Barkhausenweg 1, D-22339 Hamburg; eppendorf.de
- Fisher Scientific GmbH, Im Heiligen Feld 17, D-58239 Schwerte; www.de.fishersci.com
- HERMLE Labortechnik GmbH, Siemensstr. 25, D-78564 Wehingen; www.hermle-labortechnik.de
- Hettich-Zentrifugen, Föhrenstr. 12, D-78532 Tuttlingen; www.hettichlab.com
- Kendro GmbH; kendro.de, thermo.com
- Sigma Laborzentrifugen GmbH, Postfach 1713, D-37507 Osterode/Harz; www.sigma-laborzentrifugen.de

Index

A

Abflammen (Flambieren) 22
Absaugsystem 9f
Adhärenz 361
Adjuvantien 240
adulte Stammzellen 296–298
Agar 71, 264, 270
Agardiffusionstest 270
Agarosesubstrat 71
Agar-Overlay 225, 266, 271
Akutphaseproteine 293
Akutphasereaktion 293
Aminosäuren 89
Amitose 361
Amphotericin B 37
Anheftung 66
Anheftungseffizienz 140, 158, 361
Anheftungsfaktoren 109
Antherenkultur 352
Antibiotika 35
– Wirkungsspektren 36
antibiotikafreie Kultur 37
Antigene 240, 361
Antikörper 239, 248, 361
– Screening 248
Apoptose 180, 261, 268, 361
Arbeitsfläche 19
Arginin-Verwerter 38
Ascitesproduktion 240
Asepsis 361
aseptische Arbeitstechnik 19, 361
Auftauen 163
autoklavieren 25–28, 56, 106

B

Baculovirus-Expressionssystem 223
Basalmedien 84, 88
Beschichtung, von Oberflächen 78f
biologische Sicherheit 52
Biomembran 362
Biopsie 190
Biotechnologie 362
Biotin 42f
Blut- und Lymphgewebe 365

BM-Cyclin 1, siehe Tiamutin
BM-Cyclin 2, siehe Minocyclin
Borosilikatglas 65f
Bromdesoxyuridin 258, 268
Brutschrank 10f
Bubble-Point 34
Bunsenbrenner 8

C

Calciumphosphatmethode 231
CAM-Test 262
Caspase 180
CD34-Antigen 298
CD-System 259
Cell Banking 168
Cell Sorting 253f
Cellulose 67, 239
Centriolen 362
chemisch definierte Medien 107, 362
Chemotherapeutika 261, 265
Chloroplasten 362
Chorionallantoismembran, CAM-Test 262
Chromatin 362
Chrom-Freisetzungstest 154, 267
Chromosomen 282, 362
Chromosomenpräparation 282
Chromosomensatz 362
Ciprofloxacin 48
Cloning Efficiency 243, 362
CO_2-Konzentration 13, 105
Colcemid-Block 250
Collagen, siehe Kollagen
Collagenase 137, 176, 195
Cybrid 362
Cyclodextrine 317
Cytogramm 255, 259
Cytometrie 253f
cytopathischer Effekt (CPE) 362
Cytoplasma 363
Cytoplast 363
Cytoskelett 363
Cytotoxizität 77, 261, 268, 273, 312, 315, 363
Cytotoxizitätsexperimente 265
Cytotoxizitätstest 311, 313–315, 317

D

DAPI 39f, 201
– -Analyse 39
– -Test 40f
Deckgläser 74
– Reinigung 76
Defizienzmedien 87
Desinfektion 19, 35, 363
Desinfektionsmittel, Wirkungsspektrum 20
Desmosomen 363
Destillation 122
Detachmentassay 267
4–6-Diamidino-2-phenylindol-di-hydrochlorid (DAPI) 39f
dichteabhängige Wachstumsinhibition 363
Dichtegradientenzentrifugation 191, 301
Dictyosomen 363
Differenzierung 308, 363
– histiotypische 366
Differenzierungsassay 308
Digoxigenin 43
Dihydrostreptomycinsulfat 35
Dimethylsulfoxid (DMSO) 160, 317, 356
Dispase 134, 138, 176
DNA 39, 267, 363
– Amplifikation 43f
DNA-Fingerprinting 51
DNA-Gehalt 152, 256
DNase 138, 176f
Doppelhaploide (DH) 352
dreidimensionale Zellkultur 317
Dreidimensionalität 264
Druckfiltration 31, 33
Druckhaltetest 34
Dulbeccos PBS 89
Durchflusscytometrie 253f, 268, 298

E

Earles BSS 88
ECM-Gel 303
Einbau von Nucleotiden 267
Einbettmittel für Fluoreszenzpräparate 41
Einfrieren 155f, 355
Einfriergeräte 160
Einfrierröhrchen 161
Einmalfiltereinheit 32
Einmalpipetten 21
Einsaatdichte 139, 166
Einsäen 139
Elastase 138, 176
Elektrofusion 245, 349
elektronische Zellzählung 148, 267
Elektroporation 229, 234f
ELISA 40, 45, 294
– ELISA-Reader 313
embryoid bodies (EB) 305, 309f
embryonale Stammzellen 296f
– Cytotoxizität 315
– embryonaler-Stammzell-Test 303
– ES-Zelldifferenzierung 314f
Embryonalentwicklung 363
Embryonenkultur 354
endliche Zelllinien 179
Endocytose 229, 363
Endomitose 363
endoplasmatisches Reticulum (ER) 363
Endothelzellen 194, 197–200
– Charakterisierung 201
Entactin 78, 303
Entionisierung 122
Entsorgung 52, 56
Enzymfreisetzungen 267
epithelartige Zellen 364
Epithelgewebe 365
Epithelzellen 103, 208
– Kultivierung auf Filtereinsätzen 212
Epithelzelllinien, intestinale 216
Epstein-Barr-Viren 183
Erholungsperiode 265
Erythrosin B 155, 266
ES-Zellen 305, 314f
Exklusionsmethode 266
Exocytose 364
Explantat 364
extrazelluläre Matrix (ECM) 140, 195, 303
extrazelluläre Proteine 65

F

FACS 256
Farbumschlag 266
Feeder Layer 297, 364
Feeder-Zellen 243f
fetales Kälberserum 94
– Beschichtung 83
– Zusammensetzung 95

Fibrinogen 293
Fibrinogenkonzentration 295
Fibroblasten 197, 199, 364
fibroblastenartige Zellen 364
Fibronectin 78, 110, 140
– Beschichtung 81
Filtereinheiten 31
Filtereinsätze 213f, 278f
Filtration 31
Fischzellen, Subkultivierung 220
Fischzellkulturen 14, 220
Fluoreszenz 16, 39, 254
Fluoreszenzmikroskop 41, 201
Fluoreszenzverstärkung 201
5-Fluoro-2'Desoxyuridin (FdU) 258
Fluorochrom 39, 268
fraktioniertes Vakuumverfahren 27
Fusion (mit PEG) 239
– Mäusezellen 243
– Protoplasten 350

G

Gas
– Gaswächter 13
– Gaszufuhr 12
Gassterilisation 24
Gefährdungspotenzial, biologischer
  Agenzien 54f
Gelatine 315
– Beschichtung 82
Generationszahl 364, 380
Generationszeit 364, 381
Genetic Engineering 364
Geneticin 230
Genom 364
Genomics 364
Genommutation 364
Gentamycin 35
Gentransfer 235
Gerste 352, 354
Gesamtprotein 152
Gewebe 364
Gewebekultur 366
Glaskulturflaschen 71
Glaswaren 65
– mikrobiologische Dekontamination 76
– Reinigung und Vorbehandlung 75
– Silikonisieren 77

Glucose 89
GLUTAMAX™ 90, 383
Glutamin 90
glutaminhaltige Dipeptide 90, 383
Glycerin 160, 356
Glykocalix 64, 366
Golgi-Apparat 366
Good Cell Culture Practice 169f
Granulocyten, neutrophile 276
Green Fluorescent Protein (GFP) 229

H

Habituation 366
Haferprotoplasten 248
Halsganglion 291
hämatopoetische Stammzellen 298f
hämatopoetisches System 298
Hämocytometer 142
„hanging drop" Kultur 305, 309f
Hanks BSS 88
HAT-Medium 240, 248, 366
HAT-Selektion 241, 366
HAT-System 366
Hautbiopsien 190
Heißluftsterilisation 29
HeLa-kontaminierte Zelllinien 51
HeLa-Zellen 50
Hens Egg-Chorionallantoismembran-
  Test 262
HEPA-Filter 6
Hepatocyten 194, 293
HEPES (4-(2-Hydroxyethyl)-1-piperazinethan-
  sulfonsäure) 24, 118, 330
– pKa 117
Herzmuskelzellen 187f
– schlagende 305, 310, 315
HET-CAM-Test 262
Heterokaryon 366
histiotypische Differenzierung 366
Hohlfasermodul 318, 325
Homokaryon 367
HOSCH-Filter 6, 8
^{3}H-Thymidineinbau 252
Hühnchen, Herzmuskelzellen 187
Hühnereitest, siehe HET-CAM-Test
Humanarterien 200
Humanfibroblasten 269
Humantumor, solider 201

Hyaluronidase 138, 176
Hybridisierung 45
Hybridomatechnik 239
Hybridomzellen 236, 240, 247
Hybridzellen 367
Hygiene 19

I

Immortalisierung 181f, 367
Immorto-Maus 185
Immunisierung 240
In-vitro-Toxizität 269
Inaktivierungsverfahren 97
induzierte Transformation 182
Insektenzellen, Tiefgefrierkon-
 servierung 226
Insektenzelllinien 224
Insulin 110
intestinale Epithelzelllinien 216
Invertebraten 221
Invertebratenzellen, Subkultur 222
Ionen-Plasma-Sterilisation 24

K

Kalluskultur 343f, 367
– Subkultivierung 346
Kallussuspensionskulturen 346
– Subkultivierung 347
Kalluswachstum 343
Kapillar-Perfusion 325
Kapillarreaktor 325
Keimfiltration 31
Keratinocyten 203
Klimakammer 16
Klon 367
Klonieren 236
Klonierung
– im Weichagar 237
– Limited-Dilution 236
Klonierungseffizienz 367
Klonierungszylinder 238
Kollagen 78, 303, 319f
– Beschichtung 79f
Kollagen I 79
Kollagensandwich 319f
Kollagenschicht 320

Koloniebildungseffizienz 367
Kompartiment 367
Konditionierung 140, 287, 349, 367
Konfluenz 130, 367
Kontaktinhibition 367
Kontaminationen 17, 367
Kontaminationsquellen 17
kontinuierliche Zelllinien 181
kontrahierende Herzmuskelzellen 310
kontrahierende Myocardzellen 310
Konzentrationsberechnung 377
Kreuzkontaminationen 16, 50f, 368
Kryokonservierung 160, 355, 368
Kryoröhrchen 161, 357
Kulturflaschen 71, 140
Kulturgefäße 64f, 71
– Oberflächeneigenschaften 78
Kunststoffartikel 71
Kunststoffe 67f
Kupferblech 11
Kupffer-Sternzellen 194, 197f

L

Laboreinrichtung 3
Laborreinigung 18
Lagerung von Zellen 163
Laminar Flow 4, 6, 368
Laminin 78, 81, 140, 303
Laser 254, 256
LDH-Freisetzung 320
Lebendzellzahl 148
Leberperfusion 196
Leberschnitte 293
Lecktest 8
Leitfähigkeitsmessgerät 4
Leukocyten 259, 276, 301
Leu-Leu-O-Meth-Behandlung 303
LIF (leukemia inhibitory factor) 297, 304f
Lipofektion 229, 233
LLC-PK$_1$ 210
Löslichkeit 308, 316
– Löslichkeitsvermittler 316
Lösungsvermittler 265, 317
Luftschleuse 6
Luftströmung 6
Lymphocyten 191, 259
– Isolierung aus Vollblut 191
Lysosomen 368

R

Radikalfänger 117
radioaktive Substanzen 252
Ratte, neonatale Herzmuskelzelle 188
Raumbefeuchtung 12
Reagenzgläser 74
Reinigungsbereich 3f
Reinraumwerkbank 6f, 371
Reinstwasser 120
– Aufbereitungssysteme 122
Resazurin 154
Ribosomen 371
Risikogruppe 52, 54
RNA 267, 371
RNA-Interferenz (RNAi) 371
Rollerkultur 323
Rollerkulturflasche 72, 323, 325
Rührkesselfermenter 324

S

Salpetersäure 77
Salzlösungen 87
– Zusammensetzung 88
Sättigungsdichte 371
Sauerstoff-Transfer-Rate 117
Säugerdünndarm 290
Schaber 139, 199
schlagende Herzmuskelzellen 305, 310, 315
Schraubverschluss 71
Schutzkleidung 5
Schwebstofffilter 6
Schweinenieren-Epithelzelllinie 210
Selektionsmarker 230
Selektionsmedium 240, 245
Selektionsmethoden 176
Selen 110
Seneszenz 177, 371
– Ursachen 179
Seren 91f
– Bestandteile 93
– fetales Kälberserum 94
– Funktionen 92
– Hitzeinaktivierung 96f
– Kälberserum 96
– Nachteile 92, 94
– Pferdeserum 96
– Testung 92
– von neugeborenen Kälbern 96
serumfreie Zellkultur 98, 107f
Serumverwendung 94, 98
Sf9-Zellen 223
Shake-off-Verfahren 133
Sicherheitsmaßnahmen 52, 183, 242, 252
Sicherheitsstufen 53–55
Sicherheitsvorschriften 52
Sicherheitswerkbank 6f
Silikonisieren 77
Silikonstopfen 71
SOP, siehe Protokollführung
Spalthaut 204
Sphäroblast 372
Sphäroide 318
Sphäroidkultur 264
Spinnerkulturen 330
Spinner-Salze 89
Spülmaschine 3
Spültisch 3
Spurenelemente 90
Stammzellen 296, 372
– adulte 296–298
– embryonale 296f
– hämatopoetische 298f
– Kultivierung 315
– omnipotente 297
– pluripotente 296f
– Test 303, 315
Stammzellseparation 301f
Standardisierung 169
Standardprotokoll 304
Staubschutzmatte 5, 18
Sterilbereich 5f, 18
sterile Arbeitstechnik 23
sterile Werkbank 5f
Sterilfiltration 23, 31
Sterilisation 35
Sterilisationsindikator 28
Sterilisationsverfahren 23
Sterilisationszeit 27
Sterilitätsindikator 30
Sterilitätstest 8, 34
Steriltechnik 16f
Stickstoff 4, 31, 159
Stickstoffgefäß 162
Streptavidin 43
Streptomycin 35
Subkultur 133, 222, 346, 372
Subkulturintervall 372

Subkulturzahl 372
Subpopulation, Humanleukocyten 259
Suspensionskulturen 346, 372
- Massenkultur 330
- Mediumwechsel 132
- Subkultivierung 140
Synchronisation, Grundsätze 252
Synchronkulturen 372

T

3T3-Zellen 207, 305, 315, 325
Teilungszyklus 63
Telomerase 163
Temperaturkonstanz 11
Temperaturoptimum 116
Terasakiplatten 73
Teratogenität 372
Testchemikalien, Löslichkeit 308
Tiamutin, Tiamulin 48
Tiefgefrierschrank 4, 15f
Tissue Engineering 317, 372
T24-kontaminierte Zelllinien 51
T24-Linie 51
Toxizität 261, 372
Transfektion 228f, 372
- Calciumphosphat 231
- Elektroporation 234
- Lipofektion 233
Transfer (Fremd-DNA) 231
Transferrin 110
Transformation 181f, 372
- induzierte 182
- mit Epstein-Barr-Viren 183
- virale 182f
transformierte Zellen 264
Transmigration, siehe Migration
Trockenschrank 3
Trypanblau 154f, 266
Trypsin 134, 135, 176, 373
tumorigene Zellen 373
Tumorviren 56
Tumorzellen 201, 264

U

ultraviolettes Licht (UV) 22
Umkehrmikroskop 15f
Unfallverhütungsvorschriften 53

Unterstamm 373
UV-Leuchten 8, 22

V

Vakuumfiltration 31
Vakuumpumpe 9
Vektoren 373
Verarbeitungsbereich 4
Verdopplungszeit 150, 373
Verdünnungsreihen 311
Verpackung im Autoklaven 29
Versand von Zellen 165
Versuche zur In-vitro-Toxizität 261
Vertebraten 220
Vielfachschalen 72f
virale Transformation 182
Viren 56, 97, 225, 373
Virusinfektion 224
Viruskontaminationen 17
Virusvermehrung 183
Viruszüchtung 184
Vitalfärbung 154, 374
Vitalität 309, 312
Vitalitätstest 153
Vitamine 90
Vollmedien 87
Vorbereitungsbereich 4

W

Wachstumsfaktoren, zelluläre 112
Wachstumsinhibition, dichte-
    abhängige 363
Wachstumskurve 149f, 381
- HeLa-Zellen 151
Wannenstapel 74, 325
Wascheffekt, Prüfung 78
Wasser 120
Wasseraufbereitungsanlage 3, 122f
Wasseraufbereitungsverfahren 121
Wasserbad 15
Wassermantelbrutschrank 11
Werkbank, sterile 5f
Whirlmixer 4
Woulff'sche Flasche 9

Z

Zählkammer 142
Zellalterung, siehe Seneszenz
Zellbanken 51, 167f
Zelldifferenzierung 374
Zellen
– Probleme 165
– Versand 165
– Vitalität 309
Zellfusion 239
Zellkern 374
Zellklone 238
Zellkompartiment 374
Zellkultivierung, Probleme 57
Zellkultur 374
– in „hängenden Tropfen" 305, 309
– serumfreie 98, 107f
Zellkulturmedien 84f
Zelllinien 374
– 293 HEK 231
– 3T3 207f, 231, 235, 304, 315, 325
– AV3 51
– B 95-8 183f
– BHK 251
– C16 51
– Caco-2 215, 216
– CHANG Liver 51
– CHO 87, 102, 133, 231, 235, 250, 273, 322
– COS-1 231
– D3 303f
– ECV304 51
– endliche 179
– Fischzelllinien 221
– FL 51
– Girardi Heart 51
– Hep-2 51
– Hep-2 (Clone 2B) 51
– HT-29 215, 216
– HDMEC 279f
– HeLa 50, 100, 133, 150f, 231, 235
– HK-2 130, 278f
– Intestine 407 51
– JCA-1 51
– Jurkat 231
– KB 51
– kontinuierliche 181
– L-41 51
– L-929 41, 252, 269, 271, 274
– L132 51
– LLC-PK$_1$ 130, 149, 153, 208f, 215
– MDCK 130, 208f, 210f, 215
– MRC 5 269
– Myelomlinien 242
– NRK 209, 216
– NRK-49F 216
– NRK-52E 216
– OK 153, 209
– PC-12 217f
– Raji-Zellen 112
– Sf9 223f, 322
– T24 51
– T$_{84}$ 215, 216
– TSU-Pr1 51
– U937 147f
– V-79 273
– WI 38 269
– WISH 51
– WKD 51
– WRL 68 51
Zell-Matrix-Kontakte 63f
Zellmasse 151
Zellorganellen 374
Zellpopulationsverdopplung 150
Zellsortierer 236, 252
– fluoreszenzaktivierter (FACS) 256
Zellsortierung 255
Zellstamm 374
Zellsynchronisation 249f
Zellteilung 374
Zelltoxizität 270
Zellwachstum, schlechtes 376
Zellwand 375
Zellzahlbestimmung 142, 149, 268
Zellzählgerät 144
Zellzählung 142
– elektronische 144f, 148
Zell-Zell-Kontakte 63
Zellzyklus 257, 375, 382
Zellzykluszeit 375
Zentrifugengläser 74

memmert
Die Profis in Sachen Temperierung

CO_2 - Brutschrank INCO 2

kontrollierte Atmosphäre

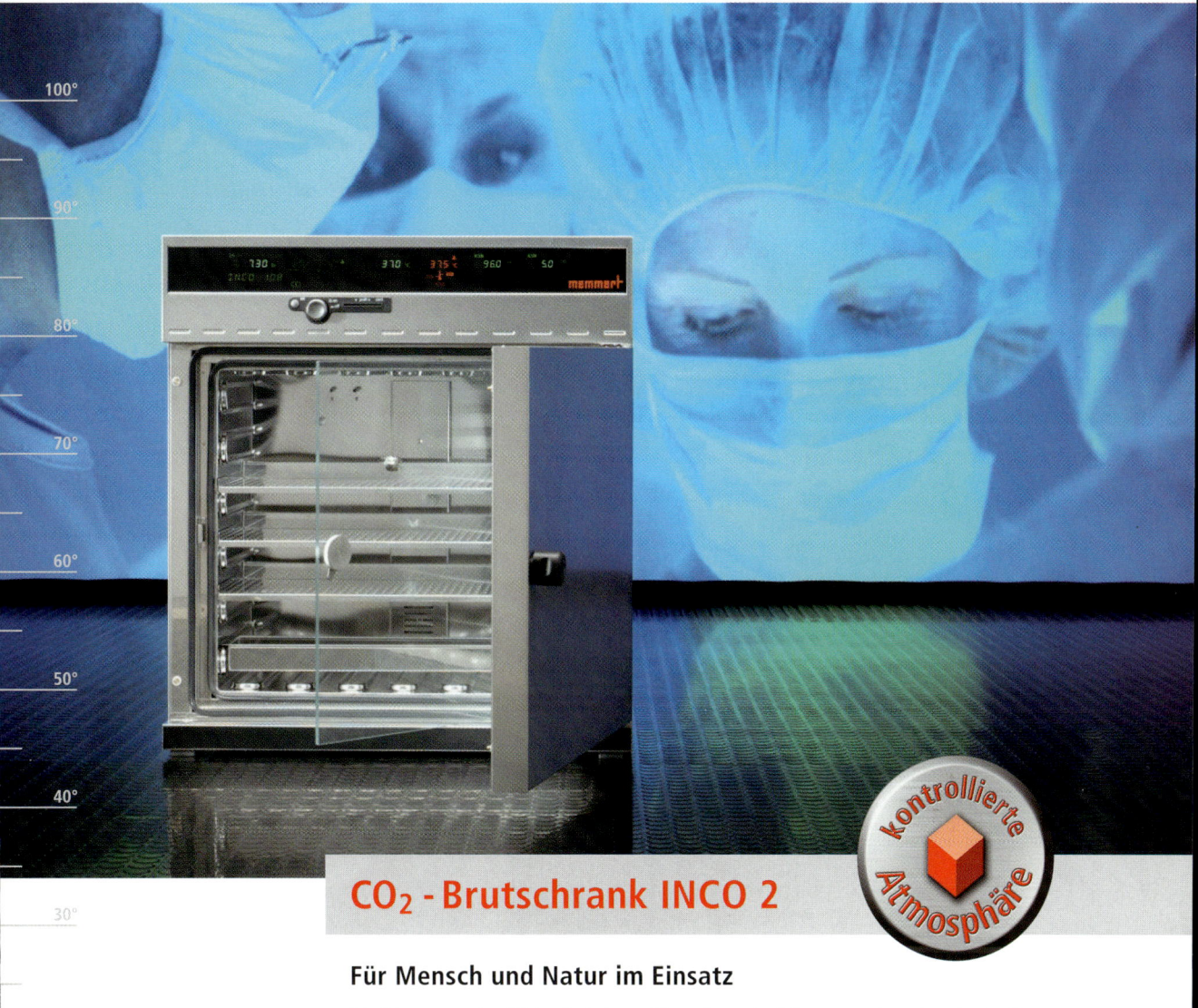

Für Mensch und Natur im Einsatz

Die feinstgeregelte Flächenbeheizung über alle sechs Seiten garantiert eine absolut homogene Temperaturverteilung und schafft im INCO 2 eine kontrollierte, kondensationsfreie Umgebung. Über die STERICard mit fest eingestelltem Programm wird die Sterilisation des Innenraums zu einer sicheren Sache.

Eine Spitzenleistung von den Experten für kontrollierte Atmosphäre.
Kompromisslos sicher und präzise. Weltweit.

www.memmert.com

Memmert GmbH + Co. KG
Postfach 1720
D-91107 Schwabach
Tel. +49 (0) 9122 / 925 - 0
Fax +49 (0) 9122 / 145 85
E-Mail: sales@memmert.com

Disposables – just smart!

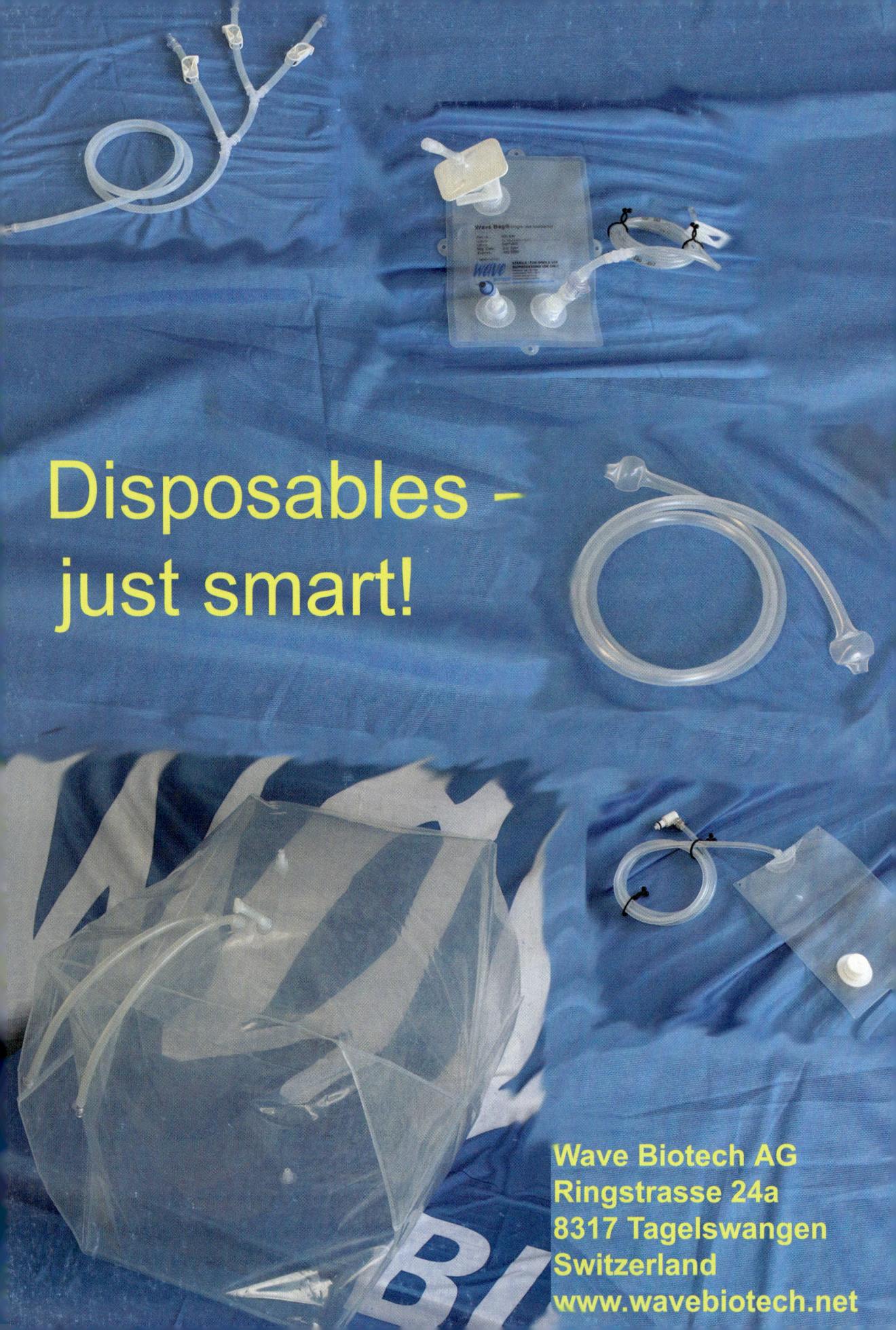

Wave Biotech AG
Ringstrasse 24a
8317 Tagelswangen
Switzerland
www.wavebiotech.net

Überraschend angenehm!

Sie haben's im Griff!

Der innovative Pipettierhelfer accu-jet® *pro* von BRAND macht Ihnen die Arbeit überraschend angenehm!

- Besonders handlicher Griff, ausgezeichnete Gewichtsverteilung
- Klein, leicht und handlich – für entspanntes Serienpipettieren
- Feinfühlige, stufenlos variable Steuerung der Pipettiergeschwindigkeit
- Motordrehzahl-Regler
- Einhandbedienung
- LED Lade-Anzeige

Testen Sie den accu-jet® *pro* 4 Wochen lang kostenlos und unverbindlich!

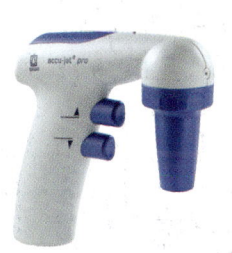

BRAND GMBH + CO KG
97877 Wertheim (Germany)
Tel.: +49 9342 808-0
www.brand.de

I.A.Z.

Institut
für angewandte Zellkultur, Dr. Toni Lindl, GmbH
Forschung, Entwicklung + Schulung
Balanstraße 6 - 81669 München - Telefon (089)487774 - Telefax (089) 4877772

. Do It *In Vitro*

- Allgemeine Zellkultur
- Zellkulturkurse
- Vertrieb von Zelllinien
- Prüfung von Seren, Medien und Zusatzstoffen
- Hepatocytenisolierung
- Gewinnung von Primärkulturen
- Cytotoxizitätstests
- Cytopharmakologie
- Biotechnologische Anwendungen
- Tissue Engineering
- Entwicklung von 3-D-Kulturen
- Beratung und Dienstleistung nach Maß

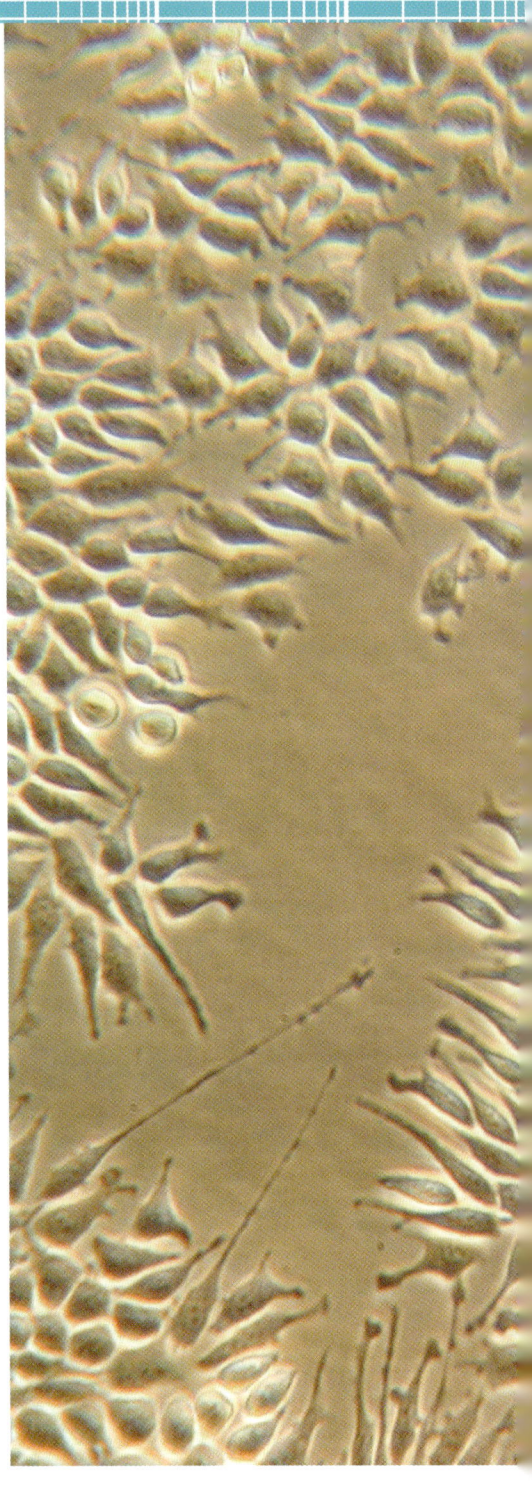

www.I-A-Z-Zellkultur.de
e-mail: I-A-Z@t-online.de

BRANDplates® Für anspruchsvolle Analysen!

BRAND erweitert das Angebot an Life Science-Produkten um mehr als 130 neue Mikrotiterplatten im 96-, 384- und 1536-well Format.

Die neuen BRANDplates®

sind mit 8 verschiedenen Oberflächen erhältlich:

- **mit unbehandelter Oberfläche:**
  pureGrade™, pureGrade™ S

- **für die Zellkultur:**
  cellGrade™, cellGrade™ plus, cellGrade™ premium

- **für die Immunanalytik:**
  immunoGrade™, hydroGrade™, lipoGrade™

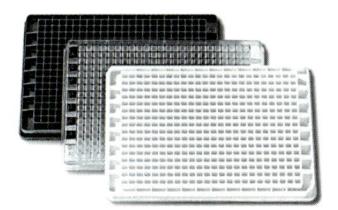

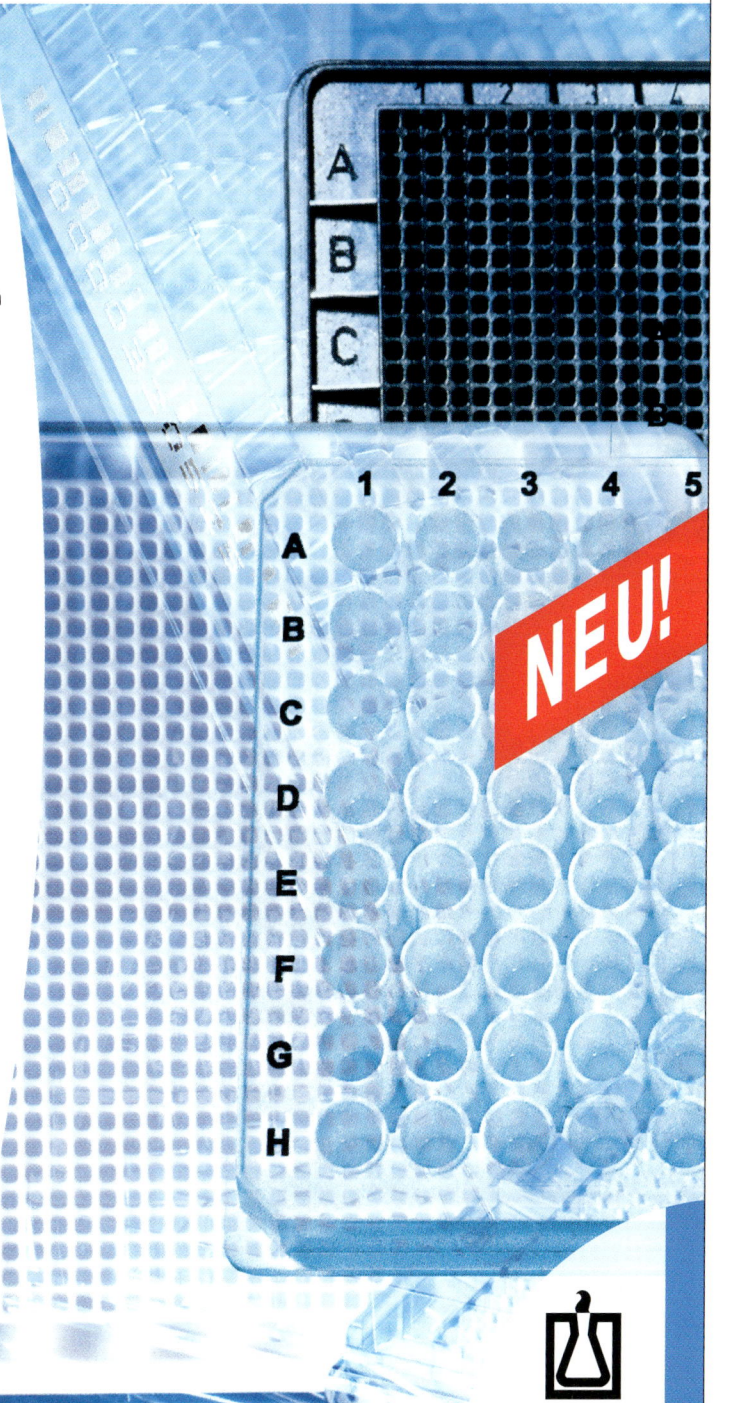

NEU!

BRAND GMBH + CO KG
97877 Wertheim (Germany)
Tel.: +49 9342 808-0
www.brand.de

BRAND

FEDEGARI LABORAUTOKLAVEN

Für Spitzenergebnisse in der Sterilisation

FVA A1 *(80L - 140L)*
- X-TRADRY - TROCKNUNG
- FAST-INTRACOOLER für schnellste Rückkühlzeiten
- FARB-TOUCHSCREEN zur eleganten und intuitiven Bedienung
- EDELSTAHL AISI 316L - Vollverrohrung
- sicherste DECKELVERRIEGELUNG
- ABLUFTFILTRATION oder DEKO-Programm (S2)
- INNOVATIVES DESIGN

FEDEGARI AUTOKLAVEN AG

FOB4-TS *(170L, 320L)*
- HÖCHSTE KAPAZITÄT bei kleiner Standfläche
- AUTOMATISCHE SCHIEBETÜR
- PERMAPRESSURE - Dampf/Luft-Gemisch Verfahren für besonders empfindliches Sterilgut
- unempfindliche PNEUMATIKVENTILE
- elektropolierte EDELSTAHLKAMMER
- LANGLEBIG und ROBUST

VERTRAUEN SIE DEN AUTOKLAVENPROFIS!

FEDEGARI - einziger Laborautoklavenhersteller seit 1953
innovativ - zuverlässig - wegweisend

IBS INTEGRA BIOSCIENCES

IHR PARTNER IN DER ZELLKULTUR

INTEGRA Biosciences GmbH • Ruhberg 4 • 35463 Fernwald • Tel. 06404-809-0 • Fax 06404-809-251
email: info@integra-biosciences.de • www.integra-biosciences.de

KEINE CHANCE FÜR KONTAMINATIONEN!
NUAIRE-PRODUKTE VON INTEGRA BIOSCIENCES

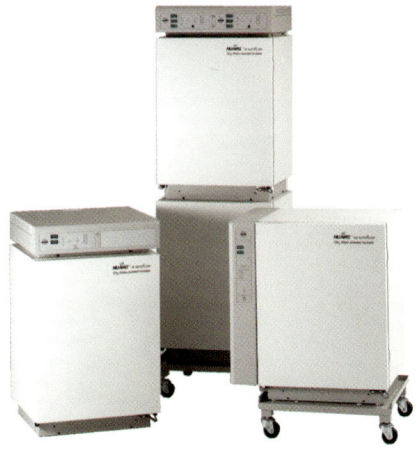

CO_2-Brutschränke

Weltweit die Nr. 1

Mikrobiologische
Sicherheitswerkbänke

- 86°C Tiefkühlschränke

BEDIENERFREUNDLICH + KONTAMINATIONSSICHER + ZUVERLÄSSIG

IBS INTEGRA BIOSCIENCES

IHR PARTNER IN DER ZELLKULTUR

INTEGRA Biosciences GmbH • Ruhberg 4 • 35463 Fernwald • Tel. 06404-809-0 • Fax 06404-809-251
email: info@integra-biosciences.de • www.integra-biosciences.de

Was dürfen wir Ihnen anbieten?

Außer Muscheln haben wir fast alles:

Seren
- Fötales Kälberserum
- Human Serum
- Andere Tierseren

Medien
- Klassische Medien
- Zelltypspezifische Medien
- Pufferlösungen

Reagenzien
- Detachment Enzyme
- Transfektionsreagenzien
- Antibiotika
- Wachstumsfaktoren

Einweg Laborartikel
- Kulturgefäße
- Multiwellplatten
- Pipetten
- Imaging Plates

Sonderproduktionen
- Fertigung von Produkten nach Ihrer Rezeptur

Seit über 20 Jahren sichern unsere Zellkulturprodukte Ihren wissenschaftlichen Erfolg. Unsere Vertriebsspezialisten und Zellkulturexperten vom technischen Service beraten Sie kompetent und zuverlässig und stehen Ihnen jederzeit zur Verfügung.

Nehmen Sie uns beim Wort!
Tel.: +49 64 21 17 53 90
techservice@paa.com

www.paa.com

PAA
THE CELL CULTURE COMPANY

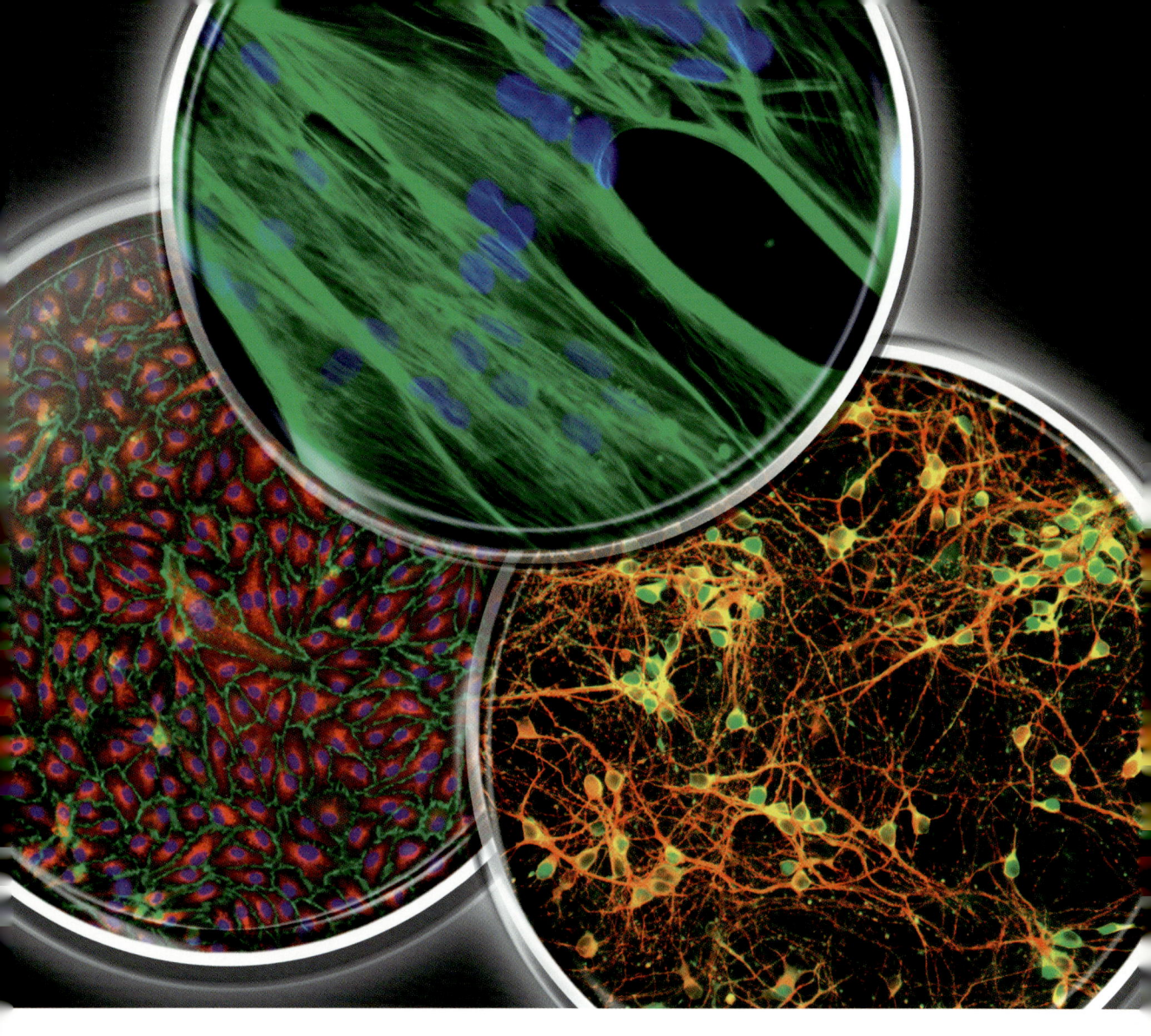

Lonza is Your Source for Cell Culture Products

— Clonetics® Primary Cells and Media
— Poietics® Stem Cells and Media
— BioWhittaker® Media and Sera
— MycoAlert® Mycoplasma Detection Kit
— ViaLight® and ToxiLight® Cell Health Assays
— PrimeFect™ Transfection Reagents

ook to Lonza, as the leader in primary cell research, to deliver excellent quality and service for your cell culture needs.

sit us at **www.lonza.com/research** for a complete sting of cell culture products from Lonza.

Lonza

PARTEC

Cell Culture | Tissue Culture

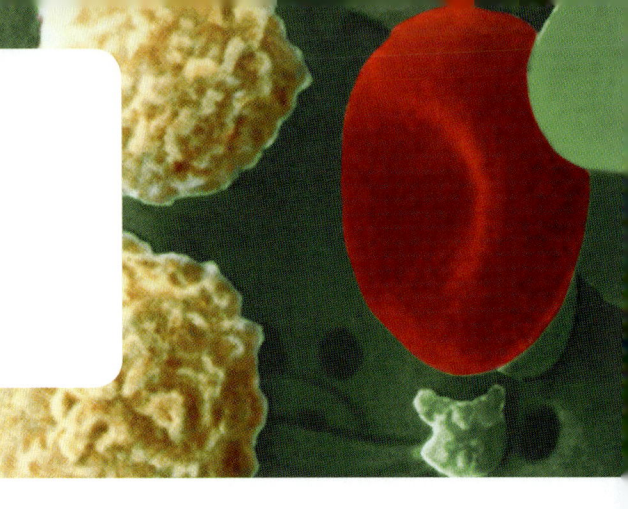

Precise Absolute Cell Counting and Cell Function Analysis

by Dedicated Light Scatter and Fluorescence based Particle Detection

_ **Cell Counting**
_ Eukaryotic Cell Cultures (Mammalian Cell Cultures | Plant Cell Cultures)
_ Prokaryotic Cell Cultures
_ Leukocyte Counting in Depleted Blood Products
_ Counting of Immunolabelled Subtypes
_ Sperm Cell Counting

_ **Functional Assays**
_ Cell Cycle and Cell Proliferation
_ Viability
_ Apoptosis

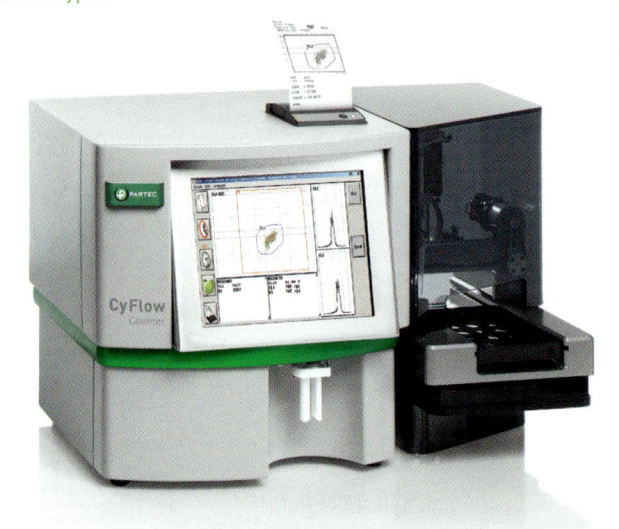

MAIN BENEFITS

Precision _ High sensitivity flow cytometry for accurate analysis

Comfort _ Quick enumeration of total cell count within minutes by true volumetric absolute counting techology

Versatility _ Combination of absolute cell counting and cell function measurements

Costs _ Highly economical cell analysis and cell counting

CyFlow® Counter with
CyFlow® Autoloading Station

| Contact

complete list of subsidiaries and distributors: www.partec.co

Headquarters
Partec GmbH
Otto-Hahn-Straße 32
D-48161 Münster
Germany
Fon +49 (0) 2534 8008-0
Fax +49 (0) 2534 8008-90
mail@partec.com

North America
Partec North America, Inc.
309 Fellowship Road
Suite 200
Mt. Laurel, NJ 08054
USA
Fon +1 856 642 4008
Fax +1 856 642 4009
partecna@partec.com

Japan
Partec Japan, Inc
3628-46 Kandatsu
Tsuchiura City
300-0013
Japan
Fon +81 (0) 29 834 7788
Fax +81 (0) 29 834 7772
partecjapan@partec.com

France
Partec S.A.R.L.
14/16 rue Gallieni
91700 Sainte Geneviève
des Bois
France
Fon +33 (0) 1 69 04 87 12
Fax +33 (0) 1 69 04 90 38
partecfrance@partec.com

United Kingdom
Partec UK Ltd
Suite BG10, Canterbury
Enterprise Hub
University of Kent
Giles Lane · Canterbury,
Kent CT2 7NJ · UK
Fon +44 (0) 1227 823744
Fax +44 (0) 1227 824038
partecuk@partec.com

Italia
Partec Italia S.r.l.
Via G. Mascherpa 14
20048 Carate Brianza (MB)
Italia
Fon +39 0362 909 143
Fax +39 0362 909 157
partecitalia@partec.com

Your Power for Health

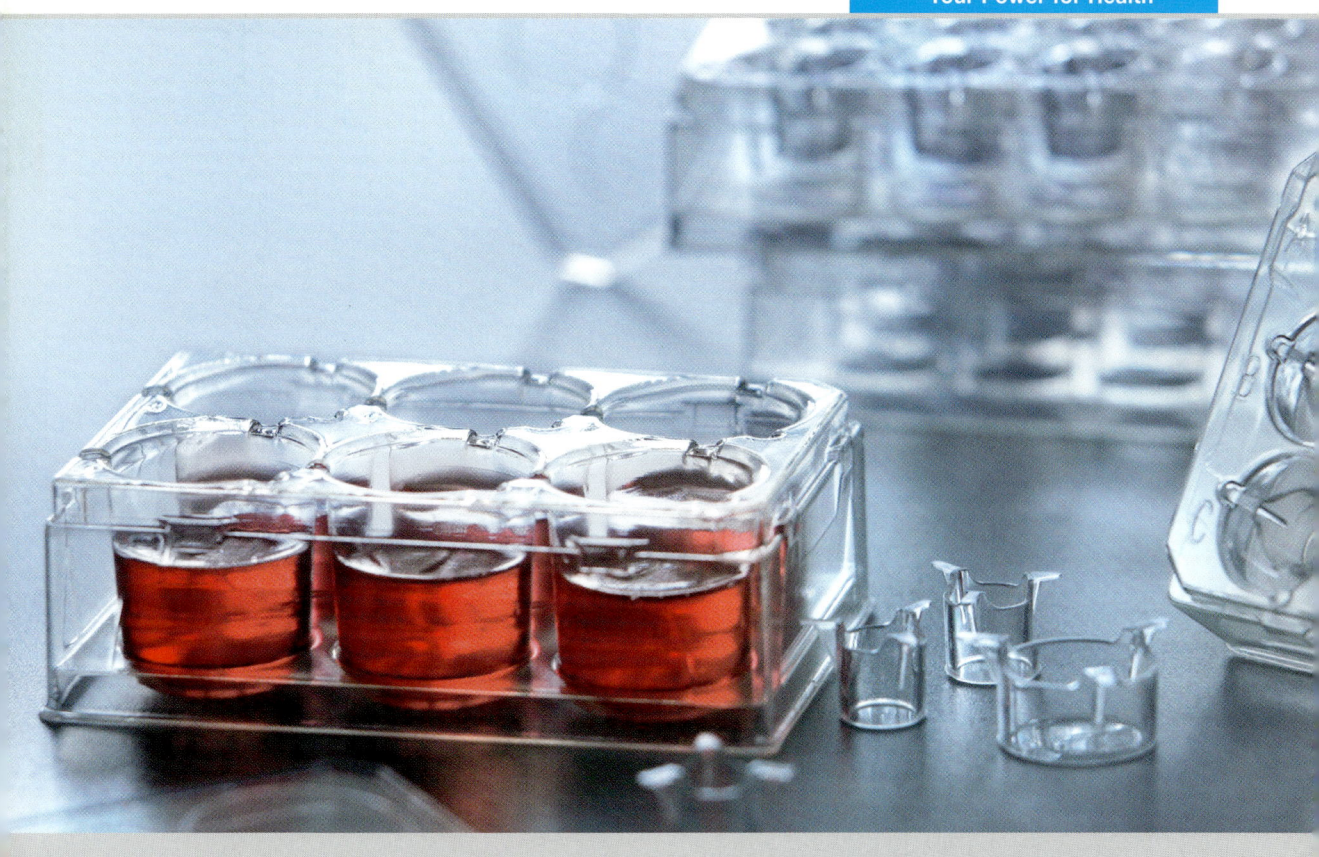

Let us lift you up!

ThinCert™ Plate from Greiner Bio-One

- Ideal for air-lift cultures for *in vitro* reconstruction of epithelia, such as skin, cornea and airway epithelium

- Deeper wells for increased medium volume and reduced medium changes

- Optimised for use with ThinCert™ Cell Culture Inserts from Greiner Bio-One

- Notches for fixed culture insert positioning

- Available in 6 and 12 well formats

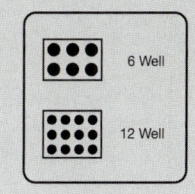

6 Well
12 Well

v.gbo.com/bioscience

greiner bio-one

ny (Main office): Greiner Bio-One GmbH · (+49) 7022 948-0 · info@de.gbo.com,
: Greiner Bio-One N.V. · (+32) 2 461 09 10 · info@be.gbo.com, France: Greiner Bio-One SAS · (+33) 1 69 86 25 50 · infos@fr.gbo.com,
Greiner Bio-One Co. Ltd. · (+81) 3 3505 8875 · info@jp.gbo.com, Netherlands: Greiner Bio-One B.V. · (+31) 172 42 09 00 · info@nl.gbo.com,
Bio-One Ltd. · (+44) 1453 82 52 55 · info@uk.gbo.com, USA: Greiner Bio-One North America Inc. · (+1) 704 261 78 00 · info@us.gbo.com

SERVA
Serving Scientists

Enzyme für die Zellisolierung

- Collagenase NB
- Neutrale Protease NB
- Elastase
- Hyaluronidase
- Cellulase
- Macerozym
- u.v.m.

Biochemikalien für die Zellkultur

- Farbstoffe (z.B. DAPI, Propidiumiodid)
- Medien
- Supplemente
- Antibiotika
- Protease-Inhibitoren
- u.v.m.

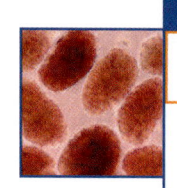

SERVA
Electrophoresis

SERVA Electrophoresis GmbH
Carl-Benz-Str. 7 • D-69115 Heidelberg
collagenase@serva.de • www.serva.de

Weitere Enzyme und Biochemikalien für die Zellkultur finden Sie unter www.serva.de.

home of tissue culture

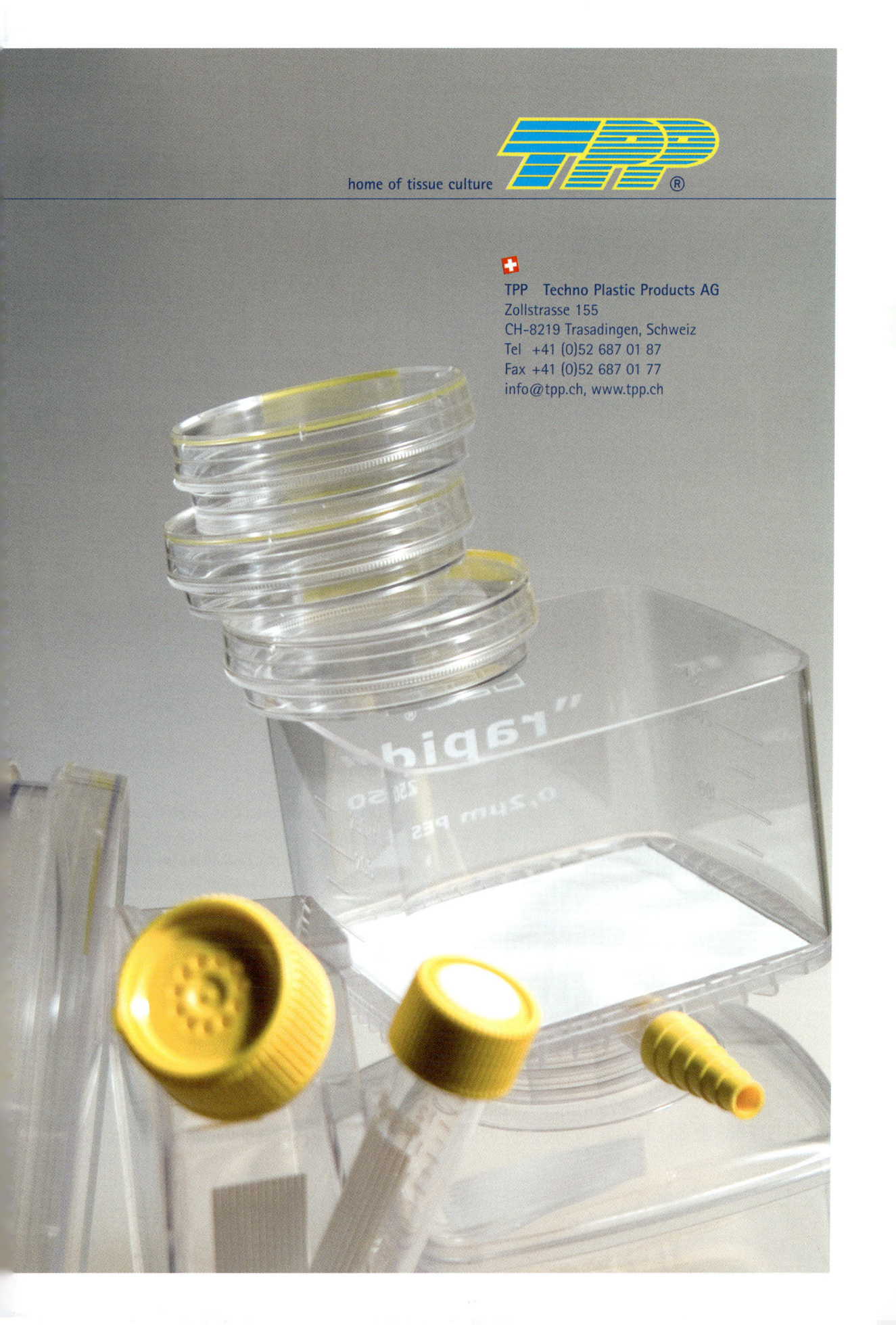

TPP Techno Plastic Products AG
Zollstrasse 155
CH-8219 Trasadingen, Schweiz
Tel +41 (0)52 687 01 87
Fax +41 (0)52 687 01 77
info@tpp.ch, www.tpp.ch

Th.Geyer

Wir bieten Ihnen die umfassende Produktauswahl hochwertiger Seren, Plasma, Medien, Puffern und Reagenzien für die Zellkultur des führenden europäischen Herstellers biowest.

Fötale Kälberseren sind aus den verschiedenen Ursprungsregionen Europa, Süd-, Mittel- und Nordamerika sowie Ozeanien erhältlich, darüber hinaus ein breit gefächertes Sortiment weiterer tierischer Seren, u. a. von

- Pferd
- Esel
- Maus
- Ratte
- Meerschweinchen
- Kaninchen
- Schaf bzw. Lamm
- Ziege
- Hund
- Schwein
- Huhn

Katalog schon angefordert?

Umfassender Service ist für uns selbstverständlich. Er reicht von der Beratung und Betreuung vor Ort, über die kostenlose Bemusterung, 60 Tage Reservierung bemusterter Chargen bis hin zur Reservierung bestellter Seren für bis zu 24 Monate.

Mit unseren 4 Vertriebsniederlassungen und 30 Kundenberatern im Aussendienst sind wir immer in Ihrer Nähe.

Alles aus einer Hand
Th. Geyer verfügt über ein umfassendes Sortiment von Chemikalien, Reagenzien, Verbrauchsmaterialien und Geräten. Damit können wir nicht nur Ihren kompletten Bedarf für die Zellkultur sondern für alle Bereiche von Labor und Analytik abdecken.

Th. Geyer Gruppe: Renningen - Lohmar - Hamburg - Berlin
Telefon 08 00 / 439 37 84 · Telefax 08 00 / 844 39 37 · E-Mail vertrieb@thgeyer.de · Internet: www.thgeyer.d

Entdecken Sie die Welt von BD Biosciences Discovery Labware

BD Helping all people live healthy lives

Zellkultur - Fluid Handling - Drug Discovery - Drug Metabolism

BD Biosciences Discovery Labware bietet Ihnen eine Vielzahl an Produkten und Dienstleistungen.
Ob „original" BD Falcon™ Röhrchen, Pipetten, HTS-Systeme, BD BioCoat™ oder BD Gentest™ Produkte und Dienstleistungen – Sie finden alle Produkte für Ihren Bedarf.

Beschichtungen nach Ihren Wünschen oder Ihr individueller Barcode – Entdecken Sie die Welt von BD Biosciences Discovery Labware.

BD Biosciences
Tullastraße 8-12
69126 Heidelberg
Germany
Fon: +49 6221 305-0
Fax: +49 6221 305-216
bdbiosciences.com

BD, BD Logo and all other trademarks are the property of Becton, Dickinson and Company. ©2008 BD.
A456-00

Ein Keim kann alles zerstören!

Gerade in sensiblen Bereichen der Zellkultivierung kann ein einziger Keim die Arbeit von Wochen zerstören alternativ alle Ergebnisse zunichte machen. Echte Sterilisation ist die einzige Möglichkeit, dieses Risiko sicher auszuschließen. Dafür sorgt bei BINDER die Heißluftsterilisation bei 180 °C – in CO_2-Inkubatoren die einzige Methode, die alle internationalen Richtlinien von den Pharmakopöen über DIN bis hin zur ADA uneingeschränkt erfüllt.

www.heissluftsterilisation.de

BINDER GmbH
Im Mittleren Ösch 5 | 78532 Tuttlingen
Tel.: 07462/2005-0 | Fax: 07462/2005-100
info@binder-world.com | **www.binder-world.com**

▶BINDER
Best conditions for your success

Labotect
Labor-Technik-Göttingen

Geräte für die Zellkultur

CO$_2$-Inkubatoren

Geräte zur Zellkultivierung

Sicherheitswerkbänke und Sterilwerkbänke

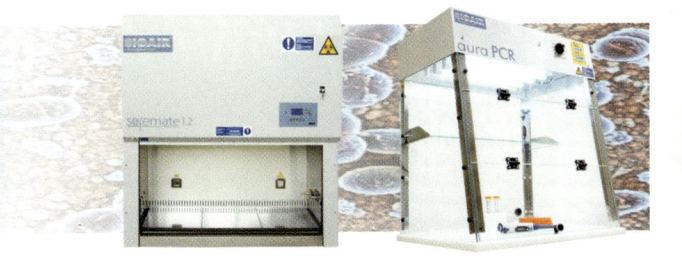

Kryokonservierung

Labotect GmbH
Labor-Technik-Göttingen
Willi-Eichler-Str. 25
D-37079 Göttingen

Telefon (0551) 5 05 01-0
Telefax (0551) 5 05 01-11
e-mail info@Labotect.com
Internet www.Labotect.com

Amtsgericht Göttingen
HRB 1394
Geschäftsführerin
Delia Schinkel-Fleitmann

Die erste Adresse für pH-Messung

NEU: IoLine

Laborelektroden mit Iod/Iodid-Referenzsystem

- 100% silberionenfrei, daher keine Kontamination der Prob
- Hohe Stabilität der Messwerte bei wechselnden Temperaturen
- Lange Lebensdauer durch patentiertes Iodreservoir

SCHOTT Instrumen

www.schottinstruments.com

BIO*spektrum*
Das Magazin für Biowissenschaften

www.spektrum-verlag.de

Von Molekuarbiologie bis Biomedizin, in **BIO***spektrum* finden Sie alle Themen der modernen Life Sciences abgebildet. Den regen Austausch dieser aktiven Wissenschaftsdisziplinen spiegelt die Zeitschrift BIO*spektrum* als gemeinsame Publikation der führenden molekularbiologisch forschenden Fachgesellschaften (GBM, VAAM, GfG, GfE und DGPT) wider. Das neue, gradlinige Konzept von Fachartikeln und Kurzmeldungen leitet den Leser durch jede Ausgabe und setzt in vier Bereichen „Wissenschaft – Methoden & Anwendungen – Gesellschaftsnachrichten – Karriere, Köpfe & Konzepte" ein rundes Gesamtbild der modernen molekularen Biowissenschaften zusammen. Topaktuelle Forschungsergebnisse, Hintergrundinformationen, Politisches und „Networking", Preisausschreibungen und Portraits erfolgreicher Wissenschaft(ler) sowie Veranstaltungstermine und -berichte – das alles und noch viel mehr finden Sie in jeder BIO*spektrum*-Ausgabe.

Ausführliche Infos unter www.biospektrum.de

Das gesamte Verlags-Programm finden Sie unter www.spektrum-verlag.de

Spektru AKADEMISCHER VE

Zellkulturflaschen

–Positionen Schnellverschluss–Schraubkappe

non-pyrogenic
Come Grow With Us
non-cytotoxic

Das Zellkultur-flaschen-Konzept
mit dem fortschrittlichen Verschluss-System

Das ergonomische Verschluss-System von Sarstedt garantiert eine einfache und schnelle Handhabung. Die Weiterentwicklung der traditionellen TC-Schraubkappen entstand aus der Notwendigkeit, Handhabungsfehler und Ermüdung durch zu hohe Arbeitsbelastung zu eliminieren.

Die Schnellverschluss-Schraubkappe mit integriertem Inkubations-Arretierungsmechanismus ermöglicht das Öffnen und Schließen durch maximal eine 1/3 Umdrehung.

Je nach Zellaffinität zur Wachstumsoberfläche bietet Sarstedt drei verschiedene farbcodierte Wachstumsoberflächen zur Auswahl. Dieses Farbleitsystem bietet dem Anwender größtmögliche Flexibilität zur Optimierung der Kulturbedingungen.

Fordern Sie kostenlos Muster an und überzeugen Sie sich von der neuen Generation der Zellkulturflaschen.

Geschlossen

Belüftet

Offen

SARSTEDT AG & Co.
Postfach 12 20 · D-51582 Nümbrecht
Telefon (+49) 0 22 93 30 50
Telefax (+49) 0 22 93 305-282
☎ Service 0800 (Deutschland)
Telefon (0800) 0 83 30 50
info@sarstedt.com · www.sarstedt.com

SARSTEDT

+ New Zealand + Norway + Portugal + Singapore + Spain + Sweden + Switzerland + Taiwan + USA

Proven technologies for integrating lab processes

control

documentation

harmonization

analysis

automation

monitoring

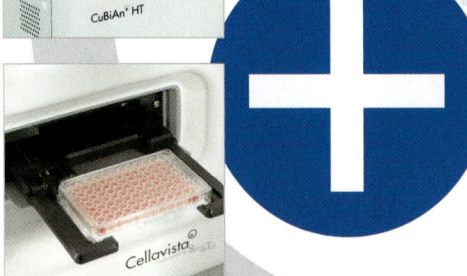

We offer system solutions for cell based processes in biotechnology.
The aim is to help our customers achieve their goals efficiently and reliably - worldwide.

Let's talk about your specific needs!

innovatis AG
Meisenstr. 96
33607 Bielefeld
Phone: +49 (0)521 2997-300
Fax: +49 (0)521 2997-285
Germany

info@innovatis.com

INNOVATIS
QUALITY THAT COUNTS

Australia + Austria + Belgium + China + Denmark + France + Germany + Great Britain + India + Ireland + Israel + Italy + Japan + Korea + Lithuania + Malaysia + Morocco

www.innovatis.com

It's Here!

SIGMA Life Science

The 3rd edition of the Sigma Cell Culture Manual will be a hybrid reference and product guide that is the foundation for your discovery efforts.

- Extensive cell culture technical information and formulas
- Our most popular cell culture products and equipment
- Invaluable tool to help advance your research goals

Request your copy of the 2008-2009 Cell Culture Manual by visiting *sigma.com/ccmanual*.

Our Innovation, Your Research — Shaping the Future of Life Science

sigma-aldrich.com

SIGMA-ALDRICH

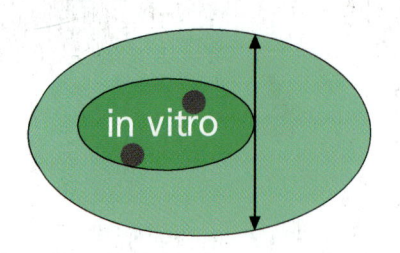

Prof. Dr. Gerhard Unteregger*
Institut für Molekularbiologie
Kardinal Wendel Str. 20
66424 Homburg
www.invitro.de

Forschung-Diagnostik-Ausbildung

- 3D-Zellkulturmodelle (Spheroide)
- Hautäquivalente
- Invasionsmodelle (Onkologie)
- Angiogenese - Migration
- Primärkulturen
- Entwicklung von 3D-Modellen
- Orthotope Modelle
- Zell-Oberflächen-Interaktionen

- Genetische Analysen (Q-PCR/CGH)
- Identität/Stabilität von Zelllinien
- Zytotoxizität
- Validierung von in vitro-Testverfahren
- Quantitative Bildverabeitung
- Qualitätssicherung (SOP)
- ELISA-Entwicklung
- Mykoplasmentest

- Labor Workshops
- Inhouse-Training (EU-weit)
- Mitarbeiterschulung
- Beratung
- IHK/Ärztekammer zertifiziert
- Modernste Laborausstattung
- Aktuelle Techniken
- Theorie und Praxisnähe

Profitieren Sie von den Experten mit 15 Jahren Erfahrung und tausender zufriedene Kunden – unser wichtigster Maßstab für die eigene Qualität! Unsere Forschungsprojekte garantieren Ihnen aktualisierte Inhalte und zukunftsweisende innovative experimentelle Ansätze!

*Mitglied im Vorstand des Deutschen Prostatakarzinom Konsortiums
Berater des IPM-FHG „Automatic Cell Culture Monitoring -ACCM"
Gutachter der Zeitschrift *Toxicology in vitro + Physiological Research*
Mitglied der „Arbeitsgruppe urologische Forschung - AUF"
Mitglied in der ETCS
Mitglied der Deutschen Gesellschaft für Urologie
Mitglied der Deutschen Gesellschaft für Humangenetik
Mitglied im NanoBioNet e.V.

Sterilisieren im Labor. Einfacher, schneller, sicherer.

...ikale Autoklaven **...tec V-Serie**	**Horizontale Tischautoklaven** **Systec D-Serie**	**Durchreiche-Autoklaven** **Systec D-Serie 2D**	**Medien-Präparatoren** **Systec MediaPrep**
...ößen, 40 bis 150 Liter	7 Größen, 23 bis 200 Liter	3 Größen, 90 bis 200 Liter	7 Größen, 10 bis 120 Liter
VE VB	DX DE DB	DX	

...enreihen mit unterschiedlichen Leistungsmerkmalen
...sprechend den höchsten Anforderungen an Sicherheit, Präzision
...d validierbare Sterilisationsprozesse
...rilisiertemperatur bis 140 °C, Dampfdruck 4 bar
...tional 150 °C / 5 bar)
...lautomatischer Prozessablauf über modernste Mikroprozessor-
...uerung
...zu 25 abrufbare Programme für unterschiedlichste Sterilisier-
...gaben

1 Typenreihe
> In Technik und Design wie die Systec D-Serie
> Ausgestattet mit zwei Türen und speziell konstruiert für den Einbau in gasdichte Trennwände

> Schonende Aufbereitung, rasche Abkühlung
> Fortlaufende Durchmischung durch Magnetrührer
> Auch als Autoklav verwendbar, Sterilisiertemperatur bis 136 °C
> Dampfdruck bis 3,5 bar

systec
the autoclave company

Systec GmbH
Labor-Systemtechnik
Sandusweg 11
D-35435 Wettenberg
Tel. +49 (0) 641-98211-0
Fax +49 (0) 641-98211-21
E-Mail: info@systec-lab.de
Internet: www.systec-lab.de

Niederlassung Schweiz:
Systec Schweiz GmbH
Bösch 23
CH-6331 Hünenberg
Tel. +41 (0) 41 781 52 80
Fax +41 (0) 41 781 52 79
E-Mail: info@systec-lab.ch
Internet: www.systec-lab.ch

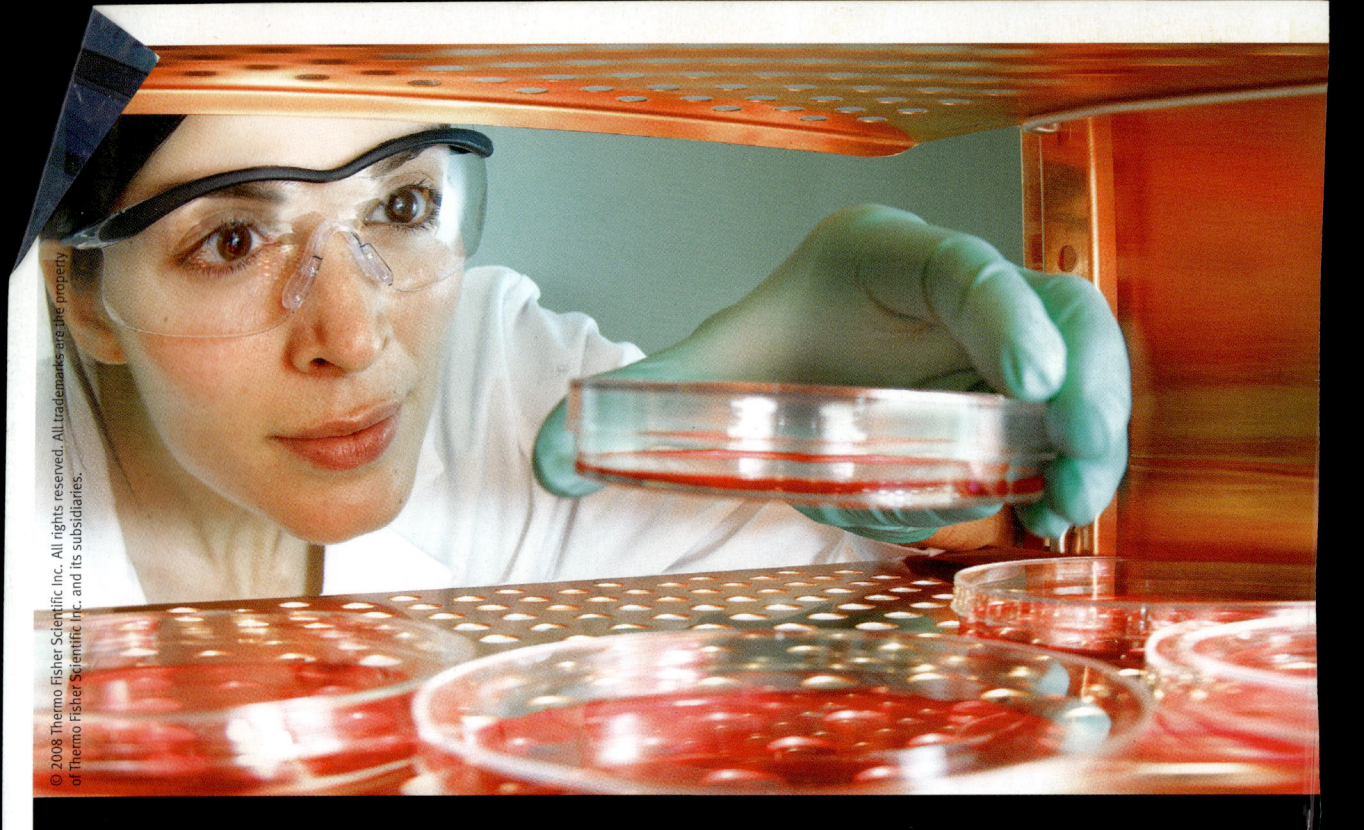

Darauf können Sie sich verlassen

Ihre Zellkulturen sind unersetzlich. Gehen Sie daher kein Risiko ein. Vertrauen Sie Ihre Arbeitsergebnisse unseren branchenführenden CO_2-Inkubatoren an - für effektiven Kontaminationsschutz und optimales Zellwachstum. Immer mehr Labore weltweit wählen unsere CO_2-Inkubatoren als innovative Lösung für ihre Kulturen.

Thermo Scientific HERAcell® CO_2-Inkubatoren bieten für Ihre wertvollen Kulturen:

- **Sicherheit:** unsere ContraCon Dekontaminationsroutine eliminiert nachweislich Kontamination im gesamten Innenraum bei geringem Aufwand

- **Schutz:** nur unsere Vollkupferausstattung verhindert kontinuierlich auf natürliche Weise das Wachstum von Bakterien und Pilzen

- **Optimales Wachstum:** unser patentiertes Befeuchtungssystem überzeugt durch extrem kurze Feuchteerholzeiten und verbessert damit das Zellwachstum

Bieten Sie Ihren Kulturen Wachstumsbedingungen, auf die Sie sich absolut verlassen können. Erfahren Sie mehr unter **www.thermo.com/heracell**

Thermo Scientific HERAcell CO_2-Inkubatoren
— die bewährte Lösung für Zell- und Gewebekultur

Moving science forward

Thermo
SCIENTIFIC

Part of Thermo Fisher Scientific

Noch Fragen zur Zellkultur?
In unseren Seminaren bekommen Sie die Antwort

PromoCell Academy
Heidelberg

PRIMÄRZELLKU[LTUR]
- CARDIOMYOZYTEN
- HEPATOZYTEN
- ENDOTHELZELLEN

Fordern Sie unseren Seminarkatalog an!
www.promocell-academy.com

Ihr Partner für wissenschaftlich fundierte und praxisorientierte Weiterbildung

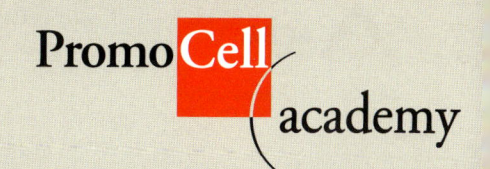

PromoCell academy

xCELLigence Real-Time Cell Analyzer System

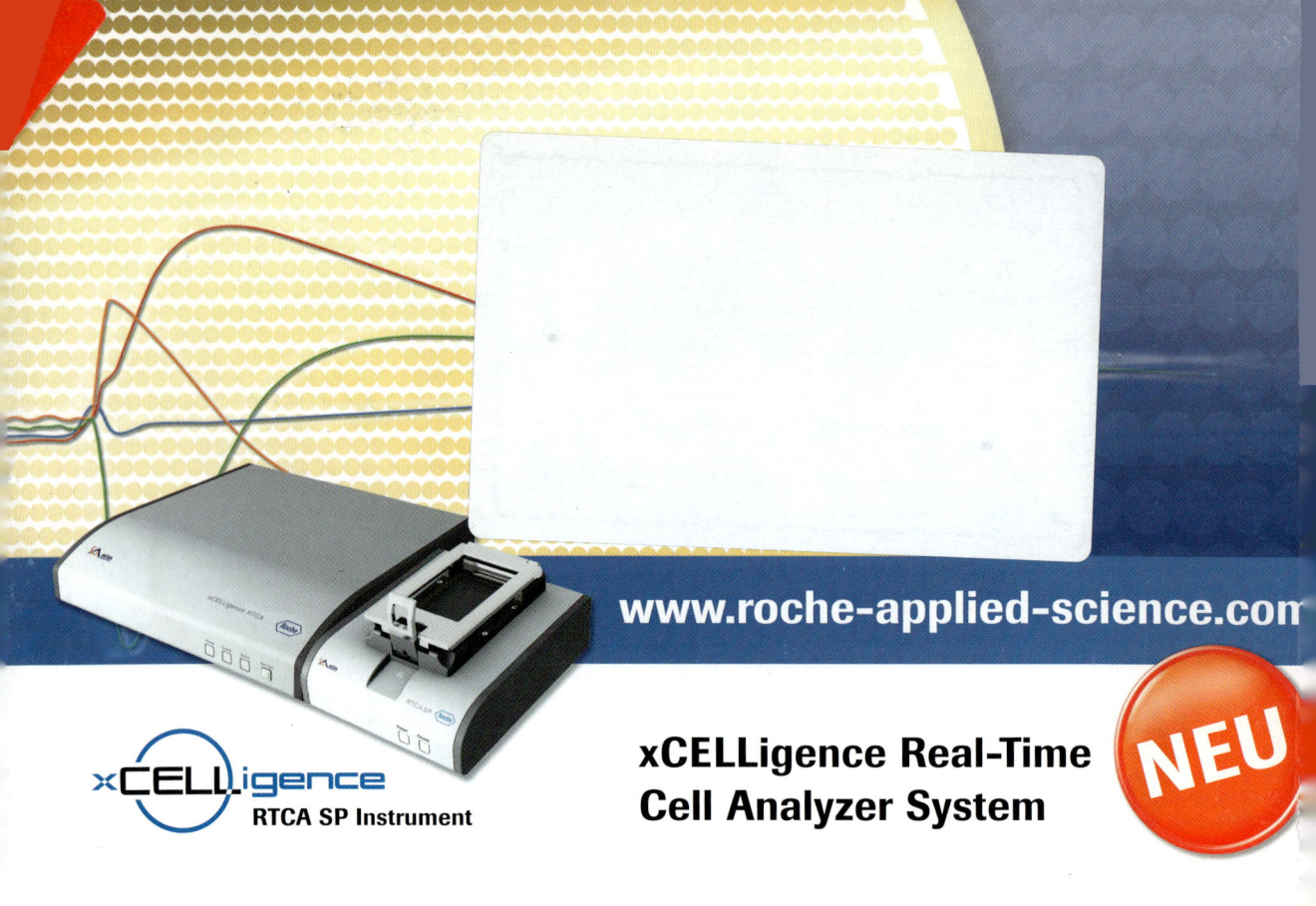

RTCA SP Instrument

NEU

Neue Wege in der Real-Time-Zellanalyse

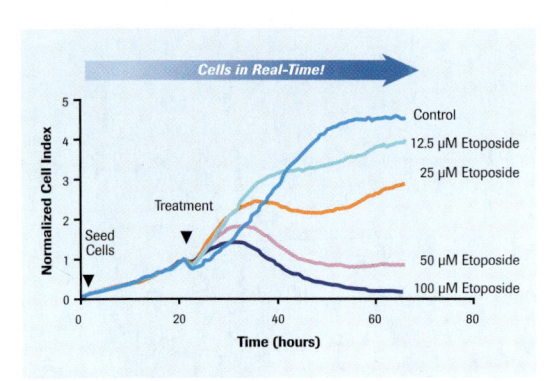

Figure 1: Real-time monitoring of cytotoxicity through DNA damage. Etoposide is a DNA damaging agent which induces apoptosis in high concentrations, while at lower concentrations it leads to S-Phase and/or G2 arrest.

Nutzen Sie eine neue Qualität der kontinuierlichen, markierungsfreien Analyse lebender Zellen.

xCELLigence erhebt Daten während des gesamten Experiments und analysiert die Kinetik, welches weit über die Möglichkeiten von Endpunkt-Assays hinausgeht.

Die kontinuierliche Zellanalyse erfolgt ohne jegliche Markierungen, so dass Sie physiologisch relevante Ergebnisse erhalten.

- **Real-Time-Daten während des gesamten Experiments**
- **Physiologisch relevante Ergebnisse ohne Markierungen und Modifizierungen**
- **Zellanalyse über einen großen dynamischen Bereich**
- **Weites Spektrum an unterschiedlichen Applikationen** (z.B. Proliferation, Cytotoxizität, Fig. 1)

Weitere Informationen unter **www.xcelligence.roche.com**

ACEA Biosciences, Inc.

XCELLIGENCE is a trademark of Roche.
© 2008 Roche Diagnostics GmbH. All rights reserved.

Roche Diagnostics GmbH
Roche Applied Science
68298 Mannheim, Germany